面向21世纪课程教材

iCourse·教材

“十二五”普通高等教育本科国家级规划教材

高等学校电气名师大讲堂推荐教材

Electrical and Electronic Engineering

电工电子学

（第5版）

浙江大学电工电子基础教学中心电工学组　编
叶挺秀　潘丽萍　张伯尧　主编

高等教育出版社·北京

内容简介

本书为“十二五”普通高等教育本科国家级规划教材，是教育部“高等教育面向21世纪教学内容和课程体系改革计划”的研究成果，是教育部面向21世纪课程教材。

本书将电工技术和电子技术相互贯通，并对传统内容进行了压缩，力求加强电子技术的应用及对一些新技术的介绍。全书包括电路和电路元件、电路分析基础、分立元件基本电路、数字集成电路、集成运算放大器、波形产生和变换、测量和数据采集系统、功率电子电路、变压器和电动机、电气控制技术。本书为新形态教材，全书一体化设计，将课程重点内容授课视频制作成二维码，读者通过扫码即可实现在线同步学习。配套数字资源网站针对全书内容，制作了与主教材配套的电子教案（PPT文件）以及若干期末参考试卷及答案，以方便教师授课，学生自学。读者也可以登录“中国大学MOOC”网站或“爱课程”网站，自主学习浙江大学开设的“电工电子学”MOOC。与本教材配套的教学参考书《电工电子学（第5版）学习辅导与习题解答》同期出版。

本书可作为高等学校非电类专业“电工学”课程的教材，也可供其他工科专业选用和社会读者参考。

图书在版编目(CIP)数据

电工电子学／浙江大学电工电子基础教学中心电工学组编;叶挺秀,潘丽萍,张伯尧主编.--5版.--北京:高等教育出版社,2021.3（2023.1重印）

ISBN 978-7-04-055817-3

Ⅰ.①电…　Ⅱ.①浙…　②叶…　③潘…　④张…　Ⅲ.①电工-高等学校-教材②电子学-高等学校-教材　Ⅳ.①TM②TN01

中国版本图书馆CIP数据核字(2021)第037236号

Diangong Dianzi Xue

策划编辑　金春英　　责任编辑　许怀镕　　封面设计　李树龙　　版式设计　杨　树
插图绘制　于　博　　责任校对　胡美萍　　责任印制　田　甜

出版发行	高等教育出版社	网　　址	http://www.hep.edu.cn
社　　址	北京市西城区德外大街4号		http://www.hep.com.cn
邮政编码	100120	网上订购	http://www.hepmall.com.cn
印　　刷	北京市鑫霸印务有限公司		http://www.hepmall.com
开　　本	787mm×1092mm　1/16		http://www.hepmall.cn
印　　张	26.5	版　　次	1999年9月第1版
字　　数	540千字		2021年3月第5版
购书热线	010-58581118	印　　次	2023年1月第3次印刷
咨询电话	400-810-0598	定　　价	54.00元

物 料 号　55817-00

电工电子学

（第5版）

主编 叶挺秀

潘丽萍

张伯尧

1 计算机访问http://abook.hep.com.cn/1236449，或手机扫描二维码、下载并安装Abook应用。
2 注册并登录，进入“我的课程”。
3 输入封底数字课程账号（20位密码，刮开涂层可见），或通过Abook应用扫描封底数字课程账号二维码，完成课程绑定。
4 单击“进入课程”按钮，开始本数字课程的学习。

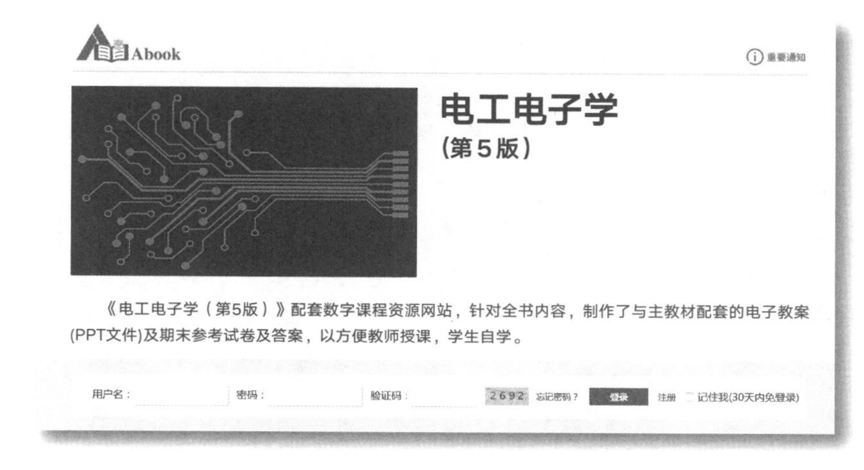

课程绑定后一年为数字课程使用有效期。受硬件限制，部分内容无法在手机端显示，请按提示通过计算机访问学习。

如有使用问题，请发邮件至abook@hep.com.cn。

http://abook.hep.com.cn/1236449

第5版前言

《电工电子学》自1999年出版以来,其新的教材内容体系得到国内不少高校电工学同行的认可和支持,并加以选用,使我们深受鼓舞。

2004年修订出版的《电工电子学(第2版)》保留了第1版的基本内容和章节安排,仅对某些内容作了适当的调整,有的加以精简和压缩,有的适当展开或补充,并调整部分习题和例题,力求使教材更加好教好学。

2008年修订出版的《电工电子学(第3版)》增加了一些新器件、新技术的介绍,对一些原有内容进行了更新;对某些传统内容进一步简化或删除;对部分节次的内容安排进行了调整和改写,对不少节次的内容叙述再次进行了仔细的文字修改,力求表述更为清楚,更利于读者的阅读和理解。

2014年修订出版的《电工电子学(第4版)》根据几年来的教学实践和电工电子技术的发展及应用情况,在《电工电子学(第3版)》的基础上作了较多修改。对第3版的各章内容都有适当的增删或改写,部分例题和习题也做了相应的调整,使教材内容得以更新,有利教学。

2020年本次修订是在《电工电子学(第4版)》的基础上,对第4版中出现的少量错误进行了更正,部分内容在叙述上做了修改,个别例题也作了更换,并在第4章可编程逻辑器件中增加了对现场可编程门阵列(FPGA)的简单介绍。

此外,2019年6月由浙江大学电工电子基础教学中心电工学组制作的“电工电子学”MOOC在教育部高等教育课程资源共享平台——爱课程(www.iCourses.cn)的“中国大学MOOC”上正式上线,为了更好地发挥数字化资源的作用,我们在书中的一些知识点旁边加入二维码,使读者在阅读教材时可以方便地观看相应的视频内容。此外,读者也可以登录中国大学“爱课程”网站,自主学习浙江大学开设的“电工电子学”同步课程,其中包括PPT课件、微视频、单元测验和作业、讨论题以及期末试卷等内容。

和本版教材配套使用的《电工电子学(第5版)学习辅导和习题解答》此次同时修订出版。

本版教材由浙江大学电工电子基础教学中心电工学组组织编写,叶挺秀、潘丽萍、张伯尧任主编。第1、6、7章由姜国均执笔,第2、3、9章由应群民执笔,第4、8章由贾爱民执笔,第5、10章由潘丽萍执笔。教材修订时吸取了课程组教师的教学经验和宝贵意见。

本版教材由大连理工大学唐介教授主审,他很仔细地审阅书稿,提出不少中肯意见,对保证和提高本教材的质量起了很大的作用,我们由衷感谢。

本教材在修订过程中得到高等教育出版社的很多帮助,得到浙江大学本科生院、电气工程学院以及电工电子基础教学中心有关领导和许多同志的关心和支持,在此表示衷心感谢。

对本教材中存在的缺点和疏漏,恳请使用本教材的老师、同学及其他读者批评指正。编者邮箱:panliping@zju. edu. cn

编　者

2020年12月

第1版前言

《电工电子学》是浙江大学电气技术与电工学教研室在近几年开展面向21世纪课程教学内容和课程体系改革的研究，进行教学改革和编写《电路和电子技术》《电工学（Ⅰ）（Ⅱ）》《应用电子学》等教材的基础上，为进一步适应高等学校非电类专业教学改革和当代科技发展的需要而编写的一本新教材。

本教材以原国家教育委员会高等教育司1995年颁布的高等学校工科本科基础课程“电工技术（电工学Ⅰ）课程教学基本要求”和“电子技术（电工学Ⅱ）课程教学基本要求”作为编写的基本依据。但是考虑到电子信息技术的迅速发展及其在非电类专业越来越广泛的应用，因此编写时对教材内容作了适当拓宽，在数字电子技术、电力电子技术、非电量电测技术、电气控制技术等方面增加了一些新的内容。教材内容在满足课程教学基本要求的前提下，对现有教学内容进行了精选，并注意加强知识的综合和系统的概念，力求保证基础、体现先进、加强应用，处理好基础性、先进性和应用性的关系。

目前国内高等学校工科非电类专业的电工学教材，多数分为《电工技术》和《电子技术》两册，电路、电机、模拟电子技术和数字电子技术的内容相对独立。作为一种探索，本教材将电路和电子技术、模拟电子技术和数字电子技术、电子技术和测量、控制等内容作适当交叉和结合，形成一个和现行教材有较大差别的内容体系，并合并为一册出版，定名为《电工电子学》。全书包括电路和电路元件、电路分析基础、分立元件基本电路、数字集成电路、集成运算放大器、波形产生和变换、测量和数据采集系统、功率电子电路、变压器和电动机、电气控制技术共10章。这个内容体系有以下一些特点：

（1）电路和电子技术适当结合。在第1章电路元件中就介绍二极管、晶体管及它们的模型，于是在第2章中就可对含有这些元件的电路进行分析，为后面学习电子技术打下较好的基础。

（2）适当加强数字电子技术，将模拟和数字电子技术的内容适当交叉。在第3章分立元件基本电路中既介绍基本放大电路，又介绍基本门电路。接着在第4章就讲述数字集成电路，并增加了可编程逻辑器件和半导体存储器等内容。在第6、7章中，则同时含有模拟和数字电子技术的内容。

（3）加强知识的综合和应用系统的介绍。例如将测量和数据采集系统专门列为一章，从系统的基本组成出发，介绍了传感器、有源滤波、测量放大、模拟开关、取样保持、模数转换、数模转换等单元电路，最后给出非电量测量系统的实例。在其他各章，也安排了一些带有综合性的应用实例。

（4）适当反映近代电力电子技术的发展。增加了绝缘门极双极型晶体管、无源逆变、交流调压及变频、直流调压等内容，并将低频功率放大、直流稳压电源、半导体变流电路等内容安排为功率电子电路一章。

（5）增加了电子控制方面的内容。在电气控制技术一章中增加了固态继电器、可编程序控制器、异步电动机的软起动及变频调速等，并将变压器、电动机及电气控制安排在电子技术之后，以便于对这些内容的介绍。

本教材力求概念准确、叙述清楚、篇幅适当，并有较丰富的例题和习题，以便于教与学。

本教材适用于“电工与电子技术（电工学）”课程70~85学时的讲课，加上实验，总学时为100~

120。当学时较少时可少讲或不讲拓宽的内容(超出课程教学基本要求的拓宽内容在节号或小节号前面标有 * 号)。各章讲课学时安排的建议如下(仅供参考):

章次	讲课学时
1. 电路和电路元件	7~8
2. 电路分析基础	12~13
3. 分立元件基本电路	6~7
4. 数字集成电路	11~13
5. 集成运算放大器	7~8
6. 波形产生和变换	4~5
7. 测量和数据采集系统	7~9
8. 功率电子电路	5~7
9. 变压器和电动机	5~7
10. 电气控制技术	6~8
合　计	70~85

由于本教材将电机和电气控制技术安排在最后,因此亦可用于“电路和电子技术”或“应用电子学”课程的教学。

本教材由浙江大学电气技术与电工学教研室组织编写,叶挺秀任主编,张伯尧任副主编。第 1 章由叶挺秀执笔,第 2、3 章由应群民执笔,第 4、8 章由贾爱民执笔,第 5 章和附录由张伯尧执笔,第 6、7 章由姜国均执笔,第 9、10 章由张兆祥执笔。教材编写时吸取了教研室很多教师在教学工作和教材编写中的好经验。

本教材由上海交通大学朱承高教授、清华大学王鸿明教授主审,上海交通大学孙月娥副教授、朱慧红副教授亦参加了部分审稿工作。他们以严谨的科学态度和高度负责的精神,认真地审阅书稿,提出了许多宝贵的修改意见,对保证和提高本教材的质量起了很好的作用。对他们的辛勤劳动和贡献,我们表示衷心的感谢。

本教材在编写过程中得到高等教育出版社胡淑华编审的许多帮助,得到浙江大学教务处、电机工程学系以及本教研室许多同志的关心与支持,在此向他们致以衷心的感谢。

由于编者的学识和水平有限,教材中必然存在不少缺点和疏漏,恳请使用本教材的教师、学生以及其他读者批评指正。

编　者

1999 年 1 月

目录

第1章　电路和电路元件

电工和电子技术的应用离不开电路。电路由电路元件构成。本章介绍电路的基本概念和一些常用的电路元件,包括电阻元件、电感元件、电容元件、独立电源元件、二极管、双极晶体管和绝缘栅场效晶体管,介绍它们的基本特性和电路模型,为学习电路的分析方法及各种类型的电工电子电路打下必要的基础。

1.1　电路和电路的基本物理量

视频资源:1.1 电路和电路的基本物理量

1.1.1　电路

电路是为了实现某种应用目的,将若干电工、电子器件或设备按一定的方式相互连接所组成的整体。例如常用的荧光灯照明电路是由灯管、镇流器、起动器、开关和交流电源用导线相互连接而成的;收音机电路是用一定数量的晶体管(或集成电路器件)、电阻器、电感器、电容器、扬声器及直流电源等器件组成的。电路的基本特征是其中存在着电流的通路。由于电的应用很广泛,所以电路的具体形式是多种多样、千变万化的。

根据电路的作用,大体上可将电路分为两类。一类是用于实现电能的传输和转换。例如照明电路和动力电路分别将电能由电源传输至照明灯和电动机,并转换为光能和机械能。将电能转换为其他形式能量的元器件或设备统称为负载。因此这类电路必然包括电源、负载和连接导线三个基本组成部分,还常接有开关、测量仪表等。这类电路由于电压较高,电流和功率较大,习惯上常称为“强电”电路。另一类电路是用于进行电信号的传递和处理。以收音机电路为例,收音机的天线可以接收到从空中传来的载有声音信息的无线电波(这时天线相当于信号源),通过调节收音机中的可变电容器,就可以从天线所接收到的众多信号中选出一个需要的信号,再经过放大和处理,最后由扬声器将广播电台播出的声音信号重现出来。这类电路通常电压较低,电流和功率较小,习惯上也常称为“弱电”电路。

1.1.2　电路元件和电路模型

用于构成电路的电工、电子元器件或设备统称为实际电路元件,简称为实际元件。用实际元件构成的电路也称为实际电路。实际元件种类繁多,各具其特性和用途。

一个实际元件往往呈现多种物理性质。例如一个用导线绕成的线圈,不仅具有电感，而且具有电阻，线圈的匝与匝之间还存在分布电容。为了便于进行电路分析，常采用一些理想电路元件来表征实际元件的特性，称为实际元件的模型。理想电路元件（有时简称为电路元件）是对实际元件在一定条件下进行科学抽象而得到的，具有某种理想的电路特性。例如上述的线圈，如果忽略其电阻和电容，就成为理想电感元件。一个实际元件的性质，可以用一个理想元件或几个理想元件的组合来表示。根据与实际元件特性的近似程度，一个实际元件可以建立不同形式的模型。

将实际电路中的各种实际元件都由其相应的模型表示后，就构成实际电路的电路模型。也就是说，电路模型是由一些理想电路元件相互连接而构成的整体，是实际电路的一种等效表示，故有时也称为等效电路。建立电路模型给实际电路的分析带来很大方便，是研究电路问题的常用方法。

1.1.3　电流、电压及其参考方向

1. 电流及其参考方向

电路中带电粒子在电源作用下的有规则移动形成电流。金属导体中的带电粒子是自由电子，半导体中的带电粒子是自由电子和空穴，电解液中的带电粒子是正、负离子，因此电流既可以是负电荷，也可以是正电荷或者两者兼有的定向运动的结果。习惯上规定正电荷移动的方向为电流的实际方向。

电流为电荷[量]对时间的变化率，即

$$i=\frac{\mathrm{d}q}{\mathrm{d}t} \tag{1.1.1}$$

式中，电荷 q 的单位为库[仑]（C）①，时间 t 的单位为秒（s），电流 i 的单位为安[培]（A）。电流的单位有时也采用毫安（mA）、微安（μA）或千安（kA），$1\ \mathrm{A}=10^{3}\ \mathrm{mA}=10^{6}\ \mu\mathrm{A}=10^{-3}\ \mathrm{kA}$。

如果电流的大小和方向都不随时间变化，则称为直流电流（direct current，简写为 DC），用大写字母 I 表示。如果电流的大小和方向都随时间变化，则称为交流电流（alternating current，简写为 AC），用小写字母 i 表示。

注意：
电流参考方向的假定在电路分析时是必不可少的，这是一个很重要而又容易被读者忽视的问题，必须养成在进行电路分析时首先在电路中标出电流参考方向的良好习惯。

在进行电路的分析计算时，为了列写与电流有关的表达式，必须预先假定电流的方向，称为电流的参考方向（也称为正方向），并在电路图中用箭头标出。如果电流的实际方向可以判定，通常就取其为参考方向；如果电流的实际方向难以确定，则参考方向就可以任意假定。根据所假定的电流参考方向列写电路方程求解后，如果电流为正值，则表示电流的实际方向和参考方向相同；如果电流为负值，则表示电流的实际方向和参考方向相反。交流电流的实际方向是随时间而变的，因此当电流的参考方向确定后，如果在某一时刻电流为正值，即表示在该时刻电流的实际方向和参考方向相同；如为负值，则相反。

① 方括号中的字，在不致引起混淆、误解的情况下，可以省略。圆括号中是单位的符号。下同。

2. 电压及其参考方向

图 1.1.1 是由电池和白炽灯组成的一个简单电路。电池具有电动势 E。电动势是描述电源中非电场力对电荷做功的物理量，它在数值上等于非电场力在电源内部将单位正电荷从负极移至正极所做的功。单位为伏[特](V)。图 1.1.1电路中，在电动势 E 的作用下，白炽灯两端得到电压 U_{ab}，并有电流 I 流过。

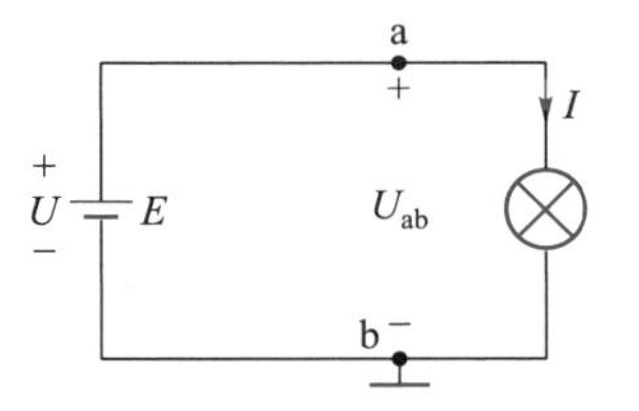

图 1.1.1 电动势、电压和电流

电压是描述电场力对电荷做功的物理量，表达式为

$$u=\frac{\mathrm{d}W}{\mathrm{d}q} \tag{1.1.2}$$

式中，dq 为由电路的一点移到另一点的电荷量，dW 为转移过程中，电荷 dq 所获得或失去的能量，单位为焦[耳](J)。电压 u 的单位为伏[特](V)。电压的单位有时也采用毫伏(mV)、微伏(μV)或千伏(kV)，$1\ \mathrm{V}=10^{3}\ \mathrm{mV}=10^{6}\ \mu\mathrm{V}=10^{-3}\ \mathrm{kV}$。

如果电压的大小和方向都不随时间变化，则称为直流电压，用大写字母 U 表示。如果电压的大小和方向都随时间变化，则称为交流电压，用小写字母 u 表示。

图 1.1.1 中 a、b 两点之间的电压 U_{ab}就是 a、b 两点的电位差，它在数值上等于电场力驱使单位正电荷从 a 点移至 b 点所做的功。a 点(或 b 点)的电位 V_a(或 V_b)在数值上等于电场力驱使单位正电荷从 a 点(或 b 点)移至零电位点所作的功。零电位点又称参考点，可以任意设定，常用符号“⊥”表示。在图 1.1.1 中设 b 为参考点(即 $V_b=0$)，故 a 点的电位 V_a 就等于 a、b 间的电压 U_{ab}，即 $U_{ab}=V_a-V_b=V_a$。因此如要知道某一点的电位，只要计算该点到参考点的电压就可得到。电位的单位也是伏[特](V)。

电压是由于两点间电位的高低差别而形成的，它的方向是从高电位指向低电位，是电位降低的方向。而电动势的方向则是从低电位指向高电位，是电位升高的方向。

在进行电路分析时，为了列写与电压有关的表达式，必须预先假定电压或电动势的参考方向(也称参考极性)。电压参考方向采用“+”“-”极性表示，从“+”端指向“-”端。当电压采用双下标(例如 U_{ab})时，习惯上就认为前一个下标(即 a)的端点为参考方向的“+”端。为了分析方便，如果电压、电动势的实际方向为已知，就常以其实际方向作为参考方向。图 1.1.1 电路中，在忽略电池的内阻和导线的电阻时，根据所标参考方向，a、b 间的电压 U_{ab}和电池的电动势 E 相等，即 $U_{ab}=E$。

电压参考方向和电流参考方向可以分别加以假定。但在电路分析时对电源以外的元件(或电路)常假定电压参考方向与电流参考方向一致，即电流参考方向从电压参考方向的“+”端流向“-”端，称为关联参考方向。例如在图 1.1.1

注意：

在采用关联参考方向时，如果标出某个电路元件的电流或电压参考方向，则该元件的电压或电流参考方向就随之关联地确定，可以不再标出。

中，流过白炽灯的电流参考方向假定从上到下，白炽灯两端的电压参考方向也假定为上“+”下“-”，两者相关联。

1.1.4　电路功率

功率是电路分析中常用的另一个物理量。如果某个元件（或某段电路）的电流和电压为 i 和 u，而且电流和电压的参考方向相关联，则功率

$$p=ui \tag{1.1.3}$$

单位为瓦[特]（W）。

在电压和电流参考方向关联时，根据式（1.1.3）计算的功率为正值表示该元件（或该段电路）吸收功率（即消耗电能或吸收电能）；若为负值则表示输出功率（即送出电能）。

习惯上对电源的端电压和流过电源的电流采用非关联参考方向。例如在图 1.1.1 中，按所示电流参考方向，电流从电池的“-”端流向“+”端，此时电池的端电压 $U=E$（忽略电池的内电阻时），乘积 UI（即 EI）表示电源（电池）向外电路（白炽灯）所提供（输出）的功率大小。

在时间 t_1 到 t_2 期间，元件（或电路）吸收的电能为

$$W=\int_{t_1}^{t_2} ui\mathrm{d}t \tag{1.1.4}$$

单位为焦[耳]（J），实用中常采用千瓦时（kW·h），1 kW·h=1 000 W·3 600 s=3.6×10^6 J，1 kW·h 俗称 1 度电。

[例题 1.1.1]　图 1.1.2 电路中，d 为电位参考点，各元件的参数值及电压、电流的参考方向如图示，并知 $I_1=2$ A，$I_2=-1.25$ A，$I_3=0.75$ A。试求：（1）a、b、c 各点的电位 V_a、V_b、V_c；（2）电压 U_{ab}、U_{bc}；（3）E_1、E_2 输出的功率 P_{E1}、P_{E2}。

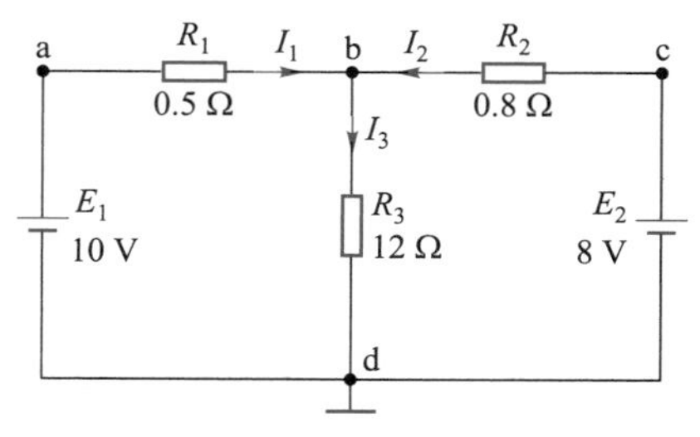

图 1.1.2　例题 1.1.1 的电路图

[解]　（1）$V_a=E_1=10$ V，$V_c=E_2=8$ V，根据欧姆定律（详见 1.2.1 节）

$$U_{bd}=R_3I_3=12\times0.75\ \text{V}=9\ \text{V}$$

故

$$V_b=U_{bd}=9\ \text{V}$$

（2）$U_{ab}=R_1I_1=0.5\times2$ V=1 V

因 I_2 参考方向是从 c 向 b，故

$$U_{bc}=-R_2I_2=-0.8\times(-1.25)\ \text{V}=1\ \text{V}$$

U_{ab}和 U_{bc}也可以由 V_a-V_b 和 V_b-V_c 求得，结果相同。

(3) $P_{E1}=E_1I_1=10\times2\ \text{W}=20\ \text{W}$

$P_{E2}=E_2I_2=8\times(-1.25)\ \text{W}=-10\ \text{W}$　　(负值表示 E_2 吸收功率，即电池充电)

1.2 电阻、电感和电容元件

视频资源：1.2 电阻、电感和电容元件

电路中普遍存在着电能的消耗、磁场能[量]的储存和电场能[量]的储存这三种基本的能[量]转换过程。表征这三种物理性质的电路参数[①]是电阻、电感和电容。只含一个电路参数的元件分别称为理想电阻元件、理想电感元件和理想电容元件，通常简称电阻元件、电感元件和电容元件，其图形符号分别如图 1.2.1(a)、(b)、(c)所示。本节先讨论这三个理想元件的基本特性，然后介绍实际的电阻器、电感器和电容器的主要参数及模型。

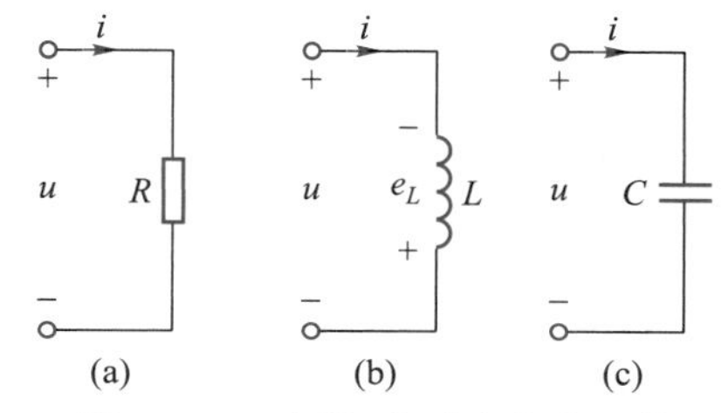

图 1.2.1　电阻、电感和电容元件

(a) 电阻元件　(b) 电感元件　(c) 电容元件

1.2.1 电阻元件

电阻元件简称为电阻。电阻元件上电压和电流之间的关系称为伏安特性。如果电阻元件的伏安特性曲线在 u-i 平面上是一条通过坐标原点的直线，则称为线性电阻。线性电阻两端的电压 u 和流过它的电流 i 之间的关系服从欧姆定律(Ohm's Law)，则当 u、i 的参考方向如图 1.2.1(a)所示时

$$u=Ri \tag{1.2.1}$$

式中，R 为元件的电阻，是一个与电压、电流无关的常数，单位为欧[姆](Ω)。

式(1.2.1)表明，线性电阻的电压与电流之间成线性函数关系。所谓线性函数关系是指具有以下性质：

(1) 比例性(亦称齐次性)。若电流增减 k 倍，则电压亦增减 k 倍。

(2) 可加性。若电流 i_1、i_2 在电阻 R 上分别产生的电压为 $u_1=Ri_1$、$u_2=Ri_2$，则电流之和 i_1+i_2 产生的电压为 $u=R(i_1+i_2)=u_1+u_2$。

电阻吸收的功率为

$$p=ui=Ri^2=\frac{u^2}{R} \tag{1.2.2}$$

① 本书仅讨论集总参数。电路尺寸远小于电路中电信号波长(波长=光速/频率)的电路称为集总参数电路。集总参数电路的每一个元件都是用一个或一组集总参数来表征的。不能满足上述条件时，就要考虑用分布参数来表征。

从 t_1 到 t_2 的时间内,电阻元件吸收的能量为

$$W=\int_{t_1}^{t_2} Ri^2 \mathrm{d}t \tag{1.2.3}$$

电阻吸收的电能全部转化为热能,是不可逆的能量转换过程。因此,电阻是一个耗能元件。

若电阻元件的电压与电流之间不是线性函数关系,则称为非线性电阻。非线性电阻在 u-i 平面上的伏安特性曲线可以是通过坐标原点或不通过坐标原点的曲线。本章1.4节将要介绍的二极管就是一个典型的非线性电阻元件。

1.2.2　电感元件

电感元件简称为电感。当有电流 i 流过电感元件时,其周围将产生磁场。若电感线圈共有 N 匝,通过每匝线圈的磁通为 Φ,则线圈的匝数与穿过线圈的磁通之乘积为 $N\Phi$。如果电感元件中的磁通和电流 i 之间是线性函数关系,则称为线性电感。若电感元件中的磁通与电流之间不是线性函数关系,则称为非线性电感。在线性电感的情况下,电感元件的特性方程为

$$N\Phi=Li \tag{1.2.4}$$

式中,L 为元件的电感,是一个与磁通、电流无关的常数,单位为亨[利](H)。磁通 Φ 的单位为韦[伯](Wb)。

当流过电感元件的电流 i 随时间变化时,则要产生自感电动势 e_L,元件两端就有电压 u。若电感元件 i,e_L,u 的参考方向如图1.2.1(b)所规定,则

$$e_L=-\frac{\mathrm{d}N\Phi}{\mathrm{d}t}=-L\frac{\mathrm{d}i}{\mathrm{d}t} \tag{1.2.5}$$

$$u=-e_L=L\frac{\mathrm{d}i}{\mathrm{d}t} \tag{1.2.6}$$

式(1.2.6)表明,线性电感的端电压 u 与电流 i 对时间的变化率 $\mathrm{d}i/\mathrm{d}t$ 成正比。对于恒定电流(即直流),电感元件的端电压为零,故在直流电路的稳态情况下,电感元件相当于短路。

电感是一个储存磁场能[量]的元件。当流过电感的电流增大时,磁通增大,它所储存的磁场能[量]也变大。但如果电流减小到零,则所储存的磁场能[量]将全部释放出来。故电感元件本身并不消耗能[量],是一个储能元件。当时间由0到 t_1,流过电感的电流 i 由0变到 I 时,电感所储存的磁场能[量]为

$$W_L=\int_0^{t_1} ui\mathrm{d}t=\int_0^{I} Li\mathrm{d}i=\frac{1}{2}LI^2 \tag{1.2.7}$$

式(1.2.7)表明,电感元件在某一时刻的储能只取决于该时刻的电流值,而与电流的过去变化进程无关。

1.2.3　电容元件

电容元件简称为电容。当电容元件两端加有电压 u 时,它的极板上就会储

存电荷[量]q。如果电荷[量]q 和电压 u 之间是线性函数关系,则称为线性电容。若电容元件的电荷[量]与电压之间不是线性函数关系,则称为非线性电容。

在线性电容的情况下,电容元件的特性方程为

$$q=Cu \tag{1.2.8}$$

式中,C 为元件的电容,是一个与电荷[量]、电压无关的常数,单位为法[拉](F)。由于法的单位太大,实用中常采用微法(μF)、纳法(nF)或皮法(pF),$1\ \text{F}=10^{6}\ \mu\text{F}=10^{9}\ \text{nF}=10^{12}\ \text{pF}$。

当电容元件两端的电压 u 随时间变化时,极板上储存的电荷[量]就随之变化,和极板连接的导线中就有电流 i。若 u、i 的参考方向如图 1.2.1(c)所规定,则

$$i=\frac{\mathrm{d}q}{\mathrm{d}t}=C\frac{\mathrm{d}u}{\mathrm{d}t} \tag{1.2.9}$$

式(1.2.9)表明,线性电容的电流 i 与端电压 u 对时间的变化率 $\mathrm{d}u/\mathrm{d}t$ 成正比。对于恒定电压,电容的电流为零,故在直流电路稳态情况下,电容元件相当于开路。

和电感相类似,电容也是一个储能元件——能量储存于电容的电场之中。当时间由 0 到 t_1,电容的端电压 u 由 0 变到 U 时,电容所储存的电场能[量]为

$$W_C=\int_0^{t_1}ui\mathrm{d}t=\int_0^{U}Cu\mathrm{d}u=\frac{1}{2}CU^2 \tag{1.2.10}$$

式(1.2.10)表明,电容元件在某一时刻的储能只取决于该时刻的电压值,而与电压的过去变化进程无关。

1.2.4 实际元件的主要参数及电路模型

实际的电阻元件、电感元件和电容元件即电阻器、电感器和电容器,是人们为了得到一定数值的电阻、电感和电容而制成的元件,它们在电工电子电路中应用广泛。

电阻器种类很多,如铸铁电阻器、绕线电阻器、碳膜电阻器、金属膜电阻器等。电阻器的主要参数为标称阻值(电阻器上所标的电阻值)、允许偏差(电阻器实际阻值与标称阻值之差和标称值之比的百分数)和额定功率(或额定电流)。例如某 RJ-2 型金属膜电阻器,标称阻值为 820 Ω,允许偏差为±5%,额定功率为 2 W。选用电阻器时,不仅电阻值要符合要求,而且该电阻器在使用时实际消耗的功率(或流过的电流)不允许超过额定功率(或额定电流)。各种电工电子器件或设备,其工作电压、电流和功率等都有一个定额,称为额定值。额定值是制造厂为保证器件或设备能长期安全工作在设计制造时确定的,通常标示在器件上或设备的铭牌上,也可以从产品技术文件或手册中查得。在使用各种器件或设备时,务请了解其额定值的大小,按规定的条件正确应用,以防损坏。

电感器通常是用导线绕制而成的线圈。有的电感线圈含有铁心,称为铁心

线圈。线圈中放入铁心可大大增加电感的数值，但却引起了非线性，并产生铁心损耗。电感器的主要参数是电感值和额定电流。例如某 LG4 型电感器，电感量标称值为 820 μH，最大直流工作电流为 150 mA。

电容器通常由绝缘介质隔开的金属极板组成。其种类很多，如纸介电容器、云母电容器、瓷介电容器、涤纶电容器、玻璃釉电容器、钽电容器、电解电容器等。电容器的主要参数为电容的标称容量和额定电压。例如某 CJ10 型纸介电容器，标称容量为 0.15 μF、额定直流工作电压为 400 V。在使用时，电容器实际承受的电压不允许超出其额定电压，否则可能使电容器中的绝缘介质被击穿。电解电容器有正、负极性，使用时应将其正极接高电位端，负极接低电位端，不要接反。

实际的电阻器、电感器和电容器在多数情况下可以只考虑其主要物理性质，将它们近似地看成为理想元件，分别只具有电阻、电感和电容。但在有些情况下，除考虑这些元件的主要物理性质外，还要考虑其次要的物理性质，此时可用 R、L、C 组成的电路模型来表示。例如图 1.2.2(a)是考虑电能损耗时的电容器模型，图 1.2.2(b)是考虑电能损耗和磁场能储存时的电容器模型。电阻器和电感器的模型也可以类似地得出。

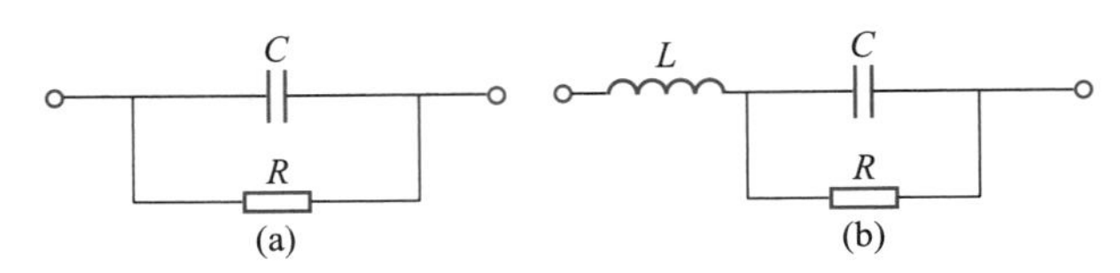

图 1.2.2　电容器模型

在实际使用中，若单个电阻器、电感器或电容器不能满足要求，则可将几个元件串联或并联起来使用。表 1.2.1 给出两个同性质的元件串联或并联时参数的计算公式。

注意：在等效电感计算式中未考虑两线圈间的互感。

表 1.2.1　两个元件串联和并联时参数的计算公式

连接方式	等效电阻	等效电感	等效电容
串　联	$R=R_1+R_2$	$L=L_1+L_2$	$\frac{1}{C}=\frac{1}{C_1}+\frac{1}{C_2}$
并　联	$\frac{1}{R}=\frac{1}{R_1}+\frac{1}{R_2}$	$\frac{1}{L}=\frac{1}{L_1}+\frac{1}{L_2}$	$C=C_1+C_2$

习惯上电阻器、电感器和电容器也简称为电阻、电感和电容。因此，电阻、电感和电容这三个名词有时是指电路参数，有时是指电路元件。

[**例题 1.2.1**]　今需要一个电阻值为 150 Ω、功率为 1.5 W 的电阻，而现有的 150 Ω 电阻，其额定功率仅为 0.5 W，试问应取多少个电阻加以组合才能满足

要求？

[解] 应取4个电阻如图1.2.3(a)或(b)所示进行连接。因 $R_1=R_2=R_3=R_4=150\ \Omega$，故图1.2.3(a)的等效电阻

$$R=\frac{(R_1+R_2)(R_3+R_4)}{(R_1+R_2)+(R_3+R_4)}=\frac{(150+150)(150+150)}{150+150+150+150}\ \Omega=150\ \Omega$$

图1.2.3(b)的等效电阻

$$R=\frac{R_1R_2}{R_1+R_2}+\frac{R_3R_4}{R_3+R_4}=\left(\frac{150\times150}{150+150}+\frac{150\times150}{150+150}\right)\ \Omega=150\ \Omega$$

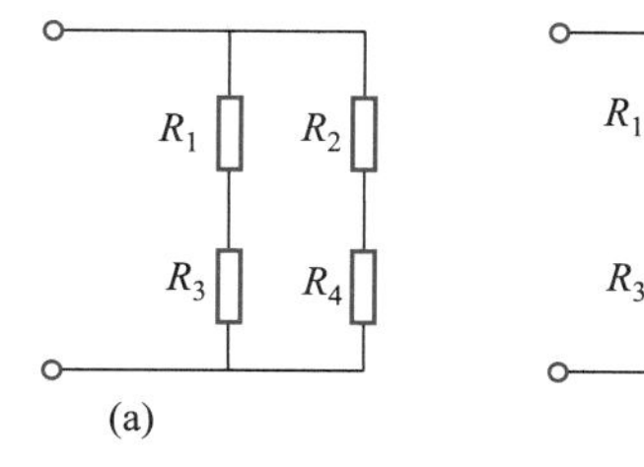

图1.2.3 例题1.2.1的电阻连接图

因图1.2.3(a)或(b)中，在外加一定电压时，$R_1 \sim R_4$ 的电流相等，故等效电阻 R 的额定功率 P_N 是单个电阻额定功率0.5 W的4倍，即 $P_N=4\times0.5\ \text{W}=2\ \text{W}>1.5\ \text{W}$，可以满足要求。

1.3 独立电源元件

视频资源：1.3 独立电源元件

能向电路独立地提供电压、电流的器件或装置称为独立电源，如化学电池、太阳能电池、发电机、稳压电源、稳流电源等。本节先介绍两个理想电源元件——电压源和电流源，然后说明如何建立实际电源的模型。

1.3.1 电压源和电流源

电压源和电流源都是理想化的电源元件，它们的图形符号分别如图1.3.1(a)和(b)所示。图中 R 是外接电阻，U_S 是电压源的电压，I_S 是电流源的电流。习惯上电压源的端电压和电流采用非关联参考方向，电流源的电流和端电压也采用非关联参考方向，如图1.3.1所示。

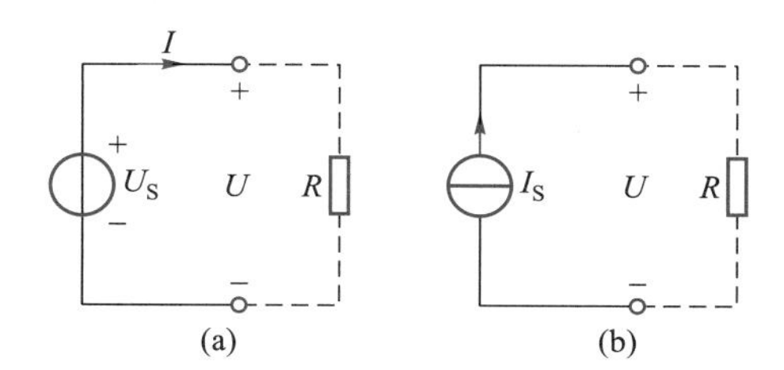

图1.3.1 电压源和电流源
(a) 电压源 (b) 电流源

> 注意：
> 电压源的一个重要特性是端电压在任何时刻都和流过的电流大小无关；另一个重要特性是输出电流取决于外电路，由外部负载电阻决定（但负载不能短路）。

> 注意：
> 电流源的一个重要特性是输出电流在任何时刻都和它的端电压大小无关；另一个重要特性是它的端电压取决于外电路，由外部负载电阻决定（但负载不能开路）。

电压源能提供一个恒定值的电压——直流电压 U_S 或按某一特定规律随时间变化的电压 u_S（例如随时间按正弦规律变化的正弦电压）。图 1.3.1(a)中，当外接电阻 R 变化时，流过电压源的电流 I 将发生变化，但电压 U_S 不变。

电流源能提供一个恒定值的电流。图 1.3.1(b)中，当外接电阻 R 变化时，直流电流源输出的电流始终为 I_S，但端电压 $U=RI_S$ 将发生变化。

1.3.2　实际电源的模型

一个实际的电源一般不具有理想电源的特性，即当外接电阻 R 变化时，电源提供的电压和电流都会发生变化。有的电源当外部负载电阻变化时输出电压波动很小，比较接近电压源的特性；而有的电源当外部负载电阻变化时输出电流波动较小，比较接近电流源的特性。

实际电源的特性可以用理想电源元件和电阻元件的组合来表征。图 1.3.2(a)中实际电源向外部电阻 R 输出电压 U 和电流 I。当 R 断开时（称为开路），设 $U=U_S$（称为开路电压）。当 R 减小时，I 将增大，电源内阻 R_0 的电压也增加，输出电压 U 下降。因此可以采用电压源 U_S 和电阻 R_0 串联的模型（称为电压源模型）来表示实际电源，如图 1.3.2(b)所示。图 1.3.2(b)电路中的电流、电压关系可表达为

$$I=\frac{U_S}{R_0+R} \tag{1.3.1}$$

$$U=RI=\frac{R}{R_0+R}U_S \tag{1.3.2}$$

式(1.3.2)表达了电阻 R 与 R_0 串联后，R 两端的电压 U 和总电压 U_S 之间的分压关系。由该式可知，电源内阻 R_0 越小($R_0 \ll R$)，输出电压 U 就越接近 U_S，该实际电源的特性越接近电压源。

图 1.3.2(b)中的输出电压 U 还可表达为

$$U=U_S-R_0I \tag{1.3.3}$$

可改写为

$$I=\frac{U_S}{R_0}-\frac{U}{R_0} \tag{1.3.4}$$

若设

$$\frac{U_S}{R_0}=I_S \tag{1.3.5}$$

则式(1.3.4)变为

$$I_S=\frac{U}{R_0}+I=\frac{U}{R_0}+\frac{U}{R} \tag{1.3.6}$$

显然，式(1.3.6)中流过 R 的电流 I 和式(1.3.1)中的 I 是相等的，但式(1.3.6)所表达的是 R 和 R_0 并联，流入的总电流为 I_S，相应的电路如图 1.3.2(c)所示。在该电路中，用电流源 I_S 和电阻 R_0 并联的模型（称为电流源模型）来表征实际电源对 R 的作用。也就是说，一个实际电源既可以采用电压源模型来表示，也可以采用电流源模型来表示。但不论采用哪一种模型，在相同外接电阻的情况下，其输出电压、电流均要和实际电源输出的电压、电流相等。

如前所述，在图 1.3.2(b)所示的电压源模型中，U_S 是实际电源的开路电压。而在图 1.3.2(c)所示的电流源模型中，I_S 由式(1.3.5)确定，它实际上就是实际电源的短路电流($R=0$ 时的电流)。要注意的是，很多实际电源的内阻 R_0 都比较小，因此在使用中绝不允许将这类实际电源短路。由式(1.3.5)可知道，电源的内阻 R_0 等于开路电压与短路电流之比。

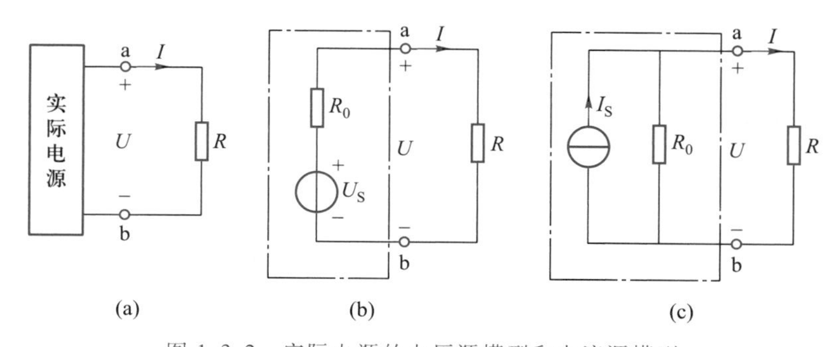

图 1.3.2 实际电源的电压源模型和电流源模型

(a) 实际电源 (b) 电压源模型 (c) 电流源模型

图 1.3.2(c)中流过电阻 R 的电流

$$I=\frac{U}{R}=\frac{1}{R}\times\frac{R_0R}{R_0+R}I_S=\frac{R_0}{R_0+R}I_S \tag{1.3.7}$$

式(1.3.7)表示了流过并联电阻 R 的电流 I 和总电流 I_S 之间的分流关系。由该式可知，电源内阻 R_0 越大($R_0 \gg R$)，输出电流 I 就越接近 I_S，该实际电源的特性越接近电流源。

由以上分析可以知道，电压源模型可以等效转换为电流源模型，条件是 R_0 不变、$I_S=\dfrac{U_S}{R_0}$。反之，电流源模型也可以等效转换为电压源模型，条件是 R_0 不变、$U_S=R_0I_S$。采用两种电源模型等效互换的方法，可以对电路进行变换及化简，给电路分析带来方便。

[例题 1.3.1] 图 1.3.2(a)所示的实际电源电路中，已知 $R=0$ 时 $I=2$ A，$R=4\ \Omega$ 时 $I=1.2$ A，试求：(1) 电流源模型的 I_S 和 R_0；(2) 电压源模型的 U_S 和 R_0；(3) $R=2\ \Omega$ 时的 I 值。

[解] (1) 根据式(1.3.7)，当 $R=0$ 时

$$I=\frac{R_0}{R_0+R}I_S=\frac{R_0}{R_0+0}I_S=I_S$$

而由题知 $R=0$ 时 $I=2$ A，故 $I_S=2$ A。

当 $R=4\ \Omega$ 时
$$I=\frac{R_0}{R_0+R}I_S=\frac{R_0}{R_0+4}\times 2=1.2\ \text{A}$$

故
$$R_0=\frac{4\times 1.2}{2-1.2}\ \Omega=6\ \Omega$$

(2) 根据电源模型等效互换的条件，电压源模型的 $R_0=6\ \Omega$，$U_S=R_0\ I_S=6\times$

2 V = 12 V。

(3) 当 $R = 2\ \Omega$ 时，由电流源模型可得

$$I = \frac{R_0}{R_0 + R} I_S = \frac{6}{6+2} \times 2\ \text{A} = 1.5\ \text{A}$$

也可由电压源模型求 I，结果相同。

视频资源：1.4 二极管

1.4 二极管

二极管是一种应用广泛的电路器件，它的工作原理是基于 PN 结的单向导电性。

1.4.1 PN 结及其单向导电性

用来制造半导体器件的材料主要是硅、锗和砷化镓等。纯净的半导体（称为本征半导体）中含有自由电子（带负电）和空穴（带正电）两种运载电荷的粒子——载流子，自由电子和空穴的数量相等，整个半导体呈现电中性。但两种载流子的数量和温度有十分密切的关系，随温度的升高而增加。

如果在纯净的半导体中掺入少量的某种元素，即成为杂质半导体。掺入硼或铝、镓等三价元素的半导体称为空穴型半导体，简称 P 型半导体。P 型半导体中，掺入的三价元素越多，空穴的数量也越多，空穴是多数载流子；当然也存在少量的自由电子，是少数载流子。掺入磷或砷、锑等五价元素的半导体称为电子型半导体，简称 N 型半导体。N 型半导体中自由电子是多数载流子，空穴是少数载流子。

如果采用工艺措施，使一块杂质半导体的一侧为 P 型，另一侧为 N 型，则在 P 型和 N 型半导体的交界面附近形成 PN 结，如图 1.4.1 所示。图中 P 区的空心圈“∘”表示能移动的空穴，“⊖”表示由得到一个电子的三价杂质所形成的不能移动的负离子；N 区中的实心点“•”表示能移动的自由电子，“⊕”表示由失去一个电子的五价杂质所形成的不能移动的正离子。许多半导体器件都含有 PN 结。

在图 1.4.1 中，由于 P 区中的空穴浓度远高于 N 区，故空穴就从 P 区向 N 区扩散，并与 N 区的电子复合。同样 N 区的电子也向 P 区扩散，并与 P 区的空穴复合。于是在交界面一侧的 P 区留下了一些带负电的三价杂质离子，在交界面另一侧的 N 区留下一些带正电的五价杂质离子。这些离子是不能移动的，因而在交界面两侧形成了一层很薄的空间电荷区（也称为耗尽层或阻挡层），这就是 PN 结。空间电荷区会产生一个内电场阻挡多数载流子（P 区的空穴和 N 区的电子）继续扩散，并推动少数载流子（P 区的电子和 N 区

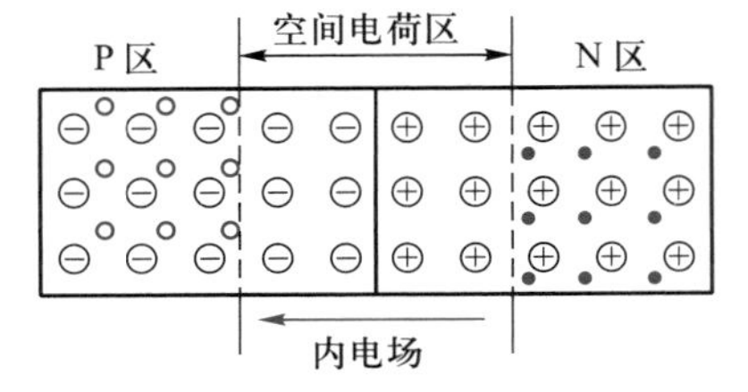

图 1.4.1　PN 结

的空穴)越过空间电荷区进入对方区域,这种少数载流子的移动称为漂移。当交界面附近的空间电荷区中的正、负离子数量不再变化,也就是多数载流子的扩散运动和少数载流子的漂移运动达到了平衡状态时,空间电荷区的宽度就稳定下来。

PN 结具有单向导电的特性,如图 1.4.2 所示。在图 1.4.2(a)中,PN 结两侧外加正电压(P 区一侧接外电源的正极,N 区一侧接负极),也称为正向偏置。此时外加电压在 PN 结中产生的外电场和内电场方向相反,在外电场的作用下,P 区中的多子(空穴)和 N 区中的多子(电子)都要向 PN 结移动,结果使交界面附近的空间电荷区中的正、负离子大为减少,空间电荷区变窄,多数载流子的扩散运动不断进行,形成较大的正向电流,PN 结处于导通状态,导电方向从 P 区到 N 区。PN 结导通时呈现的电阻称为正向电阻,其数值很小,一般为几欧到几百欧。在图 1.4.2(b)中,PN 结外加反向电压,也称为反向偏置。此时外电场和内电场方向相同,使空间电荷区加宽,多数载流子的扩散很难进行,仅有少数载流子的漂移形成数值很小的反向电流,可以认为 PN 结基本上不导电,处于截止状态。此时的电阻称为反向电阻,其数值很大,一般为几千欧到十几兆欧。因环境温度变化时少数载流子的数量随之变化,故 PN 结的反向电流受环境温度的影响较大。

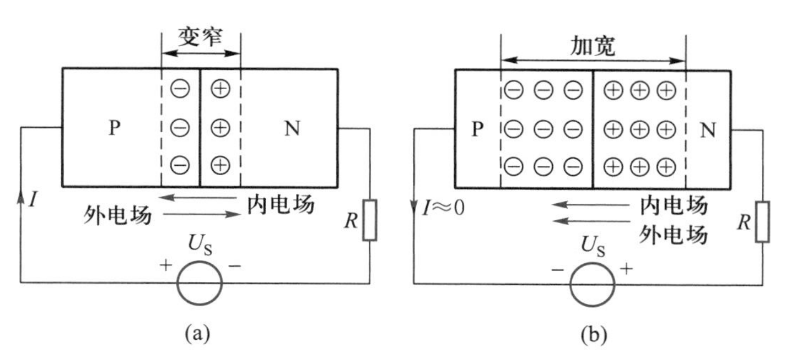

图 1.4.2 PN 结的单向导电性
(a) 正向偏置 (b) 反向偏置

PN 结除了有单向导电性外,还有一定的电容效应。PN 结的结电容大小和外加偏置电压有关,当外加反向电压增加时,因空间电荷区加宽而使结电容减小。PN 结的结电容一般很小,当工作频率很高时要考虑结电容的作用。

1.4.2 二极管的特性和主要参数

二极管由一个 PN 结加电极引线和管壳构成。由 P 区一侧引出的电极称为阳极,N 区一侧引出的电极称为阴极。二极管的图形符号如图 1.4.3(a)所示,图中二极管的导电方向为由阳极指向阴极。

按内部结构,二极管可分为点接触型、面接触型和硅平面型等类型。按所用半导体材料,有硅二极管和锗二极管等。

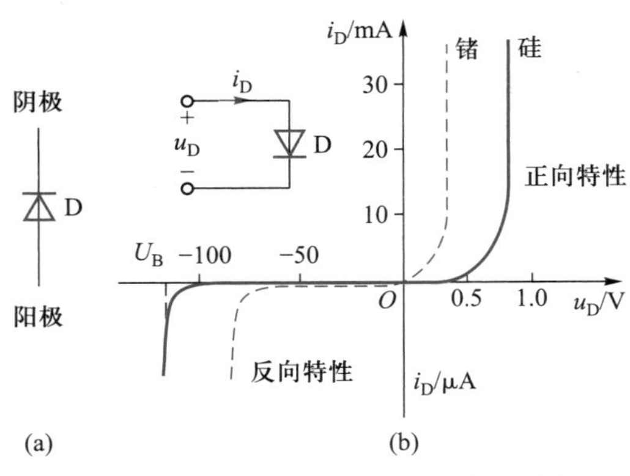

图 1.4.3　二极管的图形符号和伏安特性
(a) 图形符号　(b) 伏安特性

1. 二极管的伏安特性

二极管两端的电压和流过的电流之间的关系可用伏安特性曲线来表示。伏安特性可通过实验测出，图 1.4.3(b)示出了一个硅(锗)二极管的伏安特性。伏安特性包括正向特性和反向特性两部分。在正向特性中，当正向电压较小时正向电流很小，这一段称为死区。当正向电压超过某一数值后，正向电流开始明显增大，该电压值称为导通电压。硅二极管的导通电压约 0.5 V，锗二极管约 0.1 V。二极管正向导通后，电流上升较快，但管压降变化很小。硅二极管的正向压降为 0.6~0.8 V，锗二极管的正向压降为 0.2~0.3 V。在反向特性中，随着反向电压的增加，反向电流基本上不变，且数值很小。小功率硅二极管的反向电流一般小于 0.1 μA，锗二极管的反向电流比硅管大得多，受温度的影响比较明显。当反向电压增加到一定数值时，反向电流将急剧增加，称为反向击穿，此时的电压称为反向击穿电压 U_B。反向击穿会使 PN 结损坏，使用二极管时应加以避免。

二极管的伏安特性随温度的变化而变化，若温度升高，正向特性曲线向左移(正向压降下降)，反向特性曲线向下移(反向电流增加)。

注意：

由伏安特性可知，二极管是一个非线性电阻元件，它的电流和电压之间不存在比例关系，电阻不是一个常数。

2. 二极管的主要参数

(1) 最大正向电流 I_{FM}。指二极管长期工作时允许通过的最大正向平均电流。二极管使用时实际流过的正向平均电流不应超过此值，否则会因过热使二极管损坏。

(2) 最高反向工作电压 U_{RM}。二极管使用时实际承受的反向电压不应超过此值，以防发生反向击穿。

(3) 反向电流 I_R。是二极管质量指标之一。I_R 大说明二极管的单向导电性能差，且受温度的影响大。

(4) 最高工作频率 f_M。由于 PN 结存在结电容，二极管在高频应用时，二极管的单向导电性将变差，因此二极管存在一个最高工作频率。

二极管的参数还有很多，各类二极管的参数可查阅产品手册。手册给出的参数是在一定条件下测得的，故在使用参数时要注意参数的测试条件。另外由于产品制造过程中存在分散性，因此手册上有时只给出参数范围。

在选用二极管时应根据用途来选择其类型。例如用于整流电路时应选择整流二极管（例如 2CZ 系列），用于开关电路时应选择开关二极管（例如 2AK、2CK 系列），用于检波电路时应选择小信号二极管（例如 2AP 系列）。在高频领域中，广泛应用快恢复二极管（fast recovery diode，简称 FRD），它与普通二极管结构不同，具有开关特性好、反向恢复时间短等特点，主要应用于开关电源、脉宽调制电路、不间断电源、高频调速，高频加热中，作为高频整流二极管、续流二极管或阻尼二极管使用。

1.4.3 二极管的工作点和理想特性

1. 二极管的工作点

二极管正向导通时，其电流和电压的大小由正向特性确定。在图 1.4.4(a) 所示电路中，根据闭合电路的欧姆定律 $U_S=RI_D+U_D$，故二极管的端电压

$$U_D=U_S-RI_D \tag{1.4.1}$$

由于 U_S 和 R 为常量，故式(1.4.1)描述的 U_D-I_D 关系是一条不通过坐标原点的直线。令 $I_D=0$，则 $U_D=U_S$，可在图 1.4.4(b) 的 u_D 轴上得到 M 点；令 $U_D=0$，则 $I_D=\frac{U_S}{R}$，可在 i_D 轴上得到 N 点。连接 MN 两点就得到此直线。另一方面，二极管的 U_D、I_D 又要符合它本身的伏安特性曲线。故交点 Q 就是二极管的工作点，与 Q 点对应的 U_D、I_D 就是二极管的电压、电流。若 U_S 或 R 改变，则 M 点或 N 点的位置改变，交点 Q 的位置也改变。

U_D 和 I_D 的比值称为二极管的静态电阻，即

$$R_D=\frac{U_D}{I_D} \tag{1.4.2}$$

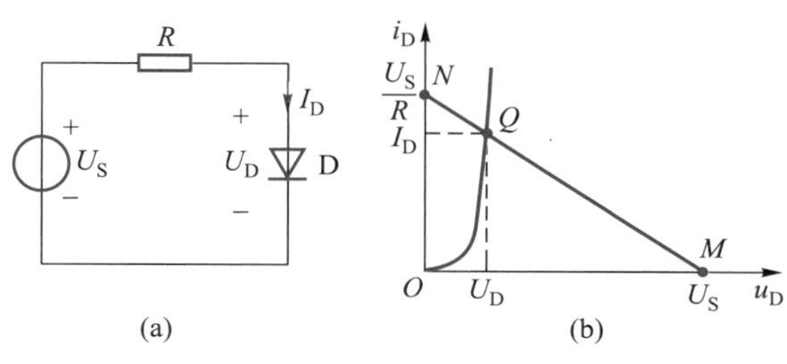

图 1.4.4 二极管的工作点

显然，Q 点位置不同，R_D 值也不同，即二极管的静态电阻随工作电流的变化而改变。

如果由于某种原因使二极管电压在原来的工作点附近发生微小变化，变化量为 ΔU_D，相应的电流变化量为 ΔI_D，如图 1.4.5 所示。ΔU_D 与 ΔI_D 之比的极限称为动态电阻，即

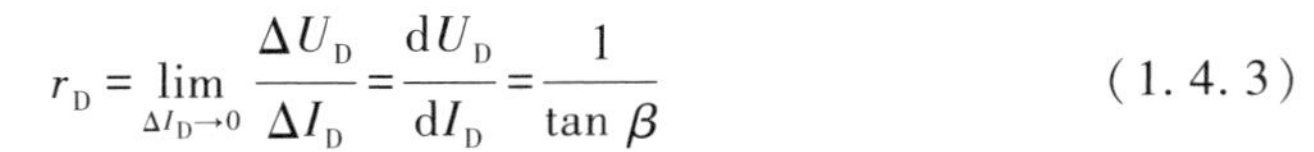

$$r_D=\lim_{\Delta I_D\to 0}\frac{\Delta U_D}{\Delta I_D}=\frac{dU_D}{dI_D}=\frac{1}{\tan\beta} \tag{1.4.3}$$

动态电阻 r_D 的数值等于过 Q 点切线斜率的倒数。Q 点位置变化，r_D 值也随之改变。当 Q 点位置升高(即 I_D 变大)时，r_D 值变小。

2. 二极管的理想特性

在分析含有二极管的电路时，由于二极管伏安特性的非线性，故需采用上述的图解法来确定工作点，比较麻烦。但由于二极管的正向压降和动态电阻都比较小，因此在很多应用场合(例如整流电路、开关电路)就采用折线来近似二极管的伏安特性曲线，如图 1.4.6(a)所示，认为二极管导通时正向压降为零，截止时反向电流为零。这样的二极管称为理想二极管。或如图 1.4.6(b)所示，认为二极管正向压降为一个恒定值 U_{ON}，U_{ON} 的数值通常为：硅管 0.7 V；锗管 0.3 V。

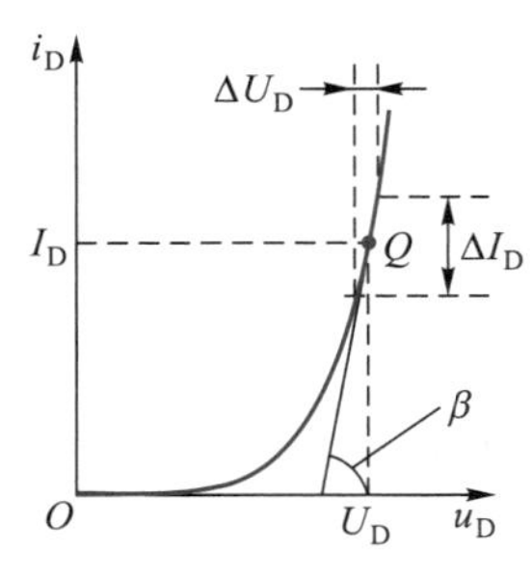

图 1.4.5　二极管的动态电阻

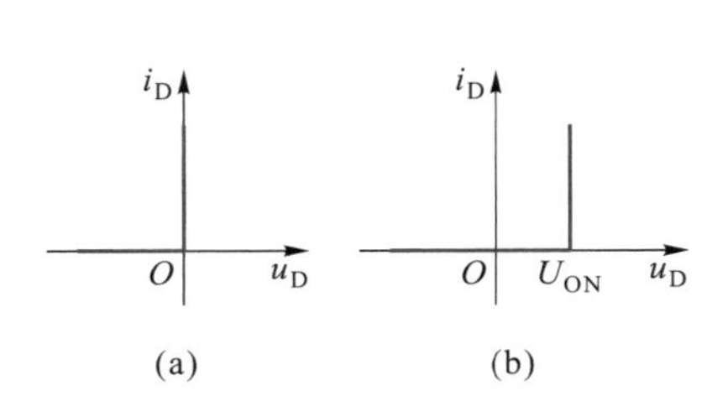

图 1.4.6　二极管的理想特性

[**例题 1.4.1**]　在图 1.4.7 中设二极管导通时的正向压降为 0.7 V，$R=3\ \text{k}\Omega$，$U_{S2}=12$ V，$U_{S1}=3$ V，试分析 D_1、D_2 的工作情况并求 I 值。

[**解**]　该电路中 D_2 的阴极和 U_{S2} 的“-”端、U_{S1} 的“+”端相连接，并作为电位参考点(零电位点)。D_2 的阳极和 D_1 的阳极接在一起(a 点)，故阳极电位 V_a 相同。但阴极电位不相同，D_1 的阴极电位 $V_b=-3$ V，D_2 的阴极电位 $V_c=0$，故 D_1 优先导通。因 D_1 的正向压降为 0.7 V，故 D_1 导通使 a 点的电位 $V_a=(V_b+0.7)$ V $=-2.3$ V，使 D_2 的阳极电位低于阴极而截止。分析时也可以先假定将 D_2 断开，得到 $V_a=-2.3$ V，然后再将 D_2 接入，此时 D_2 承受反向电压，不会导通，故只能是 D_1 导通。因而可得

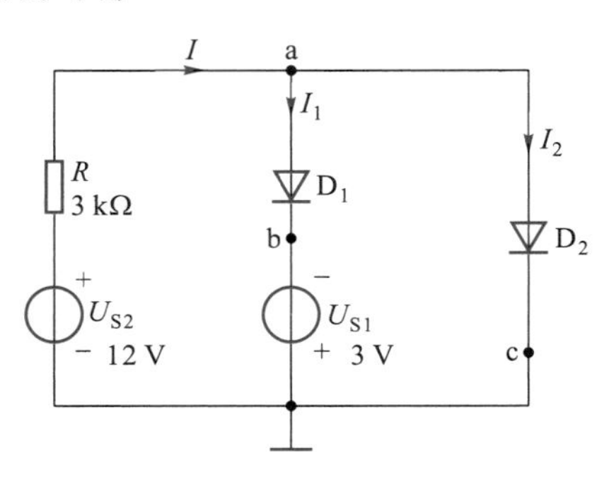

图 1.4.7　例题 1.4.1 的电路

$$I=\frac{U_{S2}-V_a}{R}=\frac{12-(-2.3)}{3\times10^3}\ \text{A}=4.77\times10^{-3}\ \text{A}=4.77\ \text{mA}$$

1.4.4　稳压二极管

除了前面介绍的普通二极管外，二极管还有一些特殊类型，例如稳压二极管、发光二极管（用于发光指示）、光电二极管（用于检测入射光的光强）、变容二极管（作为电压控制的电容元件）等。下面介绍稳压二极管。

稳压二极管是一种特殊的二极管，具有稳定电压的作用。图 1.4.8 是稳压二极管的图形符号和伏安特性。稳压二极管和普通二极管的主要区别在于，稳压二极管工作在 PN 结的反向击穿状态。通过在制造过程中的工艺措施和使用时限制反向电流的大小，能保证稳压二极管在反向击穿状态下不会因过热而损坏。在反向击穿状态下，反向电流在一定范围内变化时，稳压二极管两端的电压变化很小，利用这一特性可以起到稳定电压的作用。

稳压二极管的主要参数为：

（1）稳定电压 U_Z。当通过稳压二极管的电流为规定的测试电流 I_Z（也称为稳定电流）时，稳压二极管两端的电压值。产品中有不同稳压值的稳压二极管可供选择。不过同一型号的稳压二极管 U_Z 也有分散性。例如 2CW14 型稳压二极管在 $I_Z=10$ mA 时，U_Z 的允许值在 6~7.5 V 之间。

（2）动态电阻 r_Z。在伏安特性曲线的稳压区内，电压变化量 ΔU_Z 和电流变化量 ΔI_Z 之比。r_Z 通常为几欧至几十欧，且随 I_Z 的增大而减少。

（3）稳定电流 I_Z、最小稳定电流 I_{Zm}、最大稳定电流 I_{ZM}。

稳定电流：工作电压等于稳定电压时的反向电流；最小稳定电流：工作于稳定电压时所需的最小反向电流；最大稳定电流：允许通过的最大反向电流。

（4）最大耗散功率 P_{ZM}。最大允许的耗散功率，$P_{ZM}\approx U_Z I_{ZM}$。

（5）电压温度系数 α_{U_Z}。温度每升高 1 ℃时稳定电压值的相对变化量。U_Z 为 6 V 左右的稳压二极管的温度稳定性较好。

用稳压二极管构成的稳压电路如图 1.4.9 所示。图中 U_I 为输入电压，R 为限流电阻，R_L 为负载电阻。U_I 值必须大于 U_Z，U_I 一部分降落在 R 两端，另一部

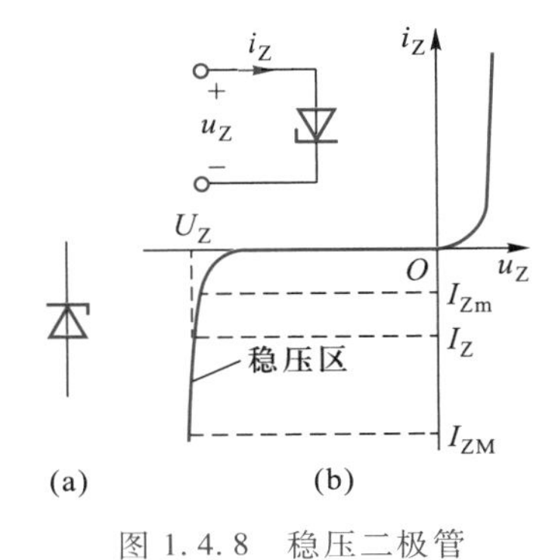

图 1.4.8　稳压二极管
（a）图形符号　（b）伏安特性

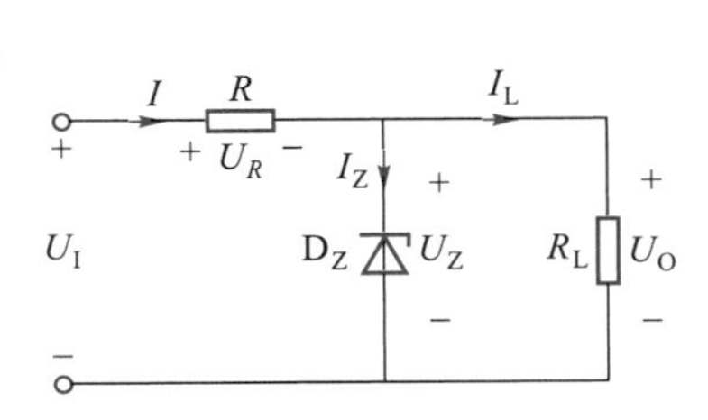

图 1.4.9　稳压二极管构成的稳压电路

分施加给 R_L 和 D_Z，即 $U_I=U_R+U_O$。当稳压二极管处于反向击穿状态时，U_Z 基本不变，故负载电阻 R_L 两端的电压 $U_O=U_Z$ 基本稳定。也就是说，如果 U_I 或 R_L 发生变化，只要稳压二极管工作在稳压区（稳压二极管电流 I_Z 在最小稳定电流 I_{Zm} 至最大稳定电流 I_{ZM} 的范围内），可以认为 U_Z 基本不变。由于电路中 $U_I-U_Z=U_R=RI$，$I=I_Z+I_L$，$I_L=U_Z/R_L$，故当 U_I 或 R_L 变化时，U_Z 虽基本不变，但 U_R、I、I_Z、I_L 会相应发生变化（见习题 1.4.5）。

1.4.5　发光二极管和光电二极管

发光二极管工作在正向偏置状态，正向电流流过发光二极管时，它会发出可见光。光的颜色视发光二极管材料而定，其符号及电路如图 1.4.10 所示。发光二极管正向工作电压比普通二极管高但不超过 2 V，正向工作电流一般为几毫安到几十毫安。

光电二极管又称光敏二极管，其符号及电路如图 1.4.11 所示。它工作在反向偏置状态，反向电流随光照强度增加而增加。无光照时，电路中电流很小；有光照时，电流会迅速上升。

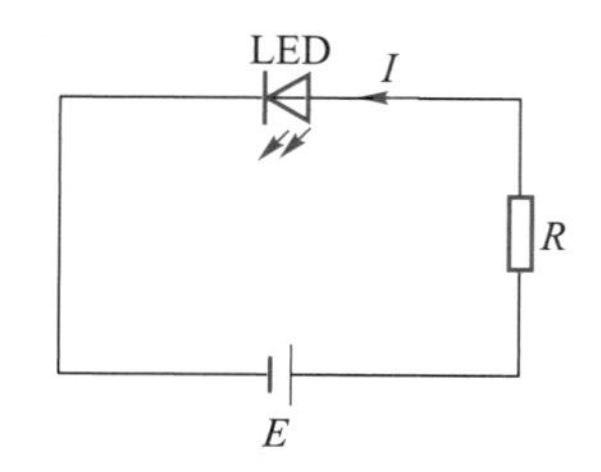

图 1.4.10　发光二极管电路

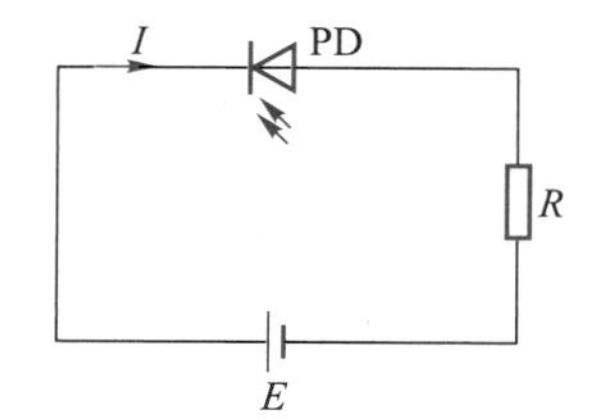

图 1.4.11　光电二极管电路

视频资源：1.5 双极晶体管

1.5　双极晶体管

1.5.1　基本结构和电流放大作用

双极晶体管（bipolar junction transistor，简称 BJT）常简称为晶体管。它有 NPN 和 PNP 两种类型，图 1.5.1（a）和（b）是其结构示意图和图形符号。

NPN 型和 PNP 型晶体管都含有三个掺杂区（发射区、基区和集电区）、两个 PN 结。发射区和基区间的 PN 结称为发射结，集电区和基区间的 PN 结称为集电结。由发射区、基区和集电区分别引出发射极 E（emiter）、基极 B（base）和集电极 C（collector）。为了使晶体管能有电流放大作用，在制造时使其发射区杂质浓度很高，基区很薄且杂质浓度很低，集电结的面积比发射结的面积大（这从图 1.5.1 看不出，因为图 1.5.1 不是实际结构），且集电区杂质浓度较发射区低。

在晶体管的图形符号中，发射极上的箭头表示发射极电流 I_E 的方向，NPN 管的 I_E 是从发射极流出来的，PNP 管则相反。

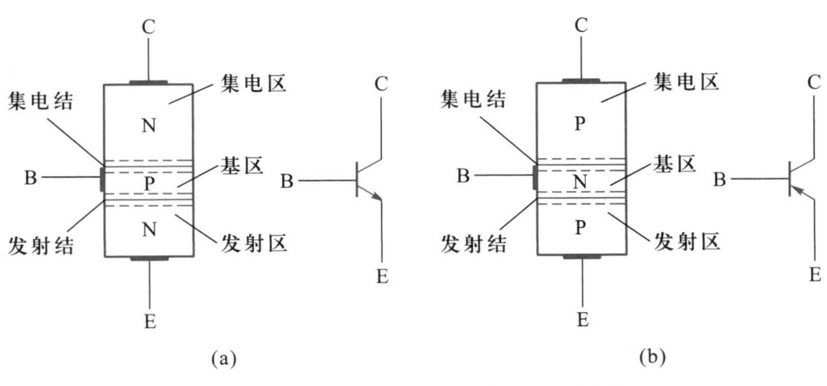

图 1.5.1 晶体管的结构示意和图形符号
(a) NPN 型 (b) PNP 型

下面以 NPN 型为例讨论晶体管的工作原理和特性。

晶体管是一个具有放大作用的元件。为了实现放大作用,可把 NPN 型晶体管接成图 1.5.2 所示电路。图中晶体管的发射极、基极和基极电阻 R_B、基极电源 U_{BB} 相连接,组成基极电路;发射极、集电极和集电极电阻 R_C、集电极电源 U_{CC} 相连接,组成集电极电路。由于发射极是基极电路和集电极电路的公共端,故这种电路称为共发射极电路。

在图 1.5.2 中,基极电源 U_{BB} 使发射结获得正向偏置,故发射区的电子不断地越过发射结进入基区,并不断由电源补充电子形成发射极电流 I_E。当然基区空穴也进入发射区,但因基区的杂质浓度很低,故空穴形成的电流很小(在图中未画出)。发射区的电子注入基区后,将继续向集电结扩散。因基区很薄且空穴浓度很低,故发射区注入基区的电子只有一小部分和基区的空穴复合,复合掉的空穴不断由基极电源补充,形成基极电流 I_B,而发射区注入基区的绝大部分电子扩散到集电结的边沿。由于集电极电源 U_{CC} 使集电结获得反向偏置,故扩散到集电结边沿的电子就在电场的作用下越过集电结,被集电极收集,形成集电极电流 I_C。三个电流之间的关系为

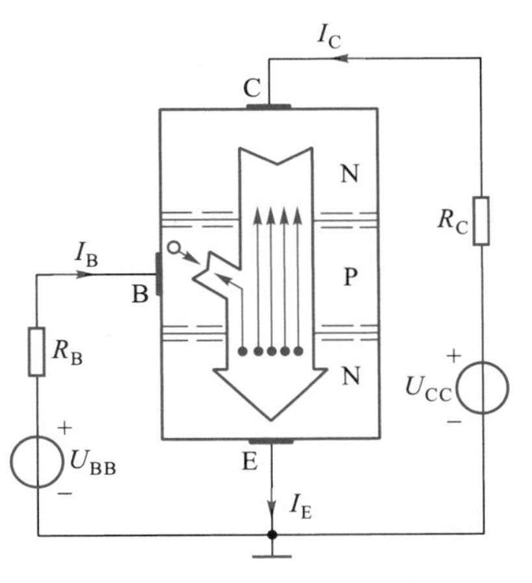

图 1.5.2 共发射极电路中载流子的运动

$$I_E = I_C + I_B \tag{1.5.1}$$

由于晶体管制成后其内部尺寸和杂质浓度是确定的,所以发射区所发射的电子在基区复合的百分数和被集电极收集的百分数大体上是确定的。因此晶体管内部的电流存在一种比例分配关系,I_C 和 I_B 分别占 I_E 的一定比例,且 I_C 接近于 I_E,I_C 远大于 I_B,I_C 和 I_B 间也存在比例关系。这样,当基极电路由于外加电压或电阻改变而引起 I_B 的微小变化时,I_C 必定会发生较大的变化。这就是晶体管

的电流放大作用，也就是通常所说的基极电流对集电极电流的控制作用。

总之，晶体管之所以能实现电流放大作用，既有内部条件——制造时使基区很薄且杂质浓度远低于发射区等，又要有外部条件——发射结正向偏置、集电结反向偏置，两者缺一不可。对于 PNP 型晶体管，基极应接基极电源 U_{BB} 的负极侧才能使发射结获得正向偏置，集电极应接集电极电源 U_{CC} 的负极侧才能使集电结获得反向偏置。可见 PNP 型和 NPN 型晶体管的电源极性正好相反。

由于晶体管中电子和空穴两种极性的载流子都参与导电，故称为双极晶体管。

1.5.2　特性曲线和主要参数

1. 共发射极输入和输出特性曲线

晶体管在共发射极接法时，基极、集电极的电流和电压如图 1.5.3 所示。此时基极是输入端，基极电流为 i_B，基极和发射极之间的电压为 u_{BE}；集电极是输出端，集电极电流为 i_C，集电极和发射极之间的电压为 u_{CE}。

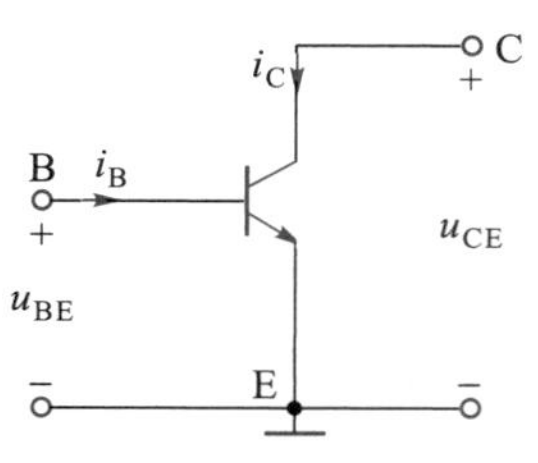

图 1.5.3　共发射极接法时的电流和电压

共发射极输入特性曲线是指以 u_{CE} 为参变量时，i_B 和 u_{BE} 之间的关系，即

$$i_B = f(u_{BE})\mid_{u_{CE}=常数} \qquad (1.5.2)$$

由于发射结是正向偏置的 PN 结，故晶体管的输入特性和二极管的正向特性相似。不同之处在于晶体管的两个 PN 结靠得很近，i_B 不仅与 u_{BE} 有关，而且还要受到 u_{CE} 的影响，故研究 i_B 与 u_{BE} 的关系要对应于一定的 u_{CE}。

图 1.5.4(a) 是小功率硅晶体管的输入特性曲线。分析表明，当 $U_{CE} \geq 1$ V 时，晶体管集电结的电场已足够大，可以把从发射区进入基区的电子中的绝大部分吸引到集电极，u_{CE} 变化对 i_B 的影响可以忽略，故可认为 $U_{CE} \geq 1$ V 时的各条输入特性曲线基本重合。由图 1.5.4(a) 可见，输入特性也有一段死区。当 u_{BE} 超过某一数值后，i_B 开始明显增大，该电压值称为导通电压。硅管的导通电压约为 0.5 V，锗管约为 0.1 V。

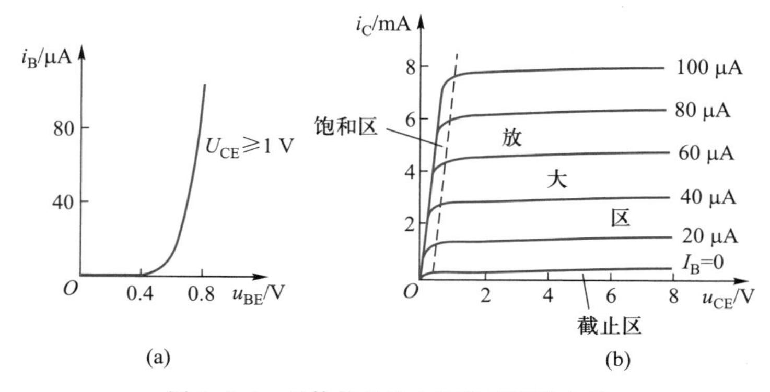

图 1.5.4　晶体管的输入和输出特性曲线

(a) 输入特性　(b) 输出特性

输出特性曲线是以 i_B 为参变量时，i_C 和 u_{CE}之间的关系，即

$$i_C = f(u_{CE}) \mid_{i_B=常数} \tag{1.5.3}$$

对应于某一个 I_B 值，就有一条相应的 i_C-u_{CE}曲线，故输出特性是一族曲线，如图 1.5.4(b)所示。根据晶体管的工作状态，输出特性可分为三个区域：

(1) 截止区。习惯上把 $I_B=0$ 时的 i_C-u_{CE}曲线以下的区域称为截止区，在 $I_B<0$ 时，晶体管的外加电压使发射结和集电结均处于反向偏置。$I_B=0$ 时的集电极电流用 I_{CEO}表示。I_{CEO}的值很小，若忽略不计，集电极和发射极之间相当于开路，即晶体管相当于一个处于断开状态的开关。

(2) 饱和区。当 $u_{CE}<u_{BE}$时，集电极的电位低于基极，集电结处于正向偏置，晶体管处于饱和状态。$u_{CE}=u_{BE}$时的状态通常称为临界饱和。图 1.5.4(b)中用虚线示出了临界饱和点的轨迹，虚线以左的区域为饱和区，此区域内所有不同 I_B 的特性曲线几乎是重合的，即这时 I_C 不受 I_B 控制，I_C 只随 U_{CE}的变化而变化，失去放大作用。晶体管处于饱和状态时，发射结和集电结均为正向偏置，集电极和发射极之间的电压称为饱和压降，用 U_{CES} 表示。U_{CES} 的值很小，通常硅管约为 0.3 V，锗管约为 0.1 V。故晶体管饱和时相当于一个处于接通状态的开关。

(3) 放大区。发射结正向偏置、集电结反向偏置时晶体管处于放大状态，相应的区域就是放大区。在放大区，输出特性是一组以 I_B 为参变量的几乎平行于横轴(略有上翘)的曲线族，I_C 主要受 I_B 控制，U_{CE}的变化对 I_C 有影响，但影响很小。

在放大电路中，晶体管工作在放大区，以实现放大作用。而在开关电路中，晶体管则工作在截止区或饱和区，相当于一个开关的断开或接通。

[例题 1.5.1] 图 1.5.5(a)所示共发射极电路中，设 $U_{CC}=6$ V，$I_B=20$ μA 时晶体管的 i_C-u_{CE}的曲线如图 1.5.5(b)所示。试求：(1) 工作点为曲线上 Q_1 时的 R_C 值；(2) 工作点为 Q_2 时的 R_C 值。

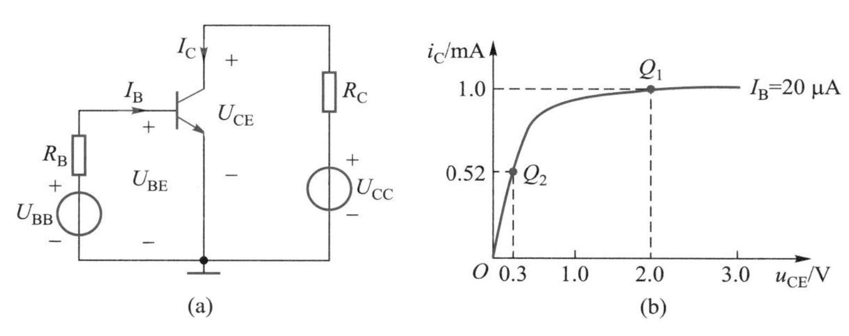

图 1.5.5 例题 1.5.1 的电路和特性曲线

[解] (1) 由图可知 Q_1 点的 $I_C=1$ mA，$U_{CE}=2$ V，晶体管处于放大状态。根据闭合电路的欧姆定律

$$U_{CC}=R_C I_C+U_{CE}$$

故

$$R_C=\frac{U_{CC}-U_{CE}}{I_C}=\left(\frac{6-2}{1\times10^{-3}}\right)\ \Omega=4\times10^3\ \Omega=4\ \text{k}\Omega$$

（2）Q_2 点的 $I_C=0.52\ \text{mA}$，$U_{CE}=0.3\ \text{V}$，晶体管处于饱和状态。此时的 R_C 值为

$$R_C=\frac{U_{CC}-U_{CE}}{I_C}=\left(\frac{6-0.3}{0.52\times10^{-3}}\right)\ \Omega=11\times10^3\ \Omega=11\ \text{k}\Omega$$

由以上计算可知，当 U_{CC}、I_B 为一定值时，增大 R_C 能使晶体管的工作点沿 i_C-u_{CE} 曲线向左移动，从放大状态进入饱和状态。反之若原来处于饱和状态，则减少 R_C 能脱离饱和进入放大状态。

2. 主要参数

（1）直流（静态）电流放大系数 $\bar{\beta}$ 和交流（动态）电流放大系数 β

$$\bar{\beta}=\frac{I_C-I_{CEO}}{I_B}\approx\frac{I_C}{I_B}\tag{1.5.4}$$

$$\beta=\frac{\Delta I_C}{\Delta I_B}\tag{1.5.5}$$

在实际使用时，往往不严格区分 β 和 $\bar{\beta}$。常用小功率晶体管的 β 值在 20～150 之间。β 值随温度升高而增大。在输出特性曲线图上，当温度升高时曲线向上移且曲线间的距离增大。

（2）穿透电流 I_{CEO}。基极开路（$I_B=0$）时的集电极电流。I_{CEO} 随温度的升高而增大。硅晶体管的 I_{CEO} 比锗管要小 2～3 个数量级。

（3）集电极最大允许电流 I_{CM}。当晶体管工作时的集电极电流超过 I_{CM} 时，晶体管的 β 值将会明显下降。

（4）集电极最大允许耗散功率 P_{CM}。晶体管工作时集电极功率损耗 $P_C=I_CU_{CE}$。P_C 的存在使集电结的温度上升，若 $P_C>P_{CM}$ 将会导致晶体管过热而损坏。

（5）集电极、发射极之间的反向击穿电压 $U_{(BR)CEO}$。基极开路时，集电极和发射极之间允许施加的最大电压。若 $U_{CE}>U_{(BR)CEO}$，集电结将被反向击穿。

1.5.3　简化的小信号模型

下面讨论晶体管工作在放大状态时，如何用电路模型来表征它的特性。由于晶体管的集电极电流受基极电流的控制，故要采用一种称为受控源的电路元件来描述这种受控特性。下面先介绍受控源的有关概念，再说明如何建立晶体管的电路模型。

1. 受控源

受控源又称为非独立电源，它的电压或电流受电路中另一处的电压或电流所控制，不能独立存在。而 1.3 节介绍的电源，它的电压和电流不受外电路的影响而独立存在，故称为独立电源。

独立电源有电压源和电流源两种类型，相应的，受控源也分为受控电压源和受控电流源。由于受控源的控制量可以是电压或电流，因此受控源共有四种类型：电压控制电压源（voltage controlled voltage source，简称 VCVS）、电压控制电

流源（VCCS）、电流控制电压源（CCVS）和电流控制电流源（CCCS）。

图 1.5.6 所示为四种理想受控源的图形符号。由图可见，受控源有两对端钮，一对用于输入控制量 U_1 或 I_1，另一对用于输出受控的电压 U_2 或电流 I_2。图中 μ、g、r、β 为比例系数，μ 称为电压放大系数，g 称为转移电导（跨导），r 称为转移电阻，β 称为电流放大系数。当比例系数为常数时，受控源为线性元件。为了和独立电源相互区别，受控源的图形符号用菱形表示。在图 1.5.6 中，受控电压源没有串联内阻 R_0（R_0 称为输出电阻），即 $R_0=0$；受控电流源没有并联内阻，即 $R_0=\infty$。当控制量为电流时，两个输入端直接相连（称为短接），从输入端看进去的电阻（称为输入电阻）$R_i=0$；当控制量为电压时，两个输入端之间是开路的，即 $R_i=\infty$。在建立某个电子器件的电路模型时，应根据该器件的受控特性来选用受控源四种类型中的一种，有时还要考虑输入电阻、输出电阻。

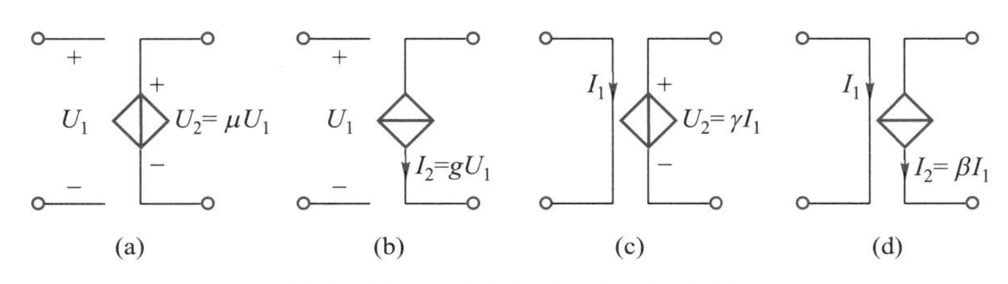

图 1.5.6 理想受控源的图形符号

（a）VCVS （b）VCCS （c）CCVS （d）CCCS

2. 晶体管简化的小信号模型

由于晶体管是基极电流控制集电极电流，故其电路模型应采用电流控制电流源。

设共发射极电路中基极电压和电流分别为 U_{BE} 和 I_B，当基极和发射极之间的电压在 U_{BE} 的基础上出现一个微小的变化量 ΔU_{BE}[①]时，基极电流也在 I_B 的基础上产生一个变化量 ΔI_B。因 I_C 受 I_B 控制，故在集电极就产生 ΔI_C，如图 1.5.7（a）所示。

ΔI_B 和 ΔU_{BE} 的关系可由晶体管的输入特性曲线获得。设 U_{BE} 和 I_B 在输入特性曲线上的对应点为 Q，在 Q 点附近电压和电流的变化量 ΔU_{BE} 和 ΔI_B 比较小，如图 1.5.7（b）所示。于是可以把 Q 点附近的一段曲线近似地看成是直线。ΔU_{BE} 和 ΔI_B 之比就是动态电阻，即

$$r_{be}=\frac{\Delta U_{BE}}{\Delta I_B} \qquad (1.5.6)$$

r_{be} 称为晶体管的输入电阻。在常温下小功率晶体管的 r_{be} 为

$$r_{be}=r_b+(\beta+1)\frac{26}{I_E} \qquad (1.5.7)$$[②]

式中，I_E 为发射极电流，$I_E=(\beta+1)I_B$；r_b 为基区电阻，当 $I_E<5$ mA 时 r_b 约为

① 外部的变化电压如何加至基极见第 3 章 3.1 节。

② 式（1.5.7）中，26 代表 26 mV，I_E 的单位为 mA。

200 Ω。由式(1.5.7)可以看出,r_{be}的大小和 β、I_E 有关。Q 点在输入特性曲线上的位置上移,r_{be}变小。

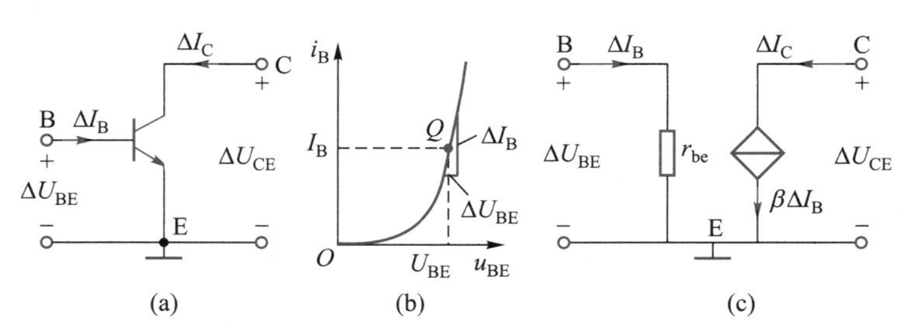

图 1.5.7　晶体管简化的小信号模型

由式(1.5.6)可知,对变化量来说,晶体管的基极和发射极之间可以用输入电阻 r_{be}来等效。另外,因晶体管工作在放大区时,可以近似地认为其输出特性是一族以 I_B 为参变量的平行于横轴的直线,其 ΔI_C 只受 ΔI_B 的控制,而与 U_{CE}几乎无关,即 $\Delta I_C=\beta\Delta I_B$,故晶体管的集电极和发射极之间可以用一个 $\beta\Delta I_B$ 的电流源来等效。由此可以画出对变化量而言的电路模型,如图 1.5.7(c)所示(注意图中的电流参考方向,当 ΔI_B 从 B 流向 E 时,受控电流源 $\beta\Delta I_B$ 的方向是从 C 流向 E)。因为这个电路模型只适用于变化量较小即小信号的情况,且忽略 U_{CE}对 I_B 和 I_C 的影响,故称为简化的小信号模型。

[**例题 1.5.2**]　设图 1.5.7 中晶体管基极电流 $I_B=0.02$ mA,电流放大系数 $\beta=80$。如果集电极电流变化量 $\Delta I_C=0.3$ mA,问基极和发射极之间应加入的电压变化量 ΔU_{BE}为多少?

[**解**]　先根据式(1.5.7)求出晶体管的输入电阻

$$r_{be}=r_b+(\beta+1)\frac{26}{I_E}=r_b+\frac{26}{I_B}=\left(200+\frac{26}{0.02}\right)\ \Omega=1\ 500\ \Omega$$

再根据图 1.5.7(c)计算 ΔI_B 和 ΔU_{BE}

$$\Delta I_B=\frac{\Delta I_C}{\beta}=\frac{0.3}{80}\ \text{mA}=3.75\times10^{-3}\ \text{mA}$$

$$\Delta U_{BE}=r_{be}\Delta I_B=(1\ 500\times3.75\times10^{-6})\ \text{V}=5.625\ \text{mV}$$

视频资源:1.6 绝缘栅场效晶体管

1.6　绝缘栅场效晶体管

场效晶体管(field effect transistor,简称 FET)是利用电场效应来控制电流的一种半导体器件。按其结构可分为结型场效晶体管和绝缘栅场效晶体管两大类。由于绝缘栅场效晶体管的应用更为广泛,故这里仅介绍此种类型。

1.6.1　基本结构和工作原理

绝缘栅场效晶体管按其导电类型,可分为 N 沟道(电子导电)和 P 沟道(空穴导电)两种。N 沟道绝缘栅场效晶体管的结构如图 1.6.1(a)所示。它用一块杂质浓度较低的 P 型硅片作为衬底,在其上面扩散两个杂质浓度很高的 N 区

（称为 N^+区），并引出两个电极，分别称为源极 S（source）和漏极 D（drain）。P型硅片表面覆盖一层极薄的二氧化硅（SiO_2）绝缘层，在源极和漏极之间的绝缘层上制作一个金属电极称为栅极 G（gate）。栅极和其他电极是绝缘的，故称为绝缘栅场效晶体管。金属栅极和半导体之间的绝缘层目前常用二氧化硅，故又称为金属-氧化物-半导体场效晶体管，简称 MOS 管（metal oxide semiconductor）。

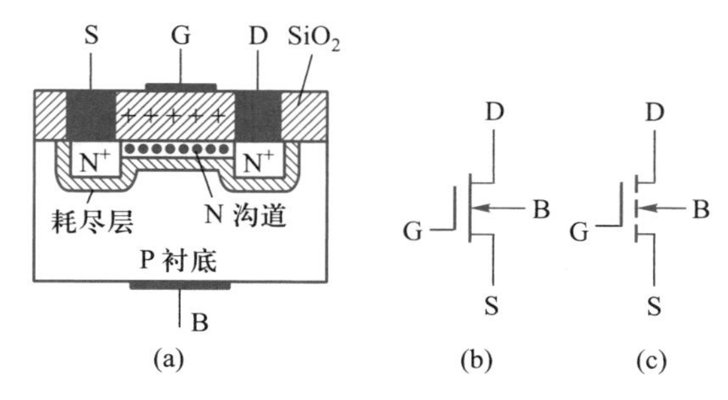

图 1.6.1 N 沟道绝缘栅场效晶体管
（a）耗尽型 NMOS 管结构示意 （b）耗尽型 NMOS 管图形符号
（c）增强型 NMOS 管图形符号

如果在制造 N 沟道 MOS 管（简称 NMOS 管）时，在二氧化硅绝缘层中掺入大量的正离子，就会在 P 型衬底的表面产生足够大的正电场，这个强电场将会排斥 P 型衬底中的空穴（多数载流子），并把衬底中的电子（少数载流子）吸引到表面，形成一个 N 型薄层，将两个 N^+区即源极和漏极沟通。这个 N 型薄层称为 N 型导电沟道。这种 MOS 管在制造时导电沟道就已形成，称为耗尽型场效晶体管。如果在制造时二氧化硅绝缘层中的正离子很少，不足以形成导电沟道，必须在栅极和源极之间外加一定的电压才能形成导电沟道，则称为增强型场效晶体管。N 沟道耗尽型和增强型 MOS 管的图形符号分别如图 1.6.1（b）和（c）所示。在增强型 MOS 管的符号中，源极 S 和漏极 D 之间的连线是断开的，表示 $U_{GS}=0$ 时导电沟道没有形成。

P 沟道 MOS 管（简称 PMOS 管）是用 N 型硅片作衬底，在衬底上面扩散两个杂质浓度很高的 P 区（称为 P^+区），两个 P^+区之间的表面覆盖二氧化硅，然后分别加上金属电极作为源极、漏极和栅极。PMOS 管工作时连通两个 P^+区的是一条 P 型导电沟道。PMOS 管也分为耗尽型和增强型，它们的图形符号分别如图 1.6.2（a）和（b）所示。由于场效晶体管工作时只有一种极性的载流子（N 沟道是电子、P 沟道是空穴）参与导电，故亦称为单极晶体管。

和双极晶体管的共发射极接法相类似，MOS 管常采用共源极接法。图 1.6.3是用 N 沟道耗尽型 MOS 管构成的共源极电路。图中 MOS 管的 P 型衬底和源极 S 相连，使 P 型衬底的电位低于 N 型导电沟道的电位，P 型衬底和 N 型沟道之间的 PN 结始终处于反向偏置，保证 MOS 管的正常工作。

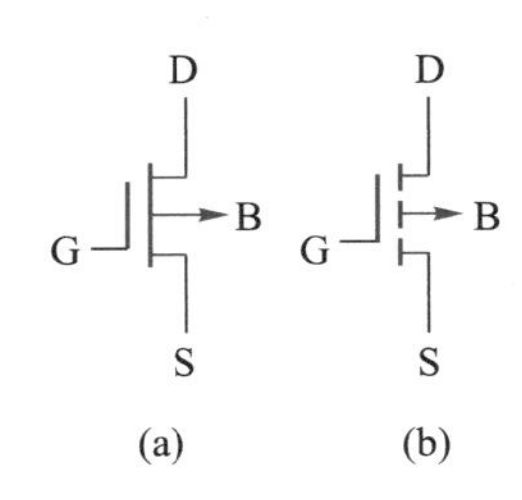

图 1.6.2　PMOS 管的图形符号
(a) 耗尽型　(b) 增强型

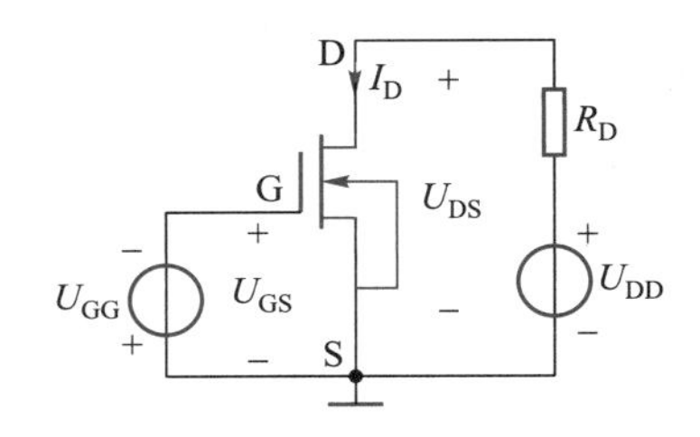

图 1.6.3　共源极电路

图 1.6.3 中，在正电源 U_{DD} 的作用下，耗尽型 MOS 管 N 型沟道中的电子就从源极侧向漏极运动，形成漏极电流 I_D。如果栅极和源极间的电压 U_{GS} 增加(或降低)，则垂直于衬底的表面电场强度加强(或减弱)，从而使导电沟道加宽(或变窄)，引起漏极电流 I_D 增大(或减小)。因此 MOS 管是利用半导体表面的电场效应来改变导电沟道的宽窄而控制漏极电流的。或者说，是利用栅源电压 U_{GS} 来控制漏极电流 I_D。

和晶体管相比，场效晶体管的源极相当于晶体管的发射极、漏极相当于集电极、栅极相当于基极。晶体管的集电极电流受基极电流 I_B 控制，是一种电流控制型器件。而场效晶体管的漏极电流 I_D 受栅源电压 U_{GS} 的控制，是一种电压控制型器件。场效晶体管具有输入电阻大、耗电少、噪声低、热稳定性好、抗辐射能力强等优点，在低噪声放大器的前级或环境条件变化较大的场合常被采用。MOS 管的制造工艺比较简单，占用芯片面积小，特别适用于制作大规模集成电路。

1.6.2　特性曲线和主要参数

1. 特性曲线

由于 MOS 管的栅极是绝缘的，栅极电流 $I_G \approx 0$，因此不研究 I_G 和 U_{GS} 之间的关系。I_D 和 U_{DS}、U_{GS} 之间的关系可用输出特性和转移特性来表示。

输出特性是指以 u_{GS} 为参变量时，i_D 和 u_{DS} 之间的关系，即

$$i_D = f(u_{DS}) \mid u_{GS=\text{常数}} \tag{1.6.1}$$

图 1.6.4(a)是耗尽型 NMOS 管的输出特性曲线，也称为漏极特性曲线。它是以 u_{GS} 为参变量的一族曲线。由图可见，当 u_{DS} 较小时，在一定的 u_{GS} 下，i_D 几乎随 u_{DS} 的增大而线性增大，i_D 增长的斜率取决于 u_{GS} 的大小。在这个区域内，场效晶体管 D、S 间可看作一个受 u_{GS} 控制的可变电阻，故称为可变电阻区。当 u_{DS} 较大时，i_D 几乎不随 u_{DS} 的增大而变化，但在一定的 u_{DS} 下 i_D 随 u_{GS} 的增加而增长，故这个区域称为线性放大区或恒流区，场效晶体管用于放大时就工作在这个区域。当 u_{GS} 减小(即向负值方向增大)到某一数值时，N 型导电沟道消失，$i_D \approx 0$，称为场效晶体管处于夹断状态(即截止)。通常定义 i_D 为某一微小电流(几十微安)时的栅源电压为栅源夹断电压 $U_{GS(off)}$。

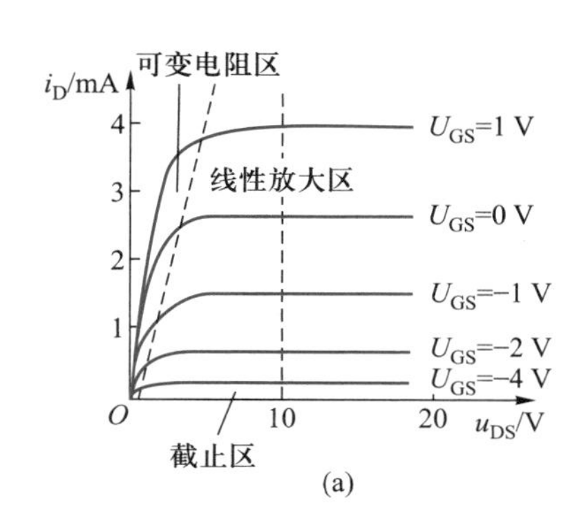

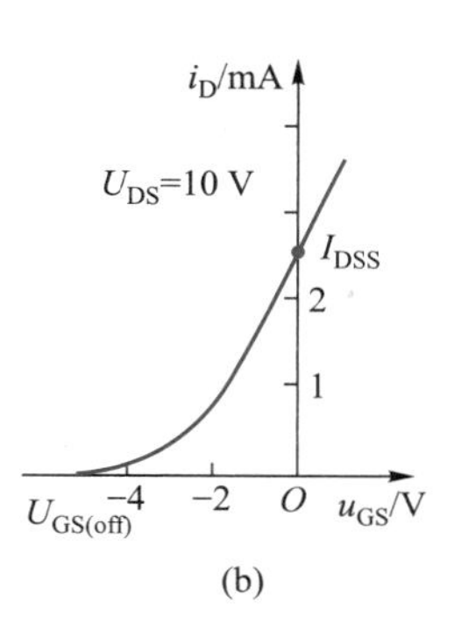

图 1.6.4　耗尽型 NMOS 管的特性曲线

(a) 输出特性　(b) 转移特性

转移特性是指以 u_{DS} 为参变量时，i_D 和 u_{GS} 之间的关系，即

$$i_D = f(u_{GS}) \mid u_{DS=常数} \tag{1.6.2}$$

转移特性直接反映了 u_{GS} 对 i_D 的控制作用。

图 1.6.4(b)是耗尽型 NMOS 管的转移特性曲线。它可由输出特性曲线求得。$u_{GS}=0$ 时的漏极电流用 I_{DSS} 表示，称为饱和漏极电流。在 $u_{GS}>U_{GS(off)}$ 的范围内，转移特性可近似表示为

$$I_D = I_{DSS}\left(1-\frac{U_{GS}}{U_{GS(off)}}\right)^2 \tag{1.6.3}$$

增强型 MOS 管在制成后不存在导电沟道，使用时必须外加一定的 u_{GS} 才会出现导电沟道。使漏极和源极之间开始有电流流过的栅源电压称为开启电压 $U_{GS(th)}$。通常把 $|I_D|=10\ \mu A$ 时的 U_{GS} 值规定为开启电压。

图 1.6.5 是增强型 NMOS 管的特性曲线。

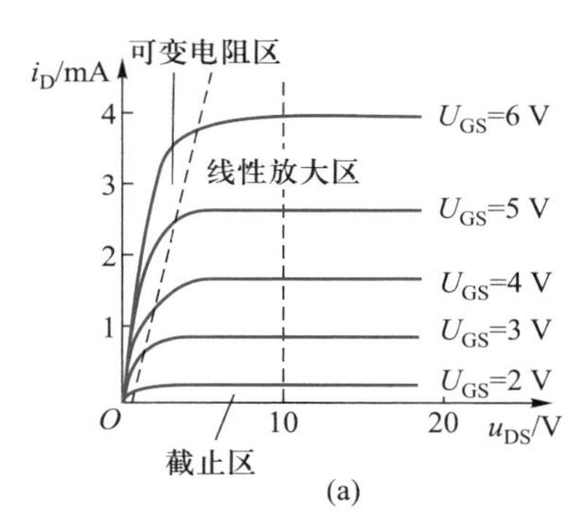

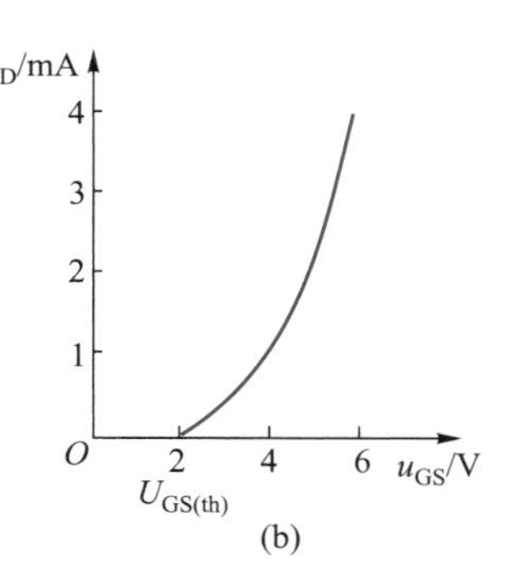

图 1.6.5　增强型 NMOS 管的特性曲线

(a) 输出特性　(b) 转移特性

PMOS 管的工作原理与 NMOS 管的原理完全相同，只是电流和电压方向不同。以增强型 PMOS 管为例，它的漏极电源，栅极电源的极性均和增强型 NMOS 管相反，故其转移特性在第三象限。也就是说，增强型 PMOS 管漏极和源极间要

加负极性电源，栅极电位比源极电位低 $|U_{GS(th)}|$ 时，管子才导通，电流从源极流向漏极。

在放大电路中，可选用耗尽型或增强型 MOS 管，MOS 管必须工作在线性放大区（恒流区）。而在开关电路中，常选用增强型 MOS 管，当 $|U_{GS}|<|U_{GS(th)}|$ 时 MOS 管工作在截止区，此时 $i_D\approx 0$，漏源之间相当开关断开状态；当 $|U_{GS}|>>|U_{GS(th)}|$（开关电路中，$|U_{GS}|$ 接近电源电压 U_{DD}），MOS 管处于可变电阻区，且此时 $|U_{DS}|$ 很小，漏源之间呈一很小电阻，相当于开关接通状态。

2. 主要参数

(1) 夹断电压 $U_{GS(off)}$ 和开启电压 $U_{GS(th)}$。$U_{GS(off)}$ 是耗尽型 MOS 管的参数，$U_{GS(th)}$ 是增强型 MOS 管的参数。

(2) 饱和漏极电流 I_{DSS}。它是耗尽型 MOS 管的参数。

(3) 栅源直流输入电阻 R_{GS}。它是栅源电压和栅极电流的比值。MOS 管的 R_{GS} 一般大于 $10^9\ \Omega$。

(4) 最大漏源击穿电压 $U_{(BR)DS}$。它是漏极和源极之间的击穿电压（漏区和衬底间的 PN 结反向击穿），即 I_D 开始急剧上升时的 U_{DS} 值。

(5) 最大漏极电流 I_{DM} 和最大耗散功率 P_{DM}。

(6) 低频跨导 g_m。在 U_{DS} 为某一固定值时，漏极电流的微小变化量 ΔI_D 和相应的栅源输入电压变化量 ΔU_{GS} 之比，即

$$g_m=\left.\frac{\Delta I_D}{\Delta U_{GS}}\right|_{U_{DS}=\text{常数}} \tag{1.6.4}$$

其单位常采用 μS 或 mS（S 即西[门子]，是电导的单位）。它的大小就是转移特性曲线在工作点处的斜率，工作点位置不同，g_m 值也不同。g_m 是表征栅源电压对漏极电流控制作用的大小，即衡量场效晶体管放大能力的参数。

[例题 1.6.1]　有两种场效应管，其输出特性曲线如图 1.6.6(a)(b) 所示。试判断它们的类型，并从图中读取开启电压 $U_{GS(th)}$ 或夹断电压 $U_{GS(off)}$ 的数值。

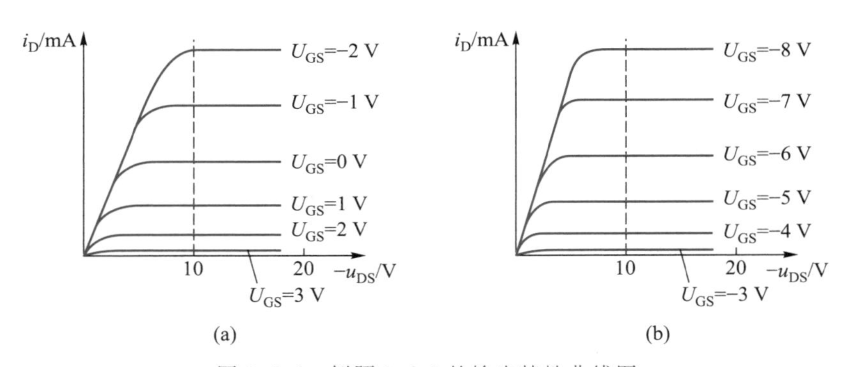

图 1.6.6　例题 1.6.1 的输出特性曲线图

[解]　因图 1.6.6(a) 中，当 $U_{GS}=0$ V 时，$i_D\neq 0$，所以该管必为耗尽型管。由于 U_{GS} 可正可负，U_{DS} 又为负值，可判断该管为 PMOS 管。最终可得(a)曲线的

为耗尽型 PMOS 管。由图可直接读出夹断电压 $U_{GS(off)}=3\ V$。

图 1.6.6(b)中，$i_D \neq 0$ 时，U_{GS}必须为负值，且 U_{DS}也为负值，恰好符合增强型 PMOS 管特性。注意此时漏极电流 i_D 实际流向为源极流往漏极。(b)曲线为增强型 PMOS 管，开启电压 $U_{GS(th)}=-3\ V$。

1.6.3　简化的小信号模型

场效晶体管的输出特性曲线在线性放大区内比较平坦，可以近似地认为是一族和横轴平行的直线，故 I_D 仅受 U_{GS} 控制，与 U_{DS} 无关。由式(1.6.4)可知，$\Delta I_D = g_m \Delta U_{GS}$，故可得到图 1.6.7 所示简化的小信号模型，这是一个电压控制电流源，即受控电流源 $g_m \Delta U_{GS}$ 受电压 ΔU_{GS}的控制。由于 MOS 管的栅源输入电阻很大，故可认为 G、S 间是开路的。

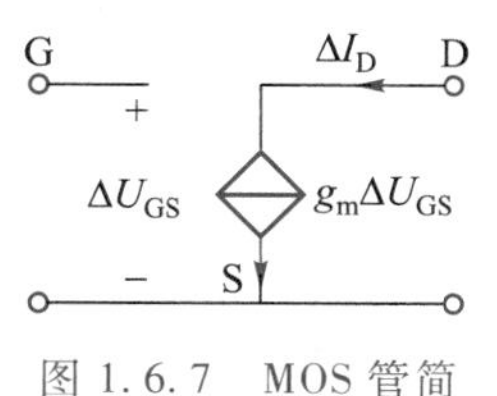

图 1.6.7　MOS 管简化的小信号模型

习题

1.1.1　如图 1.01 所示电路中，I_1、I_2、I_3 的参考方向已标示。已知 $I_1=1.75\ A$，$I_2=-0.5\ A$，$I_3=1.25\ A$，$R_1=2\ \Omega$，$R_2=3\ \Omega$，$E_1=12\ V$，$E_2=6\ V$。试求：(1) 电阻 R_1 和 R_2 两端的电压 U_1 和 U_2；(2) a、b、c、d 各点的电位 V_a、V_b、V_c 和 V_d。

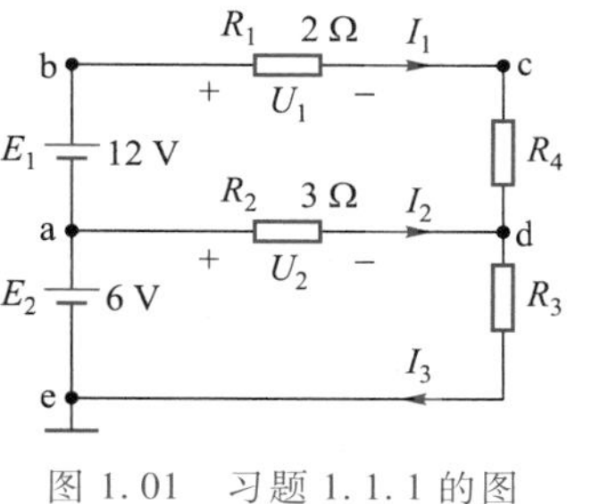

图 1.01　习题 1.1.1 的图

1.2.1　已知两个金属膜电阻的标称电阻值与额定功率分别为 360 Ω，1 W 和 120 Ω，0.5 W。试求：(1) 两个电阻串联(图 1.02(a))时的总电阻 R_1，可外加的最大电压值 U_1，R_A、R_B 消耗的功率 P_{A1}、P_{B1}；(2) 两个电阻并联(图 1.02(b))时的总电阻 R_2，可外加的最大电压值 U_2 以及 P_{A2}、P_{B2}。

1.2.2　一电器的额定功率 $P_n=1\ W$，额定电压 $U_n=100\ V$。今要接到 200 V 的直流电源上，问应选下列电阻中的哪一个与之串联，才能使该电器在额定电压下工作？(1) 电阻值 5 kΩ，额定功率 2 W；(2) 电阻值 10 kΩ，额定功率 0.5 W；(3) 电阻值 20 kΩ，额定功率 0.25 W；(4) 电阻值 10 kΩ，额定功率 2 W。

1.2.3　流过电感 $L=2\ mH$ 的电流波形如图 1.03 所示。试画出电感的电压和功率波形图(坐标轴上应标出相关数值)，并计算 t 为 1 ms，2 ms，2.5 ms 和 3 ms 时的储能 W_L。

1.2.4　已知电容 $C=10\ \mu F$，电容两端电压 $u(t)$ 的表达式为

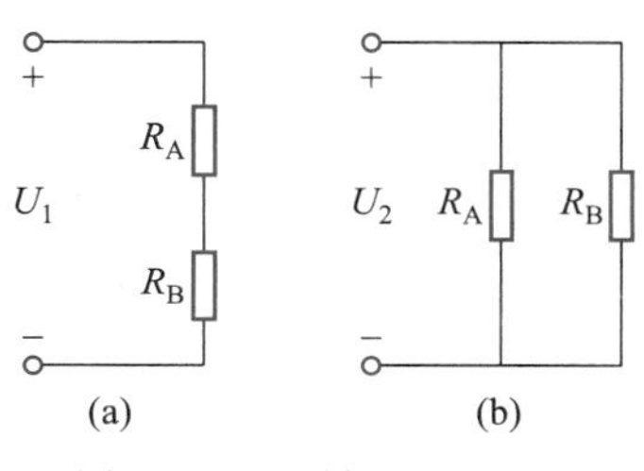

图 1.02　习题 1.2.1 的图

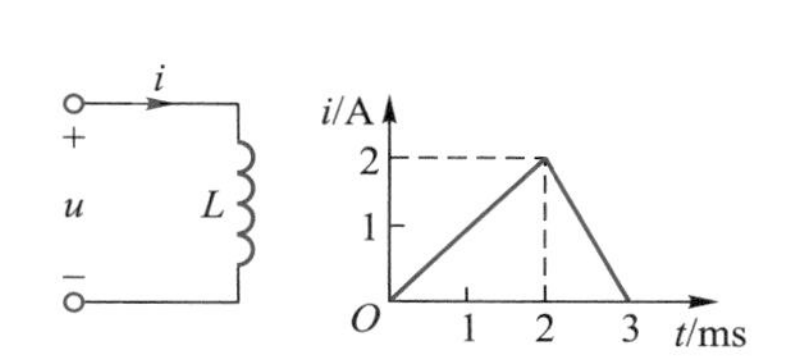

图 1.03　习题 1.2.3 的图

$$u(t)=\begin{cases}2\times10^{3}t\ \text{V} & 0<t\leqslant1\times10^{-3}\ \text{s}\\ 2\ \text{V} & 1\times10^{-3}\ \text{s}<t\leqslant2\times10^{-3}\ \text{s}\\ 6-2\times10^{3}t\ \text{V} & 2\times10^{-3}\ \text{s}<t\leqslant3\times10^{-3}\ \text{s}\end{cases}$$

试求:(1) 画出 $u(t)$ 波形图;(2) 画出电流和功率波形图(坐标轴上应标出相关数值);(3) 计算 t 为 0.5 ms,1 ms,2 ms 和 3 ms 时的储能 W_C。

1.2.5　已知 $C=100\ \mu\text{F}$ 的电容器在 $t=0$ 时 $U_C=0$。若在 $t=0$ 到 $t=10$ s 期间,用 $I=100\ \mu\text{A}$ 的恒定电流对它充电,问 $t=5$ s 和 $t=10$ s 时电容的电压 U_C、储能 W_C 为多少?

1.2.6　有两个 CL10 型涤纶电容器的标称容量与额定电压分别为 0.22 μF,160 V 和 0.47 μF,160 V。现将两个电容串联使用,试问:(1) 串联后的等效电容 C 为多少?(2) 串联后可外加的最大直流电压 U 为多少?

1.3.1　一个实际电源的电路和外特性曲线分别如图 1.04(a)和(b)所示。(1) 采用电压源模型来表示该电源时,U_S 和 R_0 为多少?画出相应的电路模型图;(2) 采用电流源模型时,I_S 和 R_0 为多少?画出电路模型图。

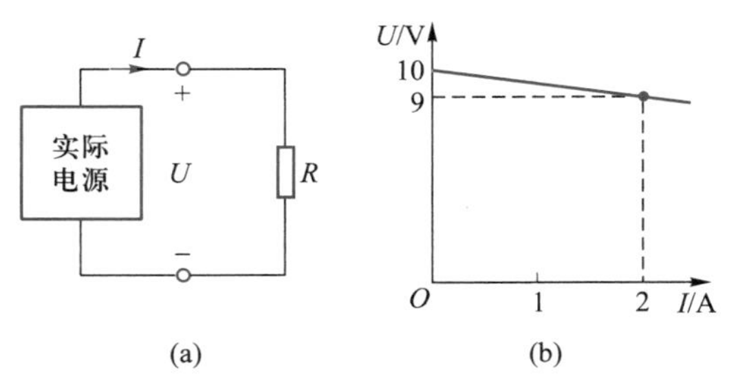

图 1.04　习题 1.3.1 的图

1.3.2　如图 1.04(a)所示的实际电源电路中,当 R 断开(即 $R=\infty$)时 $U=6$ V,当 $R=6\ \Omega$ 时 $I=0.96$ A,试分别用电压源模型和电流源模型求 $R=1.25\ \Omega$ 时的 I 和 U。

1.3.3　在图 1.05 中,$U_S=6$ V,$I_S=1$ A,求 a、b、c 对参考点的电位 V_a、V_b、V_c 以及电流源的端电压 U。(提示:流过 R_2 和 R_3 的电流为 I_S。)

1.3.4　试用电源模型等效互换的方法求图 1.06 电路中的电流 I_3。(提示:将两个电流源模型均等效变换为电压源模型。)

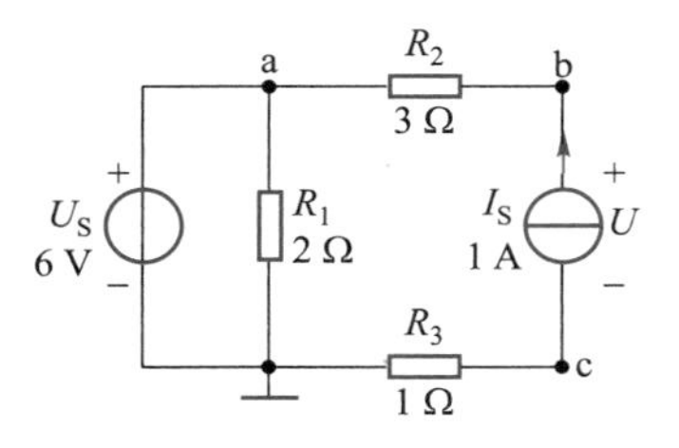

图 1.05　习题 1.3.3 的图

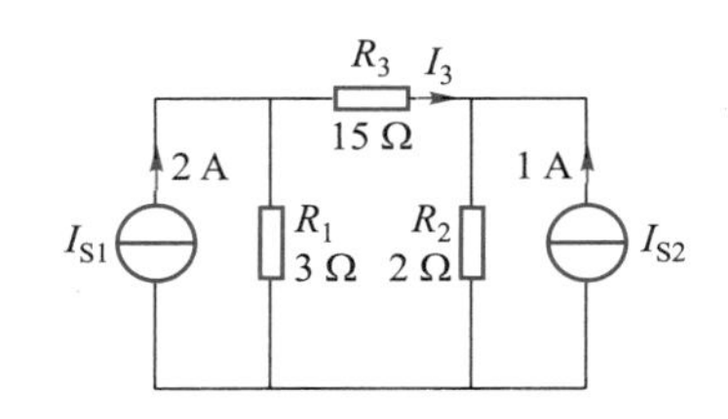

图 1.06　习题 1.3.4 的图

1.3.5　在图 1.07 中,已知 $I_{S1}=0.6$ A,$U_{S2}=6$ V,$R_1=20\ \Omega$,$R_2=30\ \Omega$,$R_3=8\ \Omega$,试用电源模型等效互换的方法求电流 I_3。(提示:先将电压源模型等效变换为电流源模型,然后将两个电流源合并。)

1.4.1　在图 1.08 中,设 D_1、D_2 为理想二极管,直流毫安表内阻 $R_A=0$,$U_{S1}=U_{S2}=10$ V,$R=2$ kΩ。试求:当开关 S 分别接通“1”和“2”时的电流 I、I_A,并说明二极管 D_1、D_2 是导通还是截止。

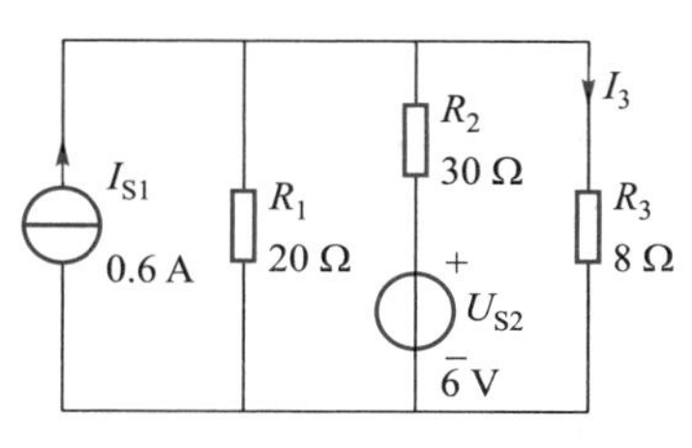

图 1.07　习题 1.3.5 的图

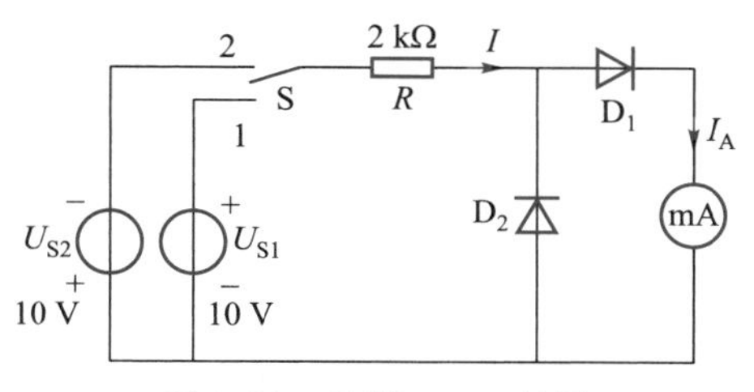

图 1.08　习题 1.4.1 的图

1.4.2　在图 1.09 中，设硅二极管导通时的正向压降为 0.7 V，试求当开关 S 分别接通“1”“2”“3”时的 a 点电位 V_a 和电流 I_{D1}、I_{D2}，并指出各个二极管是导通还是截止。

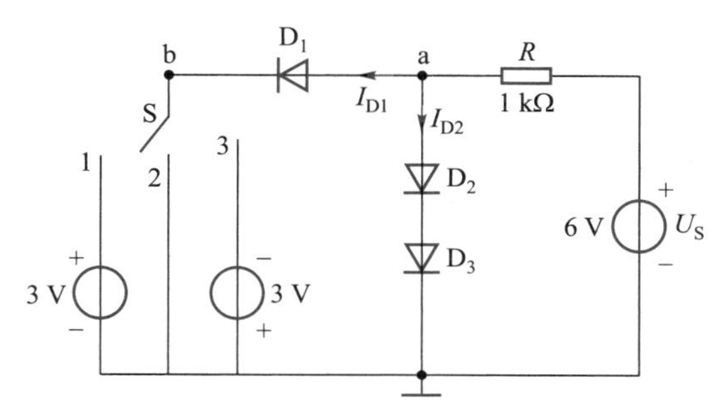

图 1.09　习题 1.4.2 的图

1.4.3　在图 1.10 中，设二极管导通时的正向压降为 0.7 V。求 U_a、U_b 和 I_a、I_b，并说明各个二极管是导通还是截止。

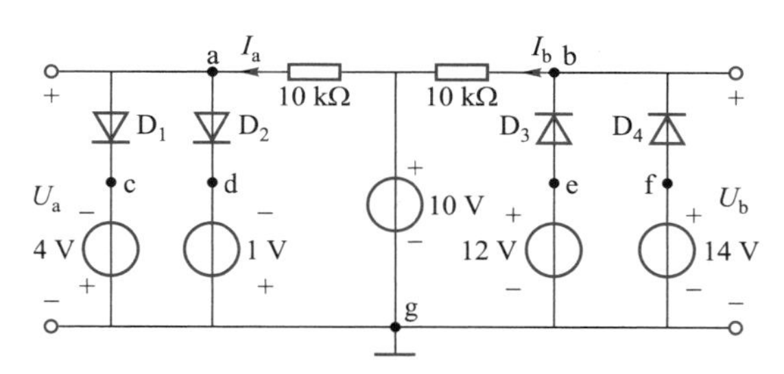

图 1.10　习题 1.4.3 的图

1.4.4　如图 1.4.9 所示的稳压电路中，已知稳压二极管的 $U_Z=6$ V，$I_Z=10$ mA，动态电阻 $r_Z=10\ \Omega$，负载电阻 $R_L=300\ \Omega$，输入电压 $U_I=12$ V。试求：(1) 限流电阻 R 的电阻值及所消耗的功率；(2) 当输入电压 U_I 增加 5%（即 $\Delta U_I=0.6$ V）时，负载电阻两端电压 U_O 增加的百分数。

1.4.5　如图 1.4.9 所示的稳压电路中，已知限流电阻 $R=150\ \Omega$，稳压二极管稳定电流为 10 mA 时的稳定电压 $U_Z=4.5$ V，并设其动态电阻 $r_Z=0$，最大稳定电流 $I_{ZM}=40$ mA。试求：(1) 当输入电压 $U_I=9$ V、负载电阻 $R_L=450\ \Omega$ 时，限流电阻 R 两端的电压 U_R 及电路中的电流 I、I_L、I_Z；(2) 当 R_L 不变（仍为 450 Ω），U_I 变为 10 V 时的 U_R、I、I_L、I_Z，并与(1)的计算结果相比较（增大、减小或不变）；(3) 当 U_I 不变（仍为 9 V）R_L 变为 240 Ω 时的 U_R、I、I_L、I_Z，并与(1)的计算结果相比较。

1.5.1　已知某晶体管的 I_B、I_C、I_E 如表 1.01 所示，试求：(1) 直流电流放大系数 $\bar{\beta}$；(2) 交流电流放大系数 β（I_B 从表中一个值变为相邻值时）。

表 1.01　习题 1.5.1 的表

I_B/mA	0	0.01	0.02	0.03	0.04	0.05
I_C/mA	0.001	0.50	1.00	1.70	2.50	3.30
I_E/mA	0.001	0.51	1.02	1.73	2.54	3.35

1.5.2　晶体管的输入特性曲线会随温度的升高或降低而向左或向右移动。今有一个硅晶体管，在 $U_{CE}=2$ V，$I_B=40$ μA 的状态下，温度 $T=-70$ ℃时 $U_{BE}=910$ mV，$T=150$ ℃时 $U_{BE}=470$ mV。试问从 −70 ℃到 +150 ℃，温度每升高 1 ℃，U_{BE} 平均下降多少？T 为 0 ℃和100 ℃时，U_{BE} 约为多少？

1.5.3　晶体管的输出特性曲线会随温度的升高而向上移动。今有一硅晶体管，在 U_{CE} 为 8 V，I_B 分别为 20 μA 和 40 μA 的状态下，温度 $T=20$ ℃时 I_C 分别为 0.85 mA 和 1.61 mA，$T=45$ ℃时 I_C 分别为 1.08 mA 和 2.12 mA。试求温度为 20 ℃，45 ℃时的交流电流放大系数 β 以及 45 ℃时 β 比 20 ℃时增加的百分数。

1.5.4　今测得某电路中处于放大状态的晶体管 T_1、T_2 和 T_3 各个电极对电路公共端（即零电位端）的电位如表 1.02 所示，试在该表下方的“电极名称”和“管型”两个栏目中，填入各个晶体管的 E、B、C 极及管型（硅管或锗管，NPN 型或 PNP 型）。

表 1.02　习题 1.5.4 的表

晶体管	T_1			T_2			T_3		
电极编号	1−1	1−2	1−3	2−1	2−2	2−3	3−1	3−2	3−3
电极电位/V	+6	+3	+2.3	−0.7	0	−6	−1	−1.3	−6
电极名称									
管型									

1.5.5　今测得某电路中 NPN 型硅晶体管 $T_1 \sim T_4$ 各个电极和电路公共端之间的电压 U_E，U_B 和 U_C 如表 1.03 所示。试说明各个晶体管处于何种状态（放大、截止或饱和）。

表 1.03　习题 1.5.5 的表

晶体管	U_E/V	U_B/V	U_C/V
T_1	0	0.7	10
T_2	2	2.7	2.3
T_3	0	−3	6
T_4	2	2.7	3.2

1.5.6　已知晶体管处于放大状态，其电流放大系数 $\beta=100$，基极和发射极之间的电压变化量 $\Delta U_{BE}=10$ mV，试求当基极电流 I_B 分别为 16 μA 和 32 μA 时的晶体管输入电阻 r_{be}、基极电流及集电极电流变化量 ΔI_B，ΔI_C。

1.6.1　已知耗尽型 NMOS 管的夹断电压 $U_{GS(off)}=-2.5$ V，饱和漏极电流 $I_{DSS}=0.5$ mA，试求 $U_{GS}=-1$ V 时的漏极电流 I_D 和跨导 g_m。$\left[\text{提示：对式（1.6.3）求导数，可得 } g_m=\dfrac{dI_D}{dU_{GS}}=-\dfrac{2I_{DSS}}{U_{GS(off)}}\left(1-\dfrac{U_{GS}}{U_{GS(off)}}\right)\text{。}\right]$

1.6.2　场效晶体管在可变电阻区工作时，D、S 间可看作一个受 U_{GS} 控制的可变电阻（$R_{DS}=U_{DS}/I_D$）。今有一个 N 沟道耗尽型 MOS 管，在 $U_{DS}=1$ V 的条件下，当 U_{GS} 分别为 0 V、-1 V和-2 V 时，I_D 分别为 4 mA，2 mA 和 0.8 mA，试计算不同 U_{GS} 时的 R_{DS}。

1.6.3　图 1.6.3 所示的共源极电路中，$U_{DD}=15$ V，$U_{GG}=2$ V，$R_D=5.1$ kΩ，耗尽型 NMOS 管的 $U_{GS(off)}=-4$ V，$I_{DSS}=2.5$ mA。试求 I_D 和 U_{DS}。

1.6.4　在图 1.11 中，已知 $\Delta U_I=0.12$ V，$g_m=1.2$ mS，$R_1=20$ kΩ，$R_2=100$ kΩ，$R_3=10$ kΩ，$R_4=20$ kΩ，求 ΔU_O。

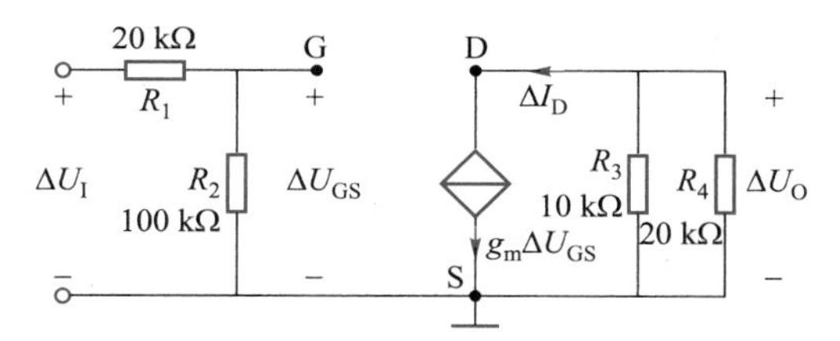

图 1.11　习题 1.6.4 的图

第 2 章　电路分析基础

上一章介绍了一些常用的电路元件及其模型，用这些元件（或元件模型）可以构成多种多样的电路。本章要学习电路分析的基本方法，为后面分析各种电工电子电路打下必要的基础。首先介绍电路的基本定律——基尔霍夫定律，以及支路电流法。然后，说明两个重要的电路定理——叠加定理与等效电源定理的内容及应用。这些内容虽然是结合直流电路来叙述的，但同样适用于交流电路。在交流电路中，着重介绍如何用相量法分析计算正弦交流电路，并介绍如何用叠加定理来计算非正弦交流电路。最后，介绍求解一阶电路瞬变过程的三要素法。

2.1　基尔霍夫定律

视频资源：2.1 基尔霍夫定律

2.1.1　基尔霍夫定律

基尔霍夫定律包括电流和电压两个定律，是电路的基本定律。在讨论基尔霍夫两个定律之前，先结合图 2.1.1 所示电路介绍几个名词。

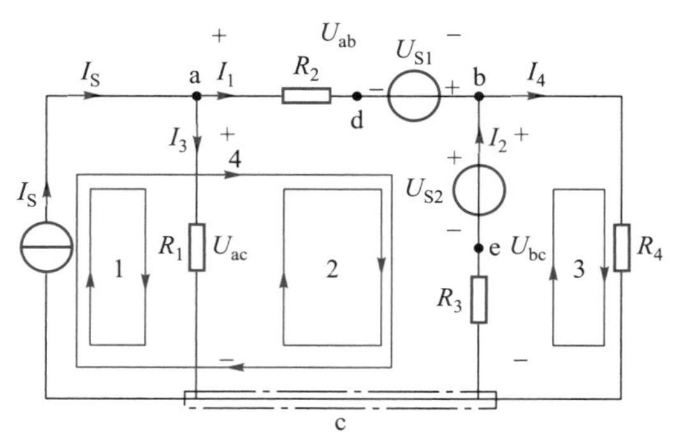

图 2.1.1　具有 3 个节点和 5 条支路的电路

节点：三个或三个以上电路元件的连接点。例如图 2.1.1 所示电路中的 a、b、c。

支路：连接两个节点之间的电路。例如图 2.1.1 中的 adb、bec 等都是支路。

回路：电路中任一闭合路径称为回路。例如图 2.1.1 中的回路 1、2、3、4。

网孔：电路中最简单的单孔回路，例如图 2.1.1 中的回路 1、2、3。

每一条支路的电流称为支路电流，每两个节点之间的电压称为支路电压。

在图 2.1.1 中各支路电流的参考方向均用箭头标出，各支路电压的参考方向以"+""-"号标出。

1. 基尔霍夫电流定律

基尔霍夫电流定律（Kirchhoff's current law，简称 KCL）：在任何电路中，任何节点上的所有支路电流的代数和在任何时刻都等于零。其数学表达式为

$$\sum i=0 \tag{2.1.1}$$

把 KCL 应用到某一节点时，首先要指定每一支路电流的参考方向。在式(2.1.1)中，参考方向离开节点的电流带正号；参考方向指向节点的电流带负号（反之亦然）。例如对图 2.1.1 的节点 b，应用 KCL 可得到

$$-I_1-I_2+I_4=0$$

或

$$I_1+I_2=I_4$$

若流向某节点的电流之和为 $\sum i_{in}$，流出该节点的电流之和为 $\sum i_{out}$，则

$$\sum i_{in}=\sum i_{out} \tag{2.1.2}$$

基尔霍夫电流定律不仅适用于节点，也适用于任一闭合面。这种闭合面有时称为广义节点，如图2.1.2所示的晶体管，就是一个广义节点，此时，$I_C+I_B=I_E$。

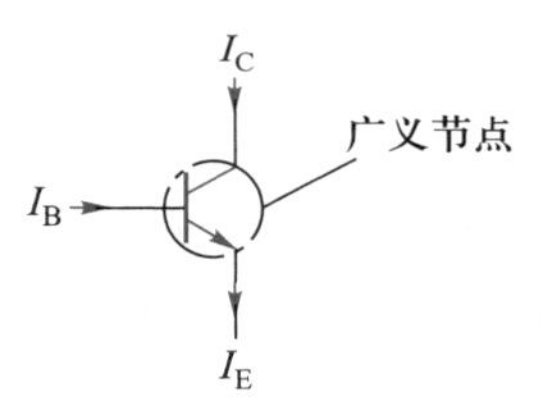

图 2.1.2　广义节点

2. 基尔霍夫电压定律

基尔霍夫电压定律（Kirchhoff's voltage law，简称 KVL）：在任何电路中，形成任何一个回路的所有支路沿同一循行方向电压的代数和在任何时刻都等于零。其数学表达式为

$$\sum u=0 \tag{2.1.3}$$

为了应用 KVL，必须指定回路的循行方向。在式(2.1.3)中，当支路电压的参考方向和回路的循行方向一致时带正号，反之为负号。例如对图 2.1.1 的回路 2，设 a、b、c 三节点间的支路电压为 U_{ab}、U_{ac}、U_{bc}，其 KVL 方程为

$$U_{ab}+U_{bc}-U_{ac}=0$$

如果各支路是由电阻和电压源构成，运用欧姆定律可以把基尔霍夫电压定律加以改写。例如对图 2.1.1 所示的回路，可以写出：

回路 2　　$R_2I_1-U_{S1}+U_{S2}-R_3I_2-R_1I_3=0$

回路 3　　$R_4I_4+R_3I_2-U_{S2}=0$

在实际应用中，通常会遇到求两点之间电压的问题，如图 2.1.1 电路中 a、b 两点之间的电压 U_{ab}。根据 KVL 方程 $U_{ab}+U_{bc}-U_{ac}=0$ 可得到

$$U_{ab}=U_{ac}-U_{bc}$$

[例题 2.1.1]　图 2.1.3 所示电路，取 b 点为电位的参考点（即零电位点），已知 $U_S=6\ \text{V}$，$R_1=2\ \text{k}\Omega$，$R_2=10\ \text{k}\Omega$，试求：(1) 当 $U_i=3\ \text{V}$ 时 a 点的电位 V_a；

(2) 当$V_a=-0.5$ V 时的 U_i。

[解]　(1) 对 U_i、R_1、R_2、U_S 构成的回路，应用 KVL 可列出

$$R_1I+R_2I-U_S-U_i=0$$

故

$$I=\frac{U_S+U_i}{R_1+R_2}=\frac{6+3}{(2+10)\times10^3}\ \text{A}=0.75\times10^{-3}\ \text{A}$$
$$=0.75\ \text{mA}$$

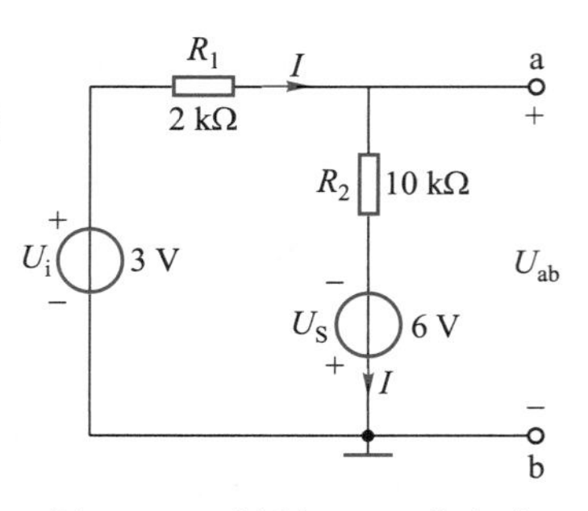

图 2.1.3　例题 2.1.1 的电路

a 点电位 V_a 即 a 点对参考点 b 的电位差 U_{ab}，即

$$V_a=U_{ab}=R_2I-U_S=(10\times10^3\times0.75\times10^{-3}-6)\ \text{V}=1.5\ \text{V}$$

(2) 当 $V_a=U_{ab}=-0.5$ V 时

$$I=\frac{U_{ab}+U_S}{R_2}=\frac{-0.5+6}{10\times10^3}\ \text{A}=0.55\times10^{-3}\ \text{A}=0.55\ \text{mA}$$

$$U_i=U_{ab}+R_1I=(-0.5+2\times10^3\times0.55\times10^{-3})\ \text{V}=0.6\ \text{V}$$

2.1.2　支路电流法

支路电流法是电路最基本的分析方法之一。它以支路电流为求解对象，应用基尔霍夫定律分别对节点和回路列出所需要的方程式，然后计算出各支路电流。支路电流求出后，支路电压和电路功率就很容易得到。支路电流法的解题步骤如下：

(1) 标出各支路电流的参考方向。设支路数目为 b，则有 b 个支路电流，应有 b 个独立方程式。

(2) 根据基尔霍夫电流定律(KCL)列写节点的电流方程式。设有 n 个节点，则可建立 $n-1$ 个独立方程式。第 n 个节点的电流方程式可以从已列出的 $n-1$个方程式求得，不是独立的。

(3) 标出回路的循行方向，根据基尔霍夫电压定律(KVL)列写回路的电压方程式。电压方程式的数目为 $b-(n-1)$个。如按网孔列写方程式，则恰好建立 $b-(n-1)$个独立的电压方程式。

(4) 解联立方程组，求出各支路电流。

例如对于图 2.1.4 所示电路，它有 3 个节点和 5 条支路。5 个支路电流的参考方向已标于图中。为求出 5 个支路电流，应列出 5 个独立的方程式，即

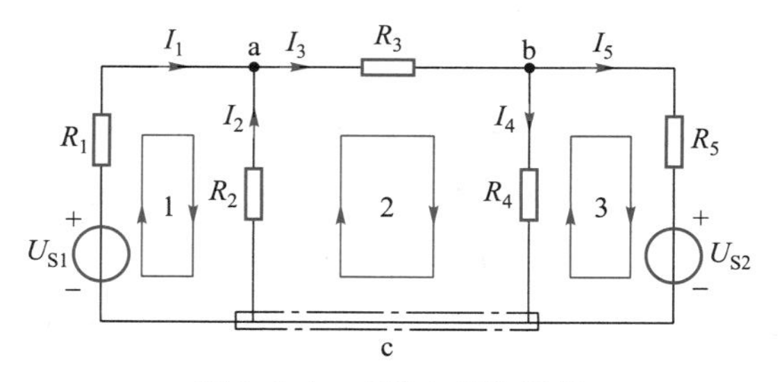

图 2.1.4　支路电流法例图

节点 a $$-I_1-I_2+I_3=0 \tag{2.1.4}$$

节点 b $$-I_3+I_4+I_5=0 \tag{2.1.5}$$

回路 1 $$R_1I_1-R_2I_2-U_{S1}=0 \tag{2.1.6}$$

回路 2 $$R_2I_2+R_3I_3+R_4I_4=0 \tag{2.1.7}$$

回路 3 $$-R_4I_4+R_5I_5+U_{S2}=0 \tag{2.1.8}$$

解上述方程组，就可得出 I_1、I_2、I_3、I_4 和 I_5。

当电路中含有电流源时，因含有电流源的支路电流是已知的，故求解支路电流时可减少方程个数。例如图 2.1.5 所示电路，只有 I_1 和 I_2 是未知的，故只需列出 2 个方程式。即

节点 a $$-I_1+I_2=I_S$$

回路 1 $$R_1I_1+R_2I_2=U_S$$

联立解得

$$I_1=\frac{U_S-R_2I_S}{R_1+R_2} \tag{2.1.9}$$

$$I_2=\frac{U_S+R_1I_S}{R_1+R_2} \tag{2.1.10}$$

若电路中含有受控源，仍按上述方法列方程式，但要在方程式中反映受控源的受控特性。

[**例题 2.1.2**] 图 2.1.6 所示电路中，$U_{S1}=U_{S2}=6\ \text{V}$，$R_1=75\ \text{k}\Omega$，$R_2=1\ \text{k}\Omega$，$R_3=2\ \text{k}\Omega$，受控电流源的比例系数 $\beta=50$，$U_{ON}=0.7\ \text{V}$。试计算各支路的电流 I_1、I_2、I_3 及受控源两端的电压 U。

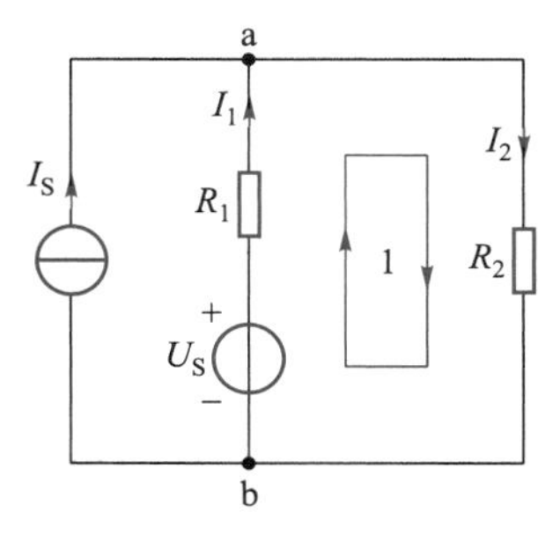

图 2.1.5 含有电流源的电路

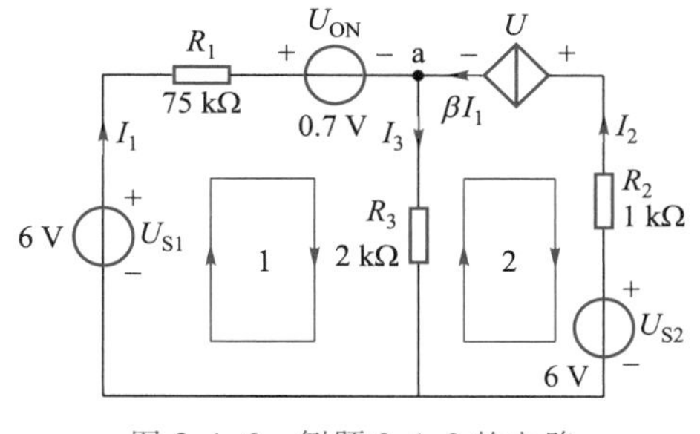

图 2.1.6 例题 2.1.2 的电路

[**解**] 这是一个含有电流控制电流源的电路。因 $I_2=\beta I_1$，只要求出 I_1，受控源支路的电流就会知道，故只需列 2 个方程式求解 I_1 和 I_3。即

节点 a $$I_1+\beta I_1-I_3=0$$

回路 1 $$R_1I_1+R_3I_3-U_{S1}+U_{ON}=0$$

故可解得

$$\begin{aligned} I_1 &= \frac{U_{S1}-U_{ON}}{R_1+(1+\beta)R_3} \\ &= \frac{6-0.7}{75\times10^3+(1+50)\times2\times10^3}\text{ A} \\ &= 0.03\times10^{-3}\text{ A}=0.03\text{ mA} \\ I_3 &= (1+\beta)I_1=[(1+50)\times0.03]\text{ mA} \\ &= 1.53\text{ mA} \end{aligned}$$

$$I_2=\beta I_1=50\times0.03=1.5\text{ mA}$$

电压 U 可由回路 2 根据 KVL 求得

$$\begin{aligned} U &= U_{S2}-R_2I_2-R_3I_3=(6-1\times10^3\times1.5\times10^{-3}-2\times10^3\times1.53\times10^{-3})\text{ V} \\ &= 1.44\text{ V} \end{aligned}$$

2.2　叠加定理与等效电源定理

视频资源:2.2 叠加定理和等效电源定理

2.2.1　叠加定理

叠加定理的含义是:对于一个线性电路来说,由几个独立电源共同作用所产生的某一支路的电流或电压,等于各个独立电源单独作用时分别在该支路所产生的电流或电压的代数和。当其中某一个独立电源单独作用时,其余的独立电源应除去(电压源予以短路,电流源予以开路)。

叠加定理体现了线性电路的一个重要性质,在实际的工程系统中有着广泛的应用。下面以图 2.2.1(a)所示电路来具体说明。该电路在 2.1 节中已求解过,求得的支路电流 I_1 和 I_2 由式(2.1.9)和(2.1.10)表示,它们都由两个分量组成。即

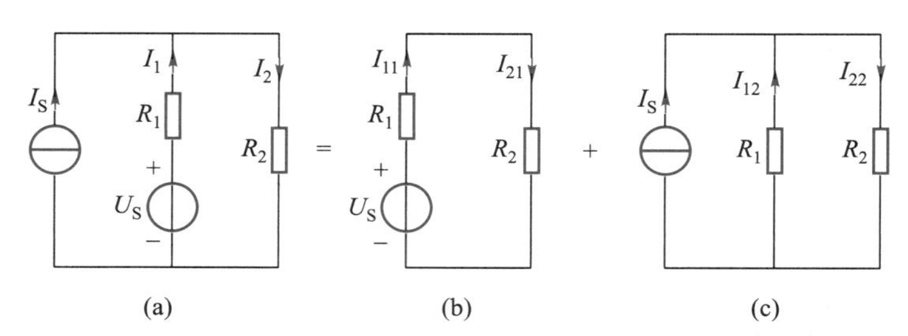

图 2.2.1　叠加定理示例

(a) U_S 和 I_S 共同作用　(b) U_S 单独作用　(c) I_S 单独作用

$$I_1=\frac{U_S-R_2I_S}{R_1+R_2}=\frac{U_S}{R_1+R_2}+\left(\frac{-R_2I_S}{R_1+R_2}\right)=I_{11}+I_{12} \tag{2.2.1}$$

$$I_2=\frac{U_S+R_1I_S}{R_1+R_2}=\frac{U_S}{R_1+R_2}+\frac{R_1I_S}{R_1+R_2}=I_{21}+I_{22} \tag{2.2.2}$$

式中,I_{11}和 I_{21}是由电压源 U_S 单独作用而产生的,相应的电路如图 2.2.1(b)所示;I_{12}和 I_{22}是由电流源 I_S 单独作用而产生的,相应的电路如图 2.2.1(c)所示。

也就是说，图 2.2.1(a)所示的由 U_S 和 I_S 共同作用的电路，可以分解成图 2.2.1(b)所示的 U_S 单独作用和图 2.2.1(c)所示的 I_S 单独作用的电路。由图可见，当电压源 U_S 单独作用时，电流源 I_S 所在处被开路（即断开）；当电流源 I_S 单独作用时，电压源 U_S 所在处被短路（即用导线直接连通）。

在含有受控源的电路中，因受控源不是独立电源，不能单独作用。在某个独立电源单独作用而除去其余独立电源时，受控源不能除去，仍要保留在电路中。如前所述，受控源是由电路中某一处的电流或电压来控制的，只有该处的电流或电压为零值时，受控源才会变为零值。

提示：

叠加定理只限于线性电路中电流和电压的分析计算，不适用于功率的计算。因为功率是和电流（或电压）的平方成正比的，不存在线性关系。

［**例题 2.2.1**］ 图 2.2.2(a)所示电路中，已知 $U_S=10\ \text{V}$，$I_S=1\ \text{A}$，$R_1=10\ \Omega$，$R_2=R_3=5\ \Omega$，试用叠加定理求流过 R_2 的电流 I_2。

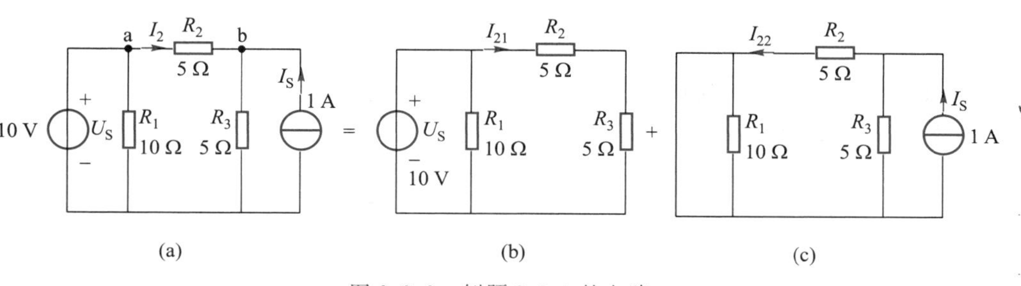

图 2.2.2 例题 2.2.1 的电路

［**解**］ 当 U_S 单独作用时，I_S 被开路，其电路如图 2.2.2(b)所示，电流的参考方向如图中所标。于是可得

$$I_{21}=\frac{U_S}{R_2+R_3}=\frac{10}{5+5}\ \text{A}=1\ \text{A}$$

当 I_S 单独作用时，U_S 所在处被短路，电路如图 2.2.2(c)所示。根据图中所标电流的参考方向，可得

$$I_{22}=\frac{R_3}{R_2+R_3}I_S=\frac{5}{5+5}\times 1\ \text{A}=0.5\ \text{A}$$

当 U_S 和 I_S 共同作用时，根据图 2.2.2(a)、(b)、(c)所标的电流参考方向，可得

$$I_2=I_{21}-I_{22}=(1-0.5)\ \text{A}=0.5\ \text{A}$$

因 I_{22} 的参考方向和 I_2 相反，故上面的计算式中 I_{22} 前面取负号。

如需求解流过 R_1、R_3 的电流，可用同样的方法计算。

2.2.2 等效电源定理

等效电源定理包括戴维南定理（Thevenin's theorem）和诺顿定理（Norton's theorem），是计算复杂线性电路的一种有力工具。一般地说，凡是具有两个接线端的部分电路，就称为二端网络，如图 2.2.3 所示。二端网络还视其内部是否包含电源而分为有源二端网络和无源二端网络。图 2.2.3(a)为无源二端网络示例，图 2.2.3(b)为有源二端网络示例。如果把端口以内的网络用一个方框来表示并标以 N，就得到如图 2.2.3(c)所示的二端网络的一般形式。常以 N_A 表示

有源二端网络，N_P 表示无源二端网络。显然，对二端网络来说，从一个端子流出的电流一定等于流入另一端子的电流。

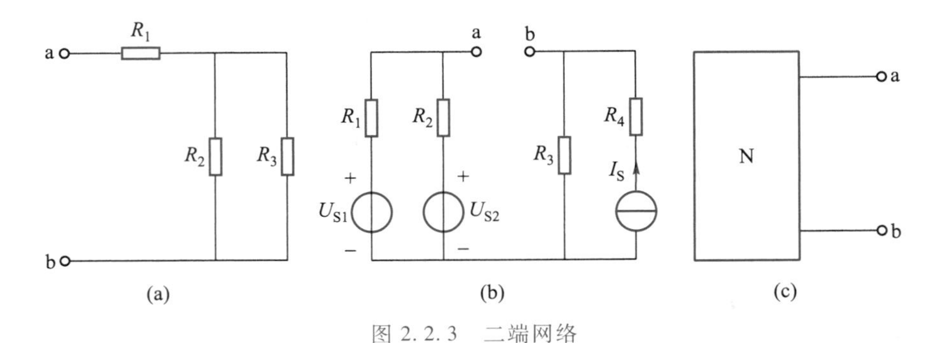

图 2.2.3　二端网络

在电路分析计算中，常常会碰到这样的情况：只需知道一个二端网络对电路其余部分（外电路）的影响，而对二端网络内部的电压电流情况并不关心。这时希望用一个最简单的电路（等效电路）来替代复杂的二端网络，使计算得到简化。对于无源二端网络，等效电路为一条无源支路，可用一等效电阻表示。例如图 2.2.3(a) 的无源二端网络等效电阻为

$$R=R_1+\frac{R_2R_3}{R_2+R_3}$$

那么，有源二端网络的等效电路又是什么呢？

戴维南定理指出：对外电路来说，一个线性有源二端网络可用一个电压源和一个电阻串联的电路来等效，该电压源的电压等于此有源二端网络的开路电压 U_{OC}，串联电阻等于此有源二端网络除去独立电源后在其端口处的等效电阻 R_0。这个电压源和电阻串联的等效电路称为戴维南等效电路。图 2.2.4 表示了这种等效关系，图中 N_A 表示有源二端网络，N_P 表示除去 N_A 内部所有的独立电源以后的无源二端网络。

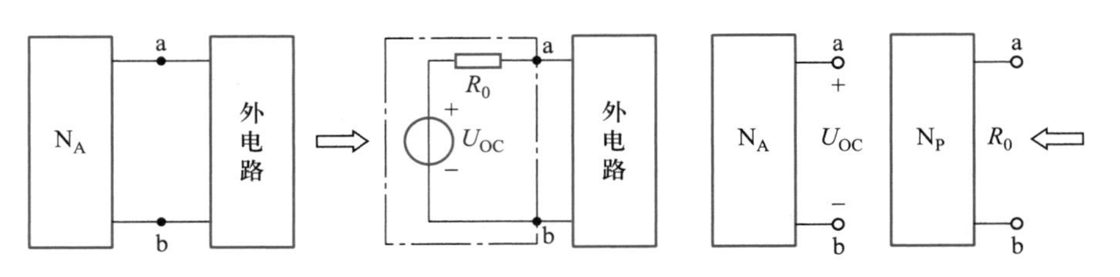

图 2.2.4　戴维南定理示意图

在 1.3 节已讨论过，电压源模型可以等效变换为电流源模型。因此，有源二端网络的戴维南等效电路，可以变换为电流源 I_{SC} 与电阻 R_0 并联的电路，这就是诺顿等效电路。等效电路中的 $I_{SC}=U_{OC}/R_0$，它等于图 2.2.4 中的戴维南等效电路 a 端和 b 端用一根导线直接接通时的短路电流，也就是有源二端网络端点 a、b 的短路电流。诺顿定理陈述如下：对外电路来说，一个线性有源二端网络可用一个电流源和一个电阻并联的电路来等效，该电流源的电流等于此有源二端网

络的短路电流 I_{SC},并联电阻等于此有源二端网络除去独立电源后在其端口处的等效电阻 R_0。图 2.2.5 表示了这种等效关系。

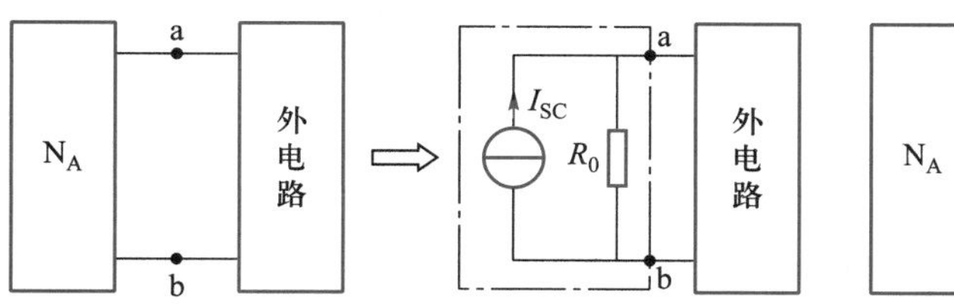

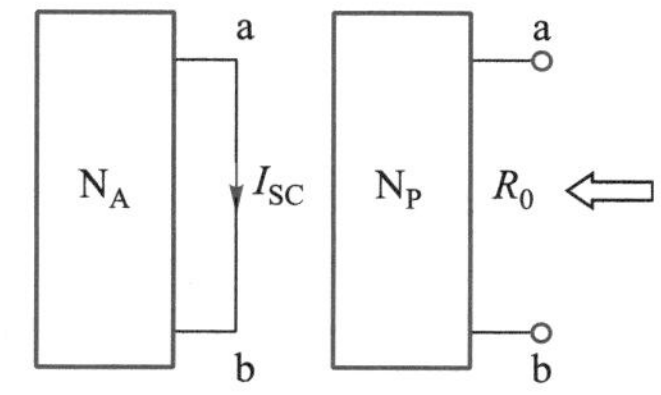

图 2.2.5 诺顿定理示意图

值得注意的是,戴维南定理和诺顿定理对被等效网络的要求是该二端网络必须是线性的,而对外电路则无此要求。另外,若二端网络与外电路之间有耦合关系,例如外电路的某受控源受网络内某支路电流或电压的控制,则不能使用这两个定理。

应用等效电源定理,关键是掌握如何正确求出有源二端网络的开路电压或短路电流,求出有源二端网络除源后的等效电阻。等效电阻可用下列方法之一求出:

(1) 利用电阻串、并联化简的方法得到。

(2) 在除去独立电源以后的端口处外加一个电压 U,求其端口处的电流 I,则其端口处的等效电阻 R_0 为

$$R_0=\frac{U}{I} \tag{2.2.3}$$

(3) 根据戴维南定理和诺顿定理,显然有

$$R_0=\frac{U_{OC}}{I_{SC}} \tag{2.2.4}$$

于是只要求出有源二端网络的开路电压 U_{OC} 和短路电流 I_{SC},就可由上式计算出 R_0。

当有源二端网络中含有受控源时,除去独立电源以后,受控源仍保留在网络中,这时应该用上述方法的(2)或(3)计算等效电阻 R_0,而不能用电阻的串、并联化简的方法求出 R_0。

[**例题 2.2.2**] 图 2.2.6 所示电路中,已知 $U_{S1}=40\ \text{V}$,$U_{S2}=40\ \text{V}$,$R_1=4\ \Omega$,$R_2=2\ \Omega$,$R_3=5\ \Omega$,$R_4=10\ \Omega$,$R_5=8\ \Omega$,$R_6=2\ \Omega$。求流过 R_3 的电流 I_3。

[**解**] 应用戴维南定理将图 2.2.6(a)中的 a、b 两端左侧部分用电压源 U_0 和电阻 R_0 串联来等效

$$R_0=\frac{R_1R_2}{R_1+R_2}=\frac{4\times2}{4+2}\ \Omega=1.33\ \Omega$$

$$U_{OC}=\frac{U_{S1}-U_{S2}}{R_1+R_2}R_2+U_{S2}=40\ \text{V}$$

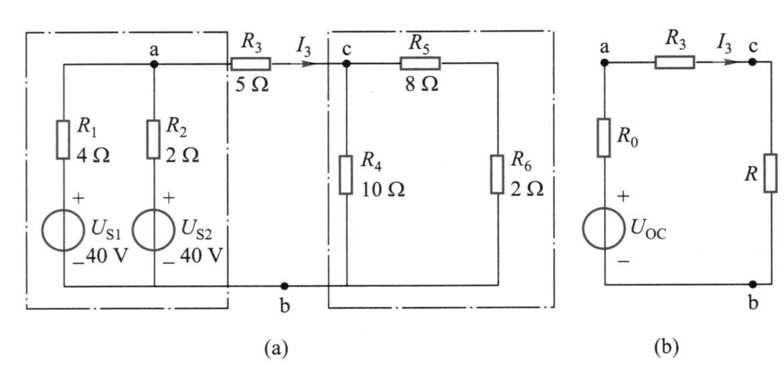

图 2.2.6　例题 2.2.2 的电路图

将图 2.2.6(a)中的 c、b 两端右侧 R_4、R_5、R_6 组成的无源二端网络用电阻 R 来等效

$$R=\frac{R_4(R_5+R_6)}{R_4+(R_5+R_6)}=\frac{10\times(8+2)}{10+(8+2)}\ \Omega=5\ \Omega$$

于是可将图 2.2.6(a)所示电路简化成图 2.2.6(b)所示，则流过 R_3 的电流为

$$I_3=\frac{U_{OC}}{R_0+R_3+R}=\frac{40}{1.33+5+5}\ \mathrm{A}=3.53\ \mathrm{A}$$

[例题 2.2.3]　图 2.2.7(a)所示的有源二端网络中，含有电流控制电流源 βI_1，I_1 是流过 R_1 的电流。已知 $U_S=1.5\ \mathrm{V}$，$R_1=1\ 200\ \Omega$，$R_2=2\ 000\ \Omega$，$\beta=50$。试求此有源二端网络的开路电压 U_{OC}，短路电流 I_{SC}，等效电阻 R_0，并画出戴维南等效电路和诺顿等效电路。

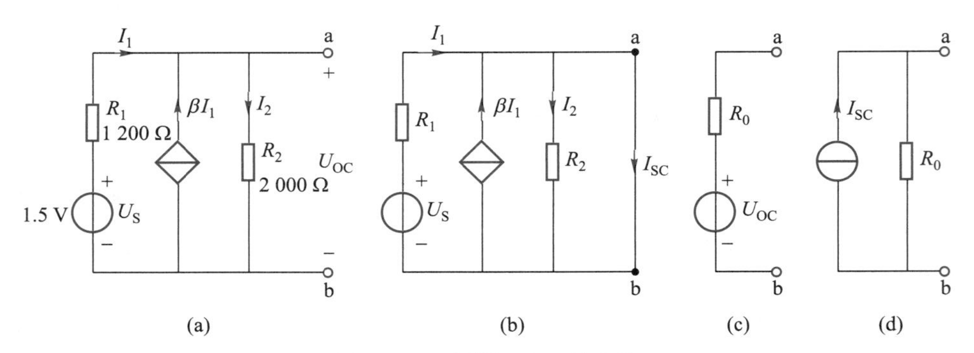

图 2.2.7　例题 2.2.3 的电路

[解]　对图 2.2.7(a)的电路，根据 KCL 和 KVL 可写出

$$-I_1-\beta I_1+I_2=0$$

$$R_1I_1+R_2I_2=U_S$$

解得

$$I_2=\frac{(1+\beta)U_S}{R_1+(1+\beta)R_2}$$

开路电压 $U_{OC}=R_2I_2=\dfrac{(1+\beta)R_2}{R_1+(1+\beta)R_2}U_S=\dfrac{(1+50)\times 2\ 000}{1\ 200+(1+50)\times 2\ 000}\times 1.5\ \text{V}$

$=1.48\ \text{V}$

把 a、b 短路后的电路如图 2.2.7(b)所示。此时 $U_{ab}=0$,$I_2=0$,但受控电流源的电流 βI_1 仍然存在。由图可得

$$I_1=\frac{U_S}{R_1}$$

$$I_{SC}=I_1+\beta I_1=(1+\beta)\frac{U_S}{R_1}=(1+50)\times\frac{1.5}{1\ 200}\ \text{A}=0.063\ 8\ \text{A}$$

等效电阻 $$R_0=\frac{U_{OC}}{I_{SC}}=\frac{1.48}{0.063\ 8}\ \Omega=23.2\ \Omega$$

画出的戴维南等效电路和诺顿等效电路分别如图 2.2.7(c)和(d)所示。由计算结果可知,R_0 不等于 R_1 和 R_2 的并联,其值比 R_1、R_2 要小得多。如果把 U_{OC} 和 I_{SC}的表达式相除可得

$$R_0=\frac{U_{OC}}{I_{SC}}=\frac{R_1R_2}{R_1+(1+\beta)R_2}=\frac{R_2\dfrac{R_1}{1+\beta}}{R_2+\dfrac{R_1}{1+\beta}}$$

可见 R_0 等于 R_2 和$\dfrac{R_1}{1+\beta}$并联的等效电阻。

2.3 正弦交流电路

视频资源:2.3 正弦交流电路

前面在介绍支路电流法、叠加定理和等效电源定理时,都是结合直流电路讨论的。但在实际应用中,除了直流电路外,更多的是正弦交流电路。发电厂提供的电压和电流,几乎都是随时间按正弦规律变化的。由于正弦交流电有着非常广泛的应用,因此正弦交流电路的分析计算十分重要。

电路的基本分析方法对直流电路和交流电路都是适用的。但正弦交流电是随时间变化的,电路中存在着一些直流电路中没有的物理现象,所以研究交流电路要比研究直流电路复杂得多。为了分析和计算的方便,通常用相量来表示正弦量,应用相量法来求解正弦交流电路。下面先介绍正弦量的三要素及相量法,然后讨论如何用相量法分析正弦交流电路。

2.3.1 正弦量的三要素

随时间按正弦规律变化的电压和电流称为正弦交流电,可以表示为

$$\left.\begin{aligned}u&=U_m\sin(\omega t+\varphi_u)\\ i&=I_m\sin(\omega t+\varphi_i)\end{aligned}\right\}\tag{2.3.1}$$

式中,u 和 i 表示正弦量在任一时刻的量值,称为瞬时值;U_m、I_m 表示正弦量在变化过程中出现的最大瞬时值,称为最大值;ω 称为角频率;φ_u、φ_i 称为初相位。

最大值、角频率、初相位称为正弦量的三要素。下面逐一介绍正弦量的三要素及其他几个量。

1. 周期、频率和角频率

正弦交流电重复变化一次所需要的时间称为周期，用 T 表示，单位为秒(s)。每秒内变化的周期数称为频率，用 f 表示，单位为赫[兹](Hz)。由上述定义可知

$$T=\frac{1}{f} \tag{2.3.2}$$

由图 2.3.1 所示的正弦交流电压的波形可知，从 a 点变至同一状态的 a' 点所需要的时间就是周期 T。正弦交流电在每秒钟内变化的电角度称为角频率或电角速度，单位为弧度/秒(rad/s)。因为交流电变化一个周期的电角度相当于 2πrad，故

$$\omega=\frac{2\pi}{T}=2\pi f \tag{2.3.3}$$

式(2.3.3)表达了 ω、T、f 三者之间的关系。这三个量都是反映正弦交流量变化快慢的，知道其中一个就可求得另外两个。这样，今后绘制正弦交流电的波形时，既可以用 t 作横坐标，也可以直接用电角度 ωt 作横坐标，如图 2.3.1 所示。

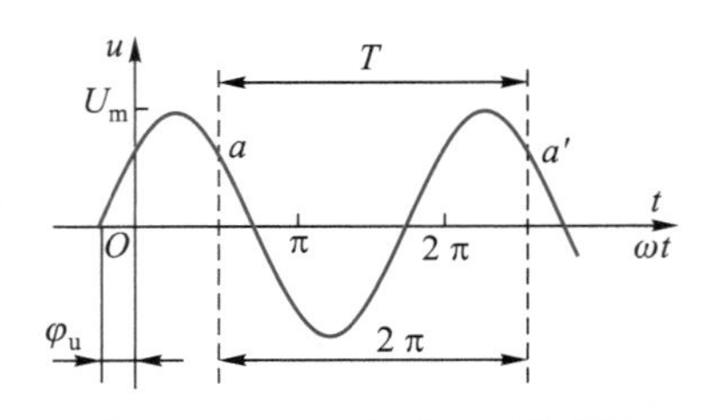

图 2.3.1　正弦交流电压的周期

2. 相位、初相位和相位差

在式(2.3.1)中，$\omega t+\varphi_u$、$\omega t+\varphi_i$ 都是随时间变化的电角度，称为正弦交流电的相位。相位的单位是弧度，也可用度。在开始计时的瞬间，即 $t=0$ 时的相位称为初相位。

两个同频率正弦量的相位之差称为相位差。例如式(2.3.1)中的正弦电压 u 和电流 i 之间的相位差 φ 为

$$\varphi=(\omega t+\varphi_u)-(\omega t+\varphi_i)=\varphi_u-\varphi_i \tag{2.3.4}$$

上式表明，两个同频率正弦量之间的相位差并不随时间而变化，而等于两者的初相位之差。相位差是反映两个同频率正弦量相互关系的重要物理量。它表示了两个同频率正弦量随时间变化“步调”上的先后。当 $\varphi=\varphi_u-\varphi_i=0$ 时，称 u 与 i 同相。当 $\varphi=\varphi_u-\varphi_i>0$ 时，称 u 超前于 i，或者说 i 滞后于 u。当 $\varphi=180°$时，称 u 与 i 反相。若 $\varphi=90°$，则称 u 与 i 相位正交。

3. 瞬时值、最大值和有效值

注意：瞬时值和最大值都是表征正弦量大小的，但在应用中正弦量的大小通常采用有效值来表示。

正弦交流电在某一瞬时的量值，称为瞬时值。正弦交流电在变化过程中出现的最大瞬时值称为最大值。

有效值是从电流热效应的角度规定的。设交流电流 i 和直流电流 I 分别通过阻值相同的电阻 R，在一个周期 T 的时间内产生的热量相等，则这一直流电流的数值 I 就称为交流电流 i 的有效值。按此定义，有

$$RI^2T=\int_0^T Ri^2\mathrm{d}t$$

于是
$$I=\sqrt{\frac{1}{T}\int_0^T i^2\mathrm{d}t} \tag{2.3.5}$$

设正弦电流 $i=I_\mathrm{m}\sin(\omega t+\varphi_i)$，代入式(2.3.5)后可得

$$I=\sqrt{\frac{1}{T}\int_0^T I_\mathrm{m}^2\sin^2(\omega t+\varphi_i)\mathrm{d}t}=\frac{I_\mathrm{m}}{\sqrt{2}} \tag{2.3.6}$$

同理，对于正弦电压，其有效值为

$$U=\frac{U_\mathrm{m}}{\sqrt{2}} \tag{2.3.7}$$

通常所说的交流电压 220 V，交流电流 3 A，都是指有效值。交流电压表和交流电流表的读数，一般也是有效值。

电力系统是最大的交流电源，电源的频率及额定电压是电能质量的主要指标。世界各国电网频率主要有 50 Hz 与 60 Hz 两种，称为工频；民用单相交流电源的额定电压在 100 V～240 V 不等。我国电网频率为 50 Hz，民用单相交流电压为 220 V。

2.3.2 正弦量的相量表示法

在线性电路中，不论电路有多复杂，如果电路内所有的电源均为频率相同的正弦量，那么电路各部分的电流、电压都是与电源频率相同的正弦量。对这样的正弦电路进行分析计算时，会遇到一系列同频率正弦量的运算。不难想象，如电路复杂些，其计算将显得十分繁复。为简化电路的分析，电工中常采用“相量法”计算。

相量法的实质是用复数来表述正弦量。为此先复习复数的有关知识。设 A 是一个复数，可表达为

$$A=a+\mathrm{j}b \tag{2.3.8}$$

或
$$A=|A|\mathrm{e}^{\mathrm{j}\varphi} \tag{2.3.9}$$

简写为
$$A=|A|\angle\varphi \tag{2.3.10}$$

式(2.3.8)中的 a 和 b 分别是复数的实部和虚部，$\mathrm{j}=\sqrt{-1}$ 是虚数单位。式(2.3.9)中的 $|A|$ 和 φ 分别是复数的模和辐角。复数还可以用复平面上的有向线段来表示，如图 2.3.2 所示。由图可见

$$\left.\begin{aligned}a&=|A|\cos\varphi\\ b&=|A|\sin\varphi\end{aligned}\right\} \tag{2.3.11}$$

$$\left.\begin{aligned}|A|&=\sqrt{a^2+b^2}\\ \varphi&=\arctan\left(\frac{b}{a}\right)\end{aligned}\right\} \tag{2.3.12}$$

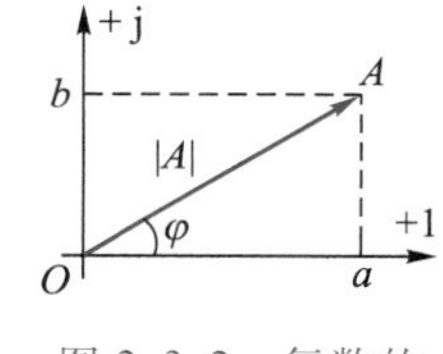

图 2.3.2 复数的表示

若已知 $|A|$ 和 φ，可根据式(2.3.11)求出 a 和 b，得到

式(2.3.8)的代数型表示形式。反之若已知 a 和 b，可根据式(2.3.12)求出 $|A|$ 和 φ，得到式(2.3.9)的指数型或式(2.3.10)极坐标型表示形式。

下面介绍如何用复数来表示正弦量。设有个正弦电压为 $u=\sqrt{2}U\sin(\omega t+\varphi_u)$，那么表示该正弦电压的复数就是

$$\dot{U}=U\angle\varphi_u \tag{2.3.13}$$

其中复数的模 U 表示正弦电压的有效值，而辐角 φ_u 则表示电压的初相位，复数 $\dot{U}$ 就叫做电压相量。注意符号上的小圆点"·"以及"相量"的名称，这是一个表示正弦量的复数，而不是普通的复数。同样，若 $i=\sqrt{2}I\sin(\omega t+\varphi_i)$，则相量

$$\dot{I}=I\angle\varphi_i \tag{2.3.14}$$

把正弦量变换成相量来分析计算正弦交流电路的方法，称为相量法。如前所述，在线性电路中，由某一频率的外加正弦电压在电路各处产生的电流和电压的频率是相同的，在计算时只要求出这些电流或电压的有效值和初相位就可以了。由于相量包含了有效值和初相位这两个要素，因此把电路中的正弦电压和电流都变为相量形式后，就可通过复数运算，得到所求解的电压相量和电流相量，从而得到所求的正弦电压和电流。例如两个已知的正弦电流 $i_1=\sqrt{2}I_1\sin(\omega t+\varphi_1)$ 和 $i_2=\sqrt{2}I_2\sin(\omega t+\varphi_2)$，要求 i_1 和 i_2 的和。如果把三角函数表达式直接相加，当然可以得到所求的电流 i。但如果把 i_1 和 i_2 变换成相量 $\dot{I}_1=I_1\angle\varphi_1$，$\dot{I}_2=I_2\angle\varphi_2$，再把相量 $\dot{I}_1$ 和 $\dot{I}_2$ 相加，得出合成相量 $\dot{I}$，运算就比较简便。可以证明，合成相量 $\dot{I}$ 所表示的正弦电流，就是 i_1 和 i_2 相加后的电流 i。

也就是说，相量是为了简化运算而引出的一种数学变换方法。而且只有在各个正弦量均为同一频率时，各正弦量变换成相量进行运算才有意义。

注意：
相量只是表示正弦量，而不等于正弦量。

相量也可以在复平面上用有向线段表示，所画出的图形称为相量图。图2.3.3画出了 $\dot{I}_1=I_1\angle\varphi_1(\varphi_1>0)$、$\dot{I}_2=I_2\angle\varphi_2(\varphi_2<0)$ 和 $\dot{I}=I\angle\varphi$ 的相量图。图中三个相量之间的关系是 $\dot{I}_1+\dot{I}_2=\dot{I}$。

在相量表达式中，有时会碰到相量乘 j 或 -j，如 $\mathrm{j}\dot{I}$、$-\mathrm{j}\dot{I}$。由于 $\mathrm{e}^{\mathrm{j}\frac{\pi}{2}}=\mathrm{j}$、$\mathrm{e}^{-\mathrm{j}\frac{\pi}{2}}=-\mathrm{j}$，故

$$\left.\begin{aligned}\mathrm{j}\dot{I}&=\mathrm{e}^{\mathrm{j}\frac{\pi}{2}}I\mathrm{e}^{\mathrm{j}\varphi}=I\mathrm{e}^{\mathrm{j}(\varphi+\frac{\pi}{2})}\\-\mathrm{j}\dot{I}&=\mathrm{e}^{-\mathrm{j}\frac{\pi}{2}}I\mathrm{e}^{\mathrm{j}\varphi}=I\mathrm{e}^{\mathrm{j}(\varphi-\frac{\pi}{2})}\end{aligned}\right\} \tag{2.3.15}$$

图2.3.4示出了它们的相量图。由图可见，相量 $\dot{I}$ 乘以 j，就是把相量 $\dot{I}$ 逆时针转90°；相量 $\dot{I}$ 乘以 -j，就是把相量 $\dot{I}$ 顺时针转90°。

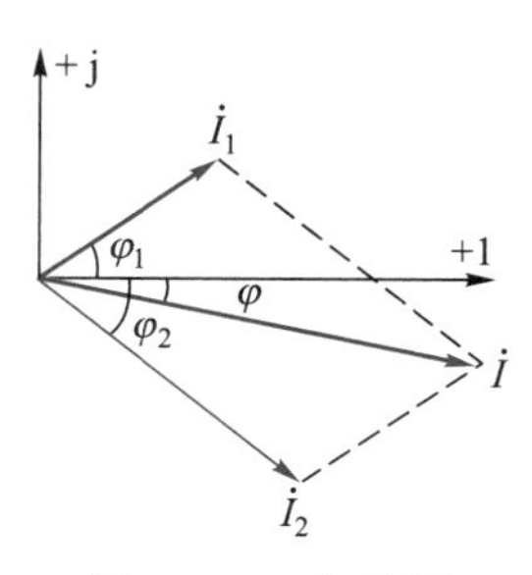

图 2.3.3　相量图

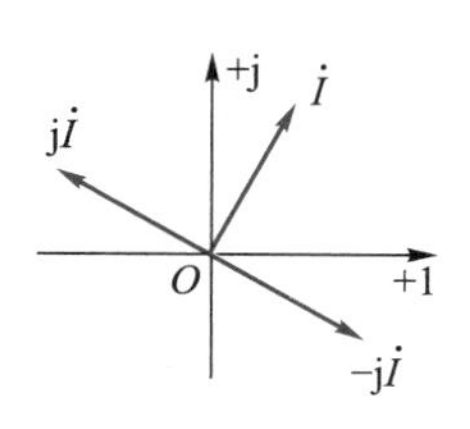

图 2.3.4　相量乘 j 的图示

[例题 2.3.1]　已知正弦电流 $i_1=2\sqrt{2}\sin(100\pi t+60°)$ A，$i_2=3\sqrt{2}\sin(100\pi t+30°)$ A，试用相量法求 $i=i_1+i_2$，并画出各电流的相量图与波形图。

[解]　i_1、i_2 的相量形式分别为 $\dot{I}_1=2\angle 60°$ A，$\dot{I}_2=3\angle 30°$ A，两相量之和

$$
\begin{aligned}
\dot{I}&=\dot{I}_1+\dot{I}_2=(2\angle 60°+3\angle 30°)\ \text{A}\\
&=(1+\text{j}1.732+2.598+\text{j}1.5)\ \text{A}=(3.598+\text{j}3.232)\ \text{A}\\
&=4.836\angle 41.9°\ \text{A}
\end{aligned}
$$

故

$$i=4.836\sqrt{2}\sin(100\pi t+41.9°)\ \text{A}$$

相量图如图 2.3.5 所示，波形图见图 2.3.6。

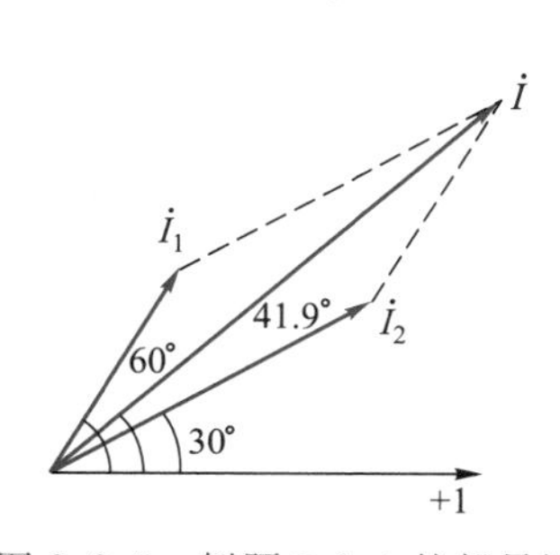

图 2.3.5　例题 2.3.1 的相量图

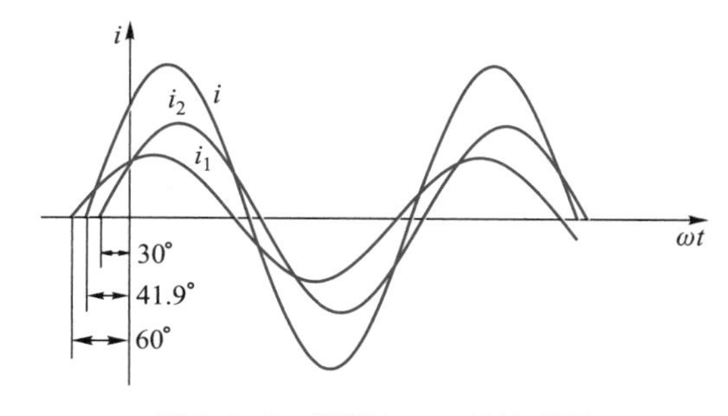

图 2.3.6　例题 2.3.1 的波形图

采用相量法计算正弦交流电路，就是用代数计算来替代复杂的三角函数计算；而相量图不仅直观形象地表示各相量之间的大小和相位关系，还可将复数运算转换成平面几何的求解问题。合理使用相量图往往使得正弦交流电路的求解问题得到简化。

2.3.3　电阻、电感、电容元件上电压与电流关系的相量形式

在第 1 章 1.2 节中已介绍了 R、L、C 各元件上电压与电流之间的关系式，现在讨论它们在正弦交流电作用下的相量关系。

1. 电阻元件

设图 2.3.7(a) 所示电阻元件上流过的电流为

$$i=\sqrt{2}I\sin(\omega t+\varphi_i)\tag{2.3.16}$$

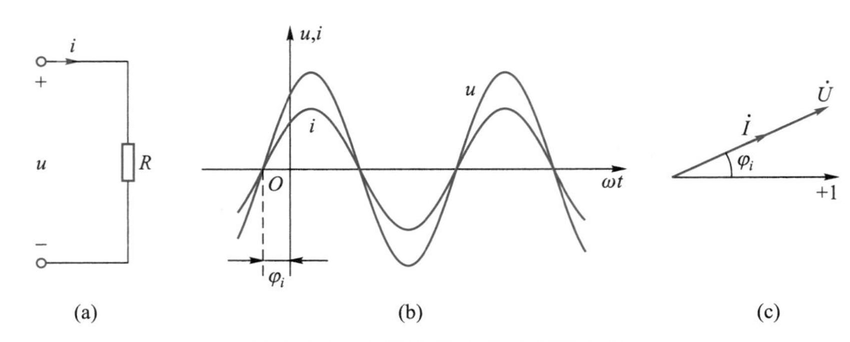

图 2.3.7　电阻元件上的电压和电流

根据欧姆定律,电阻两端的电压为

$$u=Ri=\sqrt{2}RI\sin(\omega t+\varphi_i)=\sqrt{2}U\sin(\omega t+\varphi_u) \tag{2.3.17}$$

式中

$$\left.\begin{aligned}U&=RI\\ \varphi_u&=\varphi_i\end{aligned}\right\} \tag{2.3.18}$$

可见电压有效值等于电流有效值乘以 R,电压的相位和电流的相位相同,即两者同相。i 与 u 的波形见图 2.3.7(b)。

由式(2.3.16)得电流相量为

$$\dot{I}=I\angle\varphi_i \tag{2.3.19}$$

由式(2.3.17)和式(2.3.18)得电压相量为

$$\dot{U}=U\angle\varphi_u=RI\angle\varphi_i=R\dot{I} \tag{2.3.20}$$

电压和电流的相量图如图 2.3.7(c)所示。

2. 电感元件

设图 2.3.8(a)所示电感上流过的电流为

$$i=\sqrt{2}I\sin(\omega t+\varphi_i) \tag{2.3.21}$$

则电感两端的电压为

$$\begin{aligned}u&=L\frac{\mathrm{d}i}{\mathrm{d}t}=L\frac{\mathrm{d}}{\mathrm{d}t}[\sqrt{2}I\sin(\omega t+\varphi_i)]=\sqrt{2}I\omega L\cos(\omega t+\varphi_i)\\ &=\sqrt{2}I\omega L\sin(\omega t+\varphi_i+90^\circ)=\sqrt{2}U\sin(\omega t+\varphi_u)\end{aligned} \tag{2.3.22}$$

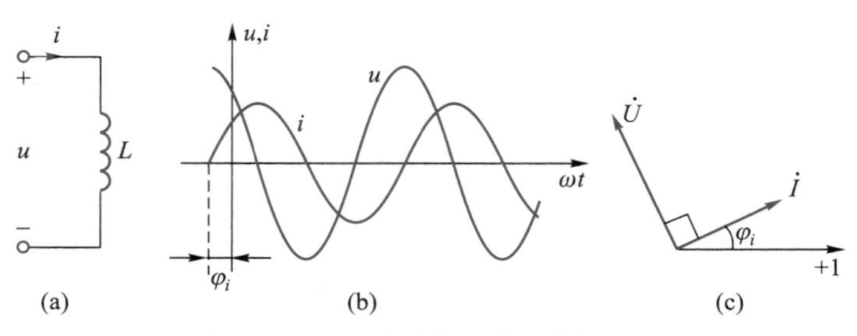

图 2.3.8　电感元件上的电压和电流

式中
$$\left.\begin{aligned}U&=\omega LI\\ \varphi_u&=\varphi_i+90°\end{aligned}\right\} \tag{2.3.23}$$

比较式(2.3.21)和式(2.3.22)可见,u 和 i 是同频率正弦量。电感电压的有效值等于电流的有效值乘以 ωL;电感电压的相位超前于电流 90°,或者说电流滞后于电压 90°。i 与 u 的波形如图 2.3.8(b)所示。

由式(2.3.21)得电流相量

$$\dot{I}=I\angle\varphi_i \tag{2.3.24}$$

根据式(2.3.22)、式(2.3.23)和式(2.3.24)得电压相量

$$\begin{aligned}\dot{U}&=U\angle\varphi_u=\omega LI\angle\varphi_i+90°=\omega L\angle 90°I\angle\varphi_i=\mathrm{j}\omega L\dot{I}\\&=\mathrm{j}X_L\dot{I}\end{aligned} \tag{2.3.25}$$

式中
$$X_L=\omega L=2\pi fL \tag{2.3.26}$$

式(2.3.25)为电感电压和电流关系的相量形式,它既表示了电感电压和电流有效值之间的数值关系,又表达了两者的相位关系。电压和电流的相量图如图 2.3.8(c)所示。

式(2.3.26)的 $X_L=\omega L$ 是表征电感对正弦电流所呈现"阻止"能力大小的一个参数,称为电感抗,简称感抗。X_L 具有电阻的量纲,单位也是欧[姆](Ω)。X_L 是电压有效值与电流有效值之比,而不是它们的瞬时值之比。对于 L 一定的电感,由式(2.3.26)知,其 $X_L\propto f$。X_L 的大小随电流频率的变化而变化;当电流的频率为零即直流时,感抗为零,故电感在直流稳态时相当于短路。

[例题 2.3.2] 在图 2.3.8(a)所示电路中,已知 $L=0.35$ H,$\dot{U}=220\angle 30°$ V,$f=50$ Hz。求 $\dot{I}$ 和 i,并画出电压、电流的相量图。

[解]
$$X_L=2\pi fL=2\times3.14\times50\times0.35\ \Omega=110\ \Omega$$

$$\dot{I}=\frac{\dot{U}}{\mathrm{j}X_L}=\frac{220\angle 30°}{110\angle 90°}\ \mathrm{A}=2\angle -60°\ \mathrm{A}$$

$$i=2\sqrt{2}\sin(314t-60°)\ \mathrm{A}$$

相量图如图 2.3.9 所示。

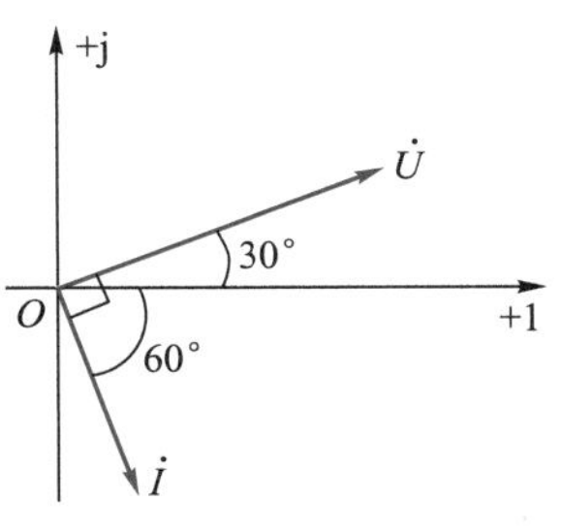

图 2.3.9 例题 2.3.2 的相量图

3. 电容元件

设图 2.3.10(a)所示电容元件两端的电压为

$$u=\sqrt{2}U\sin(\omega t+\varphi_u) \tag{2.3.27}$$

则电流为

$$\begin{aligned}i&=C\frac{\mathrm{d}u}{\mathrm{d}t}=C\frac{\mathrm{d}}{\mathrm{d}t}[\sqrt{2}U\sin(\omega t+\varphi_u)]\\&=\sqrt{2}\omega CU\sin(\omega t+\varphi_u+90°)\\&=\sqrt{2}I\sin(\omega t+\varphi_i)\end{aligned} \tag{2.3.28}$$

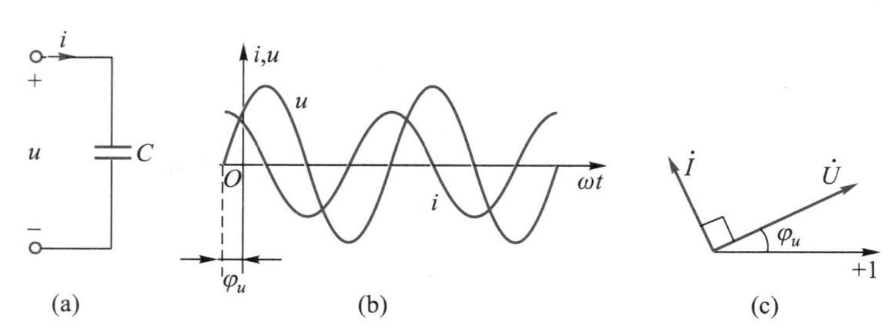

图 2.3.10　电容元件上的电压和电流

式中

$$\left.\begin{array}{l} I=\omega CU \\ \varphi_i=\varphi_u+90^\circ \end{array}\right\} \tag{2.3.29}$$

比较式(2.3.27)和式(2.3.28)可见,i 和 u 是同频率的正弦量。电容电流的有效值等于电压的有效值乘以 ωC;电容电流的相位超前于电压 90°,或者说电压滞后于电流 90°。u 与 i 的波形如图 2.3.10(b)所示。

由式(2.3.27)得电压相量为

$$\dot{U}=U\angle\varphi_u \tag{2.3.30}$$

根据式(2.3.28)、式(2.3.29)和式(2.3.30)得电流相量

$$\begin{aligned}\dot{I}&=I\angle\varphi_i=\omega CU\angle\varphi_u+90^\circ=\omega C\angle 90^\circ U\angle\varphi_u=\mathrm{j}\omega C\dot{U}\\&=\mathrm{j}\frac{\dot{U}}{X_C}\end{aligned} \tag{2.3.31}$$

或

$$\dot{U}=\frac{\dot{I}}{\mathrm{j}\omega C}=-\mathrm{j}X_C\dot{I} \tag{2.3.32}$$

式中

$$X_C=\frac{1}{\omega C}=\frac{1}{2\pi fC} \tag{2.3.33}$$

式(2.3.31)和式(2.3.32)为电容电压和电流关系的相量形式,它既表示了电容电压和电流有效值之间的数值关系,又表达了两者的相位关系。电压和电流的相量图如图 2.3.10(c)所示。

式(2.3.33)的 X_C 称为电容抗,简称容抗。由式(2.3.29)可知,X_C 为电压与电流有效值之比,单位也是欧[姆]Ω。X_C 与 ω、C 两个量成反比。对于一定的 C 来说,频率越高,则容抗越小,对正弦电流的“阻止”能力越弱,即意味着高频电流容易通过电容。直流时频率为零,容抗为无穷大,故电容在直流电路处于稳定状态时不能通过电流,相当于开路。

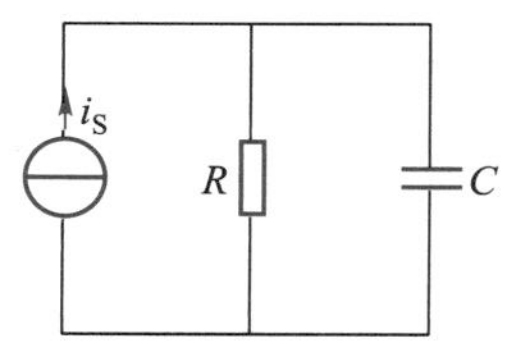

图 2.3.11　例题 2.3.3 的电路图

[例题 2.3.3]　图 2.3.11 所示并联电路中,设 $R=20\ \Omega$,$C=50\ \mu\mathrm{F}$。试计算当正弦电流 i_S 的频率分别为 100 Hz和 5 kHz 时电容的容抗。

[解]　$f=100$ Hz 时

$$X_C=\frac{1}{2\pi fC}=\frac{1}{2\times3.14\times100\times50\times10^{-6}}\ \Omega$$
$$=31.83\ \Omega$$

$f=5$ kHz 时

$$X_C=\frac{1}{2\pi fC}=\frac{1}{2\times3.14\times5\ 000\times50\times10^{-6}}\ \Omega=0.637\ \Omega$$

由此可见,在 i_S 的频率等于 5 kHz 时,$X_C\ll R$,正弦电流 i_S 绝大部分从电容 C 流过,或者说电容 C 把 5 kHz 的交流信号给"旁路"掉了。

2.3.4 简单正弦交流电路的计算

1. 基尔霍夫定律的相量形式

分析交流电路时,仍然是根据基尔霍夫定律来列写有关的方程式。因为在任何一个瞬间,电压、电流值总服从于基尔霍夫定律,即对于任一节点,$\sum i=0$;对于任一回路,$\sum u=0$。故 KCL 的相量形式为

$$\sum \dot{I}=0 \tag{2.3.34}$$

可表述为:在电路任一节点上的电流相量代数和为零。

KVL 的相量形式为

$$\sum \dot{U}=0 \tag{2.3.35}$$

可表述为:沿任一回路,各支路电压相量的代数和为零。

2. 阻抗(复阻抗)

下面先分析 RLC 串联电路中电压和电流之间的关系。在图 2.3.12(a)所示电路中,在外加电压 u 的作用下,电路中的电流为 i,R、L、C 元件上的电压分别为 u_R、u_L、u_C。根据 KVL 可得

$$u=u_R+u_L+u_C \tag{2.3.36}$$

其相量形式为

$$\dot{U}=\dot{U}_R+\dot{U}_L+\dot{U}_C \tag{2.3.37}$$

把式(2.3.20)、式(2.3.25)和式(2.3.32)代入式(2.3.37)得

$$\dot{U}=R\dot{I}+\mathrm{j}X_L\dot{I}-\mathrm{j}X_C\dot{I}=[R+\mathrm{j}(X_L-X_C)]\dot{I}=(R+\mathrm{j}X)\dot{I}$$
$$=Z\dot{I} \tag{2.3.38}$$

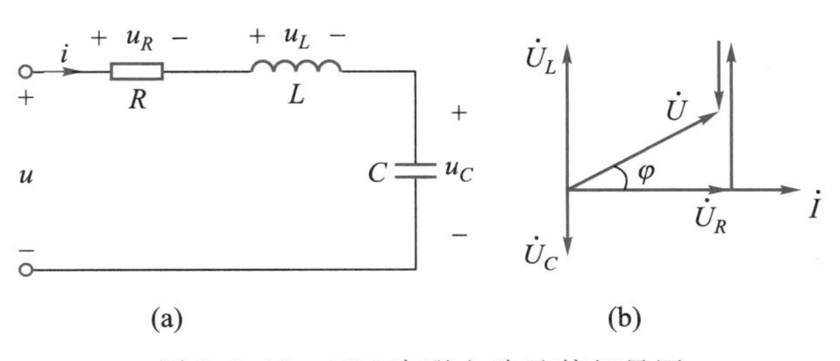

图 2.3.12 RLC 串联电路及其相量图

式中　　$$Z=R+\mathrm{j}X=R+\mathrm{j}(X_L-X_C) \tag{2.3.39}$$

式(2.3.38)的形式和欧姆定律类似,有时称为欧姆定律的相量形式。式(2.3.39)的 Z 称为阻抗(复[数]阻抗),X 称为电抗。阻抗的单位是欧[姆](Ω)。它是一个复数,但不表示正弦量,故在 Z 上不加小点。阻抗的模 $|Z|$ 称为阻抗模,辐角 φ 称为阻抗角,它们分别为

$$|Z|=\sqrt{R^2+X^2}=\sqrt{R^2+(X_L-X_C)^2} \tag{2.3.40}$$

$$\varphi=\arctan\left(\frac{X}{R}\right)=\arctan\left(\frac{X_L-X_C}{R}\right) \tag{2.3.41}$$

若设 $\dot{U}=U\angle\varphi_u$ 和 $\dot{I}=I\angle\varphi_i$,代入式(2.3.38)并移项,得

$$Z=\frac{\dot{U}}{\dot{I}}=\frac{U\angle\varphi_u}{I\angle\varphi_i}=\frac{U}{I}\angle\varphi_u-\varphi_i=|Z|\angle\varphi \tag{2.3.42}$$

可见电压与电流的有效值之比等于阻抗模,电压与电流之间的相位差等于阻抗角。

图 2.3.12(b)画出了电压、电流的相量图。由于在串联电路中流过 R、L、C 的电流相同,通常画相量图时先画 $\dot{I}$ 相量(因其初相位 φ_i 没有给定,故可设$\varphi_i=0$),然后依次画出 $\dot{U}_R$(和 $\dot{I}$ 同相)、$\dot{U}_L$(超前 $\dot{I}$ 90°)、$\dot{U}_C$(滞后 $\dot{I}$ 90°),最后根据 $\dot{U}=\dot{U}_R+\dot{U}_L+\dot{U}_C$ 的关系,将 $\dot{U}_R$、$\dot{U}_L$、$\dot{U}_C$ 三个相量依次头尾相接,画出 $\dot{U}$。在图 2.3.12(b)中,设 $U_L>U_C$ 即 $X_L>X_C$,因此电压 $\dot{U}$ 超前于电流 $\dot{I}$,电路为电感性。反之,若 $U_L<U_C$ 即 $X_L<X_C$,$\dot{U}$ 将滞后于 $\dot{I}$,电路为电容性。若 $U_L=U_C$,即$X_L=X_C$,$\dot{U}$ 和 $\dot{I}$ 同相,电路为电阻性,形成串联谐振。

[例题 2.3.4]　一个电阻 $R=250\ \Omega$、电感 $L=1.2$ H 的线圈与一个 $C=10\ \mu$F的电容器串联,外加电压 $u=220\sqrt{2}\sin 314t$ V,如图 2.3.13(a)所示。求电路中的电流、线圈和电容器两端的电压,并画出电压、电流的相量图。

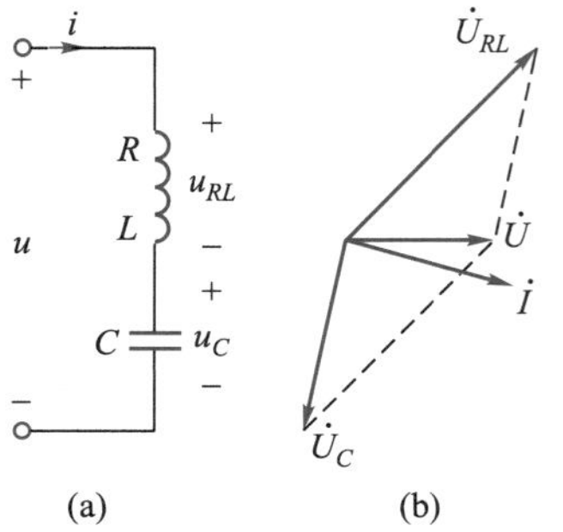

(a)　(b)

图 2.3.13　例题 2.3.4 的电路图和相量图

[解]　$X_L=\omega L=314\times1.2\ \Omega=376.8\ \Omega$

$$X_C=\frac{1}{\omega C}=\frac{10^6}{314\times10}\ \Omega=318.5\ \Omega$$

电路的阻抗

$$Z=R+\mathrm{j}(X_L-X_C)=[250+\mathrm{j}(376.8-318.5)]\ \Omega=256.7\angle13.1^\circ\ \Omega$$

已知 $\dot{U}=220\angle0^\circ$ V,故电流为

$$\dot{I}=\frac{\dot{U}}{Z}=\frac{220\angle0^\circ}{256.7\angle13.1^\circ}\ \mathrm{A}=0.857\angle-13.1^\circ\ \mathrm{A}$$

线圈的阻抗

$$Z_{RL}=R+\mathrm{j}X_L=(250+\mathrm{j}376.8)\ \Omega$$
$$=452.2\angle 56.4^\circ\ \Omega$$

线圈的端电压

$$\dot{U}_{RL}=Z_{RL}\dot{I}=(452.2\angle 56.4^\circ\times 0.857\angle -13.1^\circ)\ \mathrm{V}$$
$$=387.5\angle 43.3^\circ\ \mathrm{V}$$

电容器的端电压

$$\dot{U}_C=-\mathrm{j}X_C\dot{I}=(318.5\angle -90^\circ\times 0.857\angle -13.1^\circ)\ \mathrm{V}$$
$$=273\angle -103.1^\circ\ \mathrm{V}$$

电流、电压的瞬时值为

$$i=0.857\sqrt{2}\sin(314t-13.1^\circ)\ \mathrm{A}$$
$$u_{RL}=387.5\sqrt{2}\sin(314t+43.3^\circ)\ \mathrm{V}$$
$$u_C=273\sqrt{2}\sin(314t-103.1^\circ)\ \mathrm{V}$$

电压、电流相量图如图 2.3.13(b)所示。在该相量图中，$\dot{U}$ 的初相位为零(题给)，$\dot{I}$ 、$\dot{U}_{RL}$和 $\dot{U}_C$ 的初相位根据计算结果定性画出。由计算结果可以看出，在本例中线圈的端电压和电容器的端电压都比外加电压大，即电路中局部的电压大于总电压。这种现象在直流电路中是不可能出现的。

3. 阻抗的串联和并联

阻抗串联或并联后，其等效阻抗的计算公式和电阻串联或并联后等效电阻的计算公式是相似的，但计算时必须按复数运算的方法进行运算。

当 n 个阻抗相串联如图 2.3.14 所示时，等效阻抗 Z 为

$$Z=\sum_{i=1}^{n}Z_i=\sum_{i=1}^{n}R_i+\mathrm{j}\sum_{i=1}^{n}X_i \tag{2.3.43}$$

它的实部是串联电路的各电阻之和，虚部等于串联电路的各电抗之代数和。在求式(2.3.43)中电抗的代数和时，必须注意感抗为正值，容抗前带有负号。

当 n 个阻抗相并联如图 2.3.15 所示时，并联电路的等效阻抗

$$\frac{1}{Z}=\frac{1}{Z_1}+\frac{1}{Z_2}+\cdots+\frac{1}{Z_{n-1}}+\frac{1}{Z_n}=\sum_{k=1}^{n}\frac{1}{Z_k} \tag{2.3.44}$$

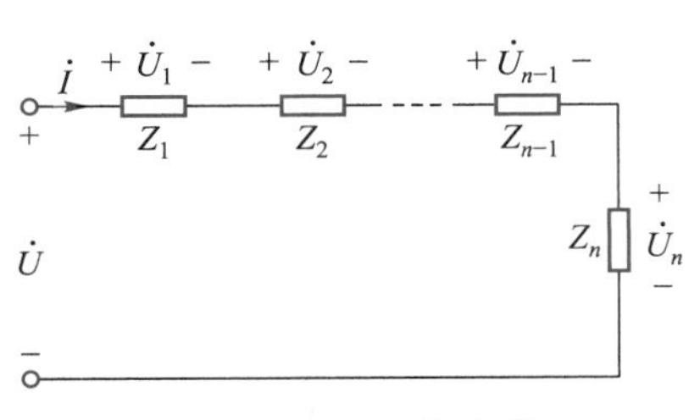

图 2.3.14　阻抗串联

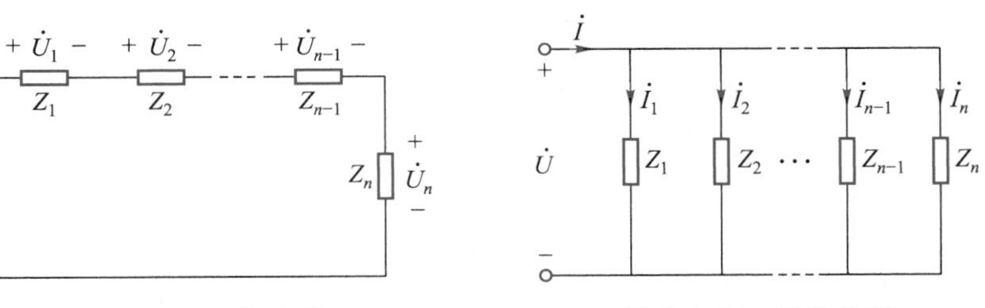

图 2.3.15　阻抗并联

在正弦交流电路中应用相量法之后，直流电路的分析方法都可采用。直流电路的计算公式中，只要把电阻、电压和电流改为阻抗、电压相量和电流相量，就成为正弦交流电路的计算公式。

[例题 2.3.5]　有时为了测量电感线圈的电感和电阻，将它和一个电阻 R 串联后接在工频交流电源上，如图 2.3.16(a) 所示。现测得 $U=220\ \text{V}$，$U_R=79\ \text{V}$，$U_L=193\ \text{V}$，$I=0.4\ \text{A}$。试求线圈的电阻 R_L 和电感 L。

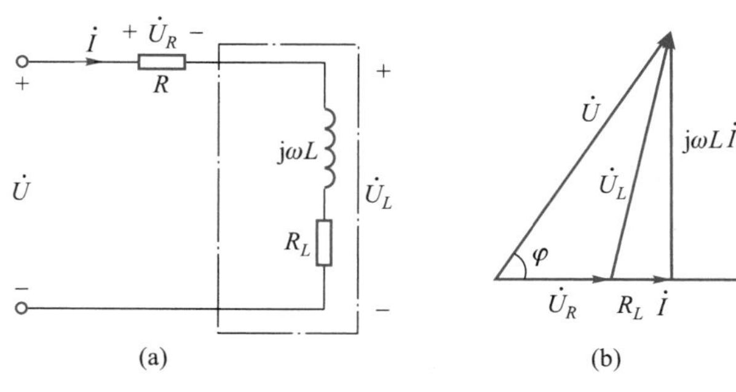

图 2.3.16　例题 2.3.5 的图

[解]　根据测量数据，以电流为参考相量作出电路的相量图。因 $\dot{U}=\dot{U}_R+\dot{U}_L$，所以相量 $\dot{U}$、$\dot{U}_R$、$\dot{U}_L$ 构成一个闭合三角形，如图 2.3.16(b) 所示。由三角余弦定理可得

$$\cos\varphi=\frac{U^2+U_R^2-U_L^2}{2UU_R}=\frac{220^2+79^2-193^2}{2\times220\times79}=0.5$$

$$\varphi=\arccos 0.5=60^\circ$$

由 $U\sin\varphi=\omega LI$ 得

$$L=\frac{U\sin\varphi}{\omega I}=\frac{220\times0.866}{2\pi\times50\times0.4}\ \text{H}=1.517\ \text{H}$$

又 $U_R+R_LI=U\cos\varphi$

$$R_L=\frac{U\cos\varphi-U_R}{I}=\frac{220\times0.5-79}{0.4}\ \Omega=77.5\ \Omega$$

利用相量的几何关系进行求解，是求解交流电路常用的一种方法。准确地画出相量图，是求解的基础。

[例题 2.3.6]　图 2.3.17 所示电路中含有一个晶体管的小信号模型。已知 $r_{be}=700\ \Omega$，$\beta=30$，$R_E=30\ \Omega$，$R_C=2.4\ \text{k}\Omega$，$C=5\ \mu\text{F}$，$\dot{U}_i=20\angle0^\circ\ \text{mV}$，求外加信号 u_i 的频率分别为 1 000 Hz 和 20 Hz 时的 $\dot{U}_b$ 和 $\dot{U}_o$。

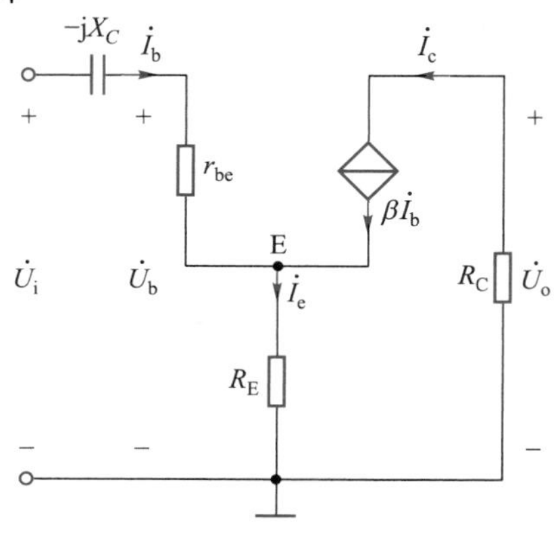

图 2.3.17　例题 2.3.6 的电路图

［解］ $f=1\ 000$ Hz 时

$$X_C=\frac{1}{2\pi fC}=\frac{10^6}{2\times3.14\times1\ 000\times5}\ \Omega=31.8\ \Omega$$

根据 KCL，对节点 E 可列出

$$\dot{I}_e=\dot{I}_b+\beta\dot{I}_b=(1+\beta)\dot{I}_b$$

根据 KVL，对输入回路可列出

$$\begin{aligned}\dot{U}_i&=(r_{be}-jX_C)\dot{I}_b+R_E\dot{I}_e\\&=[700+(1+30)\times30-j31.8]\dot{I}_b\\&=1\ 630.3\angle-1.1^\circ\times\dot{I}_b\end{aligned}$$

于是

$$\dot{I}_b=\frac{0.02\angle0^\circ}{1\ 630.3\angle-1.1^\circ}\ \text{A}=12.27\times10^{-6}\angle1.1^\circ\ \text{A}$$

$$\begin{aligned}\dot{U}_b&=[r_{be}+(1+\beta)R_E]\dot{I}_b\\&=[700+(1+30)\times30]\times12.27\times10^{-6}\angle1.1^\circ\ \text{V}\\&=0.02\angle1.1^\circ\ \text{V}\approx\dot{U}_i\end{aligned}$$

$$\begin{aligned}\dot{U}_o&=-R_C\dot{I}_c=-\beta R_C\dot{I}_b\\&=-30\times2\ 400\times12.27\times10^{-6}\angle1.1^\circ\ \text{V}\\&=0.88\angle-178.9^\circ\ \text{V}\end{aligned}$$

同理可求得，$f=20$ Hz 时，$X_C=1\ 529\ \Omega$、$\dot{I}_b=8.8\times10^{-6}\angle44.3^\circ$ A、$\dot{U}_b=0.014\angle44.3^\circ$ V、$\dot{U}_o=0.63\angle-135.7^\circ$ V。可见当频率由 1 000 Hz 变为 20 Hz 后，由于 X_C 明显增大，故 $\dot{I}_b$、$\dot{U}_b$ 和 $\dot{U}_o$ 都发生较大变化。

2.3.5 交流电路的功率

在正弦电路中电压和电流都是时间的函数，瞬时功率也是随时间变化的，因此比直流电路要复杂些。现在来讨论正弦电路功率的意义及其计算方法。

1. 瞬时功率

电路在某一瞬间吸收或放出的功率，称为瞬时功率，即

$$p=ui \tag{2.3.45}$$

设如图 2.3.18(a)所示的无源二端网络的电流和电压分别为 $i=\sqrt{2}I\sin\omega t$ 和 $u=\sqrt{2}U\sin(\omega t+\varphi)$，则电路的瞬时输入功率

$$\begin{aligned}p&=ui=\sqrt{2}U\sin(\omega t+\varphi)\sqrt{2}I\sin\omega t=UI\cos\varphi-UI\cos(2\omega t+\varphi)\\&=UI\cos\varphi-(UI\cos\varphi\cos2\omega t-UI\sin\varphi\sin2\omega t)\\&=UI\cos\varphi(1-\cos2\omega t)+UI\sin\varphi\sin2\omega t\end{aligned} \tag{2.3.46}$$

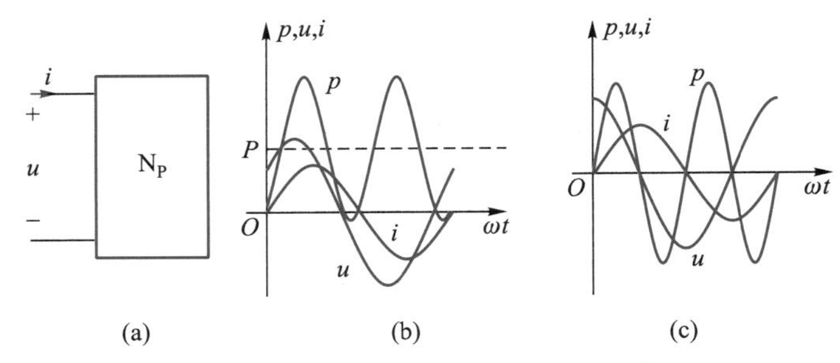

图 2.3.18　正弦电路的电压、电流和瞬时功率波形图

瞬时功率的波形如图 2.3.18(b)所示。可以看出,瞬时功率有正有负,正表示网络从电源吸收功率;负表示网络向电源回馈功率。当电路只含电阻元件时,$\varphi=0$、$p=UI(1-\cos 2\omega t)$,总有 $p\geqslant 0$,表明电阻 R 总是从电源吸收功率,这和 R 是耗能元件的性质相符。当电路只含电感元件时,$\varphi=90°$、$p=UI\sin 2\omega t$,p 的波形如图 2.3.18(c)所示;当电路只含电容元件时,$\varphi=-90°$、$p=-UI\sin 2\omega t$,p 的波形与图 2.3.18(c)刚好反相。在电路只含电感元件或电容元件的情况下,其功率波形在一个周期中的正、负面积相等,表明电感元件或电容元件只是不断地进行能量的吞吐,并不消耗电能,这和 L、C 是储能元件的性质相符。对于一般电路,功率波形的正、负面积不相等,负载吸收功率的时间总是大于释放功率的时间,说明电路在消耗功率,这是由于电路中含有电阻的缘故。

2. 有功功率、无功功率与视在功率

电路在电流变化一个周期内瞬时功率的平均值称为平均功率或有功功率,即

$$P=\frac{1}{T}\int_0^T p\mathrm{d}t \tag{2.3.47}$$

对于正弦电路,其平均功率

$$P=\frac{1}{T}\int_0^T p\mathrm{d}t=UI\cos\varphi \tag{2.3.48}$$

它比直流电路的功率表示式多一个乘数 $\cos\varphi$,这是由于交流电路中的电压和电流存在相位差 φ 引起的。$\cos\varphi$ 称为功率因数(用 λ 表示),φ 称为功率因数角,两者都由负载的性质决定。上面已经指出,电路中的电感和电容并不消耗功率,只是起能量吞吐作用。电路中的平均功率等于电阻所消耗的功率,因此平均功率又称为有功功率。

式(2.3.46)可以写成

$$p=P(1-\cos 2\omega t)+Q\sin 2\omega t \tag{2.3.49}$$

式中

$$Q=UI\sin\varphi \tag{2.3.50}$$

式(2.3.49)中第一项反映了电阻所消耗的瞬时功率,第二项反映了网络中储能元件与电源的能量吞吐情况。无功功率 $Q=UI\sin\varphi$ 为正弦交流电路中储能元件与电源进行能量交换的瞬时功率最大值,单位为乏(var)。对于感性元件,电压超前电流,相位差为 φ,而容性元件的电压滞后电流,相位差为 $-\varphi$,因此感性无功功率与容性无功功率可以相互补偿,故有

$$Q=Q_L-Q_C \tag{2.3.51}$$

电路的电压有效值与电流有效值的乘积，称为电路的视在功率，用 S 表示，即

$$S=UI \tag{2.3.52}$$

单位为伏·安(V·A)。视在功率通常用来表示电源设备的容量。

根据式(2.3.48)、式(2.3.50)和式(2.3.52)可知，交流电路中的有功功率、无功功率和视在功率三者的关系为

$$P=S\cos\varphi, Q=S\sin\varphi, S=\sqrt{P^2+Q^2} \tag{2.3.53}$$

即在数量上它们符合直角三角形的三条边间的关系。

3. 功率因数的提高

由于电源设备的容量就是视在功率 UI，而输出的有功功率却为 $UI\cos\varphi$，因此为了充分利用电源设备的容量，就要求提高电路的功率因数 λ。例如一台变压器的容量为 7 500 kV·A，若负载的功率因数 $\lambda=1$，则此变压器就能输出 7 500 kW的有功功率；若负载的功率因数 λ 降到 0.7，则此变压器最多只能输出 7 500×0.7 kW = 5 250 kW 了，也就是说此时变压器的容量未能充分利用。其次，提高功率因数还能减少线路损耗，从而提高输电效率。当负载的有功功率 P 和电压 U 一定时，功率因数 $\lambda=\cos\varphi$ 越大，则输电线路中 $I=\dfrac{P}{U\cos\varphi}$ 就越小，消耗在输电线路电阻 R_L 上的功率 $\Delta P=R_LI^2$ 也就越小。因此提高功率因数有很大的经济意义。

由于工业上大量的设备均为感性负载，因此常采用并联电容器的方法来提高功率因数。

[例题 2.3.7] 一台单相异步电动机接到 50 Hz、220 V 的供电线路上，如图 2.3.19 所示。电动机吸收有功功率 700 W，功率因数 $\lambda_1=\cos\varphi_1=0.7$(电感性)。今并联一电容器使电路的功率因数提高至 $\lambda_2=\cos\varphi_2=0.9$，求所需电容量。

[解] 已知 $\cos\varphi_1=0.7$、$\cos\varphi_2=0.9$，则 $\varphi_1=45.57°$、$\varphi_2=25.84°$、$\tan\varphi_1=1.02$、$\tan\varphi_2=0.484$。在未接入电容时，P、Q 之间的关系为

$$Q_L=UI\sin\varphi_1=UI\cos\varphi_1\frac{\sin\varphi_1}{\cos\varphi_1}$$
$$=P\tan\varphi_1$$

接入电容后，略去电容损耗，即接入电容后有功功率不变，无功功率为 $Q=Q_L-Q_C$，此时 P、Q 间的关系为

$$Q=P\tan\varphi_2$$

电容 C 补偿的无功功率为

$$Q_C=Q_L-Q=P(\tan\varphi_1-\tan\varphi_2)$$

因为

$$Q_C=UI_C=\frac{U^2}{X_C}=U^2\omega C=2\pi fCU^2$$

所以并联的电容量为

$$C=\frac{Q_C}{2\pi fU^2}=\frac{P}{2\pi fU^2}(\tan\varphi_1-\tan\varphi_2)$$

$$=\frac{700}{2\times3.14\times50\times220^2}\times(1.02-0.484)\ \mathrm{F}$$

$$=24.7\times10^{-6}\ \mathrm{F}=24.7\ \mu\mathrm{F}$$

选用 500 V、25 μF 的电容器。

为了进行比较，现计算补偿前后的电流，补偿前

$$I_2=I_1=\frac{P}{U\cos\varphi_1}=\frac{700}{220\times0.7}\ \mathrm{A}=4.55\ \mathrm{A}$$

补偿后

$$I_2=\frac{P}{U\cos\varphi_2}=\frac{700}{220\times0.9}\ \mathrm{A}=3.54\ \mathrm{A}$$

可见随着功率因数的提高，供电线路电流从 4.55 A 减小到 3.54 A，从而降低了输电线路上的电压损失和功率损耗。电压及各电流的相量图如图 2.3.20 所示。

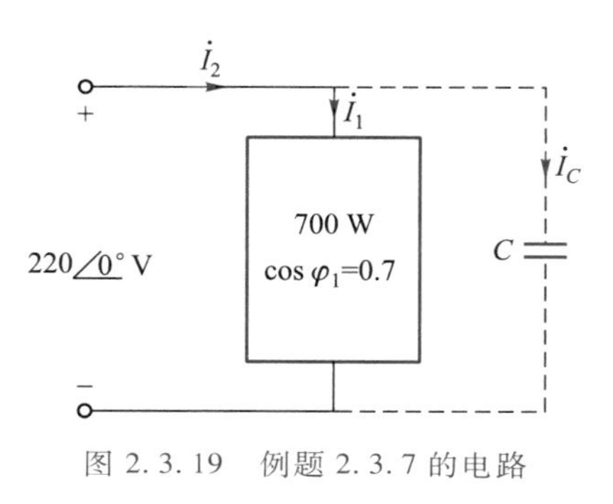

图 2.3.19　例题 2.3.7 的电路

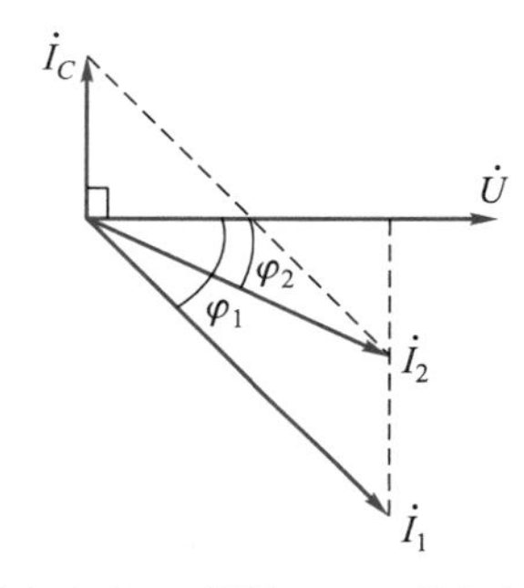

图 2.3.20　例题 2.3.7 的相量图

2.3.6　*RLC* 电路中的谐振

1. 串联谐振

在图 2.3.21(a) 的 *RLC* 串联电路中，当 $X_L=X_C$ 时，$\dot I$ 和 $\dot U$ 同相，整个电路呈电阻性，电路的这种工作状态称为串联谐振。此时的相量图如图 2.3.21(b) 所示。

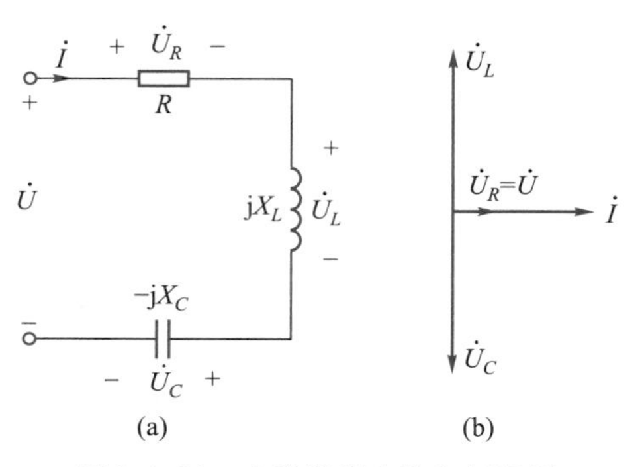

图 2.3.21　串联谐振电路和相量图

设串联谐振时的频率为 f_0，由 $2\pi f_0 L=\dfrac{1}{2\pi f_0 C}$可求得 f_0 为

$$f_0=\frac{1}{2\pi\sqrt{LC}} \tag{2.3.54}$$

这说明谐振频率只与电路参数 L 和 C 有关。当电源频率与电路参数之间的关系满足式(2.3.54)时，电路就发生串联谐振。调整 L、C、f 中的任何一个量，都能产生谐振。串联谐振时的感抗或容抗称为谐振电路的特性阻抗，用 ρ 表示，即

$$\rho=\omega_0 L=\frac{1}{\omega_0 C}=\frac{\sqrt{LC}}{C}=\sqrt{\frac{L}{C}} \tag{2.3.55}$$

串联谐振时电路有以下主要特点：

(1) 阻抗 $Z=R+j(X_L-X_C)=R$，具有最小值。在电压一定时，电流有效值最大，为 $I_0=U/R$。I_0 称为串联谐振电流。

(2) $\dot U_L=-\dot U_C$，即 $\dot U_L$ 与 $\dot U_C$ 的有效值相等，相位相反，相互抵消，所以串联谐振又称为电压谐振。若 $X_L=X_C\gg R$，则 $U_L=U_C\gg U$。通常把串联谐振时 U_L 或 U_C 与 U 之比称为串联谐振电路的品质因数，也称为 Q 值，即

$$Q=\frac{U_L}{U}=\frac{U_C}{U}=\frac{2\pi f_0 L}{R}=\frac{1}{2\pi f_0 CR}=\frac{\rho}{R}=\frac{1}{R}\sqrt{\frac{L}{C}} \tag{2.3.56}$$

通常谐振电路的 Q 值可从几十到几百。

当电源电压有效值不变而频率改变时，电路中的电流、各元件的电压、阻抗模以及阻抗角等各量都将随频率而改变。通常将电流随频率变化的曲线称为电流谐振曲线（如图 2.3.22 所示）。在谐振点，电路的电流最大，$I=I_0$；离开谐振点，不论 f 升高还是降低，$I<I_0$。当电路的电流为谐振时电流的$\dfrac{1}{\sqrt2}$，即 $I=\dfrac{I_0}{\sqrt2}$时，在谐振曲线上两个对应点的频率 f_L 和 f_H 之间的范围，称为电路的通频带 f_{BW}。可以证明，通频带与品质因数的关系为

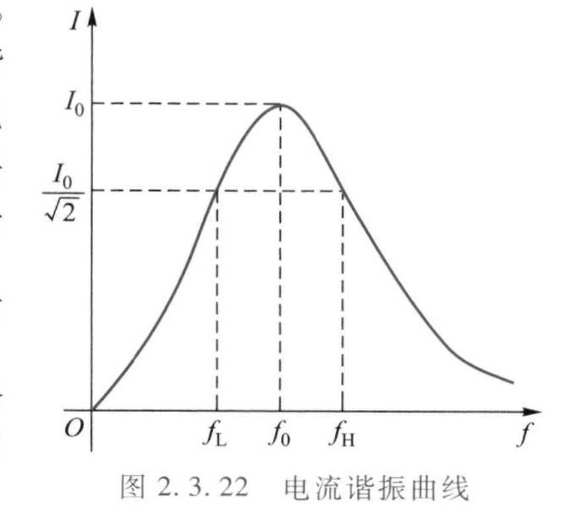

图 2.3.22 电流谐振曲线

$$f_{BW}=f_H-f_L=\frac{f_0}{Q} \tag{2.3.57}$$

因此通频带的大小与品质因数 Q 有关。Q 越大，通频带宽度越小，谐振曲线越尖锐，电路对频率的选择性越好。

2. 并联谐振

图 2.3.23(a)是线圈和电容器并联的电路，图中，L 是线圈的电感，R 是线圈的电阻。当电路中的总电流 $\dot I$ 与端电压 $\dot U$ 同相时，称为并联谐振。此时的相量图如图 2.3.23(b)所示。

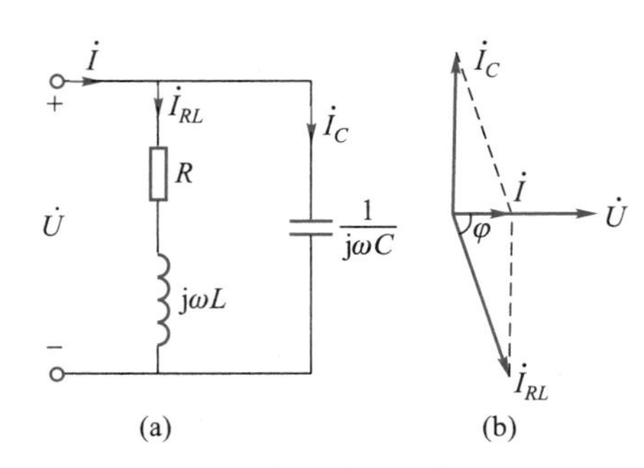

图 2.3.23　并联谐振电路和相量图

图 2.3.23(a)电路的总电流 $\dot{I}$ 为

$$\dot{I}=\dot{I}_{RL}+\dot{I}_C=\frac{\dot{U}}{R+j2\pi fL}+\frac{\dot{U}}{-j\dfrac{1}{2\pi fC}}$$

$$=\left[\frac{R}{R^2+(2\pi fL)^2}-j\frac{2\pi fL}{R^2+(2\pi fL)^2}\right]\dot{U}+j2\pi fC\dot{U}$$

$$=\left[\frac{R}{R^2+(2\pi fL)^2}-j\left(\frac{2\pi fL}{R^2+(2\pi fL)^2}-2\pi fC\right)\right]\dot{U} \tag{2.3.58}$$

设并联谐振时的频率为 f_0,谐振时式(2.3.58)中括号内的虚部为零,即

$$\frac{2\pi f_0L}{R^2+(2\pi f_0L)^2}=2\pi f_0C \tag{2.3.59}$$

$$f_0=\frac{1}{2\pi\sqrt{LC}}\sqrt{1-\frac{C}{L}R^2} \tag{2.3.60}$$

当 $R\ll 2\pi f_0L$ 时,式(2.3.60)可近似表达为

$$f_0\approx\frac{1}{2\pi\sqrt{LC}} \tag{2.3.61}$$

在这种情况下,并联谐振频率与串联谐振频率相等。

并联谐振时,电路有以下主要特点:

(1) 并联谐振电路的等效阻抗较大且具有纯电阻性质,其等效阻抗

$$Z_0=R_0=\frac{R^2+(2\pi f_0L)^2}{R}=\frac{L}{RC} \tag{2.3.62}$$

(2) 电路中的总电流很小。由于谐振时电感支路的电流分量 $I_{RL}\sin\varphi$ 和电容支路的电流有效值 I_C 相等,相位相反,故并联谐振也称为电流谐振。电路的总电流 $I=I_{RL}\cos\varphi$,由图 2.3.23(b)的相量图可知,若 φ 接近 90°,则电感中和电容中的电流都要比总电流大很多。

在电子技术中,并联谐振电路和串联谐振电路有着广泛的应用。

2.4　三相交流电路

视频资源:2.4 三相交流电路

由三个幅值相等、频率相同、相位互差 120°的单相交流电源所构成的电源,称为三相电源。由三相电源构成的电路,称为三相电路。目前世界上电力系统

所采用的供电方式，绝大多数属于三相制电路。三相电路的分析和计算有它自身的特点。本节重点介绍三相四线制电源的线电压和相电压的关系以及三相电流及功率的计算。

2.4.1 三相交流电源

通常，从发电厂发出的三相交流电很少直接送到用户端，而是经升压、输电、降压等环节，再进入配电网络。输电过程如图 2.4.1 所示。因此，对用户而言，三相电源一般来自发电机（自供电情况）或变压器二次侧的三个绕组，如图 2.4.2 所示。图中所标 U1、V1、W1 为三个绕组的始端，U2、V2、W2 为绕组的末端。若将三个绕组的末端连接在一起，便形成星形联结。三个绕组的连接点称为中性点或零点。从中性点引出的导线，称为中性线或零线，有时中性线接地。中性线用字母 N 表示。三相绕组的三个始端引出的线称为相线或端线，又称为火线，分别用字母 L1、L2、L3 表示。引出中性线的电源称为三相四线制电源，其供电方式称为三相四线制。不引出中性线的供电方式，称为三相三线制。

图 2.4.1 电力系统输/配电示意图

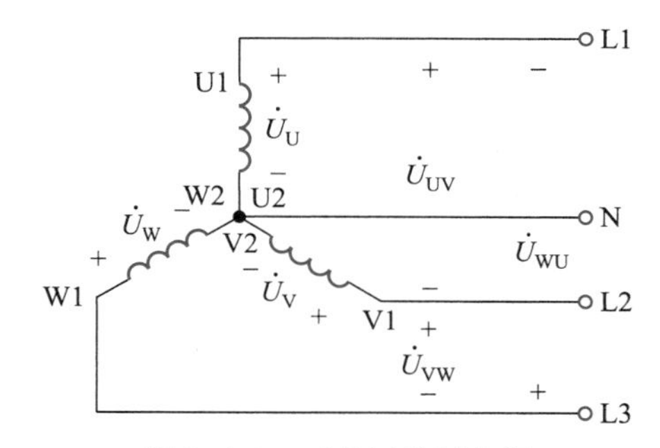

图 2.4.2 三相四线制电源

三相电源相电压的瞬时值表达式为

$$\left.\begin{aligned} u_U &= \sqrt{2}\,U_P \sin \omega t \\ u_V &= \sqrt{2}\,U_P \sin(\omega t - 120^\circ) \\ u_W &= \sqrt{2}\,U_P \sin(\omega t - 240^\circ) \end{aligned}\right\} \tag{2.4.1}$$

三相电源相电压的相量表达式为

$$\left.\begin{aligned} \dot{U}_U &= U_P \angle 0^\circ \\ \dot{U}_V &= U_P \angle -120^\circ \\ \dot{U}_W &= U_P \angle -240^\circ \end{aligned}\right\} \tag{2.4.2}$$

式(2.4.1)和式(2.4.2)中的 U_P 为相电压有效值。其波形图和相量图见图 2.4.3。三相电路中每一相依次用 U、V、W 表示，分别称为 U 相、V 相、W 相。三相电源每相电压出现最大值(或最小值)的先后次序称为相序。例如上述三相电源出现最大值的次序是 U、V、W 相，因此电压的相序为 U→V→W。

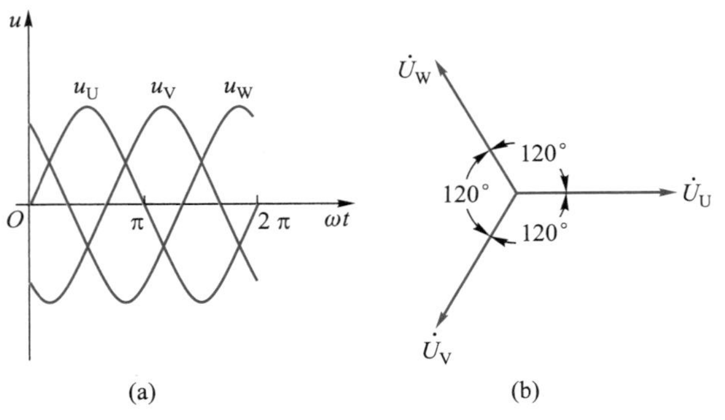

图 2.4.3　三相电源相电压的波形图和相量图

相线之间的电压 $\dot{U}_{UV}$、$\dot{U}_{VW}$、$\dot{U}_{WU}$ 称为线电压，它们的有效值用 U_L 表示。根据 KVL，线电压和相电压之间的关系为

$$\left.\begin{aligned}\dot{U}_{UV}&=\dot{U}_U-\dot{U}_V\\ \dot{U}_{VW}&=\dot{U}_V-\dot{U}_W\\ \dot{U}_{WU}&=\dot{U}_W-\dot{U}_U\end{aligned}\right\}\qquad(2.4.3)$$

其相量图如图 2.4.4 所示。根据它们之间的几何关系，不难得到

$$\left.\begin{aligned}\dot{U}_{UV}&=\sqrt{3}U_P\angle 30^\circ\\ \dot{U}_{VW}&=\sqrt{3}U_P\angle 30^\circ-120^\circ=\sqrt{3}U_P\angle -90^\circ\\ \dot{U}_{WU}&=\sqrt{3}U_P\angle 30^\circ-240^\circ=\sqrt{3}U_P\angle -210^\circ\end{aligned}\right\}\qquad(2.4.4)$$

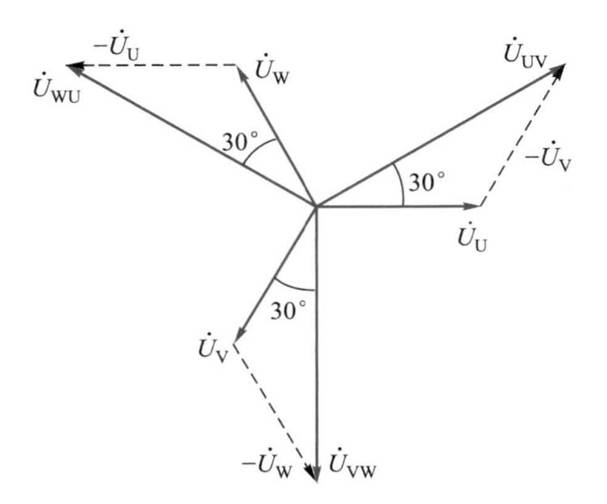

图 2.4.4　相电压与线电压的相量图

式(2.4.4)表明,三个线电压有效值相等,都等于$\sqrt{3}$倍的相电压,即 $U_L=\sqrt{3}U_P$,在相位上分别超前于相应相电压 30°,各线电压的相位差亦是 120°。所以不但相电压是对称的,而且线电压也是对称的。

2.4.2 三相电路的计算

三相电路中,电源是对称的,而各相的负载阻抗可以相同,也可以不同。前者称为对称三相负载,后者称为不对称三相负载。三相负载有两种连接方式:当各相负载的额定电压等于电源的相电压时,作星形联结,也称 Y 形联结;而各相负载的额定电压与电源的线电压相同时,作三角形联结,也称 Δ 形联结。下面分别讨论星形联结和三角形联结的三相电路计算。

1. 负载星形联结

负载星形联结电路如图 2.4.5 所示。如果略去连接线上的电压降,则负载上的线电压和相电压之间的关系就是电源线电压和相电压之间的关系,即 $U_L=\sqrt{3}U_P$。三相电源或三相负载端线中的电流称为线电流,在各相负载中的电流称为相电流。在这里,负载的相电流就等于对应的线电流。在图 2.4.5 中,电源相电压 $\dot{U}_U$、$\dot{U}_V$、$\dot{U}_W$ 的下标采用大写字母,负载相电压 $\dot{U}_u$、$\dot{U}_v$、$\dot{U}_w$ 的下标采用小写字母。

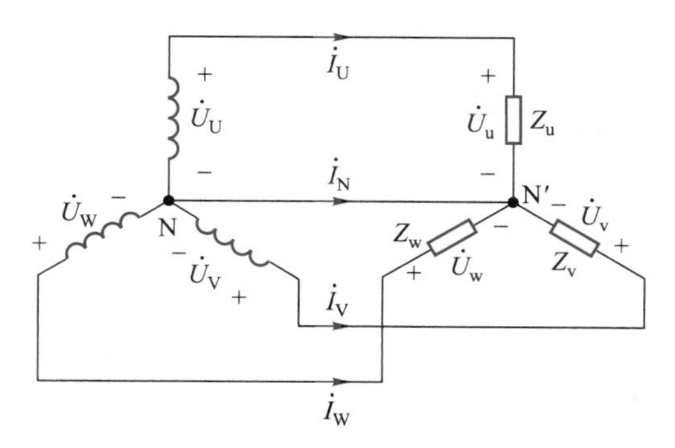

图 2.4.5 负载星形联结三相四线制电路

由图 2.4.5 可得各相负载电流为

$$\left.\begin{aligned}\dot{I}_U&=\frac{\dot{U}_u}{Z_u}=\frac{\dot{U}_U}{Z_u}\\ \dot{I}_V&=\frac{\dot{U}_v}{Z_v}=\frac{\dot{U}_V}{Z_v}\\ \dot{I}_W&=\frac{\dot{U}_w}{Z_w}=\frac{\dot{U}_W}{Z_w}\end{aligned}\right\}\tag{2.4.5}$$

中性线电流

$$\dot{I}_N=-(\dot{I}_U+\dot{I}_V+\dot{I}_W)\tag{2.4.6}$$

当各相负载阻抗的模与阻抗角完全相等,即 $Z_u=Z_v=Z_w=Z$ 时,称为对称负载。此时各相负载电流 $\dot{I}_u$、$\dot{I}_v$、$\dot{I}_w$ 的大小相等,相位差依次为 120°,中性线电流 $\dot{I}_N=0$。这说明三相负载对称时把中性线去掉并不影响电路的运行。例如三相电动机为星形联结时,由于三相绕组对称,三相负载相同,因而可以省去中性线。

若三相负载中至少有一相负载阻抗的模或阻抗角与其他相不相等,称为不对称负载。在有中性线时,每相的负载电压等于电源的相电压,因此可用式(2.4.5)及式(2.4.6)计算出各相电流和中性线电流;若中性线断开,负载中性点 N′与电源中性点 N 的电位不相等,存在中性点电压 $\dot{U}_{N'N}$,各相负载电压不再等于电源的相电压。根据 KCL 和 KVL 方程组

$$\dot{I}_U+\dot{I}_V+\dot{I}_W=0$$

$$\dot{U}_U=\dot{U}_u+\dot{U}_{N'N}=Z_u\dot{I}_U+\dot{U}_{N'N}$$

$$\dot{U}_V=\dot{U}_v+\dot{U}_{N'N}=Z_v\dot{I}_V+\dot{U}_{N'N}$$

$$\dot{U}_W=\dot{U}_w+\dot{U}_{N'N}=Z_w\dot{I}_W+\dot{U}_{N'N}$$

可得

$$\dot{U}_{N'N}=\frac{\dfrac{\dot{U}_U}{Z_u}+\dfrac{\dot{U}_V}{Z_v}+\dfrac{\dot{U}_W}{Z_w}}{\dfrac{1}{Z_u}+\dfrac{1}{Z_v}+\dfrac{1}{Z_w}} \tag{2.4.7}$$

从而进一步计算各相负载电压及电流。

[例题 2.4.1]　图 2.4.5 所示三相电路中,已知电源 $\dot{U}_U=220\angle 0°$ V,$\dot{U}_V=220\angle -120°$ V,$\dot{U}_W=220\angle -240°$ V,各负载的额定电压为 220 V。求:(1) 当 $Z_u=Z_v=Z_w=Z=22\ \Omega$ 时,各相及中性线电流;(2) $Z_u=22\ \Omega$,$Z_v=44\ \Omega$,$Z_w=88\ \Omega$ 时,各相及中性线电流;(3) 负载阻抗与(2)相同,中性线 N′N 断开,各相负载实际承受的电压。

[解]　(1) $\dot{I}_u=\dfrac{\dot{U}_u}{Z_u}=\dfrac{220\angle 0°}{22}\ \text{A}=10\angle 0°\ \text{A}$,根据对称关系,可得

$$\dot{I}_v=10\angle -120°\ \text{A},\qquad \dot{I}_w=10\angle -240°\ \text{A},\qquad \dot{I}_N=0\ \text{A}$$

(2) $\dot{I}_u=\dfrac{\dot{U}_u}{Z_u}=\dfrac{220\angle 0°}{22}\ \text{A}=10\angle 0°\ \text{A}$,　$\dot{I}_v=\dfrac{\dot{U}_v}{Z_v}=\dfrac{220\angle -120°}{44}\ \text{A}=5\angle -120°\ \text{A}$

$$\dot{I}_w=\frac{\dot{U}_w}{Z_w}=\frac{220\angle -240°}{88}\ \text{A}=2.5\angle -240°\ \text{A}$$

$$\dot{I}_N=-(\dot{I}_u+\dot{I}_v+\dot{I}_w)=-(10\angle 0°+5\angle -120°+2.5\angle -240°)\ \text{A}=6.61\angle 160.9°\ \text{A}$$

(3) 根据式(2.4.7),可得

$$\dot{U}_{N'N}=\frac{\frac{\dot{U}_U}{Z_u}+\frac{\dot{U}_V}{Z_v}+\frac{\dot{U}_W}{Z_w}}{\frac{1}{Z_u}+\frac{1}{Z_v}+\frac{1}{Z_w}}=\frac{\frac{220}{22}+\frac{220\angle-120^\circ}{44}+\frac{220\angle-240^\circ}{88}}{\frac{1}{22}+\frac{1}{44}+\frac{1}{88}}\ \mathrm{V}$$

$$=(78.57-\mathrm{j}27.22)\ \mathrm{V}=83.15\angle-19.1^\circ\ \mathrm{V}$$

$$\dot{U}_u=\dot{U}_U-\dot{U}_{N'N}=[220-(78.57-\mathrm{j}27.22)]\ \mathrm{V}=144.0\angle10.9^\circ\ \mathrm{V}$$

$$\dot{U}_v=\dot{U}_V-\dot{U}_{N'N}=[-110-\mathrm{j}190.5-(78.57-\mathrm{j}27.22)]\ \mathrm{V}=249.4\angle-139.1^\circ\ \mathrm{V}$$

$$\dot{U}_w=\dot{U}_W-\dot{U}_{N'N}=[-110+\mathrm{j}190.5-(78.57-\mathrm{j}27.22)]\ \mathrm{V}=288.0\angle130.9^\circ\ \mathrm{V}$$

本例(2)中,负载不对称,各相电流分别计算,中性线电流不为零;由于中性线存在,负载中性点 N′与电源中性点 N 电位相等,保证负载相电压等于电源相电压。这就是中性线的作用。

本例(3)中,负载不对称且中性线断开,负载中性点 N′与电源中性点 N 电位不相等。由计算结果可见,各相负载电压中,U_u 远低于额定电压,而 U_v、U_w 远高于额定电压,这使得各相负载不能正常工作,甚至损坏,这是不允许的。因此在三相电路中,星型不对称负载必须要有中性线,且中性线上不允许装熔断器。

本例(3)中性线断开后电源各相电压、线电压及负载的相电压、中性点电压的相量关系如图 2.4.6所示。

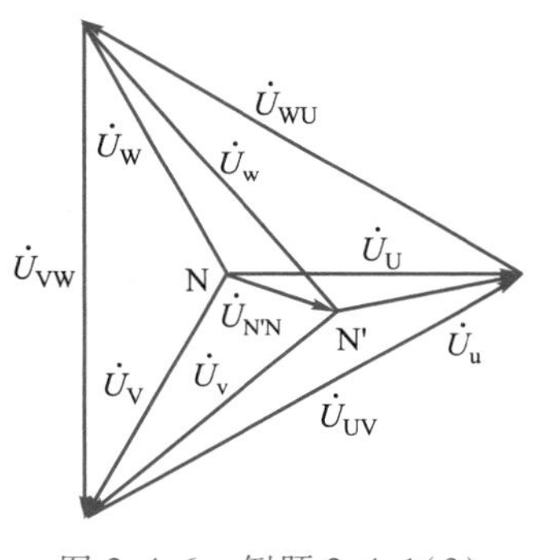

图 2.4.6 例题 2.4.1(3)各电压相量图

注意:

不管中性线是否断开,负载端三相线电压总是不变的。

2. 负载三角形联结

图 2.4.7 是负载作三角形联结时的三相电路,此时负载的相电压等于电源的线电压,即 $U_p=U_L$。从图中可得

$$\left.\begin{aligned}\dot{I}_{uv}&=\frac{\dot{U}_{uv}}{Z_{uv}}=\frac{\dot{U}_{UV}}{Z_{uv}}\\ \dot{I}_{vw}&=\frac{\dot{U}_{vw}}{Z_{vw}}=\frac{\dot{U}_{VW}}{Z_{vw}}\\ \dot{I}_{wu}&=\frac{\dot{U}_{wu}}{Z_{wu}}=\frac{\dot{U}_{WU}}{Z_{wu}}\end{aligned}\right\}\tag{2.4.8}$$

根据 KCL,各线电流为

$$\left.\begin{aligned}\dot{I}_U&=\dot{I}_{uv}-\dot{I}_{wu}\\ \dot{I}_V&=\dot{I}_{vw}-\dot{I}_{uv}\\ \dot{I}_W&=I_{wu}-\dot{I}_{vw}\end{aligned}\right\}\tag{2.4.9}$$

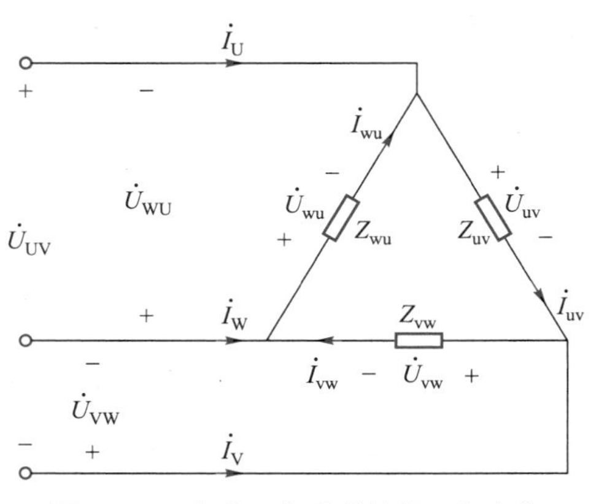

图 2.4.7　负载三角形联结的三相电路

如果负载是对称的，即 $Z_{uv}=Z_{vw}=Z_{wu}=Z$，则各相电流的大小相等，相位差依次互为 120°。设 $\dot{U}_{UV}=U_{UV}\angle 0°$，并设负载是感性的，即 $Z=|Z|\angle\varphi$，根据式(2.4.8)和式(2.4.9)作出电压和电流的相量图如图 2.4.8 所示。由图可以看出，线电流也是对称的。在数值上，线电流等于相电流的$\sqrt{3}$倍，即 $I_L=\sqrt{3}I_P$；在相位上，$\dot{I}_U$ 比 $\dot{I}_{uv}$滞后 30°，$\dot{I}_V$ 比 $\dot{I}_{vw}$滞后 30°，$\dot{I}_W$ 比 $\dot{I}_{wu}$滞后 30°。因此，只要计算出其中一相的电流相量，其他两相可根据对称关系，直接写出其表达式。

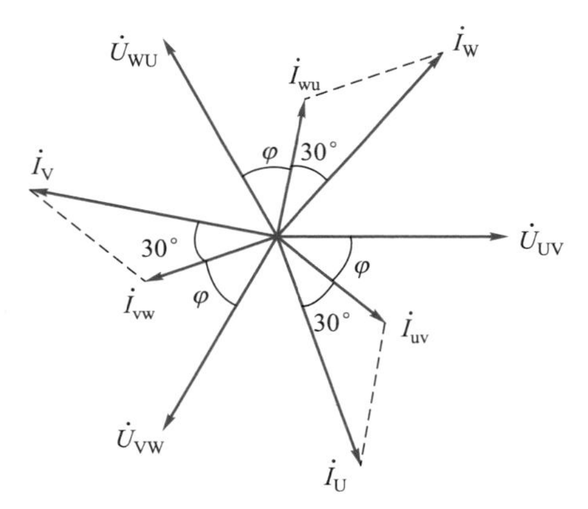

图 2.4.8　对称三角形联结负载电压电流相量图

如果负载不对称，则不存在上述关系，各相电流和线电流须按式(2.4.8)和式(2.4.9)进行计算。

3. 三相电路的功率

三相电路的有功功率等于各相有功功率之和，即

$$\left.\begin{aligned}&P=P_u+P_v+P_w=U_uI_u\cos\varphi_u+U_vI_v\cos\varphi_v+U_wI_w\cos\varphi_w\\ \text{或}\quad &P=P_{uv}+P_{vw}+P_{wu}=U_{uv}I_{uv}\cos\varphi_{uv}+U_{vw}I_{vw}\cos\varphi_{vw}+U_{wu}I_{wu}\cos\varphi_{wu}\end{aligned}\right\}\qquad(2.4.10)$$

当三相负载对称时，各相有功功率相同，设每相有功功率为 P_p，相电压为 U_p，相电流为 I_p，相电压和相电流的相位差为 φ，则三相功率为

$$P=3P_{\mathrm{p}}=3U_{\mathrm{p}}I_{\mathrm{p}}\cos\varphi \tag{2.4.11}$$

因为三相电路中测量线电压和线电流比较方便,所以三相功率通常不用相电压和相电流表示,而用线电压 U_{L} 和线电流 I_{L} 表示。通常所说的三相电压和三相电流都是指线电压和线电流值。当负载为星形联结时,$U_{\mathrm{p}}=\frac{U_{\mathrm{L}}}{\sqrt{3}}$,$I_{\mathrm{p}}=I_{\mathrm{L}}$;三角形联结时,$U_{\mathrm{p}}=U_{\mathrm{L}}$,$I_{\mathrm{p}}=\frac{I_{\mathrm{L}}}{\sqrt{3}}$。因而在两种情况下

$$P=3U_{\mathrm{p}}I_{\mathrm{p}}\cos\varphi=\sqrt{3}U_{\mathrm{L}}I_{\mathrm{L}}\cos\varphi \tag{2.4.12}$$

这表明,三相负载不论是星形联结还是三角形联结,只要三相对称,其有功功率表达式均为式(2.4.12)。

注意:

式(2.4.12)中的 φ 是相电压和相电流的相位差,而不是线电压和线电流间的相位差。它只取决于负载的性质,而与负载的连接方式无关。

同样,对称三相负载的无功功率也等于各相无功功率之和,即

$$Q=3U_{\mathrm{p}}I_{\mathrm{p}}\sin\varphi=\sqrt{3}U_{\mathrm{L}}I_{\mathrm{L}}\sin\varphi \tag{2.4.13}$$

对称三相负载的视在功率为

$$S=\sqrt{P^2+Q^2}=\sqrt{3}U_{\mathrm{L}}I_{\mathrm{L}} \tag{2.4.14}$$

[例题 2.4.2] 图 2.4.7 所示三相电路中,已知对称三相电源的线电压 $U_{\mathrm{L}}=380\ \mathrm{V}$,对称三相负载的有功功率 $P=3.3\ \mathrm{kW}$,功率因数 $\lambda=\cos\varphi=0.8$(感性)。求:(1) 负载的相电流 I_{p}、线电流 I_{L};(2) 负载的无功功率 Q 以及视在功率 S;(3) 若负载 Z_{uv} 因故断开,负载的有功功率 P 以及各线电流的大小。

[解] (1) 由对称三相有功功率 $P=\sqrt{3}U_{\mathrm{L}}I_{\mathrm{L}}\cos\varphi$ 得

$$I_{\mathrm{L}}=\frac{P}{\sqrt{3}U_{\mathrm{L}}\cos\varphi}=\frac{3\ 300}{\sqrt{3}\times380\times0.8}\mathrm{A}=6.27\ \mathrm{A},I_{\mathrm{p}}=\frac{I_{\mathrm{L}}}{\sqrt{3}}=\frac{6.27}{\sqrt{3}}\mathrm{A}=3.62\ \mathrm{A}$$

(2) 电路感性,$\sin\varphi=0.6$,负载的无功功率

$$Q=\sqrt{3}U_{\mathrm{L}}I_{\mathrm{L}}\sin\varphi=\sqrt{3}\times380\times6.27\times0.6\ \mathrm{var}=2\ 475\ \mathrm{var}$$

负载的视在功率 $S=\sqrt{P^2+Q^2}=\sqrt{3\ 300^2+2\ 475^2}\ \mathrm{V\cdot A}=4\ 125\mathrm{V\cdot A}$

(3) 负载 Z_{uv} 因故断开,该相的电流与功率均为零,施加在负载上的电压不变,负载 Z_{vw} 与 Z_{wu} 上的电压电流与功率均不变,即

$$I_{\mathrm{uv}}=0,I_{\mathrm{vw}}=I_{\mathrm{wu}}=3.62\ \mathrm{A}=I_{\mathrm{p}},\quad P_{\mathrm{VW}}=U_{\mathrm{L}}I_{\mathrm{p}}\cos\varphi,\quad P_{\mathrm{wu}}=U_{\mathrm{L}}I_{\mathrm{p}}\cos\varphi$$

负载的有功功率为负载 Z_{vw} 与 Z_{wu} 上功率之和

$$P=P_{\mathrm{vw}}+P_{\mathrm{wu}}=2U_{\mathrm{L}}I_{\mathrm{p}}\cos\varphi=2\times380\times3.62\times0.8\ \mathrm{W}=2\ 200.96\ \mathrm{W}$$

各线电流

$$I_{\mathrm{U}}=I_{\mathrm{wu}}=3.62\ \mathrm{A},\quad I_{\mathrm{V}}=I_{\mathrm{vw}}=3.62\ \mathrm{A},\quad I_{\mathrm{W}}=I_{\mathrm{L}}=6.27\ \mathrm{A}$$

2.5 非正弦交流电路

视频资源:2.5 非正弦交流电路

除了正弦交流电流和电压外,在电工和电子电路中常会遇到非正弦周期电流和电压。例如整流电路中的全波整流波形、数字电路中的方波、扫描电路中的锯齿波等都是常见的非正弦周期波形,如图 2.5.1 所示。

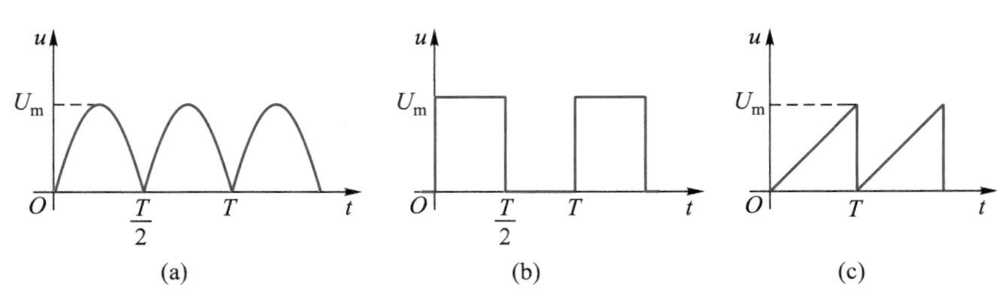

图 2.5.1　几种非正弦电压的波形

对于非正弦线性电路，通常是将非正弦周期信号进行分解，然后利用叠加定理进行分析计算。

2.5.1　非正弦周期信号的分解

非正弦周期信号分解的基础是高等数学中的傅里叶级数。设周期为 T 的非正弦函数 $f(t)$ 满足狄里赫利条件（即在一个周期内含有有限个第一类不连续点及有限个极大值和极小值），则 $f(t)$ 可展开成傅里叶级数，即

$$\begin{aligned} f(t) &= a_0+A_{1m}\sin(\omega t+\varphi_1)+A_{2m}\sin(2\omega t+\varphi_2)+\cdots \\ &= a_0+\sum_{k=1}^{\infty}A_{km}\sin(k\omega t+\varphi_k) \end{aligned} \tag{2.5.1}$$

式中，$\omega=2\pi/T$；a_0 称为直流分量或恒定分量；$A_{1m}\sin(\omega t+\varphi_1)$ 称为一次谐波或基波；$k=2,3,4,\cdots$ 的项分别称为二、三、四、…次谐波。除直流分量和一次谐波外，其余的统称为高次谐波。

下面给出图 2.5.1 中几种波形的傅里叶级数展开式。对全波整流电压

$$u(t)=\frac{4U_m}{\pi}\left(\frac{1}{2}-\frac{1}{3}\cos 2\omega t-\frac{1}{15}\cos 4\omega t-\frac{1}{35}\cos 6\omega t-\cdots\right) \tag{2.5.2}$$

对方波电压

$$u(t)=\frac{U_m}{2}+\frac{2U_m}{\pi}\left(\sin \omega t+\frac{1}{3}\sin 3\omega t+\frac{1}{5}\sin 5\omega t+\cdots\right) \tag{2.5.3}$$

对锯齿波电压

$$u(t)=\frac{U_m}{2}-\frac{U_m}{\pi}\left(\sin \omega t+\frac{1}{2}\sin 2\omega t+\frac{1}{3}\sin 3\omega t+\cdots\right) \tag{2.5.4}$$

其他常见的非正弦周期波形的傅里叶级数展开式，可查阅有关的书籍或手册。

非正弦周期信号有效值的定义和正弦量有效值的定义相同。以电压为例

$$\begin{aligned} U &= \sqrt{\frac{1}{T}\int_0^T u^2\mathrm{d}t} = \sqrt{\frac{1}{T}\int_0^T\left[U_0+\sum_{k=1}^{\infty}U_{km}\sin(k\omega t+\varphi_k)\right]^2\mathrm{d}t} \\ &= \sqrt{U_0^2+\sum_{k=1}^{\infty}\frac{1}{2}U_{km}^2} = \sqrt{U_0^2+U_1^2+U_2^2+\cdots} \end{aligned} \tag{2.5.5}$$

即周期信号的有效值等于其直流分量及各次谐波有效值平方和的平方根，而与各次谐波的初相位 φ_k 无关。

2.5.2 非正弦周期信号作用下线性电路的计算

非正弦线性电路可应用叠加定理进行计算。具体步骤为：

(1) 将给定的非正弦电压或电流分解为直流分量和一系列频率不同的正弦分量之和。

(2) 让直流分量和各正弦分量单独作用，求出相应的电流或电压。由于感抗和容抗是与频率有关的，即

$$\left.\begin{aligned} X_{Lk} &= k\omega L \\ X_{Ck} &= \frac{1}{k\omega C} \end{aligned}\right\} \tag{2.5.6}$$

因此不同频率的谐波，其感抗、容抗是不同的。对频率越高的谐波，感抗越大，容抗越小。当某一谐波单独作用时，可用相量法进行计算。

(3) 将各个电流或电压分量的瞬时值表达式叠加起来即得所求结果。由于各次谐波的频率不同，因此不能把各次谐波的电流或电压相量相加，而应该采用三角函数式来表达。

[例题 2.5.1] 图 2.5.2(a)、(b)所示的电路，已知 $R=100\ \Omega$，$C=10\ \mu F$，外加电压是图 2.5.1(b)所示方波，其周期 $T=0.01$ s，脉冲幅度 $U_m=10$ V。试求两个电路的输出电压 u_{oa} 和 u_{ob}。方波电压分解后，取前 4 项进行近似计算。

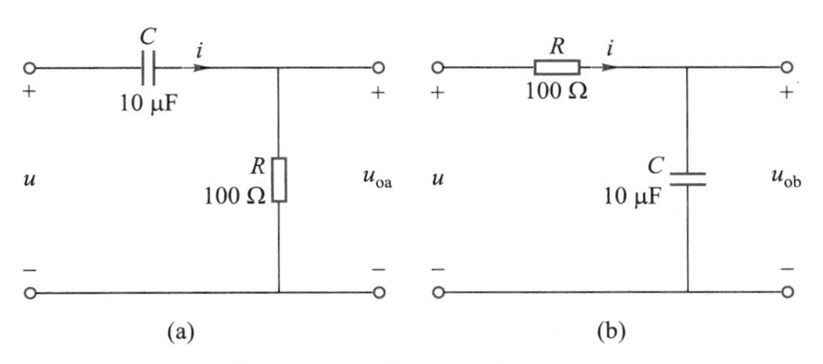

图 2.5.2 例题 2.5.1 的电路图

[解] 把 $U_m=10$ V 和 $\omega=\frac{2\pi}{T}=\frac{2\times3.14}{0.01}$ rad/s $=628$ rad/s 代入式(2.5.3)的方波电压展开式，并取前 4 项，可得

$$u=[5+4.5\sqrt{2}\sin 628t+1.5\sqrt{2}\sin(3\times628t)+0.9\sqrt{2}\sin(5\times628t)]\ \text{V}$$

对各次谐波的计算结果如下：

计算量	计算公式	基波($k=1$)	三次谐波($k=3$)	五次谐波($k=5$)
容抗/Ω	$X_{Ck}=\frac{1}{k\omega C}$	159	53	31.8
阻抗/Ω	$Z_k=R-jX_{Ck}$	$187.8\angle-57.8^\circ$	$113.2\angle-27.9^\circ$	$104.9\angle-17.6^\circ$

续表

计算量	计算公式	基波($k=1$)	三次谐波($k=3$)	五次谐波($k=5$)
电流/A	$\dot{I}_k=\dfrac{\dot{U}_k}{Z_k}$	$0.024\angle 57.8°$	$0.013\angle 27.9°$	$0.0086\angle 17.6°$
输出电压/V	$\dot{U}_{oak}=R\dot{I}_k$	$2.4\angle 57.8°$	$1.3\angle 27.9°$	$0.86\angle 17.6°$
	$\dot{U}_{obk}=-jX_{Ck}\dot{I}_k$	$3.8\angle -32.2°$	$0.69\angle -62.1°$	$0.27\angle -72.4°$

对图2.5.2(a)所示电路，输出电压u_{oa}是各谐波电压分量的三角函数式和直流分量电压u_{oa0}相加。因直流分量$I_0=0$，$U_{oa0}=0$，故u_{oa}为

$$\begin{aligned}u_{oa}&=u_{oa0}+u_{oa1}+u_{oa3}+u_{oa5}\\&=[2.4\sqrt{2}\sin(628t+57.8°)+1.3\sqrt{2}\sin(3\times628t+\\&\quad 27.9°)+0.86\sqrt{2}\sin(5\times628t+17.6°)]\ \text{V}\end{aligned}$$

如果把u_{oa}和输入电压u相互比较，输出电压中不含直流分量(直流分量被电容C隔开无法传送到输出端)，随着谐波频率升高，容抗C减小，该次谐波输出电压分量和输入电压分量的有效值之比增大。例如对于基波，$\dfrac{U_{oa1}}{U_1}=\dfrac{2.4}{4.5}=0.53$，而五次谐波的$\dfrac{U_{oa5}}{U_5}=\dfrac{0.86}{0.9}=0.96$。即输入电压中的五次谐波在电容$C$上的压降很小，大部分传送到输出端，所以高次谐波很容易通过这个电路，该电路称为高通电路。

对于图2.5.2(b)所示电路，直流电压分量为

$$u_{ob0}=U_0-RI_0=(5-100\times0)\ \text{V}=5\ \text{V}$$

故

$$\begin{aligned}u_{ob}=[&5+3.8\sqrt{2}\sin(628t-32.2°)+0.69\sqrt{2}\sin(3\times628t-62.1°)+\\&0.27\sqrt{2}\sin(5\times628t-72.4°)]\ \text{V}\end{aligned}$$

把u_{ob}和u相互比较可以看出，输入电压中的直流分量全部传送到输出端，各次谐波的输出电压分量和输入电压分量有效值之比随着谐波频率的升高而减小，例如基波的$\dfrac{U_{ob1}}{U_1}=\dfrac{3.8}{4.5}=0.84$，而五次谐波的$\dfrac{U_{ob5}}{U_5}=\dfrac{0.27}{0.9}=0.3$。所以这个电路的特性正好和图2.5.2(a)所示的电路相反，只有直流分量和频率低的信号才能顺利通过，是一个低通电路。

[例题2.5.2]　图2.5.3所示电路中，已知$R=20\ \Omega$，$L=1\ \text{mH}$，$C=1\,000\ \text{pF}$，输入方波电流i_S的幅度$I_m=157\ \mu\text{A}$，周期$T=6.28\ \mu\text{s}$，求电路的端电压u。

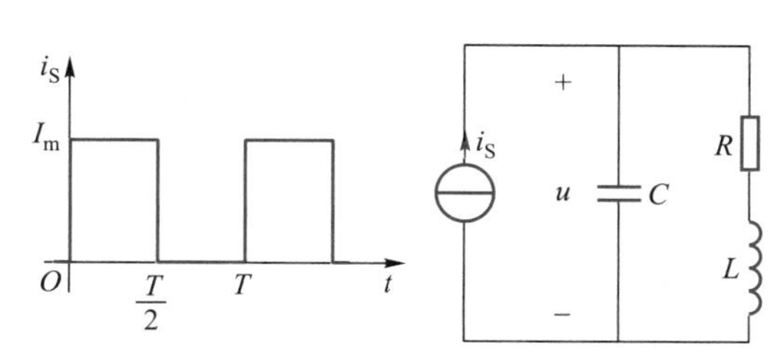

图 2.5.3 例题 2.5.2 的电路图和波形图

［解］ 根据式(2.5.3),方波电流可分解为

$$i_S = \frac{I_m}{2} + \frac{2I_m}{\pi}\left(\sin \omega t + \frac{1}{3}\sin 3\omega t + \frac{1}{5}\sin 5\omega t + \cdots\right)$$

$$= \left[78.5 + 100\left(\sin\omega t + \frac{1}{3}\sin 3\omega t + \frac{1}{5}\sin 5\omega t + \cdots\right)\right] \mu\text{A}$$

$$\omega = \frac{2\pi}{T} = 10^6 \text{ rad/s}$$

直流分量单独作用时,电容相当于开路,电感相当于短路,其等效电路如图2.5.4(a)所示。由图可知直流分量电压为

$$U_0 = RI_0 = 20 \times 78.5 \times 10^{-6} \text{ V} = 0.001\ 57 \text{ V}$$

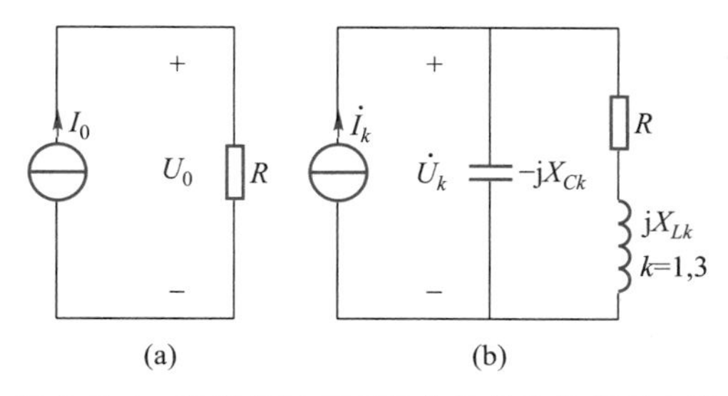

图 2.5.4 直流分量和正弦分量单独作用的电路

正弦分量取一、三次谐波单独作用,其等效电路如图 2.5.4(b)所示。五次及五次以上谐波略去不计。

对于一次谐波,其感抗 X_{L1}、容抗 X_{C1}、等效阻抗 Z_1 和电压相量 $\dot{U}_1$ 为

$$X_{L1} = \omega L = 10^6 \times 10^{-3}\ \Omega = 1\ 000\ \Omega$$

$$X_{C1} = \frac{1}{\omega C} = \frac{1}{10^6 \times 1\ 000 \times 10^{-12}}\ \Omega = 1\ 000\ \Omega$$

$$Z_1 = \frac{-jX_{C1}(R + jX_{L1})}{-jX_{C1} + (R + jX_{L1})} = \frac{-j1\ 000(20 + j1\ 000)}{-j1\ 000 + 20 + j\ 1000}\ \Omega = 50 \times 1\ 000.2\ \angle -0.11^\circ\ \Omega$$

$$\approx 50 \times 10^3\ \Omega$$

$$\dot{U}_1 = Z_1 \dot{I}_1 = 50 \times 10^3 \times \frac{100}{\sqrt{2}} \times 10^{-6}\ \text{V} = \frac{5}{\sqrt{2}}\ \text{V}$$

由于 Z_1 的阻抗角非常小,故可以认为整个电路呈电阻性质,电压 $\dot{U}_1$ 和电流 $\dot{I}_1$ 同

相。也就是说，电路对基波产生并联谐振。

对于三次谐波

$$X_{L3}=3\omega L=3\ 000\ \Omega,\quad X_{C3}=\frac{1}{3\omega C}=333\ \Omega,\quad Z_3=374.5\angle -89.95^\circ\ \Omega$$

$$\dot{U}_3=Z_3\dot{I}_3=374.5\angle -89.95^\circ\times\frac{33.3}{\sqrt{2}}\times 10^{-6}\ \text{V}=\frac{0.012\ 5}{\sqrt{2}}\angle -89.95^\circ\ \text{V}$$

于是可得端电压 u 的表达式为

$$u=[0.001\ 57+5\sin\omega t+0.012\ 5\sin(3\omega t-89.95^\circ)+\cdots]\ \text{V}$$

可见端电压中一次谐波即基波很大，而直流分量和其他谐波非常小，因此端电压基本上是由一次谐波所确定的正弦波。产生这个结果的原因是对于一次谐波来说，阻抗模正好很大。而对其他次谐波，电路的阻抗模相对很小。故端电压 u 中的一次谐波远远大于其他次谐波。这个电路能将非正弦的输入电流转换为某个特定频率的正弦输出电压。这种作用称为选频。在选频放大器和 LC 正弦波振荡器中，都要用到这种形式的选频电路。

视频资源：2.6 一阶电路的瞬态响应

2.6　一阶电路的瞬态分析

前面讨论的电阻和电容或电感构成的电路，当电源电压或电流恒定或作周期性变化时，电路中的电压和电流也都是恒定的或按周期性变化。电路的这种工作状态称为稳态。然而这种具有储能元件的电路在电源刚接通、断开，或电路参数、结构改变时，电路不能立即达到稳态，需要经过一定的时间后才能到达稳态。这是由于储能元件能量的积累和释放都需要一定的时间。分析电路从一个稳态变到另一个稳态的过程称为瞬态分析或暂态分析。无论是直流或交流电路，都存在瞬变过程。本节只讨论直流信号作用时的情况，正弦信号作用时的分析方法与其相似。本节先简要介绍换路定律，然后着重介绍 RC 电路的瞬态分析，对 RL 电路的瞬态分析也作简单介绍。

2.6.1　换路定律

电路与电源接通、断开，或电路参数、结构改变统称为换路。在电路分析中，通常规定换路是瞬间完成的。为表述方便，设 $t=0$ 时进行换路，换路前瞬间用“0^-”表示，换路后瞬间用“0^+”表示，则换路定律可表述如下：

（1）换路前后，电容上的电压不能突变，即

$$\boldsymbol{u}_C(0^+)=\boldsymbol{u}_C(0^-) \tag{2.6.1}$$

（2）换路前后，电感上的电流不能突变，即

$$\boldsymbol{i}_L(0^+)=\boldsymbol{i}_L(0^-) \tag{2.6.2}$$

换路定律实质上反映了储能元件所储存的能量不能突变。因为电容和电感所储存的能量分别为$\frac{1}{2}Cu_C^2$ 和$\frac{1}{2}Li_L^2$，电容电压 u_C 和电感电流 i_L 的突变意味着

元件所储存能量的突变,而能量 W 的突变要求电源提供的功率 $p=\dfrac{\mathrm{d}W}{\mathrm{d}t}$ 达到无穷大,这在实际上是不可能的。因此电容电压和电感电流只能是连续变化,不能突变。由此可见,含有储能元件的电路发生瞬变过程的根本原因在于能量不能突变。

需要指出的是,由于电阻不是储能元件,因而电阻电路不存在瞬变过程。另外,由于电容电流 $i_C=C\dfrac{\mathrm{d}u_C}{\mathrm{d}t}$,电感电压 $u_L=L\dfrac{\mathrm{d}i_L}{\mathrm{d}t}$,所以电容电流和电感电压是可以突变的。

利用换路定律可以确定换路后瞬间的电容电压和电感电流,从而确定电路的初始状态。

[**例题 2.6.1**] 已知电路及参数如图 2.6.1 所示。在 $t<0$ 时电路处于稳态,开关 S 在 $t=0$ 时从位置 1 换接到位置 2,求 $u_C(0^+)$、$u_R(0^+)$、$i(0^+)$。

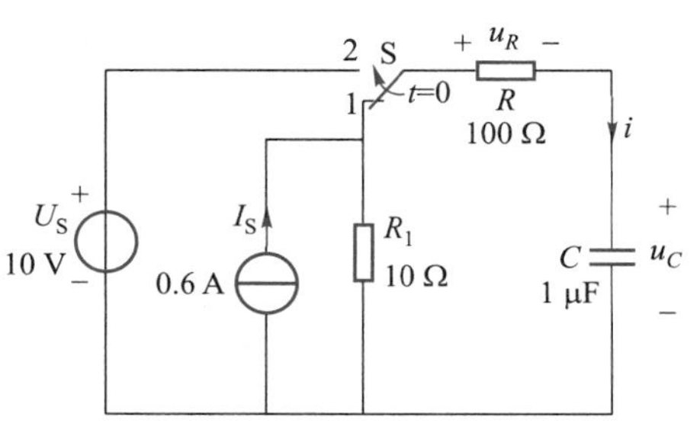

图 2.6.1 例题 2.6.1 的电路图

[**解**] 根据题意,开关动作前电路处于稳定状态,因此

$$u_C(0^-)=R_1I_S=10\times0.6\ \text{V}=6\ \text{V}$$

由换路定律可知,换路后

$$u_C(0^+)=u_C(0^-)=6\ \text{V}$$

$$u_R(0^+)=U_S-u_C(0^+)=(10-6)\ \text{V}=4\ \text{V}$$

$$i(0^+)=\frac{u_R(0^+)}{R}=\frac{4}{100}\ \text{A}=0.04\ \text{A}$$

[**例题 2.6.2**] 图 2.6.2 所示电路中,已知换路前电路稳定,开关 S 在 $t=0$ 时断开,求 $i(0^+)$、$u_L(0^+)$、$u_V(0^+)$。

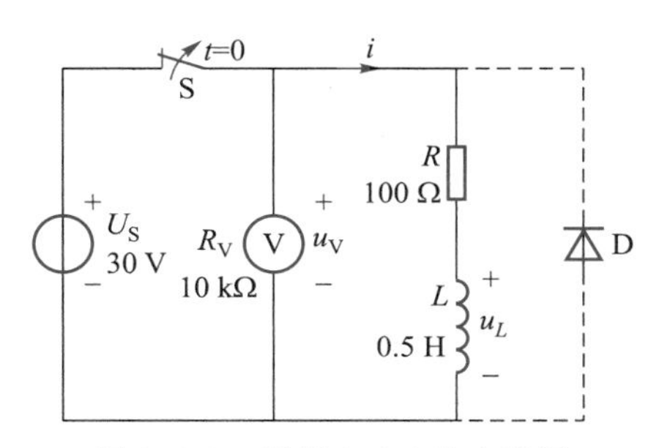

图 2.6.2 例题 2.6.2 的电路图

[**解**] 先求出换路前的电流 $i(0^-)$ 为

$$i(0^-)=\frac{U_S}{R}=\frac{30}{100}\ \text{A}=0.3\ \text{A}$$

由换路定律得

$$i(0^+)=i(0^-)=0.3\ \text{A}$$

$$u_V(0^+)=-R_V i(0^+)$$

$$=-10\times10^3\times0.3\ \text{V}=-3\ 000\ \text{V}$$

$$u_L(0^+)=u_V(0^+)-Ri(0^+)$$

$$=(-3\ 000-100\times0.3)\ \text{V}$$

$$=-3\ 030\ \text{V}$$

由计算结果可知，当电感元件从电源切除时，会在电感元件两端产生瞬时过电压，对电气设备造成损坏。为了限制过电压，可在电感两端反向并联一个二极管，如图中虚线所示。换路前，二极管 D 因承受反向电压而截止。当开关 S 断开时，电感 L 产生的自感电动势使二极管 D 承受正向电压而导通，$u_V(0^+)\approx-0.7\ \text{V}$，$u_L(0^+)\approx(-0.7-100\times0.3)\ \text{V}=-30.7\ \text{V}$

2.6.2　*RC* 电路的瞬态分析

图 2.6.3 是一个简单的 RC 电路。设在 $t=0$ 时开关闭合，则可列出回路电压方程

$$Ri+u_C=U_S$$

由于 $i=C\dfrac{\mathrm{d}u_C}{\mathrm{d}t}$，所以有

$$RC\frac{\mathrm{d}u_C}{\mathrm{d}t}+u_C=U_S \tag{2.6.3}$$

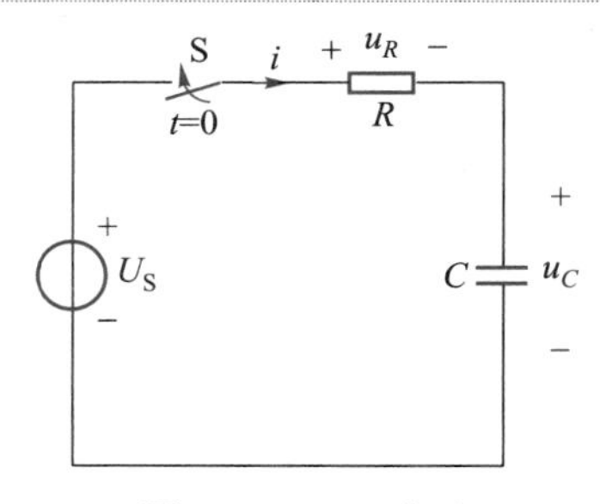

图 2.6.3　RC 电路

式(2.6.3)是一阶常系数非齐次线性微分方程，解此方程就可得到电容电压随时间变化的规律。由于列出的方程是一阶方程，因此常称这类电路为一阶电路。式(2.6.3)的解由特解 u_C' 和通解 u_C'' 两部分组成，即

$$u_C(t)=u_C'+u_C'' \tag{2.6.4}$$

特解 u_C' 是满足式(2.6.3)的任一个解。因为电路达到稳态时也满足式(2.6.3)，且稳态值很容易求得，故特解取电路的稳态解，也称稳态分量，即

$$u_C'=u_C(t)\big|_{t\to\infty}=u_C(\infty) \tag{2.6.5}$$

u_C'' 为式(2.6.3)对应的齐次方程

$$RC\frac{\mathrm{d}u_C}{\mathrm{d}t}+u_C=0$$

的通解。其解的形式是 $A\mathrm{e}^{pt}$。其中，A 是待定系数，p 是齐次方程所对应的特征方程 $RCp+1=0$ 的特征根，即

$$p=-\frac{1}{RC}=-\frac{1}{\tau}$$

上式中，$\tau=RC$，具有时间量纲，称为 RC 电路的时间常数。因此通解 u_C'' 可写为

$$u_C''=A\mathrm{e}^{-\frac{t}{\tau}} \tag{2.6.6}$$

可见 u''_C 是按指数规律衰减的，它只出现在瞬变过程中，通常称 u''_C 为瞬态分量。

将式(2.6.5)和式(2.6.6)代入式(2.6.4)，就得到全解为

$$u_C(t)=u_C(\infty)+A\mathrm{e}^{-\frac{t}{\tau}} \tag{2.6.7}$$

式中，常数 A 可由初始条件确定。设开关闭合后的瞬间为 $t=0^+$，此时电容器的初始电压(即初始条件)为 $u_C(0^+)$，则在 $t=0^+$ 时有

$$u_C(0^+)=u_C(\infty)+A$$

故

$$A=u_C(0^+)-u_C(\infty)$$

将 A 值代入式(2.6.7)可得

$$u_C(t)=u_C(\infty)+[u_C(0^+)-u_C(\infty)]\mathrm{e}^{-\frac{t}{\tau}}\quad(t>0) \tag{2.6.8}$$

式(2.6.8)为求一阶 RC 电路瞬变过程中电容电压的通式。在上式中，若 $u_C(0^+)=0$ 而 $u_C(\infty)\neq 0$，则

$$u_C(t)=u_C(\infty)(1-\mathrm{e}^{-\frac{t}{\tau}})\quad(t>0) \tag{2.6.9}$$

从物理概念上理解，$u_C(0^+)=0$ 表示电容无初始储能，产生瞬变过程的原因是外部输入(常称为激励)。这种储能元件无初始能量而仅由外部输入产生的电压或电流称为零状态响应。反之，若式(2.6.8)中 $u_C(\infty)=0$ 而 $u_C(0^+)\neq 0$，则

$$u_C(t)=u_C(0^+)\mathrm{e}^{-\frac{t}{\tau}}\quad(t>0) \tag{2.6.10}$$

其瞬变过程的产生完全是靠电容的初始储能。当电容的能量释放完毕，瞬变过程也就结束。这种仅靠储能元件释放能量而不是由外部输入产生的电压或电流称为零输入响应。

在 $u_C(0^+)$ 和 $u_C(\infty)$ 都不为零的情况下，也就是说既有电容初始储能，又有外部输入时产生的电压或电流则称为全响应。

由于在一阶 RC 电路中，其他支路电压或电流的全解也是和式(2.6.8)形式相同的一阶微分方程的解，即只要求出初始值、稳态值和时间常数这三个要素后，就可仿照式(2.6.8)得到其他支路的电压和电流(包括流过电容的电流)随时间变化的关系式。因此式(2.6.8)可改写为一般形式

$$f(t)=f(\infty)+[f(0^+)-f(\infty)]\mathrm{e}^{-\frac{t}{\tau}}\quad(t>0) \tag{2.6.11}$$

这就是分析一阶 RC 电路瞬变过程的“三要素法”公式。实际应用时，所求物理量不同，公式中 f 所代表的含义就不同。如果换路发生在 $t=t_0$ 时刻，则表达式改成

$$f(t)=f(\infty)+[f(t_0^+)-f(\infty)]\mathrm{e}^{-\frac{t-t_0}{\tau}}\quad(t>t_0) \tag{2.6.12}$$

由以上分析可知，求解一阶 RC 电路问题，实际上是怎样从一阶电路中求出三个要素。现分述如下：

(1) 初始值 $u_C(0^+)$。根据换路定律，电容电压的初始值 $u_C(0^+)$ 取决于换路前瞬间电容上的电压 $u_C(0^-)$。因此初始值 $u_C(0^+)$ 的确定归结为求换路前

$u_C(0^-)$的值。求出 $u_C(0^+)$后，其他物理量的初始值也可以求得。

（2）稳态值 $u_C(\infty)$。电容电压稳态值 $u_C(\infty)$可根据换路后的电路达到稳态时分析得到。对于直流信号作用的情况，由于稳态时流过电容的电流为零，电容器相当于开路，因此求稳态值时可将电路中的电容 C 断开，然后进行计算。

（3）时间常数 τ。前面已指出，$\tau=RC$。要说明的是，在具有多个电阻的 RC 电路中，应将 C 两端的其余电路作戴维南（或诺顿）等效，其等效电阻就是计算 τ 时所用的 R（见例题 2.6.3）。从式（2.6.8）可知，理论上只有当 $t\to\infty$ 时，电容电压才能达到稳态值。但实际上通过计算可知，t 为 τ、3τ、5τ 时

$$\left.\begin{aligned}u_C(\tau)&=u_C(\infty)+[u_C(0^+)-u_C(\infty)]\mathrm{e}^{-1}\\&=u_C(\infty)-0.368[u_C(\infty)-u_C(0^+)]\\u_C(3\tau)&=u_C(\infty)-0.05[u_C(\infty)-u_C(0^+)]\\u_C(5\tau)&=u_C(\infty)-0.007[u_C(\infty)-u_C(0^+)]\end{aligned}\right\}\tag{2.6.13}$$

也就是说，经过一个 τ 的时间，u_C 与稳态值的差值为 $0.368[u_C(\infty)-u_C(0^+)]$，而经过 5τ 时间，u_C 与稳态值的差值仅为 $0.007[u_C(\infty)-u_C(0^+)]$。因此在工程实际中，可以认为经过 $(3\sim5)\tau$ 后，u_C 已接近稳态值，瞬变过程基本结束。为了便于理解上述结果，图 2.6.4 画出了 $u_C(\infty)=U_S$、$u_C(0^+)=0$ 时 $u_C(t)$随时间变化的波形图。由此可看到，时间常数 τ 的大小直接影响到瞬变过程的快慢。τ 值越大，瞬变过程时间就越长；τ 值越小，瞬变过程时间就越短。当 τ 增大时，u_C 的上升速度变慢，如图 2.6.5 所示。

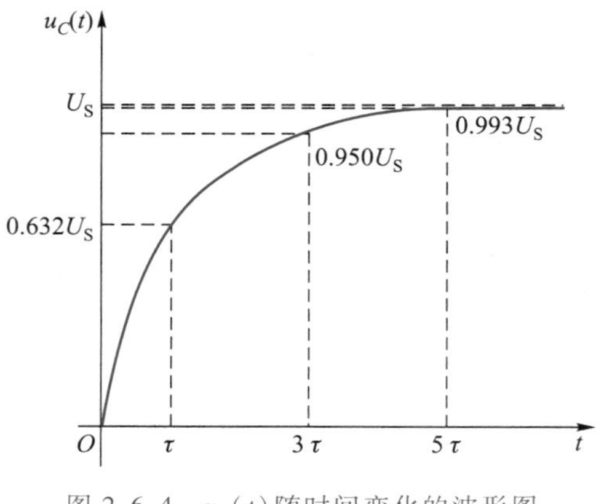

图 2.6.4　$u_C(t)$随时间变化的波形图

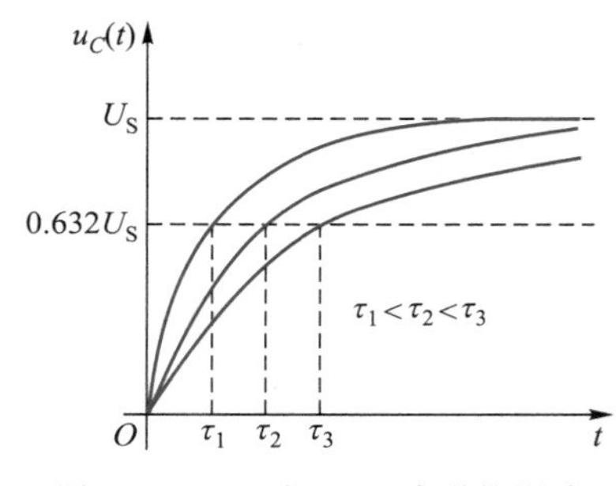

图 2.6.5　τ 对 $u_C(t)$波形的影响

三要素法具有方便、实用和物理概念清楚等特点，是求解一阶电路常用的方法。

［例题 2.6.3］　电路如图 2.6.6 所示，设 $U_S=10\ \mathrm{V}$，$R_1=R_2=10\ \mathrm{k\Omega}$，$C=200\ \mathrm{pF}$，开关 S 原在位置 1，电路处于稳态；在 $t=0$ 时，S 切换到位置 2。求 $u_C(t)$，$i_C(t)$、$i(t)$，并画出波形图。

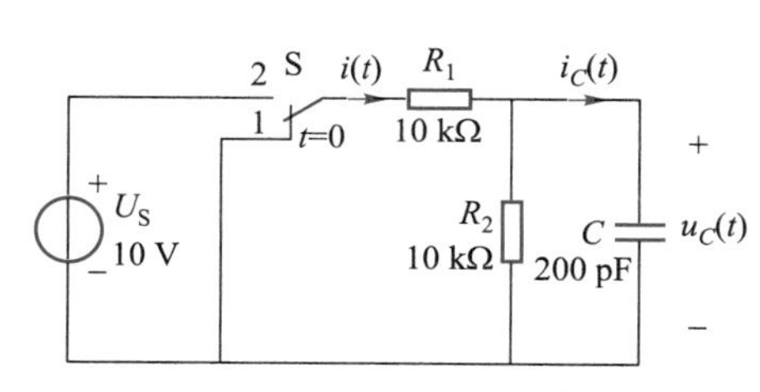

图 2.6.6 例题 2.6.3 的电路

[解] 用三要素法求解。

(1) 求 $u_C(t)$。

(a) 求 $u_C(0^+)$。因 S 在位置 1 已达稳态,电容无初始储能,即 $u_C(0^-)=0$。故

$$u_C(0^+)=u_C(0^-)=0$$

(b) 求 $u_C(\infty)$。电路达稳态后,电容两端的电压即为电阻 R_2 两端的电压,因此

$$u_C(\infty)=\frac{R_2}{R_1+R_2}U_S=\frac{10}{10+10}\times 10\ \text{V}=5\ \text{V}$$

(c) 求 τ。R 应为换路后电容两端的除源网络的等效电阻,故

$$\tau=\frac{R_1R_2}{R_1+R_2}C=\frac{10\times 10}{10+10}\times 10^3\times 200\times 10^{-12}\ \text{s}=10^{-6}\ \text{s}$$

所以电容电压

$$u_C(t)=u_C(\infty)+[u_C(0^+)-u_C(\infty)]\text{e}^{-\frac{t}{\tau}}=5(1-\text{e}^{-10^6t})\ \text{V}\quad(t>0)$$

可见开关 S 切换后,由于电源 U_S 对 C 充电,$u_C(t)$ 从 0 V 开始按指数规律上升,最终达到稳态值 5 V。

(2) 求 $i_C(t)$。

电容电流 $i_C(t)$ 可由 $i_C(t)=C\dfrac{\text{d}u_C(t)}{\text{d}t}$ 求得,这里用三要素法求 $i_C(t)$。由于换路后瞬间电容电压 $u_C(0^+)=0$,电容相当于短路,通过电阻 R_2 的电流为零,因此有

$$i_C(0^+)=i(0^+)=\frac{U_S-u_C(0^+)}{R_1}=\frac{10}{10\times 10^3}\ \text{A}=10^{-3}\ \text{A}=1\ \text{mA}$$

稳态后,电容电流为零,即 $i_C(\infty)=0$。时间常数 τ 仍然为 10^{-6} s,因此

$$i_C(t)=i_C(\infty)+[i_C(0^+)-i_C(\infty)]\text{e}^{-\frac{t}{\tau}}=\text{e}^{-10^6t}\ \text{mA}\qquad(t>0)$$

可见在开关 S 切换后瞬间,电容的充电电流最大,然后 $i_C(t)$ 按指数规律下降。

(3) 求 $i(t)$。

初始值 $i(0^+)=1$ mA。稳态后,电容相当于开路,则

$$i(\infty)=\frac{U_S}{R_1+R_2}=\frac{10}{(10+10)\times 10^3}\ \text{A}=0.5\times 10^{-3}\ \text{A}=0.5\ \text{mA}$$

时间常数不变，所以

$$i(t)=i(\infty)+[i(0^+)-i(\infty)]e^{-\frac{t}{\tau}}=[0.5+(1-0.5)e^{-10^6t}]\ \mathrm{mA}$$
$$=0.5(1+e^{-10^6t})\ \mathrm{mA}\qquad(t>0)$$

$u_C(t)$、$i_C(t)$和$i(t)$的波形如图2.6.7所示。

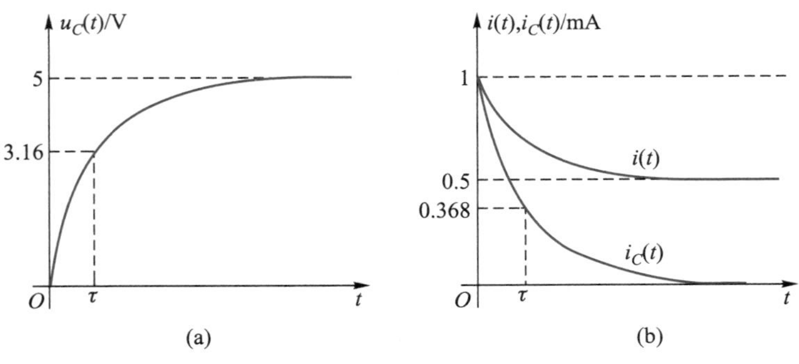

图2.6.7　例题2.6.3的电压、电流波形图

[例题2.6.4]　在图2.6.8(a)的电路中，设$U_{S1}=10\ \mathrm{V}$，$U_{S2}=5\ \mathrm{V}$，$R_1=0.5\ \mathrm{k\Omega}$，$R_2=1\ \mathrm{k\Omega}$，$R_3=0.5\ \mathrm{k\Omega}$，$C=0.1\ \mathrm{\mu F}$，开关S原处于位置3，电容无初始储能。在$t=0$时，开关接到位置1，经过一个时间常数后，又突然接到位置2。试写出电容电压$u_C(t)$的表达式，画出其波形，并求S接到位置2后电容电压变到零所需的时间。

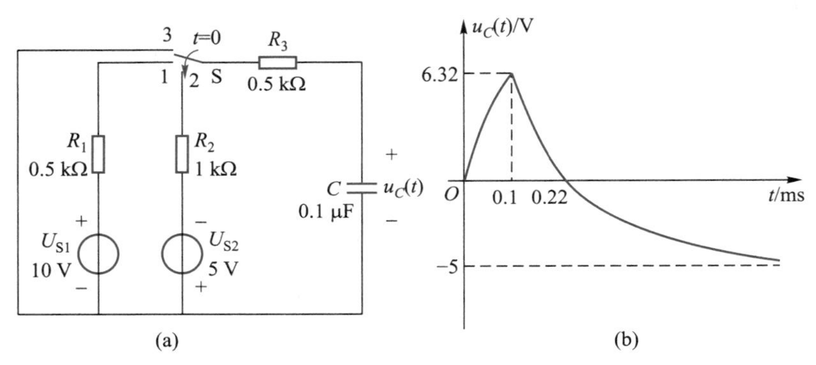

图2.6.8　例题2.6.4的电路和波形图

[解]　开关S接到位置1时(电容电压用u_{C1}表示)

$$u_{C1}(0^+)=u_{C1}(0^-)=0$$
$$u_{C1}(\infty)=U_{S1}=10\ \mathrm{V}$$
$$\tau_1=(R_1+R_3)C=(0.5+0.5)\times10^3\times0.1\times10^{-6}\ \mathrm{s}=0.1\ \mathrm{ms}$$

则　$$u_{C1}(t)=u_{C1}(\infty)+[u_{C1}(0^+)-u_{C1}(\infty)]e^{-\frac{t}{\tau}}=10(1-e^{-\frac{t}{0.1}})\ \mathrm{V}\quad(t>0)$$

(t以ms计)

在经过一个时间常数τ_1后，开关S接到位置2(电容电压用u_{C2}表示)，此时

$$u_{C2}(\tau_1^+)=u_{C1}(\tau_1^-)=6.32\ \mathrm{V}$$

$$u_{C2}(\infty)=-5\ \text{V}$$

$$\tau_2=(R_2+R_3)C=[(1+0.5)\times10^3\times0.1\times10^{-6}]\ \text{s}=0.15\ \text{ms}$$

则

$$u_{C2}(t)=u_{C2}(\infty)+[u_{C2}(\tau_1^+)-u_{C2}(\infty)]\text{e}^{-\frac{t-\tau_1}{\tau_2}}$$

$$=(-5+11.32\text{e}^{-\frac{t-0.1}{0.15}})\ \text{V}\qquad(t\geqslant0.1\ \text{ms})$$

所以,在 $0\leqslant t<\infty$ 时电容电压的表达式为

$$u_C(t)=\begin{cases}10(1-\text{e}^{-\frac{t}{0.1}})\ \text{V} & (0\leqslant t<0.1\ \text{ms})\\(-5+11.32\text{e}^{-\frac{t-0.1}{0.15}})\ \text{V} & (t\geqslant0.1\ \text{ms})\end{cases}$$

在电容电压变到零时,即

$$-5+11.32\text{e}^{-\frac{t-0.1}{0.15}}=0$$

解得

$$t=0.1-0.15\ln\left(\frac{5}{11.32}\right)\ \text{ms}=0.22\ \text{ms}$$

$u_C(t)$的波形如图 2.6.8(b)所示。

[例题 2.6.5] 图 2.6.9 所示 RC 电路,输入信号 u_1 为矩形波,幅度为 U_m,脉宽 $t_w=20\ \mu\text{s}$,周期 $T=40\ \mu\text{s}$,如图 2.6.10(a)所示。求:(1) 当 $R=1\ \text{k}\Omega$,$C=1\ 000\ \text{pF}$ 时,输出电压 u_O;(2) 当 $R=1\ \text{k}\Omega$,$C=100\ \mu\text{F}$ 时,输出电压 u_O 波形。

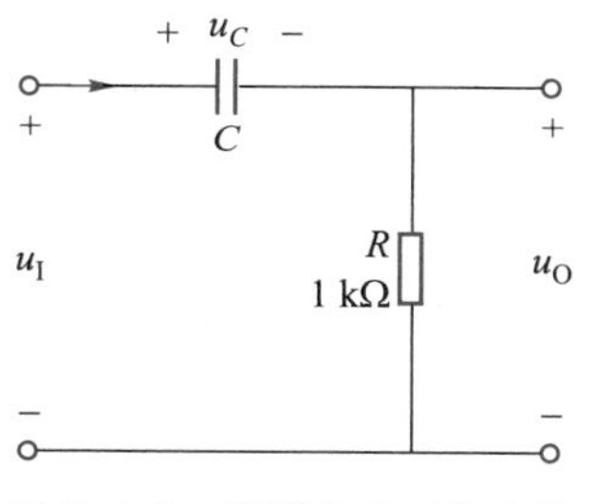

图 2.6.9 例题 2.6.5 的电路

[解] (1) 设电容无初始储能,在 $0\leqslant t<t_w$ 期间 C 充电,$u_C(0^+)=u_C(0^-)=0$、$u_C(\infty)=U_m$、$\tau=RC=(1\times10^3\times1\ 000\times10^{-12})\ \text{s}=10^{-6}\ \text{s}=1\ \mu\text{s}$,故

$$\left.\begin{aligned}u_C&=U_m(1-\text{e}^{-\frac{t}{\tau}})=U_m(1-\text{e}^{-t})\\u_O&=u_1-u_C=U_m\text{e}^{-t}\end{aligned}\right\}\quad(0\leqslant t<t_w,t\text{ 的单位为 }\mu\text{s})$$

可见当 $t=5\ \mu\text{s}\left(\text{即 }t=\frac{1}{4}t_w\right)$ 时,$u_C\approx U_m$、$u_O\approx0$,C 充电结束。

在 $t\geqslant t_w$ 时,C 放电,$\tau=RC=1\ \mu\text{s}$、$u_C(\infty)=0$、$u_C(t_w^+)=u_C(t_w^-)=U_m(1-\text{e}^{-20})\approx U_m$,故

$$\left.\begin{aligned}u_C(t-t_w)&=U_m\text{e}^{-\frac{t-t_w}{\tau}}=U_m\text{e}^{-(t-20)}\\u_O(t-t_w)&=-u_C(t-t_w)=-U_m\text{e}^{-(t-20)}\end{aligned}\right\}\quad(t\geqslant t_w,t\text{ 的单位为 }\mu\text{s})$$

可见当 $t=25\ \mu\text{s}$ 时,$u_C\approx0$,$u_O\approx0$,C 放电结束。

后面的周期重复第一周期的过程。u_O 的波形如图 2.6.10(b)。由图可见,由于 $\tau\ll t_w(t_w>5\tau)$,C 的充放电迅速完成,u_O 的波形为正、负尖脉冲,因 $u_C\approx u_1$、$u_O=Ri=RC\dfrac{\text{d}u_C}{\text{d}t}\approx RC\dfrac{\text{d}u_1}{\text{d}t}$,输出电压 u_O 与输入电压 u_1 近似成微分关系,故这种电路称为微分电路。微分电路能分离出输入信号的变化部分,压低输入信号的

不变部分，从而把矩形波变换成正、负尖脉冲。

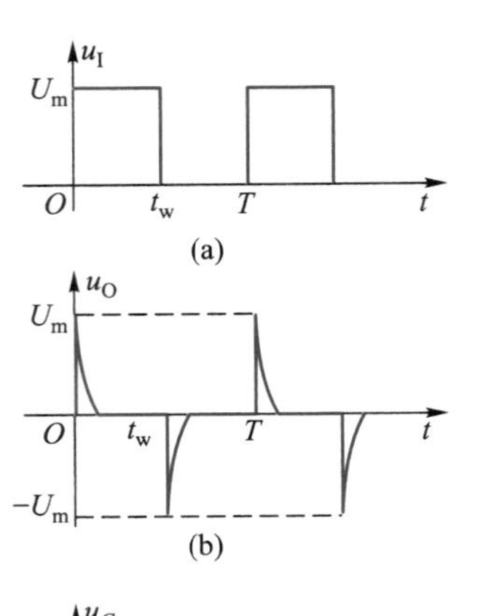

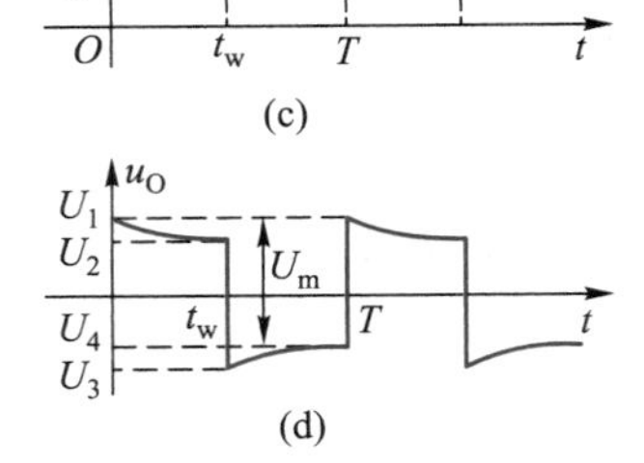

图 2.6.10　例题 2.6.5 的波形图

（2）此时 RC 电路的时间常数为

$\tau=RC=0.1\ \text{s}\gg t_w=20\ \mu\text{s}$，在 $u_I=U_m$ 期间，C 充电，因 $\tau\gg t_w$，故电容电压沿指数曲线只上升很短的一段；在 $u_I=0$ 期间，C 放电，电容电压沿指数曲线下降很短的一段。然后 C 又充电、放电，经若干个周期后 C 每次充、放电的起始值和终止值达到稳定，如图 2.6.10(c)所示。图 2.6.10(d)画出了电路稳定工作时 u_O 的波形。由图可知，在 $0<t<t_w$，有

$$u_O=U_1\mathrm{e}^{-\frac{t}{\tau}}=U_1\mathrm{e}^{-10t},$$

$t=t_w$ 时，

$$u_O=U_2$$

$$U_2=U_1\mathrm{e}^{-0.000\,2}=0.999\,8U_1$$

$$U_3=U_2-U_m$$

同理，　$U_4=0.999\,8U_3$

因波形已达到稳定，故

$$U_4=U_1-U_m$$

联立解之得

$$U_1=U_m/1.999\,8=0.500\,05U_m\approx0.5\ U_m$$

$$U_2=0.999\,8U_1=0.499\,95U_m\approx0.5U_m$$

$$U_3=-U_1,\qquad U_4=-U_2$$

由计算结果可知，当图 2.6.9 电路的时间常数 $\tau\gg t_w$ 时，输出波形不再是尖脉冲，而是非常接近于输入波形。电路的作用是隔断信号中的直流分量而传输其交流分量。这种电路不再是微分电路，而是 RC 耦合电路，常应用在交流放大电路中。

这里要说明一点，图 2.6.9 的电路和上节例题 2.5.1 中图 2.5.2(a)电路是相同的，且输入都是矩形波。但本节是求 u_O 随时间变化的规律，属于时域分析。而上节的例题 2.5.1 中是将矩形波分解为一系列频率不同的正弦分量，求 u_O 随频率变化的规律，属于频域分析。

2.6.3　*RL* 电路的瞬态分析

RL 电路的瞬态分析可类似于 RC 电路的瞬态分析来进行。图 2.6.11 所示为一个 RL 电路。设在 $t=0$ 时开关 S 闭合，则 S 闭合后的节点电流方程为

$$i_R+i_L=I_S$$

其中

$$i_R=\frac{u_L}{R},\quad u_L=L\frac{\mathrm{d}i_L}{\mathrm{d}t}$$

代入上式得

$$\frac{L}{R}\frac{\mathrm{d}i_L}{\mathrm{d}t}+i_L=I_S \tag{2.6.14}$$

与式(2.6.3)类似,式(2.6.14)是以电感电流 i_L 为变量的一阶常系数非齐次线性微分方程。因此可以得出一阶 RL 电路瞬变过程中电感电流的表达式即三要素公式为

$$i_L(t)=i_L(\infty)+[i_L(0^+)-i_L(\infty)]\mathrm{e}^{-\frac{t}{\tau}} \tag{2.6.15}$$

式中,$i_L(\infty)$为 RL 电路换路后电感电流的稳态值;$i_L(0^+)$为换路后电感电流的初始值,其大小由换路定律确定;$\tau=\dfrac{L}{R}$为 RL 电路的时间常数。

对于含有多个电阻或电源的一阶 RL 电路,可将电感元件以外的电路用诺顿等效电路或戴维南等效电路代替。

同理,根据式(2.6.11)还可以求得 RL 电路瞬变过程中其他元件上的电流和电压(包括电感上的电压)。

对于图 2.6.11 电路,若电感无初始储能,则电感电流初始值

$$i_L(0^+)=i_L(0^-)=0$$

当开关闭合,电路达到稳态时,电感对直流相当于短路,因此电感电流稳态值

$$i_L(\infty)=I_S$$

电路时间常数

$$\tau=\frac{L}{R}$$

所以流过电感的电流为

$$i_L(t)=I_S(1-\mathrm{e}^{-\frac{R}{L}t})\quad(t>0) \tag{2.6.16}$$

电感两端的电压

$$u_L(t)=L\frac{\mathrm{d}i_L(t)}{\mathrm{d}t}=RI_S\mathrm{e}^{-\frac{R}{L}t}\quad(t>0) \tag{2.6.17}$$

$i_L(t)$和 $u_L(t)$的波形如图 2.6.12 所示。可见在 S 闭合瞬间,L 相当于开路,L 两端的电压最大,稳态时 $u_L=0$。

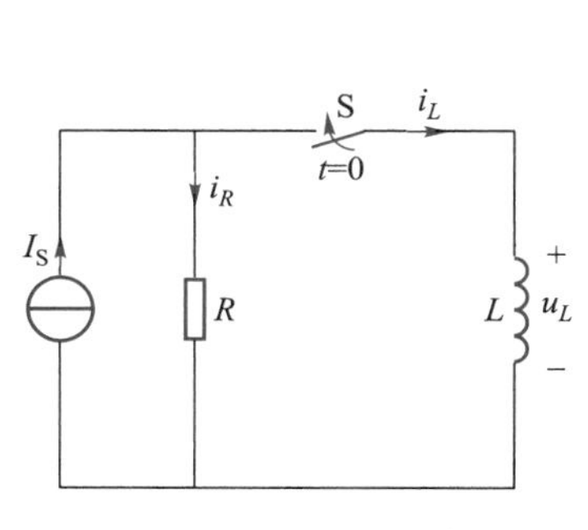

图 2.6.11 RL 电路

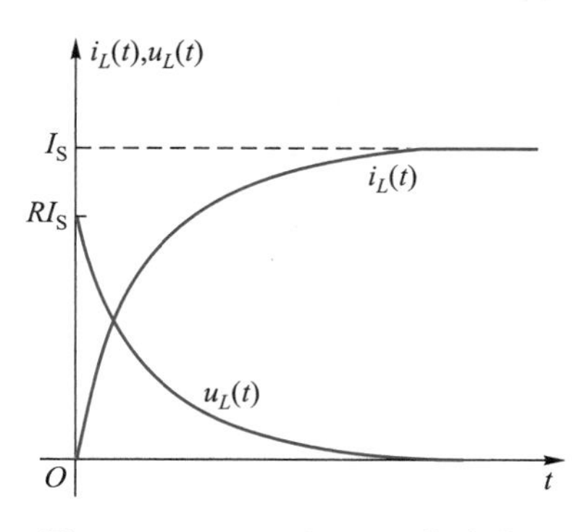

图 2.6.12 $i_L(t)$和 $u_L(t)$的波形图

[例题 2.6.6] 在图 2.6.13 所示电路中,设 $U_S=10\ \mathrm{V}$,$R_1=3\ \mathrm{k\Omega}$,$R_2=2\ \mathrm{k\Omega}$,$L=10\ \mathrm{mH}$,在 $t=0$ 时开关 S 闭合,闭合前电路已达稳态。求开关闭合后瞬

变过程中的电感电流 $i_L(t)$ 和电压 $u_L(t)$ 的表达式，并画出波形图。

［解］　先求三要素。

$$i_L(0^+)=i_L(0^-)=\frac{U_S}{R_1+R_2}=\frac{10}{(3+2)\times10^3}\ \text{A}$$
$$=2\times10^{-3}\ \text{A}=2\ \text{mA}$$
$$i_L(\infty)=\frac{U_S}{R_2}=\frac{10}{2\times10^3}\ \text{A}$$
$$=5\times10^{-3}\ \text{A}=5\ \text{mA}$$
$$\tau=\frac{L}{R_2}=\frac{10\times10^{-3}}{2\times10^3}\ \text{s}=5\times10^{-6}\ \text{s}$$

根据式(2.6.15)得

$$i_L(t)=\left[5+(2-5)e^{-\frac{t}{5\times10^{-6}}}\right]\ \text{mA}=(5-3e^{-2\times10^5 t})\ \text{mA}\quad(t>0)$$
$$u_L(t)=L\frac{di_L(t)}{dt}=6e^{-2\times10^5 t}\ \text{V}\quad(t>0)$$

$i_L(t)$ 和 $u_L(t)$ 的波形如图 2.6.14 所示。

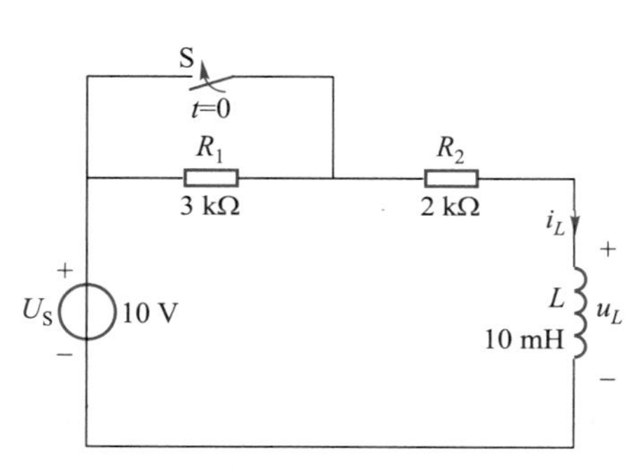

图 2.6.13　例题 2.6.6 的电路

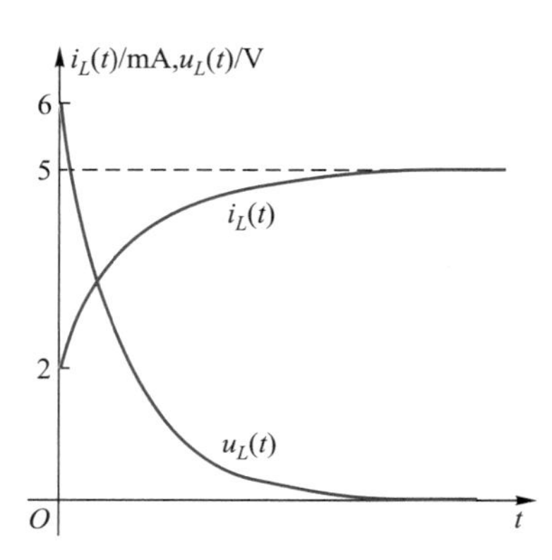

图 2.6.14　例题 2.6.6 的波形图

习题

2.1.1　求图 2.01 电路中的电流 I_1、I_2、I_3 和电压 U_1、U_2。

2.1.2　求图 2.02 电路中的 U_1、U_2。

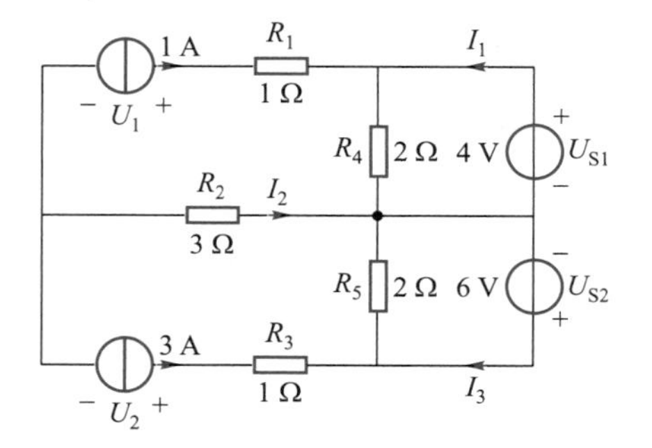

图 2.01　习题 2.1.1 电路

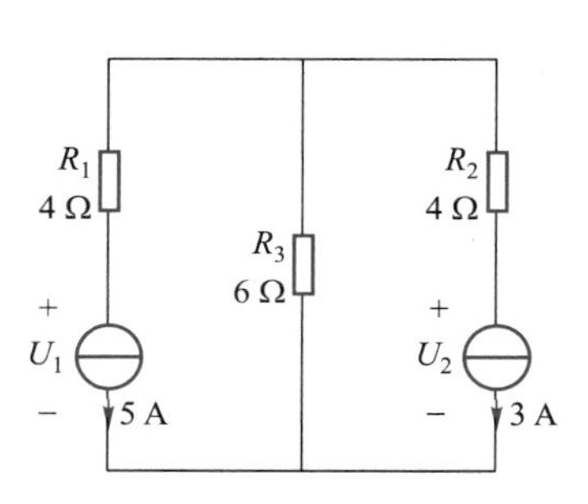

图 2.02　习题 2.1.2 电路

2.1.3 如图 2.03 所示的晶体管电路中，已知 $U_{CC}=6\ V$，$I_C=2\ mA$，$I_B=50\ \mu A$，$I_2=0.15\ mA$，$V_E=1\ V$，$V_C=4\ V$，$R_2=11\ k\Omega$。求：(1) 集电极电阻 R_C；(2) 电压 U_{CE} 和 U_{BE}；(3) 电流 I_1 和 I_E。

2.1.4 已知电压和电流的参考方向如图 2.04 所示，受控源为电压控制电流源，$I_{S2}=4U$（式中 U 的单位为 V 时，I_{S2} 的单位为 A）。求 I 和 U。

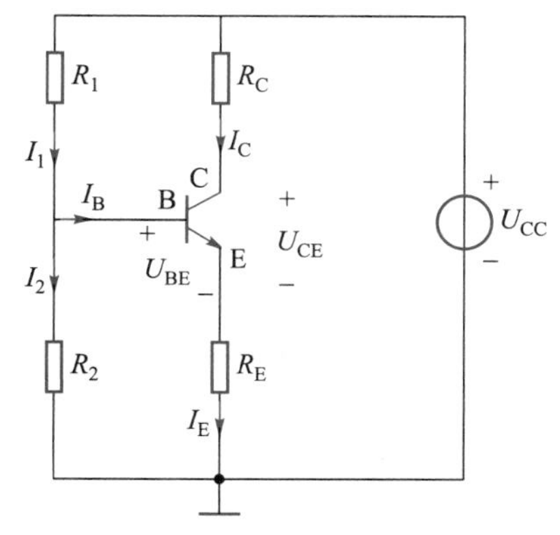

图 2.03 习题 2.1.3 电路

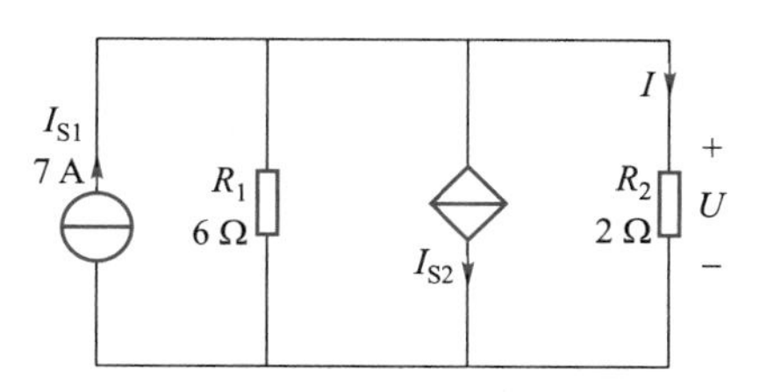

图 2.04 习题 2.1.4 电路

2.1.5 在图 2.05 中，$U_S=2\ V$，$I_S=3\ A$，$R_1=4\ \Omega$，$R_2=1\ \Omega$，$R_3=3\ \Omega$，$R_4=2\ \Omega$。试用支路电流法求流过电压源 U_S 的电流 I 和电流源 I_S 两端的电压 U。

2.1.6 已知图 2.06 所示电路中，$r=5\ \Omega$，其他参数如图所示。试求流过电阻 R_3 的电流 I。

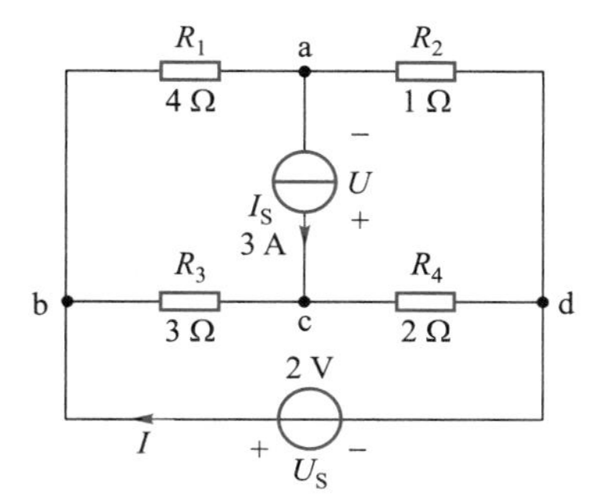

图 2.05 习题 2.1.5 电路

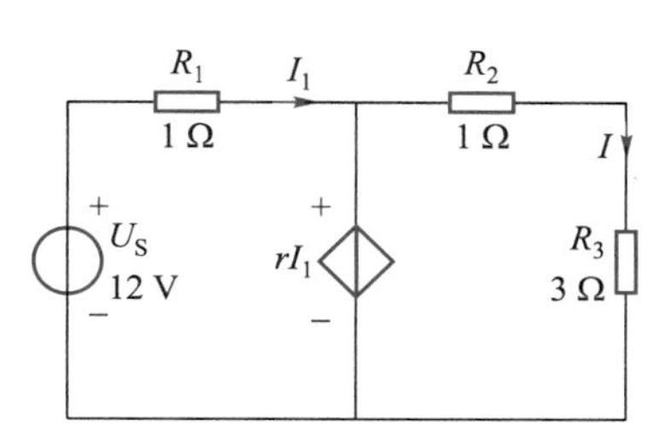

图 2.06 习题 2.1.6 电路

2.2.1 在图 2.07 电路中，$R_4=10\ k\Omega$，$R_1=R_2=R_3=2R_4=20\ k\Omega$，试求在下列三种情况下的输出电压 U_o。(1) $U_1=4\ V$，$U_2=0\ V$；(2) $U_1=0\ V$，$U_2=4\ V$；(3) $U_1=4\ V$，$U_2=4\ V$。

2.2.2 已知图 2.08 电路的参数及电流如图中所示，若 U_S 增加 2 V，则 I 为多少？

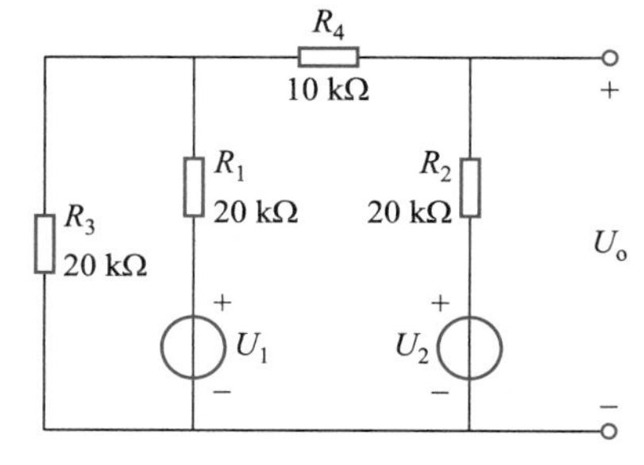

图 2.07 习题 2.2.1 电路

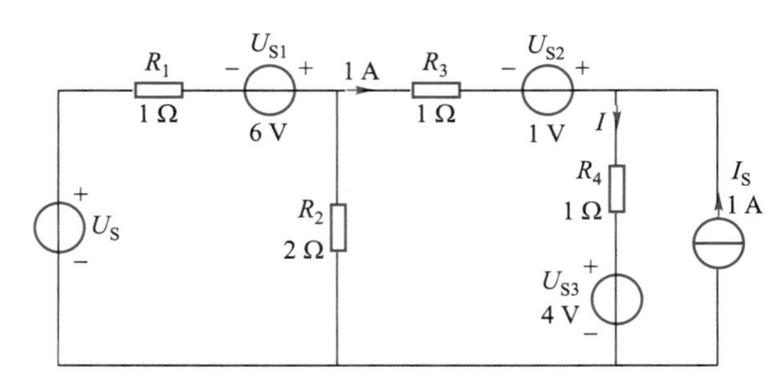

图 2.08　习题 2.2.2 电路

2.2.3　试用叠加定理求图 2.05 所示电路中流过 U_S 的电流 I,图中元件参数和题 2.1.5 相同。

2.2.4　如图 2.09 所示,N 为无源线性网络。现已知:

$U_{S1}=8$ V,$I_{S2}=12$ A 时,$U_X=24$ V

$U_{S1}=-8$ V,$I_{S2}=4$ A 时,$U_X=0$ V

求:$U_{S1}=20$ V,$I_{S2}=20$ A 时,$U_X=$?

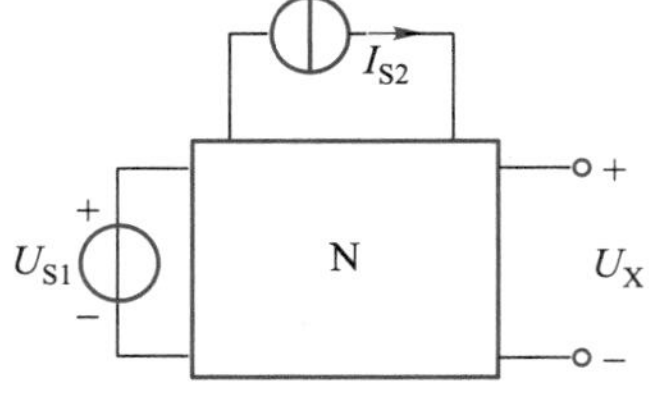

图 2.09　习题 2.2.4 电路

2.2.5　图 2.10 是一个以 a、b 为端点的有源二端网络。试求:(1) 端点 a、b 处的开路电压 U_{OC} 和等效电阻 R_0,并画出戴维南等效电路;(2) 若用内阻 R_V 分别为 5 kΩ、50 kΩ、200 kΩ 的三只电压表依次测量 a、b 间的电压,问电压表的读数 U_V 各为多少?

2.2.6　用等效电源定理判别图 2.11 所示电路中晶体管的 BE 结是否导通。若导通,I_B 为多少?设导通时 $U_{BE}=0.7$ V。

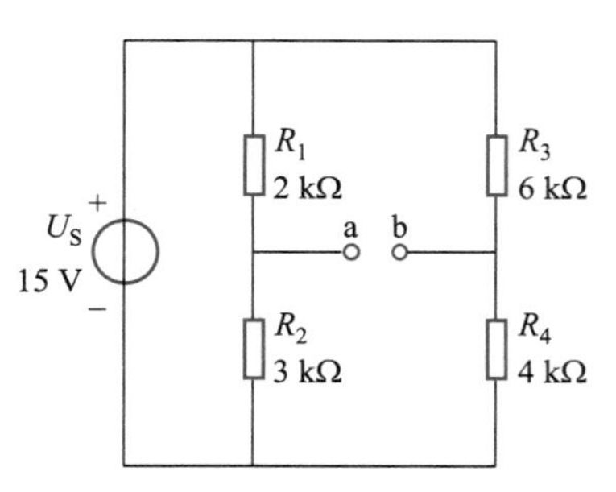

图 2.10　习题 2.2.5 电路

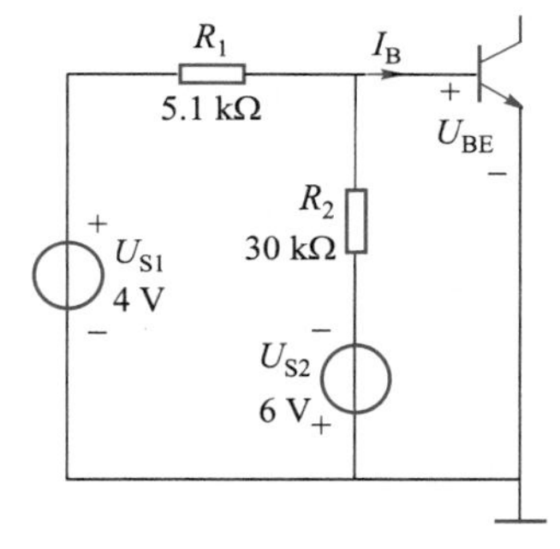

图 2.11　习题 2.2.6 电路

2.2.7　在图 2.05 所示电路中,将 U_S 以外的电路看成一个二端网络。试用等效电源定理求流过 U_S 的电流 I。

2.2.8　如图 2.12 所示以 a、b 为端点的二端网络中,含有电流控制电流源 $20I_2$。试求:(1) 当 $R_3=10$ kΩ 时的开路电压 U_{OC} 和等效电阻 R_0;(2) 当 $R_3=\infty$ 时的开路电压 U_{OC} 和等效电阻 R_0。

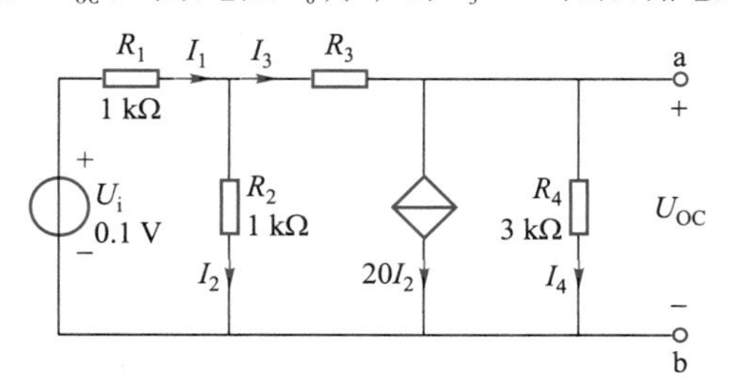

图 2.12　习题 2.2.8 电路

2.2.9 如图 2.13 所示电路，$A_0=5\ 500$，试求：(1) a、b 两端左侧的开路电压 U_{OC} 和等效电阻 R_0；(2) a、b 右侧接入电阻 $R_L=2\ k\Omega$ 时，R_L 两端的电压 U_L。

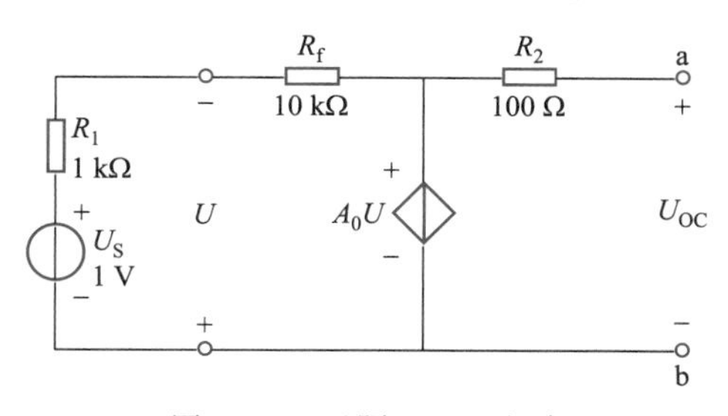

图 2.13 习题 2.2.9 电路

2.3.1 有一正弦电压 $u=311\sin\left(100\pi t+\frac{\pi}{3}\right)$ V。(1) 求角频率 ω、频率 f、周期 T、有效值 U 和初相位 φ_u；(2) 求 $t=0$ 和 $t=0.1$ s 时电压的瞬时值；(3) 画出电压的波形图。

2.3.2 已知两个正弦电压的三角函数表达式为 $u_1=220\sqrt{2}\sin 314t$ V，$u_2=220\sqrt{2}\sin(314t-90°)$ V。(1) 在同一直角坐标系中画出两个电压的波形图；(2) 画出两个电压的相量图，说明它们的超前和滞后关系；(3) 用相量法计算 $\dot{U}_{12}=\dot{U}_1-\dot{U}_2$，在相量图上画出 $\dot{U}_{12}$，并写出 u_{12} 的三角函数表达式。

2.3.3 已知 $i_1=10\sin(314t+30°)$ A，$i_2=10\sin(314t-60°)$ A，$i=i_1+i_2$。试用相量法求 i，并画出三个电流的相量图。

2.3.4 电压 $u=220\sqrt{2}\sin 314t$ V，分别作用在 (1) $R=100\ \Omega$；(2) $L=0.5$ H；(3) $C=10\ \mu F$ 的元件上。试求 i_R、i_L、i_C，并画出相量图。

2.3.5 已知电阻和电感串联的电路中，$R=20\ \Omega$，$L=0.1$ H，$f=50$ Hz，$U=220$ V。求电流 I，电阻的端电压 U_R 和电感的端电压 U_L，并画出相量图。

2.3.6 一个电感线圈接在 $U=120$ V 的直流电源上，电流为 20 A；若接在 $f=50$ Hz，$U=220$ V 的交流电源上，则电流为 28.2 A。求该线圈的电阻和电感。

2.3.7 如图 2.3.12 所示 RLC 串联电路中，已知 $R=500\ \Omega$，$L=500$ mH，$C=0.5\ \mu F$，$u=16\sqrt{2}\sin\omega t$ V。试求 ω 分别为1 000 rad/s，2 000 rad/s 和 3 000 rad/s 时的阻抗 Z 及电流 i。

2.3.8 已知如图 2.14 所示电路，$\dot{U}_s=U_S\angle 0°$，R_P 为可变电阻。(1) 画出电压相量图(包含电路中标出的所有电压)；(2) 当 $\omega CR_P=1$ 时，$\dot{U}_{ab}=$? (3) 当 R_P 从 $0\to\infty$ 变化时，$\dot{U}_{ab}$ 如何变化？

2.3.9 已知电路中，$Z_1=1.75\ \Omega$，$Z_2=(4+j3)\ \Omega$，$Z_3=-j3\ \Omega$，且 Z_2 与 Z_3 并联后再与 Z_1 相串联；施加在这三个阻抗上的总电压为 $\dot{U}=220\angle 0°$ V。试求：(1) 流过 Z_1、Z_2、Z_3 的电流 $\dot{I}_1$、$\dot{I}_2$、$\dot{I}_3$，并画出电压电流相量图；(2) 电路的有功功率、无功功率、视在功率以及功率因数。

2.3.10 在图 2.15 电路中 $R=1\ \Omega$，$L=5$ mH，$u=10\sqrt{2}\sin 1\ 000t$ V，调节 C，使得开关 S 断开和接通时电流表的读数不变。求这时的 C 值。

2.3.11 一用电设备(电感性负载)接于 220 V 的交流电源上，如图 2.16 所示。电源频率 $f=50$ Hz，电流表和功率表测得的电流 $I=0.41$ A，功率 $P=40$ W。(1) 试求该电气设备的功率因数 λ；(2) 因该电气设备是电感性负载，故可用并联电容器 C 的方法来提高整个电路的功率因数。若 $C=4.75\ \mu F$，电流表的读数和整个电路的功率因数为多少？

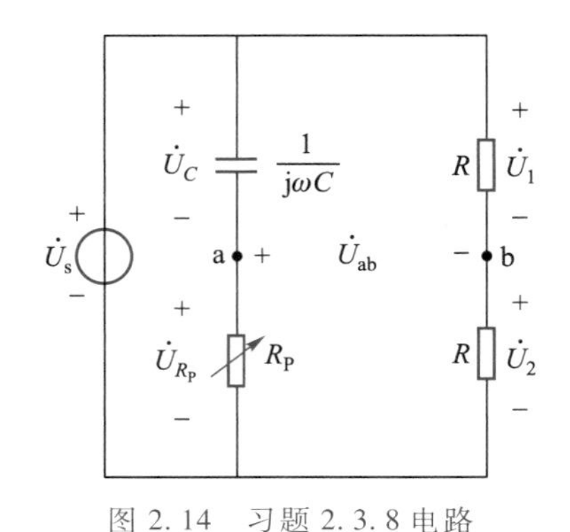

图 2.14 习题 2.3.8 电路

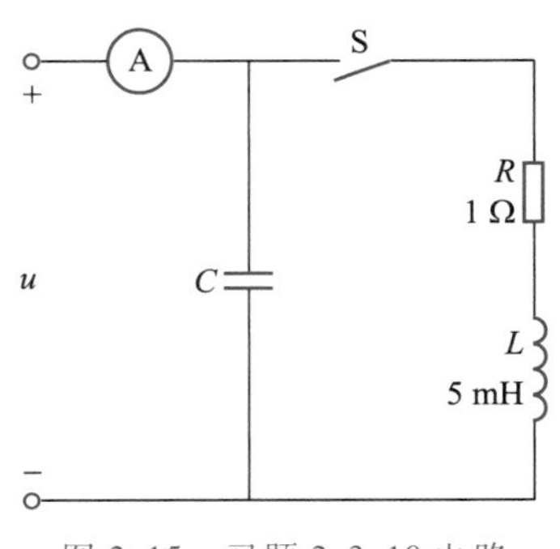

图 2.15 习题 2.3.10 电路

2.3.12 试证明:图 2.17 所示 RC 串并联选频电路中,当 $f_0=\frac{1}{2\pi RC}$时,$\frac{\dot{U}_o}{\dot{U}_i}=\frac{1}{3}\angle 0°$。

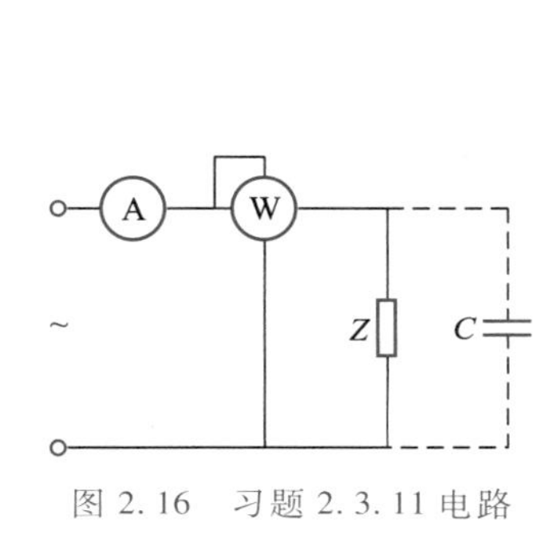

图 2.16 习题 2.3.11 电路

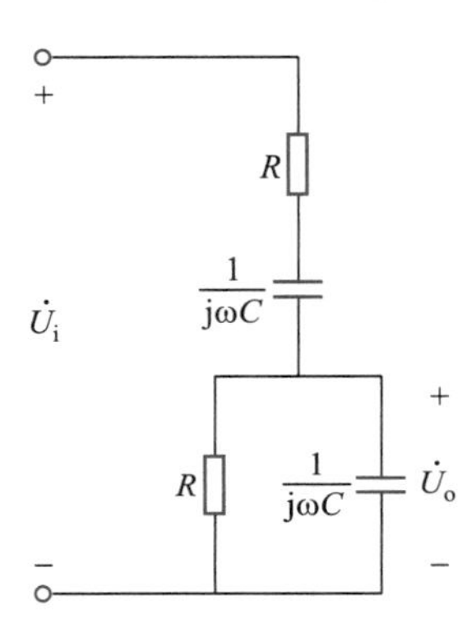

图 2.17 习题 2.3.12 电路

2.3.13 并联电路及电压电流相量图如图 2.18 所示。阻抗 Z_1、Z_2 和整个电路的性质分别对应为( )。

(a) 容性、感性、容性

(b) 感性、容性、感性

(c) 容性、感性、感性

(d) 感性、感性、容性

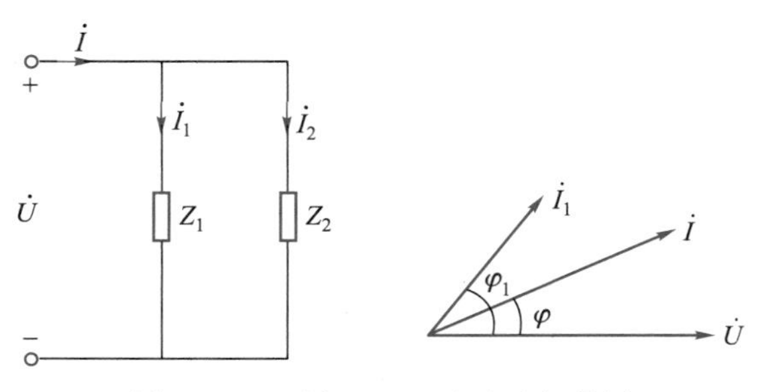

图 2.18 习题 2.3.13 电路及相量图

2.3.14 图 2.19 是无线接收器的输入电路。无线电信号由天线接收经磁耦合送至 RL_2C 电路,调节 C 使电路对所要接收的信号发生串联谐振,再经耦合线圈 L_3 把信号送入无

线接收电路，从而实现选频。已知 $L_2=87.3\ \mu H$，$R=4\ \Omega$，若要接收 1 000 kHz 的信号，问 C 应调为多少？

2.3.15 在图 2.20 所示电路中，已知 $U=220\ V$，$C=58\ \mu F$，$R=22\ \Omega$，$L=63\ mH$。求电路的谐振频率、谐振时的支路电流和总电流。

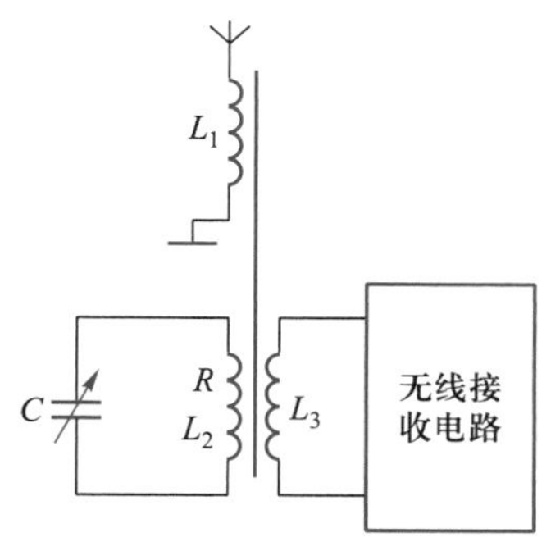

图 2.19 习题 2.3.14 电路

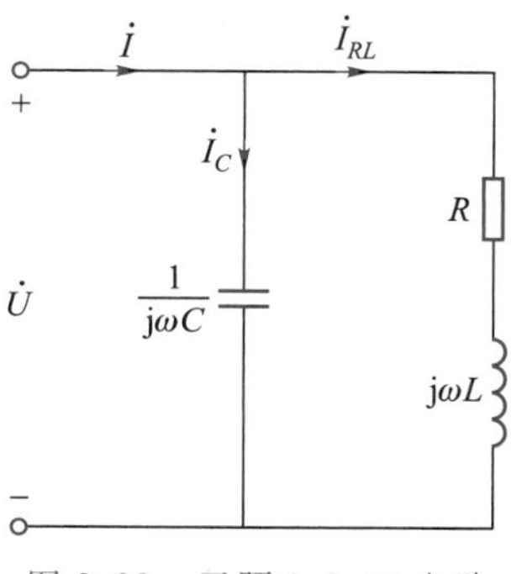

图 2.20 习题 2.3.15 电路

2.3.16 如图 2.21 所示电路接于 $U=10\ V$ 的信号源上，$C=1\ \mu F$。当信号源的 $\omega=1\ 000\ rad/s$ 时，$U_R=0$，当信号源的 $\omega=2\ 000\ rad/s$ 时，$U_R=10\ V$。求 L_1 和 L_2。

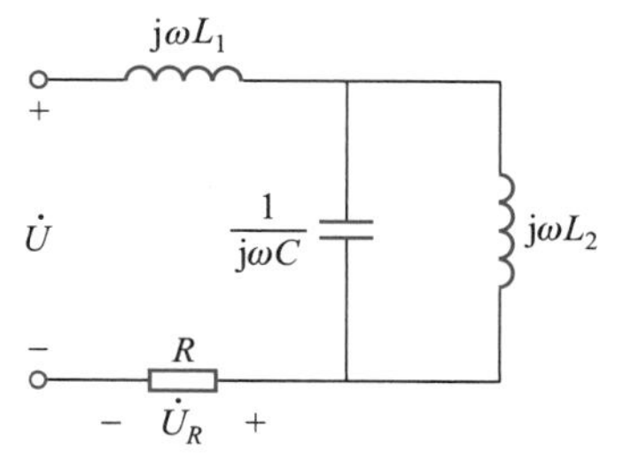

图 2.21 习题 2.3.16 电路

2.4.1 某工厂有三个工作间，每一个工作间的照明分别由三相电源的一相供电，三相电源的线电压为 380 V，供电方式为三相四线制。每个工作间装有 220 V、100 W 的白炽灯 10 盏。(1) 绘出白炽灯接入三相电源的线路图；(2) 在全部满载时中性线电流和线电流的有效值各为多少？(3) 若第一个工作间白炽灯全部关闭，第二个工作间白炽灯全部开亮，第三个工作间开了一盏白炽灯，而电源中性线因故断掉。这时第二、第三工作间的白炽灯两端电压的有效值各为多少？白炽灯工作情况如何？

2.4.2 三相四线制 380 V 电源供电给三层大楼，每一层作为一相负载，装有数目相同的 220 V 的日光灯和白炽灯，每层总功率 2 000 W，总功率因数皆为0.91。(1) 负载如何接入电源？并画出线路图；(2) 求全部满载时的线电流及中性线电流；(3) 如第一层仅用 $\frac{1}{2}$ 的照明灯具，第二层仅用 $\frac{3}{4}$ 的照明灯具，第三层满载，各层的功率因数不变，问各线电流和中性线电流为多少？

2.4.3 如图 2.22 所示的线电压 380 V 的三相对称电源与三角形联结的负载相连，负载每相阻抗 $Z=30+j40\ \Omega$。试求负载的相电流，线电流，电源输出的有功功率，并画出电压和电流的相量图。设 $\dot{U}_{UV}=380\angle 0°\ V$，$\dot{U}_{VW}=380\angle -120°\ V$，$\dot{U}_{WU}=380\angle -240°\ V$。

2.4.4 把图 2.23(a) 三角形联结的三相对称负载，不改变元件参数但改接为如图 2.23(b) 所示的星形联结，接在同一三相交流电源上。设三相电源的线电压为 U_L，每相负载阻抗为 $Z=|Z|\angle\varphi$。试问：(1) 两种接法的电流有效值之比 I_Δ/I_Y 是多少？(2) 两种接法电源供给的有功功率之比 P_Δ/P_Y 是多少？

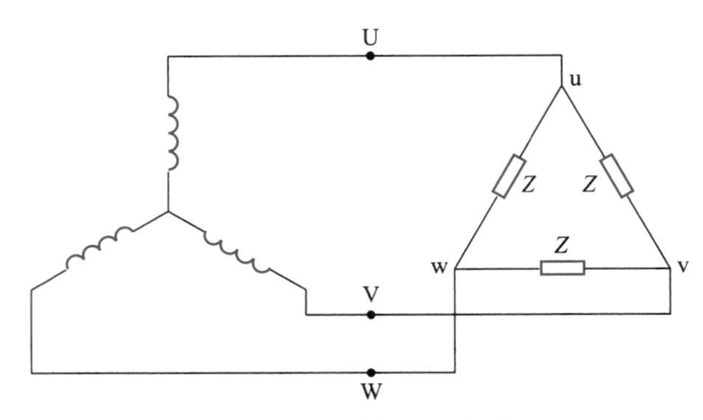

图 2.22　习题 2.4.3 电路

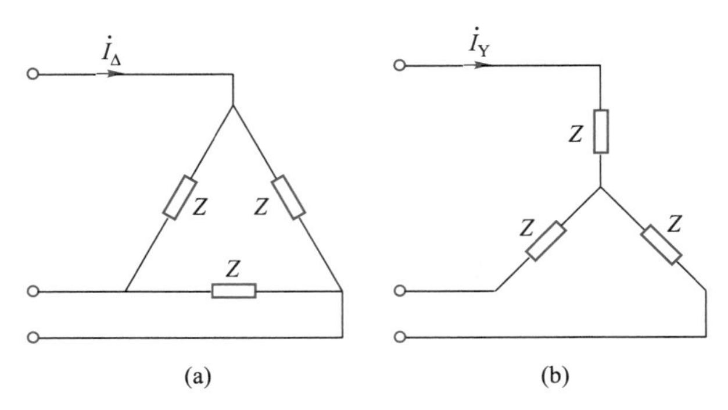

图 2.23　习题 2.4.4 电路

2.4.5　如图 2.24 所示三相四线制电路，已知电源相电压 $\dot{U}_U=220\angle 0°$ V，$\dot{U}_V=220\angle -120°$ V，$\dot{U}_W=220\angle -240°$ V，供给两组对称的三相负载和一组单相负载。第一组三相负载为星形联结，每相阻抗 $Z_1=22\ \Omega$，经过阻抗 $Z_0=5\ \Omega$ 接到中性线。第二组三相负载为三角形联结，每相阻抗为 $Z_2=-\mathrm{j}76\ \Omega$。单相负载 $R=10\ \Omega$，接在 U 相和中性线之间。求各线电流 $\dot{I}_U$、$\dot{I}_V$、$\dot{I}_W$ 和中性线电流 $\dot{I}_N$。

2.4.6　对称三相电路如图 2.25 所示。电源电压是 380 V，频率 $f=50$ Hz，负载 $Z=(32+\mathrm{j}24)\ \Omega$。求：(1) S 闭合时两电流表 A_1、A_2 的读数，且画出包括全部电压、电流的相量图（设 $\dot{U}_{UV}=380\angle 0°$ V），写出 U 相线电流 i_U 的瞬时值表达式；(2) S 断开时两电流表的示数，写出此时 i_U 的瞬时值表达式。

2.4.7　在三相电路中，下列四种结论中，正确的是（　　）。

(a) 当负载作星形联结时，必定有中性线

(b) 凡负载作三角形联结时，其线电流必定是相电流的$\sqrt{3}$倍

(c) 三相四线制星形联结下，电源线电压必定是负载相电压的$\sqrt{3}$倍

(d) 三相对称电路的总功率为 $P=\sqrt{3}U_P I_P\cos\varphi_P$

2.5.1　图 2.26 是一个电感滤波电路，滤波电感 $L=1$ H，负载电阻 $R=50\ \Omega$。输入电压 u_I 是全波整流电压，按傅里叶级数分解，u_I 可表达为

$$u_I=[100+66.7\sin(2\omega t-90°)+13.3\sin(4\omega t-90°)]\ \mathrm{V}$$

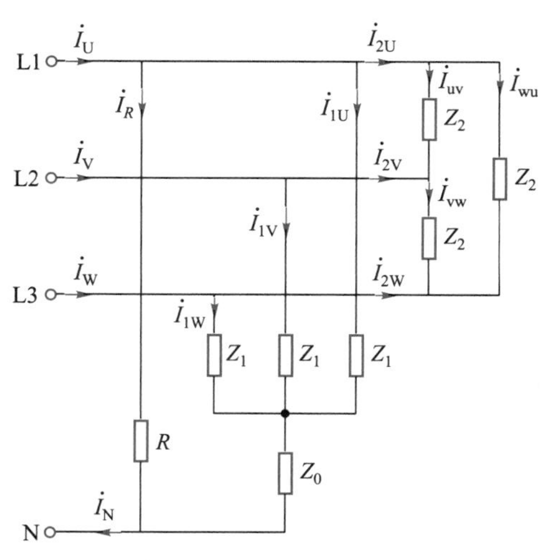

图 2.24　习题 2.4.5 电路

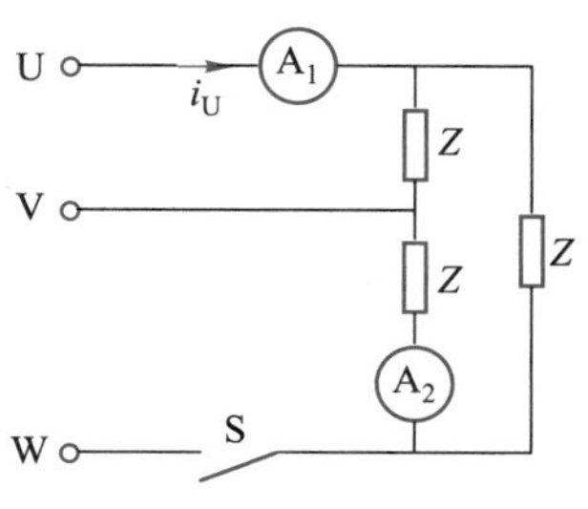

图 2.25　习题 2.4.6 电路

上式中 $\omega=314$ rad/s，六次及更高次谐波略去不计。试求负载电压 u_O，并把 u_O 中各次谐波的最大值和 u_I 中相应谐波的最大值做一比较，说明滤波效果。

2.5.2　在图 2.27 电路中，$R=2\ 000\ \Omega$，$L=1$ mH，$C=1\ 000$ pF，$\omega=10^6$ rad/s，$u_I=(7.85+10\sin\omega t+3.33\sin 3\omega t)$ V，求 u_O。

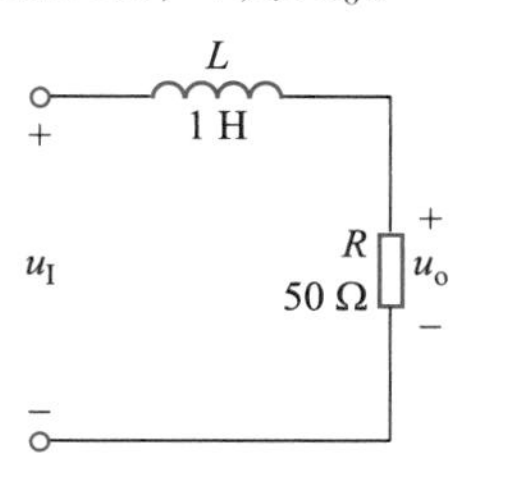

图 2.26　习题 2.5.1 电路

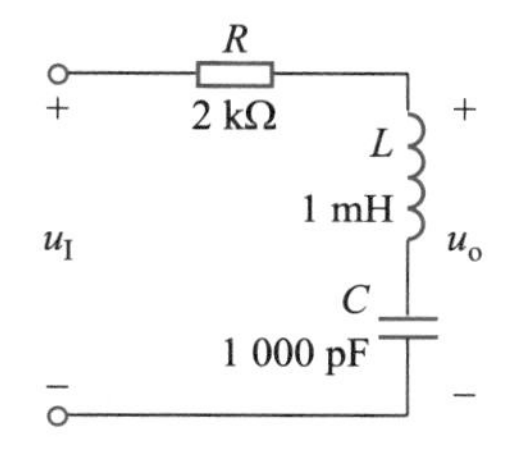

图 2.27　习题 2.5.2 电路

2.6.1　如图 2.28 所示电路，开关 S 断开之前电路已处于稳态。试求 $i_1(0^+)$、$i_2(0^+)$ 和 $u_C(0^+)$、$u_L(0^+)$。

2.6.2　如图 2.29 所示电路，换路前电路处于稳态，$t=0$ 时开关闭合。试求开关闭合后电容电压 $u_C(t)$ 和电流 $i_C(t)$ 的表达式，并画出波形图。

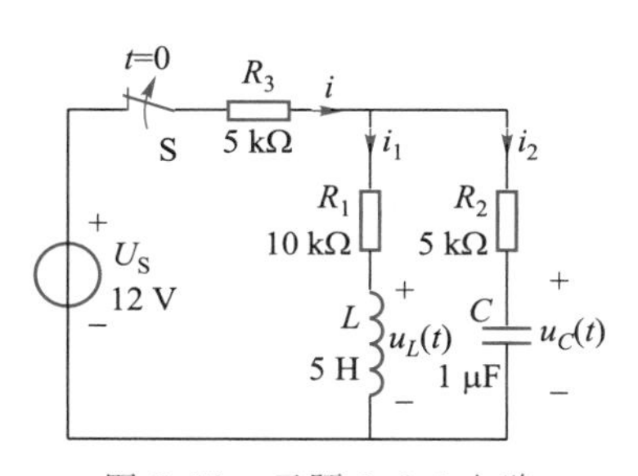

图 2.28　习题 2.6.1 电路

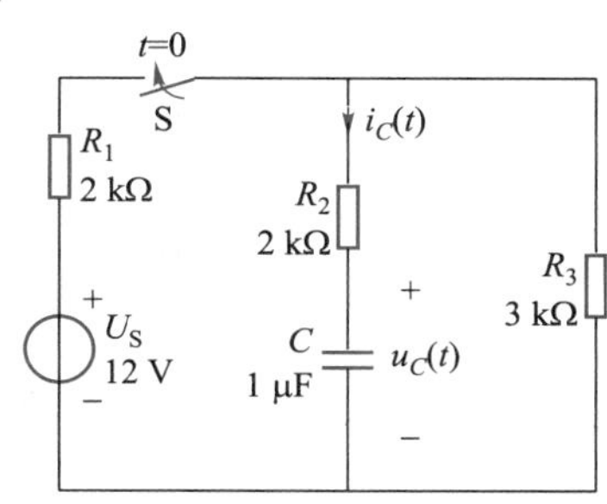

图 2.29　习题 2.6.2 电路

2.6.3　RC 电路如图 2.30 所示，已知 $U_{S1}=U_{S2}=10$ V，$R_1=10$ kΩ，$R_2=5$ kΩ，$C=0.1$ μF，在 $t<0$ 时开关 S 处于位置 1，电容无初始储能。当 $t=0$ 时，S 与 2 接通。经过1 ms 以后 S 又突然与 3 接通。试用三要素法求 $t\geqslant 0$ 时 $u_C(t)$ 的表达式，画出波形图。并求电容电压 $u_C(t)$ 变为-6.32 V 所需的时间。

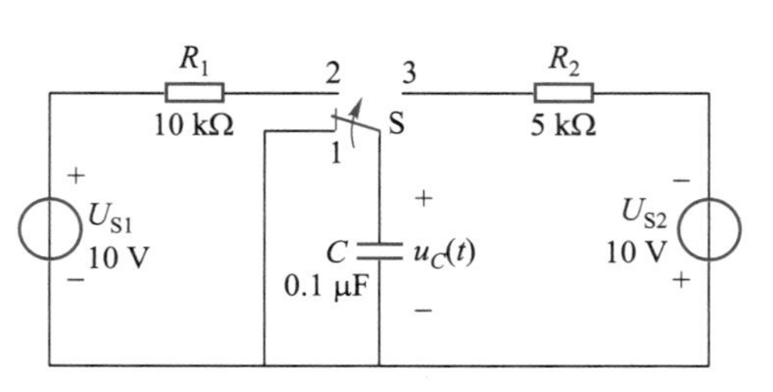

图 2.30　习题 2.6.3 电路

2.6.4　在图 2.31 所示电路中，已知 $U_S=24$ V，$I_S=2$ A，$R_0=2$ Ω，$R_S=6$ Ω；开关 S 在 $t=0$ 时合上。试求电容 C 两端的电压 $u_C(t)$，并画出 $u_C(t)$ 的波形。

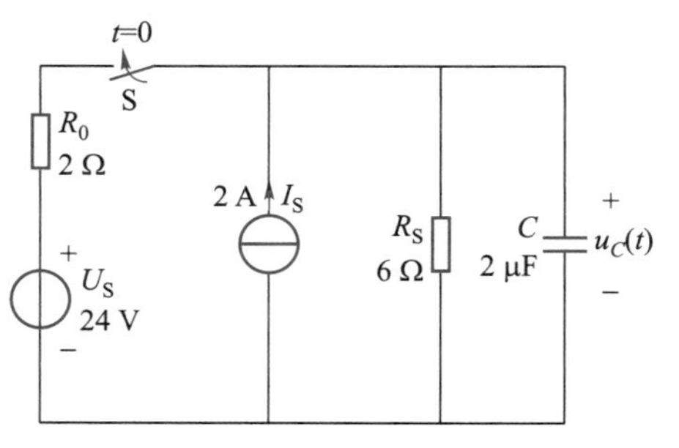

图 2.31　习题 2.6.4 电路

2.6.5　如电路如图 2.32(a)所示，已知 $R_1=5.1$ kΩ，$R_2=10$ kΩ，$C=510$ pF，输入信号 $u_I(t)$ 的波形如图 2.32(b)所示。试画出 $u_{O1}(t)$ 和 $u_{O2}(t)$ 的波形，并说明二极管 D 的作用（设 D 为理想元件）。

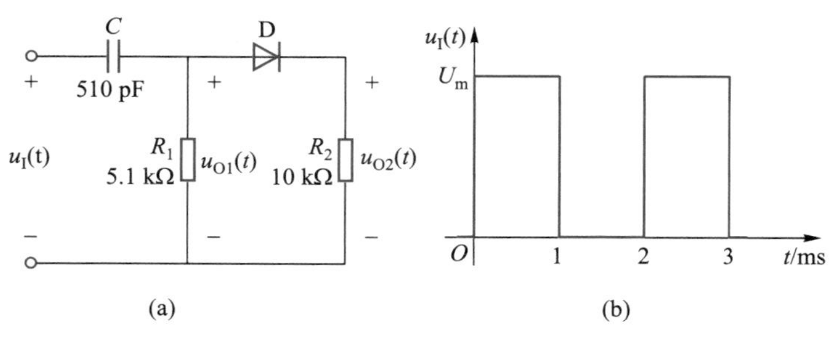

图 2.32　习题 2.6.5 电路及输入波形

2.6.6　在图 2.33 所示电路中，已知 $U_S=10$ V，$I_S=11$ A，$R=2$ Ω，$L=1$ H。$t=0$ 时，开关 S 闭合，闭合前电路处于稳态。求 $t\geqslant 0$ 时电流 $i(t)$ 的表达式，并画出其波形图。

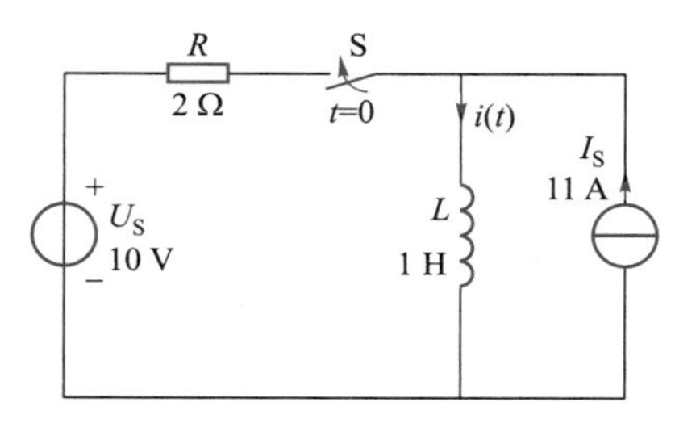

图 2.33　习题 2.6.6 电路

2.6.7　如图 2.34(a)所示电路中,已知 $R_1=3\ \Omega$,$R_2=6\ \Omega$,$L=2\ \text{H}$,电感无初始储能,输入信号 $u_I(t)$ 的波形如图 2.34(b)所示。试求 $i_L(t)$ 和 $u_L(t)$ 的表达式,并画出它们的波形图。

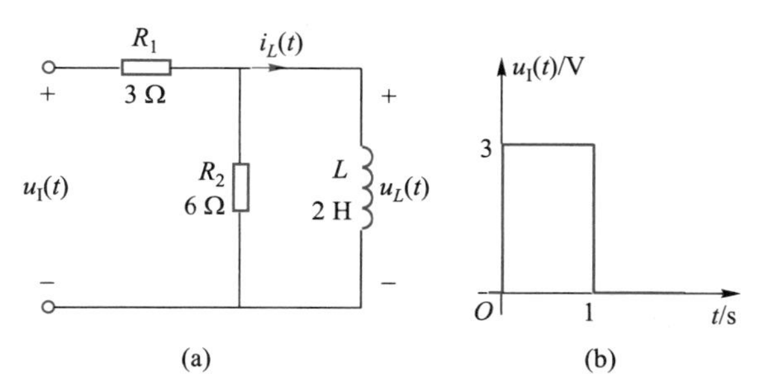

图 2.34　习题 2.6.7 电路和输入波形

第3章　分立元件基本电路

在第1章中已介绍了二极管、双极晶体管(简称晶体管)及场效晶体管的工作原理和特性。本章将介绍由这些元件组成的一些基本电路。虽然随着电子技术的发展,分立元件电路在实际应用中已不多见,集成电路占了主导地位,但对初学者来说,掌握一些分立元件基本电路是十分必要的。本章通过对一些基本电路的构成原则、工作原理、性能指标及计算方法的介绍,使读者掌握基本概念、基本原理、基本分析方法,为学习后续章节打好基础。

视频资源:3.1 共发射极放大电路

3.1　共发射极放大电路

在日常生活和科学技术等很多场合,放大器的用途是非常广泛的,因为它能够利用晶体管的电流控制作用把微弱的电信号增强到所要求的数值。例如常见的扩音机就是一个把微弱的声音变大的放大器。

为了了解放大器的工作原理,先讨论最基本的放大电路——共发射极放大电路。

3.1.1　电路组成

图3.1.1是一个单管共发射极放大电路。它由晶体管、电阻、电容以及直流电源组成。由信号源提供的信号 u_i 经电容 C_1 加到晶体管的基极与发射极之间,放大后的信号 u_o 从晶体管的集电极(经电容 C_2)与发射极之间输出。电路以晶体管的发射极作为输入、输出回路的公共端,故称为共发射极放大电路。它是放大电路中应用最广泛的一种电路形式。电路中各元件的作用分述如下:

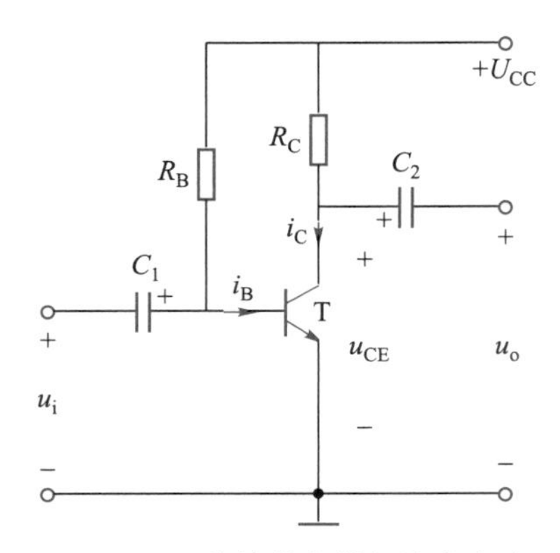

图3.1.1　单管共发射极放大电路

图中,T是NPN型晶体管,它具有电流放大作用,是整个电路的核心;直流电源 $+U_{CC}$ 为晶体管提供放大所需的能量。在第1章1.5节讨论晶体管工作原理时曾介绍,为使晶体管实现电流放大作用,必须使其发射结处于正向偏置,集电结处于反向偏置。在1.5节所介绍的电路中,基极电路和集电极电路各用一个电源;而在图3.1.1所示电路中,基极电路和集电极电路共用一个直流电源。电阻 R_B 称为偏置电阻,调节 R_B 的大小,就可调整基极电流的大小。电阻 R_C 是晶体管的集电极负载电阻。输入信号 u_i 的变化,会

引起晶体管基极电流 i_B 的变化，从而引起集电极电流 i_C 的变化；而 i_C 的变化又引起 R_C 上的电压降 R_Ci_C 的变化，使晶体管集电极与发射极之间的电压 u_{CE} 发生变化。因此 R_C 的作用是将集电极电流的变化转换成电压的变化送到输出端，以实现将晶体管的电流放大作用转换为电路的电压放大作用。若没有 R_C，则晶体管集电极的电位始终等于直流电源电压 $+U_{CC}$，而不会随输入信号变化，就不会有信号输出。电容 C_1 称为耦合电容，只要电容量足够大(一般为几微法到几十微法)，对信号呈现的容抗就很小，这样，就可将输入信号 u_i 的绝大部分传送到晶体管的基极，同时可隔断信号源与晶体管基极之间的直流联系。因此 C_1 也称为隔直电容。电容 C_2 的作用与 C_1 类同，它将 u_{CE} 中的交流分量传递到输出端作为输出电压，同时隔断放大电路与负载之间的直流联系。这种由电容耦合的放大电路在放大一定频率的交流信号时被广泛采用，而对放大频率低的信号就不合适。因频率低，电容的容抗就大，信号在传送过程中损失就大。另外，在电子电路中，常把输入与输出的公共端称为"地"端，符号如图中"⊥"所示(注意实际上这一点并不真正接到大地上)，并以"地"端作为零电位点。这样电路中各点的电位实际上就是该点与"地"之间的电压。

3.1.2 静态分析

当放大器没有输入信号($u_i = 0$)时，电路中各处的电压、电流都是直流恒定值，称为直流工作状态或静止状态，简称静态。静态分析就是分析放大电路的直流工作情况，以确定晶体管各电极的直流电压和直流电流的数值。静态分析的主要方法是图解法和估算法。

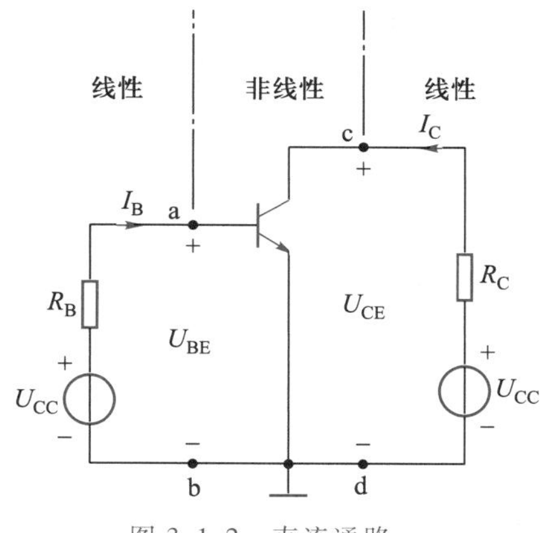

图 3.1.2 直流通路

在静态时，由于电容 C_1、C_2 的隔直作用，因此只要考虑 C_1 和 C_2 之间的电路。将这部分改画为图 3.1.2 所示，称为直流通路。为分析方便，在图 3.1.2 中把直流电源 U_{CC} 分别画于输入电路和输出电路中。

对输入电路，其电压方程为

$$U_{BE} = U_{CC} - R_BI_B \tag{3.1.1}$$

式(3.1.1)描述的 I_B 和 U_{BE} 的关系是一条直线(称为偏置线)。它可以由两个特殊点来确定：当 $I_B = 0$ 时，$U_{BE} = U_{CC}$；当 $U_{BE} = 0$ 时，$I_B = U_{CC}/R_B$。另一方面，I_B 和 U_{BE} 的关系又要符合晶体管的输入特性曲线。故偏置线和输入特性曲线的交点 Q_B 就称为输入电路的静态工作点，如图 3.1.3(a)所示，静态工作点对应的基极电流为 I_B。

输出电路的电压方程式为

$$U_{CE} = U_{CC} - R_CI_C \tag{3.1.2}$$

式(3.1.2)描述的 I_C 和 U_{CE} 的关系也是一条直线(称为负载线)，它同样可以由两个特殊点来确定。负载线与基极电流 I_B 所对应的晶体管输出特性曲线交点 Q_C 就是输出电路的静态工作点，如图 3.1.3(b)所示。

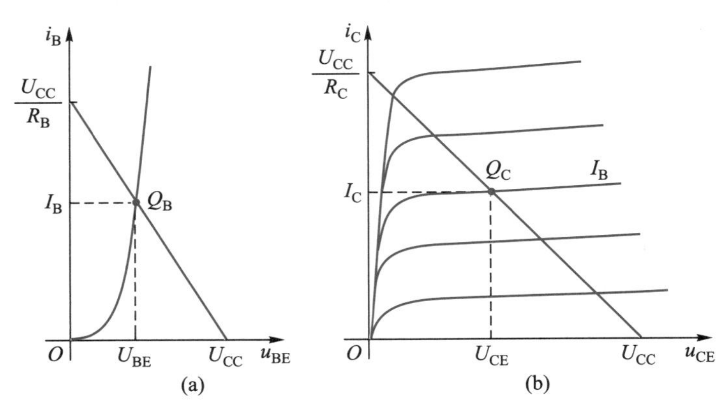

图 3.1.3　静态工作情况的图解分析

（a）输入电路　（b）输出电路

显然，当 R_B 或 U_{CC} 变化时，Q_B 和 Q_C 的位置都要发生变化，即 I_B、I_C、U_{BE}、U_{CE} 都要变化。

图 3.1.3 形象地表示了放大电路的静态工作情况，使对静态工作点能较清楚地加以理解。但由于晶体管的输入特性比较陡直，故可近似地认为发射结导通后的电压基本上为一定值（硅管约为 0.7 V，锗管约为 0.3 V）。也就是说，在静态分析时可以近似地认为输入特性是一条垂直于横轴的直线，U_{BE} 为恒定值，不随 I_B 变化。这样就可方便地对静态值进行估算，用估算方法可得基极电流

$$I_B=\frac{U_{CC}-U_{BE}}{R_B} \tag{3.1.3}$$

集电极电流

$$I_C=\beta I_B \tag{3.1.4}$$

集电极与发射极之间的电压 U_{CE} 可用式(3.1.2)求得。

3.1.3　动态分析

当放大电路有信号输入时，电路中各处的电压、电流都处于变动的工作状态，简称动态。动态分析就是分析输入信号变化时，电路中各种变化量的变动情况和相互关系。动态分析的主要工具是微变等效电路。但在分析放大电路的输出幅度和波形的失真情况时，用图解法比较直观。

由于正弦信号是一种基本信号，在对放大电路进行动态性能的分析或测试时，常以它作为输入信号。因此下面以输入正弦信号为例分析放大电路的动态工作情况。

1. 图解法

当图 3.1.1 的电路输入正弦信号 u_i 后，电路中的电压和电流将如何变化

呢？对于输入电路，由于 C_1 的耦合作用，使晶体管基极-发射极之间的电压 u_{BE} 在原来静态值的基础上加上 u_i，如图 3.1.4 所示。u_i 的加入使 u_{BE} 发生变化，导致基极电流 i_B 变化。当 u_i 达到最大值时，i_B 也达到最大值 i_B'；当 u_i 变到负的最大值时，i_B 变到最小值 i_B''。在 u_i 作用下，u_{BE} 与 i_B 在输入特性曲线的 $a\sim b$ 之间变动，因此可画出 i_B 的波形如图中所示。可见 i_B 也是在原来静态值的基础上叠加一变化的 i_b。于是有

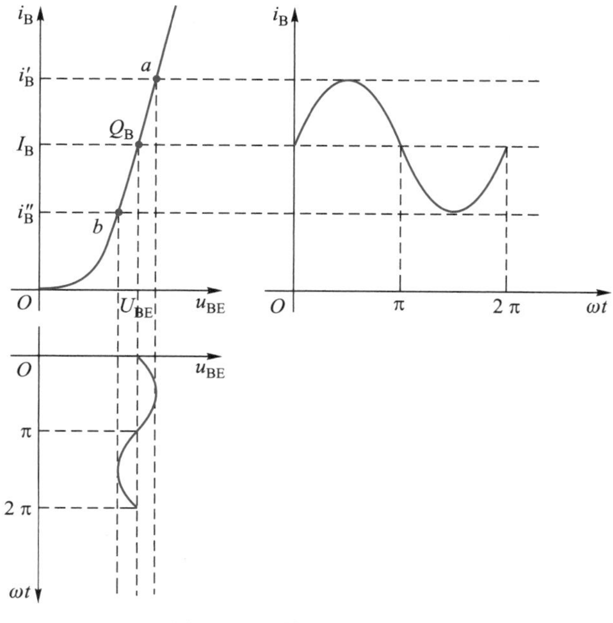

图 3.1.4　输入电路的图解

$$u_{BE}=U_{BE}+u_i \tag{3.1.5}$$

$$i_B=I_B+i_b \tag{3.1.6}$$

上两式表明，u_{BE}、i_B 可人为地视为由直流分量 U_{BE}、I_B 和交流分量 u_{be}（即 u_i）、i_b 组成。其中，直流分量就是由直流电源 $+U_{CC}$ 建立起来的静态工作点，而交流分量则是输入信号 u_i 引起的。当 u_i 按正弦变化时，i_b 也按正弦变化①。需要说明的是，为了便于区分，通常直流分量用大写字母和大写下标表示，交流分量用小写字母和小写下标表示，总的电压、电流瞬时值用小写字母和大写下标表示。因此图 3.1.4 中的坐标用 u_{BE}、i_B 表示。对于输出电路，由于放大器的负载线是不变的，故当 i_B 变动时，负载线与输出特性曲线的交点也会随之而变。当 i_B 在 i_B' 与 i_B'' 的范围内变化时，相应的工作点也会在 Q' 与 Q'' 之间变化，因此直线段 $Q'Q''$ 是工作点移动的轨迹，通常称为“动态工作范围”。相应的 i_C 和 u_{CE} 的变化规律如图 3.1.5 所示。

由图 3.1.5 可见，集电极电流 i_C 也包含直流分量 I_C 和交流分量 i_c 两部分，即

① 由于输入特性曲线的非线性，故只有在动态范围较小时，才可认为 i_b 随 u_i 按正弦变化。

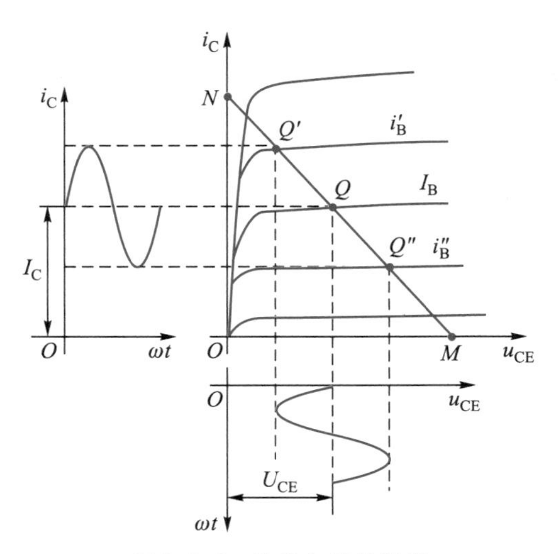

图 3.1.5　输出电路的图解

$$i_C = I_C + i_c \tag{3.1.7}$$

集电极-发射极之间的电压 u_{CE} 也包含直流分量 U_{CE} 和交流分量 u_{ce}，即

$$u_{CE} = U_{CE} + u_{ce} \tag{3.1.8}$$

由于电容的隔直和交流耦合作用，u_{CE} 中的直流分量 U_{CE} 被电容 C_2 隔断，而交流分量 u_{ce} 则可经 C_2 传送到输出端，故输出电压

$$u_o = u_{CE} - U_{CE} = u_{ce} \tag{3.1.9}$$

如果忽略耦合电容 C_1、C_2 对交流分量的容抗和直流电源 U_{CC} 的内阻，即认为 C_1、C_2 和直流电源对交流信号不产生压降，可视为短路，就可以画出只考虑交流分量传递路径的交流通路，如图 3.1.6 所示。由图可见，晶体管集电极-发射极电压的交流分量

$$u_{ce} = -R_C i_c \tag{3.1.10}$$

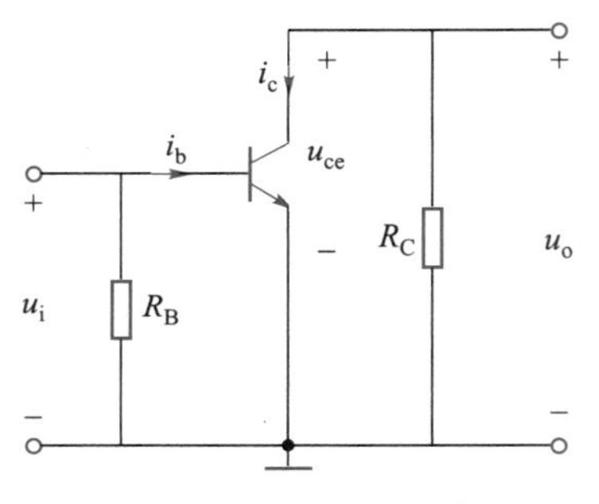

图 3.1.6　图 3.1.1 电路的交流通路

综上所述，可以总结以下几点：

（1）无输入信号时，晶体管的电流、电压都是直流量。当放大电路输入信号电压后，i_B、i_C 和 u_{CE} 都在原来静态值的基础上叠加了一个交流量。虽然 i_B、i_C 和 u_{CE} 的瞬时值是变化的，但它们的方向始终是不变的。

（2）输出电压 u_o 为与 u_i 同频率的正弦波，且输出电压 u_o 的幅度比输入电压 u_i 大得多。

（3）电流 i_b、i_c 与输入电压 u_i 同相，而输出电压 u_o 与输入电压反相，即共发射极放大电路具有倒相作用。

（4）静态工作点的选择必须合适。若选得过高，如图 3.1.7 所示的 Q' 点，则输入信号较大时，在 u_i 的正半周，晶体管很快进入饱和区，输出波形就产生失

真，这种失真称为饱和失真，如图中的 i_c' 和 u_o' 波形；若选得过低，如图 3.1.7 所示的 Q'' 点，则在输入信号的负半周，i_B 波形出现失真，因而晶体管进入截止区，输出波形也产生失真，如图中的 i_c'' 和 u_o'' 波形，这种失真称为截止失真。为了得到最大不失真输出，静态工作点应选择在适当的位置，而且输入信号 u_i 的大小亦要合适。当输入信号幅度不大时，为了降低直流电源的能量消耗及降低噪声，在保证不产生截止失真和保证一定的电压放大倍数的前提下，可把 Q 点选择得低一些。

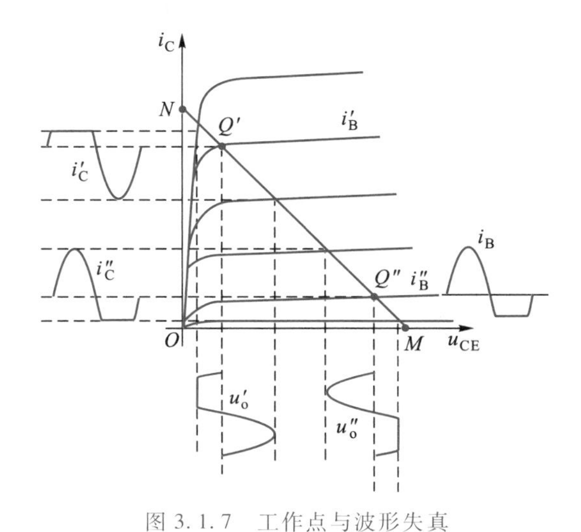

图 3.1.7 工作点与波形失真

2. 微变等效电路分析法

由图解分析法可以看到，当放大电路的输入信号较小，且静态工作点选择合适时，晶体管的工作情况接近于线性状态，电路中各电流、电压的波形基本上是正弦波，因而可以把晶体管这个非线性元件组成的电路当作线性电路来处理，这就是微变等效电路分析法。所谓“微变”就是变化量微小的意思，即晶体管在小信号情况下工作。微变等效电路分析法是分析电压放大电路动态工作情况的有力工具。

采用微变等效电路对放大电路进行动态分析时，应先画出与放大电路相对应的微变等效电路，然后按线性电路的一般分析方法进行求解。对图 3.1.1 所示的共发射极放大电路，它的交流通路如图 3.1.6 所示，再把晶体管用第 1 章 1.5 节所介绍的小信号模型来代替，就可得到微变等效电路，如图 3.1.8 所示。设输入为正弦信号，故图中的电流、电压用相量形式表示。下面对电路的动态指标做定量分析。

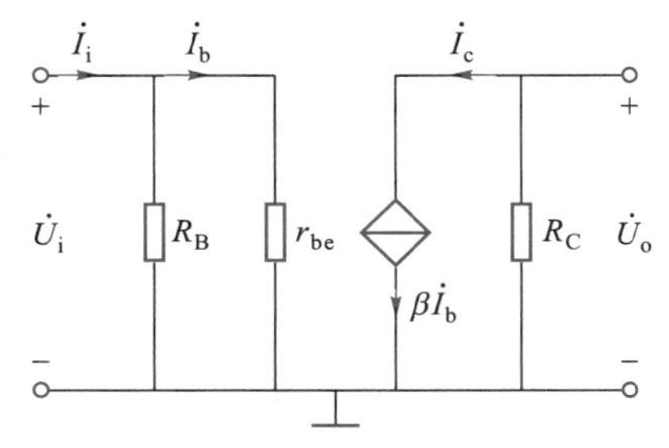

图 3.1.8 图 3.1.1 电路的微变等效电路

(1) 电压放大倍数。电压放大倍数是衡量放大电路对输入信号放大能力的主要指标。它定义为输出电压变化量 ΔU_o 与输入电压变化量 ΔU_i 之比，用 A_u 表示，即

$$A_u=\frac{\Delta U_o}{\Delta U_i} \tag{3.1.11}$$

放大电路输入正弦信号时，可表示为

$$A_u=\frac{\dot{U}_o}{\dot{U}_i} \tag{3.1.12}$$

对于共发射极放大电路，由图3.1.8所示的微变等效电路可得输入电压 $\dot{U}_i=r_{be}\dot{I}_b$，输出电压 $\dot{U}_o=-R_C\dot{I}_c=-\beta R_C\dot{I}_b$，因此电压放大倍数

$$A_u=\frac{\dot{U}_o}{\dot{U}_i}=\frac{-\beta R_C\dot{I}_b}{r_{be}\dot{I}_b}=-\frac{\beta R_C}{r_{be}} \tag{3.1.13}$$

式中，负号表示输出电压 $\dot{U}_o$ 与输入电压 $\dot{U}_i$ 反相。

放大电路的输出端通常接有负载电阻 R_L，如图3.1.9(a)所示。此时在交流通路中负载电阻 R_L 和集电极电阻 R_C 是并联的。图3.1.9(b)是其微变等效电路。R_C 和 R_L 并联后的等效负载电阻 $R_L'=R_C/\!/R_L=R_CR_L/(R_C+R_L)$。故电路的电压放大倍数

$$A_u=-\beta\frac{R_L'}{r_{be}} \tag{3.1.14}$$

可见接上负载后，电压放大倍数将下降。

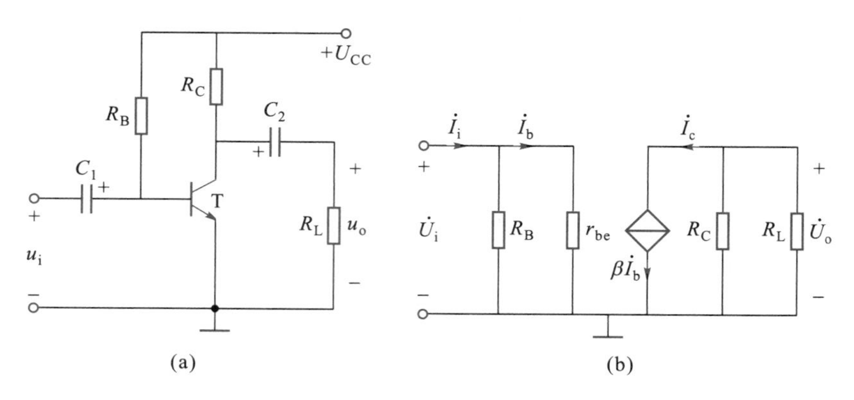

图3.1.9　输出端接有负载的情况
(a) 放大电路　(b) 微变等效电路

(2) 输入电阻。当输入信号电压加到放大电路的输入端时，放大电路就相当于信号源的一个负载电阻，这个负载电阻就是放大电路本身的输入电阻。它定义为放大电路输入电压变化量与输入电流变化量之比，用符号 r_i 表示。在输入正弦信号时

$$r_i=\frac{\dot{U}_i}{\dot{I}_i} \tag{3.1.15}$$

输入电阻 r_i 就是从放大电路输入端看进去的等效电阻，如图 3.1.10 所示。在图中，把一个内阻为 R_S，源电压为 $\dot{U}_S$ 的正弦信号源加到放大电路的输入端，由于输入电阻 r_i 的存在，实际加到放大电路的输入信号 $\dot{U}_i$ 的幅度比 $\dot{U}_S$ 小，即

$$\dot{U}_i=\frac{r_i}{R_S+r_i}\dot{U}_S \tag{3.1.16}$$

式(3.1.16)说明输入电压受到一定的衰减。因此 r_i 是衡量放大电路对输入电压衰减程度的重要指标。

对图 3.1.9 所示的共发射极放大电路，其输入电阻

$$r_i=R_B//r_{be}=\frac{R_Br_{be}}{R_B+r_{be}} \tag{3.1.17}$$

通常 $r_{be} \ll R_B$，所以 $r_i \approx r_{be}$，即 r_i 在数值上接近 r_{be}，但注意两者的概念是不同的，r_{be}代表晶体管的输入电阻，r_i 则代表放大电路的输入电阻。

(3) 输出电阻。对负载来说，放大电路的输出端相当于一个信号源，此信号源的内阻就是放大电路的输出电阻，如图 3.1.10 所示。也就是说，从输出端看，整个放大电路可看成是一个内阻为 r_o、源电压为 $\dot{U}_o'$的电源。因此只要知道电路的结构，就可用求有源二端网络等效电阻的办法计算放大电路输出电阻，这在第 2 章 2.2 节已介绍过。

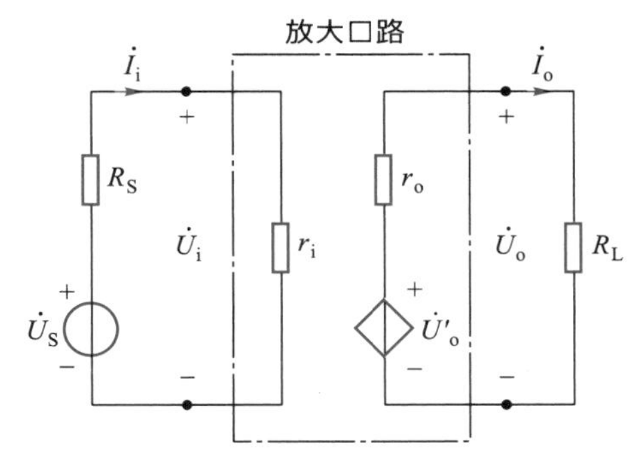

图 3.1.10 输入电阻和输出电阻

在不知放大器电路结构或电路已知但相当复杂时，往往用实验测量的办法来得到 r_o。放大电路的输出端在空载和带负载 R 时，其输出电压将有所改变。如果在输入端加正弦电压信号，用电压表测得空载时的输出电压 U_o'和接入已知负载电阻 R_L 时的输出电压 U_o，则有

$$U_o=\frac{R_L}{r_o+R_L}U_o' \tag{3.1.18}$$

故

$$r_o=\left(\frac{U_o'}{U_o}-1\right)R_L \tag{3.1.19}$$

从式(3.1.18)可知，$U_o<U_o'$，这是因为输出电流 I_o 在 r_o 上产生压降的缘故。这说明 r_o 越小，接入负载前后输出电压相差越小，亦即放大电路受负载影响的程度越小，所以一般用 r_o 来衡量放大电路带负载的能力。r_o 越小，则放大电路带负载的能力越强。

根据第 2 章 2.2 节介绍的求有源二端网络等效电阻的方法(2)或(3)，可以

求出图 3.1.9 所示的共发射极放大电路的输出电阻等于集电极负载电阻 R_C，即

$$r_o = R_C \tag{3.1.20}$$

注意以上所讨论的 r_i 和 r_o 都是就静态工作点附近的变化信号而言的，属“动态电阻”，所以不能用 r_i 和 r_o 来计算静态工作点。

在多级放大电路中，前级放大电路相当于后级放大电路的信号源，前级放大电路的输出电阻就是该信号源的内阻。而后级放大电路的输入电阻就是前级放大电路的负载电阻。因此输出电阻和输入电阻是联系前、后级放大电路的重要参数。

[例题 3.1.1]　共发射极放大电路如图 3.1.9(a)所示，设 u_i 为正弦信号，$U_{CC}=12\ \text{V}$，$R_B=470\ \text{k}\Omega$，$R_C=3\ \text{k}\Omega$，$R_L=5.1\ \text{k}\Omega$，晶体管的 $U_{BE}=0.7\ \text{V}$，$\beta=80$。试求：(1) 放大电路输出端不接负载时的电压放大倍数；(2) 放大电路输出端接负载 R_L 时的电压放大倍数；(3) 放大电路的输入电阻和输出电阻。

[解]　先求出 r_{be}。由于

$$I_B=\frac{U_{CC}-U_{BE}}{R_B}=\frac{12-0.7}{470\times10^3}\ \text{A}=0.024\ \text{mA}$$

$$I_E=(1+\beta)I_B=81\times0.024\ \text{mA}=1.94\ \text{mA}$$

所以

$$r_{be}=200+(1+\beta)\frac{26}{I_E}=\left(200+81\times\frac{26}{1.94}\right)\Omega=1.286\ \text{k}\Omega$$

(1) 不接 R_L 时的电压放大倍数

$$A_{uo}=-\beta\frac{R_C}{r_{be}}=-80\times\frac{3\times10^3}{1.286\times10^3}=-186.6$$

(2) 接入 R_L 时的等效负载电阻

$$R_L'=\frac{R_CR_L}{R_C+R_L}=\frac{3\times5.1}{3+5.1}\ \text{k}\Omega=1.89\ \text{k}\Omega$$

电压放大倍数

$$A_u=-\beta\frac{R_L'}{r_{be}}=-80\times\frac{1.89}{1.286}=-117.6$$

(3) 输入电阻

$$r_i=\frac{R_Br_{be}}{R_B+r_{be}}=\frac{470\times1.286}{470+1.286}\ \text{k}\Omega=1.28\ \text{k}\Omega$$

输出电阻

$$r_o=R_C=3\ \text{k}\Omega$$

3.1.4　静态工作点的稳定

由前面的讨论知道，静态工作点在放大电路中是很重要的。它不仅关系到波形的失真，而且对放大倍数也有很大影响。要使放大电路正常而稳定地工作，除了必须选取合适的静态工作点外，还应保持所选的静态工作点基本不变，即要求静态工作点稳定。然而，由于晶体管的参数 β、I_{CEO}、U_{BE} 会随着环境温度而变(见习题 1.5.2 和习题 1.5.3)，电路其他参数也会随着温度或其他因素而变。

对于图 3.1.9(a)的电路,$I_B=(U_{CC}-U_{BE})/R_B$,当 U_{CC}、R_B 一定时,I_B 基本固定,因此也称为固定偏置电路。当 β 随温度而变化时,$I_C=\beta I_B$ 也随之变化,因此这个电路的静态工作点是不稳定的,往往会移动,甚至移到不合适的位置而使放大电路无法正常工作。在影响静态工作点的诸因素中,以温度的影响最大。当温度升高时,由于晶体管的 I_{CEO} 和 β 的增大以及 U_{BE} 的减小,会使 I_C 增大,静态工作点将沿直流负载线上移。因此需要采取措施,使环境温度改变时,静态工作点能够自动稳定在合适的位置,电路仍能正常工作。

图 3.1.11 是一种常用的静态工作点稳定的放大电路。它和图 3.1.9(a)固定偏置电路的区别在于基极电路采用 R_{B1}、R_{B2} 组成分压电路,并在发射极接入电阻 R_E 和电容 C_E。只要 R_{B1}、R_{B2} 取值适当,使 $I_1 \gg I_B$(即 $I_1 \approx I_2$),则基极对地电压

$$U_B \approx \frac{R_{B2}}{R_{B1}+R_{B2}} U_{CC} \tag{3.1.21}$$

即可近似地认为基极电压 U_B 不随温度改变。由于接入发射极电阻 R_E,故发射极电流

$$I_E = \frac{U_E}{R_E} = \frac{U_B-U_{BE}}{R_E} \tag{3.1.22}$$

当 U_B、R_E 一定,且 $U_B \gg U_{BE}$ 时,I_E 就基本不变,且与晶体管的参数 β、U_{BE}、I_{CEO} 几乎无关,不仅很少受温度的影响,而且当换用不同的晶体管时,静态工作点也可近似不变,而只决定于外电路参数。其稳定静态工作点的物理过程简述如下:当 I_C 由于某种原因增加时,I_E 也增加,发射极电位 $U_E=R_E I_E$ 就升高,使外加于晶体管的 U_{BE} 减小(因 $U_{BE}=U_B-U_E$,而 U_B 被 R_{B1}、R_{B2} 固定),从而使 I_B 自动减小,抑制了 I_C 的增加,达到稳定 I_C 的目的。这种通过电路的自动调节作用以抑制电路工作状态变化的技术称为负反馈。图 3.1.11 的电路是通过电阻 R_E 将发射极电流 I_E 的变化反馈至输入电路,称为电流负反馈。故该电路也称为分压式电流负反馈偏置电路。关于负反馈的进一步讨论见第 5 章 5.3 节。

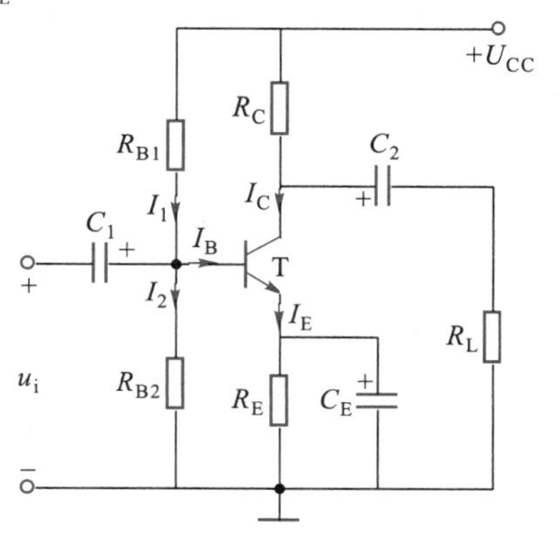

图 3.1.11　静态工作点稳定的电路

从上分析可知,要使静态工作点稳定,必须有 $I_1 \gg I_B$ 及 $U_B \gg U_{BE}$。但是考虑到其他指标,I_1、U_B 并不是越大越好。假如 I_1 越大,R_{B1} 和 R_{B2} 就要取得越小,这不但会使电路静态损耗增大,且会造成放大电路的输入电阻 r_i 下降。一般可选取

$$I_1=(5\sim10)I_B,\quad U_B=3\sim5\ \text{V}\quad (\text{硅管})$$

$$I_1=(10\sim20)I_B,\quad U_B=1\sim3\ \text{V}\quad (\text{锗管})$$

为使 R_E 对输入的交流信号不起作用,故在 R_E 两端并联一容量足够大(一般为几十微法)的电容器 C_E,使 $X_{CE} \ll R_E$。这样,R_E 只起稳定静态工作点的作用,而对交流信号,由于 C_E 的容抗很小,R_E 相当于被短路,即 R_E 对交流信号不起负反

馈作用，因此 C_E 称为发射极旁路电容。

[例题 3.1.2]　图 3.1.11 所示电路中，设 $U_{CC}=12\ \text{V}$，$R_{B1}=47\ \text{k}\Omega$，$R_{B2}=22\ \text{k}\Omega$，$R_C=3.3\ \text{k}\Omega$，$R_E=2.2\ \text{k}\Omega$，$R_L=5.1\ \text{k}\Omega$，晶体管 $U_{BE}=0.7\ \text{V}$，$\beta=80$。试求：(1) 电路的静态工作点；(2) 电压放大倍数；(3) 输入电阻和输出电阻。

[解]　(1) 求静态工作点。即确定晶体管的 I_B、I_C、U_{CE}。画出直流通路如图 3.1.12(a) 所示。从晶体管基极端与接地端往左看，R_{B1}、R_{B2} 和电源 U_{CC} 组成一个有源二端网络。应用戴维南定理，该网络可用一个等效电压源表示，如图 3.1.12(b) 所示。其中 U_{BB} 和 R_B' 分别为有源二端网络的开路电压和等效电阻，即

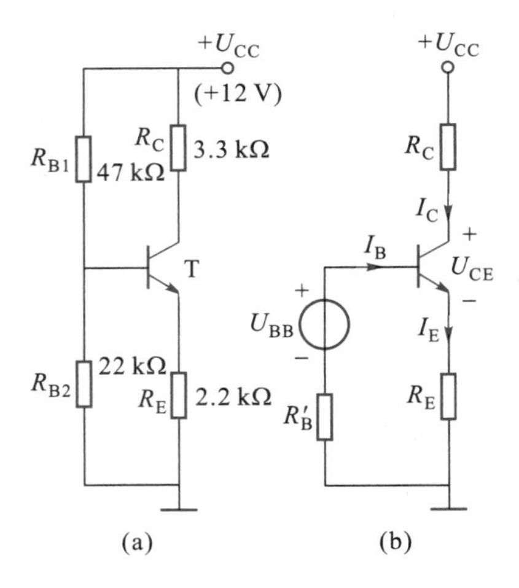

图 3.1.12　图 3.1.11 的直流通路

$$U_{BB}=\frac{R_{B2}}{R_{B1}+R_{B2}}U_{CC}=\frac{22\times10^3}{(47+22)\times10^3}\times12\ \text{V}=3.83\ \text{V}$$

$$R_B'=\frac{R_{B1}R_{B2}}{R_{B1}+R_{B2}}=\frac{(47\times22)}{(47+22)}\ \text{k}\Omega=14.99\ \text{k}\Omega$$

因此可列出输入回路的 KVL 方程

$$U_{BB}=U_{BE}+R_B'I_B+(1+\beta)R_EI_B$$

故

$$I_B=\frac{U_{BB}-U_{BE}}{R_B'+(1+\beta)R_E}=\frac{3.83-0.7}{(14.99+81\times2.2)\times10^3}\ \text{A}=0.016\ 2\ \text{mA}$$

$$I_C=\beta I_B=80\times0.016\ 2\ \text{mA}=1.30\ \text{mA}$$

$$I_E=(1+\beta)I_B=81\times0.016\ 2\ \text{mA}=1.31\ \text{mA}$$

$$\begin{aligned}U_{CE}&=U_{CC}-R_CI_C-R_EI_E\\&=(12-3.3\times10^3\times1.30\times10^{-3}-2.2\times10^3\times1.31\times10^{-3})\ \text{V}\\&=4.83\ \text{V}\end{aligned}$$

晶体管输入电阻

$$r_{be}=\left[200+(1+80)\frac{26}{1.31}\right]\Omega=1.81\ \text{k}\Omega$$

(2) 求电压放大倍数。画出微变等效电路如图 3.1.13 所示。由于旁路电容 C_E 的作用，发射极电阻 R_E 被交流短路。因此对交流信号而言，可看成是发射极直接接地。电路的等效负载电阻

$$R_L'=R_C/\!/R_L=\frac{(3.3\times5.1)}{(3.3+5.1)}\ \text{k}\Omega=2\ \text{k}\Omega$$

电压放大倍数

$$A_u=-\beta\frac{R_L'}{r_{be}}=-80\times\frac{2}{1.81}=-88.4$$

(3) 求输入电阻和输出电阻。

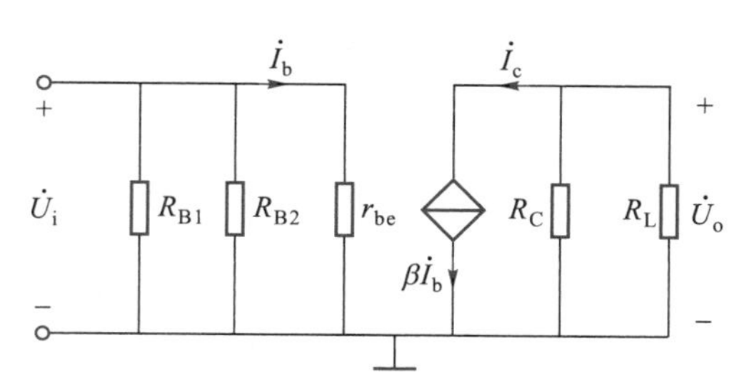

图 3.1.13　图 3.1.11 的微变等效电路

$$r_i = R_{B1} /\!/ R_{B2} /\!/ r_{be} = 1.61\ \text{k}\Omega$$

$$r_o = R_C = 3.3\ \text{k}\Omega$$

[例题 3.1.3]　把例题 3.1.2 中的 R_E 分为 R_{E1} 和 R_{E2} 两部分，如图 3.1.14(a) 所示，其中 $R_{E1} = 200\ \Omega$，$R_{E2} = 2\ \text{k}\Omega$。试计算电压放大倍数、输入电阻和输出电阻。

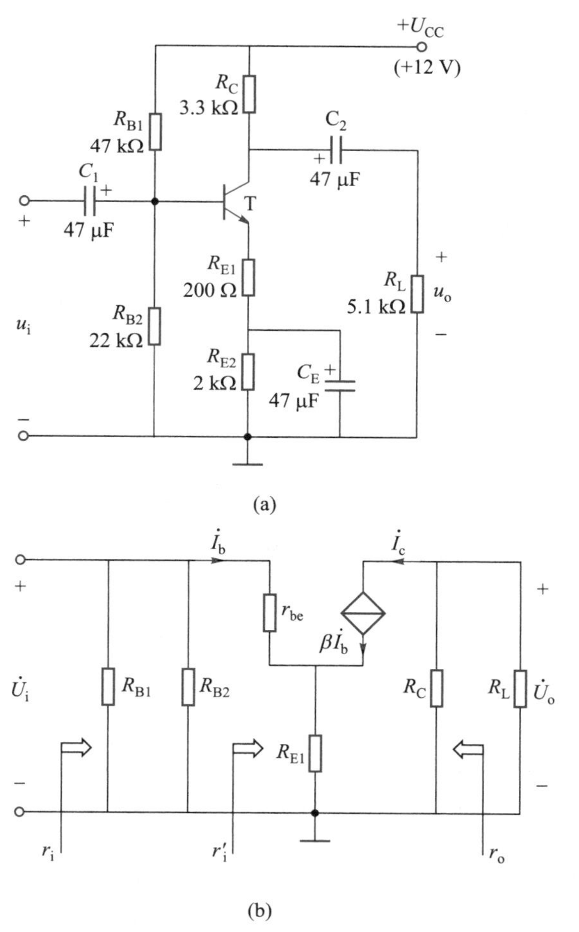

图 3.1.14　例题 3.1.3 电路及其微变等效电路

[解]　本题的直流通路及参数与例题 3.1.2 相同，故静态工作点与例题 3.1.2 一致。

从图 3.1.14(a)知,发射极电阻 R_{E1} 没有被电容旁路,故仍在发射极电路中,画出的微变等效电路如图 3.1.14(b)所示。从图 3.1.14(b)可得输入电压

$$\dot{U}_i = r_{be}\dot{I}_b + R_{E1}\dot{I}_e = [r_{be} + (1+\beta)R_{E1}]\dot{I}_b$$

输出电压
$$\dot{U}_o = -R_L'\dot{I}_c = -\beta R_L'\dot{I}_b$$

电压放大倍数

$$A_u = \frac{\dot{U}_o}{\dot{U}_i} = -\frac{\beta R_L'}{r_{be} + (1+\beta)R_{E1}} = -\frac{80\times 2\times 10^3}{(1.81+81\times 0.2)\times 10^3} = -8.88$$

由于
$$r_i' = \frac{\dot{U}_i}{\dot{I}_b} = r_{be} + (1+\beta)R_{E1} = [1.81 + (1+80)\times 0.2]\ \mathrm{k\Omega} = 18.01\ \mathrm{k\Omega}$$

所以输入电阻

$$r_i = R_{B1} // R_{B2} // r_i' = 8.18\ \mathrm{k\Omega}$$

输出电阻
$$r_o = R_C = 3.3\ \mathrm{k\Omega}$$

把本例结果与例题 3.1.2 相比较,本题的放大倍数降低了,但输入电阻却提高了不少。因此,只要在发射极留有一部分不为发射极电容 C_E 所旁路的电阻 R_{E1},就可使电路的输入电阻大大增加,这对实际使用是有意义的。

另外,若晶体管的电流放大倍数改变为 $\beta = 160$,其余参数不变,则可计算出例题 3.1.2 的电压放大倍数变为 $A_u' = -98.0$,相对变化量 $(\Delta A_u / A_u)\times 100\% = 10.85\%$;而例题 3.1.3 的电压放大倍数将变为 $A_u' = -9.02$,其相对变化量为 1.58%。可见采用图 3.1.14 所示的放大电路,不仅能稳定静态工作点,而且能够有效稳定电压放大倍数。

3.1.5 频率特性

前面介绍了用微变等效电路分析法计算放大电路的电压放大倍数,这是在假设正弦波信号的频率不太高又不太低的前提下得到的。分析时忽略了耦合电容 C_1、C_2 及发射极电容 C_E 等的容抗,晶体管也用简化的小信号模型,并且认为负载是纯电阻性,也就是把放大电路看作是由纯电阻和受控源构成的网络。在这种情况下,所求得的放大倍数与频率无关。但实际上,放大电路的输入信号往往不是单一频率的,而是在一段频率范围内。例如语言和音乐信号等都含有丰富的频率成分。这样,放大电路中各种电抗性元件对各种不同频率的信号所呈现的电抗值就不相同,因而放大电路对不同频率信号的放大倍数和相位移也就不完全一样,使得输出信号不能重现输入信号的波形,造成信号的频率失真。放大电路的放大倍数和相位移随频率的变化关系称为放大电路的频率特性。因电压放大倍数

$$A_u = \frac{\dot{U}_o}{\dot{U}_i} = \frac{U_o \angle \varphi_o}{U_i \angle \varphi_i} = \frac{U_o}{U_i}\angle \varphi_o - \varphi_i = |A_u| \angle \varphi \tag{3.1.23}$$

故频率特性又可分为幅频特性和相频特性。前者描述了电压放大倍数 $|A_u|$ 与频率 f 之间的关系,即 $|A_u|=F(f)$;后者反映了输出电压和输入电压之间相位移 φ 和频率 f 之间的关系,即 $\varphi=F'(f)$。

图 3.1.15 所示为电容耦合单管共发射极放大电路的频率特性。从图 3.1.15(a)的幅频特性可见,在一段频率范围(称为中频段)内,电压放大倍数最大且近似为一常数 $|A_{um}|$。而当信号频率升高或降低时,电压放大倍数都要下降。这是因为,当输入信号的频率降低到一定程度后,放大电路中耦合电容等的容抗就会增大到不可忽略,使信号在传递过程中产生损失,因此电压放大倍数就下降;而当输入信号的频率升高到一定值后,晶体管的极间电容和电路中的分布电容等的容抗就会减小,以致对信号产生分流作用,晶体管极间电容的存在使得电流放大倍数 β 在高频时大大下降,甚至失去放大作用,因此电压放大倍数也要下降。通常规定:当信号频率降低到使电压放大倍数下降为 $|A_{um}|/\sqrt{2}$ 时所对应的频率称为放大电路的下限频率 f_L;当信号频率增加到使电压放大倍数下降为 $|A_{um}|/\sqrt{2}$ 时所对应的频率称为放大电路的上限频率 f_H。上下限之间的频率范围称为放大电路的通频带 f_{BW},即 $f_{BW}=f_H-f_L$。通频带是放大电路频率特性的一个重要指标。

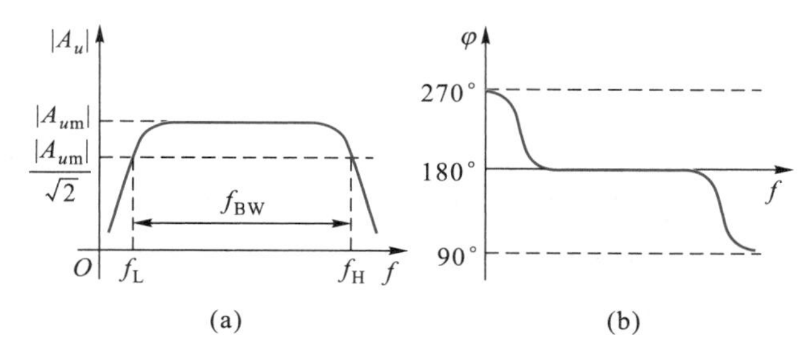

图 3.1.15 电容耦合单管共发射极放大电路的频率特性
(a)幅频特性 (b)相频特性

从图 3.1.15(b)的相频特性可看到,电容耦合单管共发射极放大电路输出电压与输入电压之间相位移在中频段为 180°,且基本上不随频率而变。而在低频段和高频段,相位移不再是 180°。

需要指出的是,多级放大电路的通频带要比单级放大电路的通频带窄。而采用直接耦合(前后级直接相连)的放大电路,由于电路中没有耦合电容元件,即使在频率很低时,电压放大倍数也基本上不下降,因此其低频特性很好,被广泛用于放大直流、缓慢变化的信号和对低频要求高的交流放大电路中。

本节介绍了单管共发射极放大电路的构成原理、主要技术指标和分析方法。这些概念也适用于其他的电压放大电路。

3.2 共集电极放大电路

视频资源:3.2 共集电极放大电路

根据输入与输出回路公共端的不同,单管放大电路有三种基本组态。除了上节讨论的共发射极组态外,还有共集电极组态和共基极组态。这三种组态在电路结构和性能上有各自的特点,但基本分析方法一样。本节主要介绍共集电极组态,对共基极组态也作简单介绍。

图 3.2.1(a)所示为共集电极放大电路原理图。图中 u_S 和 R_S 是信号源的源电压及内阻。图 3.2.1(b)是它的交流通路。从交流通路可见,输入信号 u_i 加于基极与集电极之间,输出信号 u_o 从发射极与集电极之间取出,因此集电极是输入、输出回路的公共端,故称为共集电极电路。由于信号是从发射极输出,所以共集电极电路又称为射极输出器。

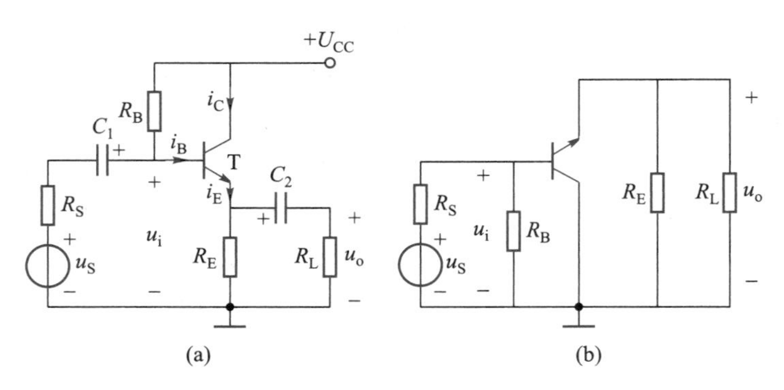

图 3.2.1 共集电极放大电路原理图
(a) 电路原理图 (b) 交流通路

当输入信号 u_i 为零(静态)时,可将图 3.2.1(a)所示电路中的电容 C_1、C_2 看成断开,中间由晶体管、R_B、R_E 和 $+U_{CC}$ 组成的部分电路即为直流通路,因此可列出确定静态工作点的回路方程

$$U_{CC}=R_BI_B+U_{BE}+R_EI_E=R_BI_B+U_{BE}+(1+\beta)R_EI_B$$

故

$$I_B=\frac{U_{CC}-U_{BE}}{R_B+(1+\beta)R_E} \tag{3.2.1}$$

$$I_E=(1+\beta)I_E$$

$$U_{CE}=U_{CC}-R_EI_E \tag{3.2.2}$$

当电路输入交流信号 u_i(即动态)时,可先画出微变等效电路如图 3.2.2 所示。由微变等效电路可求得电路的电压放大倍数和输入、输出电阻。

输入回路方程为

$$\dot{U}_i=r_{be}\dot{I}_b+R'_L\dot{I}_e=[r_{be}+(1+\beta)R'_L]\dot{I}_b$$

式中

$$R'_L=R_E/\!/R_L$$

输出回路方程为

$$\dot{U}_o=R'_L\dot{I}_e=(1+\beta)R'_L\dot{I}_b$$

所以电压放大倍数

$$A_u=\frac{\dot{U}_o}{\dot{U}_i}=\frac{(1+\beta)R'_L\dot{I}_b}{[r_{be}+(1+\beta)R'_L]\dot{I}_b}=\frac{(1+\beta)R'_L}{r_{be}+(1+\beta)R'_L} \tag{3.2.3}$$

从式(3.2.3)可见:(1)$A_u>0$,说明输出电压与输入电压同相;(2)$A_u<1$,说明电路没有电压放大作用,只有电流放大作用。一般,$(1+\beta)R_L'\gg r_{be}$,所以 A_u 接近于1,说明输出电压的大小和输入电压的大小近似相等。也就是说,射极输出器的输出波形与输入波形相同,输出电压总是跟随输入电压而变。因此这种电路也称为射极跟随器。

电路的输入电阻

$$r_i=\frac{\dot U_i}{\dot I_i}=R_B/\!/r_i'$$

因为
$$r_i'=\dot U_i/\dot I_b=r_{be}+(1+\beta)R_L'$$

所以
$$r_i=R_B/\!/[r_{be}+(1+\beta)R_L'] \tag{3.2.4}$$

与共发射极基本放大电路比较,共集电极放大电路的输入电阻要大得多。

射极输出器的输出电阻可按有源二端网络求除源等效电阻的方法得到。将图3.2.2中的信号源电压 $\dot U_S$ 短路,保留内阻 R_S,同时除去负载电阻 R_L,在输出端外加一电压 $\dot U$,如图3.2.3所示。为分析方便,图中电流 $\dot I_b$ 的参考方向规定为从E流向B(与图3.2.2相反),因此受控电流源 $\beta\dot I_b$ 的参考方向就成为从E到C。从图可得

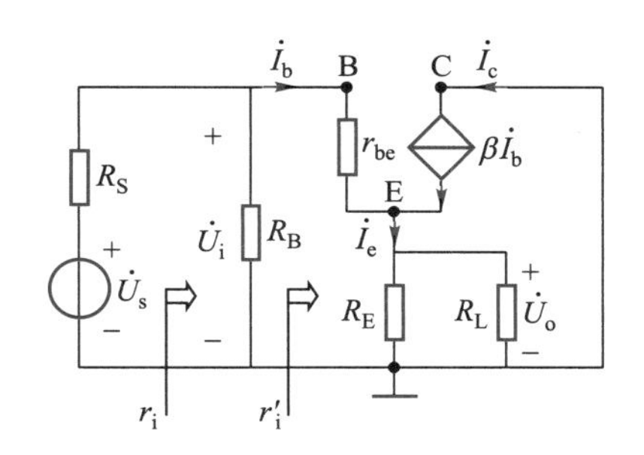

图3.2.2 微变等效电路

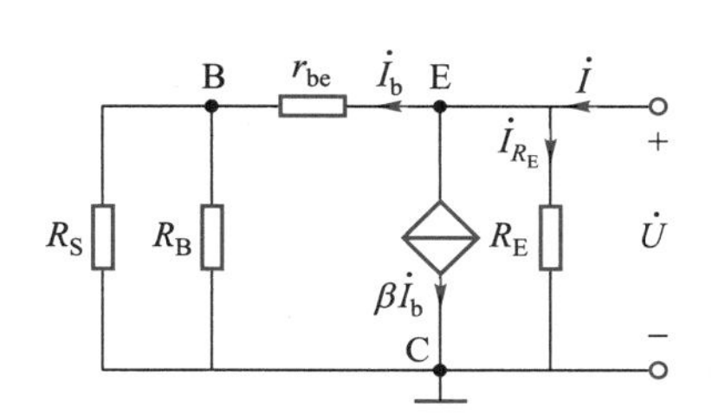

图3.2.3 求 r_o 的等效电路

$$I=\dot I_{R_E}+\dot I_b+\beta\dot I_b=\dot I_{R_E}+(1+\beta)\dot I_b=\frac{\dot U}{R_E}+(1+\beta)\frac{\dot U}{r_{be}+R_S'}$$
$$=\left(\frac{1}{R_E}+\frac{(1+\beta)}{r_{be}+R_S'}\right)\dot U$$

式中
$$R_S'=R_S/\!/R_B$$

输出电阻

$$r_o=\frac{\dot U}{\dot I}=\frac{1}{\dfrac{1}{R_E}+\dfrac{(1+\beta)}{r_{be}+R_S'}}=R_E/\!/\frac{r_{be}+R_S'}{1+\beta} \tag{3.2.5}$$

上式说明,射极输出器的输出电阻 r_o 由 R_E 和 $\dfrac{r_{be}+R_S'}{1+\beta}$ 两部分并联组成,后一

部分是基极回路电阻折合到发射极回路的等效电阻。在通常情况下，$r_{be}+R_S'$较小而且$\beta\gg1$，故$\frac{r_{be}+R_S'}{1+\beta}$很小。因此，射极输出器的输出电阻$r_o$很小（一般为几十到几百欧）。

射极输出器的输入电阻高，可减小对信号源电流的吸取，使信号源的负担较轻，因此常用作多级放大电路的输入级；输出电阻低，电压放大倍数随负载的变化小，这说明电路的输出电压稳定，带负载能力强，因此也常用作多级放大电路的输出级。利用r_i大、r_o小以及$A_u\approx1$的特点，射极输出器也可用作隔离级（或称缓冲级），以隔断前级电路与后级电路或信号源与负载之间的相互影响。

[例题 3.2.1]　图 3.2.4 是一个两级阻容耦合放大电路，第一级为射极输出器，第二级为共发射极放大电路，两级之间通过电容C_2耦合。已知$U_{CC}=12$ V，$U_s=20$ mV（有效值），$R_S=3$ kΩ，$R_1=300$ kΩ，$R_2=3$ kΩ，$R_3=47$ kΩ，$R_4=22$ kΩ，$R_5=3.3$ kΩ，$R_6=2.2$ kΩ，$R_L=5.1$ kΩ，$U_{BE1}=U_{BE2}=0.7$ V，$\beta_1=\beta_2=80$。试求：(1) 第一级放大电路的电压放大倍数A_{u1}、输入电阻r_{i1}和输出电阻r_{o1}；(2) 第二级放大电路的输入电压有效值U_{i2}（即第一级的输出电压U_{o1}）；(3) 该两级阻容耦合放大电路的放大倍数$A=\dot{U}_o/\dot{U}_{i1}$及输出电压U_o；(4) 若将第二级放大电路的输入端 e、d 直接和信号源的输出端 a、b 相连（第一级断开），则U_{i2}、U_o变为多少？

[解]　(1) 先求第一级静态电流和晶体管输入电阻

$$I_{B1}=\frac{U_{CC}-U_{BE1}}{R_1+(1+\beta_1)R_2}=\frac{12-0.7}{(300+81\times3)\times10^3}\ \text{A}=0.020\ 8\ \text{mA}$$

$$I_{E1}=(1+\beta_1)I_{B1}=81\times0.020\ 8\ \text{mA}=1.68\ \text{mA}$$

故

$$r_{be1}=200+(1+\beta_1)\frac{26}{I_{E1}}=\left(200+81\times\frac{26}{1.68}\right)\ \Omega=1.45\ \text{k}\Omega$$

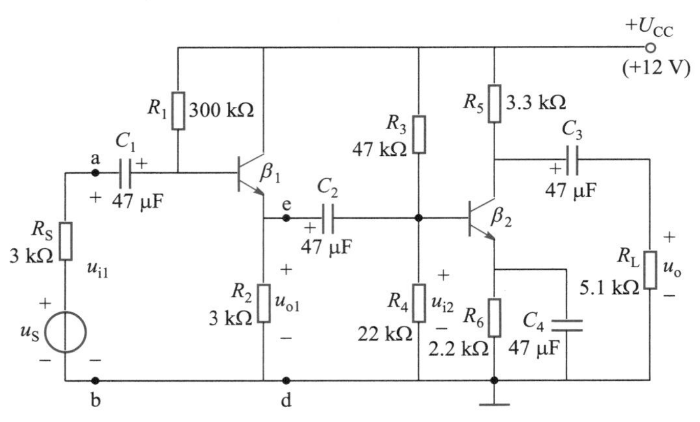

图 3.2.4　例题 3.2.1 电路

第一级放大电路的负载电阻R_{L1}就是第二级放大电路的输入电阻r_{i2}，由于图 3.2.4 中第二级放大电路的参数和例题 3.1.2 相同，在例题 3.1.2 中已求得$r_{i2}=1.61$ kΩ，故第一级的等效负载电阻R_L'为

$$R'_L = R_2 // r'_{i2} = 1.05\ \text{k}\Omega$$

电压放大倍数

$$A_{u1} = \frac{(1+\beta_1)R'_L}{r_{be1}+(1+\beta_1)R'_L} = \frac{81\times1.05\times10^3}{(1.45+81\times1.05)\times10^3} = 0.983$$

输入电阻　$r_{i1} = R_1 // [r_{be1}+(1+\beta_1)R_L'] = 67.1\ \text{k}\Omega$

输出电阻　$r_{o1} = R_2 // \dfrac{r_{be1}+R_S'}{1+\beta_1} = 53.6\ \Omega$

（2）信号源输出电压

$$U_{i1} = \frac{r_{i1}}{R_S+r_{i1}}U_s = \frac{67.1\times10^3}{3\times10^3+67.1\times10^3}\times20\times10^{-3}\ \text{V} = 19.1\ \text{mV}$$

第二级输入电压

$$U_{i2} = U_{o1} = |A_{u1}|\times U_{i1} = 0.983\times19.1\ \text{mV} = 18.8\ \text{mV}$$

（3）一般，n 级组成的多级放大电路的放大倍数 A 等于各级放大电路的放大倍数之积，即

$$A = \dot{U}_o / \dot{U}_{i1} = A_{u1}\times A_{u2}\times\cdots\times A_{uu}$$

本例中，由（1）知，$A_{u1}=0.983$；$A_{u2}=-88.4$（见［例题 3.1.2］）

两级放大倍数

$$A = A_{u1}\times A_{u2} = 0.983\times(-88.4) = -86.9$$

输出电压

$$U_o = |A|\,U_{i1} = 86.9\times19.1\times10^{-3}\ \text{V} = 1.66\ \text{V}$$

（4）若将第二级放大电路直接和信号源连接，则第二级的输入电压 U_{i2} 就是信号源的输出电压，故

$$U_{i2} = \frac{r_{i2}}{R_S+r_{i2}}U_S = \frac{1.61\times10^3}{(3+1.61)\times10^3}\times20\times10^{-3}\ \text{V} = 6.89\ \text{mV}$$

$$U_o = |A_{u2}|\,U_{i2} = 88.4\times6.89\ \text{mV} = 0.609\ \text{V}$$

可见此时信号源及放大电路的输出电压比前一种情况明显减小，也就是说，信号源后面是否接入射极输出器，对信号源的输出电压和第二级放大电路的输入输出电压均有很大的影响。

如前所述，在晶体管组成的放大电路中，除了共发射极放大电路与共集电极放大电路外，还有共基极放大电路。共基极放大电路由 E 极输入信号 u_i，由 C 极输出信号 u_o。电路只能放大电压信号，不能放大电流。其输出信号与输入信号同相（电压放大倍数 $A_u=\beta R_L'/r_{be}$）。电路的输入电阻$\left(r_i = R_E // \dfrac{r_{be}}{1+\beta}\right)$小，输出电阻（$r_o\approx R_C$）大。共基极放大电路的主要优点是晶体管的截止频率比共发射极放大电路提高了（$1+\beta$）倍。故共基极电路有更高的工作频率，在高频放大电路宽频带放大电路，例如调频收音机或电视系统的射频放大电路中得到广泛的应用。图 3.2.5 是共基极放大电路及其交流通路。

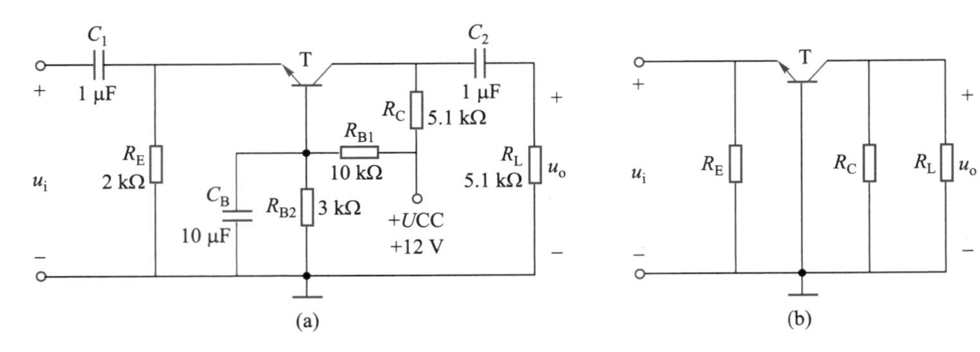

图 3.2.5　共基极放大电路
(a) 基本放大电路　(b) 交流通路

视频资源:3.3 分立元件组成的基本门电路

3.3　共源极放大电路

场效晶体管放大电路也有三种基本组态,即共源、共漏和共栅,它们分别与晶体管的共射、共集和共基组态相对应,其中共源组态应用较多,而共栅组态少用。场效晶体管放大电路的分析与晶体管放大电路一样,包括静态分析和动态分析。只是器件特性不同,因而电路模型也不同。本节只介绍共源极放大电路。

3.3.1　静态分析

要使场效晶体管放大电路正常工作,必须设置合适的静态工作点。晶体管放大电路依靠调整基极偏流 I_B 来获得合适的静态工作点;而场效晶体管放大电路是依靠调节栅源之间的偏压 U_{GS}来获得合适的静态工作点。

场效晶体管放大电路的偏置电路形式较多,常用的有自给式偏置和分压式自偏置两种。

图 3.3.1 所示为采用自给式偏置的 NMOS 耗尽型场效晶体管共源极放大电路。电路中设置栅极电阻 R_G 使栅极和地之间有直流通路,并可泄漏栅极可能出现的感应电荷,使栅极不会形成电荷积累而产生高电位。图中栅源偏压

$$U_{GS}=U_G-U_S$$

由于栅极电阻 R_G 中无电流,因此栅极对地电压 $U_G=0$。而源极对地电压 $U_S=R_SI_D$,所以

$$U_{GS}=-R_SI_D \tag{3.3.1}$$

可见,栅源偏压是由场效晶体管自身的电流提供的,故称自给式偏置。

图 3.3.2 所示是采用分压式自偏置的共源极放大电路。图中 R_{G1}、R_{G2}为栅极分压电阻,R_G 是为提高电路的输入电阻而设。由于栅极电流近似为零,电阻 R_G 上无电压降,因此

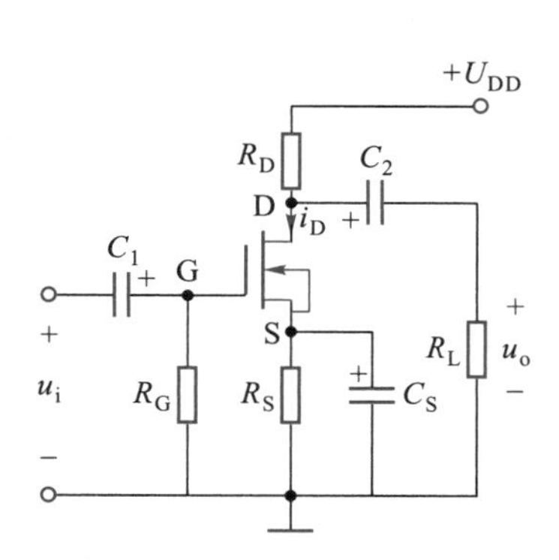

图 3.3.1　自给式偏置的 NMOS 耗尽型场效晶体管共源极放大电路

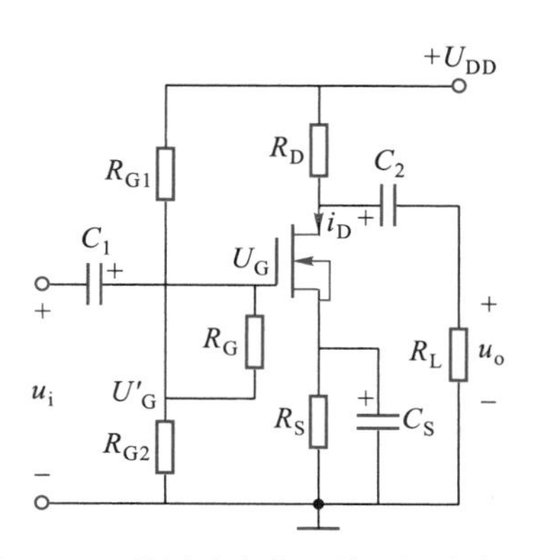

图 3.3.2　分压式自偏置共源极放大电路

$$U_G=U_{G'}=\frac{R_{G2}}{R_{G1}+R_{G2}}U_{DD}$$

栅源偏压

$$U_{GS}=U_G-U_S=\frac{R_{G2}}{R_{G1}+R_{G2}}U_{DD}-R_SI_D \tag{3.3.2}$$

由于 NMOS 增强型场效晶体管必须使 $U_{GS}>U_{GS(th)}$，即栅源极之间必须正向偏置且 U_{GS}大于开启电压才能工作在放大区，因此不能采用自给式偏置。而 NMOS 耗尽型场效晶体管栅源极之间可以是正偏压，也可以是负偏压，所以两种方式均可采用。

场效晶体管放大电路静态工作点可以用图解法确定，也可以用估算法确定。

对耗尽型 NMOS 管的估算，由第 1 章式(1.6.3)可知

$$I_D=I_{DSS}\left(1-\frac{U_{GS}}{U_{GS(off)}}\right)^2$$

上式与式(3.3.1)联立求解就可确定图 3.3.1 电路的静态工作点 I_D 和 U_{GS}；而与式(3.3.2)联立求解就可确定图 3.3.2 电路的 I_D 和 U_{GS}。

3.3.2　动态分析

在输入小信号情况下，可用微变等效电路来分析电路的电压放大倍数、输入电阻和输出电阻。

下面对图 3.3.2 所示电路进行分析。根据图 1.6.6 所示的 MOS 管简化的小信号模型，可画出图 3.3.2 电路的微变等效电路如图 3.3.3 所示。由图 3.3.3 可得

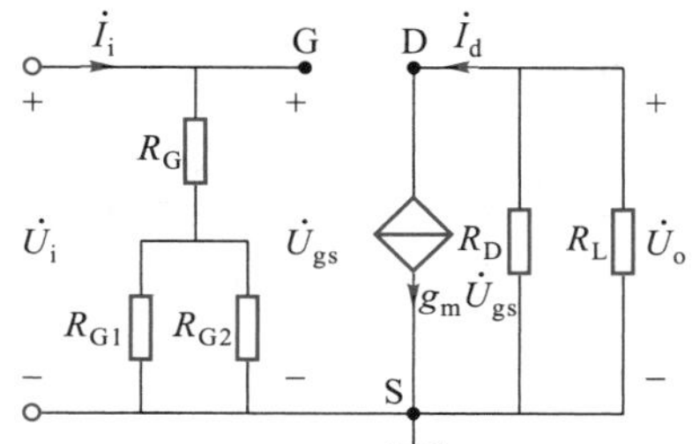

图 3.3.3　图 3.3.2 所示电路的微变等效电路

$$\dot{U}_i=\dot{U}_{gs}$$

$$\dot{U}_o=-R'_L\dot{I}_d=-g_mR'_L\dot{U}_{gs}$$

式中，$R'_L=R_D/\!/R_L$。所以电压放大倍数

$$\dot{A}_u=\frac{\dot{U}_o}{\dot{U}_i}=\frac{-g_m R'_L \dot{U}_{gs}}{\dot{U}_{gs}}=-g_m R'_L \tag{3.3.3}$$

输入电阻
$$r_i=\frac{\dot{U}_i}{\dot{I}_i}=R_G+\frac{R_{G1}R_{G2}}{R_{G1}+R_{G2}} \tag{3.3.4}$$

输出电阻
$$r_o=R_D$$

提示：场效晶体管具有输入电阻大、噪声低等特点，常用作多级放大电路的输入级以及要求低噪声、低功耗的微弱信号放大电路。

[例题 3.3.1]　在图 3.3.2 电路中，设 $U_{DD}=24\ V$，$R_G=2\ M\Omega$，$R_{G1}=500\ k\Omega$，$R_{G2}=100\ k\Omega$，$R_S=10\ k\Omega$，$R_D=R_L=15\ k\Omega$，场效晶体管的 $g_m=2\ mS$，$U_{GS(off)}=-2\ V$，$I_{DSS}=0.5\ mA$。试求：(1) 静态工作点 I_D、U_{GS}、U_{DS}；(2) 电压放大倍数和输入、输出电阻。

[解]　(1) 静态工作点计算如下：

$$U_G=\frac{R_{G2}}{R_{G1}+R_{G2}}U_{DD}=\frac{100\times10^3}{(500+100)\times10^3}\times24\ V=4\ V$$

$$U_{GS}=U_G-R_SI_D=4-10\times10^3 I_D$$

$$I_D=I_{DSS}\left(1-\frac{U_{GS}}{U_{GS(off)}}\right)^2=0.5\times10^{-3}\left(1+\frac{U_{GS}}{2}\right)^2$$

解得

$$\left.\begin{aligned}I_{D1}&=0.863\ mA\\U_{GS1}&=-4.63\ V\end{aligned}\right\}①\qquad\left.\begin{aligned}I_{D2}&=0.417\ mA\\U_{GS2}&=-0.17\ V\end{aligned}\right\}②$$

根据题意，第①组解不符，因此静态工作点为解②，则

$$U_{DS}=U_{DD}-(R_D+R_S)I_D=(24-25\times10^3\times0.417\times10^{-3})\ V=13.6\ V$$

(2) 电压放大倍数为

$$\dot{A}_u=-g_mR_L'=-2\times10^{-3}\times\frac{(15\times15)\times10^6}{(15+15)\times10^3}=-15$$

输入电阻
$$\begin{aligned}r_i&=R_G+\frac{R_{G1}R_{G2}}{R_{G1}+R_{G2}}\\&=2\times10^6+\frac{(500\times100)\times10^6}{(500+100)\times10^3}\Omega\\&=2.08\ M\Omega\end{aligned}$$

输出电阻
$$r_o=R_D=15\ k\Omega$$

3.4　分立元件组成的基本门电路

前面几节所讨论的电子电路，其输出信号是电路对输入信号进行“放大”的结果，故称为放大电路。本节将介绍另一种基本的电子电路——门电路，其功能和放大电路完全不同。

门电路是一种开关电路，在输入和输出信号之间存在着一定的因果关系即逻辑关系。如果把电路的输入信号看成“条件”，把输出信号看成“结果”，则当

“条件”具备时，“结果”就会发生。所以门电路是一种逻辑电路。

在逻辑电路中，输入、输出信号通常用电平的高低来描述。在这里高电平和低电平就是指高电位和低电位。电平的高低是相对的，它只是表示两个相互对立的逻辑状态，至于高低电平的具体数值，则随逻辑电路类型的不同而不同。在逻辑电路中，通常用符号 **0** 和 **1** 来表示两种对立的逻辑状态，即低电平和高电平。但是，用哪一个符号表示高电平，哪一个符号表示低电平可以是任意的。于是就有两种逻辑体制。一种是用 **1** 表示高电平，用 **0** 表示低电平，称为正逻辑；另一种是用 **0** 表示高电平，用 **1** 表示低电平，称为负逻辑。本书未做说明时均采用正逻辑。

基本的逻辑关系有三种：**与**逻辑、**或**逻辑、**非**逻辑。与此相对应的门电路就有**与**门、**或**门、**非**门。由这三种基本门电路可以组成其他多种复合门电路。

门电路可以用分立元件组成。但目前广泛使用集成门电路。通过对本节介绍的分立元件基本门电路的学习，可使读者掌握基本逻辑门的工作原理及逻辑功能，并为下一章学习集成门电路打下必要的基础。

3.4.1 二极管与门电路

图 3.4.1(a)是一个具有两个输入端的二极管**与**门电路原理图，它由两个二极管 D_1、D_2 和一个电阻 R 及电源 U_{CC} 组成。A、B 是**与**门电路的两个输入端，U_A、U_B 为两个输入信号；F 是输出端，U_F 为输出信号。在电子电路中，通常采用简化画法，因此，图 3.4.1(a)电路通常简化成图 3.4.1(b)所示形式。

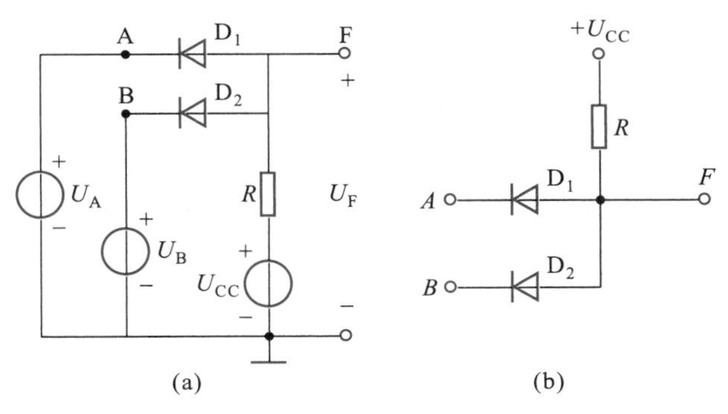

图 3.4.1 二极管与门电路

图 3.4.2 是**与**门电路的图形符号，图中输入端为两个。实际**与**门电路的输入端并不限于两个。对于多个输入端的**与**门电路，其图形符号中输入线的条数均按实际数画出。

下面对图 3.4.1 所示二极管**与**门电路的工作原理及逻辑功能进行分析。分析时设各输入端低电平(即输入逻辑 **0** 时)为 0 V，输入高电平(即输入逻辑 **1** 时)为 3 V，电源电压 U_{CC} 为 5 V，电阻 R 为3 kΩ，并忽略二极管的正向压降。

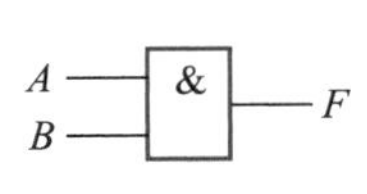

图 3.4.2 与门图形符号

(1) 当输入端 A、B 均为低电平 **0**，即 $U_A = U_B = 0$ V 时，二极

管 D_1、D_2 都处于正向偏置而导通，使输出端 F 的电压 $U_F=0$ V，即输出端 F 为低电平 **0**。

（2）当输入端 A 为低电平 **0**，B 为高电平 **1**，即 $U_A=0$ V，$U_B=3$ V 时，二极管 D_1 阴极电位低于 D_2 阴极电位，二极管 D_1 导通，使 $U_F=0$ V，因而二极管 D_2 处于反向偏置而截止，输出端 F 为低电平 **0**。

（3）当输入端 A 为高电平 **1**，B 为低电平 **0**，即 $U_A=3$ V，$U_B=0$ V 时，二极管 D_1、D_2 的工作情况与（2）相反，输出端 F 仍为低电平 **0**。

（4）当输入端 A、B 均为高电平 **1**，即 $U_A=U_B=3$ V 时，二极管 D_1、D_2 均处于正向偏置而导通，使 $U_F=U_A=U_B=3$ V，输出端 F 为高电平 **1**。

从上分析可知，只有当所有输入端都是高电平 **1** 时，输出端才是高电平 **1**，否则均是低电平 **0**。这种“只有当决定一件事情的全部条件都具备时这件事情才会发生”的逻辑关系称为**与**逻辑。**与**门电路满足**与**逻辑关系。

表 3.4.1 列出了图 3.4.1 所示电路输入与输出电位之间的关系。在逻辑电路分析中，通常就用逻辑 **0**、**1** 来描述输入与输出之间的关系，所列出的表称为逻辑状态表（也称真值表）。上述两输入**与**门的逻辑状态表如表 3.4.2 所示。

表 3.4.1　输入输出电位关系

输入		输出
U_A/V	U_B/V	U_F/V
0	0	0
0	3	0
3	0	0
3	3	3

表 3.4.2　二输入与门逻辑状态表

输入		输出
A	B	F
0	**0**	**0**
0	**1**	**0**
1	**0**	**0**
1	**1**	**1**

从表 3.4.2 可见，信号有 **0**、**1** 两种状态，输入状态有四种可能的组合，且只有当输入全为 **1** 时，输出才为 **1**。对于有 n 个输入端的门电路，其输入状态有 2^n 种可能的组合。逻辑状态表完整地表达了逻辑电路所有可能的输入、输出关系，是描述电路逻辑功能的有效工具。

逻辑电路的输入、输出关系的另一种表示方式是逻辑函数表达式。两输入端**与**门电路的逻辑函数表达式为

$$F=A\cdot B \tag{3.4.1}$$

式中“·”即表示逻辑**与**，为书写简便，也可省略。逻辑**与**也称为逻辑乘。

3.4.2　二极管或门电路

图 3.4.3 是一个具有两个输入端的二极管**或**门电路。它由两个二极管 D_1、D_2 和一个电阻 R 及负电源 $-U_{CC}$ 构成。A、B 为**或**门电路的两个输入端，F 为输出端。它的图形符号如图 3.4.4 所示。若**或**门电路的输入端不是两个，而有多个，则逻辑符号中输入线数按实际数画出。

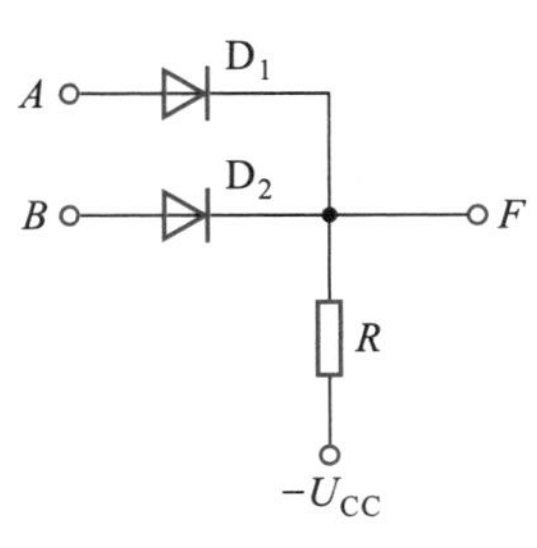

图 3.4.3 二极管或门电路

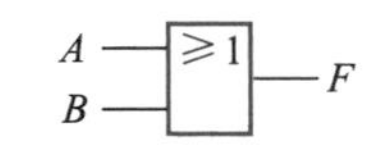

图 3.4.4 或门图形符号

图 3.4.3 所示二极管**或**门电路的工作原理及逻辑功能分析如下。分析时仍设各输入端输入低电平为 0 V,输入高电平为 3 V,电源电压 $-U_{CC}$ 为 −5 V,电阻 R 为 3 kΩ,忽略二极管的正向压降。

(1) 当输入端 A、B 均为低电平 **0**,即 $U_A=U_B=0$ V 时,二极管 D_1、D_2 都处于正向偏置而导通,使输出端 F 的电压 $U_F=0$ V,即输出端 F 为低电平 **0**。

(2) 当输入端 A 为低电平 **0**,B 为高电平 **1**,即 $U_A=0$ V,$U_B=3$ V 时,二极管 D_2 阳极电位高于 D_1 阳极电位,二极管 D_2 导通,使 $U_F=3$ V,因而二极管 D_1 处于反向偏置而截止,输出端 F 为高电平 **1**。

(3) 当输入端 A 为高电平 **1**,B 为低电平 **0**,即 $U_A=3$ V,$U_B=0$ V 时,二极管 D_1 和 D_2 的工作情况与(2)相反,输出端仍为高电平 **1**。

(4) 当输入端 A、B 均为高电平 **1**,即 $U_A=U_B=3$ V 时,二极管 D_1、D_2 均处于正向偏置而导通,使 $U_F=U_A=U_B=3$ V,输出端还是高电平 **1**。

从上分析可见,只要所有输入端中有一个(或一个以上)为高电平 **1** 时,输出端就是高电平 **1**。这种"只要决定一件事情的全部条件中有一个具备时这件事情就会发生"的逻辑关系,称为**或**逻辑。**或**门电路满足**或**逻辑关系。

表 3.4.3 列出了图 3.4.3 电路输入和输出电位的关系。表 3.4.4 是两输入**或**门的逻辑状态表。

表 3.4.3 输入和输出电位关系

输入		输出
U_A/V	U_B/V	U_F/V
0	0	0
0	3	3
3	0	3
3	3	3

表 3.4.4 二输入或门逻辑状态表

输入		输出
A	B	F
0	**0**	**0**
0	**1**	**1**
1	**0**	**1**
1	**1**	**1**

具有两个输入端的**或**门逻辑函数表达式为

$$F=A+B \tag{3.4.2}$$

式中,"+"号表示逻辑**或**,也称为逻辑加。在逻辑**或**中,**1**+**1** =**1**,读者应注意它与算术加的区别。

必须指出，**与**和**或**的概念是相对的，有条件的。上述图3.4.1和图3.4.3两个电路的逻辑功能是在采用正逻辑体制的条件下加以分析的。例如对于图3.4.3电路，当输入A，B中有一个（或两个）为高电平时输出F就为高电平；当A、B都为低电平时F才为低电平。因为对正逻辑而言，是用**1**表示高电平，当A、B有一个为高电平**1**时，输出F就为高电平**1**，因此该电路是**或**门。但对负逻辑而言，是用**1**表示低电平，只有当A、B都为低电平**1**时，输出才是低电平**1**，这样，该电路就成为**与**门。即图3.4.3电路是一个正逻辑**或**门（简称**正或**门），也是一个负逻辑**与**门（简称**负与**门）。同样图3.4.1电路是一个**正与**门，又是一个**负或**门。也就是说，对同一个门电路，尽管输入与输出之间的电平关系是确定的，但就逻辑关系而言，只有在采用某种逻辑体制的条件下才能确定。在分析门电路时必须注意这一点。

3.4.3　晶体管及场效晶体管非门电路

1. 晶体管**非**门电路

由第1章可知，晶体管可工作在放大状态，也可工作在开关状态（即饱和或截止状态）。当晶体管饱和时，集电极与发射极之间的电压近似为零，相当于一个接通的开关；当晶体管截止时，集电极至发射极的电流近似为零，相当于一个断开的开关。而晶体管的饱和与截止可通过加于其基极的电流（或电位）来控制。利用晶体管的这种开关特性就可构成**非**门电路。

图3.4.5为晶体管**非**门电路。图中A为输入端，F为输出端。电路参数的选择必须保证晶体管工作在开关状态。当晶体管处于截止状态时，要求发射结处于反向偏置（即$U_{BE}<0$）以保证可靠截止。为此在晶体管的基极回路中设置了负电源$-U_{BB}$。当晶体管处于饱和导通状态时，集电极饱和电流

$$I_{CS}=\frac{U_{CC}-U_{CES}}{R_C}\approx\frac{U_{CC}}{R_C} \tag{3.4.3}$$

此时的基极电流至少应为

$$I_{BS}=\frac{I_{CS}}{\beta} \tag{3.4.4}$$

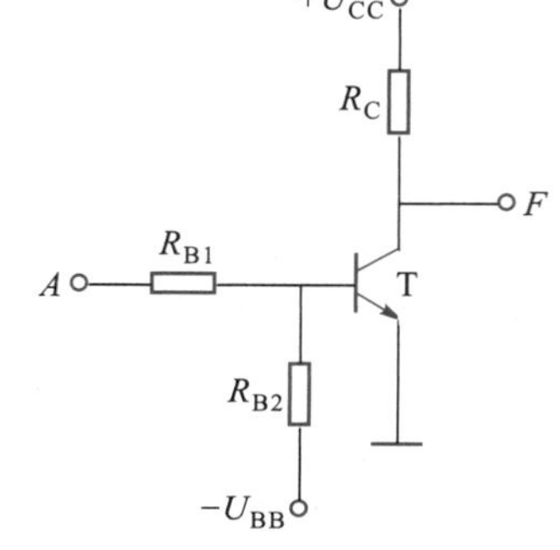

图3.4.5　晶体管非门电路

I_{BS}称为临界饱和基极电流。显然，要保证晶体管工作于饱和状态，其条件是

$$I_B\geq I_{BS} \tag{3.4.5}$$

I_B比I_{BS}大得越多，晶体管饱和程度就越深。

图3.4.5电路输入低电平**0**时，晶体管T截止，输出为高电平**1**；当输入为高电平**1**时，T饱和导通，输出为低电平**0**。该电路的输出电平高低总是和输入电平高低相反，这种“结果与条件处于相反状态”的逻辑关系称为**非**逻辑。**非**门电路满足**非**逻辑关系，故**非**门也称为反相器。

图 3.4.6 为非门的图形符号，图中 A 为输入端，F 为输出端。表 3.4.5 是非门的逻辑状态表。

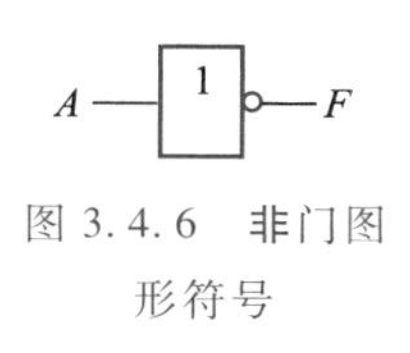

图 3.4.6 非门图形符号

表 3.4.5 非门的逻辑状态表

输入	输出
A	F
0	**1**
1	**0**

非门的逻辑函数表达式为

$$F=\overline{A} \tag{3.4.6}$$

式中，A 上的短横线表示逻辑非，$\overline{A}$ 读作 A 非或者非 A。

[例题 3.4.1] 已知图 3.4.5 电路中，$R_{B1}=2.7\ k\Omega$，$R_{B2}=10\ k\Omega$，$R_C=1\ k\Omega$，$U_{CC}=5\ V$，$-U_{BB}=-5\ V$，晶体管的 $\beta=30$，饱和时 $U_{BES}=0.7\ V$，$U_{CES}\approx 0\ V$，截止时 $I_C\approx 0$；设输入低电平 $U_{IL}=0\ V$，输入高电平 $U_{IH}=3\ V$。试分析晶体管的输出状态。

[解] (1) 输入端 A 为低电平 **0**。U_{BB} 的接入使晶体管发射结承受反向电压

$$U_{BE}=-\frac{R_{B1}}{R_{B1}+R_{B2}}U_{BB}=-\frac{2.7\times 10^3}{(2.7+10)\times 10^3}\times 5\ V=-1.06\ V$$

晶体管可靠截止，$U_F\approx U_C=5\ V$，输出为高电平 **1**。

(2) 输入端 A 为高电平 **1**。将图 3.4.5 所示电路晶体管基极左侧作戴维南等效，其开路电压 U_{B0} 与等效电阻 R_B 分别为

$$U_{B0}=U_{IH}-\frac{U_{IH}+U_{BB}}{R_{B1}+R_{B2}}R_{B1}=\left[3-\frac{3+5}{(2.7+10)\times 10^3}\times 2.7\times 10^3\right]\ V=1.3\ V$$

$$R_B=R_{B1}/\!/R_{B2}=2.13\ k\Omega$$

基极电流 $I_B=\dfrac{U_{B0}-U_{BES}}{R_B}=\dfrac{1.3-0.7}{2.13\times 10^3}\ A=0.28\ mA$

临界饱和基极电流

$$I_{BS}=\frac{I_{CS}}{\beta}\approx\frac{U_{CC}}{\beta R_C}=\frac{5}{30\times 1\times 10^3}\ A=0.17\ mA$$

因 $I_B>I_{BS}$，故晶体管工作在饱和状态，$U_F=U_{CES}\approx 0\ V$，输出端 F 为低电平 **0**。

2. 场效晶体管非门电路

和晶体管类似，场效晶体管也可工作在放大状态或开关状态。利用场效晶体管的开关特性同样可构成非门电路。

图 3.4.7 是由一个增强型 NMOS 管、漏极负载电阻 R_D 和电源 $+U_{DD}$ 构成的非门电路。图中 A 为输入端，F 为输出端。由增强型 NMOS 管的工作原理可知，当输入端 A 为低电平 **0**（电平值足够低，使 U_{GS} 小于开启电压 $U_{GS(th)}$）时，场效晶体管截止，漏极电流 $I_D=0$，输出电压 $U_F=U_{DD}$，输出端 F 为高电平 **1**；当输入端为

高电平 **1**($U_{GS}>U_{GS(th)}$ 且足够大)时,场效晶体管饱和导通, $I_D\approx\frac{U_{DD}}{R_D}$, $U_F\approx 0$,输出端 F 为低电平 **0**。可见图 3.4.7 电路满足**非**逻辑关系。

图 3.4.7 电路通常称为电阻负载 MOS 反相器。必须指出,在集成电路中,图 3.4.7 的电路形式实际上很少应用。由于用集成电路工艺制造 MOS 管比制造电阻容易得多,因此通常是将图 3.4.7 的漏极电阻 R_D 改用 MOS 管,以 MOS 管作为负载。作负载用的 MOS 管可以是 NMOS 管,也可以是 PMOS 管。目前应用较多的是以 PMOS 管作为负载。这种由 NMOS 管和 PMOS 管共同组成的互补型 MOS **非**门电路如图 3.4.8 所示。图中 T_N 是增强型 NMOS 管,作为驱动管; T_P 是增强型 PMOS 管,作为 T_N 的负载管。T_N 和 T_P 的开启电压分别为 $U_{GSN(th)}$ 和 $U_{GSP(th)}$。

当输入 $A=0$(设 $u_A=0$ V), $U_{GSN}=0<U_{GSN(th)}$, T_N 截止,而 $|U_{GSP}|\approx U_{DD}>|U_{GSP(th)}|$, T_p 导通, $u_F\approx U_{DD}$, $F=1$,为高电平。

当输入 $A=1$(设 $u_A=U_{DD}$), $U_{GSN}=U_{DD}>U_{GSN(th)}$, T_N 导通,而 $U_{GSP}\approx 0$ V $<|U_{GSP(th)}|$, T_p 截止, $u_F\approx 0$ V, $F=0$,为低电平。

从以上分析可知,该电路具有**非**门的功能。相比于图 3.4.7 所示的 NMOS **非**门电路,互补型 MOS 在工作时只有一个 MOS 管导通,因此静态功耗很小;另外因 T_N、T_P 导通电阻小,负载电容充电或放电很快,故工作速度更快。

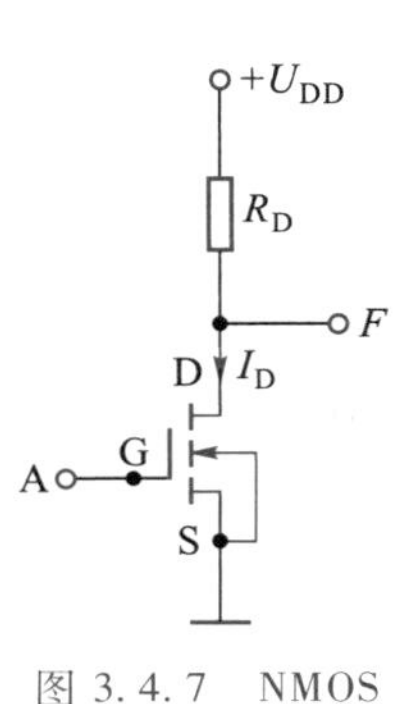

图 3.4.7　NMOS 非门电路

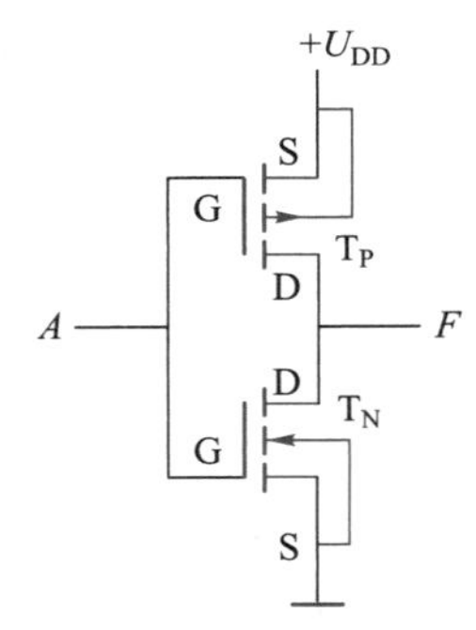

图 3.4.8　互补型 MOS 非门电路

习题

3.1.1　试画出图 3.01 所示几个电路的直流通路和交流通路。说明能否起电压放大作用。(提示:从静态工作点是否正常和交流信号能否传递到负载 R_L 这两个方面加以考虑。)

3.1.2　如图 3.1.1 所示共发射极放大电路,设电源电压 $U_{CC}=12$ V,晶体管的输出特性如图 3.02 所示。试用图解法分析(I_B 由计算确定并设 $U_{BE}=0.7$ V):(1) 当 $R_C=3$ kΩ, R_B 分别为 5 MΩ、280 kΩ、130 kΩ 时电路的静态工作点,并说明晶体管的工作状态;(2) 当 $R_B=280$ kΩ, R_C 改为 6.8 kΩ 时,静态工作点将如何变化?晶体管的工作状态又如何?

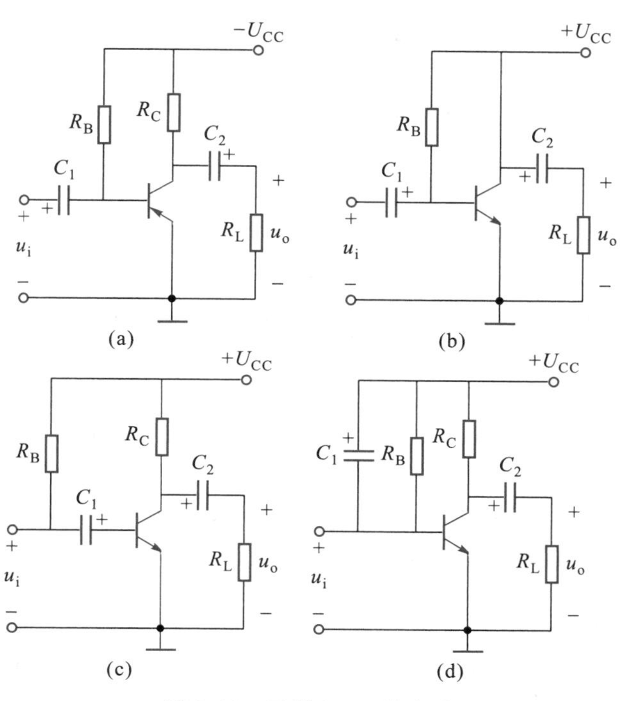

图 3.01　习题 3.1.1 的电路

3.1.3　如图 3.03 所示的放大电路，已知 $U_{CC}=18$ V，晶体管的 $\beta=80$，导通时 $U_{BE}=0.7$ V。试问：(1) 欲使静态时 $I_C=1.5$ mA，$U_{CE}=6$ V，则 R_B 和 R_C 的阻值为多少？(2) 若取 $R_B=330$ kΩ，$R_C=10$ kΩ，则静态时 I_C 和 U_{CE} 又为多少？

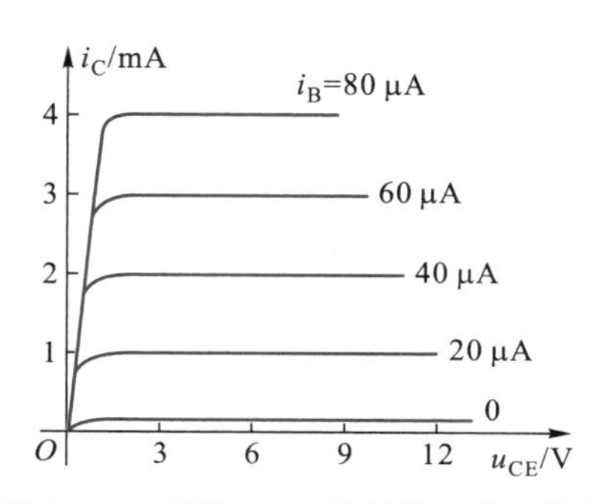

图 3.02　习题 3.1.2 的晶体管输出特性

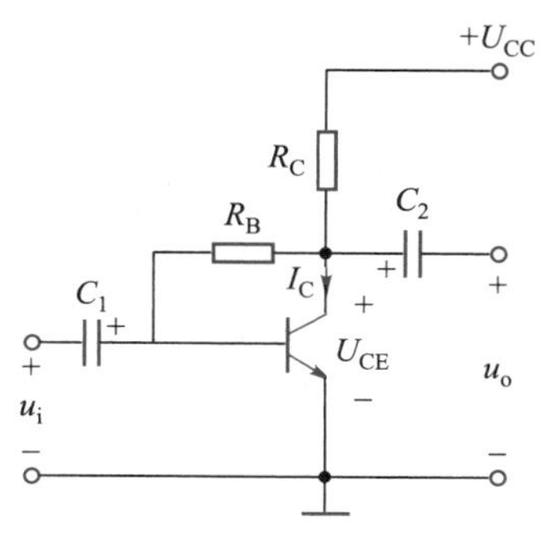

图 3.03　习题 3.1.3 的电路

3.1.4　有三个形式都如图 3.1.1 所示而参数不同的共发射极放大电路，在输入正弦信号后，用示波器观察到各输出电压波形分别如图 3.04(a)、(b)、(c)所示。试问它们各属于什么失真(饱和、截止)？如何才能消除失真(假定 U_{CC}不可调，可调节的是输入信号 u_i、R_B、R_C 的大小)？

3.1.5　如图 3.1.9(a)所示的电路，设晶体管的 $\beta=50$，$U_{BE}=0.7$ V，$U_{CC}=12$ V，$R_B=280$ kΩ，$R_C=R_L=3$ kΩ。(1) 用估算法确定静态工作点 I_B、I_C 和 U_{CE}；(2) 用微变等效电路法求电路的电压放大倍数 A_u、输入电阻 r_i 和输出电阻 r_o；(3) 欲使静态时 $U_{CE}=4.5$ V，则 R_B 应取多大？(4) 欲使静态时 $U_{CE}=6$ V，$I_C=1.5$ mA，则 R_B、R_C 应改为多大？

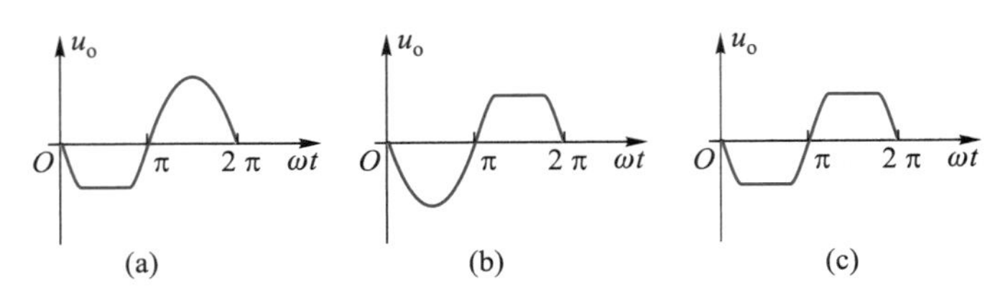

图 3.04　习题 3.1.4 的输出电压波形

3.1.6　电路如图 3.1.11 所示，设 $U_{CC}=12\ \text{V}$，$R_{B1}=30\ \text{k}\Omega$，$R_{B2}=10\ \text{k}\Omega$，$R_E=2.2\ \text{k}\Omega$，$R_C=5.1\ \text{k}\Omega$，$R_L=3.3\ \text{k}\Omega$，晶体管 $U_{BE}=0.7\ \text{V}$，$\beta=50$。试求：(1) 静态工作点；(2) 电压放大倍数；(3) 输入电阻和输出电阻。

3.1.7　将上题电路中的 R_E 分成两部分，如图 3.1.14(a) 所示，设 $R_{E1}=200\ \Omega$，$R_{E2}=2\ \text{k}\Omega$，电路其他参数与习题 3.1.6 相同。试求：(1) 电路的静态工作点；(2) 电压放大倍数；(3) 输入电阻和输出电阻。

3.1.8　如图 3.05 所示电路，已知 $U_{CC}=12\ \text{V}$，$R=150\ \text{k}\Omega$，$R_{B1}=15\ \text{k}\Omega$，$R_{B2}=10\ \text{k}\Omega$，$R_C=5.1\ \text{k}\Omega$，$R_{E1}=100\ \Omega$，$R_{E2}=1.9\ \text{k}\Omega$，晶体管的 $U_{BE}=0.7\ \text{V}$，$\beta=50$。(1) 画出电路的直流通路，计算静态工作点；(2) 画出微变等效电路，计算电压放大倍数和输入、输出电阻。

3.1.9　放大电路如图 3.06 所示，已知 $U_{CC}=15\ \text{V}$，$R_{B1}=43\ \text{k}\Omega$，$R_{B2}=22\ \text{k}\Omega$，$R_C=1\ \text{k}\Omega$，晶体管的 $\beta=60$，导通时 $U_{BE}=0.7\ \text{V}$，稳压二极管 D_Z 的稳定电压 $U_Z=3\ \text{V}$，动态电阻 r_Z 忽略不计。试求：(1) 静态工作点 I_B、I_C 和 U_{CE}；(2) 电压放大倍数 A_u；(3) 输入电阻 r_i 和输出电阻 r_o。

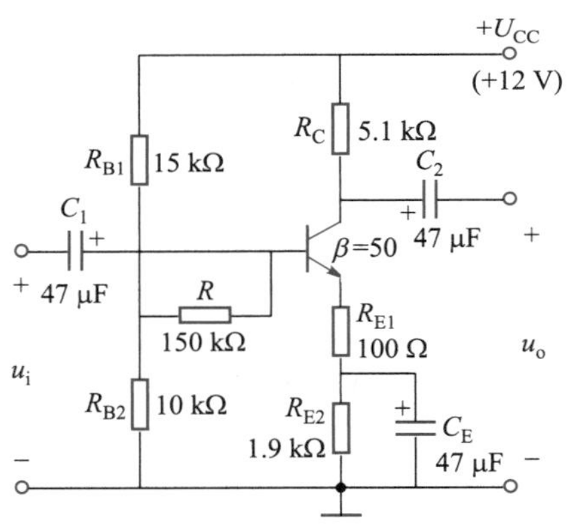

图 3.05　习题 3.1.8 的电路

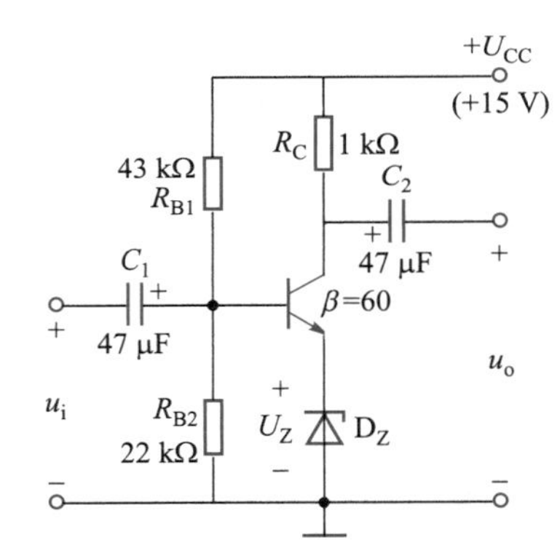

图 3.06　习题 3.1.9 的电路

3.2.1　如图 3.07 所示放大电路有两个输出端，u_{o1} 从集电极输出，u_{o2} 从发射极输出，已知 $R_C=(1+\beta)R_E/\beta$。试求：(1) 信号从集电极输出时的电压放大倍数 A_{u1}；(2) 信号从发射极输出时的电压放大倍数 $\dot{A}_{u2}$，并将 $\dot{A}_{u2}$ 和 $\dot{A}_{u1}$ 做一比较。

3.2.2　如图 3.08 所示射极输出器，设 $U_{CC}=12\ \text{V}$，$R_B=100\ \text{k}\Omega$，$R_E=3\ \text{k}\Omega$，$R_L=2\ \text{k}\Omega$，晶体管的 $\beta=50$，导通时 $U_{BE}=0.7\ \text{V}$。(1) 试求静态工作点 I_B、I_C 和 U_{CE}；(2) 画出微变等效电路，并计算电压放大倍数、输入电阻和输出电阻（设信号源内阻 $R_S=0$）。

3.2.3　在图 3.05 电路中接上 $R_L=16\ \Omega$ 的负载，电路的放大倍数为多少？若在图 3.05 的输出端接上如图 3.08 所示的射极输出器，且射极输出器的电路参数为 $R_B=390\ \text{k}\Omega$，$R_E=2\ \text{k}\Omega$，晶体管 $\beta=180$，负载电阻 $R_L=16\ \Omega$。试求该两级放大电路的放大倍数 A_u。

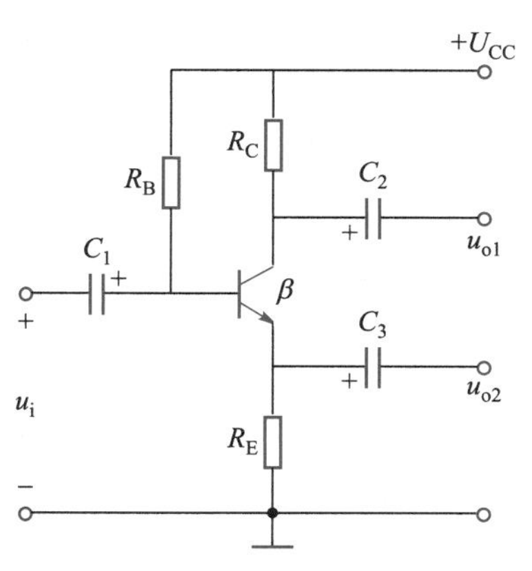

图 3.07　习题 3.2.1 的电路

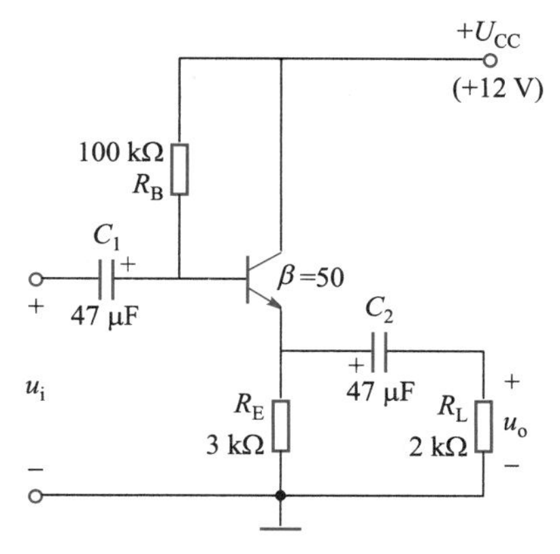

图 3.08　习题 3.2.2 的电路

*3.2.4　试计算图 3.2.5 电路的静态工作点，设晶体管 $\beta=60$。并求该电路的电压放大倍数（$A_u=\alpha R'_L/r_{eb}$，$\alpha=\beta/(1+\beta)$，$r_{eb}=r_e+(1-\alpha)r_b$，$r_b=200\ \Omega$，$r_e=26/I_E$）。

3.3.1　如图 3.3.1 所示场效晶体管放大电路，已知 $U_{DD}=20$ V，$R_G=2$ MΩ，$R_D=47$ kΩ，$R_S=10$ kΩ，耗尽型 NMOS 管的 $U_{GS(off)}=-2.5$ V，$I_{DSS}=0.5$ mA，$g_m=1.2$ mA/V，$R_L=100$ kΩ。试求：(1) 静态工作点 I_D，U_{GS}和 U_{DS}的值；(2) 电压放大倍数 A_u、输入电阻 r_i 和输出电阻 r_o。

3.3.2　场效晶体管放大电路如图 3.09 所示，已知 $U_{DD}=20$ V，$R_1=300$ kΩ，$R_2=100$ kΩ，$R_3=2$ MΩ，$R_D=22$ kΩ，$R_S=12$ kΩ，$R_L=30$ kΩ，耗尽型 NMOS 管的 $U_{GS(off)}=-1.2$ V，$I_{DSS}=0.5$ mA，$g_m=0.5$ mA/V。试求：(1) 静态工作点；(2) 电压放大倍数；(3) 输入、输出电阻。

3.3.3　如将图 3.09 的源极电阻分成两部分，如图 3.10 所示，已知 $R_{S1}=2$ kΩ，$R_{S2}=10$ kΩ，电路其他参数与图 3.09 相同。试求：(1) 静态工作点；(2) 画出微变等效电路，计算电压放大倍数、输入电阻和输出电阻。

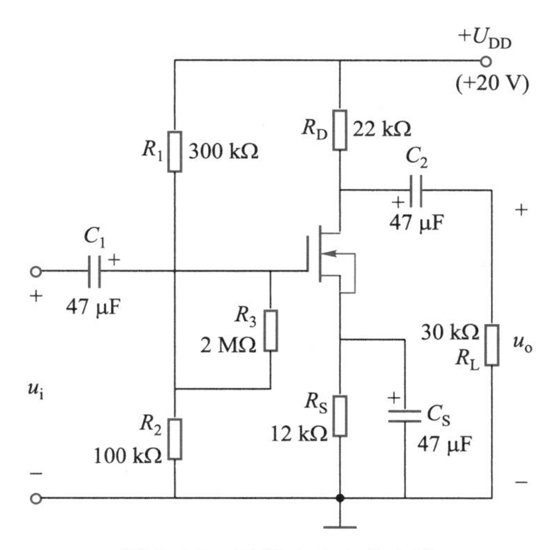

图 3.09　习题 3.3.2 的电路

3.4.1　图 3.11 二极管与门电路中设 D_1、D_2 为理想二极管，试求：(1) 输出端不接负载（S 断开），输入 $U_A=0$ V、$U_B=5$ V 和 $U_A=U_B=5$ V 两种情况时的 U_F；(2) 输出端接 R_L（S 闭合），输入 $U_A=0$ V、$U_B=5$ V 和 $U_A=U_B=5$ V 两种情况时的 U_F；(3) 输出端接 R_L，且考虑存在负载电容 C_L，在 $t=0$ 时 U_A、U_B 从 0 跳变为+5 V，求 $t\geq0$ 时的 $U_F(t)$，写出表达式，画出波形。

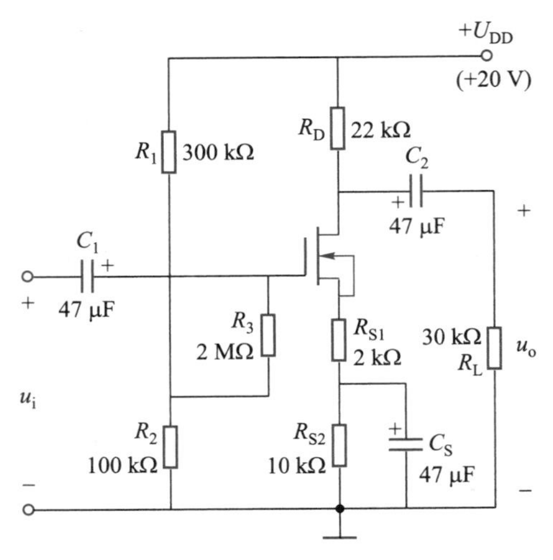

图 3.10　习题 3.3.3 的电路

3.4.2　如图 3.12 所示电路，若 $U_{CC}=12$ V，$-U_{BB}=-6$ V，$R_1=10$ kΩ，$R_C=1$ kΩ。要求输入 $U_B=0$ V，晶体管截止时 $U_{BE}=-1$ V，则 R_2 的阻值应为多少？

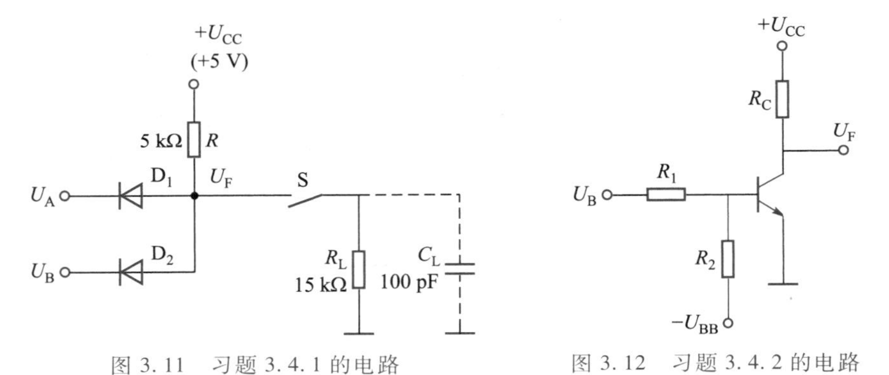

图 3.11　习题 3.4.1 的电路　　　　图 3.12　习题 3.4.2 的电路

3.4.3　如图 3.12 所示电路，设 $U_{CC}=12$ V，$-U_{BB}=-6$ V，$R_1=24$ kΩ，$R_2=33$ kΩ，$R_C=1$ kΩ，晶体管的 $\beta=100$。若使晶体管饱和（饱和时 $U_{CES}\approx0$，$U_{BE}=0.7$ V），问 U_B 不得小于几伏？

3.4.4　如图 3.12 所示电路，若 $U_{CC}=12$ V，$-U_{BB}=-6$ V，$R_1=10$ kΩ，$R_2=47$ kΩ，$R_C=1$ kΩ，晶体管的 $\beta=40$。问在输入 U_B 为 0 V 和 10 V 两种情况下，晶体管是否工作于开关状态（截止或饱和）？

3.4.5　图 3.13(a)、(b)为两种复合门电路，晶体管均工作于开关状态。试圈出图中的**与**门、**或**门、**非**门，并用**与**门、**或**门和**非**门的图形符号来表示这两个电路，列出各电路的逻辑状态表，写出逻辑函数表达式。

3.4.6　已知门电路输入端 A、B 的输入电平高、低变化情况如图 3.14 所示，试画出 $F_1=A\cdot B$、$F_2=A+B$ 和 $F_3=\overline{A}$ 的波形图。

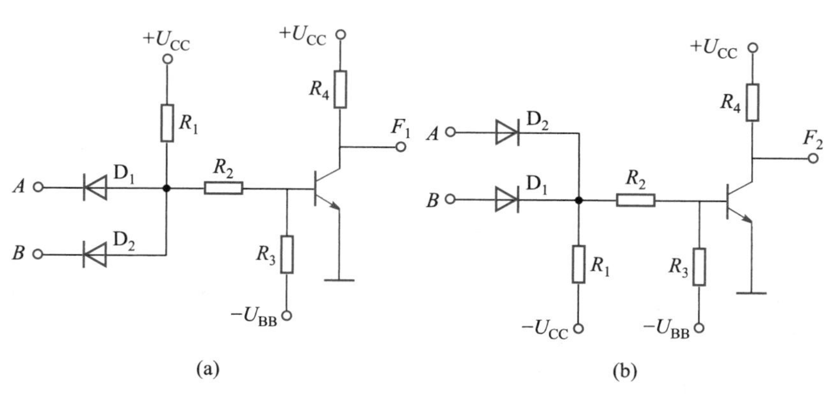

图 3.13　习题 3.4.5 的电路

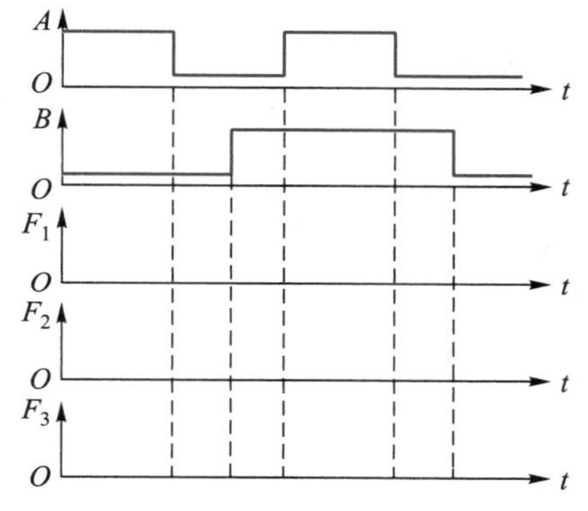

图 3.14　习题 3.4.6 的波形图

第4章　数字集成电路

电子电路中的信号可分为模拟信号和数字信号两种类型，模拟信号在时间上和数值上都连续变化，而数字信号在时间上和数值上则都是离散的。工作在模拟信号下的电子电路称为模拟电路（如第3章中的电压放大电路），工作在数字信号下的电路称为数字电路。数字电路抗干扰能力强，工作准确可靠，通过增加二进制数的位数能达到很高的精度，易于制成集成电路，使用方便，应用极为广泛。

集成电路（integrated circuit，简称IC）是20世纪60年代初期发展起来的一种新型半导体器件。它是经过氧化、光刻、扩散、外延、蒸铝等半导体制造工艺，把构成具有一定功能的电路所需的半导体管、电阻、电容等元件及它们之间的连接导线全部集成在一小块硅片上，然后焊接封装在一个管壳内的电子器件。其封装外形有圆壳式、扁平式或双列直插式等多种形式。

集成电路具有元件密度高、体积小、重量轻、引线短、外部焊接点小、耗电省等优点，大大提高了设备的可靠性和灵活性，而且降低了成本，使电子技术的应用和发展发生了一个划时代的变化。

集成电路按其功能可分为数字集成电路（输入量和输出量为高、低两种电平，而且输出和输入具有一定逻辑关系的电路）和模拟集成电路（数字集成电路以外的集成电路）。数字集成电路按电路的功能分类，有门电路、触发器、加法器、译码器、计数器、存储器和微处理器等。

本章在介绍数字电路的基础知识——逻辑代数的运算规则和逻辑函数的表示及其化简方法后，着重介绍集成门电路与组合逻辑电路、集成触发器与时序逻辑电路、半导体存储器、可编程逻辑器件等，并通过应用实例，使读者对数字集成电路的应用有所了解。

视频资源：4.1 逻辑代数运算规则

4.1　逻辑代数运算规则

逻辑代数又称布尔（Boolean）代数，是研究逻辑关系的一种数学工具，被广泛应用于数字电路的分析和设计。

逻辑代数和普通代数一样也可以用字母表示变量，但变量的取值只能是**0**和**1**。这里的**0**和**1**不是具体的数值，也不存在大小关系，而是表示两种逻辑状态。在研究实际问题时，**0**和**1**所代表的含义由具体的研究对象而定。所以逻辑代数所表达的是逻辑关系而不是数值关系，这就是它与普通代数本质的区别。

逻辑代数有三种基本的逻辑运算——**与**运算、**或**运算和**非**运算，这已在前一章介绍，其他的各种逻辑运算由这三种基本运算组成。现将逻辑代数的一些基

本运算规则列举如下：

自等律　$A+\mathbf{0}=A$　(4.1.1)

$A\cdot\mathbf{1}=A$　(4.1.2)

0-1律　$A\cdot\mathbf{0}=\mathbf{0}$　(4.1.3)

$A+\mathbf{1}=\mathbf{1}$　(4.1.4)

互补律　$A+\overline{A}=\mathbf{1}$　(4.1.5)

$A\overline{A}=\mathbf{0}$　(4.1.6)

重叠律　$A+A=A$　(4.1.7)

$AA=A$　(4.1.8)

交换律　$AB=BA$　(4.1.9)

$A+B=B+A$　(4.1.10)

结合律　$(A+B)+C=A+(B+C)$　(4.1.11)

$(AB)C=A(BC)$　(4.1.12)

分配律　$A(B+C)=AB+AC$　(4.1.13)

$A+BC=(A+B)(A+C)$　(4.1.14)

吸收律　$A+AB=A$　(4.1.15)

$A(A+B)=A$　(4.1.16)

$A+\overline{A}B=A+B$　(4.1.17)

还原律(非-非律)　$\overline{\overline{A}}=A$　(4.1.18)

反演律(摩根定理)　$\overline{ABC}=\overline{A}+\overline{B}+\overline{C}$　(4.1.19)

$\overline{A+B+C}=\overline{A}\ \overline{B}\ \overline{C}$　(4.1.20)

上述运算规则都可以用逻辑状态表加以证明，即等号两边表达式的逻辑状态表完全相同，等式成立。例如表 4.1.1 是对含有两个变量的反演律的证明。从表 4.1.1 可以看出，对应于变量 A、B 的四种组合状态，$\overline{A+B}$和$\overline{A}\ \overline{B}$的结果相同，$\overline{AB}$和 $\overline{A}+\overline{B}$ 的结果也相同，从而证明了反演律。同理可以证明，对于多变量的反演律也是正确的。当然上述运算规则也可以利用已有的公式去证明。例如 $(A+B)(A+C)=AA+AC+BA+BC=A+AC+AB+BC=A(1+C+B)+BC=A+BC$，就是利用了已有公式证明了式(4.1.14)。

表 4.1.1　证明反演律的逻辑状态表

A	B	$\overline{A+B}$	$\overline{A}\ \overline{B}$	$\overline{AB}$	$\overline{A}+\overline{B}$
0	0	1	1	1	1
0	1	0	0	1	1
1	0	0	0	1	1
1	1	0	0	0	0

视频资源:4.2 逻辑函数的表示与化简

4.2　逻辑函数的表示和化简

当一组输出变量(因变量)与一组输入变量(自变量)之间的函数关系是一种逻辑关系时,称为逻辑函数。一个具体事物的因果关系就可以用逻辑函数表示。

4.2.1　逻辑函数的表示方法

逻辑函数可以分别用逻辑状态表、逻辑表达式及逻辑图来表示。下面通过一个例子加以说明。

设有一个三输入变量的偶数判别电路,输入变量用 A、B、C 表示,输出变量用 F 表示。$F=\mathbf{1}$,表示输入变量中有偶数个 **1**;$F=\mathbf{0}$,表示输入变量中有奇数个 **1**。

三个输入变量共有 $2^3=8$ 个组合状态,将这些状态的所有输入、输出变量值(即函数值)一一列举出来,就构成了逻辑状态表,如表 4.2.1 所示。

表 4.2.1　偶数判别电路的逻辑状态表

输入			输出
A	B	C	F
0	**0**	**0**	**1**
0	**0**	**1**	**0**
0	**1**	**0**	**0**
0	**1**	**1**	**1**
1	**0**	**0**	**0**
1	**0**	**1**	**1**
1	**1**	**0**	**1**
1	**1**	**1**	**0**

用逻辑状态表来表示一个逻辑关系是比较直观的,能比较清楚地反映一个逻辑关系中输出和输入之间的关系。

逻辑状态表表示的逻辑函数也可用逻辑表达式来表示。最常用的是**与-或**表达式。即:将逻辑状态表中输出等于 **1** 的各状态表示成全部输入变量(正变量及反变量)的**与**函数(例如表 4.2.1 中,当 $ABC=\mathbf{011}$ 时,$F=\mathbf{1}$,可写成 $F=\overline{A}BC$,因为 $ABC=\mathbf{011}$ 时,只有 $\overline{A}BC=\mathbf{1}$),并把总输出表示成这些**与**项的**或**函数(称为**与-或**表达式)。对于表 4.2.1,其逻辑表达式为

$$F=\overline{A}BC+A\overline{B}C+AB\overline{C}+\overline{A}\ \overline{B}\ \overline{C} \tag{4.2.1}$$

逻辑函数用逻辑表达式表示,可便于用逻辑代数的运算规则进行运算。

将逻辑表达式中的逻辑运算关系用相应的图形符号表示并适当加以连接就构成逻辑图。式(4.2.1)的逻辑图是图 4.2.1。逻辑图这种表示方法便于逻辑函数的电路实现。

上述各种表示方法之间都可以相互转换。

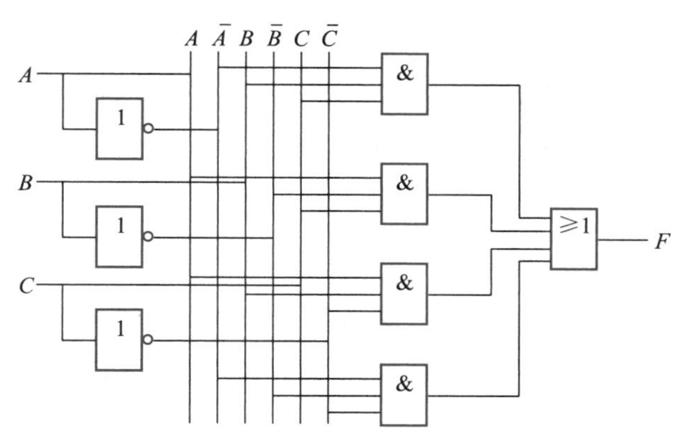

图 4.2.1 偶数判别电路的逻辑图

4.2.2 逻辑函数的代数化简法

一个确定的逻辑关系，如能找到最简的逻辑表达式，不仅能够更方便、更直观地分析其逻辑关系，而且在设计具体的逻辑电路时所用的元件数也会最少，从而可以降低成本，提高可靠性。常用的化简方法有代数化简法和卡诺图化简法，这里仅介绍代数化简法。

代数化简法就是利用逻辑代数的基本运算规则来化简逻辑函数。代数化简法的实质就是对逻辑函数作等值变换，通过变换，使**与**-**或**表达式的**与**项数目最少，以及在满足**与**项最少的条件下，每个**与**项的变量数最少。下面是代数化简法中经常使用的办法。

1. 合并项法

利用公式 $AB+A\bar{B}=A$，把两项合并成一项。例如：

$$F=ABC+AB\bar{C}+A\bar{B}=AB(C+\bar{C})+A\bar{B}=AB+A\bar{B}=A$$

2. 吸收法

利用公式 $A+AB=A$，消去多余项。例如：

$$\begin{aligned}F&=\overline{AB}+\bar{A}C+\bar{B}D=\bar{A}+\bar{B}+\bar{A}C+\bar{B}D\\&=\bar{A}(1+C)+\bar{B}(1+D)=\bar{A}+\bar{B}\end{aligned}$$

以上化简过程中应用反演律将 $\overline{AB}$ 变换为$(\bar{A}+\bar{B})$。

3. 消去法

利用公式 $A+\bar{A}B=A+B$，消去多余变量。例如：

$$\begin{aligned}F&=AC+\bar{A}B+B\bar{C}+\bar{B}D=AC+(\bar{A}+\bar{C})B+\bar{B}D\\&=AC+\overline{AC}B+\bar{B}D=AC+B+\bar{B}D=AC+B+D\end{aligned}$$

以上化简也用到反演律，将 $\bar{A}+\bar{C}$ 变换为 $\overline{AC}$。

4. 配项法

利用 $A+\bar{A}=1$，可在某一**与**项中乘以 $A+\bar{A}$，展开后消去多余项。也可利用$A+$

$A=A$,将某一**与**项重复配置,分别和有关**与**项合并,进行化简。例如:

$$\begin{aligned}F&=A\overline{C}+\overline{A}C+\overline{B}C+B\overline{C}=A\overline{C}(B+\overline{B})+\overline{A}C+\overline{B}C(A+\overline{A})+B\overline{C}\\&=AB\overline{C}+A\overline{B}\,\overline{C}+\overline{A}C+A\overline{B}C+\overline{A}\,\overline{B}C+B\overline{C}\\&=B\overline{C}(A+1)+A\overline{B}(\overline{C}+C)+\overline{A}C(1+\overline{B})\\&=B\overline{C}+A\overline{B}+\overline{A}C\end{aligned}$$

如果在本例中对第二项 $\overline{A}C$ 及第四项 $B\overline{C}$ 进行配项,则化简结果为:$A\overline{C}+\overline{B}C+\overline{A}B$。可见,对于一个逻辑函数的简化,可以得到不同的结果,每个结果都是最简的。

在代数化简时,经常需要综合运用上述几种方法。

[例题 4.2.1]　试化简逻辑函数

$$F=AB+A\overline{B}+AD+\overline{A}C+BD+ACEF+\overline{B}EF$$

[解]

$$\begin{aligned}F&=AB+A\overline{B}+AD+\overline{A}C+BD+ACEF+\overline{B}EF\\&=A(B+\overline{B})+AD+\overline{A}C+BD+ACEF+\overline{B}EF\\&=A+AD+\overline{A}C+BD+ACEF+\overline{B}EF\qquad\text{(合并法)}\\&=A(1+D+CEF)+\overline{A}C+BD+\overline{B}EF\\&=A+\overline{A}C+BD+\overline{B}EF\qquad\text{(吸收法)}\\&=A+C+BD+\overline{B}EF\qquad\text{(消去法)}\end{aligned}$$

通过实例可见利用代数化简法化简逻辑函数,需要熟练掌握逻辑代数的运算规则,才能找出最有效的化简方法。

视频资源:4.3 集成门电路

4.3　集成门电路

4.3.1　集成门电路的类型

门电路是数字电路的基本逻辑单元。第 3 章中已介绍了用分立元件组成的**与**门、**或**门和**非**门。在实际应用中,广泛使用的是集成门电路。集成门电路有双极型和 MOS 型,它们分别含有多种类型,目前最常用的是 TTL 和 CMOS 集成门电路。

TTL 门电路是晶体管-晶体管逻辑(transistor-transistor logic)门电路的简称。由于它具有工作速度快,带负载能力强,抗干扰性能好等优点,所以一直是数字系统普遍采用的器件之一。

CMOS 门电路是互补(completementary)MOS 门电路的简称。所谓"互补"是从电路结构来说的,它是由两种不同类型的 MOS 管组合而成的门电路,由 P 沟道增强型 MOS 管作为负载管,由 N 沟道增强型 MOS 管作为驱动管。

与 TTL 电路相比,CMOS 电路具有电路简单、输入电阻高、功耗小、抗干扰能力更强、允许电源范围大等优点,因而获得了广泛应用。缺点是工作速度比 TTL 的电路略低。HCMOS 门电路是通过改进工艺而制作的一种高速 CMOS 门电路,

其工作速度比普通的金属栅极 CMOS 门电路快 8~10 倍，和 TTL 门电路相仿。HCMOS 门电路静态功耗极低，电源电压范围为 2~6 V，其品种代号、逻辑功能和外引线排列与对应的 TTL 门电路相同，故一个 TTL 系统可以全部用 HCMOS 器件来代替。但在 TTL 和 HCMOS 混合使用时必须考虑两者的电平配合和驱动能力。为了便于 HCMOS 和 TTL 器件混合使用，专门制作了电源电压范围为 4.5~5.5 V 的HCT 产品系列，HCT 系列器件和 TTL 器件之间的连接十分方便，并可用相同品种代号的 HCT 器件直接代替 TTL 器件。

集成门电路按其功能可分为**与**门、**或**门、**非**门、**与非**门、**或非**门、**异或**门、**与或非**门等。表 4.3.1 列出了几种门电路的图形符号、逻辑表达式及其功能说明，其中**与**门、**或**门、**与非**门、**或非**门可以有两个以上的输入端。为了正确应用集成门电路，除了掌握各种门的逻辑功能以外，还必须了解它们的基本特性和主要参数。

表 4.3.1 几种门电路的图形符号和逻辑功能

名称	图形符号	逻辑表达式	功能说明
与门	A, B → & → F	$F=AB$	输入全 1，输出为 1 输入有 0，输出为 0
或门	A, B → ≥1 → F	$F=A+B$	输入有 1，输出为 1 输入全 0，输出为 0
非门	A → 1 →o F	$F=\overline{A}$	输入为 1，输出为 0 输入为 0，输出为 1
与非门	A, B → & →o F	$F=\overline{AB}$	输入全 1，输出为 0 输入有 0，输出为 1
或非门	A, B → ≥1 →o F	$F=\overline{A+B}$	输入有 1，输出为 0 输入全 0，输出为 1
异或门	A, B → =1 → F	$F=A\overline{B}+\overline{A}B$ $=A\oplus B$	输入相异，输出为 1 输入相同，输出为 0

4.3.2 TTL 与非门、三态门和 CMOS 或非门电路

1. TTL 与非门电路

图 4.3.1 是一个 TTL **与非**门电路，它包含输入级、中间级和输出级三个部分。图中的 T_1、R_1 组成输入级。输入信号通过多发射极晶体管 T_1 实现**与**的功能。T_2、R_2、R_3 组成中间级，由于 T_2 管的集电极和发射极送给 T_3 和 T_5 的基极信号是反相的，因此又称它为倒相级。T_3、T_4、T_5、R_4 和 R_5 组成推拉式输出级。T_3、T_4 构成复合管，作为 T_5 管的负载。采用这种输出级使门电路有较好的带负载能力，并提高开关速度。

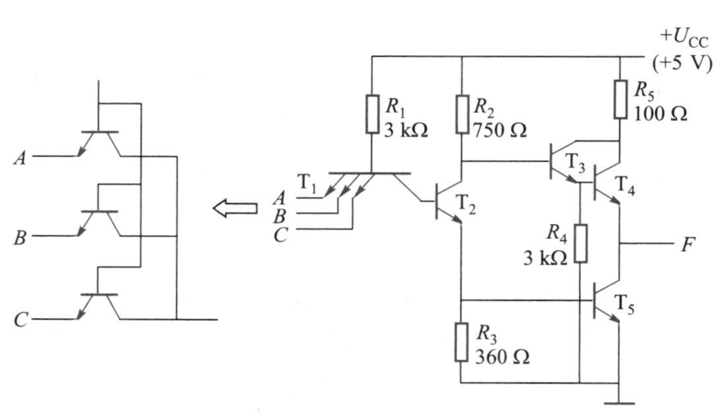

图 4.3.1　TTL 与非门电路

(1) 工作原理。若输入端 A、B、C 全部为高电平(设输入电压 U_{IH} = 3.6 V),这时电源 U_{CC} 通过 R_1 和 T_1 的集电极使 T_2、T_5 的发射结均获正向电压而饱和导通。因为每个 PN 结的正向压降约为 0.7 V,故 T_2 和 T_5 饱和导通以后,T_2 的基极电位约为1.4 V,T_1 的基极电位被钳制在 2.1 V 左右,同时由于 T_1 的各发射极的电位为 3.6 V,故各发射结均处于反向偏置。假设 T_2 的饱和压降为0.3 V,则 T_2 的集电极电位约为 $U_{CES2}+U_{BE5}=(0.3+0.7)\ V=1\ V$,由于 T_3 发射极通过 R_4 接地,故 T_3 导通,其发射结有 0.7 V 的压降,T_4 的基极电位约为$(1-0.7)\ V=0.3\ V$,因而 T_4 截止。由于 T_4 截止,T_5 的集电极电流很小,但 T_5 的基极电流比较大,因此 T_5 处于深度饱和状态,$U_O=U_{CES}=0.3\ V$,输出端 F 为低电平。

若输入端有一个或几个为低电平(设 $U_{IL}=0.3\ V$),此时 T_1 接低电平的发射极和基极 B_1 之间的发射结处于正向偏置而导通,使 T_1 的基极电位被钳制在 1 V (设 $U_{BE}=0.7\ V$),T_1 处于深度饱和状态。由于 T_1 的饱和压降 U_{CES} 很小,T_1 集电极的电位接近于发射极中的低电平电位,仅略高于 0.3 V,故 T_2、T_5 截止。电源 U_{CC} 通过 R_2 使 T_3、T_4 发射结均获得正向偏置,T_3、T_4 导通,此时 $U_O=U_{CC}-U_{BE3}-U_{BE4}-U_{R2}$。由于 T_2 截止,流过 R_2 仅仅是 T_3 的基极电流,又由于 R_2 的数值比较小,故 U_{R2} 的压降较小,可近似认为 $U_O\approx U_{CC}-U_{BE3}-U_{BE4}=(5-0.7-0.7)\ V=3.6\ V$,输出 F 为高电平。

综上所述,图 4.3.1 所示电路具有**与非**功能。即只有输入全是高电平时,输出才为低电平;若输入有一个或几个为低电平,输出就为高电平。

(2) 电压传输特性。电压传输特性描述了**与非**门的输出电压与输入电压之间的关系,是使用 TTL **与非**门电路时必须要了解的基本特性曲线。如果把**与非**门的一个输入端接一个可变的直流电源,其余输入端接高电平,当输入电压 U_I 从零逐渐增加到高电平,输出电压便会作出相应的变化,就可以得到如图 4.3.2 所示的 TTL **与非**门的电压传输特性曲线。

由图可见，当 U_I 从零开始增加时，在一定范围内输出的高电平基本不变，当 U_I 上升到一定数值后，输出很快下降为低电平，如 U_I 继续增加，输出低电平基本不变。

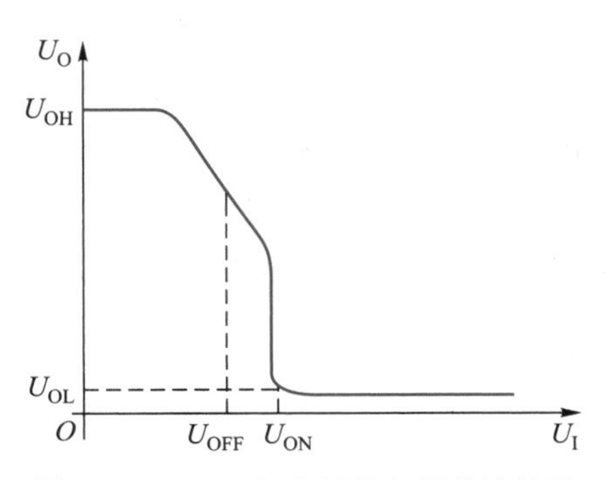

图 4.3.2 TTL 与非门的电压传输特性

（3）主要参数。

① 输出高电平 U_{OH} 和输出低电平 U_{OL}。

U_{OH}是指输入至少有一个为低电平时的输出电平，U_{OL}是指输入端全为高电平时的输出电平。在实际应用中，通常规定了高电平的下限值及低电平的上限值。例如 TTL **与非**门当 $U_{CC}=5$ V 时，$U_{OH}\geqslant 2.4$ V，$U_{OL}\leqslant 0.4$ V。

② 开门电平 U_{ON}和关门电平 U_{OFF}。

开门电平 U_{ON}是指输出电平刚刚下降到输出低电平的上限值时的输入电平，它是保证**与非**门的输出为低电平时的输入高电平下限值。

关门电平 U_{OFF}是指输出电平刚刚上升到输出高电平的下限值时的输入电平，它是保证**与非**门的输出为高电平时的输入低电平上限值。对 TTL **与非**门，一般规定 $U_{ON}=1.8$ V，$U_{OFF}=0.8$ V。

③ 输入低电平噪声容限 U_{NL}和输入高电平噪声容限 U_{NH}。

噪声容限表征了**与非**门电路的抗干扰能力。

当输入低电平（$U_{IL}=U_{OL}$）时，只要干扰信号与输入低电平叠加起来的数值小于 U_{OFF}，输出仍为高电平，逻辑关系正常。表征这一干扰信号的极限值（最大值）即为输入低电平噪声容限 U_{NL}，显然

$$U_{NL}=U_{OFF}-U_{OL} \tag{4.3.1}$$

U_{NL}越大表示输入低电平时的抗干扰能力越强。

当输入高电平（$U_{IH}=U_{OH}$）时，只要干扰信号（负向）与输入高电平叠加起来的数值大于 U_{ON}，输出仍为低电平，逻辑关系正常。表征这一干扰信号的极限值（最大值）即为输入高电平噪声容限 U_{NH}，显然

$$U_{NH}=U_{OH}-U_{ON} \tag{4.3.2}$$

U_{NH}越大表示输入高电平时的抗干扰能力越强。

④ 扇出系数 N_0。

扇出系数 N_0 是指一个**与非**门能带同类门的最大数目，它表示**与非**门的带负载能力。对 TTL **与非**门而言，手册给定 $N_0\geqslant 8$。

⑤ 平均传输延迟时间 t_{pd}。

TTL **与非**门工作时，由于晶体管从导通到截止或者从截止到导通都需要一定的时间，因此输出脉冲相对于输入脉冲来说总有一定的延迟，称为传输延迟，如图 4.3.3 所示。平均传输延迟时间

$$t_{pd}=(t_{pHL}+t_{pLH})/2 \tag{4.3.3}$$

它表示门电路的开关速度，t_{pd}越小，开关速度越快。

2. TTL 三态**与非**门电路

如果把几个逻辑门的输出端都接到同一根传输线上，要求每个逻辑门能在不同时刻轮流向传输线送信号，这就需要对每个逻辑门进行分时控制，为此可采用一种带有控制端的逻辑门——三态门。图 4.3.4 所示是一个 TTL 三态**与非**门电路。其中 $\overline{EN}$ 即为控制端或称为使能端。

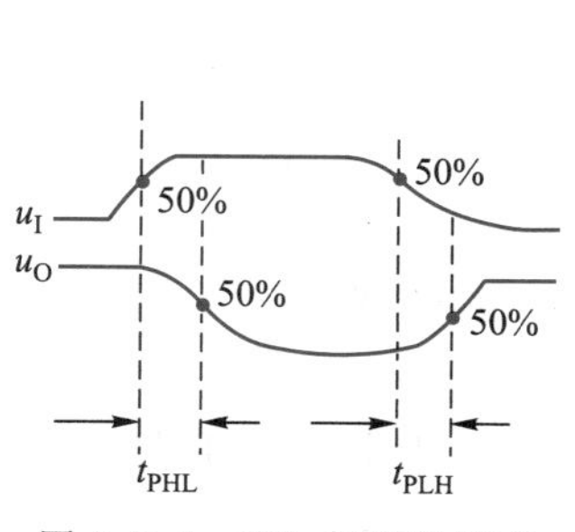

图 4.3.3　TTL **与非**门波形的传输延迟时间

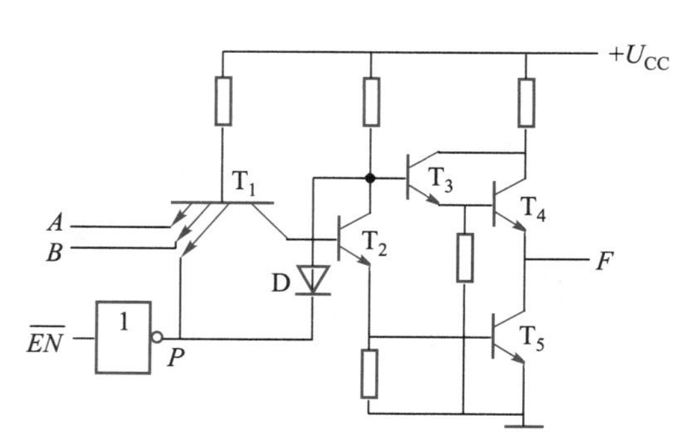

图 4.3.4　TTL 三态**与非**门电路

当控制信号 $\overline{EN}=\mathbf{0}$ 时，$P=\mathbf{1}$，D 截止，与普通**与非**门一样，$F=\overline{AB}$。当控制信号 $\overline{EN}=\mathbf{1}$时，$P=\mathbf{0}$，多发射极晶体管 T_1 有一个输入端为低电平，所以 T_2、T_5 截止，同时二极管 D 导通，T_3 基极电位也变低，所以 T_4 截止。因 T_4、T_5 都截止，输出端 F 便被悬空，呈现高阻状态。所以三态门有三种状态：高阻态、低电平和高电平。

图 4.3.4 所示三态**与非**门的图形符号如图 4.3.5(a)所示。这种三态门在 $\overline{EN}=\mathbf{1}$时 F 为高阻态，在$\overline{EN}=\mathbf{0}$时 $F=\overline{AB}$，故称为控制端 $\overline{EN}$ 低电平时有效的三态**与非**门。另有一类三态**与非**门，控制端 EN 高电平时有效，其图形符号如图 4.3.5(b)所示。即 $EN=\mathbf{0}$ 时 F 为高阻态，$EN=\mathbf{1}$时 $F=\overline{AB}$。

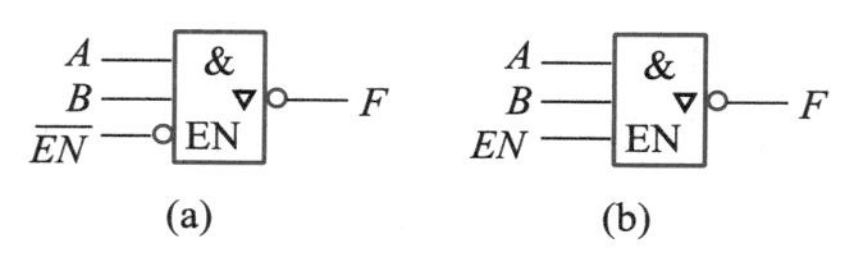

图 4.3.5　三态**与非**门图形符号

集成三态门除了三态**与非**门外，还有三态**非**门、三态**缓冲**门等。三态门在信号传输中是非常有用的。图 4.3.6 是一个通过控制三态门的控制端，利用一条总线把多组数据送出去的例子。当$\overline{EN}_1=\mathbf{0}$，$\overline{EN}_2=\overline{EN}_3=\mathbf{1}$ 时，总线上的数据为$\overline{A_1B_1}$，即把 G_1 的输入数据送到了总线；同样，当$\overline{EN}_2=\mathbf{0}$，$\overline{EN}_1=\overline{EN}_3=\mathbf{1}$ 时，把 G_2 的输入数据送到总线；$\overline{EN}_3=\mathbf{0}$，$\overline{EN}_1=\overline{EN}_2=\mathbf{1}$ 时，把 G_3 的输入数据送到总线。在这里，G_1、G_2、G_3 三个三态门必须分时工作，即在同一时刻只能有一个门处于导通状态，其他的三态门应处于高阻状态，这就要求在同一时刻$\overline{EN}_1$、$\overline{EN}_2$、$\overline{EN}_3$ 只能有一个为低电平。

3. CMOS **或非**门电路

二输入 CMOS **或非**门电路如图 4.3.7 所示。其中 T_1、T_2 是增强型 NMOS 管;T_3、T_4 是增强型 PMOS 管。

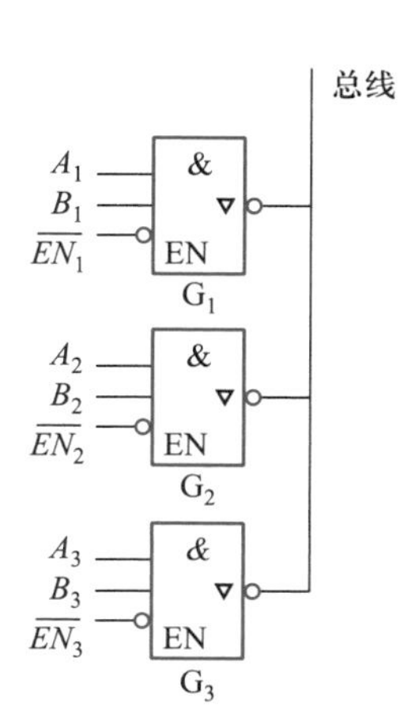

图 4.3.6　三态门应用举例

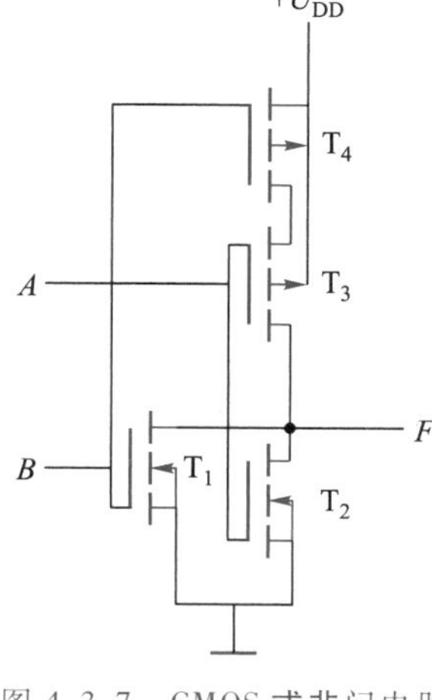

图 4.3.7　CMOS **或非**门电路

当 A、B 均为低电平时,T_3、T_4 导通;T_1、T_2 截止,输出端 F 为高电平。

当 A、B 至少有一个为高电平时,T_3 和 T_4 至少有一个截止,而 T_1 和 T_2 至少有一个导通,输出端 F 为低电平。

从以上分析可以看出,该电路只有输入全部为低电平时输出才是高电平,具有**或非**门的功能。

4.4　组合逻辑电路

视频资源:4.4 组合逻辑电路

把门电路按一定规律加以组合,可以构成具有各种逻辑功能的逻辑电路。它们有一个共同特点:输出状态只与当前的输入状态有关,与原输出状态无关。或者说,当输入变量取任意一组确定的值以后,输出变量的状态就唯一地被确定。这类电路称为组合逻辑电路。

4.4.1　组合逻辑电路的分析和设计方法

组合逻辑电路的分析是指在逻辑电路结构给定的情况下,通过分析,确定其逻辑功能。而组合逻辑电路的设计则是根据实际需要的逻辑功能,设计出最简单的逻辑电路。组合逻辑电路的分析和设计的基本方法及步骤,可用图 4.4.1 的流程图表示。

下面通过具体的例子说明组合逻辑电路的分析及设计方法。

[**例题 4.4.1**]　分析图 4.4.2 组合逻辑电路的功能。

[**解**]　根据图 4.4.2 的逻辑图,可写出 F 的表达式为

$$F=\overline{\overline{\overline{AB}A}\ \ \overline{\overline{AB}B}}$$

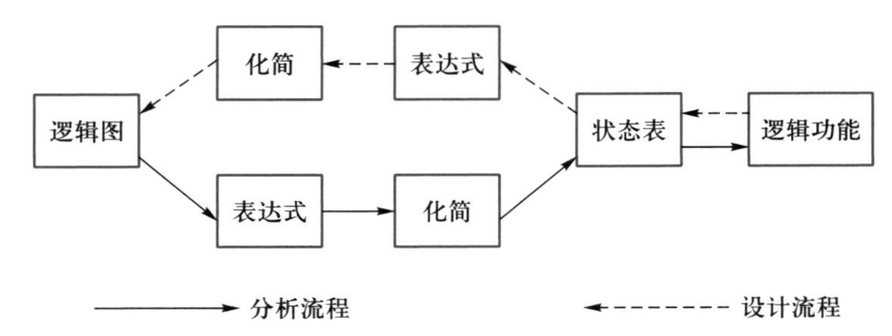

图 4.4.1 组合逻辑电路分析和设计的流程图

利用逻辑代数的基本运算规则，上式可简化为

$$F=\overline{AB}A+\overline{AB}B=(\overline{A}+\overline{B})A+(\overline{A}+\overline{B})B=A\overline{B}+\overline{A}B$$

根据上式可列出逻辑状态表如表 4.4.1 所示，显然这是一个用**与非**门组成的**异或**门电路。

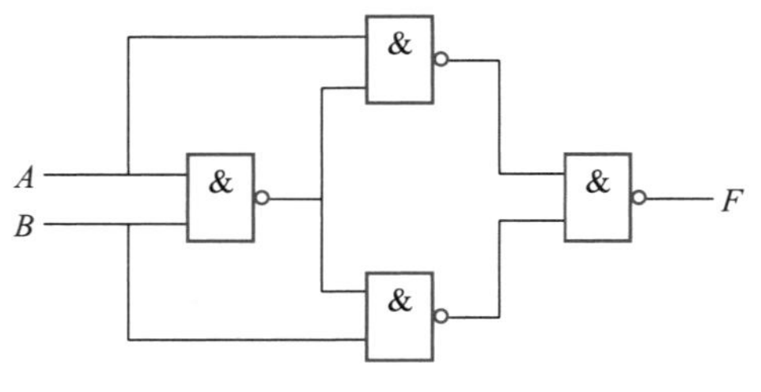

图 4.4.2 例题 4.4.1 的逻辑图

表 4.4.1 例题 4.4.1 的逻辑状态表

A	B	F
0	0	0
0	1	1
1	0	1
1	1	0

[**例题 4.4.2**] 设计一个逻辑电路供 3 人表决使用，表决按少数服从多数的原则通过。

[**解**] （1）设 3 人各有一按钮，用变量 A、B、C 表示，同意时按下按钮，变量取值为 **1**，不同意时不按按钮，变量取值为 **0**。F 表示表决结果，$F=\mathbf{1}$表示通过，$F=\mathbf{0}$表示不通过。

（2）根据题意列出逻辑状态表如表 4.4.2 所示。

表 4.4.2 例题 4.4.2 的逻辑状态表

A	B	C	F
0	0	0	0
0	0	1	0
0	1	0	0
0	1	1	1
1	0	0	0
1	0	1	1
1	1	0	1
1	1	1	1

（3）由逻辑状态表写出逻辑函数表达式，并化简

$$F=\overline{A}BC+A\overline{B}C+AB\overline{C}+ABC$$
$$=(\overline{A}+A)BC+(\overline{B}+B)AC+(\overline{C}+C)AB=AB+BC+AC$$

（4）根据化简后的逻辑函数表达式可以画出逻辑图，如图4.4.3所示。

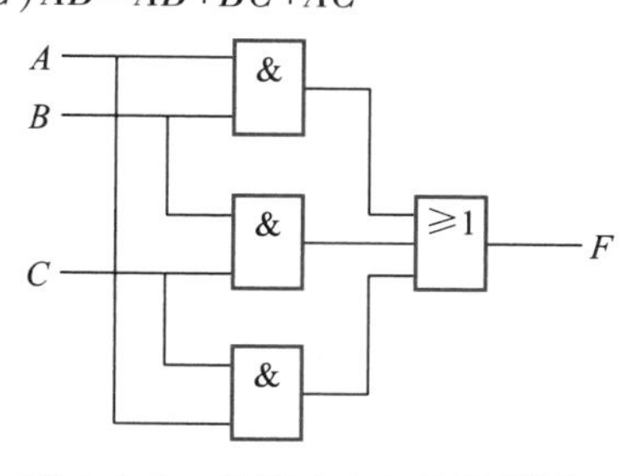

图4.4.3 例题4.4.2的逻辑图

如果用反演律将上述表达式变换为 $F=\overline{\overline{AB}\ \overline{BC}\ \overline{AC}}$，就可以用四个**与非**门实现。可见一个逻辑函数可以由多种形式的逻辑图来实现。

下面将着重从逻辑功能及应用的角度讨论几种常用的组合逻辑电路。

4.4.2 加法器

加法器是算术运算电路中的基本运算单元，用于二进制数的加法运算。

两个1位二进制数相加，若不考虑低位来的进位，称为半加器。半加器的逻辑状态表如表4.4.3所示。由表可知，$S=A\overline{B}+\overline{A}B$，$C=AB$。因此可以用一个**异或**门和一个**与**门组成半加器，如图4.4.4(a)所示。其中 A、B 是两个相加的数，C 表示进位数，S 表示和数。图4.4.4(b)是半加器的图形符号。

表4.4.3 半加器的逻辑状态表

加数	被加数	和数	进位数
A	B	S	C
0	0	0	0
0	1	1	0
1	0	1	0
1	1	0	1

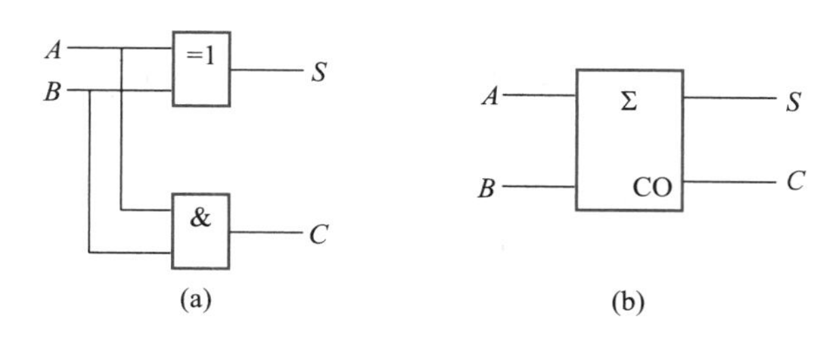

图4.4.4 半加器

(a) 逻辑图 (b) 图形符号

两个1位二进制数相加，若考虑低位来的进位，称为全加器。其逻辑状态表如表4.4.4所示，其中 A_n、B_n 是本位的加数和被加数，C_{n-1} 是从低位来的进位数，S_n 为和数，C_n 为进位数。图4.4.5是全加器的图形符号。

表 4.4.4　全加器的逻辑状态表

输入			输出	
加数 A_n	被加数 B_n	低位来的进位 C_{n-1}	和数 S_n	进位数 C_n
0	**0**	**0**	**0**	**0**
0	**0**	**1**	**1**	**0**
0	**1**	**0**	**1**	**0**
0	**1**	**1**	**0**	**1**
1	**0**	**0**	**1**	**0**
1	**0**	**1**	**0**	**1**
1	**1**	**0**	**0**	**1**
1	**1**	**1**	**1**	**1**

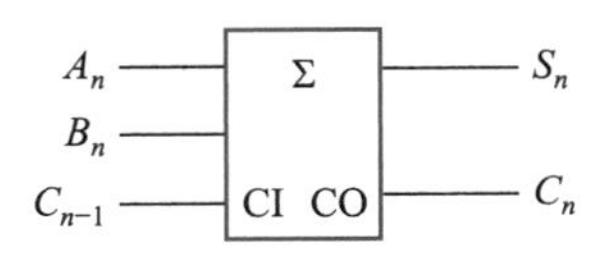

图 4.4.5　全加器图形符号

全加器是构成计算机运算器的基本单元,目前市场上有多种型号的全加器集成块。图 4.4.6(a)是集成块 74LS183 的引脚排列图,其内部集成了两个独立的全加器,每个全加器包含有自己的本位和与进位输出。图 4.4.6(b)是 4 位二进制加法器的示意图,图 4.4.6(c)是用两片 74LS183 组成的 4 位二进制加法器,加数分别是 $A_3A_2A_1A_0$ 与 $B_3B_2B_1B_0$,和数为 $S_4S_3S_2S_1S_0$。

4.4.3　编码器、译码器及数字显示

1. 编码器

编码就是用二进制代码来表示一个给定的十进制数或字符。完成这一功能的逻辑电路称为编码器。

用二进制代码来表示十进制数,称为二-十进制编码(binary coded decimal,简称 BCD 码)。最常用的一种二-十进制编码是 8421 BCD 码,其编码表如表 4.4.5 所示。由表可知,这种编码是用一个 4 位二进制数表示一个十进制数。8、4、2、1 分别代表 4 位二进制数从高位到低位各位的权。例如 8421 BCD 码 **0101**,其相应的十进制数为 $\mathbf{0}\times 8+\mathbf{1}\times 4+\mathbf{0}\times 2+\mathbf{1}\times \mathbf{1}=5$。

图 4.4.7 所示电路为 8421 BCD 码编码器的一种逻辑图。只要将拨码开关拨到需编码的十进制数对应的位置,输出端 $DCBA$ 就会输出相应的 8421 BCD 码。

2. 译码器

译码是编码的逆过程,即是将代码所表示的信息翻译过来的过程。实现译码功能的电路称为译码器。

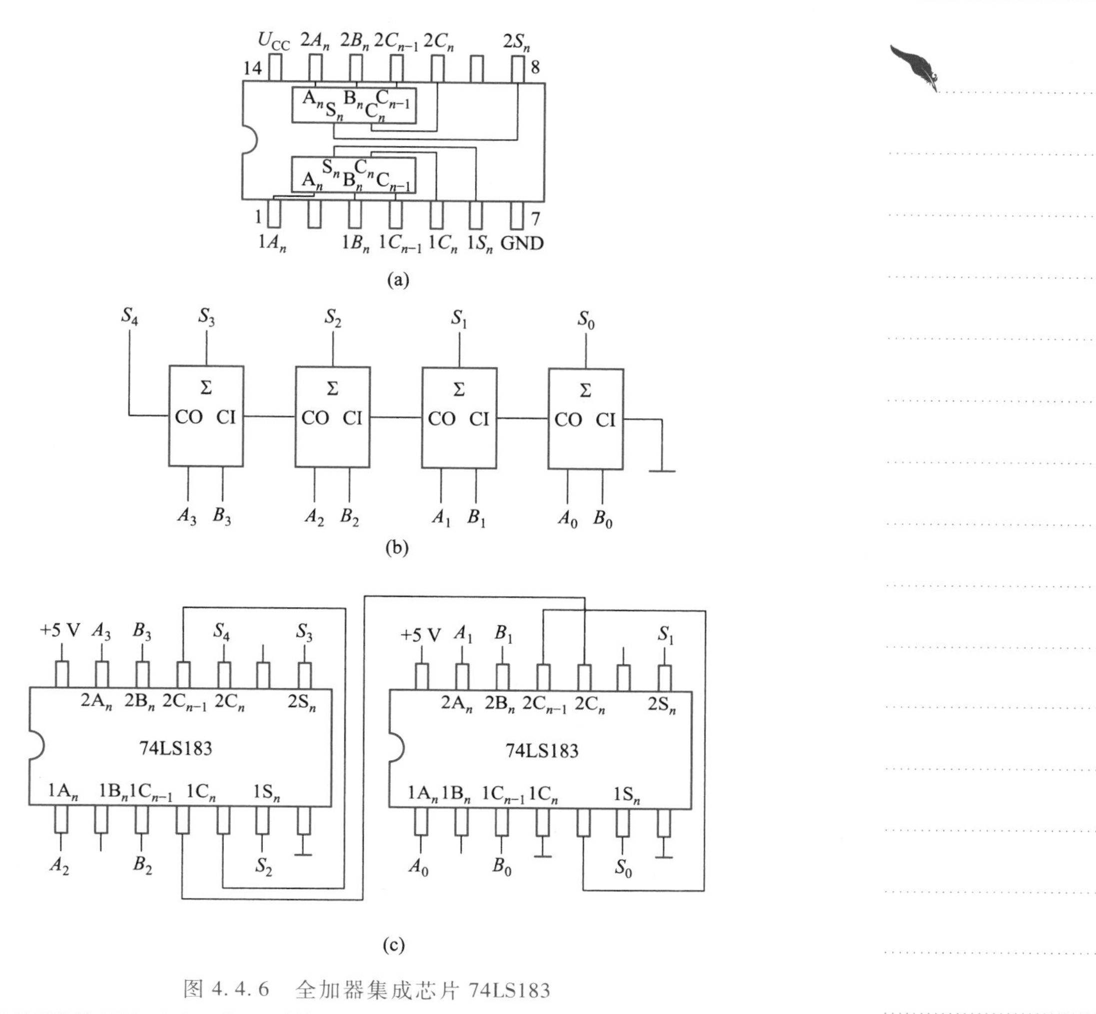

图 4.4.6 全加器集成芯片 74LS183

（a）74LS183 的引脚排列图 （b）四位二进制加法器示意图 （c）两片 74LS183 组成的 4 位二进制加法器

表 4.4.5 8421 BCD 码编码表

十进制数	8421 BCD 码			
	D	C	B	A
0	**0**	**0**	**0**	**0**
1	**0**	**0**	**0**	**1**
2	**0**	**0**	**1**	**0**
3	**0**	**0**	**1**	**1**
4	**0**	**1**	**0**	**0**
5	**0**	**1**	**0**	**1**
6	**0**	**1**	**1**	**0**
7	**0**	**1**	**1**	**1**
8	**1**	**0**	**0**	**0**
9	**1**	**0**	**0**	**1**

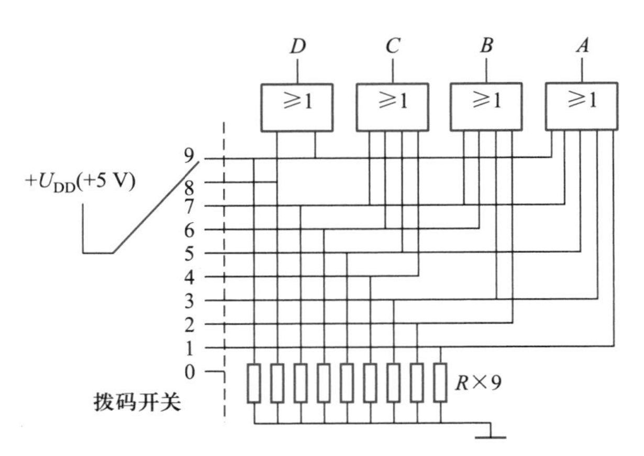

图 4.4.7　8421 BCD 码编码器逻辑图

将二进制代码翻译成相应信息的电路，称为二进制译码器，其输入是 N 位二进制码，有 N 个输入端，有 2^N 组输入状态，译码器的每一个输出对应于一组输入组合（即一个代码），所以有 2^N 个输出端，通常称为 N 线-2^N 线译码器（如 2 线-4 线译码器，3 线-8 线译码器）。

TTL 集成电路 CT74LS139 是双 2 线-4 线译码器，其引脚图如图 4.4.8(a) 所示（图中引脚号 1~16 是从半圆标志开始，逆时针方向标号，其他集成块也都是这样标识的）。其内部包含两个独立的 2 线-4 线译码器，图中 $1\overline{ST}$、$1A_0$、$1A_1$、$1\overline{Y}_0$、$1\overline{Y}_1$、$1\overline{Y}_2$、$1\overline{Y}_3$ 中的 1 表示是同一个译码器的引脚（2 的含义也一样）。图 4.4.8(b) 是其中一个译码器的逻辑图。2 线-4 线译码器的逻辑状态表如表 4.4.6 所示。表中 A_0、A_1 是输入端，$\overline{ST}$ 称为控制端（即使能端），由 $\overline{ST}$ 端的状态来决定是进行译码还是禁止译码。$\overline{Y}_0$ ~ $\overline{Y}_3$ 是输出端。

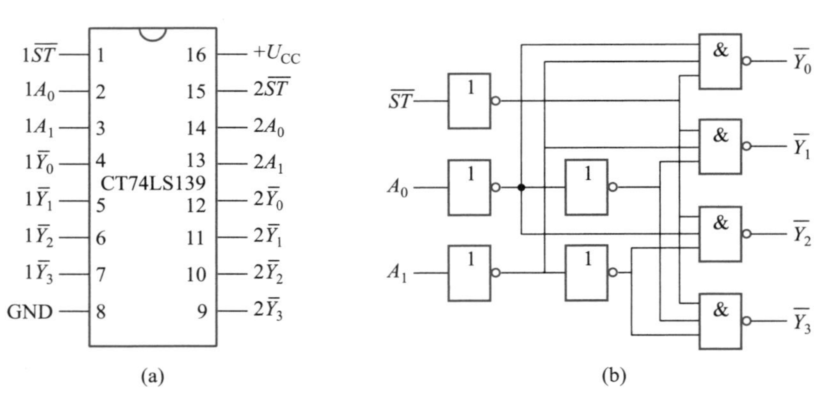

图 4.4.8　CT74LS139 双 2 线-4 线译码器
(a) 引脚图①　(b) 逻辑图(1/2)

① 在集成电路手册中，电源端常用 V_{CC} 表示，本书采用 U_{CC}。

表 4.4.6 CT74LS139 的逻辑状态表

输入			输出				功能
使能$\overline{ST}$	选择输入						
	A_1	A_0	$\overline{Y}_0$	$\overline{Y}_1$	$\overline{Y}_2$	$\overline{Y}_3$	
1	×	×	1	1	1	1	禁止译码
0	0	0	0	1	1	1	进行译码（输出低电平有效）
	0	1	1	0	1	1	
	1	0	1	1	0	1	
	1	1	1	1	1	0	

TTL 集成译码器还有其他型号，例如 CT74LS138 为 3 线-8 线译码器，CT74LS154 为 4 线-16 线译码器。

3. 数字显示

在数字系统中，常常需要将测量和运算的结果直接按人们习惯的十进制形式显示出来。这首先要对二进制数进行译码，然后由译码器驱动相应的数码显示器。

数码显示器件有多种类型。目前广泛采用的一种显示方式是七段显示，每一段表示的字母及所组成的字形如图 4.4.9 所示。

图 4.4.9 七段显示的十进制数

半导体发光数码管是常用的一种七段显示器件，其内部的 7 个条状发光二极管有共阳极和共阴极两种接法。图 4.4.10(a)是共阳极接法，即将各个发光二极管的阳极接在一起，因此 a、b、c、d、e、f、g 各段输入低电平有效。而图 4.4.10(b)是共阴极接法，即将各个发光二极管的阴极接在一起，因此 a、b、c、d、e、f、g 各段输入高电平有效。

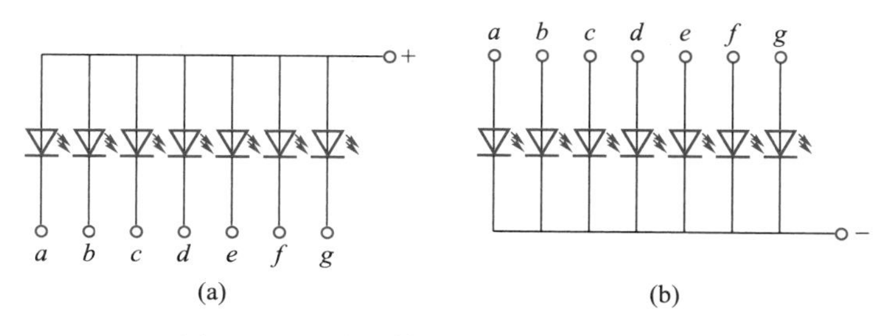

图 4.4.10 半导体发光数码管的内部接法

(a) 共阳极接法 (b) 共阴极接法

用七段发光显示器件显示数字时，必须配合使用七段译码器。七段译码器的输入是二-十进制码，需要四个输入端，输出为七个端。假设选用共阴极的半导体发光数码管，根据图 4.4.9 的字形排列，可以列出七段译码器的逻辑状态表如表 4.4.7 所示。

表 4.4.7 8421 BCD 码-七段译码器逻辑状态表

输入				输出							显示的十进制数
D	C	B	A	a	b	c	d	e	f	g	
0	**0**	**0**	**0**	**1**	**1**	**1**	**1**	**1**	**1**	**0**	0
0	**0**	**0**	**1**	**0**	**1**	**1**	**0**	**0**	**0**	**0**	1
0	**0**	**1**	**0**	**1**	**1**	**0**	**1**	**1**	**0**	**1**	2
0	**0**	**1**	**1**	**1**	**1**	**1**	**1**	**0**	**0**	**1**	3
0	**1**	**0**	**0**	**0**	**1**	**1**	**0**	**0**	**1**	**1**	4
0	**1**	**0**	**1**	**1**	**0**	**1**	**1**	**0**	**1**	**1**	5
0	**1**	**1**	**0**	**1**	**0**	**1**	**1**	**1**	**1**	**1**	6
0	**1**	**1**	**1**	**1**	**1**	**1**	**0**	**0**	**0**	**0**	7
1	**0**	**0**	**0**	**1**	**1**	**1**	**1**	**1**	**1**	**1**	8
1	**0**	**0**	**1**	**1**	**1**	**1**	**1**	**0**	**1**	**1**	9

根据表 4.4.7 可以设计七段译码器的逻辑图。七段译码器的集成电路有多种型号,作为示例,图 4.4.11 给出了 TTL 集成电路 CT74LS248 BCD-七段译码器与共阴极半导体发光数码管连接的示意图。图中 CT74LS248 引出线上的阿拉伯数字是它的引脚号码。除了译码功能外,CT74LS248 还设置了一些控制测试端。图中$\overline{LT}$为灯测试端,用来检查七段数码管各段的发光是否正常。当 $\overline{LT}=$ **0**($\overline{BI}=$ **1**、$\overline{RBI}$ 随意)时,数码管七段全亮,说明工作正常。正常译码时 $\overline{LT}$ 应为高电平。$\overline{BI}$ 为灭灯控制端,当 $\overline{BI}=$ **0**($\overline{LT}$ 和 $\overline{RBI}$ 随意)时,七段全灭;正常译码时,$\overline{BI}$ 应为高电平。$\overline{RBI}$ 为动态灭灯输入端,当 $\overline{LT}=$ **1**、$\overline{BI}=$ **1**,且 $DCBA$ 为 **0000** 时,若 $\overline{RBI}=$ **1**则显示**0**,若 $\overline{RBI}=$ **0**则七段全熄灭,不把 **0** 显示出来;当 $DCBA$ 不为 **0000** 时,$\overline{RBI}$ 不起作用。这样就可以利用 $\overline{RBI}$ 来控制当输入 $DCBA$ 为 **0000** 时是否要将 **0** 显示出来。CT74LS248 适用于驱动共阴极半导体数码管,当输入端 D、C、B、A 加上 8421 BCD 码时,数码管便显示相应的十进制数码。

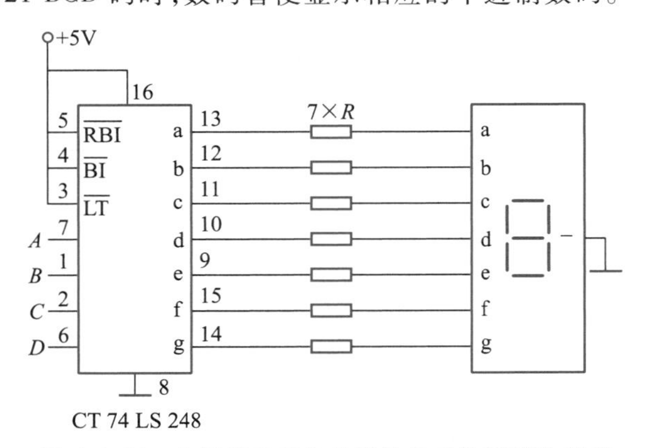

图 4.4.11 七段译码器与半导体发光数码管的连接

4.5 集成触发器

视频资源:4.5 集成触发器

在数字系统中,为了组成各种逻辑功能的电路,除了 4.3 节介绍的门电路外,还需要一种具有记忆功能的基本逻辑单元——触发器。触发器具有 **0** 和 **1** 两个稳定状态,在触发信号作用下,可以从原来的一种稳定状态转换到另一种稳定状态。触发器的输出状态不仅和当时的输入有关,而且和以前的输出状态有关,这是触发器和门电路的最大区别。按逻辑功能的不同,触发器可分为 *RS* 触发器、*D* 触发器、*JK* 触发器和 $T(T')$ 触发器;按电路结构上的不同,可分为基本触发器、同步触发器、边沿触发器等。

4.5.1 基本 *RS* 触发器

图 4.5.1 是由两个**与非**门组成的基本 *RS* 触发器,$\overline{S}$、$\overline{R}$ 为输入端,Q、$\overline{Q}$ 为输出端,正常工作时 Q 与 $\overline{Q}$ 的电平是相反的。

当 $\overline{S}=\mathbf{1}$、$\overline{R}=\mathbf{0}$时,G_2 门的输出 $\overline{Q}=\mathbf{1}$,反馈到 G_1 门,使 G_1 门的两个输入均为 **1**,输出 $Q=\mathbf{0}$。$Q=\mathbf{0}$又反馈到 G_2 门的输入端,保证 $\overline{Q}=\mathbf{1}$。此时即使 $\overline{R}=\mathbf{0}$的信号撤掉(即 $\overline{R}$ 由 **0** 变 **1**),触发器的状态不变,这就是触发器的记忆功能。$Q=\mathbf{0}$、$\overline{Q}=\mathbf{1}$时,称触发器处于 **0** 状态。

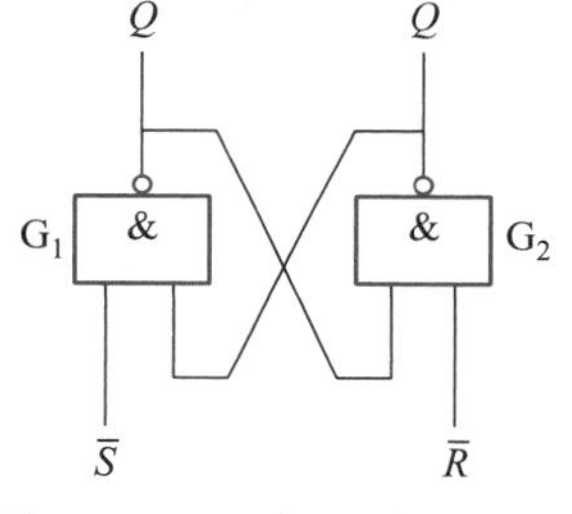

图 4.5.1 基本 *RS* 触发器

当 $\overline{S}=\mathbf{0}$、$\overline{R}=\mathbf{1}$时,可分析得 $Q=\mathbf{1}$、$\overline{Q}=\mathbf{0}$,触发器处于 **1**状态。

当 $\overline{S}=\mathbf{1}$、$\overline{R}=\mathbf{1}$时,两个**与非**门的工作状态不受影响,触发器保持原来的状态不变。

当 $\overline{S}=\mathbf{0}$、$\overline{R}=\mathbf{0}$时,$Q=\overline{Q}=\mathbf{1}$,是触发器的不正常状态。而且当 $\overline{S}=\mathbf{0}$、$\overline{R}=\mathbf{0}$的信号同时撤掉后(即 $\overline{S}$、$\overline{R}$ 同时由 **0** 变 **1**),由于门电路翻转速度的不确定性,触发器的状态将不能确定。因此在使用中应避免这种情况出现。

如果用 Q^n 表示触发器原来的状态(称为原态),Q^{n+1} 表示新的状态(称为次态),可以列出基本 *RS* 触发器的逻辑状态转换表如表 4.5.1(a)所示,在该状态转换表中,将触发器的原状态 Q^n 作为一个输入变量,Q^{n+1} 的状态由 $\overline{S}$、$\overline{R}$ 和 Q^n 来确定。表 4.5.1(a)有时也简化为表 4.5.1(b)所示形式。

基本 *RS* 触发器输出状态的变化也可以用波形图来描述,如图 4.5.2 所示。基本 *RS* 触发器的图形符号如图 4.5.3 所示。

根据以上分析,对基本 *RS* 触发器可以得出以下结论:

(1) 触发器的输出有两个稳态:$Q=\mathbf{0}$、$\overline{Q}=\mathbf{1}$和 $Q=\mathbf{1}$、$\overline{Q}=\mathbf{0}$。这种有两个稳态的触发器通常称为双稳态触发器。若令 $\overline{S}=\mathbf{1}$、$\overline{R}=\mathbf{1}$,触发器的状态就可以保持,说明双稳态触发器具有记忆功能。

表 4.5.1　基本 *RS* 触发器的逻辑状态转换表

$\overline{S}$	$\overline{R}$	Q^n	Q^{n+1}
0	**0**	**0**	不定
0	**0**	**1**	
0	**1**	**0**	**1**
0	**1**	**1**	
1	**0**	**0**	**0**
1	**0**	**1**	
1	**1**	**0**	**0**
1	**1**	**1**	**1**

(a)

$\overline{S}$	$\overline{R}$	Q^{n+1}
0	**0**	不定
0	**1**	**1**
1	**0**	**0**
1	**1**	Q^n

(b)

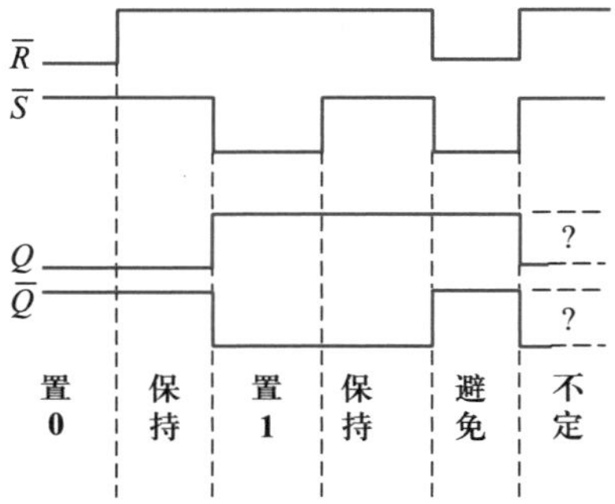

图 4.5.2　基本 *RS* 触发器的波形图

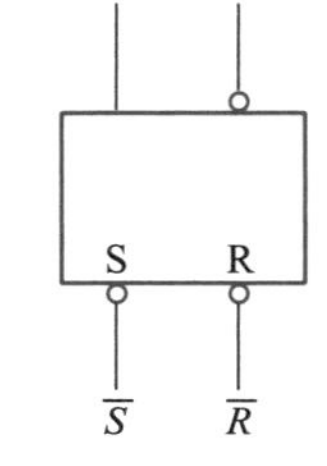

图 4.5.3　基本 *RS* 触发器图形符号

（2）利用加于 $\overline{R}$、$\overline{S}$ 端的负脉冲可使触发器由一个稳态转换为另一稳态。加入的负脉冲称触发脉冲。

（3）可以直接置位。当 $\overline{R}=\mathbf{0}$、$\overline{S}=\mathbf{1}$时，$Q=\mathbf{0}$，所以 $\overline{R}$ 端称为置**0**端或复位端；而 $\overline{R}=\mathbf{1}$、$\overline{S}=\mathbf{0}$时，$Q=\mathbf{1}$，所以 $\overline{S}$ 端称为置 **1** 端或置位端。$\overline{S}$、$\overline{R}$ 上方的“—”（非号）表示加负脉冲（低电平）时才有这个功能。图形符号中 $\overline{S}$、$\overline{R}$ 引线靠近方框处的小圆圈也表示该触发器是用低电平触发的。$\overline{Q}$ 引线靠近方框处的小圆圈表示该端状态和 Q 端相反。

基本 *RS* 触发器是组成其他功能触发器的基础。在 TTL 集成电路中，CT74LS279 就是基本 *RS* 触发器，它内部包含四个独立的基本 *RS* 触发器。

4.5.2　同步 *RS* 触发器

在数字系统中往往要求触发器的动作时刻和其他部件相一致，这就必须有一个同步信号，以协调触发器和触发器、触发器和其他数字逻辑部件的动作。同步信号是一种脉冲信号，通常称为时钟脉冲（Clock Pulse，简称 CP）。

同步 *RS* 触发器的逻辑图和图形符号如图 4.5.4 所示。图中 *R*、*S* 端为数据

输入端，CP 端为时钟脉冲输入端，$\overline{S}_d$、$\overline{R}_d$ 为直接置位、复位输入端。图形符号中方框内文字符号 C1、1S、1R 中的 1 是一种关联标识，表示 C1 和 1S、1R 是相互关联的输入，即只有在 C1 是高电平时，1S、1R 才起作用（C1 外引线靠近框处加有一小圆圈，则表示是低电平有效，无小圆圈则表示是高电平有效）。以后涉及的触发器都有这种关联标识。

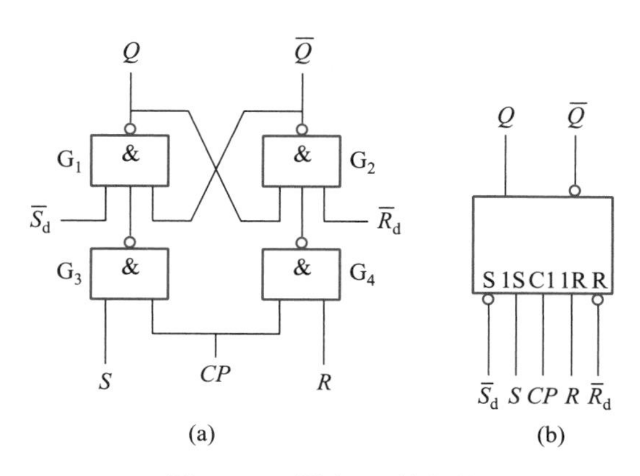

图 4.5.4　同步 RS 触发器
（a）逻辑图　（b）图形符号

从图 4.5.4 可以看出：$\overline{S}_d$、$\overline{R}_d$ 不受 CP 的控制和 S、R 的影响，称为异步输入端，可以使触发器直接置位或复位。当 $\overline{S}_d=\mathbf{0}$、$\overline{R}_d=\mathbf{1}$ 时，$Q=\mathbf{1}$，直接置位；当 $\overline{S}_d=\mathbf{1}$、$\overline{R}_d=\mathbf{0}$ 时，$Q=\mathbf{0}$，直接复位。所以 $\overline{S}_d$ 和 $\overline{R}_d$ 分别称为直接置位输入端和直接复位输入端，它们都是低电平或负脉冲时有效。$\overline{S}_d$、$\overline{R}_d$ 常用来设置所需要的初始状态，一般应在时钟脉冲到来之前设定触发器的初始状态。不作用时，$\overline{S}_d$ 和 $\overline{R}_d$ 都应设置成高电平。

从逻辑图中可以看出，$CP=\mathbf{0}$ 时，R 和 S 都被封锁，触发器的状态不会改变。只有在 $CP=\mathbf{1}$时，触发器状态才会根据 S、R 端的输入而改变。这样当整个系统的触发器受同一个时钟脉冲控制时，系统中的各个部分就能协调一致的工作。这就是同步的作用。

在图 4.5.4 中，当 $CP=\mathbf{1}$ 时，输入信号作用至基本 RS 触发器。在 $CP=\mathbf{1}$期间，若$S=\mathbf{0}$、$R=\mathbf{1}$，则 $Q=\mathbf{0}$；若 $S=\mathbf{1}$、$R=\mathbf{0}$，则 $Q=\mathbf{1}$；若 $S=R=\mathbf{0}$，则 Q 状态不变；但如果 $S=R=1$，则当 CP 由 $\mathbf{1}$ 变 $\mathbf{0}$ 时，Q 的状态不定。

同步 RS 触发器的波形图如图 4.5.5 所示，应注意 $\overline{S}_d$、$\overline{R}_d$ 两直接输入端的作用及 CP 的控制作用。

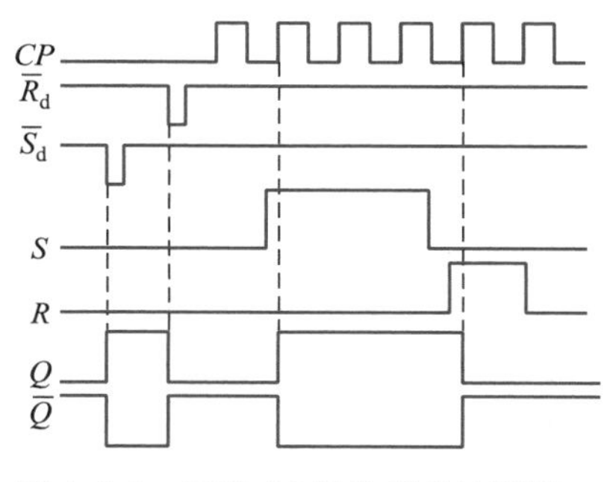

图 4.5.5　同步 RS 触发器的波形图

4.5.3　D 锁存器和正边沿触发的 D 触发器

1. D 锁存器

与基本 RS 触发器一样，同步 RS 触发器对输入条件也有限制，即禁止出现 R、S 同时为 **1** 的状态。为了避免出现这种状态，可以在同步 RS 触发器的基础上稍做改进，如图 4.5.6(a)所示。这是一个单端输入的触发器，称为同步 D 触发器。又由于它只能用于锁存数据，故通常称为 D 锁存器。图 4.5.6(b)是同步 D 锁存器的图形符号。

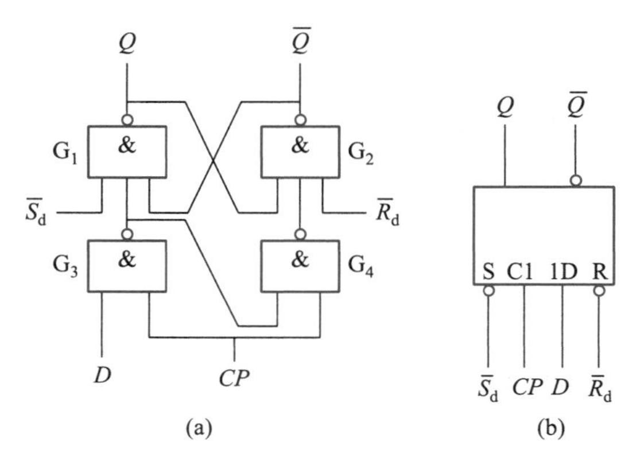

图 4.5.6　同步 D 锁存器
(a) 逻辑图　(b) 图形符号

当 $CP=\mathbf{0}$ 时，D 输入端被封锁，数据不能传入，D 锁存器状态不变。

当 $CP=\mathbf{1}$ 时，D 锁存器输出状态由 D 输入端电平决定，若 $D=\mathbf{1}$ 则 $Q=\mathbf{1}$，若 $D=\mathbf{0}$ 则 $Q=\mathbf{0}$。一旦 CP 重新变为 **0**，D 数据就被锁存。

D 锁存器的逻辑函数表达式(通常称为特性方程)为

$$Q^{n+1}=D \tag{4.5.1}$$

由于 D 锁存器的状态只有在 $CP=\mathbf{1}$ 期间才能改变，故把这种触发方式称为电平触发方式。电平触发方式的优点是结构简单，动作比较快。缺点是 $CP=\mathbf{1}$ 期间，输入状态的变化会引起输出状态的变化。因此电平触发方式的触发器不能用于计数，只能用于锁存数据。

2. 正边沿触发的 D 触发器

在很多情况下(如计数)，要求对应于一个时钟脉冲触发器只能翻转一次。同时，为了提高触发器工作的可靠性，增强抗干扰能力，可以采用边沿触发的触发器。采用边沿触发的触发器，其次态仅由 CP 上升沿或下降沿到达时输入端的信号决定，而在此以前或以后输入信号的变化不会影响触发器的状态。边沿触发器分为正边沿(上升沿)触发器和负边沿(下降沿)触发器两类。

在 TTL 集成电路中，CT74LS74、CT74LS273 等都属于正边沿触发的 D 触发器，图 4.5.7 为正边沿 D 触发器的图形符号。注意图中方框内 C1 处有一个符号“^”，表示 C1 的输入由 **0** 变 **1**(上升沿)时，1D 的输入起作用。图

4.5.8 是正边沿 D 触发器和电平触发 D 锁存器的波形图，从中可体会边沿触发和电平触发的区别。正边沿 D 触发器与 D 锁存器的特性方程是一致的，即 $Q^{n+1}=D$。

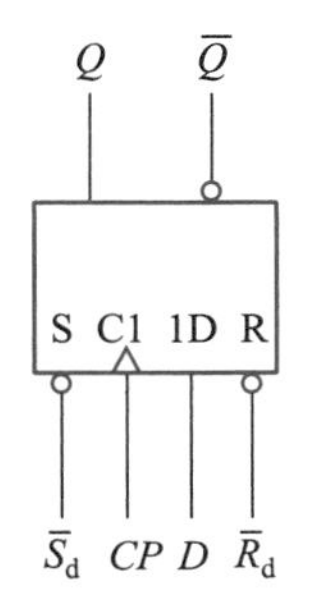

图 4.5.7 正边沿 D 触发器的图形符号

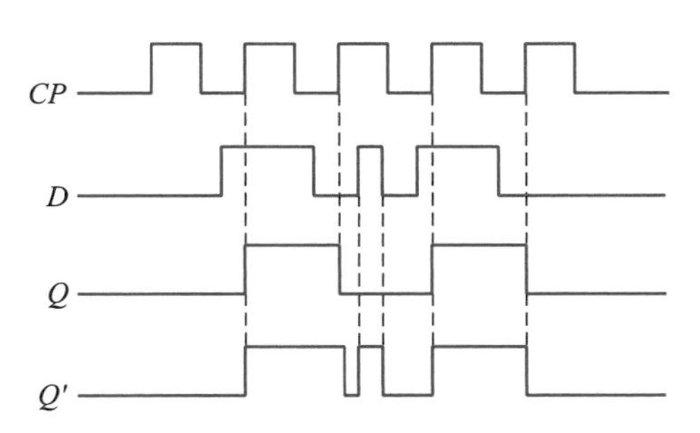

图 4.5.8 D 触发器的波形图
Q—正边沿 D 触发器输出波形
Q'—电平触发 D 锁存器输出波形

4.5.4 负边沿触发的 JK 触发器

常用的触发器除了 D 触发器外，还有 JK 触发器，例如 TTL 集成电路中 CT74LS76 就是负边沿触发的 JK 触发器。

图 4.5.9 是负边沿 JK 触发器的图形符号，其中图 4.5.9(b) 中的 J、K 各有两个输入端（也可能为多个输入端），它们之间是**与**逻辑关系，即 $J=J_1J_2$，$K=K_1K_2$。图中 $\overline{S}_d$ 是直接置位端，$\overline{R}_d$ 是直接复位端，CP 是时钟脉冲输入端。CP 端靠近方框处有一小圆圈，加上方框内的符号“∧”，表示 CP 信号从高电平到低电平时有效，即属负边沿（下降沿）触发。

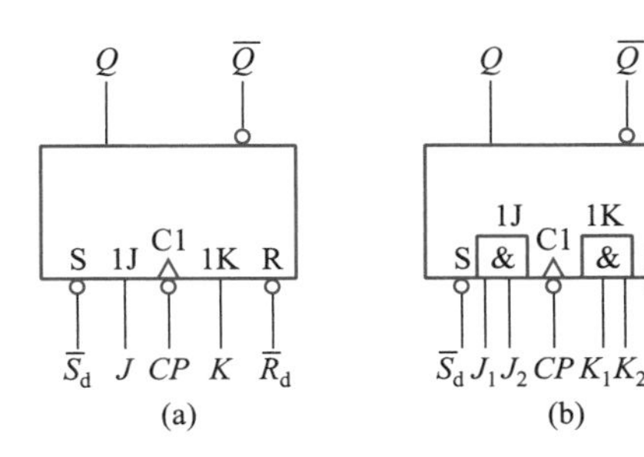

图 4.5.9 负边沿触发 JK 触发器的图形符号

JK 触发器的逻辑状态转换表如表 4.5.2(a) 所示，表 4.5.2(b) 是其简化形式。从表可知，当 $J=K=\mathbf{0}$ 时，CP 下降沿作用后 Q 状态不变；当 $J=K=\mathbf{1}$ 时，CP 下降沿作用后 Q 状态和原来相反；当 $J\neq K$ 时，CP 下降沿作用后 Q 状态和 J 端状态相同。

根据 JK 触发器的逻辑状态转换表表[4.5.2(a)]可以写出其特性方程为

$$
\begin{aligned}
Q^{n+1} &= \overline{J}\ \overline{K}\ Q^n + J\overline{K}Q^n + J\overline{K}\ \overline{Q}^n + JK\overline{Q}^n \\
&= (\overline{J}\ \overline{K} + J\overline{K})Q^n + (J\overline{K} + JK)\overline{Q}^n \\
&= J\overline{Q}^n + \overline{K}Q^n
\end{aligned}
\tag{4.5.2}
$$

表 4.5.2　*JK* 触发器的逻辑状态转换表

J	K	Q^n	Q^{n+1}
0	0	0	0
0	0	1	1
0	1	0	0
0	1	1	0
1	0	0	1
1	0	1	1
1	1	0	1
1	1	1	0

(a)

J	K	Q^{n+1}	功能
0	0	Q^n	保持
0	1	0	置 0
1	0	1	置 1
1	1	$\overline{Q}^n$	翻转

(b)

负边沿 JK 触发器的波形图如图 4.5.10 所示，从图中可知，Q 的状态除了与原来的状态有关外，只取决于 CP 下降沿到来瞬间 J、K 的状态，和其他时刻 J、K 的状态无关。

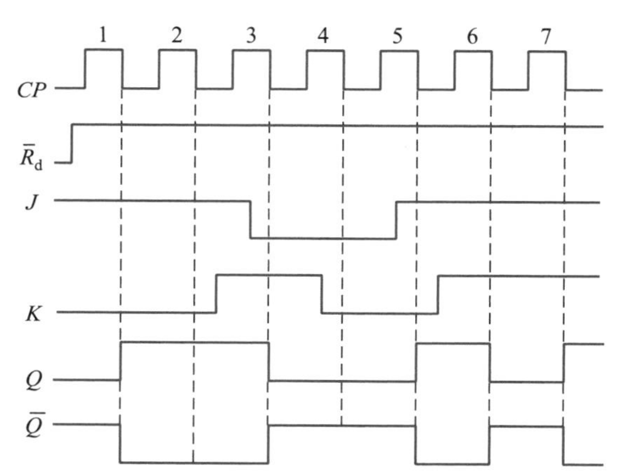

图 4.5.10　负边沿 JK 触发器的波形图

［**例题 4.5.1**］　分析图 4.5.11 所示电路的逻辑功能。

［**解**］　由图 4.5.11 可以求得

$$
\begin{aligned}
D &= \overline{\overline{J+Q^n}+KQ^n} = (J+Q^n)\overline{KQ^n} \\
&= (J+Q^n)(\overline{K}+\overline{Q}^n) \\
&= J\overline{K} + J\overline{Q}^n + \overline{K}Q^n \\
&= J\overline{K}(Q^n+\overline{Q}^n) + J\overline{Q}^n + \overline{K}Q^n \\
&= J\overline{Q}^n(\overline{K}+1) + \overline{K}Q^n(J+1) \\
&= J\overline{Q}^n + \overline{K}Q^n
\end{aligned}
$$

所以 $Q^{n+1}=D=J\overline{Q}^n+\overline{K}Q^n$，这是由 D 触发器和门电路构成的 JK 触发器。由于时钟脉冲（CP）经过一个**非**门再作用到正边沿 D 触发器的时钟输入端，因此这是一个负边沿触发器。

由于边沿触发的 JK 触发器功能比较完善，抗干扰能力较强，在数字系统中得到了广泛的应用。

如果把 JK 触发器的 J、K 端连在一起，输入端用 T 表示，则称为 T 触发器，如图 4.5.12 所示。很容易由 JK 触发器的特性方程得出 T 触发器的特性方程为

$$Q^{n+1}=T\overline{Q}^n+\overline{T}Q^n \tag{4.5.3}$$

当 $T=\mathbf{1}$ 时，$Q^{n+1}=\overline{Q}^n$（此时又称为 T' 触发器），CP 每次作用，触发器都翻转；当 $T=\mathbf{0}$ 时，$Q^{n+1}=Q^n$，Q 状态保持不变。$T(T')$ 触发器常用于计数电路中。

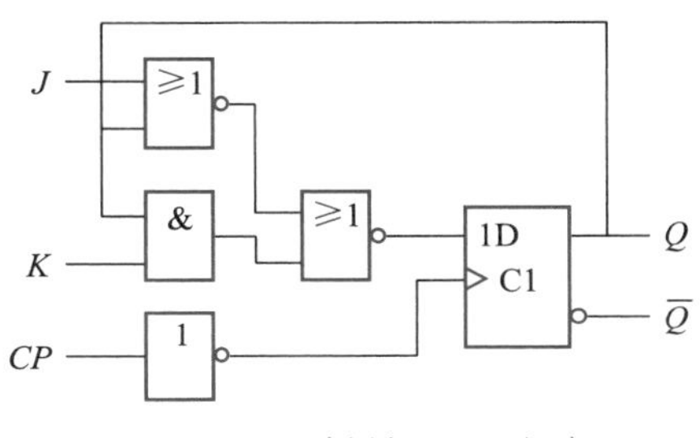

图 4.5.11　例题 4.5.1 电路

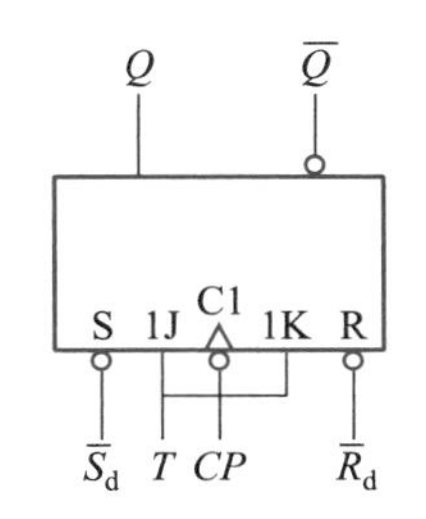

图 4.5.12　T 触发器的逻辑图

4.6　时序逻辑电路

若逻辑电路由触发器或触发器加组合逻辑电路组成，则它的输出不仅与当前时刻的输入状态有关，而且与电路原来状态（触发器的状态）有关，这种电路称为时序逻辑电路。这里的“时序”意即电路的状态与时间顺序有密切的关系。

时序逻辑电路根据时钟脉冲加入方式的不同，分为同步时序逻辑电路和异步时序逻辑电路。同步时序逻辑电路中各触发器共用同一个时钟脉冲，因而各触发器的动作均与时钟脉冲同步。异步时序逻辑电路中各触发器不共用同一个时钟脉冲，因而各触发器的动作时间不同步。

视频资源：4.6.1 时序逻辑电路的分析方法

4.6.1　时序逻辑电路的分析方法

时序逻辑电路的分析就是分析给定时序逻辑电路的逻辑功能。由于时序电路的逻辑状态是按时间顺序随输入信号的变化而变化，因此，分析时序逻辑电路即是找出电路的输出状态随输入变量和时钟脉冲作用下的变化规律。其一般步骤大致为：

（1）分析电路的组成。了解哪些是输入量，哪些是输出量。了解各触发器之间的连接方法和组合电路部分的结构（在不少时序逻辑电路中，都含有组合逻辑电路的部分）。

（2）写出组合逻辑电路对外输出的逻辑表达式，称为输出方程。若没有则

不写。

(3) 写出各个触发器输入端的逻辑函数表达式,称为驱动方程。

(4) 把各个触发器的驱动方程代入触发器的特性方程,得出各触发器的状态方程。

(5) 根据状态方程和输出方程,列出逻辑状态转换表,画出波形图,确定该时序电路的状态变化规律和逻辑功能。

下面举例说明具体分析步骤。为了便于叙述,在本书的时序逻辑电路图中的触发器,其图形符号方框中的关联符号不再标出。例如 *JK* 触发器中的 C1 不标出,1J 和 1K 用 J、K 表示。

[例题 4.6.1] 分析图 4.6.1 所示时序逻辑电路的功能。

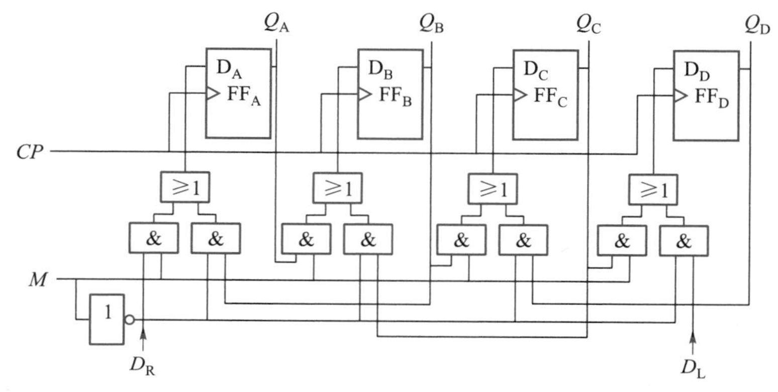

图 4.6.1 例题 4.6.1 的逻辑图

[解] 图 4.6.1 所示电路由 4 个 *D* 触发器 FF_A、FF_B、FF_C 和 FF_D 组成,它们受同一个时钟脉冲 *CP* 控制,因此是同步时序逻辑电路。电路中含有由 8 个**与**门、4 个**或**门和 1 个**非**门构成的组合逻辑电路。组合电路的输入来自 4 个触发器的 *Q* 端和 M、D_R、D_L 端,4 个输出分别接至 4 个触发器的 *D* 端。组合电路没有直接对外的输出端,故没有输出方程。

触发器 FF_A、FF_B、FF_C 和 FF_D 对应的 D_A、D_B、D_C 和 D_D 的输入表达式即驱动方程为

$$D_A = MD_R + \overline{M}Q_B^n$$

$$D_B = MQ_A^n + \overline{M}Q_C^n$$

$$D_C = MQ_B^n + \overline{M}Q_D^n$$

$$D_D = MQ_C^n + \overline{M}D_L$$

将上述驱动方程代入 *D* 触发器的特性方程 $Q^{n+1} = D$,可得到触发器的状态方程为

$$Q_A^{n+1} = MD_R + \overline{M}Q_B^n$$

$$Q_B^{n+1} = MQ_A^n + \overline{M}Q_C^n$$

$$Q_C^{n+1}=MQ_B^n+\overline{M}Q_D^n$$

$$Q_D^{n+1}=MQ_C^n+\overline{M}D_L$$

当 $M=\mathbf{1}$ 时,状态方程为 $Q_A^{n+1}=D_R$,$Q_B^{n+1}=Q_A^n$,$Q_C^{n+1}=Q_B^n$,$Q_D^{n+1}=Q_C^n$;

当 $M=\mathbf{0}$ 时,状态方程为 $Q_A^{n+1}=Q_B^n$,$Q_B^{n+1}=Q_C^n$,$Q_C^{n+1}=Q_D^n$,$Q_D^{n+1}=D_L$。

根据状态方程,可列出电路的逻辑状态转换表如表4.6.1所示。为便于表述,表中假设 Q_A、Q_B、Q_C 和 Q_D 的初始状态分别为 **1**、**0**、**1**、**0**,D_R 或 D_L 输入的数码依次为 D_0、D_1、D_2、D_3。可见当 $M=\mathbf{1}$ 时,在第1个 CP 作用后,D_R 端的数码 D_0 存入 FF_A,同时 FF_A、FF_B 和 FF_C 的原存数码 **1**、**0**、**1** 分别移至 FF_B、FF_C 和 FF_D,即数码从左向右移动1位。在 CP 的依次作用下,D_R 端的数码依次存入 FF_A,并从 FF_A 向 FF_D 方向逐位移动,实现数码的右移。而当 $M=\mathbf{0}$ 时,在 CP 的依次作用下,D_L 端的数码依次存入 FF_D,并从 FF_D 向 FF_A 方向逐位移动,实现左移。因此这是一个可进行移位方向控制的双向移位寄存器(寄存器将在4.6.2节介绍),M 为移位方向控制端,D_R 和 D_L 分别为右移和左移串行数据输入端。

表 4.6.1　例题 4.6.1 的逻辑状态转换表

输入	现态				次态			
D_R	Q_A^n	Q_B^n	Q_C^n	Q_D^n	Q_A^{n+1}	Q_B^{n+1}	Q_C^{n+1}	Q_D^{n+1}
D_0	**1**	**0**	**1**	**0**	D_0	**1**	**0**	**1**
D_1	D_0	**1**	**0**	**1**	D_1	D_0	**1**	**0**
D_2	D_1	D_0	**1**	**0**	D_2	D_1	D_0	**1**
D_3	D_2	D_1	D_0	**1**	D_3	D_2	D_1	D_0

(a) $M=\mathbf{1}$

输入	现态				次态			
D_L	Q_A^n	Q_B^n	Q_C^n	Q_D^n	Q_A^{n+1}	Q_B^{n+1}	Q_C^{n+1}	Q_D^{n+1}
D_0	**1**	**0**	**1**	**0**	**0**	**1**	**0**	D_0
D_1	**0**	**1**	**0**	D_0	**1**	**0**	D_0	D_1
D_2	**1**	**0**	D_0	D_1	**0**	D_0	D_1	D_2
D_3	**0**	D_0	D_1	D_2	D_0	D_1	D_2	D_3

(b) $M=\mathbf{0}$

[例题 4.6.2]　分析图4.6.2所示时序逻辑电路的功能,假设初始状态为 $Q_3Q_2Q_1Q_0=\mathbf{0000}$。

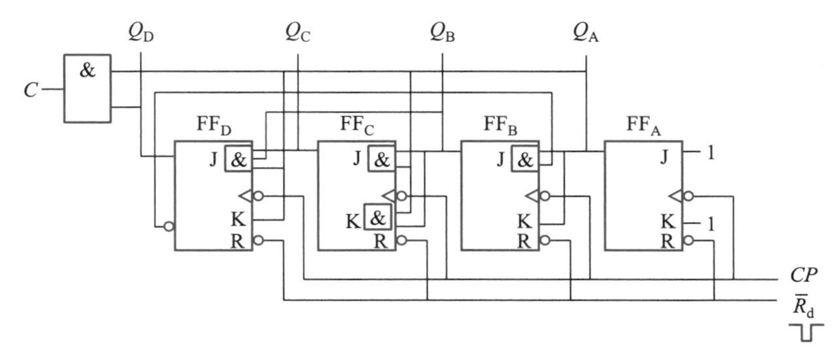

图 4.6.2　例题 4.6.2 的时序逻辑电路

[解]　图4.6.2所示时序逻辑电路由4个 JK 触发器 FF_A、FF_B、FF_C 和 FF_D 组成,它们受同一个时钟脉冲 CP 控制,因此是同步时序电路。

根据图4.6.2,可以列出各触发器的驱动方程为

$$\left.\begin{aligned}&J_{A}=K_{A}=\mathbf{1}\\&J_{B}=Q_{A}^{n}\overline{Q}_{D}^{n},K_{B}=Q_{A}^{n}\\&J_{C}=K_{C}=Q_{A}^{n}Q_{B}^{n}\\&J_{D}=Q_{A}^{n}Q_{B}^{n}Q_{C}^{n},K_{D}=Q_{A}^{n}\end{aligned}\right\}$$

各触发器的状态方程为

$$\left.\begin{aligned}&Q_{A}^{n+1}=\overline{Q}_{A}^{n}\\&Q_{B}^{n+1}=Q_{A}^{n}\overline{Q}_{D}^{n}\overline{Q}_{B}^{n}+\overline{Q}_{A}^{n}Q_{B}^{n}\\&Q_{C}^{n+1}=Q_{A}^{n}Q_{B}^{n}\overline{Q}_{C}^{n}+\overline{Q_{A}^{n}Q_{B}^{n}}Q_{C}^{n}\\&Q_{D}^{n+1}=Q_{A}^{n}Q_{B}^{n}Q_{C}^{n}\overline{Q}_{D}^{n}+\overline{Q}_{A}^{n}Q_{D}^{n}\end{aligned}\right\}$$

C 为进位输出,输出方程为

$$C=Q_{D}^{n}Q_{A}^{n}$$

根据上述各式,可以列出图4.6.2所示时序逻辑电路的逻辑状态转换表,如表4.6.2所示。从表中可知,在 CP 作用下,$Q_{D}Q_{C}Q_{B}Q_{A}$ 按照 **0000→0001→0010→…→1001→0000→…** 的规律变化,每10个状态循环一次,而且从初始状态 **0000** 开始,每来一个脉冲,$Q_{D}Q_{C}Q_{B}Q_{A}$ 相应二进制的数值都加1,10个脉冲以后,输出 C 为 **1**,因此这是一个一位十进制加法计数器电路(计数器的概念将在4.6.3节介绍)。从表4.6.2还可以看出,循环中不出现 **1010,1011,1100,1101,1110,1111** 等6个状态。通常将计数循环中出现的状态称为有效状态,计数循环中不出现的状态称为无效状态。计数器在正常工作时,电路状态只在有效状态内循环,不会出现无效状态。

为了更形象直观地显示电路的逻辑功能,还可以用逻辑状态转换图来表示,如图4.6.3所示。图中圆圈内的二进制数表示计数器的状态,圆圈与圆圈之间的箭头表示状态的转换方向。

表 4.6.2　例题 4.6.2 的逻辑状态转换表

序号	现在状态				下一个状态				进位
	Q_{D}^{n}	Q_{C}^{n}	Q_{B}^{n}	Q_{A}^{n}	Q_{D}^{n+1}	Q_{C}^{n+1}	Q_{B}^{n+1}	Q_{A}^{n+1}	C
0	**0**	**0**	**0**	**0**	**0**	**0**	**0**	**1**	**0**
1	**0**	**0**	**0**	**1**	**0**	**0**	**1**	**0**	**0**
2	**0**	**0**	**1**	**0**	**0**	**0**	**1**	**1**	**0**
3	**0**	**0**	**1**	**1**	**0**	**1**	**0**	**0**	**0**
4	**0**	**1**	**0**	**0**	**0**	**1**	**0**	**1**	**0**
5	**0**	**1**	**0**	**1**	**0**	**1**	**1**	**0**	**0**
6	**0**	**1**	**1**	**0**	**0**	**1**	**1**	**1**	**0**

续表

序号	现在状态				下一个状态				进位
	Q_D^n	Q_C^n	Q_B^n	Q_A^n	Q_D^{n+1}	Q_C^{n+1}	Q_B^{n+1}	Q_A^{n+1}	C
7	0	1	1	1	1	0	0	0	0
8	1	0	0	0	1	0	0	1	0
9	1	0	0	1	0	0	0	0	1
10	1	0	1	0	1	0	1	1	0
11	1	0	1	1	0	1	0	0	1
12	1	1	0	0	1	1	0	1	0
13	1	1	0	1	0	1	0	0	1
14	1	1	1	0	1	1	1	1	0
15	1	1	1	1	0	0	0	0	1

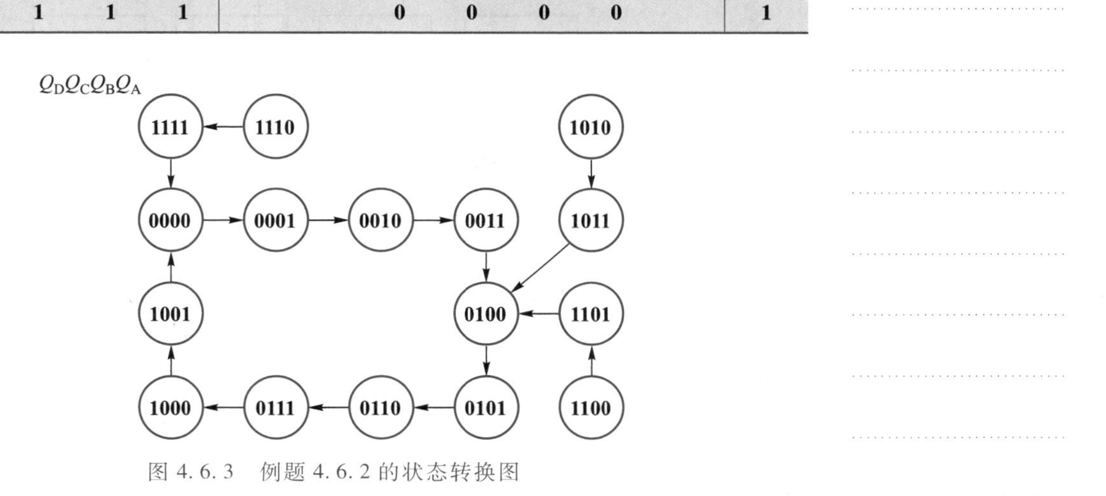

图 4.6.3　例题 4.6.2 的状态转换图

图 4.6.4 是例题 4.6.2 的波形图。从波形图可以看出，该电路输入 10 个脉冲，输出端 C 才输出 1 个脉冲，故该电路不仅可以计数，而且还具有 10 分频的功能。

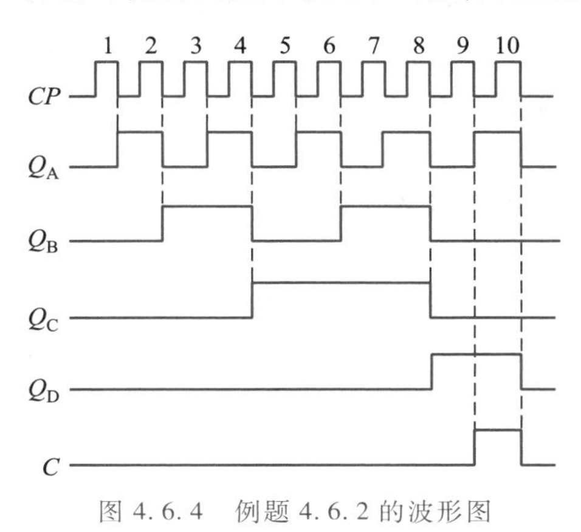

图 4.6.4　例题 4.6.2 的波形图

视频资源：
4.6.2-4.6.3 时序逻辑电路-寄存器和计数器

4.6.2　寄存器

寄存器是一种典型的时序电路，在数字系统中应用极为广泛。它可分为数码寄存器和移位寄存器。

1. 数码寄存器

数码寄存器用来暂时存放二进制数码，它可以用触发器方便地构成，需要存放 N 位二进制码，就要用 N 个触发器。

图 4.6.5 是用 4 个 D 触发器组成的 4 位数码寄存器。$D_3D_2D_1D_0$ 为待寄存的 4 位二进制数码，当 CP 端加入一个正脉冲后，4 位二进制数码就存入 4 个触发器了。

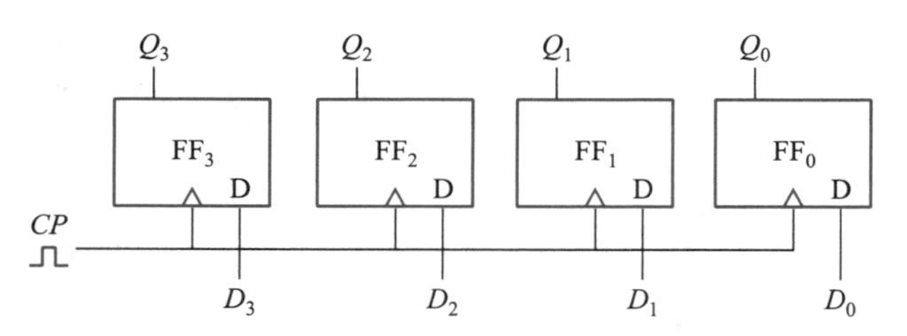

图 4.6.5　D 触发器组成的 4 位数码寄存器

2. 移位寄存器

在数字系统中，有时要求寄存器不仅具有存放数码的功能，而且还具有移位的功能，这种寄存器称为移位寄存器。所谓移位，就是在移位脉冲作用下使得寄存器的数码向左或向右移位。通过对数码移位，可以实现两个二进制数的串行相加、相乘和其他的算术运算。因此它在计算技术和数据处理技术等方面有着广泛的应用。

移位寄存器可分为单向移位寄存器和双向移位寄存器。按输入方式的不同，可分为串行输入和并行输入；按输出方式不同，可分为串行输出和并行输出。

(1) 单向移位寄存器。单向移位寄存器可分为右移寄存器和左移寄存器两种。数码自左向右移称为右移寄存器，数码自右向左移称为左移寄存器。

图 4.6.6 是由 D 触发器组成的 4 位数码右移寄存器的逻辑图。输入只加至触发器 FF_A 的 D 端，是串行输入方式。4 位数码输出可以从 4 个触发器的 Q 端得到，即并行输出；也可以依次从最后一个触发器 FF_D 的 Q_D 端得到，即串行输出。

根据图 4.6.6 可以写出各个触发器的状态方程为 $Q_A^{n+1}=D_R$，$Q_B^{n+1}=Q_A^n$，$Q_C^{n+1}=Q_B^n$，$Q_D^{n+1}=Q_C^n$。图 4.6.7 是该寄存器的波形图。从状态方程和波形图可以看出，每加一个移位脉冲，数码就向右移动一位，故该寄存器是一个右移寄存器。

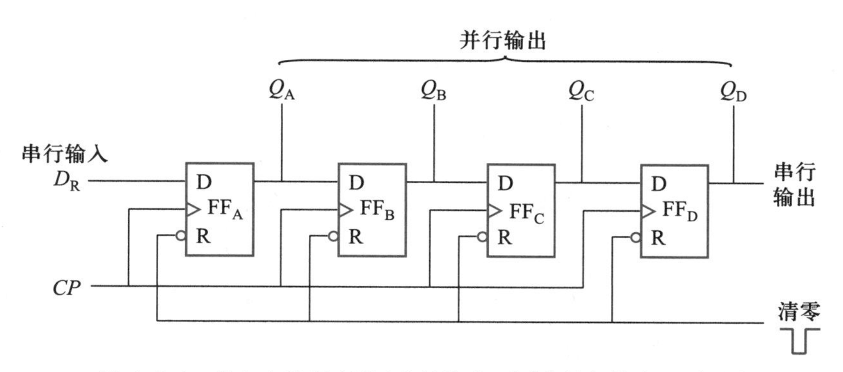

图 4.6.6 单向右移寄存器(串行输入、串行/并行输出)逻辑图

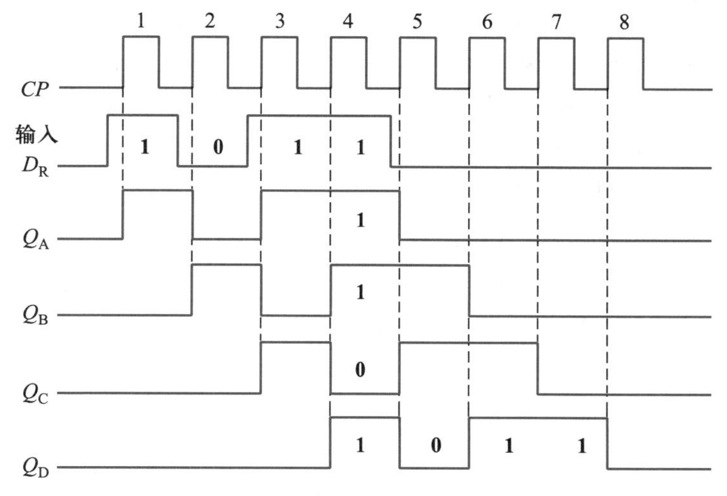

图 4.6.7 单向右移寄存器波形图

(2) 双向移位寄存器。例题 4.6.1 已经介绍了双向移位寄存器的工作原理和功能。图 4.6.8 是集成 4 位双向通用移位寄位器 74LS194A 的外引线排列图。图中 D_A、D_B、D_C、D_D 为并行输入端；Q_A、Q_B、Q_C、Q_D 为对应的并行输出端；D_{SR} 和 D_{SL} 分别为右移和左移串行数据输入端；$\overline{CR}$ 为直接清零端；S_1、S_0 为工作模式控制端。74LS194A 的逻辑功能表如表 4.6.3 所示，它除了清零及保持功能外，既可左移又可右移，还可并行输入数据。

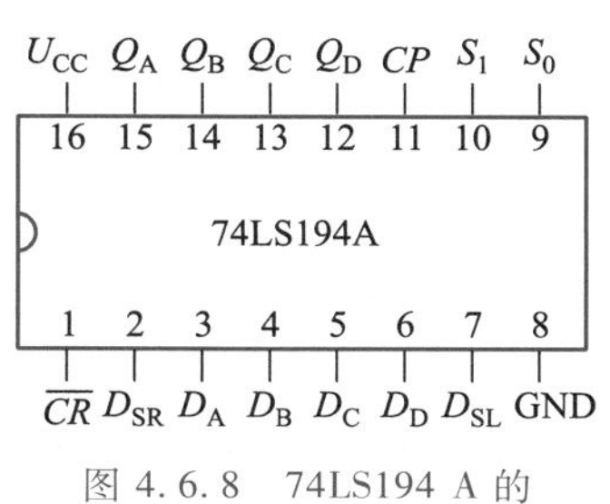

图 4.6.8 74LS194 A 的外引线排列图

移位寄存器的应用很广，可用作数据转换，如把串行数据转换为并行数据，或把并行数据转换为串行数据；也可构成寄存器型计数器、顺序脉冲发生器、串行累加器等。

表 4.6.3　74LS194A 的逻辑功能表

$\overline{CR}$	S_1	S_0	功能	说明
0	×	×	清零	$\overline{CR}$为低电平时，使 $Q_AQ_BQ_CQ_D$ = **0000**
1	**1**	**1**	并行送数	CP 上升沿作用后，并行输入的数据 $D_AD_BD_CD_D$ 送入寄存器，$Q_AQ_BQ_CQ_D = D_AD_BD_CD_D$
1	**0**	**1**	右移	串行数据送到右移输入端 D_{SR}，在 CP 上升沿进行右移
1	**1**	**0**	左移	串行数据送到左移输入端 D_{SL}，在 CP 上升沿进行左移
1	**0**	**0**	保持	CP 作用后寄存器内容不变

注：表中×表示任意状态。

图 4.6.9 是用一个 74LS194A 构成的 4 位顺序脉冲发生器。工作前首先在 S_1 端加预置正脉冲，使 S_1S_0 = **11**，在移位脉冲 CP 作用下，$Q_AQ_BQ_CQ_D$ = **1000**。预置脉冲过后，S_1S_0 = **01**，寄存器处在右移状态，以后每来一个移位脉冲，$Q_AQ_BQ_CQ_D$ 循环右移一位，其工作波形如图 4.6.10 所示。从波形上可以看出，这是一个 4 位顺序脉冲发生器。

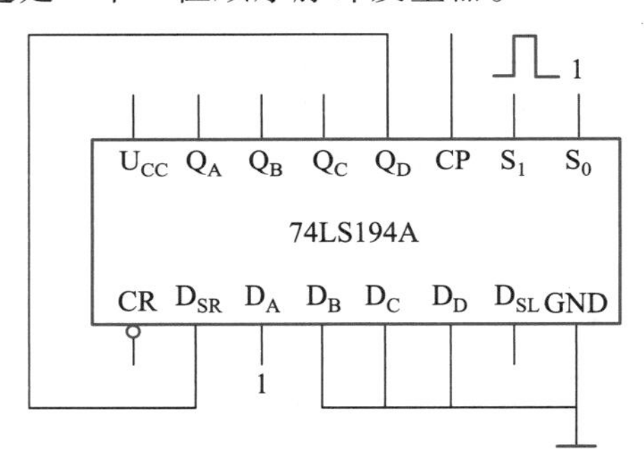

图 4.6.9　由 74LS194A 构成的 4 位顺序脉冲发生器

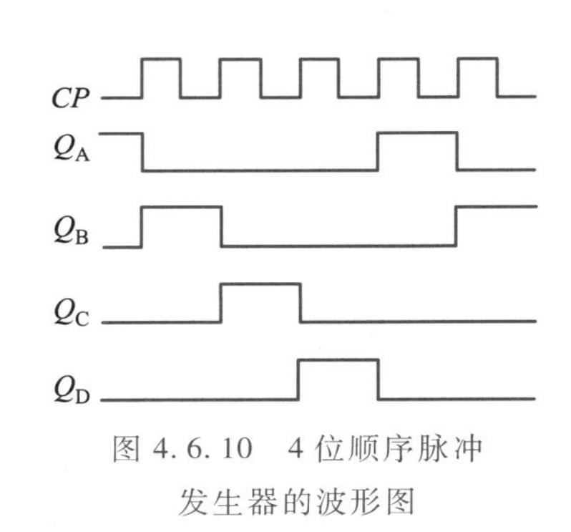

图 4.6.10　4 位顺序脉冲发生器的波形图

4.6.3　计数器

在数字测量（例如时间、转速、频率的测量等）和运算、控制等电路中都要用到能对脉冲的个数进行计数的逻辑部件，即计数器。计数器除了计数功能以外，还可用于分频、定时等，在数字系统中应用十分广泛。

计数器的种类很多。按计数器数字的增加或减小分类，可分为加法计数器、减法计数器和既能做加法又能做减法的可逆计数器。按脉冲引入方式的不同，可分为同步计数器和异步计数器。按计数进制分类又可分为二进制计数器和非二进制计数器。

计数器可以由 JK 或 D 触发器构成，目前广泛应用各种类型的集成计数器。

1. 二进制计数器

二进制计数器是各种计数器的基础。图 4.6.11 是由 4 个 JK 触发器组成的

异步 4 位二进制加法计数器。由图可知，每个 CP 下降沿作用，Q_A 翻转；每个 Q_A 下降沿作用，Q_B 翻转；每个 Q_B 下降沿作用，Q_C 翻转；每个 Q_C 下降沿作用，Q_D 翻转。于是可得到图 4.6.12 所示的波形图，图中 C 是进位信号。表 4.6.4 示出该计数器的状态变化情况。

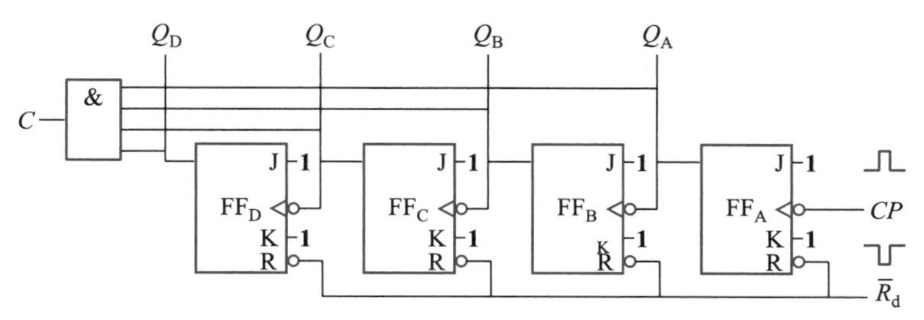

图 4.6.11　异步 4 位二进制加法计数器逻辑图

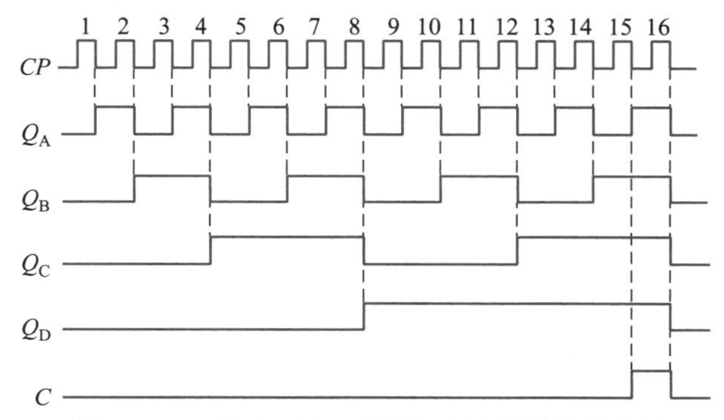

图 4.6.12　异步 4 位二进制加法计数器的波形图

从上述分析可知，每输入一个计数脉冲，计数器输出的 4 位二进制数就加一。4 位二进制计数器可累计的脉冲个数为 $2^4=16$。从图 4.6.12 的波形图可以看出，Q_A 波形的周期是计数脉冲 CP 的一倍，Q_B 波形的周期又是 Q_A 的一倍，说明每经过一级触发器，脉冲波形的周期就要增加一倍，因此二进制计数器具有 2 分频作用。对于 N 位二进制计数器，第 N 个触发器的输出脉冲频率为计数器输入脉冲频率的 $\frac{1}{2^N}$。

表 4.6.4　异步 4 位二进制加法计数器的状态变化情况

CP	Q_D	Q_C	Q_B	Q_A	C
0	0	0	0	0	0
1	0	0	0	1	0
2	0	0	1	0	0
3	0	0	1	1	0
4	0	1	0	0	0
5	0	1	0	1	0
6	0	1	1	0	0

续表

CP	Q_D	Q_C	Q_B	Q_A	C
7	**0**	**1**	**1**	**1**	**0**
8	**1**	**0**	**0**	**0**	**0**
9	**1**	**0**	**0**	**1**	**0**
10	**1**	**0**	**1**	**0**	**0**
11	**1**	**0**	**1**	**1**	**0**
12	**1**	**1**	**0**	**0**	**0**
13	**1**	**1**	**0**	**1**	**0**
14	**1**	**1**	**1**	**0**	**0**
15	**1**	**1**	**1**	**1**	**1**
16	**0**	**0**	**0**	**0**	**0**

异步计数器的优点是结构简单,缺点是各触发信号逐级传递,需要一定的传输延迟时间,所以计数速度较慢。为此可采用同步计数器。

无论是异步二进制计数器还是同步二进制计数器,都有相应的集成块。

图 4.6.13 是集成 4 位二进制可逆计数器 74LS193 的外引线排列图。图中 A、B、C、D 为预置数置入端,当 $\overline{LD}$ 端接低电平时,预置数被置入,$Q_DQ_CQ_BQ_A=DCBA$,有了预置数功能,计数器就可以从任意状态开始计数。CR 为清零(复位)端,高电平有效,当 $CR=\mathbf{1}$时,$Q_DQ_CQ_BQ_A=\mathbf{0000}$。时钟输入端 CP_+、CP_- 分别可使计数器实现加计数和减计数,加计数时,CP_+ 为时钟输入,CP_- 必须接高电平,减计数时 CP_- 为时钟输入,CP_+ 必须接高电平。$\overline{CO}$ 为进位端,当加计数到**1111**时发出一个负脉冲。$\overline{BO}$ 为借位端,当减计数到**0000**时发出一个负脉冲。74LS193 的功能表如表 4.6.5 所示。表中**1**表示高电平,**0**表示低电平,×表示任意态。

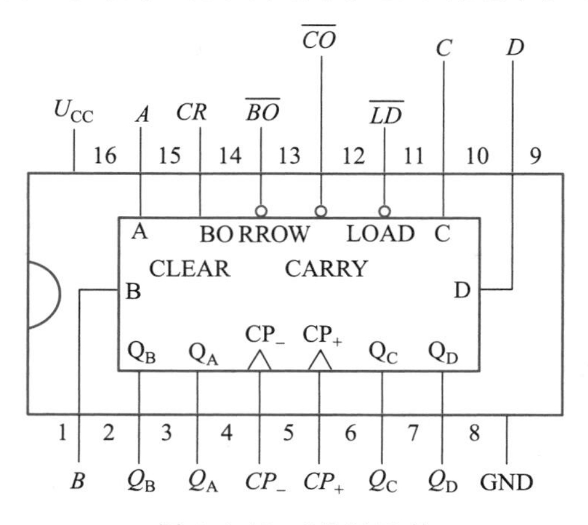

图 4.6.13　74LS193 的外引线排列图

表 4.6.5 74LS193 的功能表

输入								输出				说明
CR	$\overline{LD}$	CP_+	CP_-	D	C	B	A	Q_D	Q_C	Q_B	Q_A	
⊓	×	×	×	×	×	×	×	0	0	0	0	清零
0	⊔	×	×	d	c	b	a	d	c	b	a	置数
0	1	↑	1	×	×	×	×	按 4 位二进制规律加 1				加计数
0	1	1	↑	×	×	×	×	按 4 位二进制规律减 1				减计数

图 4.6.14 是集成 4 位二进制加法计数器 74LS163 的外引线排列图，相同名称端子的功能与 74LS193 的功能一致，CT_P、CT_T 可作多片连接时的控制用；74LS163 的功能表如表 4.6.6 所示。

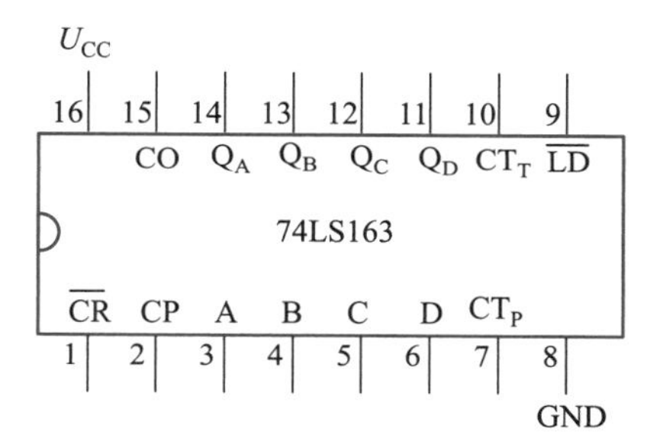

图 4.6.14 74LS163 的外引线排列图

表 4.6.6 74LS163 功能表

输入									输出				说明
$\overline{CR}$	$\overline{LD}$	CT_P	CT_T	CP	D	C	B	A	Q_D	Q_C	Q_B	Q_A	
0	×	×	×	↑	×	×	×	×	0	0	0	0	清零
1	0	×	×	↑	d	c	b	a	d	c	b	a	置数
1	1	1	1	↑	×	×	×	×	按 4 位二进制规律加 1				加计数
1	1	0	×	↑	×	×	×	×	保持				保持
1	1	×	0	×	×	×	×	×	保持				保持

从图 4.6.13 和图 4.6.14、表 4.6.5 和表 4.6.6 可以看出，74LS193 与 74LS163 除了外引线端子的排列、集成块的功能有所区别之外，它们的清零/置数信号是高电平有效还是低电平有效、清零方式是同步清零还是异步清零、置数方式是同步置数还是异步置数也有区别。所谓同步清零或置数就是当清零信号或置数信号（高电平或低电平）有效时，必须有时钟信号（上升沿或下降沿）触发才能实现清零或置数；而异步清零或置数就是当清零信号或置数信号（高电平

或低电平)有效时,不需要时钟信号的触发就立即实现清零或置数。可以看出74LS193是一个异步清零(清零信号是高电平有效,无须 CP 作用)和异步置数(置数信号是低电平有效,无须 CP 作用)的4位二进制可逆计数器,而74LS163是一个同步清零(清零信号是低电平有效,并在 CP 上升沿作用后实现)和同步置数(置数信号是低电平有效,并在 CP 上升沿作用后实现)的4位二进制加法计数器。

2. 十进制计数器

二进制计数器是数字电路中最基本的一种计数器,但人们更熟悉十进制,因此另一种常用的计数器即为十进制计数器。所谓的十进制计数器,是一种用4位二进制代码表示的逢十进一的计数器,使用最多的是8421 BCD码十进制计数器。

例题4.6.2就是一位8421 BCD码同步十进制加法计数器。十进制计数器的集成块种类也很多,74LS192是一种可预置的BCD码同步十进制可逆计数器,其外引线与74LS193相同(见图4.6.13),功能也与74LS193相似,只是在做加法计数时,74LS192当加数到**1001**时,进位端 $\overline{CO}$ 就发出一个负脉冲了。

3. 任意进制计数器

所谓的任意进制计数器就是指 N 进制计数器,即每来 N 个计数脉冲,计数器状态重复一次。利用二进制或十进制计数器集成块,经过适当地连接可以方便地构成 N 进制计数器,常用的方法有复位法和置数法。

图4.6.15是用复位法利用集成4位二进制可逆计数器74LS193组成的十二进制计数器。它由初始状态**0000**开始计数,当计数到第十二个时钟时,输出端 $Q_DQ_CQ_BQ_A$ = **1100**, CR = **1**,立即使计数器复位,使 $Q_DQ_CQ_BQ_A$ = **0000**,计数器又回到初始状态,重新开始计数。由于**1100**这个状态,只是瞬间出现一下,在 $Q_DQ_CQ_BQ_A$ 复位为初始状态**0000**后,它就消失了,因此计数器从**0000**至**1011**循环。

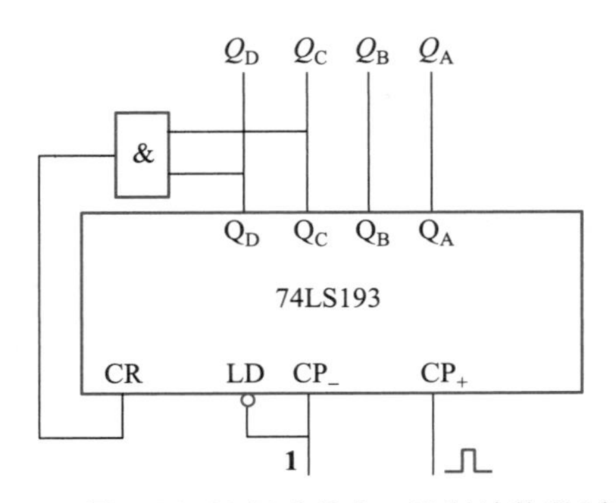

图4.6.15 用74LS193组成的十二进制计数器(复位法)

图4.6.16是用置数法利用集成4位二进制可逆计数器74LS193组成的十二进制计数器。它由初始状态**0000**开始计数,当计数到第十二个脉冲时,输出端 $Q_DQ_CQ_BQ_A$ = **1100**, $\overline{LD}$ = **0**,立即对计数器置数;使 $Q_DQ_CQ_BQ_A = DCBA$ = **0000**,计数

器又回到初始状态,重新开始计数。显然**1100**这个状态也只瞬间出现,计数器从**0000**至**1011**循环变化,十二个状态为一次循环,是一个十二进制计数器。

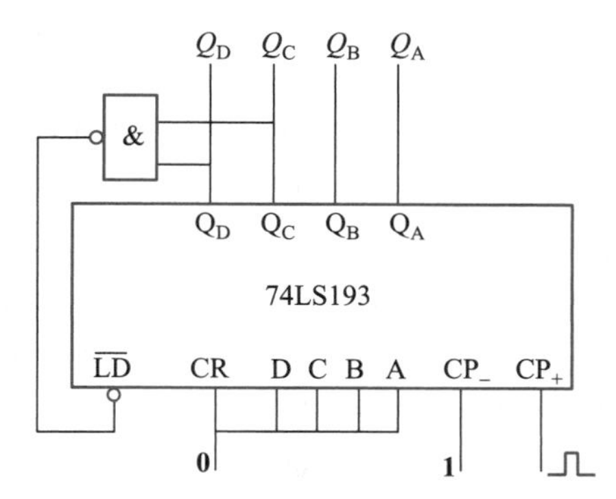

图 4.6.16 用 74LS193 组成的十二进制计数器(置数法)

在使用复位法和置数法构成 *N* 进制计数器时,除了要注意所用集成块的清零/置数信号是高电平有效还是低电平有效以外,还必须注意所用集成块的清零方式是同步清零还是异步清零、置数方式是同步置数还是异步置数。

图 4.6.17 是用复位法利用 74LS163 构成的十二进制计数器,图 4.6.18 是用置数法利用 74LS163 构成的十二进制计数器。大家可以将这两个图与图4.6.15和图4.6.16对照,找出它们与由 74LS193 构成的十二进制计数器的区别。

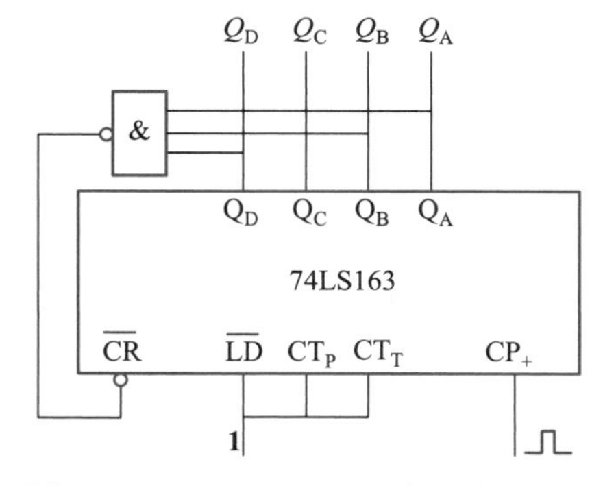

图 4.6.17 用 74LS163 组成的十二进制计数器(复位法)

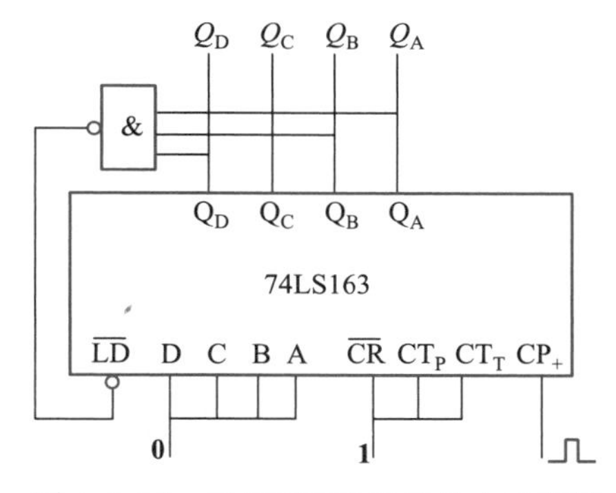

图 4.6.18 用 74LS163 组成的十二进制计数器(置数法)

4.7 半导体存储器

存储器用来存储二进制数,是计算机和一般数字系统必不可少的。目前大量使用的有半导体存储器、磁盘存储器和光盘存储器等。根据存储功能分为只读存储器(read only memory,简称 ROM)和随机存取存储器(random access memory,简称 RAM)两大类。本节介绍半导体存储器。

半导体存储器是用来存放大量二进制信息的一种大规模半导体数字集成电路,它具有集成度高、存取速度快、体积小、功耗小、价格便宜和便于扩充等优点,通常作为计算机的内部存储器使用。

4.7.1 只读存储器(ROM)

只读存储器是存储固定信息的存储器件,即先把信息写入到存储器中,然后存储器只能读出不能写入。

图 4.7.1 是 ROM 的结构框图,电路由地址译码器和存储矩阵两大部分组成。地址译码器有 A_{n-1} ~ A_0 n 条输入线(称为地址线),2^n 条输出线(称为字选线)。存储矩阵是存储器的主体,它用来存放二进制信息。存储矩阵的输出线 D_{m-1} ~ D_0 称为位线(或数据线)。通常把存储器输出的 m 位二进制码称为一个"字"。下面用图 4.7.2 所示的 4×8 ROM 电路来说明 ROM 的工作原理。图中 A_1A_0 是两位地址码的输入端,D_7 ~ D_0 是 8 位数据的输出端,存储矩阵由 32 个存储单元组成,每一单元存放一位二进制信息。当每根字选线和位线交叉处接有二极管时,存储单元储存 **1**;没有接二极管时,储存 **0**。改变二极管接入位置,就可改变存储内容。从电路结构上看,每根位线是一个二极管**或**门的输出端。图 4.7.3 是 D_0 位线上的**或**门结构。由于地址译码器由**与**门组成,因此 ROM 实质上是由**与**门阵列和**或**门阵列两个部分构成。

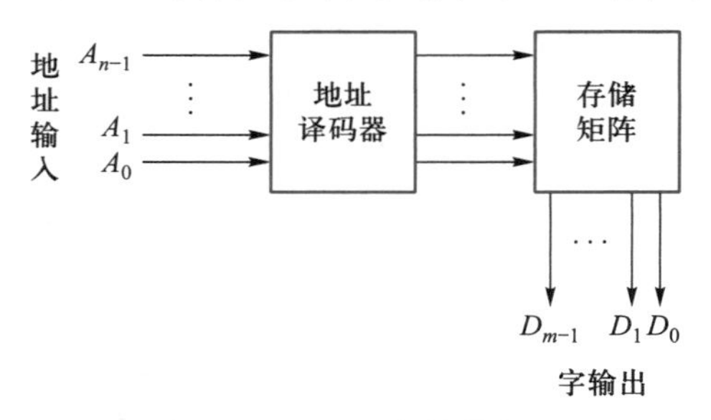

图 4.7.1 ROM 的结构框图

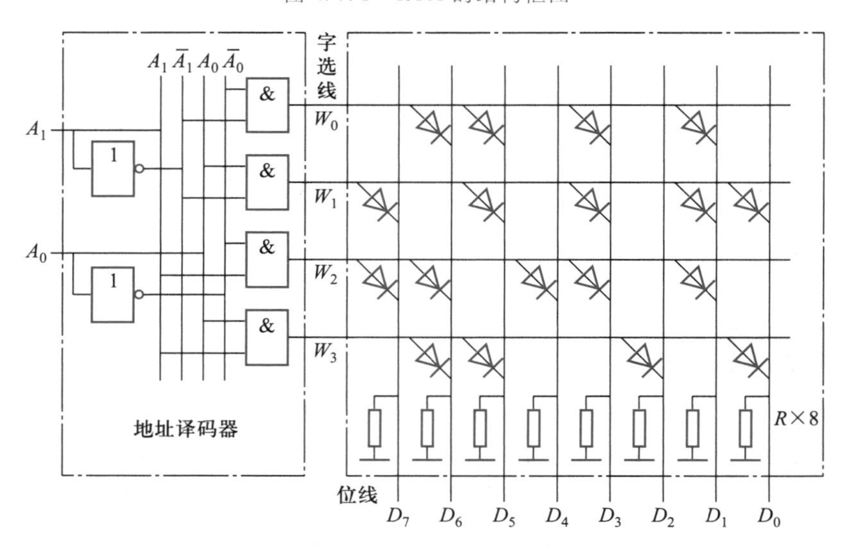

图 4.7.2 4×8 ROM 电路

图 4.7.2 中,二位地址输入 A_1A_0 经译码器译码后,产生四根字选线 W_3 ~ W_0 的输出,分别选择 ROM 中的四个字。当地址输入 A_1A_0 = **00** 时,字选线 W_0 为高

电平 **1**，而 $W_1 \sim W_3$ 为低电平 **0**，字输出 **01101010** 出现在输出端上（即 $D_7D_6D_5D_4D_3D_2D_1D_0=$ **01101010**）。当地址输入 $A_1A_0=$ **10** 时，则 W_2 为高电平 **1**，字输出 **11011010** 出现在输出端。图 4.7.2 所示 ROM 的地址输入和字输出之间的关系如表 4.7.1 所示。

存储容量（ROM 容量）是存储器的主要技术参数，可用字位数表示，即字数乘每字的位数。如一个字有 m 位，则 n 位地址的存储器容量就有 $2^n \times m$ 字位，例如 1 024×1（1 K 字位），4 096×1（4 K 字位），2 048×4（8 K 字位）。存储器容量也可用字节数表示，每 8 个字位为一个字节。例如1 024×1（1 K 字位）相当于 128 个字节，图 4.7.2 的 ROM，其容量为 4 个字节。

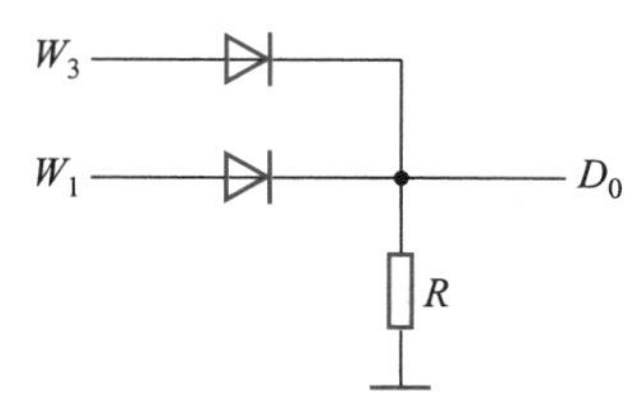

图 4.7.3　D_0 位的或门结构

表 4.7.1　图 4.7.2 所示 4×8ROM 地址与字输出关系

地址输入		字选线	字输出							
A_1	A_0		D_7	D_6	D_5	D_4	D_3	D_2	D_1	D_0
0	0	W_0	0	1	1	0	1	0	1	0
0	1	W_1	1	0	1	0	1	0	1	1
1	0	W_2	1	1	0	1	1	0	1	0
1	1	W_3	0	1	1	0	0	1	0	1

由于 ROM 在失电时信息不会丢失，所以它在存储固定的专用程序及查表等场合有广泛的应用。

4.7.2　随机存取存储器(RAM)

随机存取存储器（RAM）可以任意选中某一地址的存储单元，从该单元读取信息，或写入新的信息，因此也称为读写存储器。从存储单元中读出信息时，原信息保存；写入新信息时，原信息消除。根据原理的不同，RAM 可分为静态、动态两类。按照所用器件的不同，又可分为双极型（采用晶体管）和 MOS 型两种。

RAM 的基本结构如图 4.7.4 所示。它由下列几部分组成。

（1）地址译码器。其作用和 ROM 中的地址译码器相同，即根据输入的地址码来选择欲进行读/写的字线。

（2）存储矩阵。是由存储单元构成的存储体。每根字选线上可能有 m 个存储单元，表示该字的位数为 m 位，可存放 m 位二进制数据。但当 RAM 失电时，它所存储的信息也随之丢失。

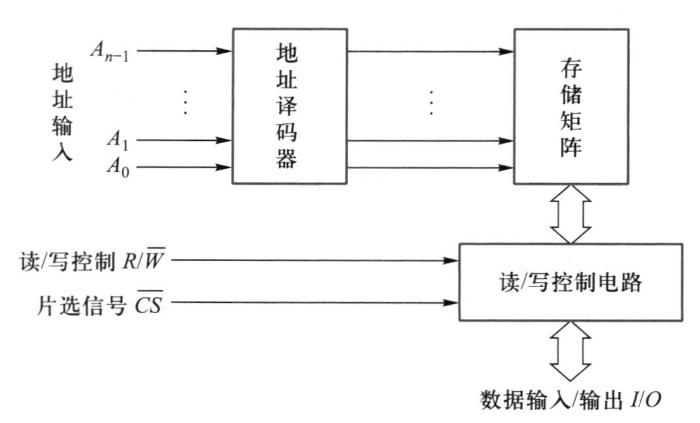

图 4.7.4　RAM 的基本结构

（3）读/写控制电路。用来决定对存储单元进行读出还是写入操作。但必须加上片选信号，芯片才被选中，方可进行读/写操作。

根据 RAM 存储容量的不同，其集成芯片的型号很多。例如 RAM2114 是 NMOS 集成电路，有 18 条引脚线，其容量是 1 024 字×4 位（常称为 1 K×4），有 10 条地址线（$A_0 \sim A_9$）、4 条数据输入/输出线（$I/O_0 \sim I/O_3$）和 2 条控制线（$R/\overline{W}$，$\overline{CS}$），其中 $\overline{CS}$ 为片选信号，低电平有效，供电电源为5 V。RAM6264 是 CMOS 集成电路，有 28 条引脚线，其容量是 8 192 字×8 位（8 KB），有 13 条地址线，8 条数据输入/输出线和 4 条控制线。

4.8　可编程逻辑器件（PLD）

可编程逻辑器件（programmable logic device，简称 PLD）是 20 世纪 70 年代发展起来的一种新型逻辑器件。一般来说，PLD 器件是一种由用户配置的可完成某种逻辑功能的电路。大多数的 PLD 由一个**与**阵列和一个**或**阵列组成，其最终的逻辑结构和功能由用户编程决定：可以对其中的一个阵列编程；也可以同时对两个阵列编程。图 4.8.1 是 PLD 的基本方框图，器件的输入送到**与**阵列完成**与**功能，并生成**与**项；**与**项又送至**或**阵列，在**或**阵列中对各个**与**项进行组合，从而产生器件的输出。早期的 PLD 包括 PROM、PLA、PAL、GAL、PGA 等，这些器件的特点是结构简单，但只能实现规模较小的电路。随着芯片制造技术的发展和实际应用的需求，20 世纪 80 年代中期出现了更大规模的 PLD 产品，如复杂可编程逻辑器件（complex programmable logic device，简称 CPLD）和现场可编程门阵列（FPGA）。由于 PLD 器件具有可编程的特点，因此在数字系统的设计中得到了广泛的应用，它不仅可以简化设计过程，而且可以保证所设计的系统具有体积小、性能好、可靠性高、成本低等特点。下面对 PROM、PAL、GAL 和 FPGA 作一简单介绍。

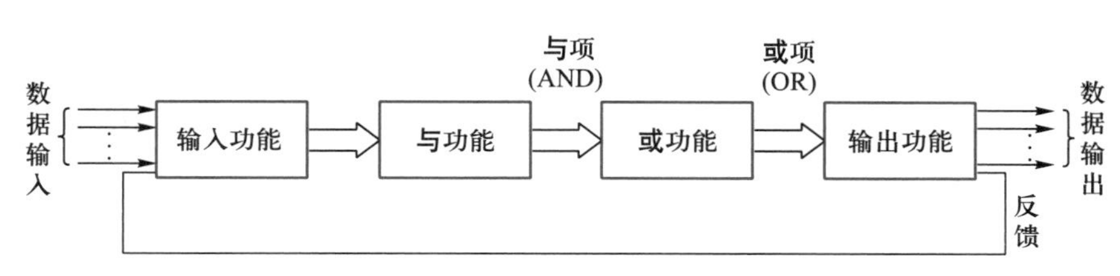

图 4.8.1 PLD 的基本方框图

4.8.1 可编程只读存储器(PROM)

上一节介绍的只读存储器(ROM),也是由**与**阵列和**或**阵列组成的。在图 4.7.2 的 4×8 ROM 电路中,地址译码器中的**与**门构成**与**阵列,存储矩阵中的二极管**或**门构成**或**阵列,因此可将 ROM 电路画成图 4.8.2 所示的阵列图。其中 G_0、G_1 是输入缓冲门,其对应的输入、输出关系见图 4.8.3。图 4.8.4、图 4.8.5 则分别表示了**与**门、**或**门的阵列表示法。ROM 的**与**阵列是不可编程的,若**或**阵列即存储器内容由厂家根据用户的要求完全固定,不能编程,称为固定 ROM。固定 ROM 在使用中不能再修改存储内容,因而使用者感到不便,所以产生了一种可编程序的 ROM,简称 PROM,它的**或**阵列是可编程的。

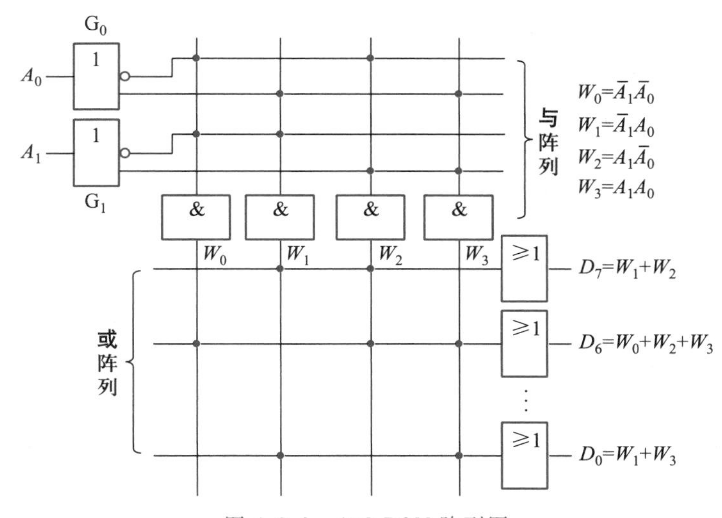

图 4.8.2 4×8 ROM 阵列图

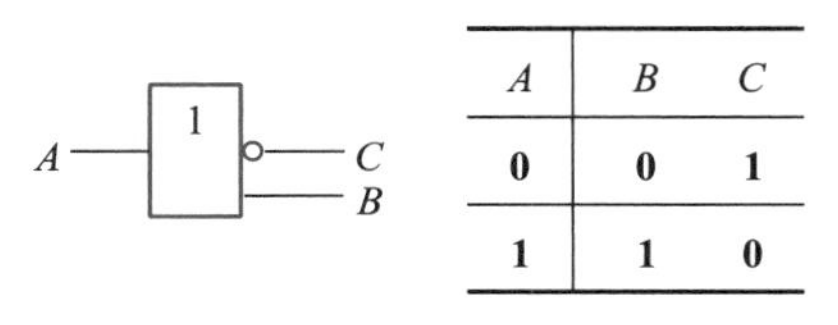

A	B	C
0	**0**	**1**
1	**1**	**0**

图 4.8.3 输入缓冲门

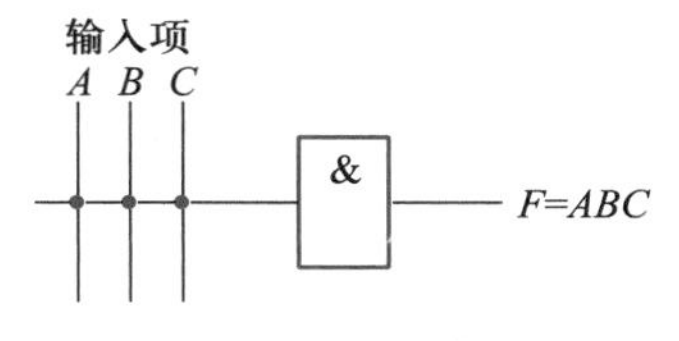

图 4.8.4 与门的阵列表示

PROM 在出厂时,存储单元全是 **1**(或全是 **0**),使用时用户可根据需要,将某些单元改写成 **0**(或 **1**)。图 4.8.6 是由二极管和熔断丝组成的 PROM 存储单元。出厂时，熔断丝都是通的，即存储单元全部存 **1**。使用时，如需要使某些单元改写为 **0**，则只要给这些单元通过足够大的电流，将熔断丝熔断即可。显然 PROM 的内容只能写一次，于是又产生了一种可擦写的 ROM，简称 EPROM。

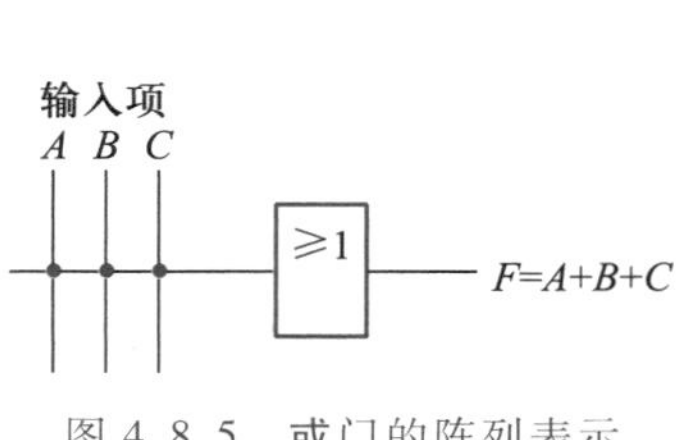

图 4.8.5　或门的阵列表示

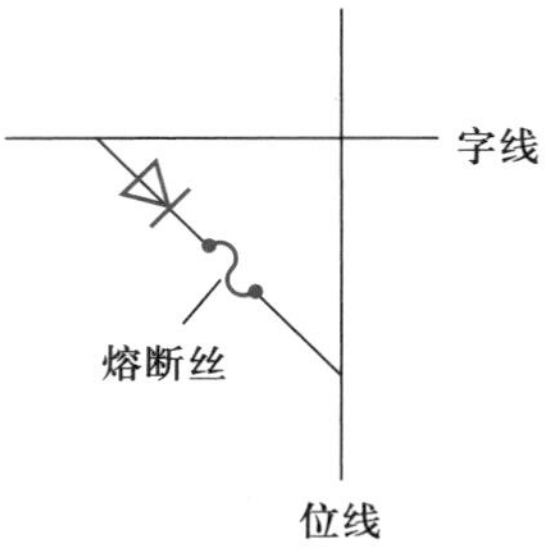

字线
熔断丝
位线

图 4.8.6　PROM 存储单元

EPROM 采用 N 沟道叠栅 MOS 管(SIMOS)作为存储单元。SIMOS 有两个栅极:控制栅和浮置栅。当浮置栅没有积累电子时，控制栅加电压后 MOS 管导通(表示所存信息为 **1**)；当浮置栅上有积累电子时，控制栅加电压后 MOS 管不能导通(表示所存信息为 **0**)，所以 SIMOS 实质上是以浮置栅有否积累电子来表示信息的。在 EPROM 刚出厂时，SIMOS 管的浮置栅极都不带电子，所存信息为 **1**。若要将某一单元的信息改写成 **0**，可以通过编程器使该单元的 SIMOS 管的浮置栅极注入电子，从而达到编程的目的。若要实现二次编程，可以通过紫外线或 X 射线照射 EPROM，将浮置栅极的电子释放，然后重新写入新的内容。为了增加可擦写的次数，减少擦写时间，近年来又研制了电擦写的可编程只读存储器(E^2PROM)，它允许擦写上百甚至上万次，编程一次(先擦后写)大约只需 20 ms 时间。

由于 PROM 由一个**与**阵列和一个**或**阵列组成，因此利用 PROM 可以方便地实现组合逻辑函数。

[**例题 4.8.1**]　试用 PROM 实现逻辑函数 $F=AB+BC+AC$。

[**解**]　该逻辑函数有三个输入变量，一个输出变量，所以可选用 3 条地址线和 1 条数据输出线的 PROM，即选用 8×1 字位的 PROM。为了使该函数所含的**与**项和**与**阵列的输出一致，可以运用逻辑代数将它变换为 $F=ABC+AB\overline{C}+A\overline{B}C+\overline{A}BC=W_7+W_6+W_5+W_3$，然后对 PROM 的**或**阵列编程。图 4.8.7 是实现该逻辑函数的 PROM 阵列图。图中“·”表示内部固定连接，“×”表示该处接通(被编程)。

对 PROM **或**阵列进行不同的编程就可以实现不同的组合逻辑函数。

4.8.2　可编程阵列逻辑(PAL)

PAL(programmable array logic)与 PROM 一样，也由**与**阵列和**或**阵列组成，但它的**与**阵列可编程而**或**阵列不可编程。因此在用 PAL 实现逻辑函数时，每个输出是若干个**与**项之和，而**与**项的数目是固定的。

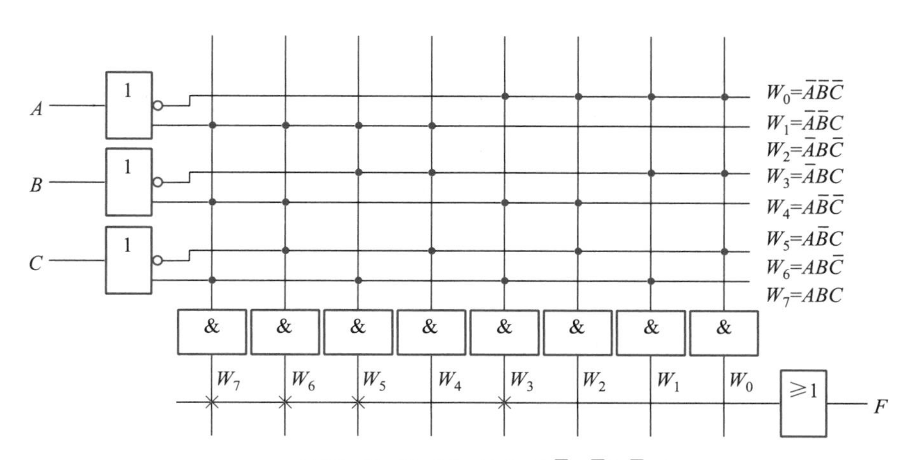

$F=W_7+W_6+W_5+W_3=ABC+AB\overline{C}+A\overline{B}C+\overline{A}BC$

图 4.8.7 例题 4.8.1 的阵列图

在 PAL 产品中,一个输出的最多**与**项可达 8 个,而且有多种输出结构,下面仅以 PAL16R8 为例介绍具有反馈的寄存器输出结构。图 4.8.8 是 PAL16R8 的引脚图,其中 CLK 为时钟,$I_1 \sim I_8$ 为 8 个输入端,$O_1 \sim O_8$ 为 8 个输出端,$\overline{OE}$ 为输出控制(使能)端,当 $\overline{OE}=\mathbf{0}$ 时,$O_1 \sim O_8$ 输出数据;而 $\overline{OE}=\mathbf{1}$ 时,$O_1 \sim O_8$ 为高阻态。图 4.8.9 是 PAL16R8 的电路结构示意图。图中输入 I_1 和 I_8 经缓冲门 G_{11} 和 G_{81}形成 I_1、$\overline{I}_1$ 和 I_8、$\overline{I}_8$ 作为**与**门的外部输入项,$I_2 \sim I_7$ 的电路结构和 I_1、I_8 相同,故在图中省略。输出 O_1 和 O_8 来自三态门 G_{14}和 G_{84},G_{14}和 G_{84}的输入来自触发器 FF_1 和 FF_8,FF_1 和 FF_8 的输入来自**或**门 G_{12}和 G_{82},G_{12}和 G_{82}的各输入端不能悬空,不使用的输入端应通过编程的方法禁止(使其为零)。同时 FF_1 和 FF_8 的 $\overline{Q}_1$ 和 $\overline{Q}_8$ 经缓冲门 G_{13}和 G_{83}形成 Q_1、$\overline{Q}_1$ 和 Q_8、$\overline{Q}_8$,作为**与**门的反馈输入项。$O_2 \sim O_7$ 的电路结构与 O_1、O_8 相同,故也省略。PAL16R8 中每个**或**门的输入来自 8 个**与**门,即有 8 个固定的**与**输入项,故**或**阵列是不可编程的。每个**与**门可以通过编程来确定输入项(在 I_1、$\overline{I}_1 \sim I_8$、$\overline{I}_8$ 和 Q_1、$\overline{Q}_1 \sim Q_8$、$\overline{Q}_8$ 之中选择),**与**阵列是可编程的。由于电路中含有触发器并引入反馈,故 PAL16R8 可用来构成时序逻辑电路。

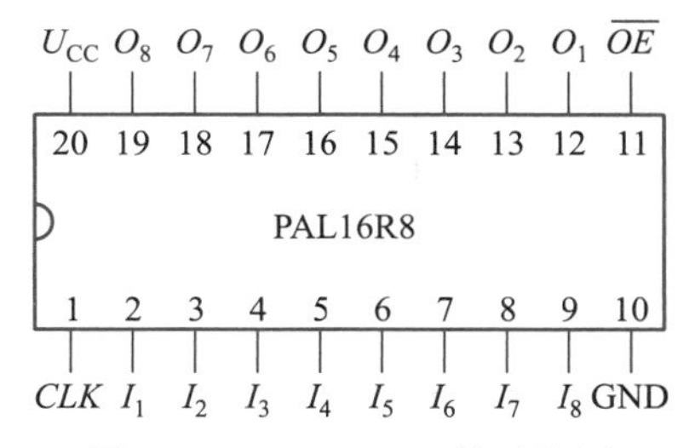

图 4.8.8 PAL16R8 的引脚图

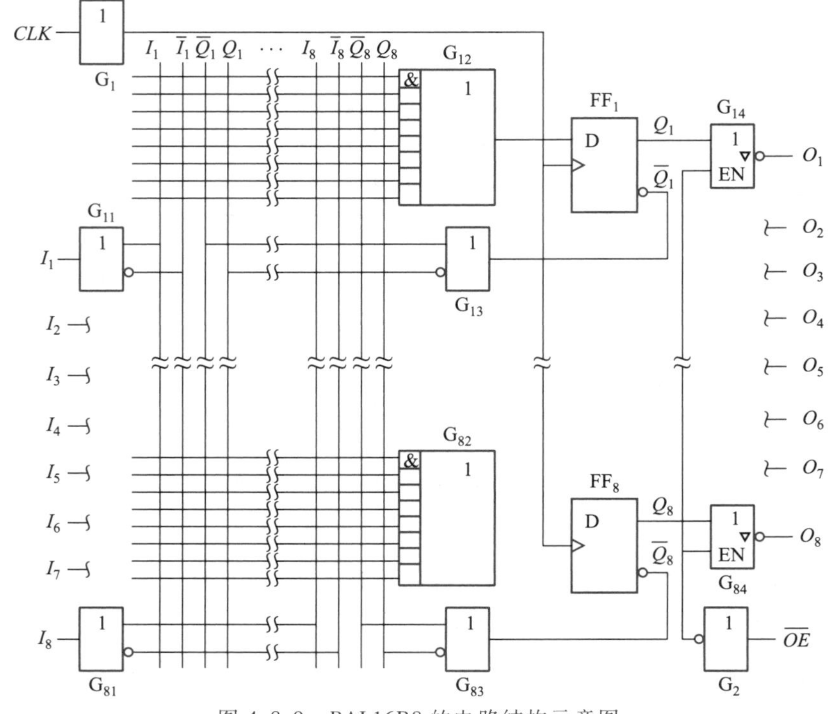

图 4.8.9　PAL16R8 的电路结构示意图

[例题 4.8.2]　图 4.8.10 是一个用 PAL 实现 2 位二进制减法计数的原理示意图，**与**阵列中“×”表示该处被接通（被编程），**或**门中不使用的**与**输入项要通过编程使其为零。CLK 是计数脉冲输入，$\overline{OE}$ 是使能输入，接低电平。I_1 及 $I_3 \sim I_8$ 未用，I_2 为控制输入端 S。O_1、O_2 分别作为输出端 F_A、F_B。试说明其工作原理。

[解]　从图 4.8.10 可以得出两个 D 触发器的状态方程为

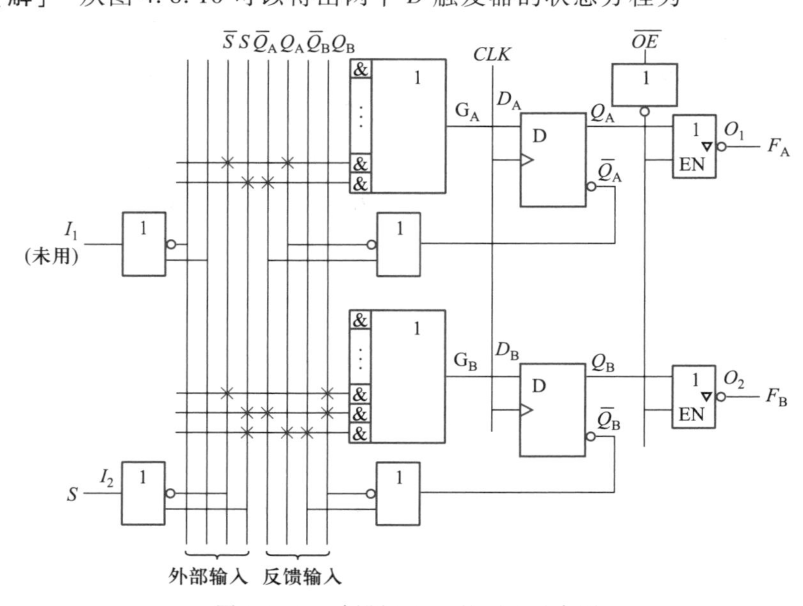

图 4.8.10　例题 4.8.2 的原理示意图

$$Q_A^{n+1}=D_A=G_A=\overline{Q_A^n}S+Q_A^n\overline{S}$$

$$Q_B^{n+1}=D_B=G_B=\overline{Q_A^n}Q_B^nS+Q_A^n\ \overline{Q_B^n}S+Q_B^n\ \overline{S}$$

当 $S=1$ 时,$Q_A^{n+1}=\overline{Q_A^n}$,$Q_B^{n+1}=\overline{Q_A^n}Q_B^n+Q_A^n\ \overline{Q_B^n}$,$Q_BQ_A$ 的状态按 **00→01→10→11→00** 的规律变化,因为 $F_A=\overline{Q}_A$,$F_B=\overline{Q}_B$,所以 F_BF_A 的状态按 **11→10→01→00→11** 的规律变化,这是一个 2 位二进制减法计数器。而当 $S=0$ 时,$Q_A^{n+1}=Q_A^n$,$Q_B^{n+1}=Q_B^n$,Q_BQ_A 的状态不变,F_BF_A 的状态也不变。

4.8.3 通用阵列逻辑(GAL)

通用阵列逻辑(generic array logic,简称 GAL)是 20 世纪 80 年代发展起来的一种 PLD 产品,由于采用了 E^2CMOS 制造工艺,能够电擦写,因而可重复编程。GAL 中**与**阵列是可编程的,而**或**阵列是固定的(不可编程),但它的每个输出都有一个输出宏单元,为逻辑设计提供了高度灵活性,每个宏单元可由用户编程进行组态,即输出完全由用户定义,因而利用软、硬件开发工具,对 GAL 进行编程写入后,可方便地实现所需要的组合电路或时序电路。下面以 GAL16V8 为例,简单介绍一下 GAL 的功能。

GAL16V8 共有 20 个引脚,如图 4.8.11 所示,其中引脚 10 为接地端 GND,引脚 20 为电源端 U_{CC},引脚 2~9(共 8 个)固定作为输入端,还可以将其他 8 个脚配置成输入模式,使输入端达到 16 个。引脚 12~19(共 8 个)的功能由编程情况决定,GAL 内部含有 8 个输出宏单元,可以由用户根据所设计的逻辑电路的需要,通过编程规定作为输出模式或输入模式。工作于输出模式既可以规定为寄存器输出(时序逻辑输出),也可以规定为组合输出。引脚 1 是时钟信号输入端 CLK,引脚 11 是输出控制(使能)端 $\overline{OE}$,如果 GAL 内部的 8 个输出宏单元全部定义为组合输出,则引脚 1 和引脚 11 可以作为输入端。正是由于 GAL 内部具有用户可编程的输出宏单元,从而使 GAL 器件具有较高的通用性和灵活性,这是 GAL 器件的一个重要特点。

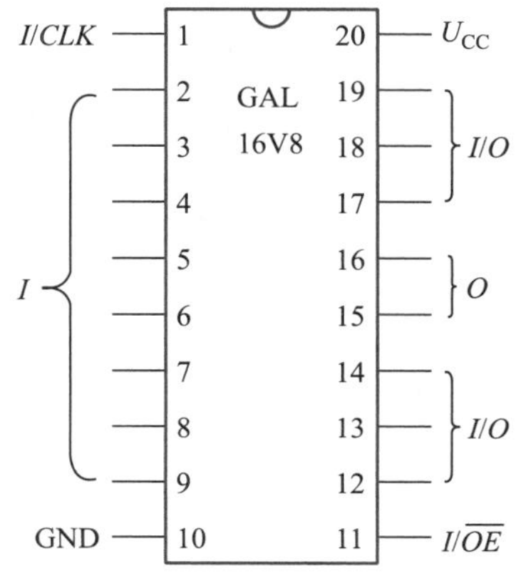

图 4.8.11 GAL16V8 引脚图

［**例题 4.8.3**］　今要用 GAL16V8 构成图 4.8.12(a) 所示的可双向移位的 6 位寄存器，图中 S_0 和 S_1 是移位方向控制端，D_{SR} 和 D_{SL} 是右移和左移串行数据输入端，$\overline{OE}$ 是输出控制（使能）端，$D_0 \sim D_5$ 是并行数据输入端，$Q_0 \sim Q_5$ 为输出端，试画出 GAL 的引脚配置图。

［**解**］　实现该 6 位移位寄存器，需要 6 个输出端（$Q_0 \sim Q_5$），12 个输入端（$CP, D_0 \sim D_5, \overline{OE}, S_0, S_1, D_{SR}, D_{SL}$），因此可把 GAL16V8 的引脚 13～18 规定为输出 $Q_5 \sim Q_0$，12 和 19 脚规定为输入端 D_{SL} 和 D_{SR}，引脚 1 和 11 规定为输入端 CP 和 $\overline{OE}$，2 和 3 脚规定为移位方向控制端，4～9 脚规定为并行数据输入端，图 4.8.12(b) 就是实现 6 位移位寄存器的一种配置。用户将所定义的引脚及相应的逻辑表达式按一定格式送入计算机，通过编辑、汇编后，即可对 GAL16V8 进行编程，使得该 GAL 芯片具有上述功能。具体如何编程，读者可参见相关参考书。

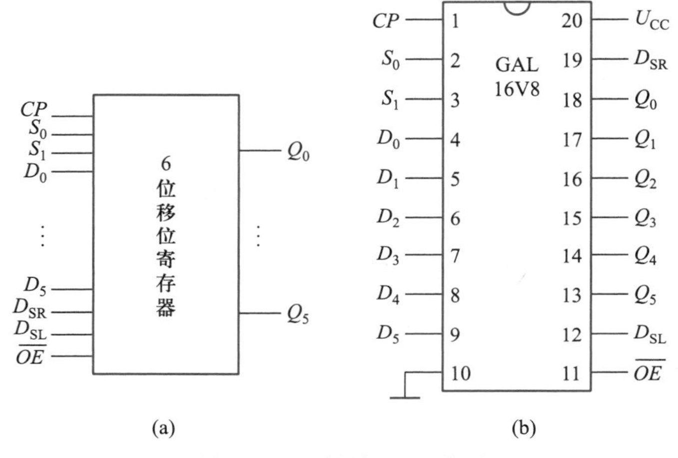

图 4.8.12　例题 4.8.3 的图

4.8.4　现场可编程门阵列（FPGA）

FPGA（field-programmable gate array：现场可编程门阵列）是在 PAL、GAL 等可编程器件的基础上进一步发展的产物。它是作为 ASIC 领域中的一种半定制电路而出现的，既解决了定制电路的不足，又克服了原有可编程器件门电路数有限的缺点，由于 PPGA 具有布线资源丰富，可重复编程和集成度高，投资较低的特点，在数字电路设计领域得到了广泛的应用。

FPGA 采用了 LCA（lgic cell array：逻辑单元阵列）概念，内部包括 CLB（configurable logie block：可配置逻辑模块）、IOB（input output block：输入输出模块）和内部连线（interconnect）三个部分，其基本结构可用图 4.8.13 表示。

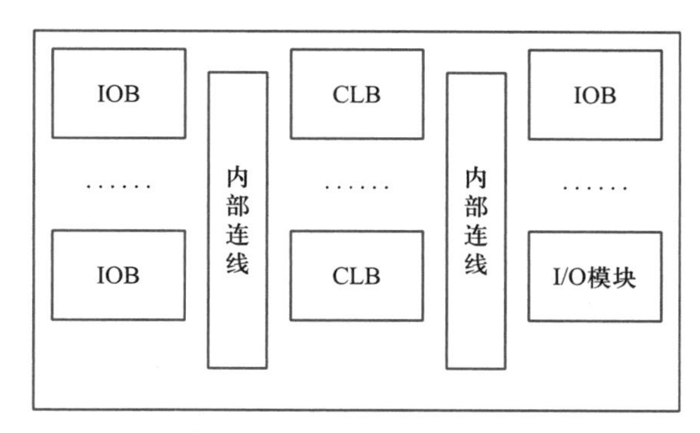

图 4.8.13 FPGA 的基本结构

其中:可配置逻辑模块 CLB 组成了 FPGA 的核心阵列,是 FPGA 实现逻辑功能的最小单元:输入输出模块 IOB 中包含了输入、输出寄存器、三态门、多路选择器等;内部连线用于 CLB 之间以及 CLB 与 IOB 之间的连接,以便将各个可配置逻辑模块描述的局部逻辑功能相互连接在一起,构成一个完整的数字系统。

FPGA 是可编程器件,利用小型查找表来实现组合逻辑,每个查找表连接到一个 D 触发器的输入端,触发器再来驱动其他逻辑电路或驱动 I/O,由此构成了既可实现组合逻辑功能又可实现时序逻辑功能的基本逻辑单元模块,这些模块间利用金属连线互相连接或连接到 I/O 模块。FPGA 允许无限次的编程,能完全代替常规的 TTL 或 CMOS 集成电路芯片及功能,同时具有可以简化设计过程。

FPGA 可用于高速、复杂数字系统的设计,其开发过程主要通过各种数字 EDA(eletronics dsigh automation:电子设计自动化)工具完成,数字 EDA 技术是以计算机为工作平台,以硬件描述语言为设计语言,以可编程器件为实验载体,以 ASIC(application specific integrated circit:专用集成电路)/SOC(system on chip:片上系统)芯片为目标器件,进行必要元件建模和系统仿真的电子产品自动化设计技术。完整的 EDA 设计流程示意图如图 4.8.14 所示。

其中 VDHL 是在 C 语言基础上发展起来的一种硬件描述语言,其主要优点是简洁、高效、功能强大、易学易用,其语法与 C 语言有许多相似之处。

FPGA 的整个开发主要用开发工具完成,开发工具包括硬件和软件工具。硬件工具主要是 FPGA 厂商和第三方厂商开发的 FPGA 开发板,当然还包括示波器、逻辑分析仪等调试仪器。软件方面,针对 FPGA 设计的各个阶段,FPGA 厂商和 EDA 软件公司提供了许多优秀的 EDA 工具,用以完成所有的设计输入、仿真、综合、布线、下载等工作。

目前,FPGA 芯片的主要生产厂商有 Xilinx、Altera 和 Actel 公司。例如 Basys3 是一款采用 Xilinx Artix 7 FPGA 架构的入门级 FPGA 开发板。

鉴于篇幅,在这里只是简单介绍了一下 FPGA 的概念,具体的开发过程、开发工具、硬件描述语言等可以参见相关专业书籍的介绍。

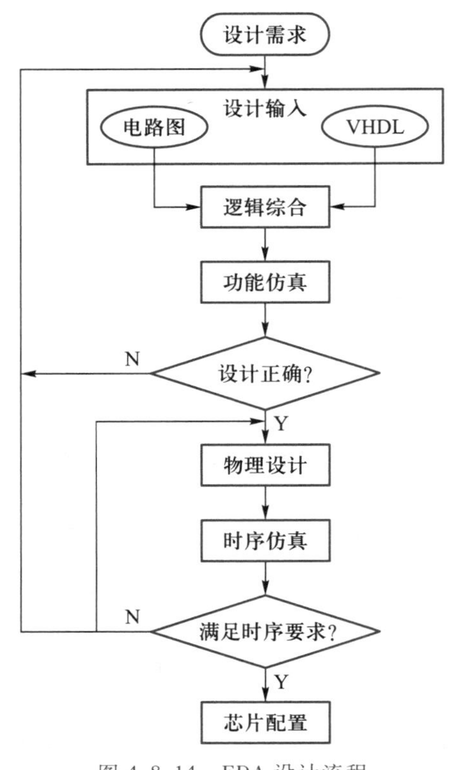

图 4.8.14　EDA 设计流程

4.9　应用举例

4.9.1　9 位数字密码锁电路

数字密码锁电路有多种形式，这里介绍一个电路结构较为简单且密码位数容易改变的实用电路，如图 4.9.1 所示。图中 $S_0 \sim S_9$ 是开锁用的按键。

本电路的心脏部分是一块 CMOS 集成电路——CC4017 十进制计数器/0~9 译码器。此集成电路将计数器和译码器制作在一起，使用十分方便。图中 $Q_0 \sim Q_9$ 是译码器的 10 个输出端，R 是复位端(高电平时复位)，CLK 是时钟脉冲输入端，$\overline{EN}$ 是时钟允许端。若将 $\overline{EN}$ 接低电平，则计数器在时钟脉冲的上升沿计数，计数结果经译码器译码后输出。图 4.9.2 是 $Q_0 \sim Q_9$ 的输出波形。

图 4.9.1 的电路接通电源后，电容 C_2 被充电至接近电源电压，使 CC4017 的复位端 R 为高电平。此时输出 Q_0 为高电平，$Q_1 \sim Q_9$ 均为低电平。图中晶体管 T 组成时钟脉冲输入门，R_2、C_1 为防抖动网络。当按下 S_3 时，Q_0 端的高电平通过 S_3、R_2 使晶体管 T 饱和导通，于是电容 C_2 通过二极管 D 和 R_4、T 迅速放电，使 R 端变为低电平，CC4017 的复位状态被解除。当放开 S_3 后晶体管 T 就截止，其集电极电平由低变高。这个跳变作用至 CC4017 的 CLK 端，使计数器计数一次，于是译码器的输出 Q_0 变成低电平，Q_1 变成高电平。此时 C_2 再次被充电。因充电

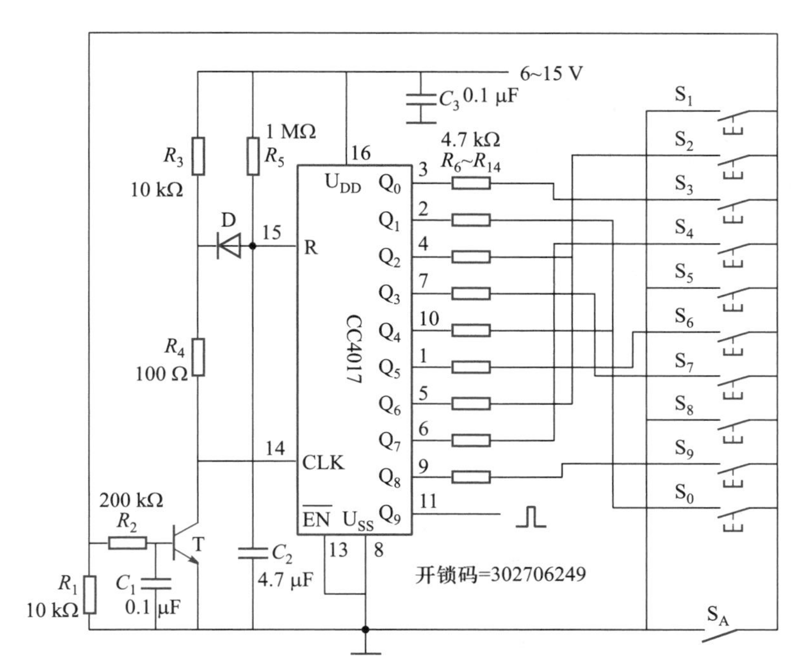

图 4.9.1　9 位数字密码锁电路

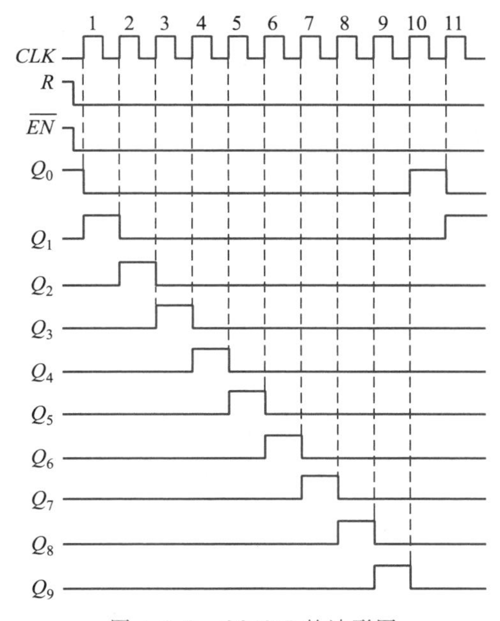

图 4.9.2　CC4017 的波形图

时间常数 R_5C_2 较大，故在 C_2 未被充至 R 端的逻辑高电平之前（本电路设定为 3 s 之内），及时按下和输出端 Q_1 相连接的 S_0，就使 T 再次饱和导通，C_2 通过 D、R_4、T 再次放电。放开 S_0 后计数器又计一次数，Q_1 变为低电平，Q_2 变为高电平。这样，当在 3 s 之内及时地以正确的顺序按下所有的密码键时（图 4.9.1 中设定密码为 302706249)，Q_9 就变为高电平并持续大约 3 s，以驱动开锁电路（开锁电路在图 4.9.1 中没有画出）。也就是说，只要依次按动 S_3、S_0、S_2、S_7、S_0、S_6、S_2、S_4、S_9 各个键，输出端 Q_0 的高电平就依次向 Q_1、Q_2、Q_3、…、Q_9 移动，最后用 Q_9 输出的高电平去驱动开锁电路，完成开锁动作。改变 Q_0~Q_9 与 S_0~S_9 之间的接线，就可改变开锁的密码。

如果以 CC4017 的 Q_5 作为输出端，Q_6~Q_9 端不用，则为 5 位数的密码锁。同理，若分别以 Q_6~Q_8 作为输出端，则分别为 6~8 位的密码锁。

另外，在图 4.9.1 中还设置了一个开关 S_A，当 S_A 闭合时无法开锁，将 S_A 安装于隐蔽处，更增加保密性。

4.9.2　带数字显示的七路抢答器

抢答器主要是用于智力竞赛等活动中。图 4.9.3 是一种用集成器件组成的抢答器，具有七路输入（即有 7 个队可以参加）、数字显示、音响提示等功能。由于采用了集成电路，使得抢答器结构简单，性能可靠。

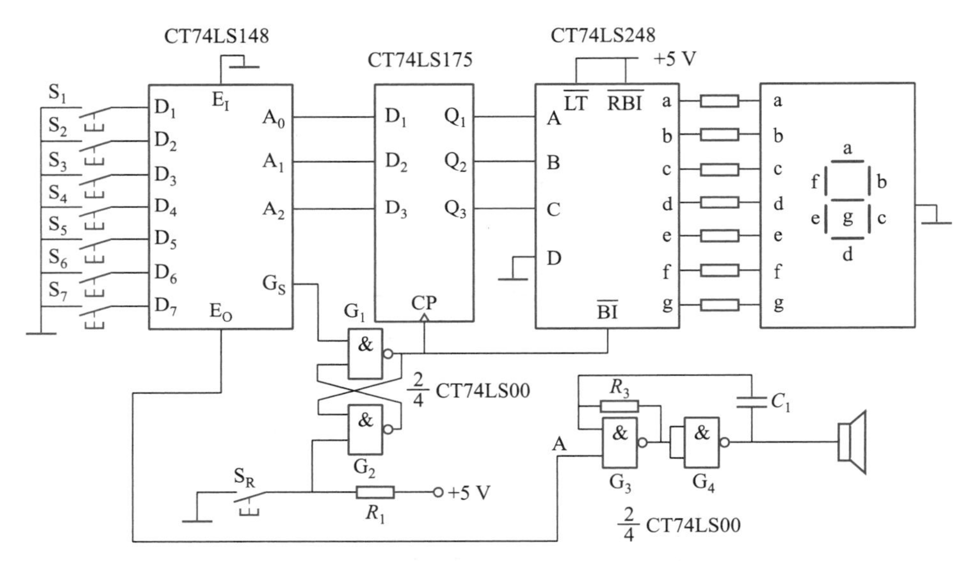

图 4.9.3　带数字显示的七路抢答器电路图

图 4.9.3 抢答器电路中共采用了 4 块 TTL 集成电路。其中 CT74LS00 是 4 **与非**门电路，其中的两个**与非**门 G_1 和 G_2 组成基本 *RS* 触发器，另两个**与非**门 G_3、G_4 和 R_3、C_1 一起组成多谐振荡器用以产生方波信号。当**与非**门 G_3 的一个输入端 *A* 处于低电平时，G_3 的输出为高电平，G_4 的输出为低电平，多谐振荡器停止振荡；当 *A* 端处于高电平时，多谐振荡器利用 C_1 的反复充放电过程，控制 G_3 门的开闭及 G_4 门的翻转，形成自激振荡，使 G_4 的输出端输出音频方波给扬声器。CT74LS175 是上升沿触发的四 *D* 触发器，在电路中用于锁存数据。CT74LS248 七段译码器和七段显示器组成了译码、显示电路。图中 S_1~S_7 是抢答按键，S_R 是复位键。CT74LS148 是编码器，有 8 个输入，3 个输出。表 4.9.1

是其逻辑状态表，其中 $D_1 \sim D_7$ 是数据输入，E_1 是使能输入，A_0、A_1、A_2 为编码输出，G_S、E_O 是使能输出，因图 4.9.3 没有用到 D_0 端，故 D_0 没有画出。

表 4.9.1　CT74LS148 8 线-3 线编码器的逻辑状态表

输入									输出				
E_1	D_7	D_6	D_5	D_4	D_3	D_2	D_1	D_0	A_2	A_1	A_0	G_S	E_O
1	×	×	×	×	×	×	×	×	1	1	1	1	1
0	1	1	1	1	1	1	1	1	1	1	1	1	0
0	×	×	×	×	×	×	×	0	0	0	0	0	1
0	×	×	×	×	×	×	0	1	0	0	1	0	1
0	×	×	×	×	×	0	1	1	0	1	0	0	1
0	×	×	×	×	0	1	1	1	0	1	1	0	1
0	×	×	×	0	1	1	1	1	1	0	0	0	1
0	×	×	0	1	1	1	1	1	1	0	1	0	1
0	×	0	1	1	1	1	1	1	1	1	0	0	1
0	0	1	1	1	1	1	1	1	1	1	1	0	1

图 4.9.3 的工作原理分析如下：

抢答之前先按一下复位键 S_R，使基本 RS 触发器置 **0**（即 G_1 输出为 **0**），CT74LS248 的 $\overline{BI}=\mathbf{0}$，显示器七段全部熄灭。此时 $S_1 \sim S_7$ 全部断开，CT74LS148 的输入 $D_1 \sim D_7$ 均为 **1**（D_0 没有用到，也为 **1**），故 $G_S=\mathbf{1}$，$E_O=\mathbf{0}$，多谐振荡器停止振荡，扬声器不发出声音。

当 $S_1 \sim S_7$ 有一个闭合时，CT74LS148 的 E_O 变为 **1**，多谐振荡器振荡，扬声器发声；G_S 变为 **0**，基本 RS 触发器置 **1**，CT74LS248 的 $\overline{BI}$ 变为 **1**，此时译码器正常译码。与此同时，当基本 RS 触发器由 **0** 变为 **1** 时，这个正跳变作用至 CT74LS175 的 CP 端，使四 D 触发器锁存数据。此时显示器显示抢答组的组号。这样当另外的 S 键再闭合时均不再起作用，这时有两种情况：一种是先抢答者尚未断开按键，另一组紧接抢答，从表 4.9.1 可知，此时 G_S、E_O 均不变，故基本 RS 触发器的状态不变，CT74LS175 锁存的数据不变；另一种情况是先抢答者刚刚断开按键，另一组再按下按键，此时 G_S 的状态发生了变化，但基本 RS 触发器的状态不变，故 CT74LS175 中锁存的数据也不变，显示器显示的仍是先抢答组的组号。只有当主持人按下复位键，使基本 RS 触发器复位，电路重新进入初始状态，抢答才能继续进行。

习题

4.1.1　应用逻辑代数证明下列各式。

（1）$(A+B)(\overline{A}+C)(B+C)=(A+B)(\overline{A}+C)$

（2）$A\overline{B}+BD+AD+CDE+D\overline{A}=A\overline{B}+D$

(3) $AB+\bar{A}\,\bar{B}+\bar{A}BC=AB\bar{C}+\bar{A}\,\bar{B}+BC$

(4) $\overline{A\bar{B}+B\bar{C}+C\bar{A}}=ABC+\bar{A}\,\bar{B}\,\bar{C}$

4.2.1　列出下列逻辑函数表达式的逻辑状态表,并分析其逻辑功能。

(1) $F=\bar{A}\,\bar{B}\,C+\bar{A}B\bar{C}+A\bar{B}\,\bar{C}$

(2) $F=\overline{ABC+\bar{A}\,\bar{B}\,\bar{C}}$

4.2.2　用逻辑代数化简下列各式。

(1) $F=(A+B)(A\bar{B})$

(2) $F=A+ABC+A\overline{BC}+BC+\bar{B}C$

(3) $F=\overline{\bar{A}C+BC+A\bar{B}C}+\overline{\bar{A}BC+\bar{B}C+AC}$

(4) $F=AD+A\bar{D}+AB+\bar{A}C+BD+A\bar{B}EF+\bar{B}EF$

(5) $F=\overline{\overline{\bar{A}+B}+\overline{A+\bar{B}}}+\overline{\overline{\bar{A}B}\quad\overline{A\bar{B}}}$

(6) $F=\bar{A}D(A+\bar{D})+ABC+CD(B+C)+AB\bar{C}$

(7) $F=(A+\bar{A}C)(A+CD+D)$

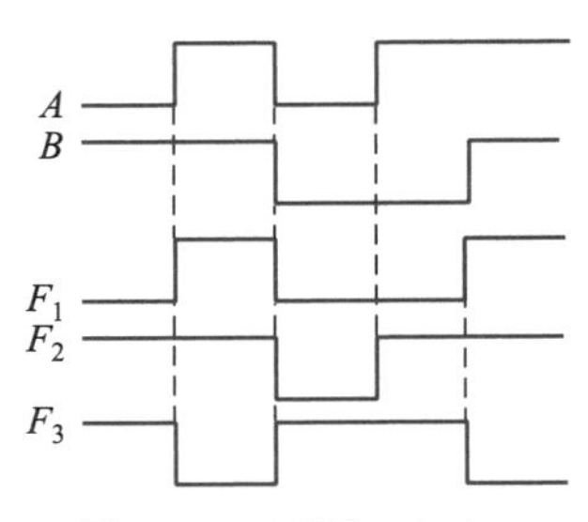

图 4.01　习题 4.3.1 的波形图

4.3.1　有三个门电路,它们的输入均为 A、B,输出分别为 F_1、F_2、F_3,波形图如图 4.01 所示,试根据波形图写出它们的逻辑状态表和逻辑表达式,并说明其逻辑功能。

4.3.2　已知图 4.02(a)所示逻辑电路的输入波形如图 4.02(b)所示,试画出输出 F 的波形图。

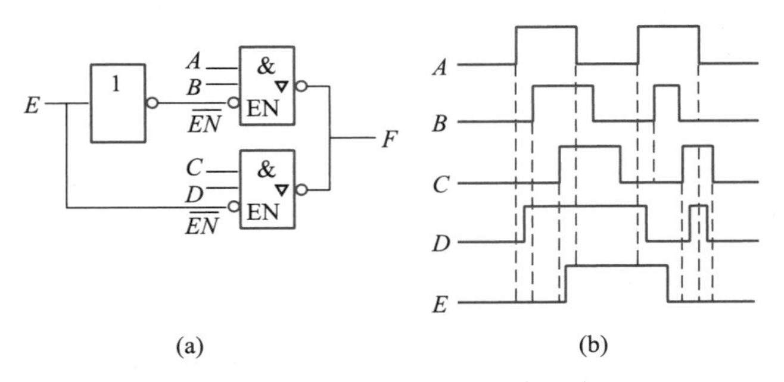

(a)　　(b)

图 4.02　习题 4.3.2 的逻辑电路和波形图

4.3.3　已知图 4.03(a)各逻辑门的输入波形如图 4.03(b)所示,试画出它们的输出波形图。

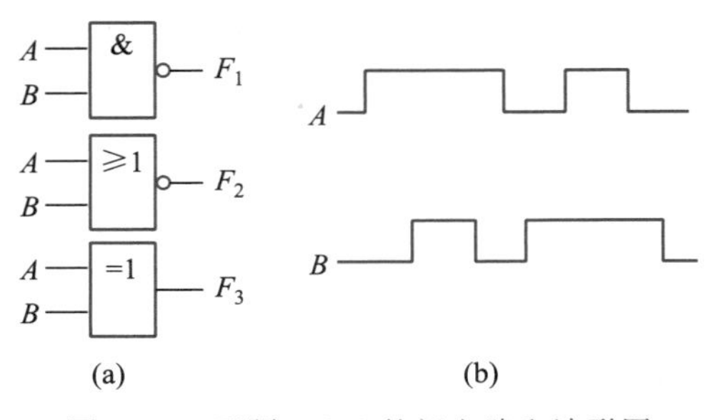

(a)　　(b)

图 4.03　习题 4.3.3 的门电路和波形图

4.4.1　写出并化简图 4.04 各逻辑图的逻辑表达式，列出逻辑状态表。

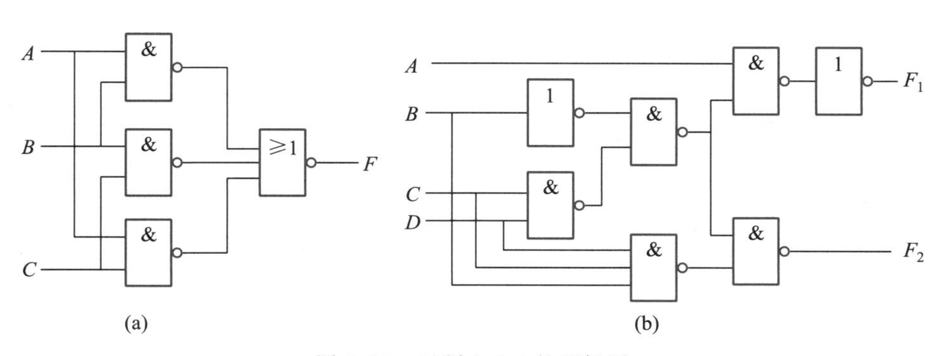

图 4.04　习题 4.4.1 的逻辑图

4.4.2　分析图 4.05 中各逻辑图的逻辑功能。

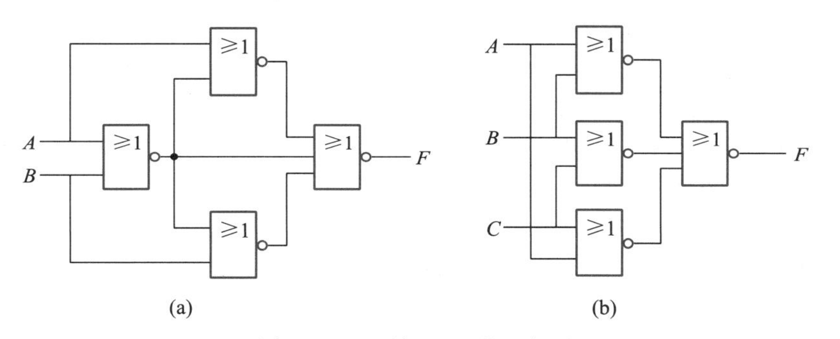

图 4.05　习题 4.4.2 的逻辑图

4.4.3　设计一个二输入、三输出的组合逻辑电路，A、B 为输入、F_1、F_2、F_3 为输出。要求 $A>B$ 时，$F_1=\mathbf{1}$，$F_2=F_3=\mathbf{0}$；$A<B$ 时，$F_2=\mathbf{1}$，$F_1=F_3=\mathbf{0}$；$A=B$ 时，$F_3=\mathbf{1}$，$F_1=F_2=\mathbf{0}$。

4.4.4　某港口对进港的船只分为 A、B、C 三类，每次只允许一类船只进港，且 A 类船优先于 B 类，B 类优先于 C 类。A、B、C 三类船只可以进港的信号分别是 F_A、F_B、F_C。设输入信号 **1** 表示船只要求进港，**0** 表示不要求进港；输出信号 **1** 表示允许进港，**0** 表示不允许进港。试设计能实现上述要求的逻辑电路。

4.4.5　已知一个三输入端的组合逻辑电路，不知其内部结构，在输入端加不同的信号时发现三个输入端的信号电平一致（全为高电平或全为低电平）时，输出为低电平，其他情况输出为高电平，试设计该逻辑电路，并用**与非**门实现。

4.4.6　已知全加器输入端的波形如图 4.06 所示，试画出 S_n 和 C_n 的波形图。

4.4.7　试按表 4.01 所示的编码表完成图 4.07 的连线。

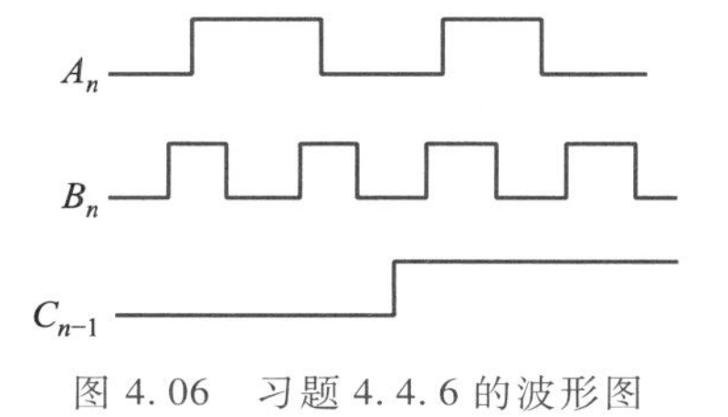

图 4.06　习题 4.4.6 的波形图

表 4.01　习题 4.4.7 的编码表

开关位置	输出		
	Q_2	Q_1	Q_0
0	**0**	**0**	**0**
1	**0**	**0**	**1**
2	**0**	**1**	**0**
3	**0**	**1**	**1**
4	**1**	**0**	**0**
5	**1**	**0**	**1**

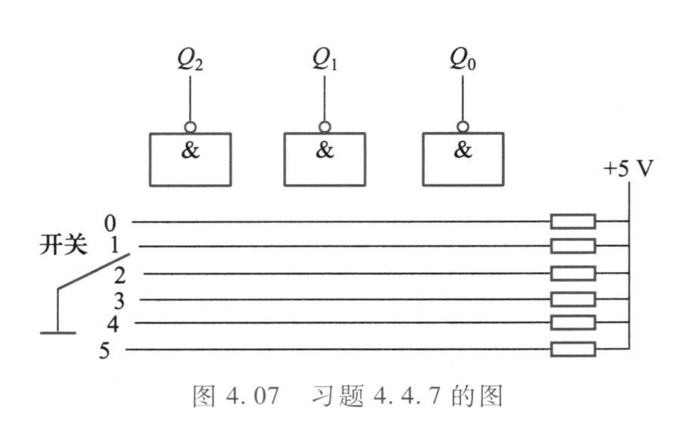

图 4.07　习题 4.4.7 的图

4.4.8　数据选择器是一种能在选择控制信号作用下，将多个输入端的数据选择一个送至输出端的组合逻辑电路。图 4.08 是四选一数据选择器的逻辑图，其中 A_1A_0 是选择控制端，$D_0 \sim D_3$ 是四个数据输入端，W 为输出端，试写出输出的逻辑表达式，分析 A_1A_0 为不同组合时从输出端输出的分别是哪一个输入数据。

4.4.9　数据分配器可以根据地址控制信号，将一个输入端的信号送至多个输出端中的某一个。图 4.09 是四路数据分配器的逻辑图，D 为数据输入端，A_1A_0 为地址控制端，$D_0 \sim D_3$ 为数据输出通道。试写出 $D_0 \sim D_3$ 的逻辑表达式，分析 A_1A_0 为不同组合时，输入数据 D 分别是从哪一个输出通道输出的。

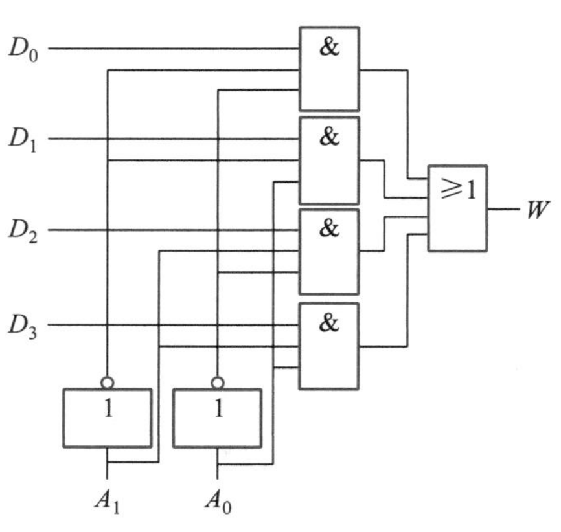

图 4.08　习题 4.4.8 的逻辑图

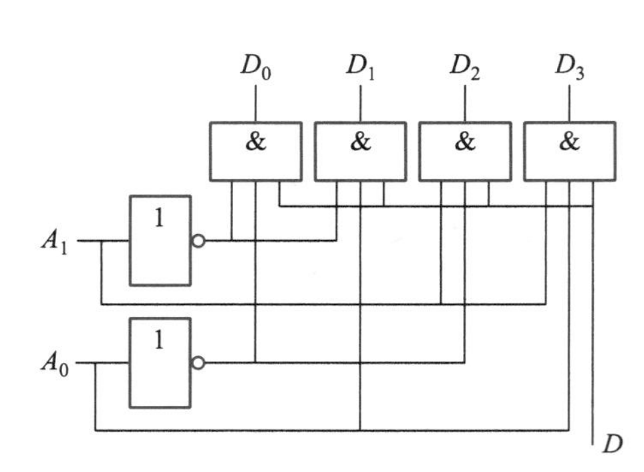

图 4.09　习题 4.4.9 的逻辑图

4.5.1　在图 4.10 中，A、B 和 $\overline{R}$ 的波形为已知，试画出 $\overline{S}$、Q 和 $\overline{Q}$ 的波形图。

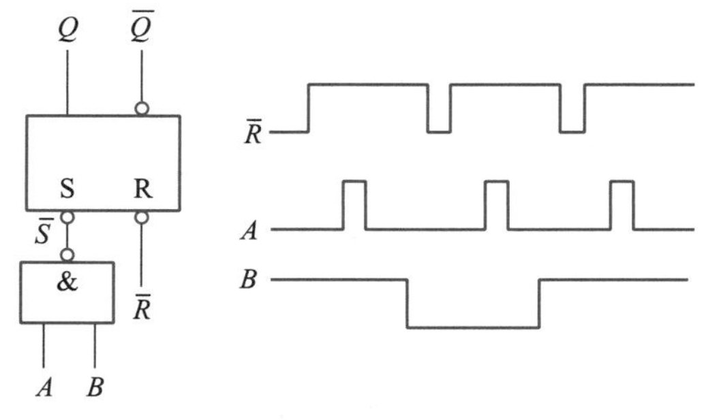

图 4.10　习题 4.5.1 的逻辑图和波形图

4.5.2　已知同步 *RS* 触发器 *R*、*S* 和 *CP* 的波形如图 4.11 所示，试画出 *Q* 和 $\overline{Q}$ 的波形图。设初始状态 $Q=\mathbf{0}$。

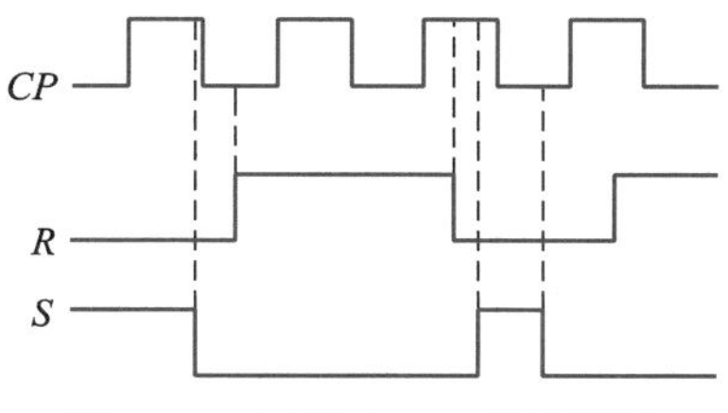

图 4.11　习题 4.5.2 的波形图

4.5.3　已知一电平触发的 *D* 锁存器和一正边沿触发的 *D* 触发器的输入波形如图 4.12 所示，试分别画出输出 *Q* 的波形图。

4.5.4　已知负边沿触发的 *JK* 触发器的 *J*、*K* 和 *CP* 波形如图 4.13 所示，试画出输出 *Q* 的波形图。设初始状态 $Q=\mathbf{1}$。

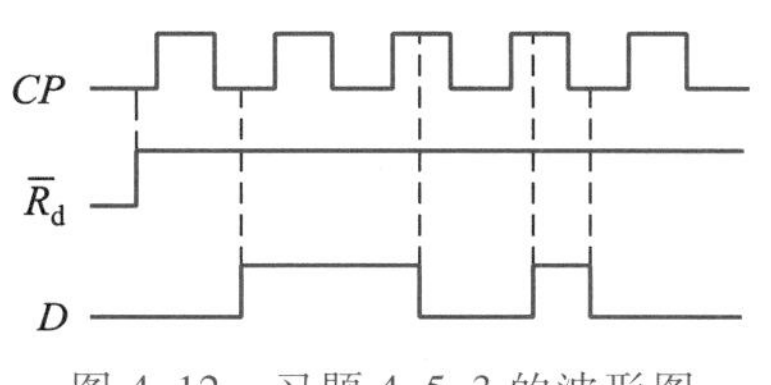

图 4.12　习题 4.5.3 的波形图

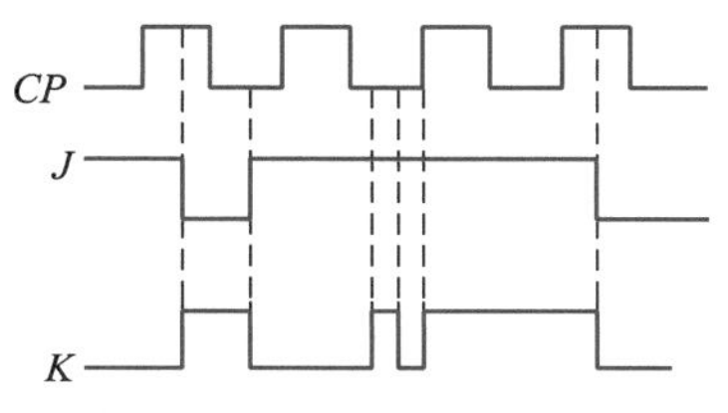

图 4.13　习题 4.5.4 的波形图

4.5.5　图 4.14(a)是一个 *JK* 触发器和一个非门组成的逻辑电路，其输入 *K* 和 *CP* 的波形如图 4.14(b)所示，试画出 *Q* 的波形图。设初始状态 $Q=\mathbf{0}$。

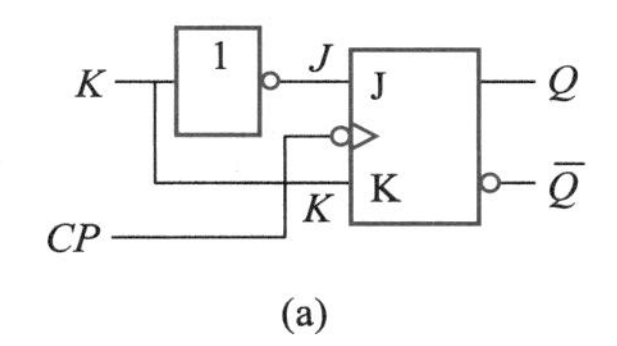

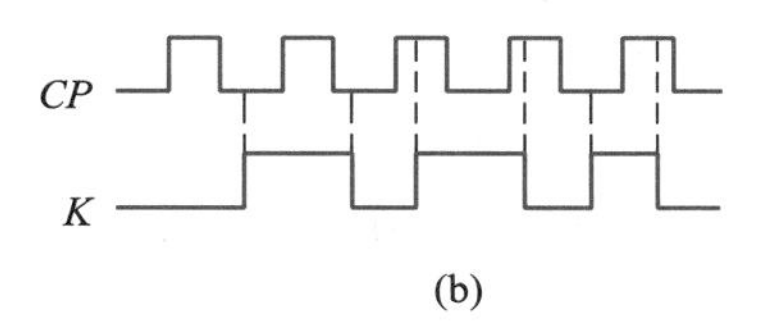

图 4.14　习题 4.5.5 的逻辑图和波形图

4.5.6　如图 4.15 所示的逻辑图能将 *D* 触发器转换成 *JK* 触发器，试证明之。

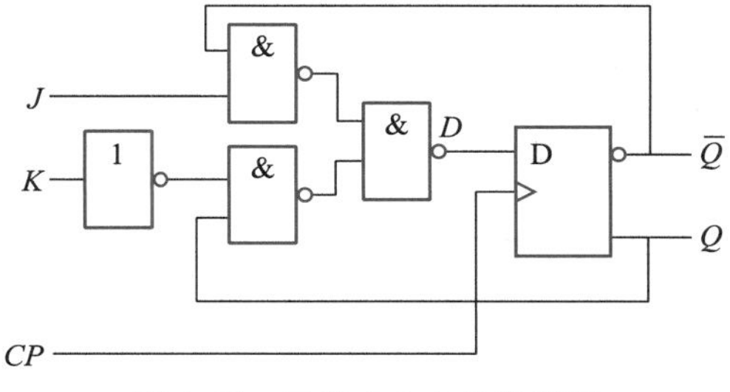

图 4.15　习题 4.5.6 的逻辑图

4.5.7　图 4.16 是 *D* 触发器转换成 *T* 触发器的逻辑图，试写出 Q^{n+1} 的逻辑函数表达式，并列出逻辑状态转换表。

4.5.8　在图 4.17 中 *D* 触发器的 *D* 端和 $\overline{Q}$ 端连接在一起，有时把它称为 *T'* 触发器。试写出 Q^{n+1} 的逻辑函数表达式，并画出在 4 个 *CP* 作用下 *Q* 的波形图。设初始状态 $Q=\mathbf{0}$。

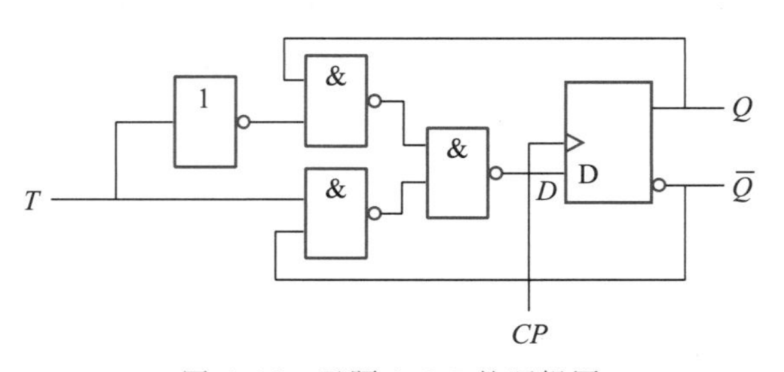

图 4.16　习题 4.5.7 的逻辑图

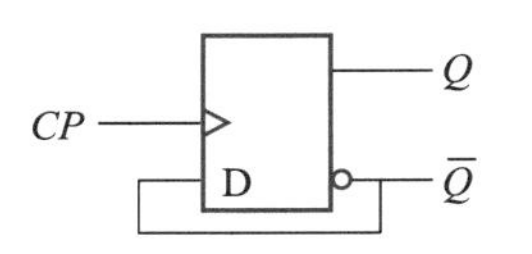

图 4.17　习题 4.5.8 的逻辑图

4.6.1　由负边沿 JK 触发器 FF_1 和 FF_0 组成的时序逻辑电路如图 4.18 所示。(1) 写出电路的输出方程、驱动方程和状态方程;(2) 列出 $A=\mathbf{1}$时的逻辑状态转换表,画出波形图(画 4 个 CP);(3) 若 $A=\mathbf{0}$,则电路的工作情况如何?

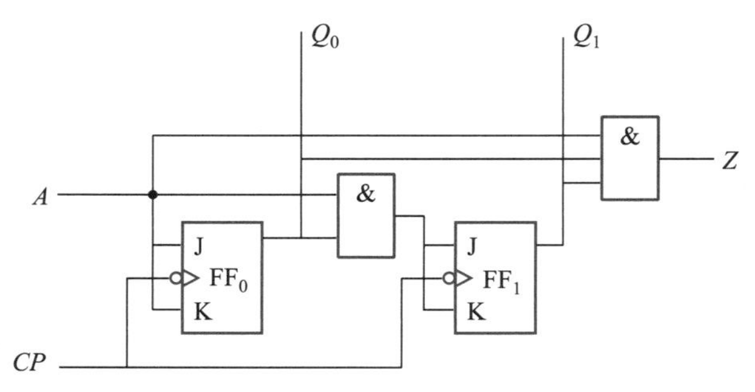

图 4.18　习题 4.6.1 的逻辑图

4.6.2　图 4.19 是由 D 触发器组成的时序逻辑电路。试写出该电路的驱动方程、状态方程和状态转换表,画出波形图。设初始状态为 $Q_1Q_0=\mathbf{00}$。

4.6.3　试分析图 4.20 所示时序逻辑电路的工作情况,(包括驱动方程、状态方程、状态转换表和波形图),设触发器 FF_1 和 FF_0 的初始状态 $Q_1Q_0=\mathbf{00}$。

4.6.4　如图 4.6.6 所示电路中,设各触发器的初态为 $\mathbf{0}$,串行输入 D_R 依次输入 $\mathbf{1}$、$\mathbf{1}$、$\mathbf{0}$、$\mathbf{1}$,同时分别加四个移位脉冲 CP,试列出状态转换表。

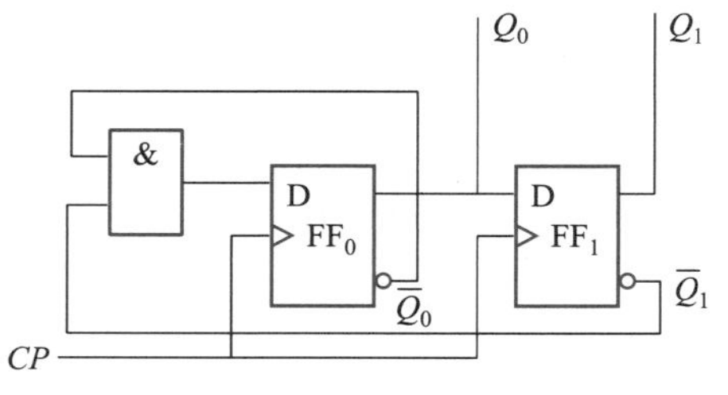

图 4.19　习题 4.6.2 的逻辑图

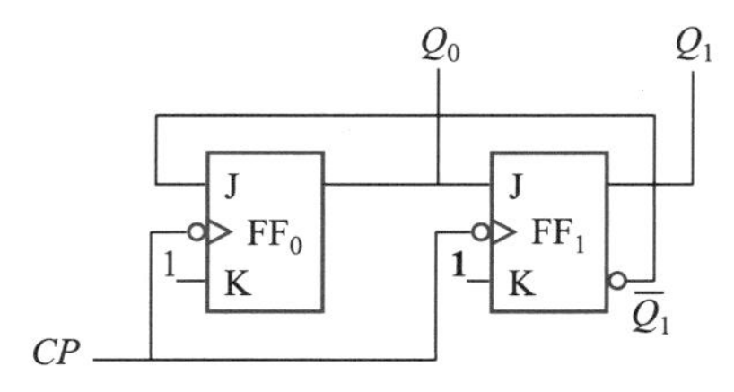

图 4.20　习题 4.6.3 的逻辑图

4.6.5　试用负边沿 JK 触发器构成一个四位数码寄存器。

4.6.6　图 4.21(a)是由三个负边沿 JK 触发器组成的移位寄存器,其输入波形如图 4.21(b)所示。试写出驱动方程和状态方程,画出各触发器输出端 Q 的波形图。设初始状态 $Q_2Q_1Q_0=\mathbf{000}$。

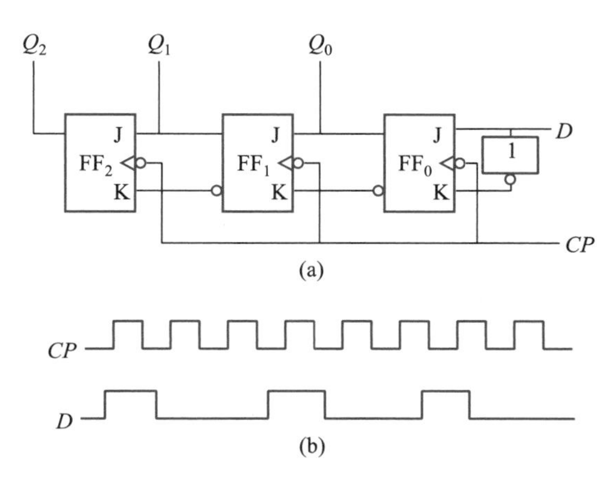

图 4.21 习题 4.6.6 的逻辑图和波形图

4.6.7 图 4.22(a)是一个能进行循环移位的三位移位寄存器,工作时先在预置端加一个负脉冲,然后输入移位脉冲(即 CP),如图 4.22(b)所示。试写出各触发器的驱动方程和电路的状态方程,画出 6 个 CP 作用下 Q_A、Q_B 和 Q_C 的波形图。

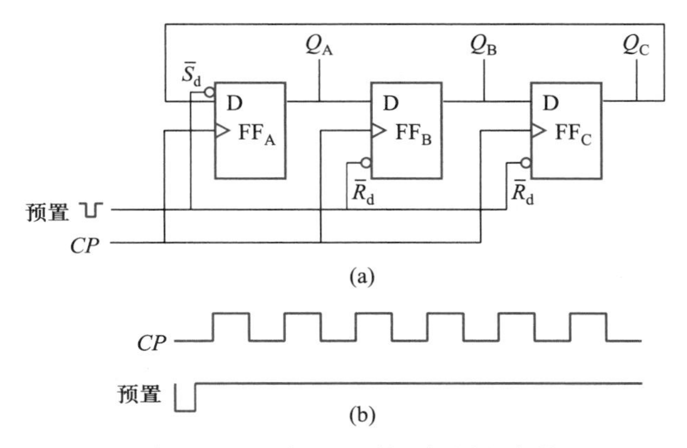

图 4.22 习题 4.6.7 的逻辑图和波形

4.6.8 图 4.23 是由两个四位左移移位寄存器 A、B(由正边沿 D 触发器组成)、与门 C 和 JK 触发器 FF_D 组成。A 寄存器的初始状态为 $Q_{4A}Q_{3A}Q_{2A}Q_{1A}$ = **1010**,B 寄存器的初始状态 $Q_{4B}Q_{3B}Q_{2B}Q_{1B}$ = **1011**,JK 触发器 FF_D 的初始状态为 **0**。试画出在 8 个 CP 作用下 Q_{4A}、Q_{4B}、V_C 和 Q_D 的波形图。

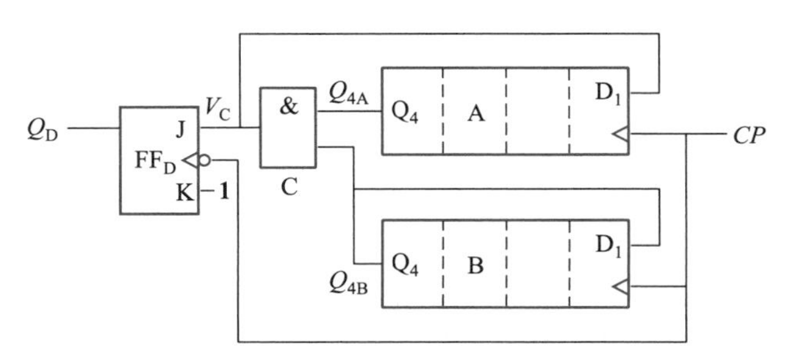

图 4.23 习题 4.6.8 的逻辑图

4.6.9　试画出图 4.24 两个计数电路在 8 个 CP 脉冲作用下 Q_0、Q_1、Q_2 的波形图，列出状态转换表，并说明是加法计数器还是减法计数器。设各触发器的初始状态为 **0**。

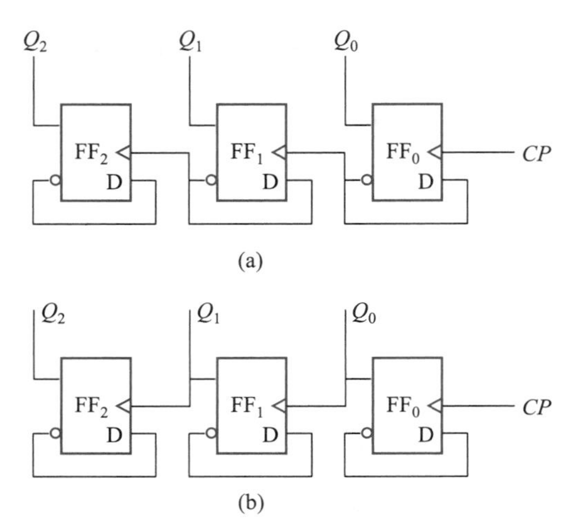

图 4.24　习题 4.6.9 的逻辑图

4.6.10　已知一计数器的逻辑图如图 4.25 所示，试写出其驱动方程、状态方程、状态转换表，画出状态转换图（包括有效状态和无效状态），并指出是几进制计数器。

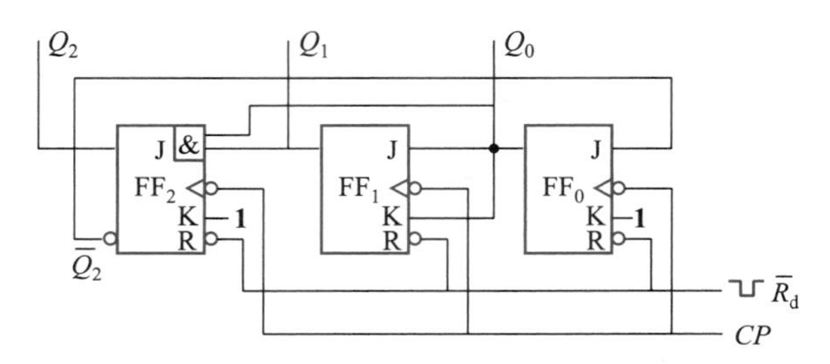

图 4.25　习题 4.6.10 的逻辑图

4.6.11　分析图 4.26 是几进制计数器（包括驱动方程、状态方程、状态转换表和状态转换图）。设计数器的初始状态为 $Q_3Q_2Q_1Q_0$ = **1000**。

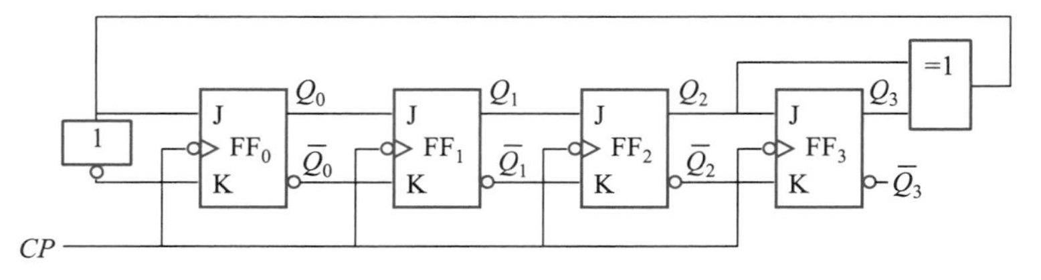

图 4.26　习题 4.6.11 的逻辑图

4.6.12　分析图 4.27 是几进制计数器（包括驱动方程、状态方程、状态转换表和状态转换图）。设计数器的初始状态为 $Q_2Q_1Q_0$ = **000**。

4.6.13　图 4.28 是 JK 触发器和集成译码器 CT74LS139 组成的四相时钟发生器。设初始状态 Q_1Q_0 = **00**。试分析 Q_1Q_0 的状态变化规律，画出 Q_1Q_0 的状态转换图和 CP、Q_0、Q_1、φ_0、φ_1、φ_2、φ_3 的波形图（画 8 个 CP 脉冲）。

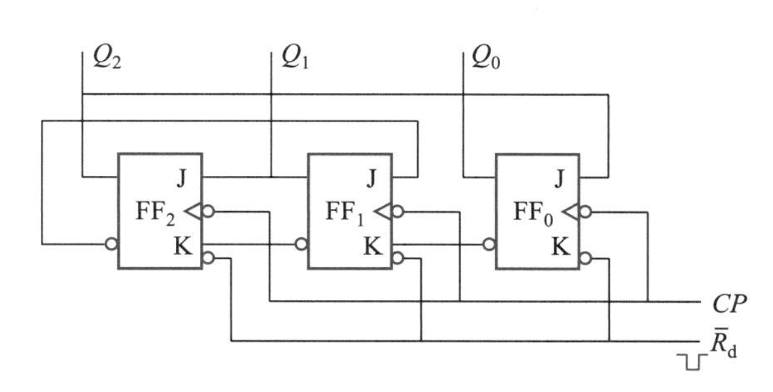

图 4.27　习题 4.6.12 的逻辑图

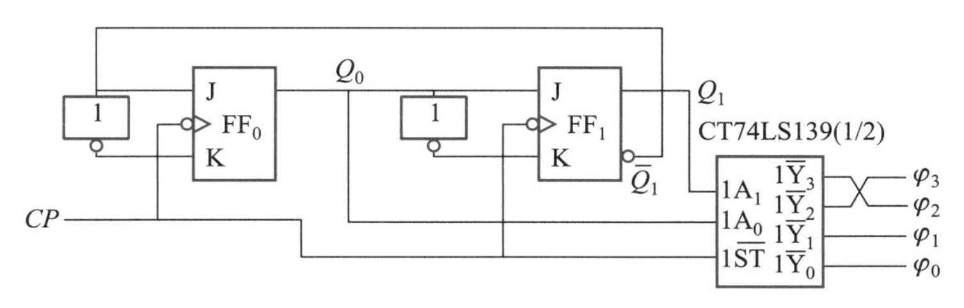

图 4.28　习题 4.6.13 的逻辑图

4.6.14　试用集成电路 74LS193 和 74LS163 四位二进制同步加法计数器和**与非**门构成七进制和十四进制加法计数器，分别画出其电路图。

4.7.1　写出图 4.29 中不同地址输入时 ROM 中的信息内容。

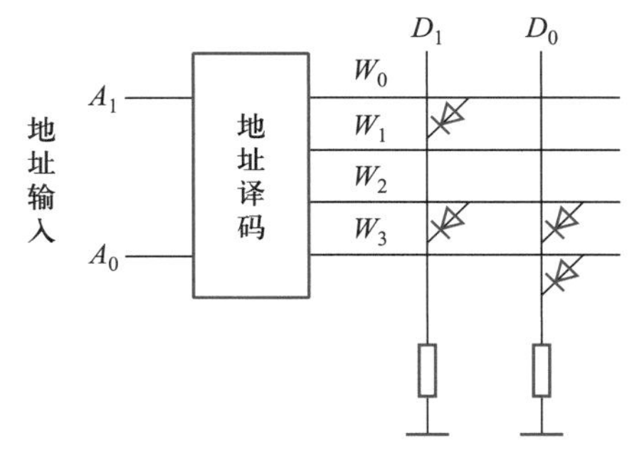

图 4.29　习题 4.7.1 的电路

4.7.2　已知在不同地址输入情况下 ROM 中的信息内容如表 4.02 所示，试在图 4.30 中画出其二极管矩阵。

4.7.3　画出图 4.7.2 所示 4×8 ROM 电路中 D_7 位和 D_6 位的**或**门。

4.7.4　一个 1 024 字×8 位的静态 RAM，其数据线和地址线各为多少？

4.8.1　画出用 PROM 实现下述逻辑函数时的阵列图：（1）$F_1=A+BC$；（2）$F_2=AB+\bar{B}C$。

4.8.2　今欲用 GAL16V8 实现 $F_1=A_1B_1$，$F_2=A_2+B_2$，$F_3=A_3\oplus B_3$，$F_4=\overline{A_4B_4}$，$F_5=\overline{A_5+B_5}$，$F_6=\overline{A_6\oplus B_6}$，试画出 GAL16V8 的引脚配置图。

表 4.02　习题 4.7.2 的表

地址		信息内容			
A_1	A_0	D_3	D_2	D_1	D_0
0	**0**	**0**	**1**	**1**	**0**
0	**1**	**1**	**0**	**1**	**0**
1	**0**	**1**	**1**	**1**	**0**
1	**1**	**0**	**1**	**0**	**1**

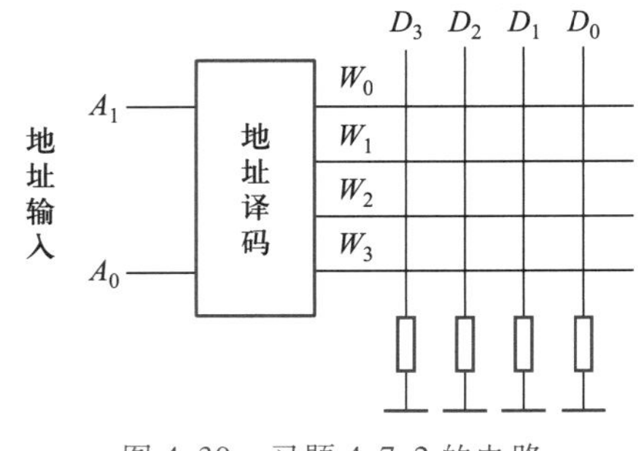

图 4.30　习题 4.7.2 的电路

第5章 集成运算放大器

集成运算放大器(简称集成运放)是模拟集成电路中发展最早、应用最广的一种集成器件,早期应用于模拟信号的运算。随着集成技术的发展,集成运放的品种除了通用型外,还出现了多种专用型。因此,目前集成运放的应用已远远超出数学运算范围,而广泛应用于信号的测量和处理、信号的产生和转换以及自动控制等许多方面,成为电子技术领域中广泛应用的基本电子器件。本章主要介绍集成运放的基本组成、基本特性、电路中的反馈方式以及集成运放的基本应用电路。

5.1 集成运放的基本组成

视频资源:5.1 集成运放的基本组成

5.1.1 概述

集成运放是一种具有很高的电压放大倍数、性能优越、集成化的多级放大器。由于集成运放的类型、性能和用途不同,因此,内部电路结构也有很大差别。但不管内部电路多么复杂,其基本组成主要有四个部分:输入级、中间级、输出级和偏置电路,如图 5.1.1 所示。

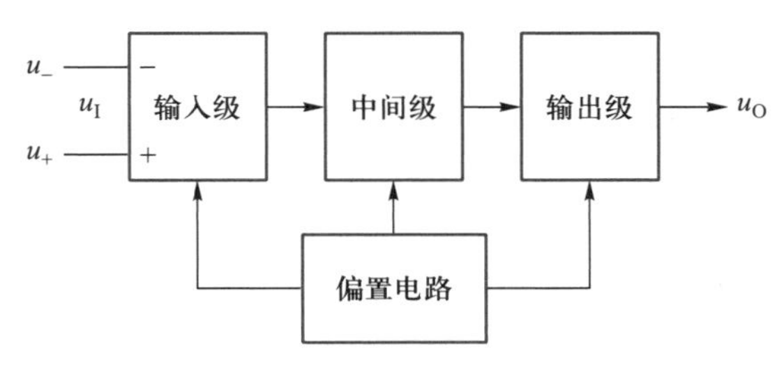

图 5.1.1 集成运放的基本组成

输入级是组成集成运放的关键部分,通常要求有高输入电阻、低漂移和高抗干扰能力等,常采用差分放大电路。

中间级亦称电压放大级,主要使集成运放获得很高的电压放大倍数,常由一级或多级电压放大电路组成。

输出级主要使集成运放有较强的带负载能力。因此,要求输出级能提供一定的输出电压和输出电流,并且要求输出电阻尽可能小,使输出电压稳定。输出级通常采用互补对称式电路。

偏置电路的作用是为各级电路提供偏置电流。

多级放大电路的前一级与后一级通过一定的方式相连接,使前一级的输出信号有效地传送到后一级，这种级与级之间的连接称为级间耦合。常用的级间耦合方式有阻容耦合、变压器耦合和直接耦合。

阻容耦合是通过电容器将前级的交流信号传送到后级。变压器耦合是利用变压器把前后级连接起来，通过电磁感应将前级的交流信号传送到后级。它们都只能传递交流信号而不能传递直流信号或变化缓慢的信号。在集成电路工艺中，也难以制造电感和大容量的电容元件。因此在集成运放中采用直接耦合。

直接耦合方式是把前后级电路直接用导线连接起来。直接耦合方式电路结构简单，但前后级之间静态工作点相互影响。在设计电路时，要考虑前后级之间的电位配合。直接耦合电路的主要问题是零点漂移现象。对一个电压放大倍数很高的多级直接耦合放大电路，由于晶体管特性、参数随温度变化或电源电压不稳定等影响，即使输入端短路，在输出端也会出现电压波动，即输出端电压会偏离原来的值而上下变动，这种现象称为零点漂移。在多级直接耦合放大电路中，由于输入级本身的波动会因直接耦合而逐级放大，因此当放大电路有输入信号时，这种电压波动会与有用信号混合而无法辨别，严重时使放大电路丧失工作能力。

为了减小直接耦合放大电路的零点漂移，工程上除了采用高质量的电路元件和高稳定性的电源外，常采用温度补偿电路、信号调制放大等方法或从电路结构上采取措施。

5.1.2　集成运放的输入级电路——差分放大电路

集成运放的输入级采用差分放大电路，它能较好地抑制零点漂移。图5.1.2是基本的差分放大电路原理图。图中晶体管 T_1 和 T_2 特性相同，组成对称电路。T_3、D_Z 和 R_1、R_2 组成恒流源，其中 R_1 和稳压管 D_Z 使 T_3 基极电位固定。当因某种因素（例如温度变化）使 i_{C3} 增加（或减小）时，R_2 两端的电压也增加（或减小），但因 U_{B3} 固定，所以 U_{BE3} 将减小（或增加），i_{B3} 也随之减小（或增加），因此起到抑制 i_{C3} 变化的作用，使 i_{C3} 基本不变，故具有恒流源的作用。输入信号从 T_1 和 T_2 的基极加入，输出信号在 T_1 和 T_2 的集电极之间取出，电路具有两个输入端和两个输出端，常称双端输入-双端输出。

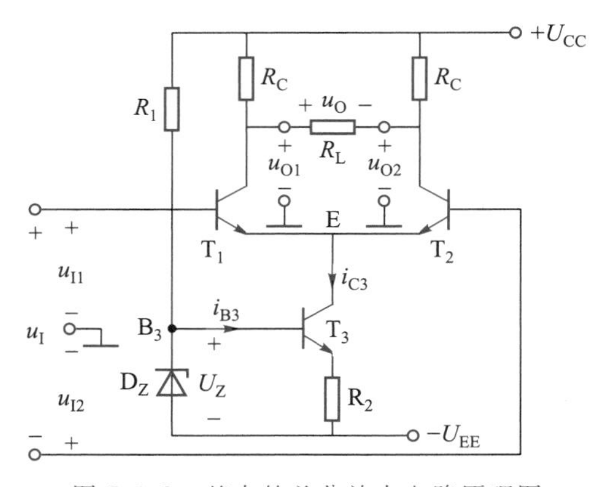

图5.1.2　基本的差分放大电路原理图

1. 静态分析

当输入信号 u_{I1} 和 u_{I2} 为零(即静态)时,T_1 和 T_2 的基极对地电位为零,此时 T_1 和 T_2 的基极相当于对地短接,由直流电源 $-U_{EE}$ 提供基极电流 I_{B1} 和 I_{B2}。由于电路两边对称,T_1 和 T_2 的基极电流相等,即 $I_{B1}=I_{B2}$,故 T_1 和 T_2 的静态集电极电流 I_{C1} 和 I_{C2} 相等,T_1 和 T_2 的集电极对地电压 U_{C1} 和 U_{C2} 也相等,因此静态时输出电压 $u_O=U_{C1}-U_{C2}=0$。

此外,晶体管 T_1 和 T_2 由于温度等因素引起的漂移也相同,即 $i'_{B1}=i'_{B2}$,$i'_{C1}=i'_{C2}$,$U'_{C1}=U'_{C2}$,所以由漂移引起的输出电压 $u'_O=U'_{C1}-U'_{C2}=0$。可见电路采用对称结构和双端输出后,可保证输入为零时输出也为零,并且能很好地抑制零点漂移。

2. 动态分析

(1) 差模信号输入。当两个输入端对地分别加入输入信号 u_{I1} 和 u_{I2} 时,若 u_{I1} 与 u_{I2} 大小相等、极性相反,即 $u_{I1}=-u_{I2}$,则称为差模信号。由于晶体管 T_3 的恒流作用(i_{C3} 恒定)和 T_1、T_2 特性的对称,使得在差模信号作用下,T_1 和 T_2 的集电极电流变化量大小相等而方向相反,集电极对地的电压变化量 u_{O1} 和 u_{O2} 亦大小相等、极性相反,从而在晶体管 T_1 与 T_2 的集电极之间得到输出电压 $u_O=u_{O1}-u_{O2}$。只要合理选取电路参数,输出电压将大于输入电压,电路具有放大作用。

在图 5.1.2 所示电路中,两个输入端之间的电压 $u_I=u_{I1}-u_{I2}$。在差模信号作用下,输出电压 u_O 与输入电压 u_I 之比称为差模电压放大倍数。

(2) 共模信号输入。在差分放大电路中,两个输入端输入大小相等、极性相同的信号(即 $u_{I1}=u_{I2}$)称为共模信号。电路中的零点漂移可用输入端施加共模信号来模拟。

在理想情况下,电路完全对称,又由于恒流源的作用,共模信号作用时,每个晶体管的集电极电流和集电极电压均不变化,输出电压为零。因此差分放大电路对共模信号没有放大作用。

实际上由于每个晶体管的零点漂移依然存在,电路不可能完全对称,因此差分放大电路对共模信号的放大倍数并不为零。通常将差模电压放大倍数 A_d 与共模电压放大倍数 A_c 之比定义为共模抑制比(common mode rejection ratio),用 K_{CMR} 表示,即

$$K_{CMR}=\frac{A_d}{A_c} \tag{5.1.1}$$

共模抑制比反映了差分放大电路抑制共模信号的能力,其值越大,电路抑制共模信号(零点漂移)的能力越强。

差分放大电路工作时也可以将输入信号仅加于两个输入端中的任一个,另一个输入端接地,称为单端输入方式。此时电路内部的工作情况和双端输入时相同。若仅从两个输出端中的任一个对外输出信号,即称为单端输出方式。

在集成运放中,由于各个晶体管用相同工艺制作在同一基片上,因此差分对

管的特性基本一致，温度漂移很小。此外，为了提高集成运放的输入电阻，降低噪声，输入级晶体管的静态电流 I_B 通常取得很小，有时则采用由场效晶体管组成的差分放大电路。

5.1.3　集成运放的输出级电路——互补对称电路

集成运放的输出级通常采用互补对称电路。在第 3 章已介绍过，射极输出器的输出电阻很小，带负载能力较强。因此，通常把 NPN 型晶体管组成的射极输出器（加正电源）和 PNP 型晶体管组成的射极输出器（加负电源）组合起来，构成互补对称式电路（如图 5.1.3 所示），作为集成运放输出级电路的基本形式。

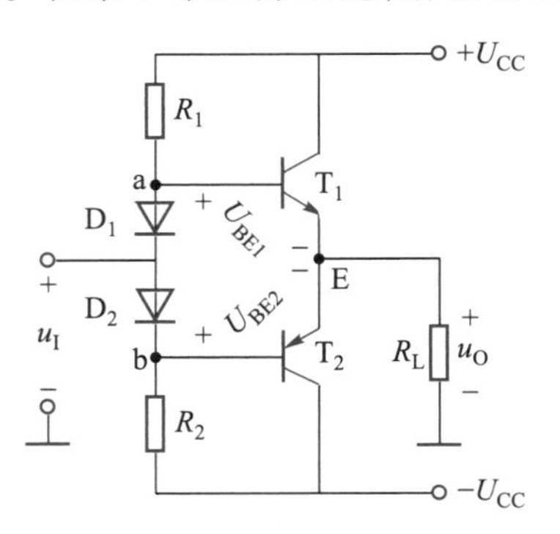

图 5.1.3　互补对称式电路

在图 5.1.3 所示电路中，T_1 和 T_2 的特性相同，D_1、D_2 和 R_1、R_2 组成偏置电路（D_1 和 D_2 特性相同，$R_1=R_2$），在 D_1、D_2 上的电压 U_{ab} 作为 T_1 和 T_2 的发射结偏置电压，即 $U_{ab}=U_{BE1}+(-U_{BE2})$。通常 U_{BE} 仅略大于死区电压，T_1、T_2 的静态基极电流较小。在输入信号 $u_I=0$（即静态）时，两管的发射极对地电位 $U_E=0$，故负载上无电压。在输入信号 $u_I\neq0$（即动态）时，当 u_I 为正，则 T_1 导通，T_2 截止，电流由 $+U_{CC}\rightarrow T_1\rightarrow R_L$ 形成回路，使输出电压 u_O 为正；当 u_I 为负，则 T_2 导通，T_1 截止，电流由 $-U_{CC}\rightarrow R_L\rightarrow T_2$ 形成回路，使 u_O 为负。可见，在 u_I 正、负极性变化时，T_1、T_2 轮流导通，形成互补，使负载上合成一个与 u_I 相应的波形，且两管的工作情况完全对称，所以称这种电路为互补对称电路。

互补对称电路结构对称，采用正、负对称电源，静态时无直流电压输出，故负载可直接接到发射极，实现了直接耦合，在集成电路中得到了广泛的应用。

5.1.4　集成运放的图形符号和信号输入方式

集成运放产品型号较多，内部电路也较复杂，但基本结构类似。根据图5.1.1 和集成运放的输入级电路、输出级电路结构可知，集成运放有两个输入端，一个输出端，其图形符号如图 5.1.4 所示。图中 IN_- 端称为反相输入端，用“-”号表示，当输入信号从反相输入端输入时，输出信号与输入信号反相；IN_+ 端称为同相输入端，用“+”号表示，当输入信号从同相输入端输入时，输出信号与输入信号同相；*OUT* 为输出端。集成运放在使用时，通常需加正、负电源，图中正、负电源端未画出。

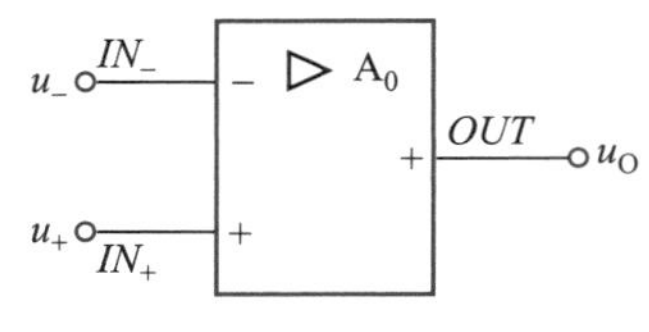

图 5.1.4　集成运放的图形符号

集成运放在实际使用时，其信号有三种基本输入方式。若同相输入端接地，信号从反相端与地之间输入，称为反相输入方式；若反相输入端接地，信号从同相端与地之间输入，称为同相输入方

式;若信号从两输入端之间输入或两输入端都有信号输入,称为差分输入方式。

5.2 集成运放的基本特性

视频资源:5.2 集成运放的基本特性

5.2.1 集成运放的主要参数

要正确地选用集成运放,必须了解其主要参数,现介绍如下:

1. 输入失调电压 U_{IO}

U_{IO}是指为使输出电压为零而在输入端需加的补偿电压。它的大小反映了输入级电路的对称程度和电位配合情况,一般为毫伏数量级。

2. 输入失调电流 I_{IO}

I_{IO}是指集成运放两输入端的静态电流之差,即 $I_{IO}=I_{IB+}-I_{IB-}$。它主要由输入级差分对管的特性不完全对称所致,一般为纳安数量级。

3. 输入偏置电流 I_{IB}

I_{IB}是指集成运放两输入端静态电流的平均值,即 $I_{IB}=(I_{IB+}+I_{IB-})/2$。其值一般为纳安或微安数量级。

4. 开环差模电压放大倍数 A_0

A_0 是指集成运放的输出端与输入端之间无外接回路(称开环)时的输出电压大小与两输入端之间的信号电压大小之比,也称开环电压增益,常用分贝(dB)表示,定义为

$$A_0(\mathrm{dB})=20\lg\left(\frac{U_o}{U_i}\right)(\mathrm{dB})$$

常用集成运放的开环电压增益一般在 80~140 dB。

5. 最大差模输入电压 U_{idmax}

U_{idmax}是指集成运放两输入端之间所能承受的最大电压值。超过此值,输入级差分对管中某个晶体管的发射结将反向击穿,从而使集成运放性能变差,甚至损坏。

6. 最大共模输入电压 U_{icmax}

U_{icmax}是指集成运放所能承受的共模输入电压最大值。超过此值,将会使输入级工作不正常和共模抑制比下降,甚至损坏。

7. 共模抑制比 K_{CMR}

集成运放的共模抑制比 K_{CMR}一般为 70~130 dB。

8. 最大输出电压 U_{omax}

U_{omax}是指集成运放在额定电源电压和额定负载下,不出现明显非线性失真的最大输出电压峰值。它与集成运放的电源电压值有关,如电源电压为±15 V 时,U_{omax}约为±13 V。

9. 最大输出电流 I_{omax}

I_{omax}是指集成运放在额定电源电压下达到最大输出电压时所能输出的最大电流。通用型集成运放的 I_{omax}一般为几至几十毫安。

10. 输入电阻 r_i 和输出电阻 r_o

集成运放的输入电阻 r_i 是从集成运放的两个输入端看进去的等效电阻。输入电阻 r_i 一般为 $10^5 \sim 10^{11}\ \Omega$，当输入级采用场效晶体管时，可达 $10^{11}\ \Omega$ 以上。集成运放的输出电阻 r_o 是从集成运放输出端看进去的等效电阻。输出电阻 r_o 一般为几十至几百欧。

5.2.2　集成运放的电压传输特性和电路模型

集成运放的电压传输特性是指开环时输出电压与输入电压的关系曲线，即 $u_O = f(u_I)$。集成运放的电压传输特性如图 5.2.1 所示，它有一个线性区和两个饱和区。

在线性区工作时，即 $U_i^- < u_I < U_i^+$，输出电压 u_O 与两输入端之间的电压 u_I 呈线性关系，即

$$u_O = A_0 u_I = A_0 (u_+ - u_-) \tag{5.2.1}$$

式中，u_+ 和 u_- 分别是同相输入端和反相输入端对地的电压。

在饱和区工作时，输出电压 $u_O = U_o^+$（当 $u_I > U_i^+$ 时）或 $u_O = U_o^-$（当 $u_I < U_i^-$ 时），这里 U_o^+ 和 U_o^- 分别为输出正饱和电压和负饱和电压，其绝对值分别略低于正、负电源电压。

由于集成运放的开环电压增益很大，而输出电压为有限值，因此传输特性中的线性区是很窄的，即 $(U_i^+ - U_i^-)$ 极小（微伏级）。

集成运放对输入信号源来说，相当于一个等效电阻，此等效电阻即为集成运放的输入电阻 r_i；对输出端负载来说，集成运放可以视为一个电压源。从图 5.2.1 的电压传输特性可知，集成运放工作在线性区时，其输出电压与输入电压成比例，即输出电压受输入电压控制，因此集成运放工作在线性区时，可用电压控制电压源的模型来等效，如图 5.2.2 所示。

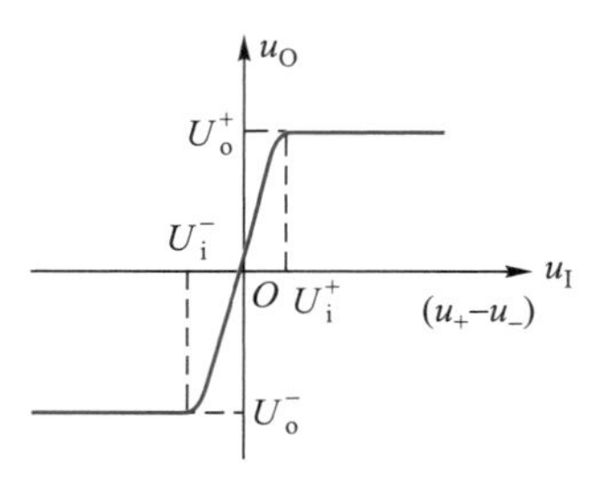

图 5.2.1　集成运放的电压传输特性

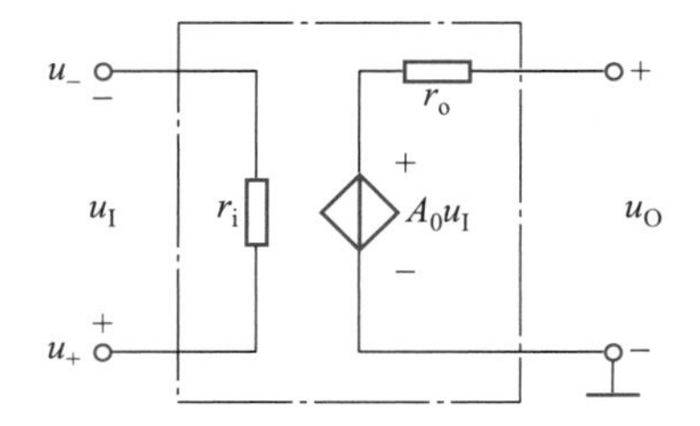

图 5.2.2　集成运放线性区的电路模型

5.2.3　集成运放的理想特性

常用集成运放具有很高的开环电压增益和共模抑制比，很大的输入电阻，很小的输出电阻。因此，在实际应用中可将集成运放理想化，即近似认为：

（1）开环电压增益 $A_0 \to \infty$。

（2）输入电阻 $r_i \to \infty$。

（3）输出电阻 $r_o \to 0$。

（4）共模抑制比 $K_{CMR} \to \infty$。

根据上述理想化特性，可得出集成运放工作时的几点重要结论：

（1）由于集成运放的输入电阻 r_i 很大，所以当集成运放工作在线性区时，反相输入端电流 i_- 和同相输入端电流 i_+ 均近似为零，即

$$i_- = i_+ \approx 0 \tag{5.2.2}$$

（2）由于集成运放的开环电压增益 A_0 很大，而输出电压 u_o 为有限值，所以当集成运放工作在线性区时，输入电压 $u_I = u_+ - u_- = \dfrac{u_o}{A_0} \approx 0$，于是可认为同相输入端对地电压 u_+ 和反相输入端对地电压 u_- 近似相等，即

$$u_+ \approx u_- \tag{5.2.3}$$

（3）由于集成运放的输出电阻 r_o 很小，所以当负载变化时，其输出电压 u_o 基本不变。

图 5.2.3 是理想运放的电压传输特性。由理想传输特性可知，当 $u_+ > u_-$，集成运放输出呈现正饱和；当 $u_+ < u_-$，集成运放输出呈现负饱和。

虽然理想运放与实际运放之间存在一定差别，但利用理想运放特性可大大简化集成运放应用电路的分析和计算，且其结果误差很小，在工程上是允许的。因此本书除了分析反馈作用外，在分析其他集成运放电路时，若无特别说明，均认为集成运放是理想的。

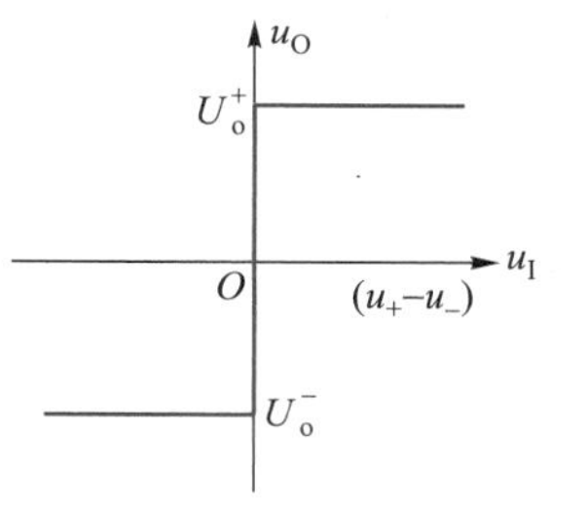

图 5.2.3 理想运放的电压传输特性

集成运放在使用时，当输出端没有通过外部电路与输入端相连即处于开环工作状态时，由于开环电压放大倍数很大，集成运放只要有微小电压输入就工作在饱和区。根据理想特性，当 $u_+ > u_-$，集成运放输出正饱和电压；当 $u_+ < u_-$，集成运放输出负饱和电压。当输出端通过外部电路与输入端相连，成为闭环工作状态时，即引入反馈（反馈概念见 5.3 节）。闭环工作状态分两种，一种是输出端通过外部电路（无相位移）与同相输入端相连（即构成正反馈），集成运放工作在饱和区；另一种是输出端通过外部电路（无相位移）与反相输入端相连（即构成负反馈），集成运放工作在线性区。因此，集成运放在应用时，必须注意其工作状态，构成相应的电路。还应注意，严格地说，只有当集成运放工作在线性区时，上述式（5.2.2）和式（5.2.3）才适用。但对于式（5.2.2），当集成运放工作在非线性区时也基本适用。

5.3 放大电路中的负反馈

视频资源：5.3 放大电路中的负反馈

5.3.1 反馈的基本概念

所谓反馈就是将电路的输出信号（电压或电流）的一部分或全部通过一定的

电路(反馈电路)送回到电路的输入回路。图 5.3.1 是反馈放大电路的框图,其中基本放大电路和反馈电路构成一个闭合环路,常称为闭环。图中,反馈电路将输出量(输出电压 u_O 或输出电流 i_O)取出来成为反馈量 x_F,比较环节表示反馈量 x_F(反馈电压 u_F 或反馈电流 i_F)与输入量 x_I(输入电压 u_I 或输入电流 i_I)进行比较,得到净输入量 x_D。当反馈量 $x_F=0$(即无反馈)时,$x_D=x_I$。若反馈量 x_f 的引入使净输入量 x_D 减小,这种反馈称为负反馈,常用于放大电路中,用以改善放大电路的性能;若 x_F 的引入使 x_D 增强,这种反馈称为正反馈,常用于振荡电路中。

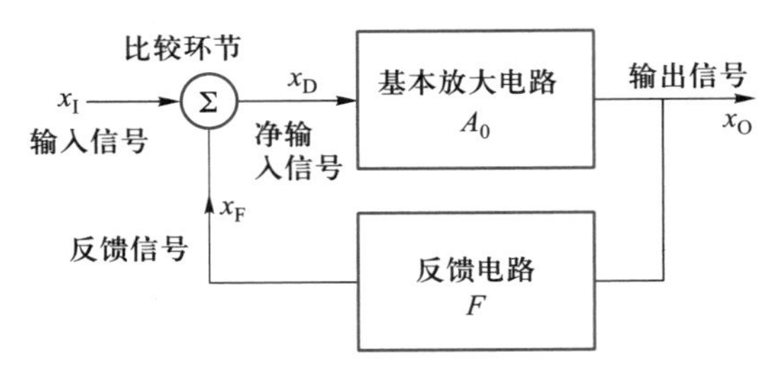

图 5.3.1 反馈放大电路框图

对于负反馈放大电路,图 5.3.1 中 x_F 与 x_I 的极性相反,基本放大电路的净输入信号

$$x_D=x_I-x_F \tag{5.3.1}$$

基本放大电路的输出信号 x_O 与净输入信号 x_D 之比称为开环放大倍数或开环增益,用 A_0 表示,即

$$A_0=\frac{x_O}{x_D} \tag{5.3.2}$$

引入反馈后的输出信号 x_O 与输入信号 x_I 之比称为闭环放大倍数或闭环增益,用 A_f 表示,即

$$A_f=\frac{x_O}{x_I} \tag{5.3.3}$$

反馈信号 x_F 与输出信号 x_O 之比称为反馈系数,用 F 表示,即

$$F=\frac{x_F}{x_O} \tag{5.3.4}$$

综合以上几式可得

$$x_I=x_D+x_F=x_D+Fx_O=x_D+FA_0x_D=x_D(1+FA_0)$$

$$A_f=\frac{x_O}{x_I}=\frac{A_0x_D}{x_D(1+FA_0)}=\frac{A_0}{1+FA_0} \tag{5.3.5}$$

式(5.3.5)是反馈放大电路的基本关系式,它表示 A_f、A_0 和 F 三者的关系。

放大电路引入负反馈后,使放大倍数减小,即 $|A_f|<|A_0|$,也就是 $|1+FA_0|>1$。$|1+FA_0|$ 愈大,$|A_f|$ 愈小,表明负反馈愈强。所以常称 $|1+FA_0|$ 为反馈深度。当 $|1+FA_0|\gg1$ 时,称为深度负反馈,此时式(5.3.5)可写为

$$A_f \approx \frac{A_0}{FA_0} = \frac{1}{F} \tag{5.3.6}$$

需要指出的是，由于 x_I、x_F、x_D 和 x_O 可以是电压或电流，因此 A_0、A_f 有不同量纲。当 x_I、x_F、x_D 和 x_O 均为电压时，式(5.3.5)和 F 量纲为1，而 A_0 和 A_f 则分别为开环电压放大倍数和闭环电压放大倍数。

5.3.2 负反馈的四种类型

根据反馈电路与基本放大电路在输入回路的连接方式的不同，可以分为串联反馈和并联反馈两种，如图5.3.2所示。

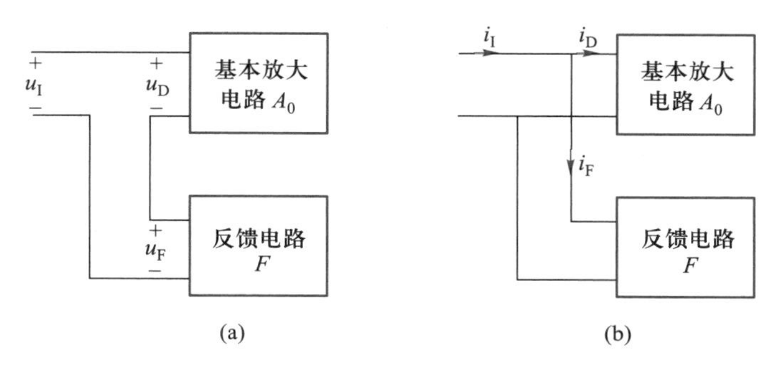

图5.3.2 反馈放大电路的输入连接方式
(a) 串联反馈 (b) 并联反馈

在图5.3.2(a)中，反馈量与输入量串接在输入回路中，并以电压形式相加减决定净输入电压，即 $u_D = u_I - u_F$，这种反馈称为串联反馈。在图5.3.2(b)中，反馈量与输入量并接在输入回路中，以电流形式相加减决定净输入电流，即 $i_D = i_I - i_F$，这种反馈称为并联反馈。

根据反馈电路与基本放大电路在输出回路的连接方式的不同，可以分为电压反馈和电流反馈两种，如图5.3.3所示。

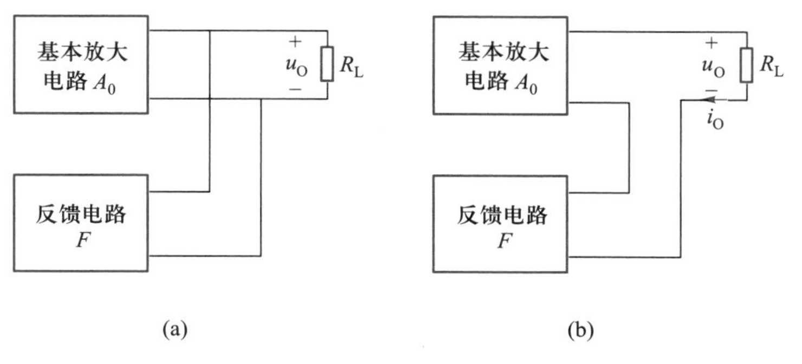

图5.3.3 反馈放大电路的输出连接方式
(a) 电压反馈 (b) 电流反馈

在图5.3.3(a)中，反馈电路与输出回路并接，加于反馈电路的输入信号为放大电路的输出电压 u_O，因此反馈量的大小取决于输出电压 u_O(当令输出电压为零时，反馈量消失），这种反馈称为电压反馈。在图 5.3.3(b) 中，反馈电路与输出回路串接，加于反馈电路的输入信号为输出电流 i_O（即负载电流），因此反馈量取决于负载电流 i_O（当令负载开路负载电流为零时，反馈量消失），这种反馈称为电流反馈。

综合以上的反馈方式，可得负反馈有四种类型——电压串联负反馈、电流并联负反馈、电压并联负反馈、电流串联负反馈。下面分别介绍以集成运放作为基本放大电路的四种负反馈电路。

1. 电压串联负反馈

图 5.3.4 是电压串联负反馈的典型电路。在图 5.3.4 所示电路中，集成运放即为基本放大环节，R_f 和 R 构成反馈环节，输入电压信号 u_I 通过 R_b 加于集成运放同相端。由于图中所标 u_I、u_F 的极性是参考极性，而参考极性是可以任意规定的，因此为了判断电路的反馈极性，通常采用瞬时极性法，即设定输入信号在某一瞬间的极性，从而标出电路中其他相关点在同一瞬间的极性。例如图中设输入电压的极性为正（用“⊕”表示），根据集成运放同相输入端的概念，得知输出电压也为正，输出电压 u_O 通过 R_f 和 R 分压后得到的反馈电压 u_F 也为正，而 u_F 加于集成运放的反相端。可见在输入回路中，反馈信号（u_F）、输入信号（u_I）和净输入信号（u_D）以电压形式相加减，即 $u_D=u_I-u_F$。这一关系式说明了两点：(1) 引入反馈后使净输入电压减小，为负反馈；(2) 反馈信号、输入信号和净输入信号在输入回路中彼此串联（即以电压量做比较），故为串联反馈。另一方面，从输出回路看，反馈电路直接连接于输出端，因集成运放输入端的电流很小，若忽略该电流，则 u_F 为

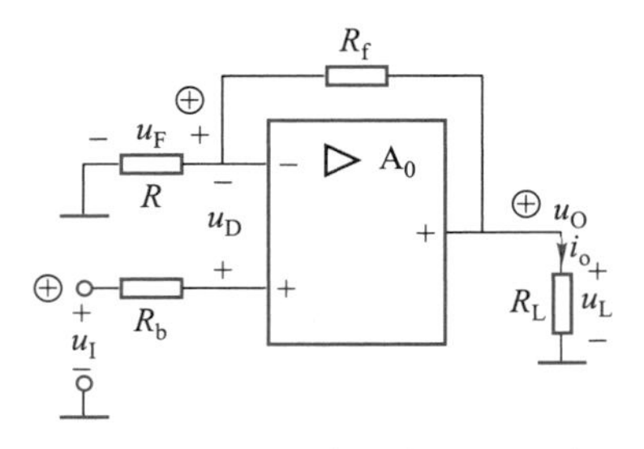

图 5.3.4　电压串联负反馈电路

$$
\begin{aligned}
u_F &= \frac{R}{R+R_f}u_O \\
&= \frac{R}{R+R_f}R_L i_O
\end{aligned}
\qquad (5.3.7)
$$

可见反馈电压 u_F 是正比于输出电压 u_O，而与输出电流 i_O 之间不是线性关系，也就是反馈电压 u_F 取自于输出电压 u_O，和负载电阻 R_L 接入与否无关，故为电压反馈。因此图 5.3.4 为电压串联负反馈电路。

由单级集成运放所组成的反馈电路其反馈极性的判断可以简化：反馈电路在输入回路中与集成运放的反相输入端连接就构成负反馈；反馈电路在输入回路中与集成运放的同相输入端连接就成为正反馈。

2. 电流并联负反馈

图 5.3.5 所示电路，R_L 是负载电阻，它和 R_f、R 构成反馈网络。反馈网络与集成运放的反相输入端连接即为负反馈。用瞬时极性法可标出输入端、输出端在某一瞬间的电压极性和对应的各电流方向如图 5.3.5 所示。可见在输入回路

中，输入量、反馈量和净输入量以电流形式相加减，即 $i_D = i_I - i_F$，故为并联反馈；在输出回路中，反馈电路与负载电阻 R_L 串接（反馈电路不是直接连接在集成运放的输出端），由于 i_D 很小，$u_- \approx u_+$ 也很小（接近零），集成运放反相输入端与电阻 R 的下端视为同电位，从电流的大小关系来看，R_f 与 R 相当于并联。因此 i_F 可以看成由 i_O 对 R_F 和 R 分流得到，即

$$i_F \approx \frac{R}{R+R_F} i_O \tag{5.3.8}$$

显然，反馈电流 i_F 取决于输出电流（负载电流）i_O，故为电流反馈。因此图 5.3.5 为电流并联负反馈电路。

3. 电压并联负反馈

电压并联负反馈电路如图 5.3.6 所示。在该电路中，集成运放的输出端通过电阻 R_f 与集成运放的反相输入端连接，构成负反馈。用瞬时极性法标出在某一瞬间的各电压极性和电流方向如图 5.3.6 所示。显然在输入回路中有 $i_D = i_I - i_F$，故为并联反馈。而反馈电流

$$i_F = \frac{u_- - u_o}{R_f} \tag{5.3.9}$$

由于 u_- 很小，因此 i_F 取决于输出电压 u_O，而和 R_L 接入与否无关，故为电压反馈。因此该电路为电压并联负反馈电路。

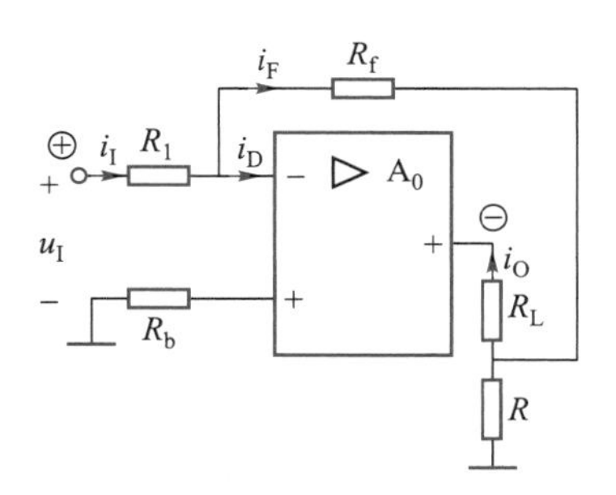

图 5.3.5 电流并联负反馈电路

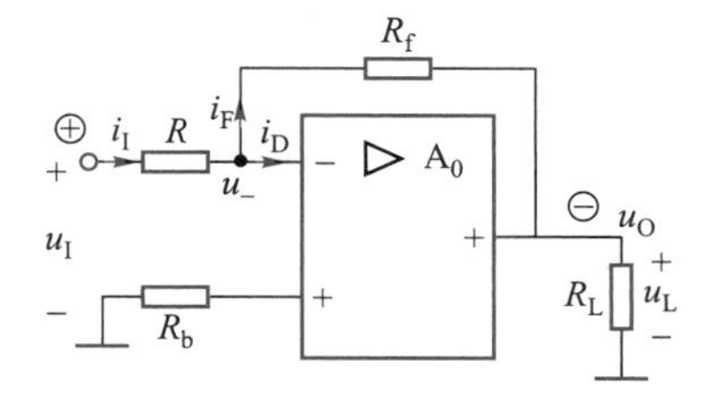

图 5.3.6 电压并联负反馈电路

4. 电流串联负反馈

在图 5.3.7 所示电路中，R_L 为负载电阻，与 R 组成反馈网络，并与集成运放反相输入端相连，构成负反馈。从输入回路看，显然有 $u_D = u_I - u_F$，为串联反馈；从输出回路看，由于流入反相输入端的电流很小，故反馈电压

$$u_F \approx Ri_O \tag{5.3.10}$$

可见反馈电压取自于输出电流，为电流反馈。因此图 5.3.7 为电流串联负反馈电路。

综上所述，反馈电路在输入回路中的接法决定了是串联反馈还是并联反馈，而在输出回路中的接法则决定是电压反馈还是电流反馈；在单个集成运放组成的反馈放大电路中，反馈

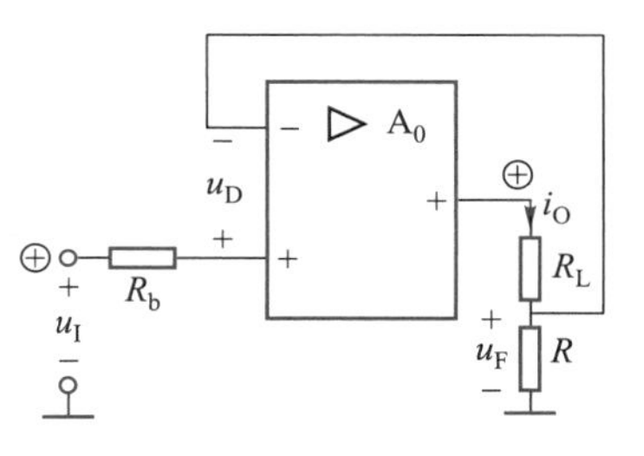

图 5.3.7 电流串联负反馈电路

信号接到反相输入端便构成负反馈。

5.3.3　负反馈对放大电路性能的影响

放大电路引入负反馈后，使净输入信号减小，从而导致输出信号减小，放大倍数降低，但却使放大电路多种性能得到改善。

1. 提高放大倍数的稳定性

式(5.3.6)表明，在深度负反馈条件下，闭环放大倍数 A_f 几乎与开环放大倍数 A_0 无关，而仅取决于反馈电路。因此可使闭环放大倍数十分稳定。

另外，A_f 对 A_0 求导得

$$\frac{dA_f}{dA_0}=\frac{(1+FA_0)-FA_0}{(1+FA_0)^2}=\frac{1}{(1+FA_0)^2}$$

或

$$dA_f=\frac{1}{(1+FA_0)^2}dA_0$$

用式(5.3.5)来除，得

$$\frac{dA_f}{A_f}=\frac{1}{1+FA_0}\frac{dA_0}{A_0} \tag{5.3.11}$$

上式表明，引入负反馈后的闭环放大倍数相对变化量是未加负反馈时的开环放大倍数相对变化量的 $1/(1+FA_0)$。例如当 $1+FA_0=100$ 时，如果 A_0 变化±10%，则 A_f 只变化±0.1%。

2. 减小非线性失真

由于放大电路中含有非线性元件，因此输出信号会产生非线性失真，尤其是输入信号幅度较大时，非线性失真更严重。引入负反馈后，可以减小非线性失真。这可用图5.3.8定性说明。设输入信号 u_i 为正弦波，无反馈时，输出波形产生失真，正半周大而负半周小，如图5.3.8(a)所示。引入负反馈后，由于反馈电路由电阻组成，反馈系数 F 为常数，故反馈信号 u_f 是和输出信号 u_o 一样的失真波形，u_f 与输入信号 u_i 相减后使净输入信号 u_d 波形变成正半周小而负半周大的失真波形，这使输出信号 u_o 的正负半周幅度趋于对称，即在与无反馈同样的输出幅度时减小了波形失真，如图5.3.8(b)所示。

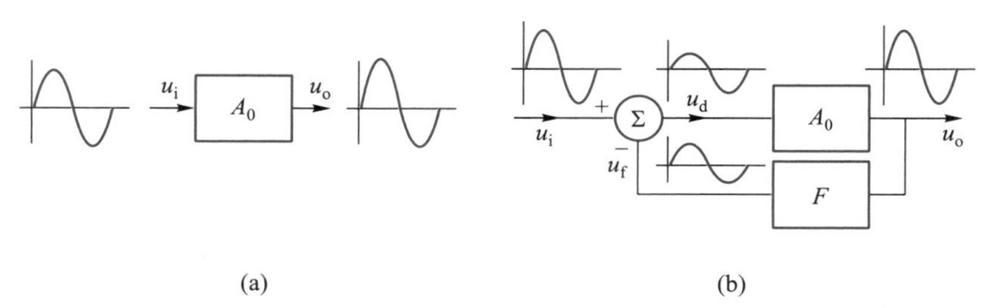

图5.3.8　非线性失真的改善

(a)无反馈时的波形　(b)有反馈时的波形

3. 扩展通频带

通频带是放大电路的技术指标之一，通常要求放大电路有较宽的通频带。引入负反馈是展宽通频带的有效措施之一。图5.3.9是集成运放电路的幅频特性，由于集成运放采用直接耦合，因此在频率从零开始的低频段放大倍数基本上为常数。在无负反馈（开环）时，在信号的高频段，随着频率的增高，开环电压放大倍数下降较快。当集成运放外部引入负反馈后，由于负反馈强度（反馈量）随输出信号幅度变化，输出信号幅度大时负反馈强，输出信号幅度小时负反馈弱，因此在高频段，输出信号幅度减小（电压放大倍数减小），负反馈也随之减弱，从而使幅频特性趋于平坦，扩展了电路的通频带。

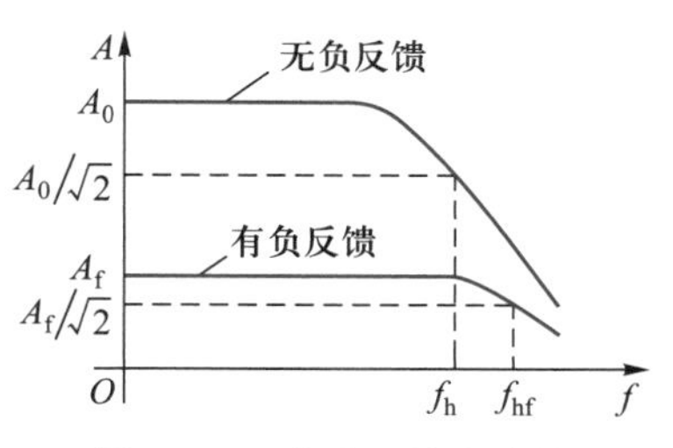

图5.3.9　集成运放电路的幅频特性

4. 对输入电阻和输出电阻的影响

引入负反馈后，放大电路的输入电阻和输出电阻都将受到一定的影响，反馈类型不同，这种影响也不同。

放大电路引入负反馈后，对输入电阻的影响取决于反馈电路与输入端的连接方式。串联负反馈使输入电阻增加；并联负反馈使输入电阻减小。

引入负反馈后对放大电路输出电阻的影响取决于反馈电路与输出端的连接方式。对于电压负反馈，由于反馈信号正比于输出电压，在一定的输入情况下，当输出电压由于某种原因增大（或减小）时，反馈信号也增大（或减小），导致净输入信号减小（或增大），从而使输出电压减小（或增大）。因此电压负反馈具有稳定输出电压的作用，即使输出电压趋向于恒定，故使输出电阻减小。对于电流负反馈，反馈信号正比于输出电流，具有稳定输出电流的作用，即使输出电流趋向于恒定，故使输出电阻增大。

[例题5.3.1]　在图5.3.4所示电压串联负反馈电路中，设 $R_f = 100\ \text{k}\Omega$，$R = R_b = 10\ \text{k}\Omega$，负载电阻 R_L 不接，输入电压 u_I 为直流电压0.1 V，集成运放的开环电压放大倍数 $A_0 = 10\ 000$，输入电阻 $r_i = 500\ \text{k}\Omega$，输出电阻 $r_o = 500\ \Omega$。试用集成运放的电路模型求此电路的输出电压 u_O、闭环电压放大倍数 A_f、输入电阻 r_{if} 和输出电阻 r_{of}。

[解]　集成运放用电路模型表示后，原电路可画成图5.3.10(a)所示的等效电路，根据图示电流和电压参考方向，可列出一个节点方程和两个回路方程

$$\begin{cases} i_R - i_I - i_F = 0 \\ (R_b + r_i)\, i_I + R i_R = u_I \\ (R_f + r_o)\, i_F + R i_R = A_0(u_+ - u_-) = A_0 r_i i_I \end{cases}$$

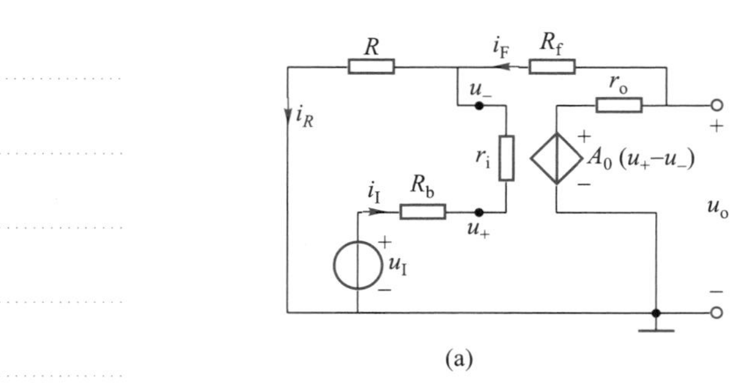

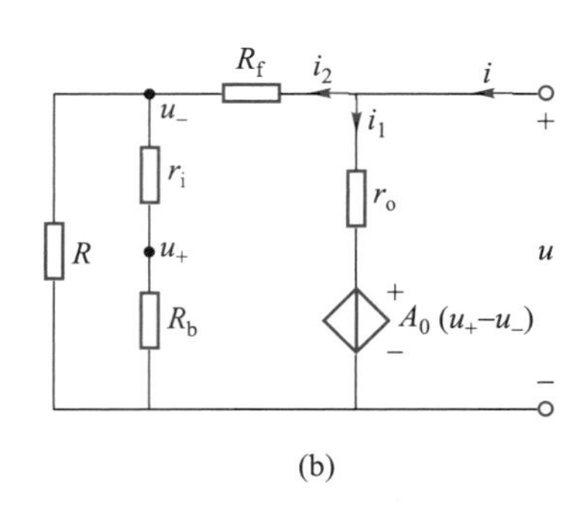

图 5.3.10 例题 5.3.1 的电路

代入已知参数可解得电流

$$i_1 \approx 22.07\times10^{-5}\ \mu A$$

$$i_F \approx 9.99\ \mu A$$

$$i_R = i_i + i_f \approx i_f \approx 9.99\ \mu A$$

输出电压 $u_O = A_0 r_i i_i - r_o i_f \approx 1.099\ V$

闭环电压放大倍数 $A_f = \dfrac{u_O}{u_I} = 10.99$

输入电阻 $r_{if} = \dfrac{u_I}{i_I} \approx 453\ M\Omega$

电路的输出电阻可按求二端网络等效电阻的方法求得。为此令 $u_I=0$，得图 5.3.10(b)所示无源二端网络，在端口处加电压 u，得

$$i = i_1 + i_2 = \frac{u - A_0(u_+ - u_-)}{r_o} + \frac{u}{R_f + [(r_i + R_b) /\!/ R]}$$

整理后并代入参数可解得

$$r_{of} = \frac{u}{i} \approx 0.6\ \Omega$$

从上述计算可见：(1) 电压串联负反馈使闭环输入电阻 r_{if} 大大增加，而闭环输出电阻 r_{of} 变得很小；(2) 集成运放的输入电流 i_I 非常小，同相端与反相端之间的电压($u_+ - u_-$)也很小，接近理想情况($i_I \approx 0, u_+ \approx u_-$)。

5.4 集成运放在模拟信号运算方面的应用

视频资源：5.4 集成运放在模拟信号运算方面的应用

集成运放的基本应用可分为两类，即线性应用和非线性应用。当集成运放外加负反馈使其闭环工作在线性区时，可构成模拟信号运算放大电路、正弦波振荡电路和有源滤波电路等；当集成运放处于开环或外加正反馈使其工作在非线性区时，可构成各种幅值比较电路和矩形波产生电路等。本节介绍模拟信号运算电路，5.5 节介绍幅值比较电路，关于波形的产生和有源滤波电路分别在第 6 章和第 7 章介绍。

5.4.1 比例运算电路

所谓比例运算就是输出电压 u_o 与输入电压 u_i 之间具有线性比例关系，即

$u_O = Ku_I$。当比例系数 $K>1$ 时,即为放大电路。

1. 反相输入比例运算电路

图 5.4.1 所示为最基本的反相输入比例运算电路(即为图 5.3.6 所示电压并联负反馈电路)。为了使集成运放两输入端的外接等效电阻对称,同相输入端所接平衡电阻 R_b 的阻值等于反相输入端对地的等效电阻,即 $R_b = R /\!/ R_f$。

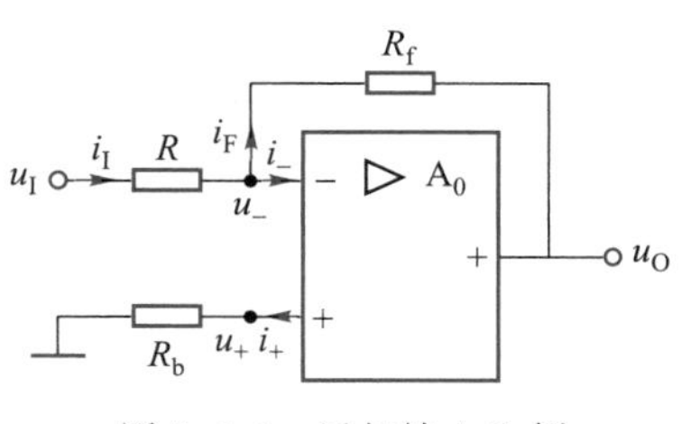

图 5.4.1 反相输入比例运算电路之一

在理想集成运放的条件下,由式(5.2.2)和式(5.2.3)可知 $i_- = i_+ \approx 0$, $u_- \approx u_+ = R_b i_+ \approx 0$。这种反相输入端并非直接接地而其电位为零(地)电位的现象称为"虚地"。从图 5.4.1 可得

$$u_O = u_- - R_f i_F = -R_f i_F$$

$$i_F = i_I - i_- = i_I = \frac{u_I - u_-}{R} = \frac{u_I}{R}$$

所以

$$u_O = -\frac{R_f}{R} u_I \tag{5.4.1}$$

可见输出电压 u_O 和输入电压 u_I 成一定比例,其比例系数 $K = -\frac{R_f}{R}$,通常可用闭环电压放大倍数 A_f 来表示这种比例关系,即

$$A_f = \frac{u_O}{u_I} = -\frac{R_f}{R} \tag{5.4.2}$$

式(5.4.2)表示输出电压 u_o 与输入电压 u_i 极性相反,且其比值由电阻 R_f 和 R 决定,而与集成运放本身参数无关。适当选配电阻,可使 A_f 的精度很高,且其大小可方便地调节。通常 R 和 R_f 的取值范围为 1 kΩ~1 MΩ。

在图 5.4.1 电路中,若取 $R_f = R$,则

$$u_O = -u_I \tag{5.4.3}$$

或

$$A_f = -1 \tag{5.4.4}$$

上两式表明输出电压 u_O 与输入电压 u_I 大小相等,但相位相反,故此时的电路称为反相器。

图 5.4.1 电路的输入电阻

$$r_{if} = \frac{u_I}{i_I} = R \tag{5.4.5}$$

由于电路为电压负反馈,故输出电阻很小。

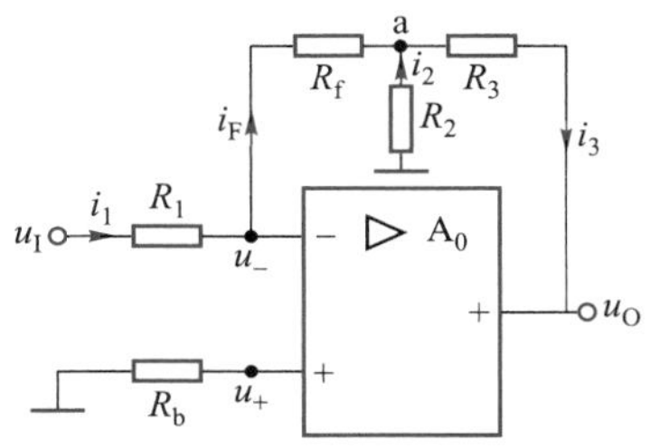

图 5.4.2 反相输入比例运算电路之二

图 5.4.2 所示为另一种反相输入比例运算电路。根据理想集成运放的特性和"虚地"($u_- = 0$)的概念得

$$i_F = i_1 = \frac{u_I}{R_1}$$

$$i_2 = -\frac{u_a}{R_2} = -\frac{-R_f i_F}{R_2} = \frac{R_f}{R_1 R_2} u_I$$

$$i_3 = i_F + i_2 = \frac{1}{R_1}\left(1+\frac{R_f}{R_2}\right) u_I$$

所以
$$u_O = -R_3 i_3 - R_2 i_2 = -\frac{R_3}{R_1}\left(1+\frac{R_f}{R_2}\right) u_I - \frac{R_f}{R_1} u_I$$

即
$$u_o = -\left[\frac{R_f}{R_1} + \left(1+\frac{R_f}{R_2}\right)\frac{R_3}{R_1}\right] u_I \tag{5.4.6}$$

可见此电路的比例系数即闭环电压放大倍数

$$A_f = \frac{u_O}{u_I} = -\left[\frac{R_f}{R_1} + \left(1+\frac{R_f}{R_2}\right)\frac{R_3}{R_1}\right] = -\frac{1}{R_1}\left(R_f + R_3 + \frac{R_f R_3}{R_2}\right) \tag{5.4.7}$$

该电路可以用低阻值的 R_f 获得很高的放大倍数，例如 $R_1 = 2\ \text{k}\Omega, R_2 = 100\ \Omega$，$R_3 = R_f = 10\ \text{k}\Omega$，则 $A_f = -510$。

反相输入比例运算电路的输入电阻通常较小，欲希望比例运算电路有较大的输入电阻，可采用同相输入。

2. 同相输入比例运算电路

基本的同相输入比例运算电路如图 5.4.3 所示（即为图 5.3.4 所示的电压串联负反馈电路）。此电路在例题 5.3.1 中用电路模型进行了分析，这里按理想运放分析。在理想运放条件下，有

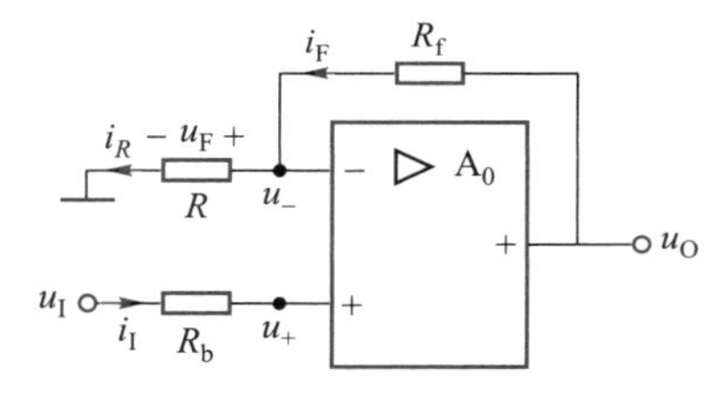

图 5.4.3　基本的同相输入比例运算电路

$$u_- \approx u_+ = u_I - R_b i_I \approx u_I$$

$$u_O = u_- + R_f i_F = u_I + R_f i_F$$

$$i_F = i_R = \frac{u_-}{R} = \frac{u_I}{R}$$

所以
$$u_O = u_I + \frac{R_f}{R} u_I = \left(1+\frac{R_f}{R}\right) u_I \tag{5.4.8}$$

可见比例系数 $K = 1+\frac{R_f}{R}$，用闭环电压放大倍数表示，即为

$$A_f = \frac{u_O}{u_I} = 1 + \frac{R_f}{R} \tag{5.4.9}$$

式(5.4.9)表明输出电压 u_O 与输入电压 u_I 极性相同，调节 R_f/R 的比值，可方便地调节 A_f 值。若将例题 5.3.1 的参数代入式(5.4.9)，得 $A_f = 11$，而例题 5.3.1 的计算结果为 $A_f = 10.99$，可见用两种方法分析的结果非常接近。因此在一般工程应用中，通常可利用集成运放的理想特性来分析其应用电路。

若使电路的 $R_f=0$ 或 $R=\infty$，则

$$u_O=u_I \tag{5.4.10}$$

或

$$A_f=1 \tag{5.4.11}$$

上两式表明输出电压 u_o 与输入电压 u_i 大小相等、相位相同，故此时的电路称为电压跟随器。

同相输入比例运算电路的输入电阻很大，输出电阻很小。

要注意的是图 5.4.3 所示电路集成运放的两输入端电压 $u_-\approx u_+\approx u_I$，即两输入端承受共模电压，在选用集成运放时，应使其"最大共模输入电压 U_{icmax}"这一参数值大于 u_I 值。

5.4.2 加、减运算电路

1. 加法运算电路

图 5.4.4 所示为具有两个输入信号的加法运算电路。图中平衡电阻 $R_b=R_1//R_2//R_f$。

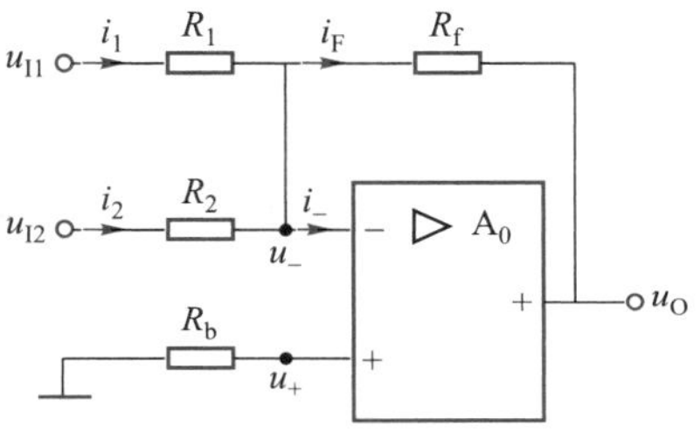

图 5.4.4 加法运算电路

由于理想运放输入电流 $i_-\approx0$，故

$$i_1+i_2=i_F$$

即

$$\frac{u_{I1}-u_-}{R_1}+\frac{u_{I2}-u_-}{R_2}=\frac{u_--u_O}{R_f}$$

根据反相输入方式反相端"虚地"的概念（即 $u_-\approx0$）有

$$\frac{u_{I1}}{R_1}+\frac{u_{I2}}{R_2}=-\frac{u_O}{R_f}$$

故

$$u_O=-\left(\frac{R_f}{R_1}u_{I1}+\frac{R_f}{R_2}u_{I2}\right) \tag{5.4.12}$$

上式表示输出电压等于各输入电压按不同比例相加。当 $R_1=R_2=R$ 时，

$$u_O=-\frac{R_f}{R}(u_{I1}+u_{I2}) \tag{5.4.13}$$

即输出电压与各输入电压之和成比例，实现"和放大"。

若 $R_1=R_2=R_f$，则

$$u_O=-(u_{I1}+u_{I2}) \tag{5.4.14}$$

即输出电压等于各输入电压之和，实现加法运算。

加法运算电路不限于两个输入，它可实现多个输入信号相加。

加法电路的输入信号也可以从同相端输入，但由于运算关系和平衡电阻的选取比较复杂，并且同相输入时集成运放的两输入端承受共模电压，它不允许超过集成运放的最大共模输入电压。因此一般很少使用同相输入的加法电路。

[例题 5.4.1] 电路如图 5.4.5 所示，试写出 u_{O1}、u_{O2}和 u_O 的表达式。

[解] $u_{O1}=-\frac{R_2}{R_1}u_{I1}=-\frac{20}{10}u_{I1}=-2u_{I1}$

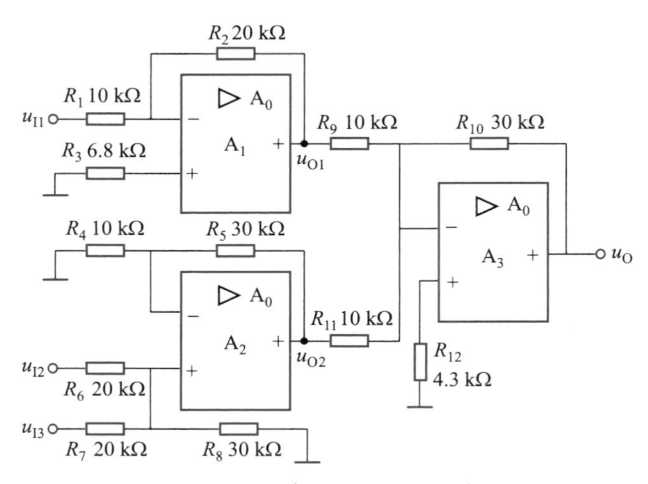

图 5.4.5　例题 5.4.1 的电路

集成运放 A_2 同相输入端电压 u_{+2} 可用叠加定理求得

$$u_{+2}=\frac{R_7/\!/R_8}{R_6+R_7/\!/R_8}u_{I2}+\frac{R_6/\!/R_8}{R_7+R_6/\!/R_8}u_{I3}=\frac{12}{20+12}u_{I2}+\frac{12}{20+12}u_{I3}$$

$$=\frac{3}{8}(u_{I2}+u_{I3})$$

$$u_{O2}=\left(1+\frac{R_5}{R_4}\right)u_{+2}=\left(1+\frac{30}{10}\right)\times\frac{3}{8}(u_{I2}+u_{I3})$$

$$=1.5(u_{I2}+u_{I3})$$

$$u_O=-\left(\frac{u_{O1}}{R_9}+\frac{u_{O2}}{R_{11}}\right)R_{10}=-3(u_{O1}+u_{O2})$$

$$=6u_{I1}-4.5u_{I2}-4.5u_{I3}$$

2. 减法运算电路

图 5.4.6 所示电路有两个输入信号 u_{I1} 和 u_{I2}，其中 u_{I1} 经 R_1 加于反相输入端，u_{I2} 经 R_2、R_3 分压后加在同相输入端。输出电压 u_O 经 R_f 反馈至反相输入端，构成电压负反馈，使集成运放工作在线性区。因此输出电压 u_O 可由 u_{I1} 和 u_{I2} 分别作用产生的输出电压叠加而得。

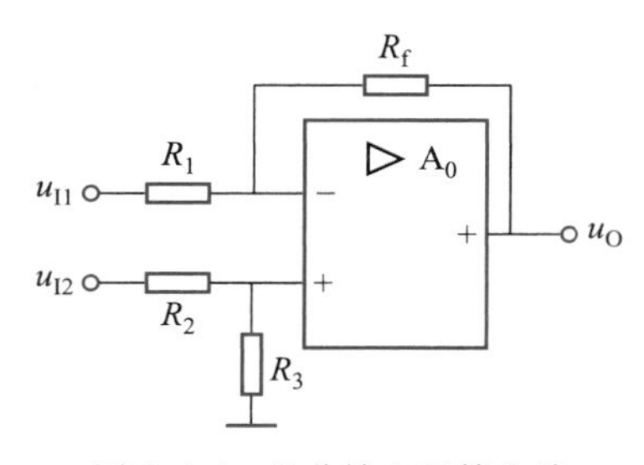

图 5.4.6　差分输入运算电路

当只有 u_{I1} 作用时（令 $u_{I2}=0$），即为反相输入比例运算电路，由式(5.4.1)得此时的输出电压

$$u'_O=-\frac{R_f}{R_1}u_{I1}$$

当只有 u_{I2} 作用时（令 $u_{I1}=0$），类似同相输入比例运算电路，由式(5.4.8)得此时的输出电压

$$u''_O=\frac{R_1+R_f}{R_1}u_+=\frac{R_1+R_f}{R_1}\frac{R_3}{R_2+R_3}u_{I2}$$

因此当 u_{I1} 和 u_{I2} 共同作用时，输出电压

$$u_O=u'_O+u''_O=-\frac{R_f}{R_1}u_{I1}+\frac{R_1+R_f}{R_1}\ \frac{R_3}{R_2+R_3}u_{I2} \tag{5.4.15}$$

为使集成运放两输入端的外接电阻平衡，常取 $R_1=R_2$，$R_3=R_f$，则式(5.4.15)简化为

$$u_O=\frac{R_f}{R_1}(u_{I2}-u_{I1}) \tag{5.4.16}$$

可见，输出电压 u_O 与两输入电压之差成正比，这种输入方式便是差分输入方式，故此电路称为差分输入运算电路或差值放大电路。若使式(5.4.16)中的 $R_1=R_f$，则有

$$u_O=u_{I2}-u_{I1} \tag{5.4.17}$$

此时电路便成为减法运算电路。

图 5.4.6 所示电路中集成运放的两输入端也存在共模电压，其值 $u_C=u_+=\frac{R_3}{R_2+R_3}u_{I2}$，此电压不能超过集成运放所能承受的最大共模输入电压 U_{icmax}。

[**例题 5.4.2**] 电路如图 5.4.7 所示，已知 $R=100\ \text{k}\Omega$，$U_I=2\ \text{V}$。求：输出电压 U_O。

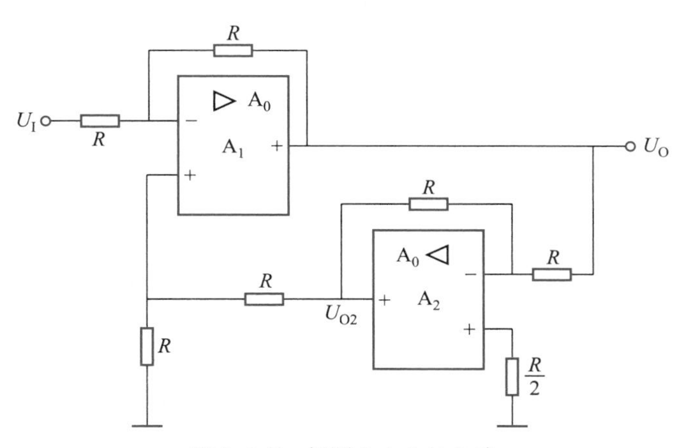

图 5.4.7 例题 5.4.2 的电路

[**解**] 由图 5.4.7，A_2 构成反相输入比例运算电路，则

$$U_{O2}=-\frac{R}{R}U_O=-U_O$$

A_1 构成差分输入减法运算电路，则

$$\begin{aligned}U_O&=\frac{R}{R}(U_{O2}-U_I)\\&=-U_O-U_I\end{aligned}$$

所以 $U_O=-\frac{1}{2}U_I=-1\ \text{V}$

用差分输入方式构成的减法运算电路的输入电阻较低。为了提高减法运算电路的输入电阻,可采用双运放同相输入减法运算电路,如图 5.4.8 所示。从图可得

$$u_{O1}=\frac{R_1+R_2}{R_2}u_{I1}$$

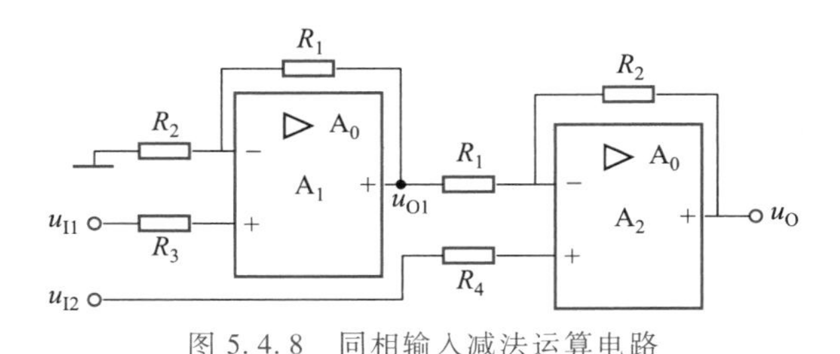

图 5.4.8　同相输入减法运算电路

当 u_{O1} 单独作用时,输出电压分量

$$u'_O=-\frac{R_2}{R_1}u_{O1}=-\frac{R_2}{R_1}\frac{R_1+R_2}{R_2}u_{I1}=-\left(1+\frac{R_2}{R_1}\right)u_{I1}$$

当 u_{I2} 单独作用时,输出电压分量

$$u''_O=\left(1+\frac{R_2}{R_1}\right)u_{I2}$$

所以

$$u_O=u'_O+u''_O=\left(1+\frac{R_2}{R_1}\right)(u_{I2}-u_{I1}) \tag{5.4.18}$$

可见,输出电压与两个输入电压的差值成比例。由于此电路的两个输入信号分别从两集成运放的同相端输入,因此输入电阻很高。

5.4.3　积分、微分运算电路

1. 积分运算电路

图 5.4.9(a)所示为反相输入积分运算电路,由于理想集成运放的 $i_-\approx 0$, $u_-\approx u_+\approx 0$,并设电容电压 u_C 的初始值为 $u_C(0)$,则输出电压

$$u_O=u_--u_C=-u_C=-u_C(0)-\frac{1}{C}\int i_C\mathrm{d}t=-u_C(0)-\frac{1}{C}\int i_1\mathrm{d}t$$

由于 $i_i\approx u_i/R$,所以

$$u_O=-u_C(0)-\frac{1}{RC}\int u_I\mathrm{d}t \tag{5.4.19}$$

当电容电压的初始值 $u_C(0)=0$ 时,输出电压

$$u_O=-\frac{1}{RC}\int u_I\mathrm{d}t \tag{5.4.20}$$

可见输出电压与输入电压的积分成比例。

若 u_I 为直流电压 U_I,且在 $t=0$ 时加入,则 $u_O=-\frac{U_I}{RC}t$,即输入直流电压 U_I 形

成的电流 U_I/R 对电容器恒流充电，输出电压 u_O 在一定时间内线性变化，随着时间的增加，输出电压逐渐趋于饱和，其波形如图 5.4.9(b)所示。

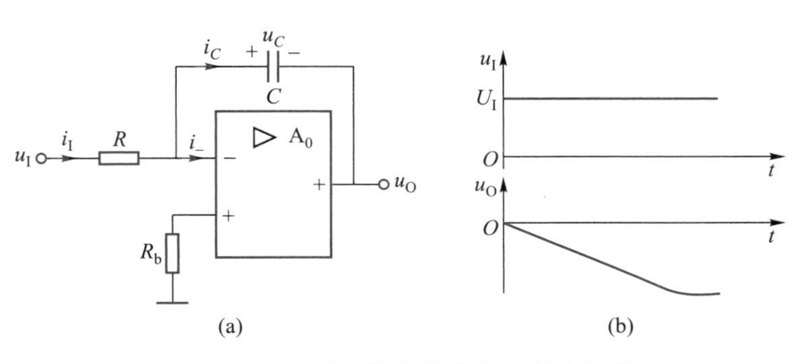

图 5.4.9 积分运算电路及输入、输出波形
(a) 电路 (b) 输入、输出波形

将比例运算和积分运算结合在一起，就成为比例-积分运算电路，如图 5.4.10(a)所示。电路的输出电压

$$u_O = -\left(R_f i_I + \frac{1}{C}\int i_I \mathrm{d}t\right) = -\left(\frac{R_f}{R}u_I + \frac{1}{RC}\int u_I \mathrm{d}t\right) \tag{5.4.21}$$

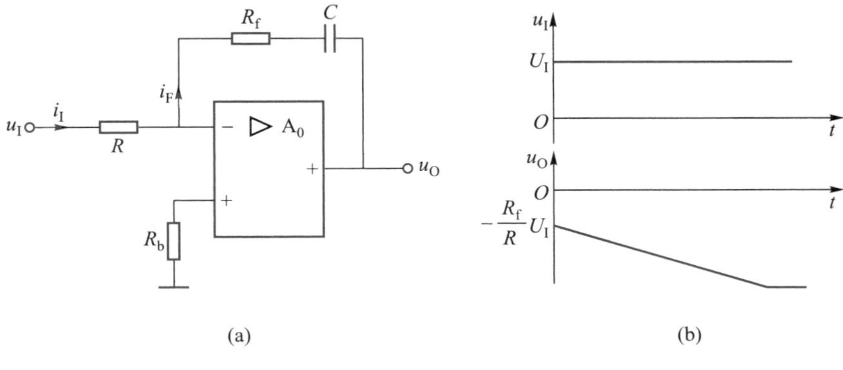

图 5.4.10 比例-积分运算电路及输入、输出波形
(a) 电路 (b) 输入、输出波形

当输入电压 u_I 为直流电压 U_I 且在 $t=0$ 时加入，则输出电压

$$u_O = -\left(\frac{R_f}{R}U_I + \frac{U_I}{RC}t\right)$$

在 U_I 刚加入($t=0$)时，u_O 的起始电压为 $-\frac{R_f}{R}U_I$。输入、输出波形如图 5.4.10(b)所示。

若将加法运算电路与积分运算电路相结合，便成为和-积分运算电路，如图 5.4.11 所示。电路的输出电压

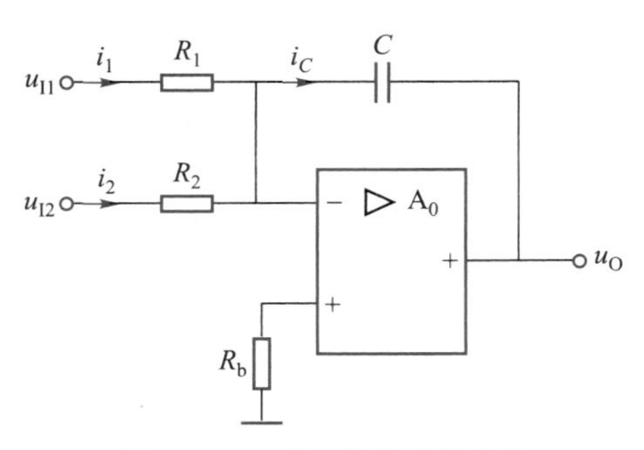

图 5.4.11　和-积分运算电路

$$u_O=-\frac{1}{C}\int i_C\mathrm{d}t=-\frac{1}{C}\int(i_1+i_2)\mathrm{d}t=-\frac{1}{C}\int\left(\frac{u_{I1}}{R_1}+\frac{u_{I2}}{R_2}\right)\mathrm{d}t$$

当 $R_1=R_2=R$ 时

$$u_O=-\frac{1}{RC}\int(u_{I1}+u_{I2})\mathrm{d}t \tag{5.4.22}$$

[例题 5.4.3]　在图 5.4.12 所示电路中，集成运放的电源电压为 ±15 V，$R_1=R_2=10\ \mathrm{k\Omega}$，$R_3=R_f=20\ \mathrm{k\Omega}$，$R_4=100\ \mathrm{k\Omega}$，$C=1\ \mu\mathrm{F}$，在 $t=0$ 时加入 $u_{I1}=0.6$ V，$u_{I2}=0.5$ V，电容无初始储能。试求输出电压 u_O 上升到 6 V 所需的时间。

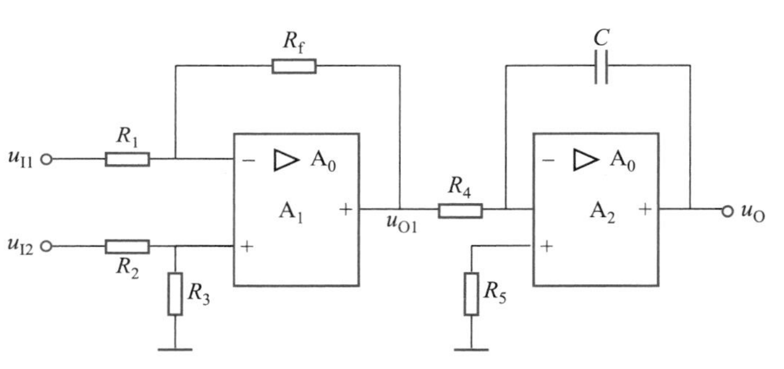

图 5.4.12　例题 5.4.3 的电路

[解]　集成运放 A_1 接成差值放大电路，A_2 为基本积分电路。差值放大电路的输出电压

$$u_{O1}=\frac{R_1+R_f}{R_1}\cdot\frac{R_3}{R_2+R_3}u_{I2}-\frac{R_f}{R_1}u_{I1}$$

$$=\frac{R_f}{R_1}(u_{I2}-u_{I1})=\frac{20}{10}(0.5-0.6)\ \mathrm{V}=-0.2\ \mathrm{V}$$

基本积分电路的输出电压

$$u_O=-\frac{1}{R_4C}\int u_{O1}\mathrm{d}t$$

$$=\frac{0.2}{100\times10^3\times1\times10^{-6}}t=2t$$

当 u_O 上升到 6 V 时所需时间为

$$t=\frac{u_O}{2}=\frac{6}{2}\ \mathrm{s}=3\ \mathrm{s}$$

2. 微分运算电路

图 5.4.13 所示为微分运算电路。利用集成运放的理想特性可得

$$u_O = u_- - R_f i_F = -R_f i_F = -R_f i_C$$

而 $$i_C = C\frac{du_C}{dt}$$

$$= C\frac{du_I}{dt} \quad (u_C = u_I - u_- = u_I)$$

所以 $$u_O = -R_f C\frac{du_I}{dt} \tag{5.4.23}$$

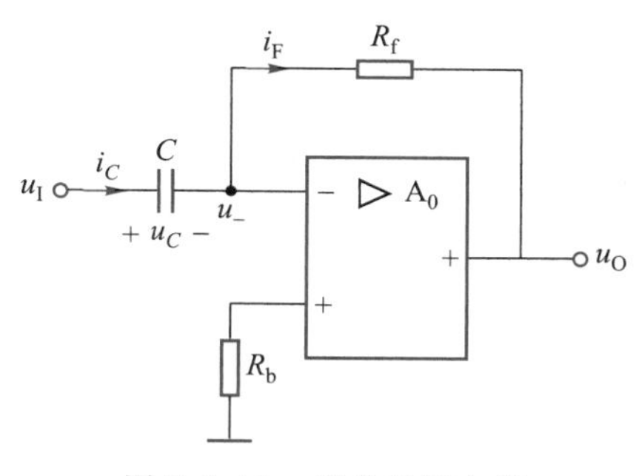

图 5.4.13 微分运算电路

可见，输出电压与输入电压的微分成比例。

与积分电路类似，微分电路和比例电路结合，可构成比例 - 微分运算电路；微分电路和加法电路结合，便组成微分 - 求和运算电路。此外，还可组成比例 - 积分 - 微分电路。

5.5 集成运放在幅值比较方面的应用

视频资源：5.5 集成运放在幅值比较方面的应用

集成运放工作在非线性区时，可构成幅值比较器。幅值比较器将一个模拟输入电压信号 u_I 和一个参考电压 U_R 相比较，并将比较结果按一定方式输出。比较器在信号幅度比较、模数转换、超限报警、波形产生和变换等电路中得到广泛应用。

5.5.1 开环工作的比较器

图 5.5.1 所示是由集成运放构成的简单比较器及其理想电压传输特性。从图可见，集成运放处于开环状态，因此工作在正、负饱和区，在图 5.5.1(a) 中，输入电压 u_I 加于反相端，参考电压 U_R（设为正值）加在同相端。当 $u_I < U_R$ 时，即 $u_- < u_+$，集成运放正向饱和，比较器输出高电平 U_{OH}；当 $u_I > U_R$ 时，即 $u_- > u_+$，集成运放负向饱和，比较器输出低电平 U_{OL}。图5.5.1(b) 为输入电压 u_I 加在同相端，参考电压 U_R 置于反相端。当 $u_I < U_R$ 时，输出低电平 U_{OL}；当 $u_I > U_R$ 时，输出高电平 U_{OH}。

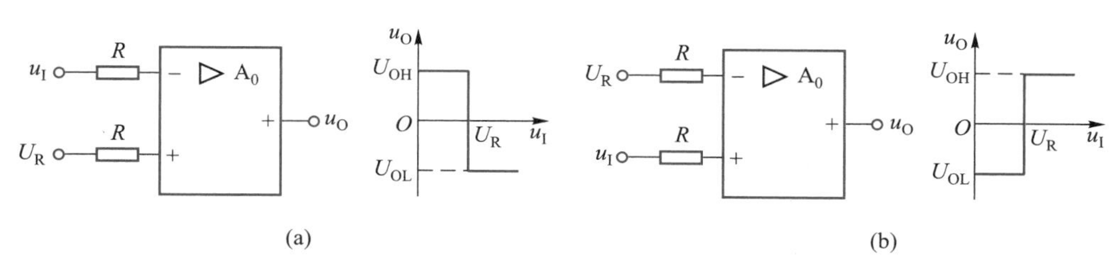

图 5.5.1 简单比较器及其理想电压传输特性

(a) 信号从反相端输入 (b) 信号从同相端输入

由集成运放构成的比较器的输出高、低电平值 U_{OH} 和 U_{OL} 即为集成运放的正、负饱和电压值 U_O^+ 和 U_O^-，它们由集成运放正、负电源电压决定。有时为了使比较器的输出电平和其他电路(如数字电路)的高、低电平相配合，常可在集成运放的输出端接稳压管，起到限幅作用，如图5.5.2(a)所示。图5.5.2(b)是其理想电压传输特性。

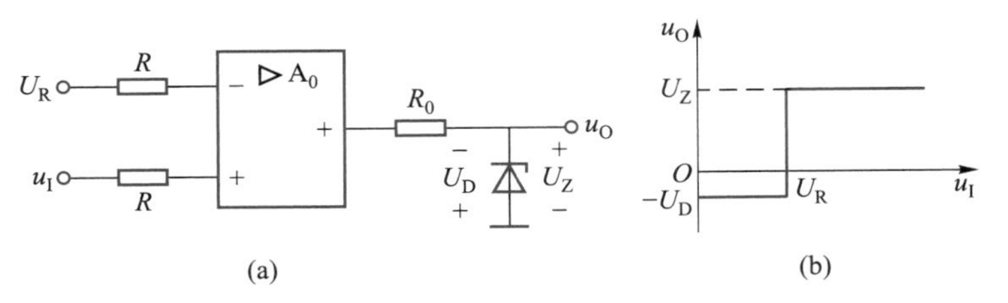

图 5.5.2 加限幅的比较器及其理想电压传输特性

(a) 比较器 (b) 电压传输特性

当 $u_I > U_R$ 时，$u_O = U_Z$；当 $u_I < U_R$ 时，$u_O = -U_D$。这里 U_Z 为稳压管的稳定电压(其值小于集成运放的正饱和输出电压 U_{OH})，U_D 为稳压管的正向压降。

当参考电压 $U_R = 0$ 时，则在输入电压 u_I 过零时，输出电压 u_O 产生跃变，这种比较器称为过零比较器。图5.5.3(a)为加限幅电路的过零比较器，图中两个限幅稳压管的稳定电压分别为 U_{Z1} 和 U_{Z2}，正向压降分别为 U_{D1} 和 U_{D2}。图5.5.3(b)是其理想电压传输特性。

当 $u_I < 0$ 时，$u_O = U_{Z2} + U_{D1}$；当 $u_I > 0$ 时，$u_O = -(U_{Z1} + U_{D2})$。

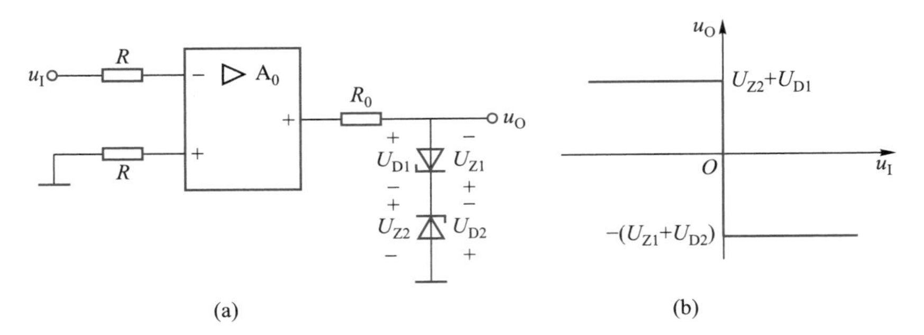

图 5.5.3 过零比较器及其理想电压传输特性

(a) 过零比较器 (b) 电压传输特性

显然，当上述过零比较器的输入电压为正弦波时，每过零一次，比较器的输出电压就产生一次跃变，如图5.5.4所示。因此利用过零比较器，可将正弦波变换为方波。

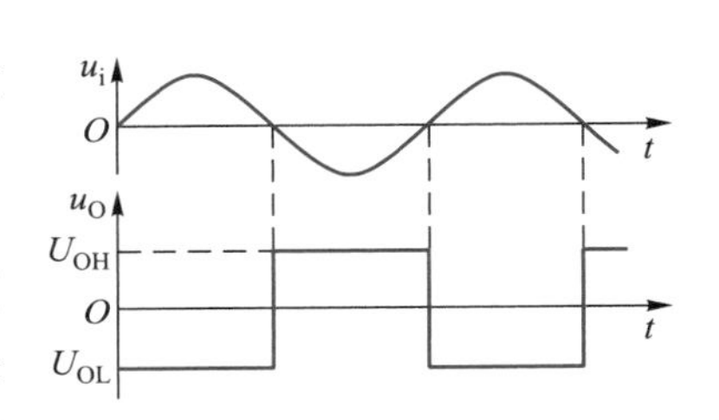

图 5.5.4 正弦波变换为方波

若过零比较器的输入信号在过零时受到外部干扰或其他因素影响，使其在零值附近产生波动，则输出电压 u_O 将不断跃变，造成

输出不稳定。为了提高电路的性能,常采用具有正反馈的滞回比较器。

[例题 5.5.1] 图 5.5.5 为电源电压过压报警电路,试分析其工作原理。

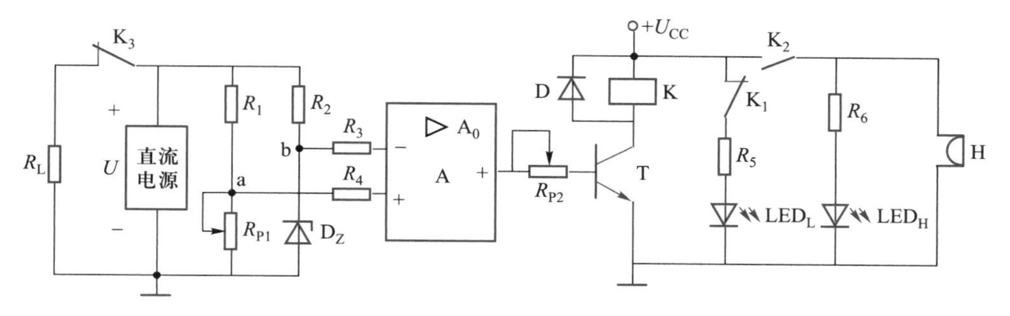

图 5.5.5 例题 5.5.1 的电路

[解] 图中 U 为被监测的直流电源,对负载 R_L 供电,设正常工作时输出电压的上限值(即负载电压上限值)为 U_m;R_1、R_2、R_{P1} 和 D_Z 组成测量电桥;集成运放 A 组成电压比较器;T 为功率晶体管,当运放 A 输出高电平时,T 获得基极电流而随之导通;K 为电磁式继电器,它由电磁线圈(图中的方框)和触点(图中的 K_1,K_2,K_3)组成;D 为续流二极管,其作用是当 T 由导通变为截止时,为 K 的线圈提供续流回路,以防线圈因突然断路而产生过电压;LED_L 和 LED_H 是分别发绿光和红光的发光二极管;H 是蜂鸣器。

电磁继电器的工作情况为:当它的电磁线圈不通电时,触点不动作,各个触点的通断状态如图中所示,即 K_1、K_3 闭合,K_2 断开;当电磁线圈通电时,触点动作,K_1、K_3 断开,K_2 闭合(继电器的基本结构和工作原理见 10.1.5 节)。

电压比较器的反相输入电压 $U_b = U_Z$(D_Z 的稳定电压),U_Z 即为比较器的参考电压。若使 U 升至 U_m 时比较器同相输入电压 U_a 的大小与 U_Z 相等,即

$$U_a = \frac{R_{P1}}{R_1 + R_{P1}} U_m = U_Z$$

上式中,U_m、U_Z、R_1 均为定值,故可求得 R_{P1} 的大小。

当直流电源正常工作时,输出电压 $U<U_m$,即 $U_a<U_b$,电压比较器输出低电平,晶体管 T 截止,继电器 K 的线圈无电压,触点 K_1 闭合,LED_L 发光;K_2 断开,LED_H 不发光,蜂鸣器不发声;K_3 闭合,负载 R_L 正常工作。

当由于某种原因使直流电源的输出电压 $U>U_m$,则 $U_a>U_b$,电压比较器输出高电平,T 饱和导通,继电器 K 的线圈加电压,触点 K_1 断开,LED_L 不发光;K_2 闭合,LED_H 发光,蜂鸣器发声报警;K_3 断开,电源停止对 R_L 供电。

若改变电路中电压比较器两输入端的连接点,适当调整 R_{P1},则该电路便成为欠压报警电路。若使电路中 R_1 的阻值随其他物理量而变,则该电路也可成为其他物理量超限报警电路。

5.5.2 滞回比较器

滞回比较器如图 5.5.6(a) 所示,图中 u_I 为输入信号电压,U_R 为参考电压,

输出端通过电阻 R_f 回接至集成运放的同相输入端,形成正反馈,以加速比较器输出从一种状态到另一种状态的转换过程。

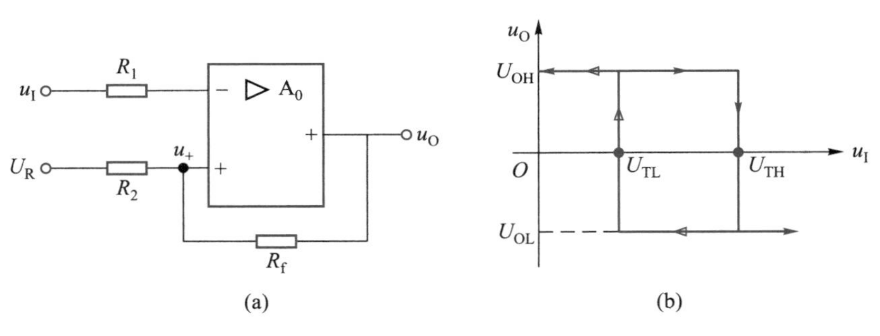

图 5.5.6　滞回比较器及其理想电压传输特性

(a) 滞回比较器　(b) 电压传输特性

由于电路加正反馈,因此接通电源后,集成运放便工作在非线性区(饱和区)。由于加入参考电压 U_R,因此集成运放同相输入端电压 u_+ 由 u_O 和 U_R 共同确定,其表达式为

$$u_+ = \frac{U_R - u_O}{R_2 + R_f}R_f + u_O = \frac{R_f}{R_2 + R_f}U_R + \frac{R_2}{R_2 + R_f}u_O \tag{5.5.1}$$

设 U_R 为正极性电压,$u_I = 0$ 时集成运放正向饱和,输出电压 $u_O = U_{OH}$。这时集成运放同相输入端电压用 U_{+H} 表示,其值为

$$U_{+H} = \frac{R_f}{R_2 + R_f}U_R + \frac{R_2}{R_2 + R_f}U_{OH} \tag{5.5.2}$$

因 $U_R > 0, U_{OH} > 0$,故 $U_{+H} > 0$。若反相端加输入电压 u_I,u_I 从零开始增大,则此时 u_I 与 U_{+H} 进行比较,确定输出电压 u_O 是否变化。当 $u_I < U_{+H}$(即 $u_- < u_+$)时,输出电压 $u_O = U_{OH}$ 不变;若 u_I 逐渐增大,当 $u_I \geqslant U_{TH} = U_{+H}$(即 $u_- > u_+$)时,集成运放负饱和,比较器输出电压从 U_{OH} 跃变为 U_{OL}(负值)。通常把 u_I 增大到使 u_O 发生跳变的电压即 U_{TH} 称为正向阈值电压。

在 $u_O = U_{OL}$ 时,集成运放同相输入端电压用 U_{+L} 表示,其值为

$$U_{+L} = \frac{R_f}{R_2 + R_f}U_R + \frac{R_2}{R_2 + R_f}U_{OL} \tag{5.5.3}$$

此后,若 u_I 继续增大,则 $u_O = U_{OL}$ 不变。若 u_I 逐渐减小至 $u_I \leqslant U_{TL} = U_{+L}$ 时,集成运放正饱和,比较器输出电压又从 U_{OL} 跃变为 U_{OH}。通常把 U_{TL} 称为负向阈值电压。图5.5.6(b)所示是 $U_R > 0$ 且 $\frac{R_f}{R_2 + R_f}U_R > \left|\frac{R_2}{R_2 + R_f}U_{OL}\right|$ 时的理想电压传输特性,可见,传输特性具有滞回现象。

正向阈值电压 U_{TH} 与负向阈值电压 U_{TL} 的差值 ΔU_T 称为滞回电压或回差,即

$$\Delta U_T = U_{TH} - U_{TL} = U_{+H} - U_{+L} = \frac{R_2}{R_2 + R_f}(U_{OH} - U_{OL}) \tag{5.5.4}$$

从式(5.5.2)～式(5.5.4)可知,改变正反馈系数$\frac{R_2}{R_2+R_f}$即可同时调节正、负向阈值电压和回差;接入不同的参考电压 U_R,便使比较器的正、负向阈值电压不同,但回差不变。此外,电压传输特性在 u_I 轴向的位置也随 U_R 值的不同而移动。当 U_R 值增大,传输特性右移,U_R 值减小,传输特性左移。

在图5.5.6(a)所示滞回比较器中,若 $U_R=0$,如图5.5.7(a)所示,则集成运放同相输入端电压 u_+ 仅由输出电压 u_O 对 R_f 和 R_2 分压确定,此时,滞回比较器的正向阈值电压为

$$U_{TH}=\frac{R_2}{R_2+R_f}U_{OH}(\text{正值}) \tag{5.5.5}$$

负向阈值电压为

$$U_{TL}=\frac{R_2}{R_2+R_f}U_{OL}(\text{负值}) \tag{5.5.6}$$

回差与式(5.5.4)相同,电压传输特性如图5.5.7(b)所示。

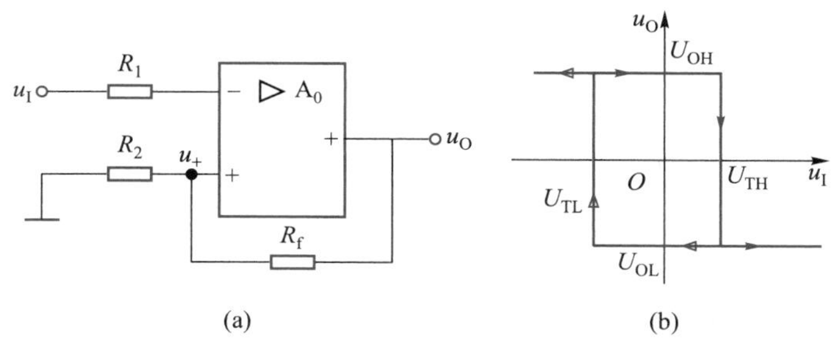

图5.5.7　不加参考电压的滞回比较器

(a)电路　(b)理想电压传输特性

由集成运放构成的电压比较器的性能除了与参考电压及外部电阻的稳定性有关外,主要取决于集成运放的性能。这种比较器可以有较高的精度,但响应速度较慢。当比较器用作模拟电路与数字电路之间的过渡电路时,由集成运放构成的比较器的输出一般需加合适的限幅电路才能驱动数字集成电路。

电压比较器有专门的集成器件。集成电压比较器具有响应速度快、电源电压范围宽等特点,其输出电平与数字集成电路相配合,一般可以直接驱动数字集成电路。有的集成电压比较器还具有选通端,可以通过选通端所加的高、低电平决定比较器的工作状态。

[**例题 5.5.2**]　图5.5.8(a)所示为方波-三角波产生电路,试分析其工作原理。

[**解**]　图5.5.8(a)所示电路中,集成运放 A_1 构成电压比较器,输出电压 u_{O1} 由双向稳压管 D_Z 限幅,A_2 构成积分电路。电压比较器的输出电压 u_{O1} 作为积分电路的输入电压,积分电路的输出电压 u_{O2} 又作为电压比较器的输入电压。

设电容 C 无初始电压,在 $t=0$ 时加电源,集成运放 A_1 正饱和,$u_{O1}=U_Z$。于是 u_{O1} 经 R_5 对 C 充电,即积分电路反相积分,其输出电压

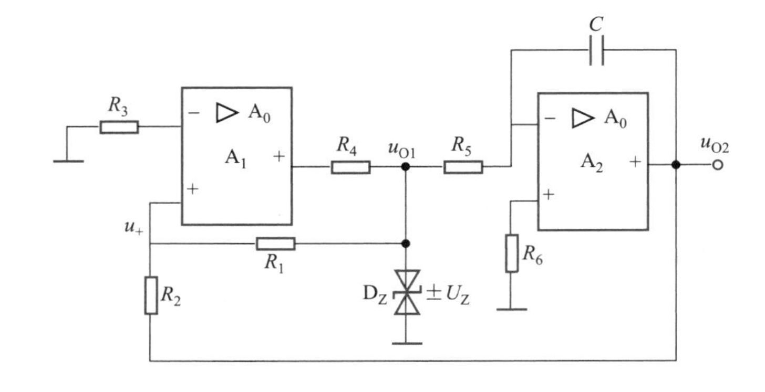

(a)

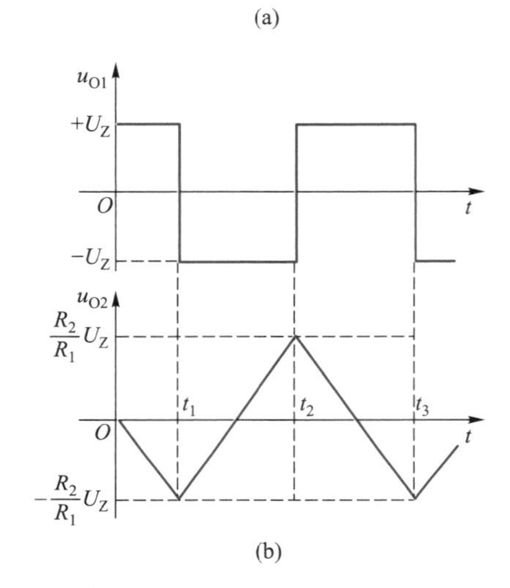

(b)

图 5.5.8　例题 5.5.2 的电路和波形

(a) 电路　(b) 波形

$$u_{O2}=-\frac{1}{R_5C}\int_0^t u_{O1}\,\mathrm{d}t=-\frac{U_Z}{R_5C}t \qquad (0\leqslant t<t_1)$$

u_{O2}随时间线性下降(负值)。此时 A_1 同相输入端电压

$$u_{+H}=\frac{R_1}{R_1+R_2}u_{O2}+\frac{R_2}{R_1+R_2}u_{O1}=\frac{R_1}{R_1+R_2}u_{O2}+\frac{R_2}{R_1+R_2}U_Z$$

u_{+H}随着 u_{O2}的下降而下降。当 $t=t_1$ 时,$u_{+H}=0$,此时 $u_{O2}(t_1)=-\frac{R_2}{R_1}U_Z$,$u_{O2}$再稍有下降,就使 $u_{+H}<0$(即集成运放 A_1 的 $u_+<u_-=0$),于是集成运放 A_1 负饱和,电压比较器输出电压 $u_{O1}=-U_Z$。此后电容 C 被反向充电,其表达式为

$$u_{O2}=-\frac{R_2}{R_1}U_Z-\frac{1}{R_5C}\int_{t_1}^t u_{O1}\,\mathrm{d}t=-\frac{R_2}{R_1}U_Z+\frac{U_Z}{R_5C}(t-t_1) \qquad (t_1<t<t_2)$$

可见 u_{O2}将从$-\frac{R_2}{R_1}U_Z$ 开始随时间线性上升。同时,A_1 同相输入端电压

$$u_{+L}=\frac{R_1}{R_1+R_2}u_{O2}-\frac{R_2}{R_1+R_2}U_Z$$

u_{+L}随 u_{O2}的上升而上升。在 $t=t_2$ 时，$u_{O2}=\frac{R_2}{R_1}U_Z$，$u_{+L}=0$。此时 u_{O2}再稍有上升，便使 $u_{+L}>0$，集成运放 A_1 又正饱和，使 $u_{O1}=U_Z$。如此不断循环，使 u_{O1} 为方波，u_{O2}为三角波，如图 5.5.8(b)所示。

视频资源：5.6 应用举例

5.6 应用举例

集成运放的应用领域很广，在此仅介绍一个温度监测控制电路，如图 5.6.1 所示。此电路由温度传感器、跟随器、加法电路、滞回比较器、反相器、光电耦合器、继电器和加热器等组成。下面介绍各部分的工作原理。

温度传感器由具有负温度系数(阻值随温度的增加而减小)的热敏电阻 R_T(放置于温度监控处)和电流源 I_S(1mA)构成。这里 R_T 用 MF57 型热敏电阻，当温度从 0℃ 变化至 100℃ 时，R_T 的阻值从 7 355 Ω 变化至153 Ω，相应的电压 U_T 就从 7.355 V 变至 0.153 V，从而将温度变化转换为电压变化。

集成运放 A_1 和电阻 R_2、R_3 构成跟随器，起隔离作用，以避免后级对 U_T 的影响，显然 $U_{O1}=U_T$。

在实际测量中，通常要对输出电压进行变换和标定，使被测温度与输出电压相对应，因此接入由集成运放 A_2 和 $R_4\sim R_6$、R_{P1}、R_{P2}构成的反相加法电路。例如当被测温度为下限值时，$U_{O1}=U_{O1L}\neq 0$，若要求此时的 $U_{O2}=U_{O2L}=0$，则应使 R_{P2}、R_6 支路的电流为零，因此可得

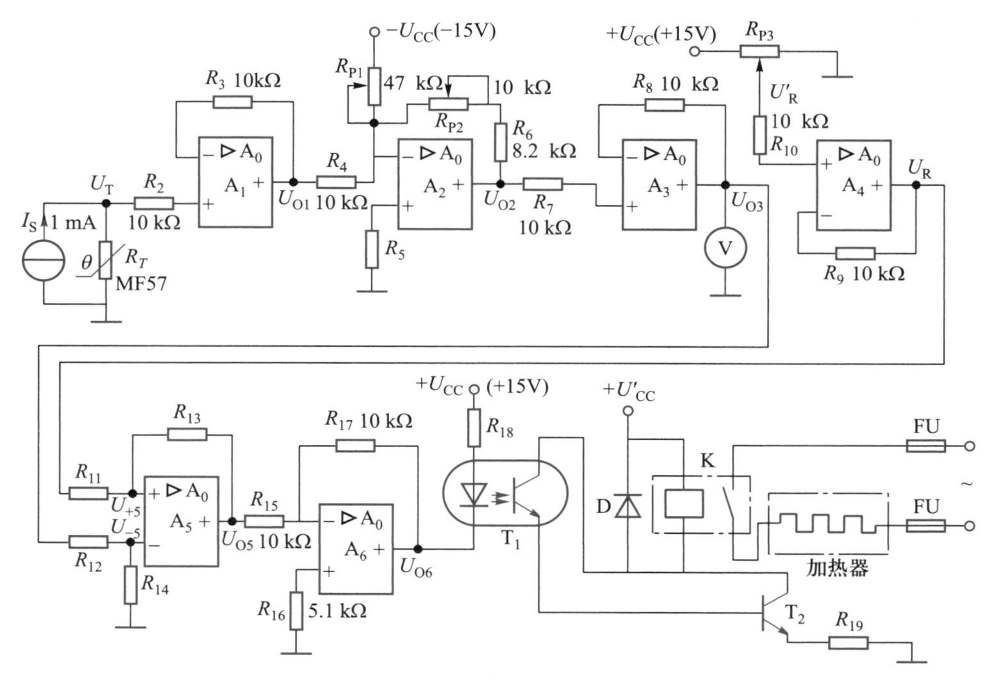

图 5.6.1 温度监测控制电路

$$\frac{U_{O1L}}{R_4}+\frac{-U_{CC}}{R_{P1}}=0$$

即

$$R_{P1}=\frac{U_{CC}}{U_{O1L}}R_4$$

上式即确定了 R_{P1} 和 R_4 的阻值关系。图中被测温度下限值为 0℃, U_{O1L} = 7.355 V,则 R_{P1} 调至约 20.39 kΩ 即可。而当被测温度为上限值时, $U_{O1}=U_{O1H}$,若要求此时 $U_{O2}=U_{O2H}$,即有

$$\frac{U_{O1H}}{R_4}+\frac{U_{O2H}}{R_6+R_{P2}}+\frac{-U_{CC}}{R_{P1}}=0$$

上式表示可根据被测温度上限值所对应的传感器输出电压和标定电压确定反馈支路电阻 R_6+R_{P2} 与 R_4 的阻值关系。图中被测温度上限值 100℃, $U_{O1H}=0.153$ V,要求此时 $U_{O2H}=10$ V,且已知 $R_4=10$ kΩ, $R_{P1}=20.39$ kΩ,则 $(R_6+R_{P2})\approx13.89$ kΩ。

集成运放 A_3 和 R_7、R_8 构成跟随器,亦起隔离作用。显然 $U_{O3}=U_{O2}$,其电压表的读数按温度标定后即可直接指示被监测的温度。

集成运放 A_4 和 R_9、R_{10} 也构成跟随器,输入为电源 U_{CC} 通过电位器 R_{P3} 得到的可调电压 U'_R,经隔离后可提供稳定的参考电压 U_R。

集成运放 A_5 和 $R_{11}\sim R_{14}$ 等构成滞回比较器,A_5 的反相输入端电压

$$U_{-5}=\frac{R_{14}}{R_{12}+R_{14}}U_{O3}$$

同相输入端电压

$$U_{+5}=\frac{R_{13}}{R_{11}+R_{13}}U_R+\frac{R_{11}}{R_{11}+R_{13}}U_{O5}$$

U_{-5} 与 U_{+5} 比较后决定集成运放 A_5 的输出电平。图中 U_R 可通过电位器 R_{P3} 来调节,从而调节 U_{+5},达到调节温度控制范围的目的。这里 $R_{11}\sim R_{14}$ 的阻值由控温要求确定。

集成运放 A_6 构成反相器。T_1 为光电耦合器,起耦合和隔离作用,它由发光二极管和光电晶体管组成。发光二极管两端加上一定电压使其导通后便发光;光电晶体管受光照射后便导通产生电流,电流的大小与光照强度有关。图中的光电耦合器,当发光二极管导通发光时,光电晶体管亦导通。T_2 为功率晶体管,光电晶体管导通时 T_2 获得基极电流而随之导通。K 为直流电磁式继电器,它主要由电磁铁(含线圈)和触点等组成。图中左侧的方框为继电器线圈,右侧是一个动合触点,当 T_2 导通使继电器线圈通电时,动合触点闭合。D 为续流二极管。

综合上述各部分电路的功能,可概括整个电路的工作原理如下:当被监控点的温度较低时,R_T 阻值较大,U_T、U_{O1} 的绝对值较大,U_{O2}、U_{O3} 较小,使 $U_{-5}<U_{+5}$,A_5 输出正饱和电压(这时 $U_{+5}=U_{+5H}$),经 A_6 反相,输出 U_{O6} 为低电平,使 T_1 和 T_2 饱和导通,继电器 K 的线圈通电,其触点闭合,加热器通电加热(加热器电路中的 FU 为熔断器,起短路保护作用),使被监控点的温度上升。随着温度的上升,R_T 减小,U_T、U_{O1} 的绝对值减小,U_{O2}、U_{O3} 增大。当温度上升至上限值(由 U_{+5H} 设

定),使 $U_{-5}>U_{+5H}$,A_5 输出负饱和电压(此时 $U_{+5}=U_{+5L}<U_{+5H}$),经 A_6 反相,U_{O6}为高电平,T_1、T_2 截止,继电器 K 的线圈断电,触点断开,停止加热,使温度逐渐下降。随温度的下降,U_{O2}、U_{O3}、U_{-5}下降。当温度下降至下限值(由 U_{+5L}决定),$U_{-5}<U_{+5L}$,A_5 输出正饱和,重新加热。

因此,该电路能直接监测温度,并能将监测点的温度自动控制在一定的范围。

在实际工程应用中,继电器 K 的触点的额定电流要根据加热器的电流大小来选择。

习题

5.1.1 试说明集成运放的反相输入端和同相输入端的含义是什么。

5.1.2 试说明集成运放信号的输入方式有哪几种。

5.2.1 在图 5.01 中,电源电压为±15 V,集成运放的开环电压放大倍数 A_0 = 106 dB (2×10^5 倍),额定输出电压为±13 V,其他特性为理想。试求在两输入端对地加下列输入信号时的输出电压 u_O:(1) $u_-=-10\ \mu V$,$u_+=-15\ \mu V$;(2) $u_-=-10\ \mu V$,$u_+=15\ \mu V$;(3) $u_-=1.000\ 01\ V$,$u_+=1\ V$;(4) $u_-=0\ V$,$u_+=5\ mV$。

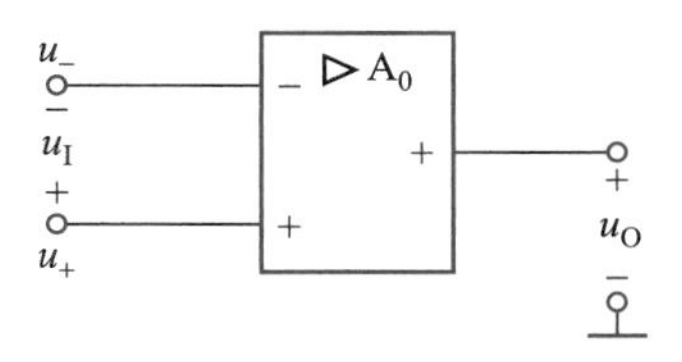

图 5.01 习题 5.2.1 的电路

5.2.2 设某一集成运放的 A_0 = 100 dB(即 10^5),K_{CMR} = 90 dB(即 3.16×10^4),U_{IO} = 2 mV,I_{IO} = 10 nA,I_{IB} = 60 nA,r_i = 2 MΩ,U_{omax} = ±10 V。试求:(1) 共模电压放大倍数 A_c;(2) 两输入端的静态电流 I_{B1}、I_{B2}(设 $I_{B1}>I_{B2}$);(3) 在不考虑 U_{IO}的情况下,当集成运放开环输出电压为 10 V 时,两输入端的压差(u_+-u_-)以及由(u_+-u_-)值引起的输入电流 I_+和 I_-的大小;(4) 两输入端短接,运放处于开环状态,在考虑 U_{IO}后输出端可能出现的最大漂移电压值。此时集成运放的工作情况如何?

5.3.1 设某个放大电路的开环放大倍数在 100~200 之间变化,现引入负反馈,反馈系数 F = 0.05,试求闭环放大倍数的变化范围。

5.3.2 设某个放大电路开环时的放大倍数相对变化量$\frac{dA_0}{A_0}$为 20%,若要求闭环时的放大倍数相对变化量$\frac{dA_f}{A_f}$为 1%,且 A_f = 100,问 A_0 和 F 分别应取多大?

5.4.1 如图 5.4.1 所示电路中,设 R = 10 kΩ,R_f = 200 kΩ,集成运放的电源电压为±15 V,额定输出电压为±13 V。试求:(1) 电路的闭环电压放大倍数 A_f;(2) 输入电压 u_i 分别为 0.1 V 和 1 V(均为直流)时的输出电压 u_o,并说明集成运放的工作状态。

5.4.2 如图 5.4.1 所示电路中,设集成运放的输入电阻 r_i 为无穷大,输出电阻 r_o 为零,开环电压放大倍数 A_0 为有限值。(1) 试用集成运放的电路模型求闭环电压放大倍数 A_f 的表达式;(2) 计算当 A_0 = 1 000(60 dB)和 A_0 = 100 000(100 dB),R = 10 kΩ,R_f = 200 kΩ 时的 A_f 值,并与 $A_0\to\infty$ 时的 A_f 值比较。

5.4.3 设图 5.4.3 电路的 R = 10 kΩ,R_f = 200 kΩ。试求电路的闭环电压放大倍数 A_f 和平衡电阻 R_b 的阻值。

5.4.4 如图 5.4.3 所示电路中设集成运放的输入电阻为无穷大,输出电阻为零,开环电压放大倍数 A_0 为有限值。(1) 试证明:闭环电压放大倍数

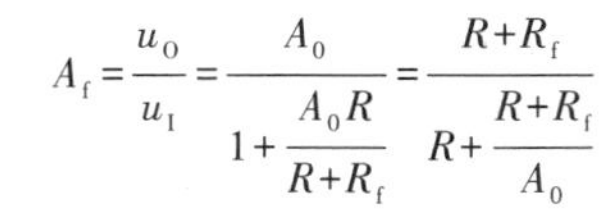

$$A_f=\frac{u_O}{u_I}=\frac{A_0}{1+\frac{A_0R}{R+R_f}}=\frac{R+R_f}{R+\frac{R+R_f}{A_0}}$$

(2) 求 $A_0=10\ 000$(80 dB),$R=10\ \text{k}\Omega$,$R_f=200\ \text{k}\Omega$时的 A_f 值,并与 $A_0\to\infty$ 时的 A_f 值比较。

5.4.5　试求图 5.02 所示加法电路的输出电压 u_O。

5.4.6　试求图 5.03 所示电路输出电压 u_O 的表达式。

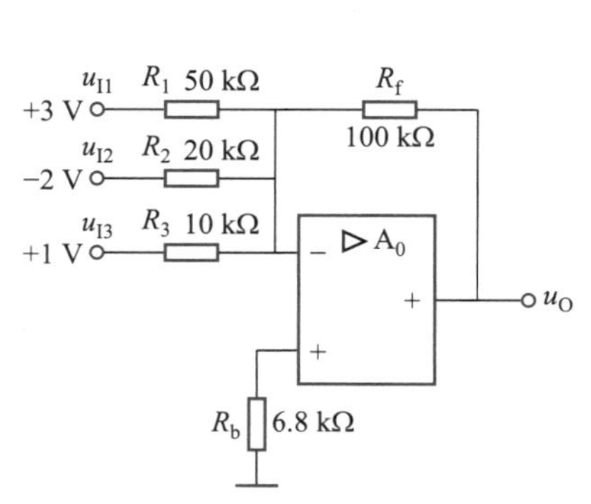

图 5.02　习题 5.4.5 的电路

图 5.03　习题 5.4.6 的电路

5.4.7　如图 5.4.6 所示电路,设 $R_1=R_2=2\ \text{k}\Omega$,$R_3=R_f=20\ \text{k}\Omega$。试求:(1) 输出电压 u_O 的表达式;(2) 当 $u_{I1}=u_{I2}=1\ \text{V}$ 时的 u_O 值;(3) 当 $u_{I1}=1\ \text{V}$,$u_{I2}=1.2\ \text{V}$ 时的u_O 值。

5.4.8　电路如图 5.04 所示,图中 $R_1=R_2=R_3=R_4$。试求 u_O 的表达式。

5.4.9　试求图 5.05 所示电路输出电压 u_O 的表达式。

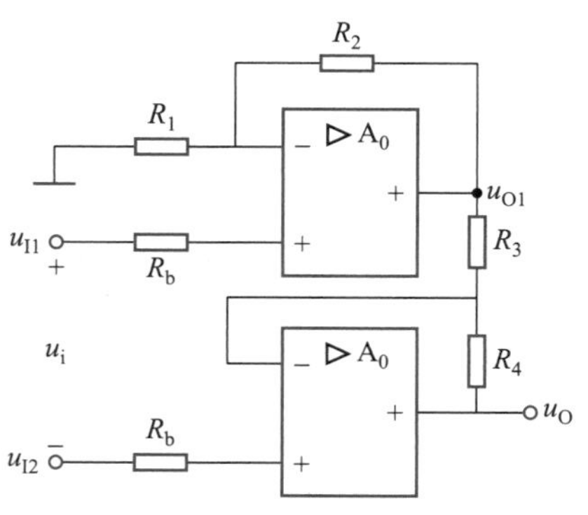

图 5.04　习题 5.4.8 的电路

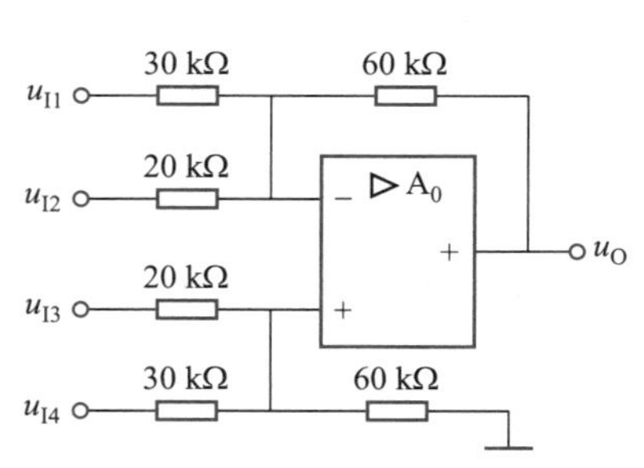

图 5.05　习题 5.4.9 的电路

5.4.10　电路如图 5.06 所示,试求输出电压 u_O 的大小。

5.4.11　如图 5.4.9(a)所示积分运算电路中,已知 $R=100\ \text{k}\Omega$,$C=0.1\ \mu\text{F}$,在 $t=0$ 时加入 $u_I=-20$ mV(直流),集成运放的额定输出电压为±13 V。试求加入 u_I 后 2 s 时的u_O 值。

5.4.12　如图 5.4.10(a)所示电路中,$R=100\ \text{k}\Omega$,$R_f=1\ \text{M}\Omega$,$C=1\ \mu\text{F}$,输入电压 u_I 为直流电压 U_I。试求输出电压 u_O 的表达式。

5.4.13　电路如图 5.4.11 所示,已知 $R_1=100\ \text{k}\Omega$,$R_2=200\ \text{k}\Omega$,$C=10\ \mu\text{F}$,在 $t=0$ 时加入 $u_{I1}=U_{I1}=50$ mV,$u_{I2}=U_{I2}=0.1$ V。试求 $t=10$ s 时的 u_O 值。

5.4.14　试求图 5.07 所示电路的 u_O 与 u_{I1}、u_{I2}的关系式。

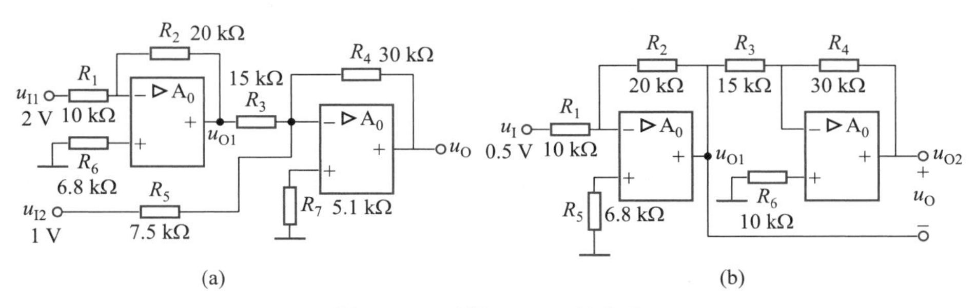

图 5.06 习题 5.4.10 的电路

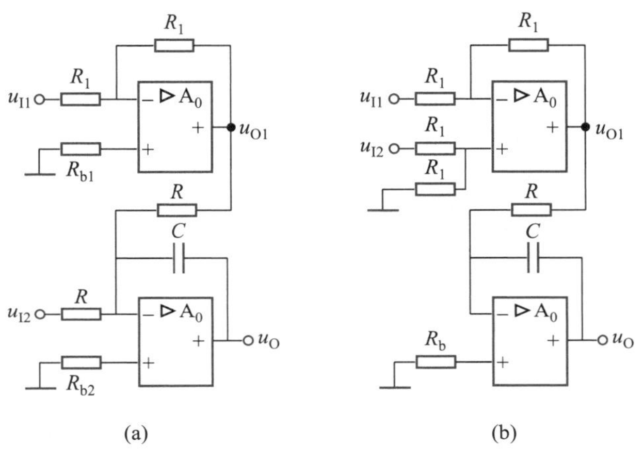

图 5.07 习题 5.4.14 的电路

5.5.1 如图 5.08 所示电路中设集成运放的输出饱和电压为±10.5 V，稳压管的稳定电压 $U_Z=6$ V，正向压降 $U_D=0.7$ V。试画出参考电压 $U_R=-2$ V 时的电压传输特性。

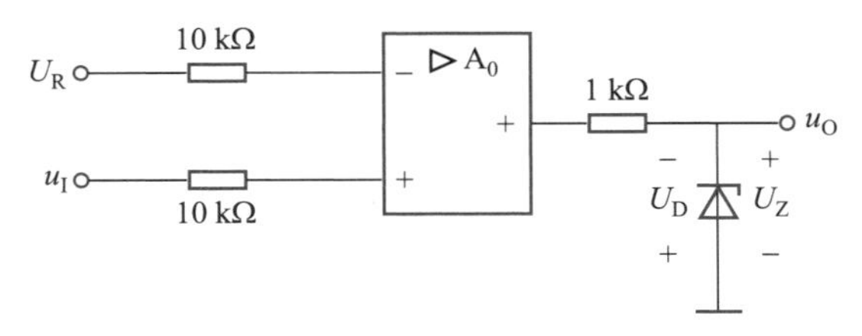

图 5.08 习题 5.5.1 的电路

5.5.2 如图 5.09 所示电路，设集成运放的最大输出电压为±12 V，稳压管稳定电压 $U_Z=\pm6$ V，输入电压 u_I 是幅值为±3 V 的对称三角波。试分别画出 U_R 为+2 V、0 V 和−2 V 三种情况下的电压传输特性和 u_O 波形。

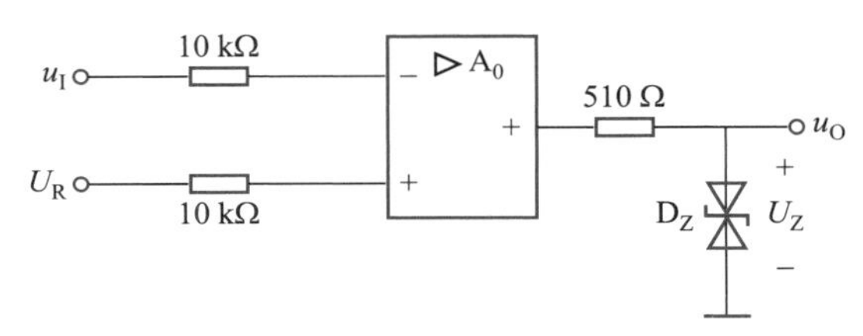

图 5.09 习题 5.5.2 的电路

5.5.3　如图 5.10 所示电路，集成运放的最大输出电压为±13 V，稳压管的稳定电压 $U_Z=6$ V，正向压降 $U_D=0.7$ V。试画出电压传输特性。

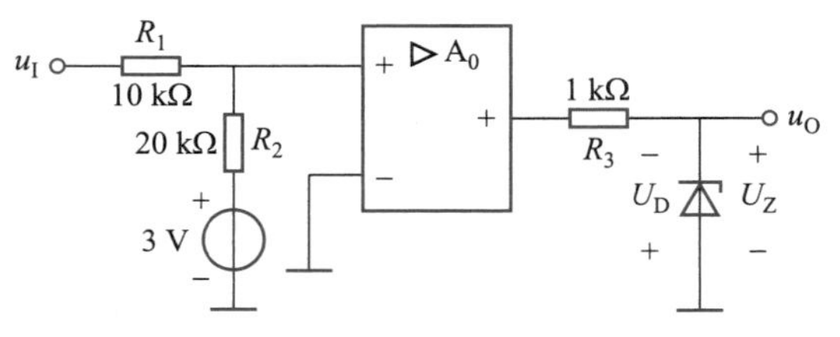

图 5.10　习题 5.5.3 的电路

5.5.4　如图 5.5.6(a)所示电路中，设 $R_f=12$ kΩ，$R_2=3$ kΩ，集成运放的输出饱和电压为±9 V，输入电压 $u_i=5\sin\omega t$ V。试分别求 $U_R=1$ V 和 $U_R=-1$ V 两种情况下比较器的正向阈值电压 U_{TH}、负向阈值电压 U_{TL} 和回差 ΔU_T，并画出电压传输特性和 u_i、u_O 的波形图（设加电源后，$t=0$ 时集成运放处于正饱和）。

5.5.5　图 5.11 所示滞回比较器，集成运放的反相端直接接地，即反相端的参考电压为零。输入电压 u_I 经电阻加于同相端，因此集成运放同相端电压由输入电压 u_I 和输出电压 u_O 共同确定。试分别写出集成运放正饱和及负饱和时同相端对地电压 U_{+H} 和 U_{+L} 的表达式，并求正、负向阈值电压 U_{TH}、U_{TL} 和回差 ΔU_T，画出电压传输特性（注意此电压传输特性与图 5.5.6(b)和图 5.5.7(b)分别有何不同）。

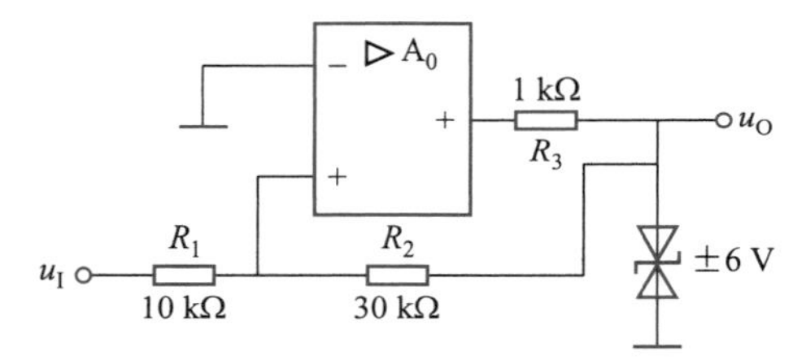

图 5.11　习题 5.5.5 的电路

第6章　波形产生和变换

波形产生电路包括正弦波产生电路和非正弦波产生电路两大类，它们无须外加输入信号便能自动产生各种周期性的波形，例如正弦波、矩形波和三角波等，通常也称为振荡电路。波形变换电路的作用是将某种波形变换成另一种波形，或对某种波形进行整形等。本章分别介绍其中的典型电路。

6.1　正弦波振荡电路

视频资源：6.1.1　正弦波振荡电路的基本原理

从能量的观点看，正弦波振荡电路是将直流电能转换成频率和幅值一定的正弦交流信号。它由放大、反馈、选频和稳幅环节组成，属于正反馈电路。探讨正弦波振荡电路原理的关键就是要找到保证振荡电路从无到有地建立起振荡的起振条件，保证振荡电路产生等幅持续振荡的平衡条件，以及如何确定振荡电路的振荡频率。

6.1.1　正弦波振荡电路的基本原理

1. 自激振荡条件

图6.1.1(a)是正反馈放大电路的原理方框图。电路在输入端接入一定频率和幅值的正弦信号 $\dot{U}_s$，反馈信号 $\dot{U}_f$ 的极性和 $\dot{U}_s$ 相同（正反馈），故净输入 $\dot{U}_i=\dot{U}_s+\dot{U}_f$，如果增大 $\dot{U}_f$、减小 $\dot{U}_s$，最终达到 $\dot{U}_s=0$、$\dot{U}_f=\dot{U}_i$，即 $\dot{U}_f$ 与 $\dot{U}_i$ 大小相等且相位相同，那么此时撤去 $\dot{U}_s$ 后，放大电路仍保持输出电压不变。这时正反馈放大电路就变成为自激振荡电路，其原理框图如图6.1.1(b)所示。

显然，电路要维持自激振荡，就必须做到

$$\dot{U}_f=\dot{U}_i$$

而

$$\dot{U}_i=\frac{\dot{U}_o}{A},\quad \dot{U}_f=\dot{U}_oF$$

故

$$\dot{U}_oAF=\dot{U}_o$$

因 $\dot{U}_o$ 不等于0，所以维持自激振荡的平衡条件为

$$AF=1 \tag{6.1.1}$$

由于 $A=|A|\angle\varphi_A$，$F=|F|\angle\varphi_F$，故从式(6.1.1)可得出两个平衡条件。

(1) 相位平衡条件　$\varphi_A+\varphi_F=2n\pi,\quad n=0,1,2,\cdots$　(6.1.2)

(2) 幅值平衡条件　$|AF|=1$　(6.1.3)

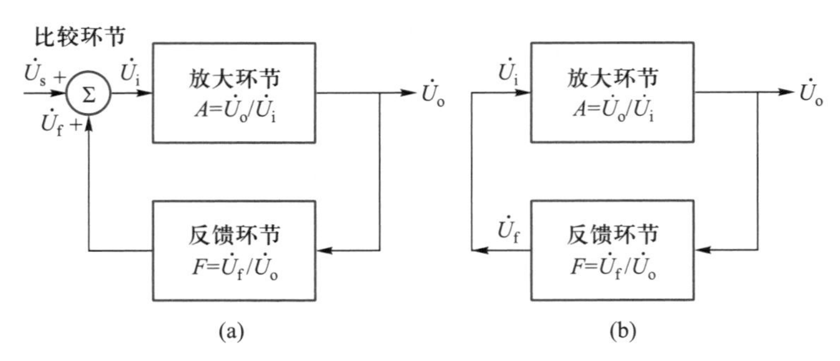

图 6.1.1　正反馈放大电路和自激振荡电路的原理框图
(a)正反馈放大电路　(b)自激振荡电路

相位平衡条件保证反馈极性为正反馈,而幅值平衡条件保证反馈有足够的强度。

这两个平衡条件是指振荡已经建立,输出的正弦波已经产生,电路已进入稳态,为维持等幅自激振荡必须满足的条件。它是必要条件,但不是充分的。因为在电路刚接通电源,又无输入 $\dot{U}_s$ 的作用时,由于 $\dot{U}_i$、$\dot{U}_o$、$\dot{U}_f$ 均近似为 0,在 $|AF|=1$ 的条件限制下,电路就会维持这个初始的状态而不能起振。因此电路接通电源时,要保证电路从小到大建立起振荡的幅值条件是

$$|AF|>1 \tag{6.1.4}$$

而相位条件不变。将式(6.1.2)、式(6.1.4)称为振荡电路的起振条件。对图 6.1.1(b)所示电路在满足起振条件和平衡条件的情况下,若放大环节或反馈环节中含有选频电路,则可产生某一频率的正弦波。

2. 振荡的建立和稳定

在接通电源后,电路中总会出现一些噪声或瞬时的扰动。这些微弱的信号,在满足起振条件时,便会通过放大——正反馈——再放大的循环过程而不断加强,振荡幅度不断增大。这个过程不会无限制地持续下去,最终会因放大环节的电子器件进入到非线性区使得 $|AF|=1$;或因电路外加稳幅措施,使 $|A|$ 随振幅的加大而减小至 $|AF|=1$,而电子器件仍工作在线性区。此时整个电路维持稳定的等幅振荡。

刚开始起振时,电路中的噪声或扰动的信号含有丰富的频谱成分,不同频率的信号只要满足振荡条件,都可以产生自激振荡,这样输出端就不是单一频率的正弦波了。由于正弦波振荡电路含有选频电路,可将某一频率的正弦信号挑选出来,使其满足振荡条件,而其他频率成分因不满足振荡条件被衰减,故振荡电路就产生单一频率的正弦波。

按振荡电路中选频电路的不同,正弦波振荡电路可分为 *RC* 振荡电路和 *LC* 振荡电路。

6.1.2　*RC* 正弦波振荡电路

图 6.1.2 是一个用集成运放组成的 *RC* 串并联正弦波振荡电路。电阻 *R* 和

电容 C 构成串并联选频网络，Z_1、Z_2 连接到集成运放同相输入端提供正反馈。电阻 R_f、R_1 连接到集成运放反相输入端，引入负反馈，作为稳幅环节。

视频资源：6.1.2–6.1.3 *RC* 和 *LC* 正弦波振荡电路

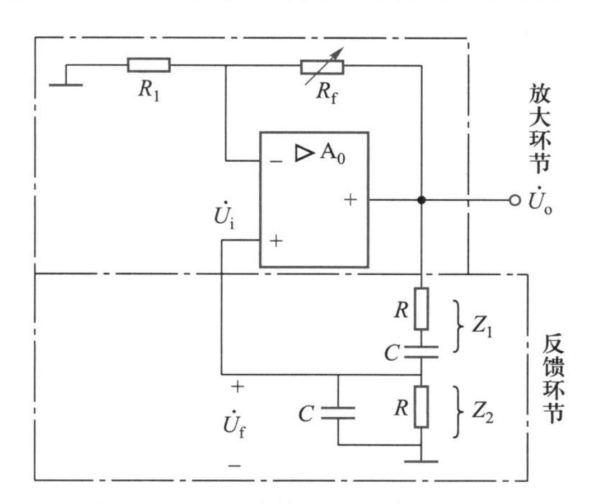

图 6.1.2　*RC* 串并联正弦波振荡电路

RC 串并联网络既控制着集成运放正反馈量的大小，又决定了电路的振荡频率，在习题 2.3.12 已请读者证明，当信号频率为

$$f_0=\frac{1}{2\pi RC} \tag{6.1.5}$$

时，Z_2 的电压 $U_f=\frac{1}{3}U_o$，且 $\dot{U}_f$ 与 $\dot{U}_o$ 同相。从图 6.1.2 可以看出 $\dot{U}_f$ 即为 $\dot{U}_i$。显然，频率为 f_0 的信号满足自激振荡的相位平衡条件。而当反馈系数 $F=\frac{U_f}{U_o}=\frac{1}{3}$ 时，能够满足幅值平衡条件。由于放大电路接成同相输入比例放大形式，故电压放大倍数 $A=1+\frac{R_f}{R_1}$。因此为了满足自激振荡的幅值平衡条件，应有 $A=3$，故 $R_f=2R_1$。

考虑到起振条件 $|AF|>1$，一般选取 R_f 略大于 $2R_1$。如果这个比值取得过大，会引起振荡波形严重畸变。

实际电路中，稳定振荡幅度的方法有多种。其中一种是 R_f 采用负温度系数的热敏电阻。它的工作原理是：刚接通电源时 R_f 大于 $2R_1$，$|AF|>1$，负反馈较弱，随着振荡幅度的不断加强，U_o 增大，流过 R_f 的电流也增加，R_f 的温度上升，电阻值下降，负反馈加强，使得 A 下降，最后稳定于 $|AF|=1$，U_o 不再增大。

图 6.1.3 是采用二极管实现稳幅的振荡电路，它利用二极管伏安特性的非线性特点进行自动稳幅。图中把反馈电阻 R_f 分成 R_{f1} 和 R_{f2} 两部分，它们之和略大于 $2R_1$。当振荡幅度较小时，两个二极管基本上不导通，呈现较大的电阻。这时二极管与 R_{f1} 并联后的等效电阻 R'_{f1} 近似等于 R_{f1}。由于 $(R_{f1}+R_{f2})>2R_1$，$A>3$，满足起振条件，电路开始增幅振荡。随着振荡幅度的加大，二极管逐渐导通，流

过的电流增加，R'_{f1}减小，A 自动下降，直到满足维持等幅振荡的幅值条件，达到自动稳幅的目的。R_{f1}并联两个极性反接的二极管的目的是保证正弦波正负半周总有一个二极管导通。

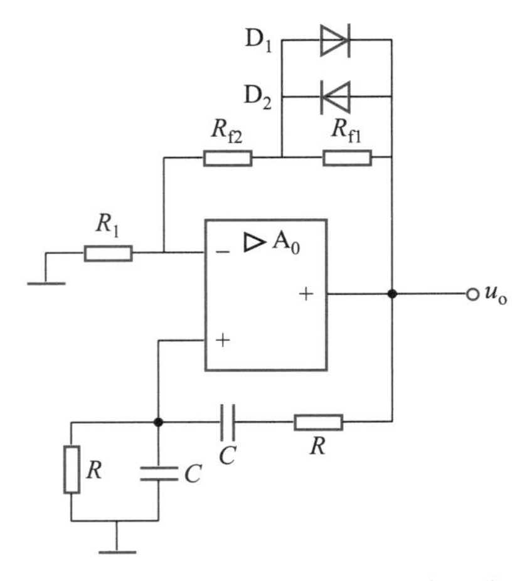

图 6.1.3　用二极管稳幅的振荡电路

RC 串并联正弦波振荡电路不是靠集成运放内部的晶体管进入非线性区域来稳幅的，而是通过集成运放外部电路引入负反馈来达到稳幅的目的。由于集成运放工作在线性运行区，因此波形失真小，输出电压幅度稳定。但若希望振荡频率 f_0 提高，则要求 R 和 C 数值减小。而 R 过小将使放大电路的输出电流过大，C 过小将使振荡频率易受电路寄生电容的影响而不稳定。此外，普通集成运放的通频带较窄也限制了振荡频率的提高。因此 RC 正弦波振荡电路所产生的频率通常在 200 kHz 以下。

6.1.3　LC 正弦波振荡电路

LC 正弦波振荡电路以 LC 谐振回路作为选频网络，可产生频率高于1 GHz（即 1 000 MHz）的正弦波形。由于 LC 谐振回路的品质因数高，故振荡频率的稳定性较好。LC 正弦波振荡电路常用分立元件组成，常见的形式有三点式和变压器反馈式两类。这里仅介绍三点式 LC 振荡电路。三点式 LC 振荡电路有电容三点式振荡电路（又称 Colpitts 振荡电路）和电感三点式振荡电路（又称 Hartly 振荡电路）两种。

1. 电容三点式振荡电路

电容三点式正弦波振荡电路如图 6.1.4(a)所示，它是在分压式偏置的共发射极放大电路基础上，作了如下改动：将放大电路中的负载电阻 R_L 用电感 L 和电容 C_1、C_2 组成的谐振回路取代，谐振回路的三个端点 1、2、3 分别接到晶体管集电极、发射极、基极（通过耦合电容 C_B），将电容 C_2 两端的电压作为反馈信号，引入正反馈。图 6.1.4(b)是其交流通路（因 C_B、C_E 容量比 C_1、C_2 大得多，对振荡信号可视为短路）。根据第 2 章 2.3.6 节介绍的并联谐振电路的特点，当回路谐振时，电路是电阻性的，总电流很小，且支路电流比总电流大很多，即流过 L、C_1、C_2 的电流比晶体管三个电极的电流大得多，因此在分析时可忽略流过晶体管电流的影响。根据图中所标的各电压对地的瞬时极性，u_o 与 u_i 反相，u_f 与 u_o 反相，因此 u_f 与 u_i 同相，满足自激振荡的相位平衡条件。

通过选择合适的静态工作点（影响 A）和选取适当的电抗参数（影响 F），使得起振时 $|AF|>1$。随着振荡幅度不断加大，晶体管逐渐进入非线性区，A 下降。当满足幅值平衡条件 $|AF|=1$ 时，振荡稳定下来。当振幅大到一定程度时，虽然晶体管的集电极电流波形可能明显失真（非正弦波，近似方波）。但由

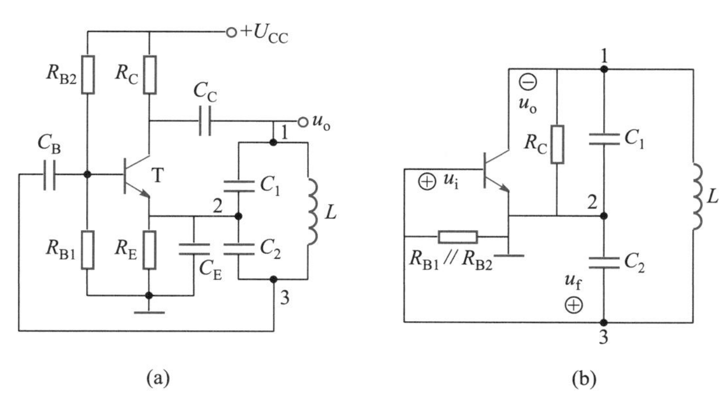

图 6.1.4 电容三点式正弦波振荡电路
(a) 基本电路 (b) 交流通路

于 LC 并联回路的良好选频作用,输出为失真不大的正弦波(见第 2 章例题 2.5.2)。若忽略回路中的损耗和晶体管参数的影响,则可认为振荡频率近似等于 LC 回路的谐振频率。设 C_1 与 C_2 串联的等效电容为 C,即

$$f_0 \approx \frac{1}{2\pi\sqrt{LC}} = \frac{1}{2\pi\sqrt{L\dfrac{C_1C_2}{C_1+C_2}}} \tag{6.1.6}$$

但调节 f_0 要同时调节 C_1、C_2,并要保持 C_1、C_2 的比值不变,很不方便,故该电路常用作固定频率输出,频率可达 100 MHz。

为了进一步提高振荡频率,又能调节 f_0,有时采用图 6.1.5 所示的改进型电容三点式振荡电路(又称 clapp 振荡电路)。图 6.1.4 与图 6.1.5 相比有一个差别,前者是共发射极接法,后者是共基极接法(在交流通路中基极是公共端)。由于晶体管在共基极接法时的截止频率是共发射极接法时的 β+1 倍,因此改进型电容三点式振荡电路输出的正弦波频率可以很高,能达到 1 000 MHz 以上。

另外,图 6.1.5 电路中在电感支路串联一电容 C_3,选取 C_3 容量比 C_1 和 C_2 小得多,所以电容 C_1 和 C_2 主要起分压和反馈作用,而振荡频率主要由 L 和 C_3 决定,故

$$f_0 \approx \frac{1}{2\pi\sqrt{LC_3}} \tag{6.1.7}$$

调节 C_3 就可调节输出信号的频率。

2. 电感三点式振荡电路

电感三点式振荡电路如图 6.1.6(a)所示,图中谐振回路三个端点中的 1、3 接晶体管的集电极、基极,而端点 2 接至直流电源 $+U_{CC}$。由于 $+U_{CC}$ 可通过 L_1 到集电极形成集电极电流的直流通路,故不需要接入集电极电阻 R_C。图 6.1.6(b)是它的交流通路,图

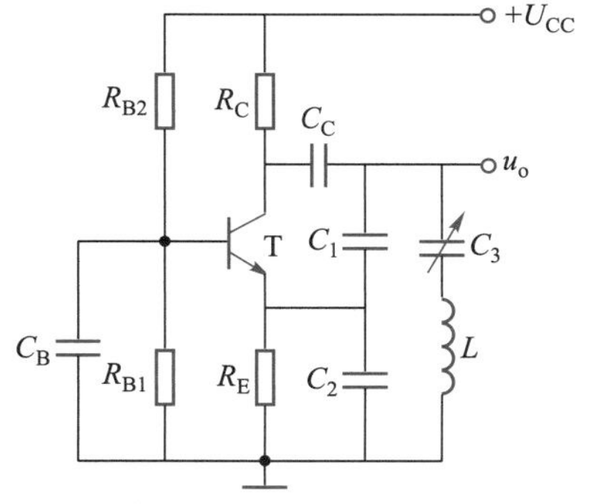

图 6.1.5 改进型电容三点式振荡电路

中端点 2 是接地的，反馈信号由电感分压后从 L_2 两端获得。若线圈1-2和 2-3 的自感为 L_1 和 L_2，两个线圈之间的互感为 M，则两个线圈的总电感为 $L=L_1+L_2+2M$。可以近似认为，电路的振荡频率等于 LC 回路的谐振频率，即

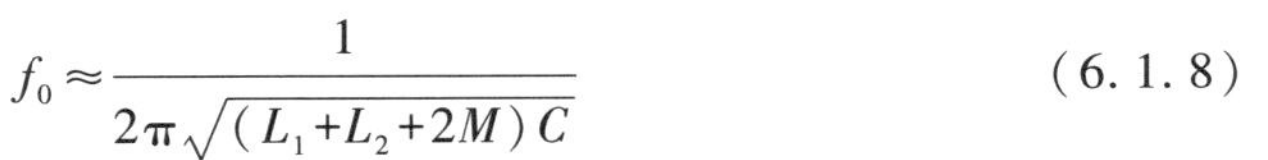

$$f_0 \approx \frac{1}{2\pi\sqrt{(L_1+L_2+2M)C}} \tag{6.1.8}$$

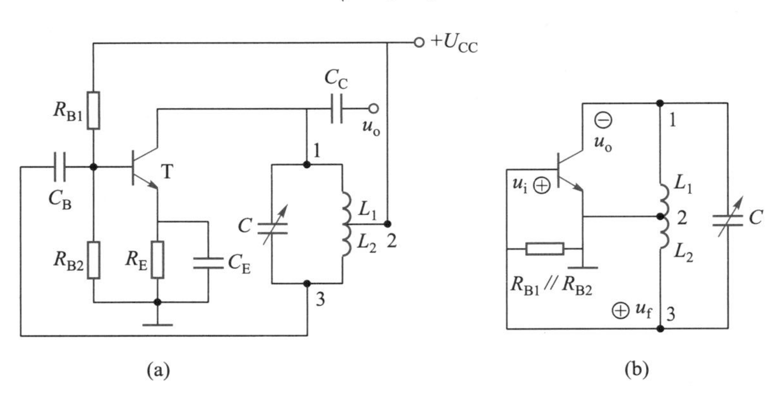

图 6.1.6　电感三点式振荡电路

（a）基本电路　（b）交流通路

从图 6.1.6 和式(6.1.8)可知，电感三点式振荡电路中只要调节 C 就可以调节振荡频率。但由于反馈电压取自电感 L_2，对高次谐波阻抗大，反馈电压中高次谐波成分大，易产生高次谐波自激振荡，表现为有毛刺叠加在波形上，使输出波形产生失真。另外考虑到晶体管发射结电容的影响(该电容与 L_2并联)，若频率过高，会造成 u_f与 u_i不同相，使相位条件不满足而停振。故电感三点式振荡电路的工作频率不宜太高，常在几十兆赫以下。电容三点式振荡电路则不存在上述缺点，因为反馈电压取自 C_2，所以高次谐波分量小，输出波形好。

从图 6.1.4 到图 6.1.6 可以看出，它们的共同特点都是从 LC 谐振回路引出三个端点分别与放大管的三个电极相连接，故取名“三点式”。

综上所述，三点式 LC 正弦波振荡电路的幅值平衡条件主要通过提供合适的直流通路和选取恰当的电抗参数来加以满足。而相位平衡条件的满足必须遵循以下原则：

(1) 发射极两侧支路的电抗应为同一性质(均为感性或均为容性)。

(2) 基极与集电极之间支路的电抗应与发射极两侧支路的电抗不同性质。

任何违背这两个原则的连接，电路都不能满足相位条件，因而也不能成为三点式 LC 正弦波振荡电路。

三点式 LC 振荡电路的振荡频率严格说不仅与 L、C 有关，还与晶体管参数有关。而晶体管参数受温度影响，当温度发生变化时，振荡频率也会变化。当要求振荡频率稳定度很高时，常采用石英晶体振荡电路。图 6.1.5 中的 L、C_3 支路换成石英晶体(此时石英晶体等效为一电感)就构成晶体正弦波振荡电路。石英晶体原理见 6.2.2 节。

6.2　多谐振荡器

多谐振荡器是一种能直接产生方波或矩形波的自激振荡器。由于方波或矩形波中含有丰富的谐波，因此称为多谐振荡器。多谐振荡器的电路形式很多。本节介绍用集成电路构成的多谐振荡器。

视频资源：6.2 多谐振荡器

6.2.1　用集成运放构成的多谐振荡器

用集成运放构成的多谐振荡器如图 6.2.1 所示。它实际上是在滞回比较器的基础上引入具有延迟特性的 RC 负反馈支路组成。集成运放的输出电压通过限流电阻 R_0 加到双向稳压管 D_Z 上，同时 u_O 经电阻 R_1、R_2 分压后加于集成运放同相输入端，反相输入端电压为电容电压 u_C。集成运放采用正、负电源，工作在正、负饱和两个非线性区。

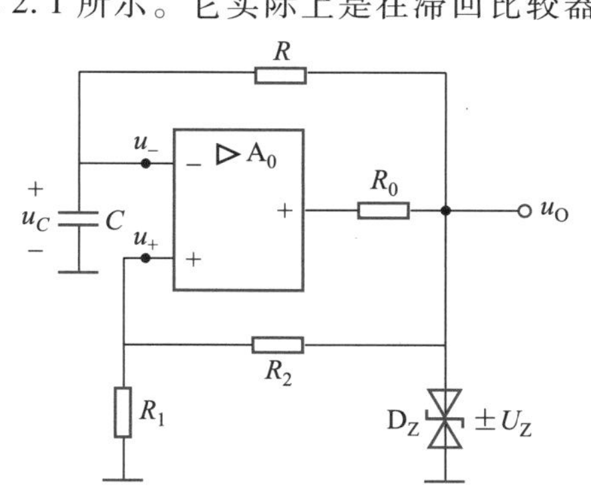

图 6.2.1　用集成运放构成的多谐振荡器

从比较器的观点看，u_+是作为比较器的参考电压，u_O 通过 R 对 C 进行充放电，形成 u_C 作为比较器的输入信号 u_-。

当电路接通电源瞬间，电容电压 $u_C=0$，集成运放处于正饱和还是负饱和纯属偶然。现假设运放处于正饱和，因双向稳压管的正、负向稳定电压均为 U_Z，这时 $u_O=U_Z$，集成运放同相端输入电压为

$$u_{+H}=\frac{R_1}{R_1+R_2}U_Z$$

此时 u_O 通过 R 向 C 充电，使 u_C（即 u_-）按指数规律逐渐上升，在 $u_-<u_{+H}$时，$u_O=U_Z$ 不变，当 u_C 上升到使 u_-略大于 u_{+H}时，集成运放由正饱和迅速转变为负饱和，输出电压 u_O 从 U_Z 跳变为$-U_Z$。

当 $u_O=-U_Z$ 时，集成运放同相输入端电压为

$$u_{+L}=-\frac{R_1}{R_1+R_2}U_Z$$

这时 C 经 R 放电，使 u_-逐渐下降至零，进而反向充电，使 u_-向$-U_Z$ 变化。在 $u_->u_{+L}$时，$u_O=-U_Z$ 不变。当 u_-下降到略小于 u_{+L}时，集成运放由负饱和转变为正饱和，输出电压 u_O 从$-U_Z$ 跳变为$+U_Z$。以后不断重复，形成振荡，使输出端产生矩形波，u_O 与 u_C 的波形如图 6.2.2 所示。

从图 6.2.2 可见，输出矩形波的周期 $T=T_1+T_2$，T_1 为 u_C 从 u_{+L}上升到 u_{+H}所需的时间 t_1-t_0，T_2 为 u_C 从 u_{+H}下降到 u_{+L}所需的时间 t_2-t_1。根据 RC 电路瞬变过程的三要素法，可得到在 $t_0\leqslant t\leqslant t_1$ 时的电容电压

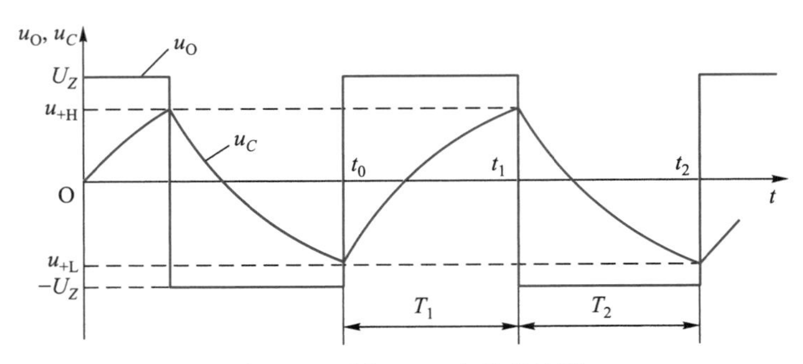

图 6.2.2 图 6.2.1 电路的波形

$$u_C = U_Z + (u_{+L} - U_Z)\mathrm{e}^{-\frac{t-t_0}{RC}} = U_Z - \left(\frac{R_1 U_Z}{R_1+R_2} + U_Z\right)\mathrm{e}^{-\frac{t-t_0}{RC}}$$

当 $t=t_1$ 时,有

$$u_{+H} = U_Z - \left(\frac{R_1 U_Z}{R_1+R_2} + U_Z\right)\mathrm{e}^{-\frac{t_1-t_0}{RC}} = \frac{R_1}{R_1+R_2}U_Z$$

可解得

$$T_1 = t_1 - t_0 = RC\ln\left(1+\frac{2R_1}{R_2}\right)$$

同理求得

$$T_2 = t_2 - t_1 = RC\ln\left(1+\frac{2R_1}{R_2}\right)$$

故

$$T = T_1 + T_2 = 2RC\ln\left(1+\frac{2R_1}{R_2}\right) \tag{6.2.1}$$

输出矩形波频率

$$f_0 = \frac{1}{T} = \frac{1}{2RC\ln\left(1+\frac{2R_1}{R_2}\right)} \tag{6.2.2}$$

如果适当选取 R_1 和 R_2 的值,例如 $R_2=1.16R_1$,则上式可简化为

$$f_0 = \frac{1}{2RC} \tag{6.2.3}$$

显然,改变 R、C 即可改变输出矩形波频率。

上述电路中,由于稳压管的正、反向稳定电压相等,电容充放电时间常数也一样,因此 $T_1=T_2$,输出矩形波为方波。一般定义矩形波高电平的时间与周期之比的百分值为矩形波的占空比。图 6.2.1 输出方波的占空比为 50%。

将图 6.2.1 电路做一些改进,使电容充电和放电的时间常数可调,则可构成占空比可调的多谐振荡器,如图 6.2.3 所示,通过调节 R_P 和利用二极管的单向导电性,使充电时和放电时的电阻值不相等,以实现输出矩形波的占空比可调。但矩形波的周期保持不变。

由集成运放构成的多谐振荡器,通常用在频率较低的场合(常用在 10 kHz 以下)。

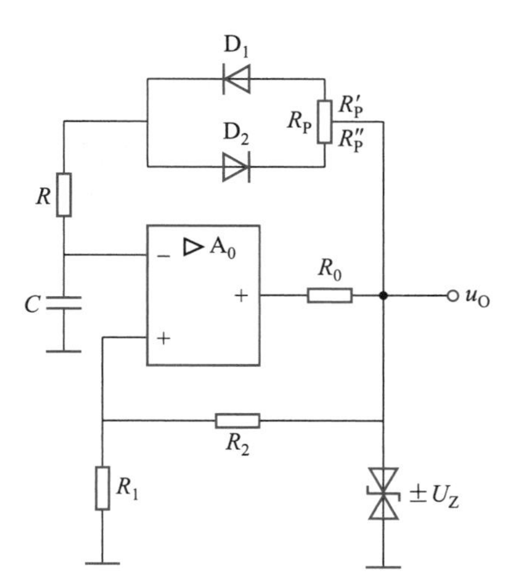

图 6.2.3 占空比可调的多谐振荡器

6.2.2 用石英晶体构成的多谐振荡器

石英晶体在要求高稳定度的正弦波振荡电路和多谐振荡器中有着广泛应用。

石英晶体是利用石英晶体的压电效应制成的一种谐振器件。若在石英晶体的两个电极上加一电压,晶体就会产生机械变形;若在晶体的两侧加机械压力或拉力,则晶体会在相应的方向上产生电场。这种现象称为压电效应。如果在晶体的两极加交变电压,晶体就会产生机械振动,而机械振动又会产生交变电压。在外加交变电压的频率为某一特定值时,振幅达最大,这就是压电谐振。这个频率就是石英晶体的固有谐振频率,它取决于晶体的切割方式、尺寸等,并且相当稳定。

石英晶体的符号和等效电路分别如图 6.2.4(a)、(b)所示。在图6.2.4(b)中,C_0 是晶体不振动时的静态电容(一般为几至几十皮法);L 是晶体振动时的等效动态电感(一般为几十至几百毫亨);C 是晶体振动时的等效动态电容(一般为 $10^{-4} \sim 10^{-1}$ pF);R 是晶体振动时的内部摩擦损耗电阻(100 Ω 左右)。晶体的品质因数 $Q=\frac{1}{R}\sqrt{\frac{L}{C}}$,由于 L 很大,C 很小,R 也较小,因此 Q 很大,可以达 $10^4 \sim 10^6$。并且这些参数只取决于晶体的切割方式和尺寸等,因而晶体的谐振频率十分稳定。

从石英晶体的等效电路可知,它的谐振频率有两个,一个是 LCR 支路的串联谐振频率 f_s,另一个是当频率高于 f_s 时,呈感性的 LCR 支路与电容 C_0 的并联谐振频率 f_p。分析表明,f_s 和 f_p 非常接近。

分析图 6.2.4(b)的等效电路,可定性画出石英晶体的电抗-频率特性曲线如图 6.2.4(c)所示。当 $f=f_s$ 时 $X=0$,石英晶体呈电阻性;当 $f<f_s$ 或 $f>f_p$ 时石英晶体呈容性；当 $f_s<f<f_p$ 极窄的范围内石英晶体呈感性。

根据石英晶体在振荡电路中的作用不同，可分为并联型和串联型两类晶振电路。

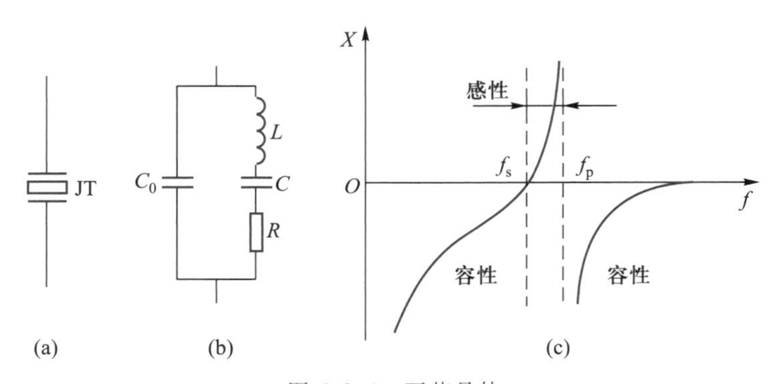

图 6.2.4　石英晶体

(a) 符号　(b) 等效电路　(c) 电抗频率特性曲线

图 6.2.5 是一个串联型石英晶体多谐振荡器。图中 R_1、R_2 为偏置电阻，其作用是使非门电路 G_1、G_2 在静态时的工作点处于非门的电压传输特性曲线的转折区（即第 4 章图 4.3.2 与非门电压传输特性曲线中从 U_{OH} 快速下降至 U_{OL} 的区间），在此区域输入电压 u_i 的微小降低（升高）会引起输出电压 u_O 迅速升高（降低），因此亦称为线性放大区，G_1 和 R_1，G_2 和 R_2 分别构成反相放大器。静态工作点的位置由 R_1，R_2 的大小确定，对于 TTL 门通常 R_1、R_2 取 0.7～2 kΩ，若是 CMOS 门则常取 10～100 MΩ。C_1，C_2 是耦合电容，其容量选择应使频率为 f_s 时的容抗可以忽略不计。石英晶体 JT 可以和 C_1，C_2 中任意一个耦合电容串联，电路功能不变。

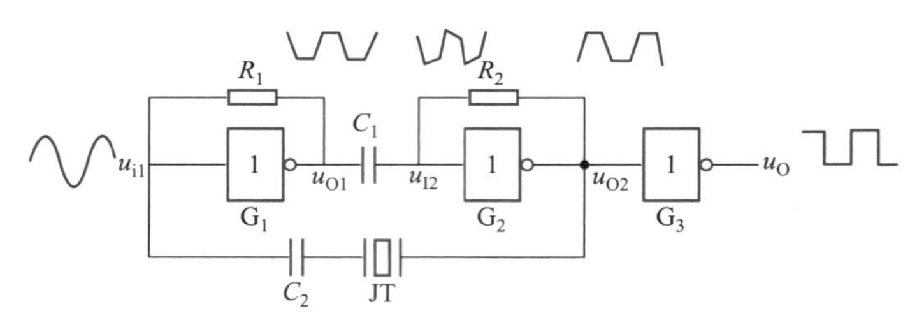

图 6.2.5　串联型石英晶体多谐振荡器

电路的工作原理分析如下：假设 G_1 门输入电压 u_{i1} 略有降低，则放大后 G_1 门输出电压 u_{O1} 升高，经 C_1 耦合到 G_2 门，其输入电压 u_{i2} 也随之升高，放大后 G_2 门的输出电压 u_{O2} 降低。若此时石英晶体阻抗最小且无相移，这个电压降低经 C_2 又耦合到 G_1 门的输入端，使 u_{i1} 进一步降低，即

$$u_{i1}\downarrow \xrightarrow{\text{放大}} u_{O1}\uparrow \xrightarrow{C_1\text{耦合}} u_{i2}\uparrow \xrightarrow{\text{放大}} u_{O2}\downarrow$$

C_2 耦合　　正反馈

可见电路满足正反馈，最终使得 u_{O1} 输出达到高电平，u_{O2} 输出达到低电平。若假设输入电压 u_{i1} 升高，则产生类似的正反馈过程，其输出 u_{O2} 为高电平。

接通电源后，电路中会出现噪声和扰动，它们频谱丰富，含有各种频率成分的正弦信号。当信号频率等于石英晶体的串联谐振频率 f_s 时，石英晶体阻抗最小且呈纯电阻，这时正反馈最强且满足相位条件，而对其他频率信号因晶体呈现高阻抗被衰减，因此，电路只能产生频率为 f_s 的脉冲波。因为电路为正反馈，$u_{O1}(u_{i2})$，u_{O2} 的变化都要经过放大区进入到非线性区，所以 $u_{O1}(u_{i2})$，u_{O2} 为失真的矩形波。u_{i1} 为 u_{O2} 经过石英晶体选频后得到的正弦波。为了使输出波形边沿陡峭，同时提高带负载能力，一般再经过一个非门 G_3 整形、缓冲隔离后再输出 u_O。u_{i1}，u_{O1}，u_{i2}，u_{O2}，u_O 各点波形如图 6.2.5 所示。由于晶体的串联谐振频率 f_s 随温度、时间等因素变化极小，因此由它构成的多谐振荡器输出的矩形脉冲频率是非常稳定的。

图 6.2.6 为并联型石英晶体多谐振荡器的典型电路，常用于电子钟表，微机的时钟电路中。

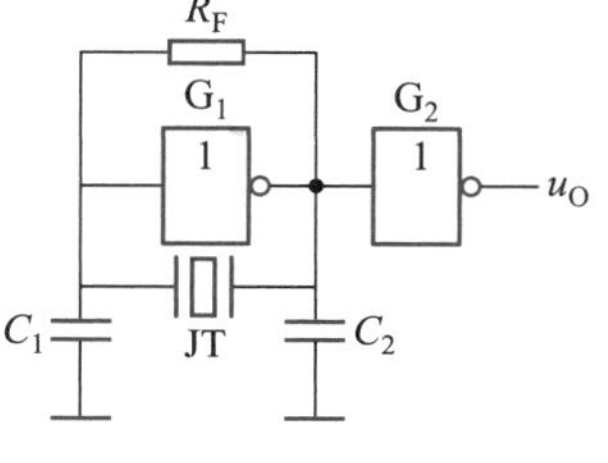

图 6.2.6　并联型多谐振荡器

R_F 是偏置电阻，保证在静态时使 G_1 工作在转折区，构成一个反相放大器。晶体的工作频率位于串联谐振频率 f_s 和并联谐振频率 f_p 之间，等效为一电感，与 C_1、C_2 及反相放大器一起组成电容三点式振荡器。若将图 6.2.6 的振荡器和图6.1.4的电容三点式正弦波振荡电路相比较，可以看出图 6.2.6 中由 G_1 和 R_F 构成的反相放大器相当于图 6.1.4 中由晶体管等分立元件构成的放大电路，图 6.2.6 中的石英晶体 JT 相当于图 6.1.4 中的电感 L，两者的电路结构基本一致，工作原理相似。图 6.2.6 多谐振荡器 G_1 门的输入为一正弦波，输出为一失真的矩形脉冲波，经过 G_2 门的整形，得到比较理想的矩形脉冲。此外，G_2 门还起到缓冲隔离的作用，减小负载和振荡器之间的相互影响。

6.2.3　用 555 集成定时器构成的多谐振荡器

1. 555 集成定时器

555 集成定时器（也称时基组件）是一种将模拟功能与数字功能结合在一起的多用途的集成器件。用它加上少量阻容元件，就能方便地构成多谐振荡器、单稳态触发器、施密特触发器，因而在定时、检测、控制和报警等许多方面有着广泛的应用。

555 集成定时器有双极型（如 5G1555）和 CMOS 型（如 CB7555）两类，双极型具有较大的带负载能力，而 CMOS 型具有功耗低，输入阻抗大，电源范围广等特点。这两类定时器的型号有多种，但其结构、工作原理和逻辑功能基本相似，而外部引脚排列几乎相同。

图 6.2.7 是 CB7555 集成定时器的电路结构图，图 6.2.8 是其引脚排列图。

CB7555 集成定时器由两个比较器 C_1、C_2，一个可直接复位的基本 RS 触发器（由 G_1 ~ G_4 门组成）以及 N 沟道 MOS 放电管 T_N 和三个电阻 R 组成的分压器等部分组成。

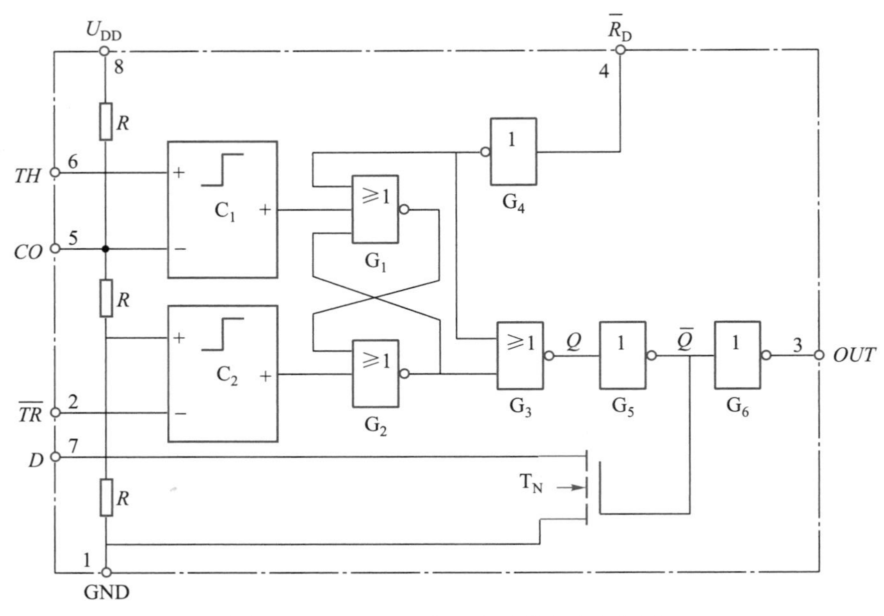

图 6.2.7　CB7555 集成定时器电路结构图

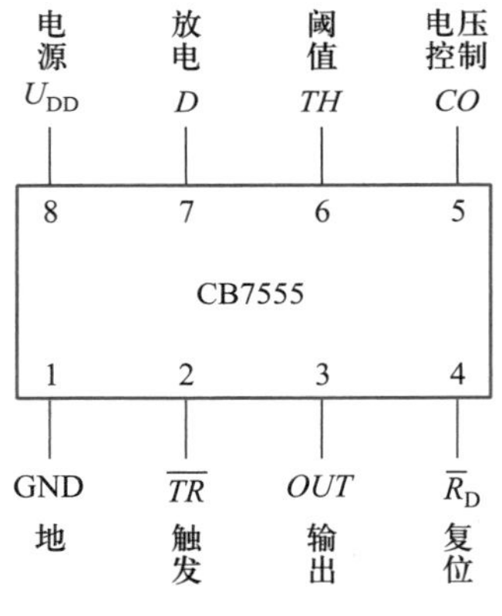

图 6.2.8　CB7555 引脚排列图

分压器用来给两个比较器提供基准电压，C_1 的基准电压（反相端输入电压）$U_{R1}=\frac{2}{3}U_{DD}$，C_2 的基准电压（同相端输入电压）$U_{R2}=\frac{1}{3}U_{DD}$。如果电压控制端 CO 外接固定电压 U_{CO}，则 $U_{R1}=U_{CO}$，$U_{R2}=\frac{1}{2}U_{CO}$。

阈值端 TH 及触发端 $\overline{TR}$ 的电压分别和两个基准电压比较，决定两个比较器的输出状态。两个比较器的输出作为基本 RS 触发器的输入，从而确定触发器的输出状态 Q。Q 经**非**门 G_5 反相后得到 $\overline{Q}$，$\overline{Q}$ 控制 T_N 的导通与截止。当 $\overline{Q}=\mathbf{1}$ 时，T_N 导通；$\overline{Q}=\mathbf{0}$ 时，T_N 截止。同时 $\overline{Q}$ 经**非**门 G_6 反相驱动后作为输出 OUT，OUT 的状态与 Q 相同。

如果 $\overline{R}_D$ 为高电平，G_4 门输出为低电平，则当 TH 端电压大于 $\frac{2}{3}U_{DD}$，$\overline{TR}$ 端电压大于 $\frac{1}{3}U_{DD}$ 时，C_1 输出高电平，C_2 输出低电平，**或非**门 G_1 输出低电平，**或非**门 G_2 输出高电平，**或非**门 G_3 输出 Q 为低电平，$\overline{Q}$ 为高电平，T_N 导通，可使外接电容通过 T_N 放电。

当 TH 端电压小于$\frac{2}{3}U_{DD}$，$\overline{TR}$端电压大于$\frac{1}{3}U_{DD}$时，C_1 输出低电平，C_2 输出低电平，触发器的输出 Q 保持原状态不变。

当 $\overline{TR}$ 端电压小于$\frac{1}{3}U_{DD}$，TH 端电压小于$\frac{2}{3}U_{DD}$时，比较器 C_2 输出高电平，C_1 输出低电平，**或非**门 G_2 输出低电平，Q 为高电平，$\overline{Q}$ 为低电平，T_N 截止，OUT 为高电平。

$\overline{R}_D$ 为复位端，当 $\overline{R}_D$ 为低电平时，G_4 输出高电平，G_3 输出低电平，触发器被直接复位，输出 OUT 为低电平。当 $\overline{R}_D$ 端不用时，应接高电平。

当电压控制端 CO(5 脚)外接固定电压 U_{CO}时，比较器的基准电压就发生变化，TH 端电压和 U_{CO} 比较，$\overline{TR}$端电压和$\frac{1}{2}U_{CO}$ 比较，其工作情况的分析方法和上述相同。

综上分析，可列出集成定时器 CB7555 的基本功能如表 6.2.1 所示，表中“×”表示任意状态。

表 6.2.1　CB7555 的基本功能表

输入				输出	
	$\overline{R}_D$	TH	$\overline{TR}$	OUT	T_N
	低电平	×	×	低电平	导通
5 脚未接电压 U_{CO}	高电平	$>\frac{2}{3}U_{DD}$	$>\frac{1}{3}U_{DD}$	低电平	导通
	高电平	$<\frac{2}{3}U_{DD}$	$>\frac{1}{3}U_{DD}$	原状态	原状态
	高电平	$<\frac{2}{3}U_{DD}$	$<\frac{1}{3}U_{DD}$	高电平	截止
5 脚外接电压 U_{CO}	高电平	$>U_{CO}$	$>\frac{1}{2}U_{CO}$	低电平	导通
	高电平	$<U_{CO}$	$>\frac{1}{2}U_{CO}$	原状态	原状态
	高电平	$<U_{CO}$	$<\frac{1}{2}U_{CO}$	高电平	截止

如果不在电压控制端 CO 施加外电压，也即不使用该端时，一般都通过一个 0.01 μF 的电容接地，以防外部干扰。

应注意的是，CB7555 集成定时器构成应用电路时，一般不应出现 TH 端电压大于 $U_{R1}\left(U_{R1}为\frac{2}{3}U_{DD}或 U_{CO}\right)$，$\overline{TR}$ 端电压小于 $U_{R2}\left(U_{R2}为\frac{1}{3}U_{DD}或\frac{1}{2}U_{CO}\right)$ 的情况，否则要造成两个比较器输出都为高电平，当它们同时从高电平变为低电平

时，使基本 RS 触发器输出状态不定，这是不允许的。

CB7555 的 U_{DD} 范围为 3～18 V，复位电平 $\overline{R}_D \leqslant 0.7$ V，当 $U_{DD}=15$ V 时，输出高、低电平值为 $U_{OH}=14.8$ V，$U_{OL}=0.1$ V。

2. 用 555 集成定时器构成的多谐振荡器

由集成定时器 CB7555 构成的多谐振荡器如图 6.2.9 所示，R_1、R_2、C 为外接元件。

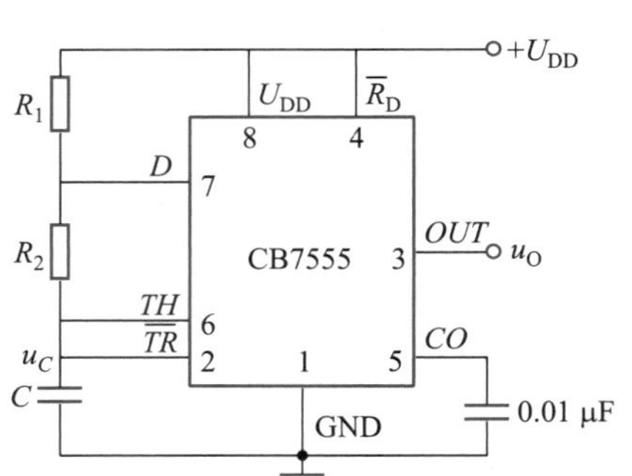

图 6.2.9　用 CB7555 构成的多谐振荡器

接通电源时，电容电压 $u_C=0$，因图 6.2.9 中 TH 和 $\overline{TR}$ 端接在一起，$U_{TH}=U_{\overline{TR}}=u_C$，故此时 $U_{TH}<\frac{2}{3}U_{DD}$，$U_{\overline{TR}}<\frac{1}{3}U_{DD}$，$u_O$ 为高电平 **1**，内部放电管 T_N 截止，电源 U_{DD} 通过 R_1、R_2 向 C 充电，u_C 上升。在 $u_C<\frac{2}{3}U_{DD}$ 时，$U_{TH}<\frac{2}{3}U_{DD}$，$U_{\overline{TR}}>\frac{1}{3}U_{DD}$，$u_O=\mathbf{1}$ 不变。当 u_C 上升到略大于 $\frac{2}{3}U_{DD}$ 时，$U_{TH}>\frac{2}{3}U_{DD}$，$U_{\overline{TR}}>\frac{1}{3}U_{DD}$，$u_O$ 从高电平 **1** 变为低电平 **0**，同时内部放电管 T_N 导通，使得电容 C 通过 R_2 和 T_N 放电，u_C 下降。当 u_C 下降到 $\frac{1}{3}U_{DD}<u_C<\frac{2}{3}U_{DD}$ 范围时，u_O 保持 **0** 电平不变，u_C 下降到略小于 $\frac{1}{3}U_{DD}$ 时，u_O 又从 **0** 变为 **1**，T_N 又截止，电容再次充电，如此不断反复，形成矩形波输出。其波形如图 6.2.10 所示。

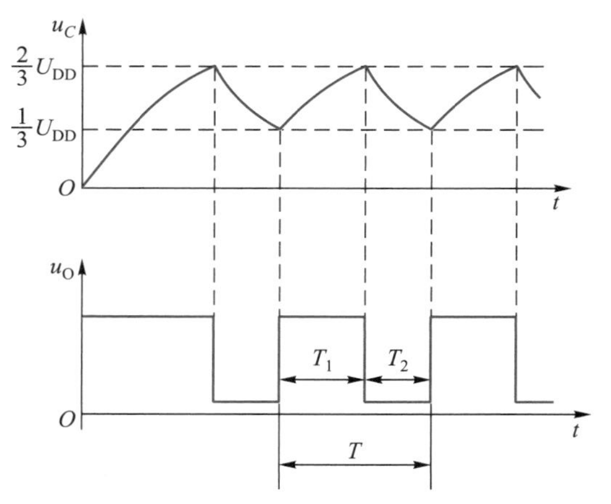

图 6.2.10　用 CB555 定时器构成的多谐振荡器的波形图

利用分析瞬变过程的三要素法，可以求得电容充电时间 T_1 和放电时间 T_2 分别为：

$$T_1=(R_1+R_2)C\ln 2\approx 0.693(R_1+R_2)C$$

$$T_2=R_2C\ln 2\approx 0.693R_2C$$

所以输出矩形波的周期

$$T=T_1+T_2\approx 0.693(R_1+2R_2)C \tag{6.2.4}$$

振荡频率

$$f_0=\frac{1}{T}\approx\frac{1.44}{(R_1+2R_2)C} \tag{6.2.5}$$

从式(6.2.5)可知，振荡频率仅与 R_1、R_2、C 有关，与电源电压 U_{DD} 无关。但要注意，该式是在 555 定时器内部比较器 C_1 的基准电压为$\frac{2}{3}U_{DD}$、比较器 C_2 的基准电压为$\frac{1}{3}U_{DD}$的条件下导出的。

当在图 6.2.9 中 5 脚(电压控制端)外加一个电压 U_{CO} 时，阈值端的电压 U_{TH} 将和 U_{CO} 比较，触发端的电压 $U_{\overline{TR}}$ 和$\frac{1}{2}U_{CO}$比较。此时电容电压在$\frac{1}{2}U_{CO}<u_C<U_{CO}$范围内反复按指数规律上升或下降。分析表明，此时输出矩形波的周期 T 不仅与 R_1、R_2、C 有关，而且还与 U_{DD}、U_{CO} 的大小有关(见习题 6.2.6)。若 U_{DD} 及 R_1、R_2、C 不变，改变 U_{CO} 的大小，即可改变输出矩形波的频率(压控振荡)。U_{CO} 增大(但必须 $U_{CO}<U_{DD}$)，输出矩形波的频率降低；U_{CO} 减小，频率升高。

[例题 6.2.1] 图 6.2.11 是一个模拟公安警车音响的电路，试说明其工作原理。

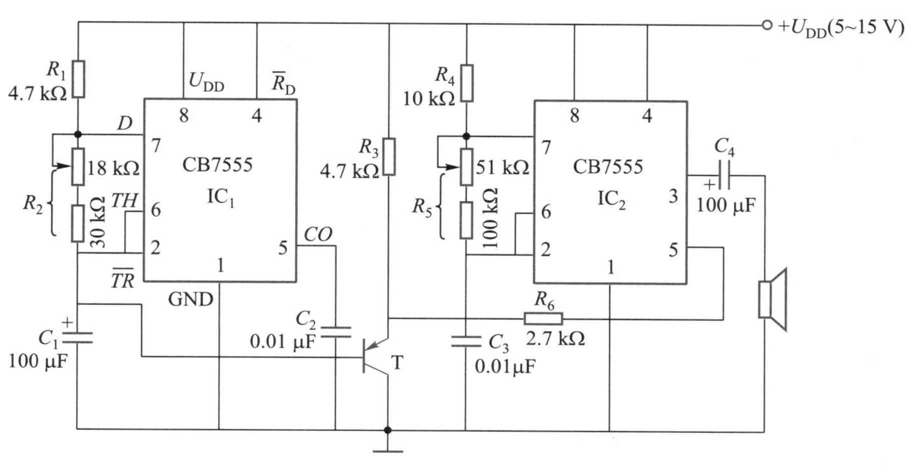

图 6.2.11 警车音响发生器

[解] 该电路由两个 CB7555 定时器及外围元件构成。其中 R_1、R_2、C_1、IC_1 构成低频多谐振荡器。R_4、R_5、C_3、IC_2 构成高频多谐振荡器。R_3、T 组成射极跟随器。低频振荡器振荡周期一般设计成 6 s 左右。C_1 的电压反复按指数规律上升、下降，近似三角波。该电压通过射极跟随器加到高频振荡器中 IC_2 的电压控制端，对高频振荡器的信号频率进行调制。当三角波电压最低时，高频振荡信号频率最

高，一般设计为 800 Hz 左右，当三角波电压由低向高变化时，高频振荡器信号频率由高向低变化。因此，输出信号在 3 s 内由一个低频率逐渐上升到一个高频率，再在 3 s 内下降到原来的低频率，如此反复进行下去，喇叭发出警车音响鸣叫声。

6.3　单稳态触发器和施密特触发器

视频资源：6.3 单稳态触发器和施密特触发器

6.3.1　用 555 集成定时器构成的单稳态触发器

在第 4 章中介绍的触发器有两个稳定状态，是双稳态触发器。多谐振荡器没有稳定状态，属无稳态触发器。单稳态触发器只有一个稳态，当无外加触发信号时，触发器即保持在这一稳态。当外加触发信号作用后，触发器翻转到另一个暂时的状态，持续一段时间后它又会自动返回到原来的稳态。图 6.3.1 为单稳态触发器的功能示意图（图中 u_I 为负脉冲，u_O 为正脉冲，实际应用中 u_I 和 u_O 的极性由具体电路确定，触发信号 u_I 必须有足够的幅度，而且持续时间很短，对其形状则无要求）。

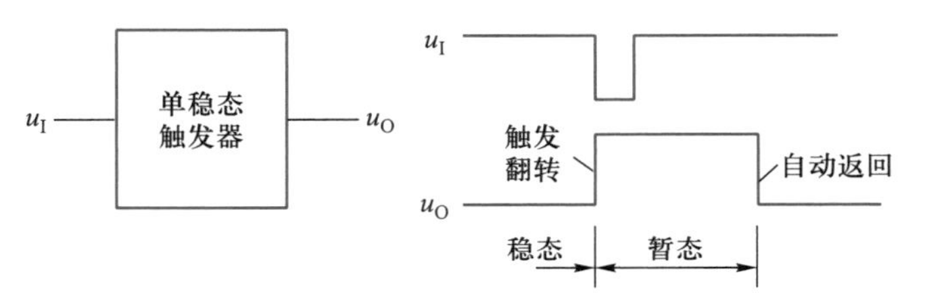

图 6.3.1　单稳态触发器的功能示意图

单稳态触发器有多种电路形式，本节仅介绍用 555 集成定时器构成的电路。用 CB7555 构成的单稳态触发器如图 6.3.2 所示，图中 R、C 是外接定时元件。图 6.3.3 是该电路的波形图。下面分析电路的工作原理。

电源接通后，未加触发脉冲时，u_I 为高电平 $\left(其值大于\frac{1}{3}U_{DD}\right)$，即 $U_{\overline{TR}}=u_I>\frac{1}{3}U_{DD}$。此时 u_O 有两种可能：（1）u_O 为低电平，T_N 导通，$U_{\overline{TR}}=u_I>\frac{1}{3}U_{DD}$，$U_{TH}=u_C=0<\frac{2}{3}U_{DD}$，由 CB7555 功能表可知，$u_O$ 保持低电平不变。（2）u_O 为高电平，T_N 管截止，则电源 U_{DD}经 R 向 C 充电。当电容电压 u_C 上升至略大于$\frac{2}{3}U_{DD}$ $\left(即 U_{TH}=u_C>\frac{2}{3}U_{DD}\right)$时，根据 CB7555 功能表可知，输出 u_O 跳变为低电平，且放电管 T_N 导通，电容则通过 T_N 到地迅速放电，结果使得 $U_{TH}=u_C<\frac{2}{3}U_{DD}$，$u_O$ 保持低电平不变，T_N 也保持导通状态不变。所以在不加触发脉冲时，单稳态触发器处于稳定状态，输出 u_O 为低电平。

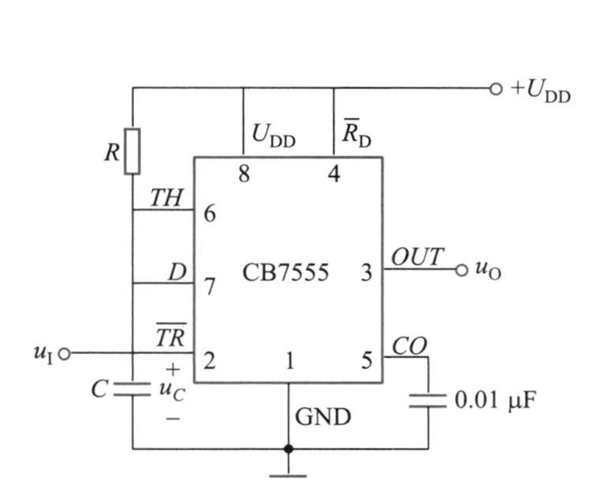

图 6.3.2 用 CB7555 构成的单稳态触发器

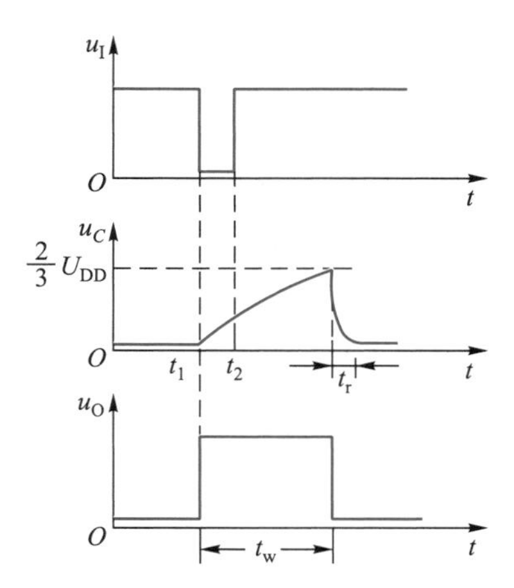

图 6.3.3 图 6.3.2 电路工作波形图

当 u_I 加负向触发脉冲时$\left(其值小于\frac{1}{3}U_{DD}\right)$，亦即 $U_{\overline{TR}}=u_I<\frac{1}{3}U_{DD}$，而此时 $U_{TH}=u_C<\frac{2}{3}U_{DD}$，触发器的输出 u_O 就翻转为高电平，放电管 T_N 同时由导通变为截止。但这个状态不可能长期保持下去，经过一定的时间后，会自动返回到原来的稳定状态，所以是一个暂态。理由是 T_N 截止，电源 U_{DD}将通过 R 向电容 C 充电。当电容电压上升到略大于$\frac{2}{3}U_{DD}$时，这时 $U_{TH}>\frac{2}{3}U_{DD}$，$U_{\overline{TR}}>\frac{1}{3}U_{DD}$(注意 u_I 负脉冲时间很短，此时 u_I 已回到高电平状态)，触发器的输出 u_O 翻回到低电平，并维持在这一稳定状态。同时 T_N 导通，电容 C 迅速放电，u_C 由$\frac{2}{3}U_{DD}$恢复到 0。这段时间称恢复时间 t_r，其值很小。

以后若再有负脉冲输入，电路将重复上述过程，OUT 端将再次输出一个正脉冲。

如果忽略 T_N 的饱和压降，则电容电压 u_C 从零上升到$\frac{2}{3}U_{DD}$所需的时间即是输出 u_O 的脉冲宽度 t_w(即暂态持续的时间)，可求得

$$t_w=RC\ln 3\approx 1.1RC \tag{6.3.1}$$

式(6.3.1)表明，t_w 与输入脉冲的宽度和电源电压 U_{DD}的大小无关，只取决于外接定时元件 R 和 C。故 R、C 有时称为定时电阻、定时电容。

由 CB7555 构成的单稳态触发器，要求输入触发脉冲宽度一定要小于 t_w，也就是不能同时出现 $U_{TH}>\frac{2}{3}U_{DD}$，$U_{\overline{TR}}<\frac{1}{3}U_{DD}$的情况。当 u_I 宽度大于 t_w 时，可在输入端加 RC 微分电路，使输入脉冲变成尖脉冲。若触发脉冲是周期性的，它的周期必须大于 t_w+t_r，否则有些触发脉冲将不起作用。

单稳态触发器主要用于整形、定时和延时。因为任何外来波形送入单稳态

触发器，只要使单稳态触发器翻转，都能输出一个宽度和幅度一定的矩形脉冲，起到整形作用。如果用单稳态触发器的输出脉冲去控制某个电路，使该电路在 t_w 的时间内工作（或停止），就可实现定时控制。此外在图 6.3.3 的波形中，u_O 波形的下降沿比 u_I 波形的下降沿滞后了 t_w 时间，如果用 u_O 的下降沿去触发某个电路，就比直接用 u_I 的下降沿去触发延迟了 t_w，起到延时的作用。

［**例题 6.3.1**］　图 6.3.4 是一个时间可加长调整的定时加热器控制电路，试说明其工作原理。

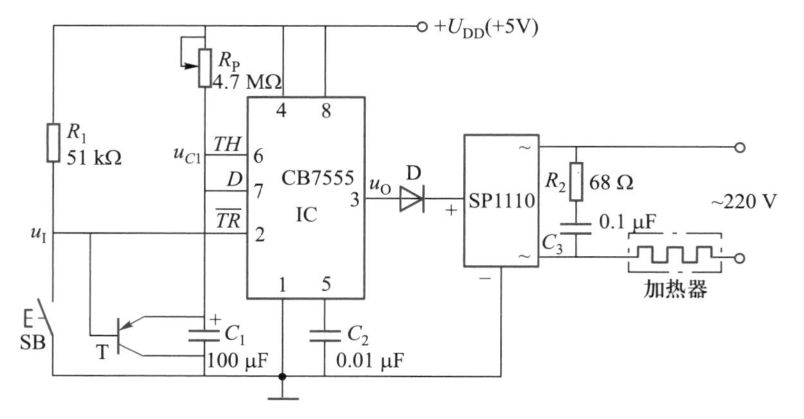

图 6.3.4　时间可加长调整的定时加热器控制电路

［**解**］　该电路中 IC 为 CB7555 型 CMOS 定时器，它和 R_1、R_p、C_1、T、SB 一起构成可重触发的单稳态触发器。其工作波形如图 6.3.5 所示。可重触发是指单稳电路在第一次受触发进入暂态定时后，可以连续加入触发脉冲，每加入一次触发信号，电路的延迟时间将从原来延时继续，使暂态时间不断地延续下去，以得到长时间的延迟时间。工作原理简述如下：当 u_I 负向触发脉冲到来时，u_O 翻转为高电平，此时三极管 T 饱和，$u_{C1}=0$。当 u_I 触发脉冲结束后（即从低电平变为

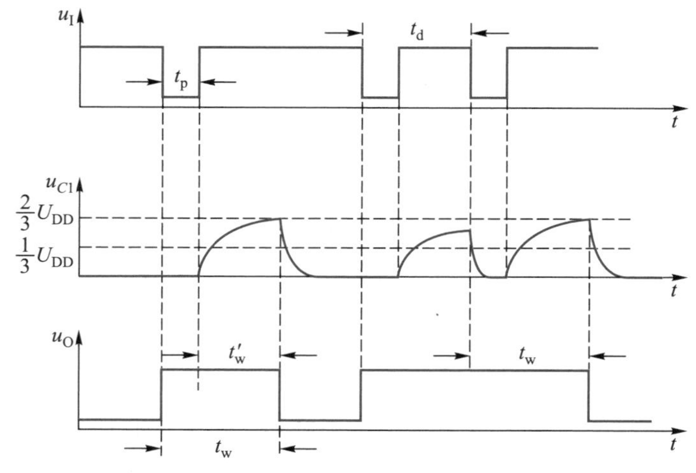

图 6.3.5　可重触发单稳态触发器的工作波形

高电平时），T 截止，电源 U_{DD}通过 R_p 向 C_1 充电，u_{C1}上升，当 u_{C1}上升到$\frac{2}{3}U_{DD}$时，u_O 翻转为低电平进入稳态，完成一次普通单稳态触发器工作过程。图中 $t'_w=1.1R_pC_1$，$t_w=t_p+t'_w$。如果在 u_I 触发脉冲触发后，在 t_w 时间内又有 u_I 触发脉冲加入，因此时 T 又饱和，C_1 又快速放电至 $u_{C1}=0$。只有当又加入的触发脉冲过后，T 截止，C_1 重新充电，当 u_{C1}上升到$\frac{2}{3}U_{DD}$，u_O 才翻转为低电平，使得 u_O 高电平在 t_w 的时间上延长了 t_d。显然若 u_I 在 t_w 时间内重复加入触发脉冲，可使 u_O 高电平时间进一步延长。

图 6.3.4 电路中单次触发加热时间 t_w 由定时元件 R_p、C_1 所选参数而定，调节 R_p 可调节定时时间。图示参数的最长单次触发定时时间约 30 min。如需延长时间可用可重触发实现。SP1110 为交流固态继电器（见第 10 章 10.1 节），它是四端元件，两个输入端（+，-端）接控制电路，两个输出端（~端）接交流主电路。其原理是当输入端接有直流信号时，输出两端接通，实现交流开关的功能。R_2、C_3 的作用为吸收主电路中的脉冲干扰。SB 为按钮。

电路工作过程如下：要加热时，按一下 SB，单稳态触发器的$\overline{TR}$端获得一个负向触发脉冲，输出翻转为高电平，二极管 D 导通，+5 V 直流信号接入交流固态继电器 SP1110 的+、-端，交流输出端开通，220 V 电源接通加热器。如果在预先设定的定时时间内没有再次按下按钮，则经过一段延时到定时时刻，单稳态触发器输出回到低电平，D 截止，SP1110 的输入端无直流信号，其输出端断开，加热器断开电源，停止加热。如果需要延长加热时间，可在加热期间灵活的再次（或多次）按下按钮。每再一次按下按钮，加热器加热的总时长为前面已加热时间加上再次按下单次定时时间。该电路还可改进，若将 CB7555 的 4 脚与地间接另外一个按钮，按此按钮，单稳态触发器复位可以随时停止加热。这样电热器加热时间控制更自由，电路的功能也更强。

6.3.2 用 555 集成定时器构成的施密特触发器

施密特触发器有两种输出状态，具有滞回的电压传输特性。它的图形符号如图 6.3.6(a)所示。

图 6.3.6(b)是施密特触发器的电压传输特性曲线。图中小箭头表示的是 u_I 上升过程中 u_O 的变化情况，将 u_O 由高电平 U_{OH}跳变到低电平 U_{OL}时的输入电压值称为正向阈值电压，用 U_{T+}表示；大箭头表示的是 u_I 下降过程中 u_O 的变化情况，将 u_O 由低电平 U_{OL}跳变到高电平 U_{OH}时的输入电压值称为负向阈值电压，用 U_{T-}表示。从曲线可见，U_{T+}与 U_{T-}是不同的，具有滞回特性。将 $U_{T+}-U_{T-}$称为滞后电压或回差，用 ΔU_T 表示。

从施密特触发器的传输特性曲线可看出，使输出电压发生跳变的输入电压（阈值电压）大小和输入信号的变化方向有关，即输入信号从小变到大与从大变到小时的阈值电压是不相同的。

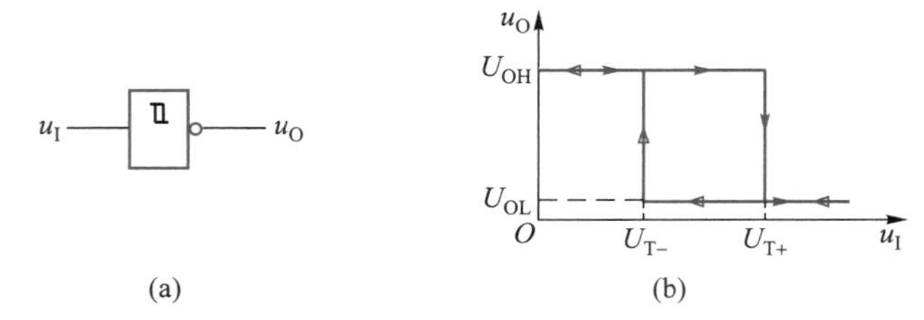

图 6.3.6　施密特触发器

(a) 图形符号　(b) 电压传输特性曲线

施密特触发器有多种电路形式,并有专门的集成电路。本节介绍用 CB7555 集成定时器构成的施密特触发器,其电路如图 6.3.7(a)所示。电路中阈值端 TH 和触发端 $\overline{TR}$ 连在一起作为信号输入端,这样 $U_{TH}=U_{\overline{TR}}=u_I$。设输入信号 u_I 为三角波,根据 CB7555 的功能表,容易得出,输出信号 u_O 是矩形波,如图 6.3.7(b)所示。电路的正向阈值电压 $U_{T+}=\frac{2}{3}U_{DD}$,负向阈值电压 $U_{T-}=\frac{1}{3}U_{DD}$,回差 $\Delta U_T=U_{T+}-U_{T-}=\frac{1}{3}U_{DD}$。

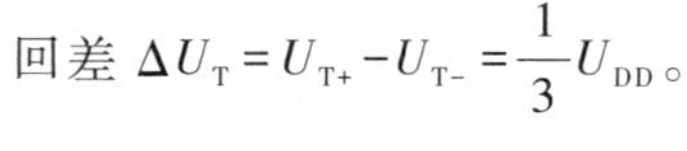

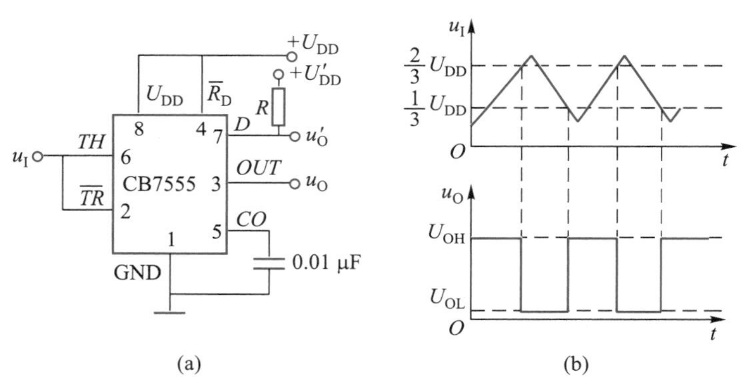

图 6.3.7　用 CB7555 集成定时器构成的施密特触发器

(a) 电路图　(b) 波形图

如果要调节回差,可在电压控制端 CO(5 脚)外接控制电压 U_{CO},这时 $U_{T+}=U_{CO}$,$U_{T-}=\frac{1}{2}U_{CO}$,$\Delta U_T=\frac{1}{2}U_{CO}$。只要改变 U_{CO} 的大小,就能改变回差的大小。

如果要使输出信号的高电平不同于 U_{DD},可以在放电端(7 脚)经一电阻与另一电源 U'_{DD} 相接,这时输出信号 u'_O 的高电平为 U'_{DD},即实现了从一种电平变换为另一种电平的作用。

施密特触发器能把变化非常缓慢的输入信号变化成边沿很陡的矩形脉冲输出。它所具有的滞回特性,使它在波形的变换、整形、幅度鉴别等方面得到广泛应用(见习题 6.3.2 和习题 6.3.4)。

[**例题 6.3.2**]　图 6.3.8 是一个根据环境亮度变化能自动开启、关断照明灯的控制电路,试说明其工作原理。

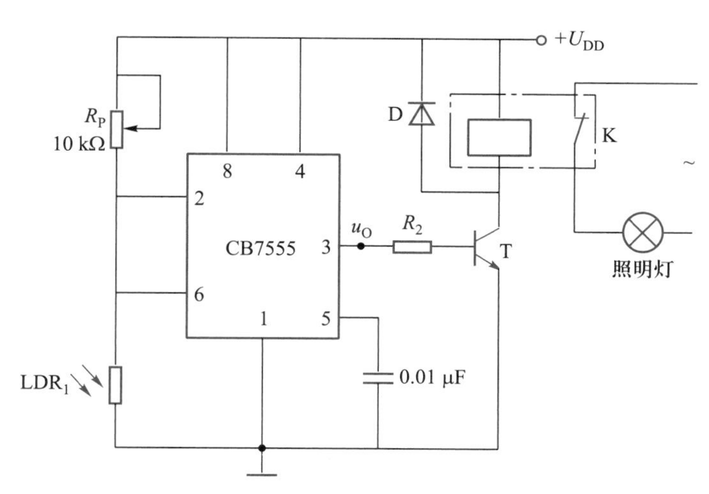

图 6.3.8 具有自动开启、关断照明灯的控制电路

［解］ 该电路中亮度传感器选用硫化镉光敏电阻 LDR_1。光敏电阻的阻值与光线强度成反比,即亮度小时阻值大,反之则小(例如 276-116 型硫化镉光敏电阻具有很宽的阻值范围;黑暗时为 3 MΩ,明亮时为 100 Ω)。R_P 为可变电阻,用来调节灵敏度。施密特触发器用 CB7555 集成定时器构成。其输出接驱动晶体管 T。K 为继电器,它主要由铁心、线圈和触点等组成,当线圈有一定的电流流过时,触点便动作。图中继电器 K 的线圈接于晶体管的集电极,其动断触点接于照明灯,当 T 导通时,K 的线圈通电,触点断开;T 截止时,K 的线圈无电流,触点闭合。D 为续流二极管。

当光线亮度降到 R_P 所设定的强度之下,LDR_1 的阻值增大,导致 CB7555 的 2、6 脚的电压上升。当该电压上升到超过 $\frac{2}{3}U_{DD}$ 时,u_O 输出低电平,T 截止,K 的线圈无电流,触点闭合,照明灯发光。当光线强度增加时,光敏电阻阻值减小,其压降降低,若降低到低于 $\frac{1}{3}U_{DD}$,则 u_O 输出高电平,T 导通,K 的触点断开,灯 L 熄灭。继电器触点的闭合和断开发生在不同的照度之下,在光线亮度变化不很大时,由于施密特触发器的滞回特性,可以防止电路振荡和继电器抖动。

6.4 单片集成函数信号发生器

单片集成函数信号发生器是一种集波形产生与变换于一体的集成芯片。在外接少量元件的情况下,可以实现矩形波、正弦波、三角波和锯齿波输出。

单片集成函数信号发生器芯片有许多种,例如 ICL8038、MAX038、XR-2206 等。下面以 ICL8038 为例说明单片集成函数信号发生器的原理和使用方法。

ICL8038 的电路结构及引脚排列如图 6.4.1 所示。

ICL8038 内部电路主要由两个电流源 I_{S1}、I_{S2},两个电压比较器 C_1、C_2,两个缓冲器,一个模拟开关 S(开关的接通、断开由数字信号控制,其工作原理见第 7

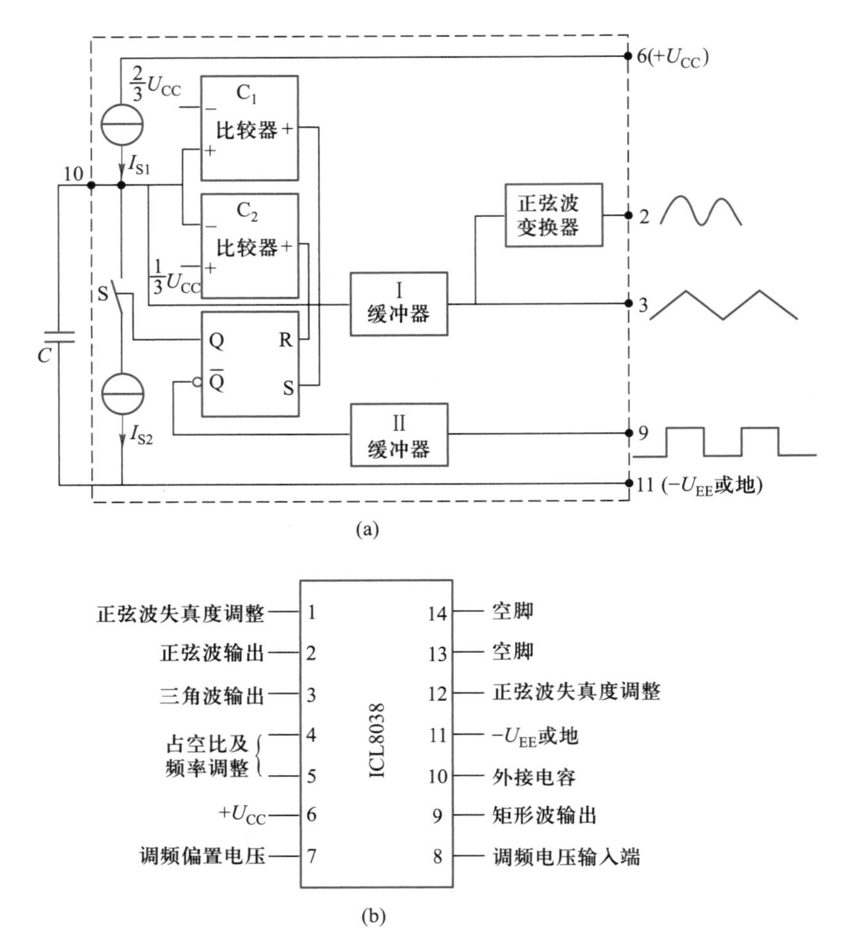

图 6.4.1 ICL8038 集成函数信号发生器

(a) 电路结构 (b) 引脚排列

章 7.5.1 小节)，一个 *RS* 触发器(功能为 $R=\mathbf{0}$、$S=\mathbf{1}$ 时 $Q=\mathbf{1}$，$R=\mathbf{1}$、$S=\mathbf{0}$ 时 $Q=\mathbf{0}$，$R=\mathbf{0}$、$S=\mathbf{0}$ 时 Q 不变)和一个正弦波变换器组成。比较器 C_1、C_2的基准电压分别为$\frac{2}{3}U_{CC}$、$\frac{1}{3}U_{CC}$。其工作原理描述如下：ICL8038 上电时，外接电容 C 两端的电压为 0 V，比较器 C_1输出低电平，比较器 C_2输出高电平，因此 $S=\mathbf{0}$、$R=\mathbf{1}$，*RS* 触发器输出 $Q=\mathbf{0}$，模拟开关 S 断开，电流源 I_{S1}对电容恒流充电，电容电压 u_C 随时间增长而线性上升，当 u_C 上升至$\frac{1}{3}U_{CC}$时，C_2输出低电平，此时 $R=\mathbf{0}$、$S=\mathbf{0}$，触发器输出 Q 保持原状态不变。当 u_C 继续上升到$\frac{2}{3}U_{CC}$，C_1输出高电平，C_2输出低电平，$R=\mathbf{0}$、$S=\mathbf{1}$，使触发器 $Q=\mathbf{1}$，开关 S 闭合，电容 C 开始放电，放电电流为 $I_{S2}-I_{S1}$。因放电电流也为恒流，所以电容电压 u_C 随时间的增长而线性下降。u_C 的下降使 C_1输出低电平，*RS* 触发器的 S 变为 $\mathbf{0}$，而 R 仍等于 $\mathbf{0}$，Q 保持原状态不变。

当 u_C 下降到$\frac{1}{3}U_{CC}$时，C_1输出低电平，C_2输出高电平，这时 $R=\mathbf{1}$，$S=\mathbf{0}$，$Q=\mathbf{0}$，开关 S 断开，电容 C 又开始充电。以后不断重复，形成振荡。

电流源 I_{S1}、I_{S2}的大小可通过外接电阻调节。但 I_{S2}必须大于 I_{S1}。若调节到 $I_{S2}=2I_{S1}$，u_C 上升与下降的时间相等，电容两端电压为三角波，经缓冲器 I 后输出。触发器 $\overline{Q}$ 端信号经缓冲器Ⅱ后输出方波。三角波经正弦波变换器变换输出正弦波。

应注意的是若调节恒流源电流使得 $I_{S1}<I_{S2}<2I_{S1}$，u_C 上升与下降的时间不相等，则输出的是占空比可变的锯齿波和矩形波。而正弦波输出产生严重畸变（此时不能作为正弦波输出）。

两个缓冲器用于隔离波形发生电路和负载，使三角波和矩形波输出端的输出电阻足够小，以增强带负载能力。正弦波输出未经缓冲，输出电阻较大，在实际应用时最好在正弦波输出端再加一级由集成运放构成的同相放大器进行缓冲放大与幅度调整。

ICL8038 对电源的要求比较灵活，双极性或单极性电源均可使用，常用的范围是双极性：±5 V～±15 V（6 脚接$+U_{CC}$，11 脚接$-U_{EE}$）；单极性：+10 V～+30 V（6 脚接$+U_{CC}$，11 脚接地）。

图 6.4.2 所示为 ICL8038 构成波形发生器的基本原理电路图。4 脚与 5 脚外接电阻 R_A、R_B和电位器 R_P，进行恒流源调节，用以改变输出信号的占空比和频率。因为 $R_A=R_B$，当 R_P的滑片在最中间的时候，电路产生方波、三角波和正弦波。若 $R_A\neq R_B$，电路产生一定占空比的矩形波和锯齿波。2 脚输出不再是正弦波。两个 100 kΩ 电位器（R_3、R_5）和两个 10 kΩ 电阻（R_2、R_4）用以调节正弦波失真度，调整它们可使正弦波失真度减小到 0.5%。

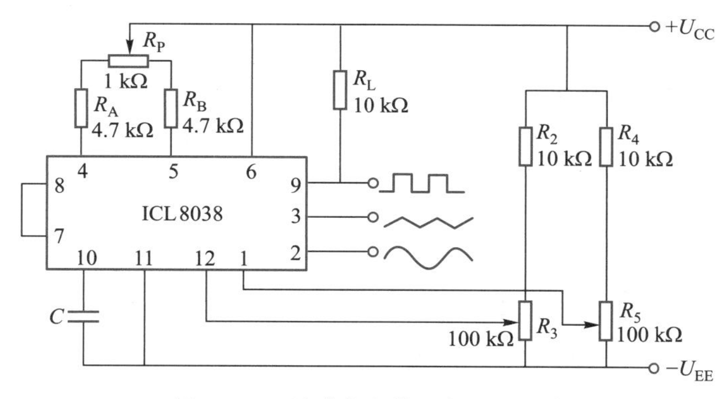

图 6.4.2　波形发生器基本原理电路

8 脚为频率调节（简称调频）电压输入端，电路的振荡频率与调频电压成正比。7 脚为内部频率调节偏置电压。在实际使用时，对 7 脚、8 脚的电压值要求有一个合适的范围。当 8 脚与 7 脚相连接即 7 脚偏置电压作为 8 脚输入电压时，电路的输出频率仅由 R_A、R_B、R_P及 10 脚外接电容 C 决定。

ICL8038 矩形波输出端因内部为集电极开路形式，需外接电阻 $R_L = 10\ k\Omega$ 至 $+U_{CC}$。选取适当元件参数，频率的可调范围为 0.001 Hz～1 MHz，输出矩形波的占空比可调范围为 2%～98%。

［**例题 6.4.1**］　图 6.4.3 是一个扫频信号发生器，试说明其工作原理。

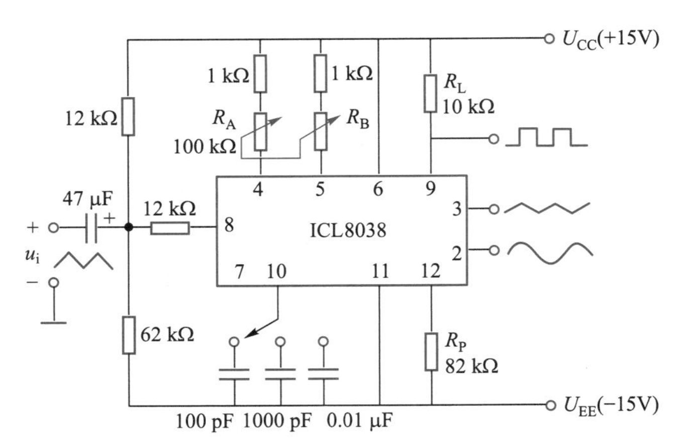

图 6.4.3　扫频信号发生器

［**解**］　扫频信号发生器是一种输出信号的频率随时间在一定范围内反复变化的正弦信号发生器，主要用于观察、测量各种网络的频率响应特性。

该电路中选用 ICL8038 单片函数发生器产生波形输出。为了获得失真很小的扫频正弦波信号，必须使 $R_A = R_B$。图中 R_A、R_B 选用 100 kΩ 的双联电位器。根据图中所选电容参数，调节 R_A、R_B 输出信号中心频率（指扫频信号从低频到高频之间中心位置的频率）变化范围为 10 kHz～600 kHz，该范围由三个电容分三个频段实现。由于集成电路 ICL8038 的振荡频率与 8 脚输入电压成正比，所以改变 8 脚电压就可以改变振荡频率，也就是说 ICL8038 可构成压控振荡器（VCO）。8 脚的调频电压输入范围是在+5 V～+15 V 之间。如果 8 脚加入一个按一定规律变化的电压 u_i（其峰峰值小于 10 V），就可构成低频扫频信号发生器。当 u_i 为 200 Hz，峰峰值小于 6 V 的三角波时，输出 2 脚可得到正弦扫频信号，频率在某中心频率处（即 10 kHz～600 kHz 中的某点频率，由 R_A、R_B、外接电容参数决定）按 u_i 幅度的变化而变化。当 u_i 幅度增加时，输出调频信号瞬时频率从中心频率处往上增加；当 u_i 幅度减小时，输出调频信号瞬时频率从中心频率处往下减少。本电路最大扫频宽度（常称为频偏，指调频波中的瞬时频率和中心频率之间的差值）约为 $\Delta f = \pm 15\ kHz$。

习题

6.1.1　如图 6.1.2 所示 RC 串并联正弦波振荡电路，已知 $R = 20\ k\Omega$，电容 C 采用双联可变电容器，其变化范围为 30～360 pF，试求振荡频率 f_0 的范围。

6.1.2　如图 6.01 所示是某低频信号发生器简化线路图，图中 $R_{f1} = 2\ k\Omega$，$R_{f2} = 1\ k\Omega$，R_{P1} 为 3.3 kΩ电位器，R_{P2} 和 R_{P3} 为同轴电位器，阻值同时可以从零调到 14.4 kΩ，$R = 1.6\ k\Omega$，$C = 0.1\ \mu F$。

试求：(1) 要使电路起振，且波形不失真，R_{P1}约调到多少？(2) 振荡频率f_0的调节范围。

6.1.3　图6.02电路能否产生正弦波输出？若不能，指出电路的错误之处，并说明如何改正。

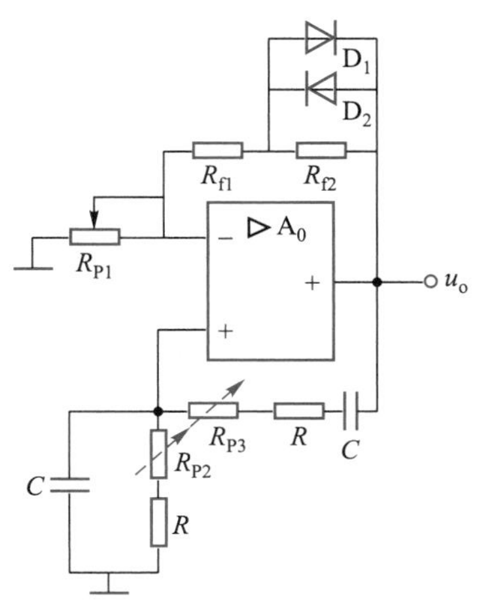

图6.01　习题6.1.2的电路

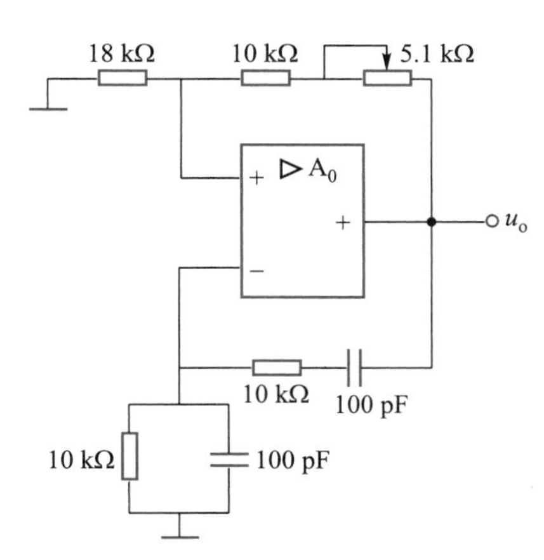

图6.02　习题6.1.3的电路

6.1.4　试用自激振荡的相位平衡条件判断图6.03所示电路能否产生自激振荡？如不能，请说明原因。

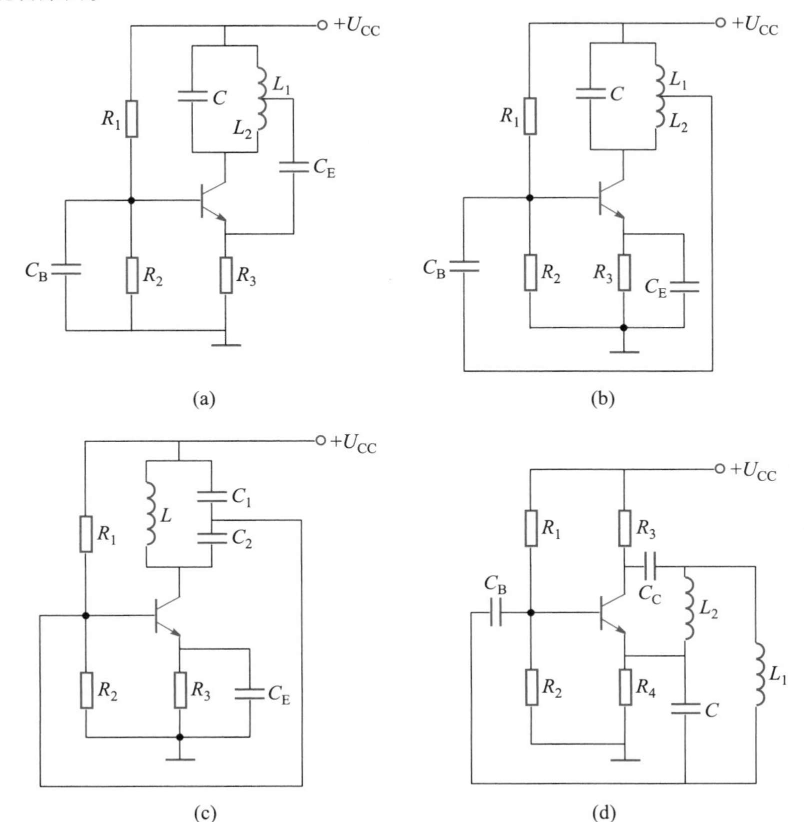

图6.03　习题6.1.4的电路

6.1.5 如图6.1.5所示电路中，设 $U_{CC}=12$ V，$R_{B1}=8.2$ kΩ，$R_{B2}=36$ kΩ，$R_C=2.2$ kΩ，$R_E=1$ kΩ，$C_B=0.1$ μF（对交流可视为短路），$L=50$ μH，$C_1=C_2=1\ 000$ pF，可调电容 C_3 的调节范围为12～365 pF。试画出电路的交流通路，估算振荡频率 f_0 的调节范围。

6.1.6 如图6.1.6(a)所示电路中，若 $L_1+L_2+2M=1$ mH，电容 C 可调范围为0.004～0.04 μF，求振荡频率 f_0 的范围。

6.2.1 如图6.2.1所示的多谐振荡器电路中，已知 $R=R_1=1$ kΩ，$R_2=2$ kΩ，$C=0.1$ μF，试求输出波形的周期 T 和频率 f_0。

6.2.2 如图6.2.1所示电路中，设集成运放采用±15 V电源，输出最大电压为±13 V，稳压管的稳定电压为±5 V，稳定电流为6 mA，$R=2$ kΩ，$R_1=24$ kΩ，$R_2=30$ kΩ，$C=0.22$ μF。试求输出信号的频率 f_0 和 R_0 的阻值（试从考虑和不考虑 R_2 及 R 的电流两种情况分别计算 R_0 阻值，并设流过稳压管的最大电流小于其最大稳定电流）。

6.2.3 在图6.2.3电路中，设 $R=5$ kΩ，$C=0.1$ μF，$R_P=56$ kΩ，$R_1=86$ kΩ，$R_2=100$ kΩ，二极管 D_1，D_2 为理想元件。试确定输出矩形波的频率以及占空比的调节范围$\left(\text{占空比 } q=\dfrac{T_1}{T_1+T_2}\right)$。

6.2.4 如图6.04所示为用CB7555集成定时器构成的电子门铃电路，图中S为门铃按钮，R_L 为8 Ω喇叭，$R_1=5.1$ kΩ，$R_2=100$ kΩ，$R_4=30$ kΩ，$R_3=1$ kΩ，$C_1=C_4=0.01$ μF，$C_2=100$ μF，$C_3=33$ μF，$U_{DD}=6$ V。试问：(1) 555集成定时器和 R_1、R_2、C_1 组成什么电路？(2) 按钮S不按下时，为什么喇叭不发声？(3) 估算按钮S被按下电路稳定振荡时电容 C_1 的充电时间 T_1，放电时间 T_2，以及 u_O 的周期 T 和频率 f_0；(4) 定性画出按钮S被按下振荡稳定时 u_{C1}、u_O 的波形图；(5) 接入电容 C_2 有什么作用？

6.2.5 在图6.2.9的多谐振荡器中，若 $R_1=2$ kΩ，$R_2=10$ kΩ，输出矩形波的频率为1.31 kHz，求 C 的大小。

6.2.6 试推导图6.2.9的多谐振荡器中CB7555的 CO 端加电压 U_{CO} 时，振荡周期的公式，并画出 u_C、u_O 的波形图。

6.2.7 如图6.05所示电路中，已知 $R_1>2R_2$，试求出输出矩形波的周期公式。

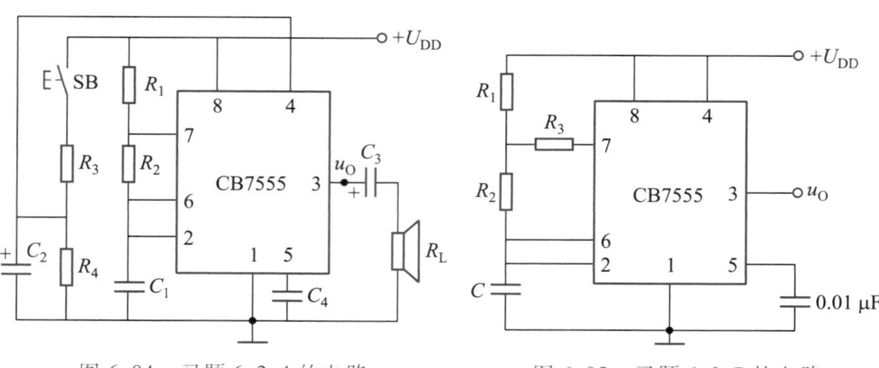

图6.04 习题6.2.4的电路　　图6.05 习题6.2.7的电路

6.3.1 在图6.3.2所示的单稳态触发器中，设 $C=10$ μF，电阻 R 用一个阻值为10 kΩ的固定电阻和一个100 kΩ的电位器串联代替，调节电位器就可改变输出脉冲的宽度。试估算输出脉冲宽度的调节范围。

6.3.2 由CB7555定时器构成的施密特触发器如图6.06(a)所示。当输入为如图6.06

(b)所示的对称三角波和正弦半波时,试画出相应的输出波形,并求出该电路的回差电压。

6.3.3　在图 6.07 所示电路中,LED_1 和 LED_2 为发光二极管,设 $U_{DD}=6\ V$,$R_1=R_2=1\ k\Omega$,$R=1\ M\Omega$,$C=30\ \mu F$(无初始储能)。若在 $t=0$ 时把开关 S 闭合,试问:(1) S 闭合后两个发光二极管是否同时发亮?若不是同时发亮,指出哪个先亮,哪个后亮,两者的时间间隔是多少?(2) 电路达稳态后,两个发光二极管的工作情况又如何?(3) 画出 S 闭合后电压 u_R 和 u_O 的波形图。

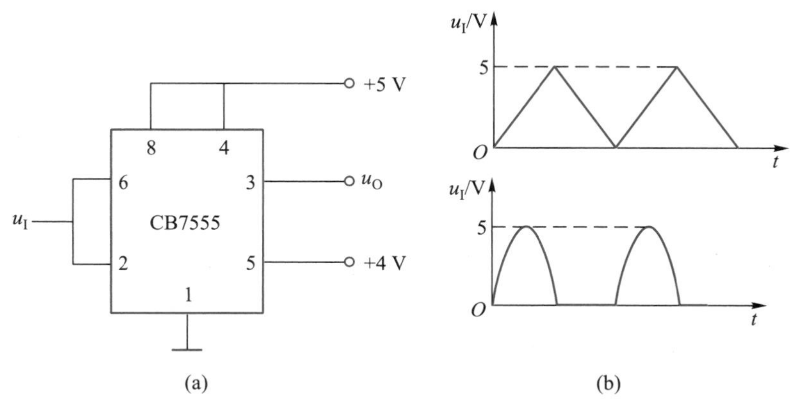

图 6.06　习题 6.3.2 的电路和输入波形

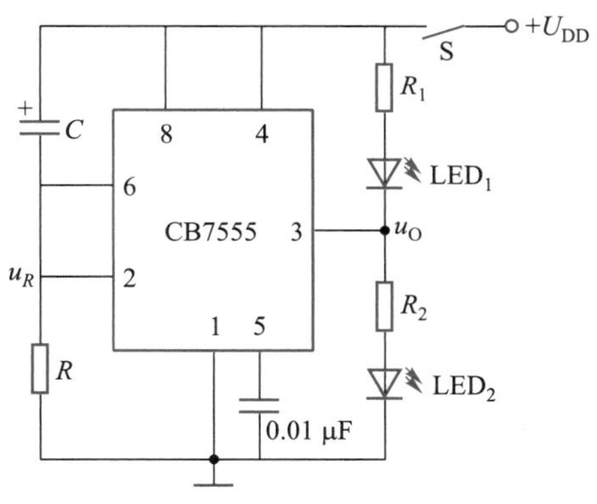

图 6.07　习题 6.3.3 的电路

6.3.4　如图 6.08(a)所示电路,输入 u_I 波形分别如图 6.08(b)所示,试画出 u_O 波形图。

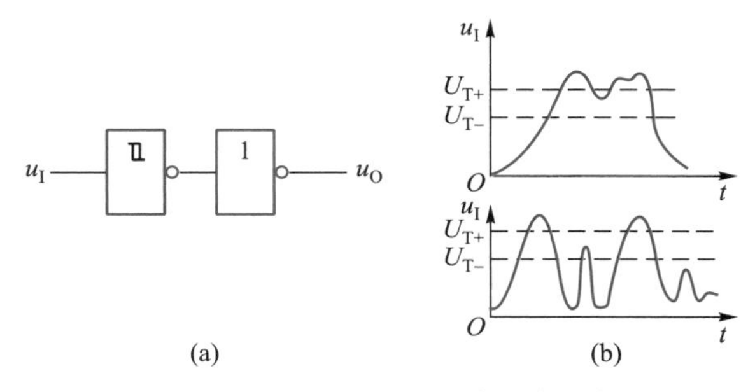

图 6.08　习题 6.3.4 的电路和输入波形

第7章 测量和数据采集系统

在生产、科学研究及社会生活的许多领域中,时常需要对各种物理量进行测量。电工测量在各种测量技术中占有重要的地位。随着科学技术水平的不断提高,当今已广泛采用电子测量技术,并形成了将电子技术、自动化技术、测量技术和计算机技术相结合的数据采集系统。本章对电工测量做一些简单介绍,并着重阐述数据采集系统。

7.1 电量测量

一般来说,现实存在的模拟量,可分为电量与非电量两类。对电量(如电压、电流、功率等)常使用电工仪表进行测量。用于测量电流、电压、电功率及电阻、电感、电容等电学量的电工测量仪表种类繁多,这里仅介绍电工测量仪表的基本知识及几种电量的基本测量方法。对于电量测量的基本知识和仪表的正确使用,应注意结合实验进行学习。

7.1.1 常用电工测量仪表的分类

电工测量仪表按测量方法可分为直读式仪表和比较式仪表。直读式仪表能直接指示被测量的大小,按指示方式又可分为模拟式仪表(目前普遍使用的是机电式仪表)和数字式仪表。模拟式仪表用指针在刻度盘上指示出被测量的数值,它的指示可随被测量的改变而连续地变化。数字式仪表是将被测模拟量先转换为数字量,用离散的数字来显示被测量的大小,可消除人为的读数误差。随着电子技术的发展,数字式仪表正得到越来越广泛的应用。

直读式仪表按被测量的不同,可分为电流表、电压表、功率表、瓦时计、频率计、电阻表、功率因数表等。按仪表的工作原理可分为磁电式、电磁式、电动式等。按电流的种类可分为直流仪表、交流仪表和交直流两用仪表。

比较式仪表(例如直流电桥、直流电位差计、交流电桥)是将被测量和已知的标准量进行比较,从而确定被测量的数值。一般说来,这类仪表测量较为准确,但价格较贵,使用不如直读式仪表简便。

在仪表的面板上,通常都标有仪表的形式、准确度等级、电流种类、绝缘耐压强度和放置方式等符号,如表7.1.1所示。使用电工仪表时,必须注意识别仪表面板上的标志符号。

表 7.1.1 电工测量仪表上的几种符号及其意义

符号	意义
—	直流仪表
~	交流仪表
$\underset{\sim}{-}$	交直流仪表
1.5	准确度等级 1.5 级
☆(2) 或 ⚡ 2 kV	绝缘强度试验电压为 2 kV
⊥ 或 ↑	仪表直立放置
┌┐或→	仪表水平放置
△(B) △(C)	工作环境等级 * :B ——温度 -20℃ ~ +50℃,相对湿度 85%以下;C ——温度 -40℃ ~ +60℃,相对湿度 98%以下

* 工作环境等级分 A、B、C 三组,其中 A 组(温度 0℃ ~ +40℃,相对湿度 80%以下)不在面板上标出。

7.1.2 测量误差和仪表准确度

在用电工测量仪表进行测量时,仪表的读数和被测量的实际值之间总要存在一定误差。其中一种是基本误差,它是由仪表构造和制作上的不完善所引起的。例如磁场分布不理想、轴和轴承间的摩擦、弹簧变形、零件安装移位以及标尺刻度不准确等。另一种是附加误差,它是因外界因素不符合仪表的规定工作条件而引起的,例如环境温度与湿度、仪表安放位置、周围外磁场等不符合规定的要求。

误差的表示方法主要有绝对误差和相对误差。

绝对误差是指仪表的指示值 A_x 与被测量实际值 A_0 之间的差值,即

$$\Delta A = A_x - A_0 \tag{7.1.1}$$

ΔA 可为正值或负值。

相对误差是指绝对误差 ΔA 与被测量的实际值 A_0 的比值,通常用百分数表示,即

$$\gamma = \frac{\Delta A}{A_0} \times 100\% \tag{7.1.2}$$

一个仪表制作好后,其基本误差近于不变,故在仪表标尺上不同部位的测量值,它们的相对误差是不相同的。因此,相对误差可以用来评价测量结果的准确程度,但无法反映仪表的准确度。

仪表的准确度是按仪表的最大相对额定误差①来分级的。仪表的相对额定

① 最大相对额定误差又称最大引用误差。

误差是指在规定工作条件下进行测量时可能产生的最大绝对误差 ΔA_m 与仪表的量程(满标值)A_m 之比的百分数,即

$$\gamma_m=\frac{\Delta A_m}{A_m}\times 100\% \tag{7.1.3}$$

目前我国直读式电工测量仪表的准确度分为七个等级:0.1、0.2、0.5、1.0、1.5、2.5、5.0。前三级常用于精密测量或校正其他仪表,后四级作一般工程测量。

根据国家标准,各级仪表在规定条件下使用时的基本误差不应大于表7.1.2所示之值。例如一个 1.0 级量程 250 V 的电压表,可能产生的最大基本误差为仪表满标值的±1%,即 250×(±0.01)V=±2.5 V。

表 7.1.2　各级仪表的最大基本误差

仪表的准确度等级	0.1	0.2	0.5	1.0	1.5	2.5	5.0
基本误差%	±0.1	±0.2	±0.5	±1.0	±1.5	±2.5	±5.0

[例题 7.1.1]　若选用 1.0 级量程为 10 A 的电流表,分别测量 2 A 和 8 A 的电流,求两次测量的最大相对误差。

[解]　1.0 级、10 A 量程的电流表测量 2 A 电流时的最大相对误差

$$\gamma_2=\pm\frac{1.0\%\times 10}{2}\times 100\%=\pm 5\%$$

测量 8 A 电流时的最大相对误差

$$\gamma_8=\pm\frac{1.0\%\times 10}{8}\times 100\%=\pm 1.25\%$$

可见,在选用仪表量程时,应使被测值接近仪表量程。一般应使被测值超过仪表满标值的一半。

7.1.3　电流、电压、功率和电能的测量

电流、电压和功率的测量通常是由相应的直读式电工测量仪表来完成的。目前使用较多的还是机电式仪表。根据结构和工作原理,机电式电工测量仪表主要分为磁电式、电磁式和电动式等几种。

机电式仪表测量各种电量的基本原理是利用仪表中通入电流后产生电磁作用,使可动部分受到转矩而发生偏转。其原理示意如图 7.1.1 所示。

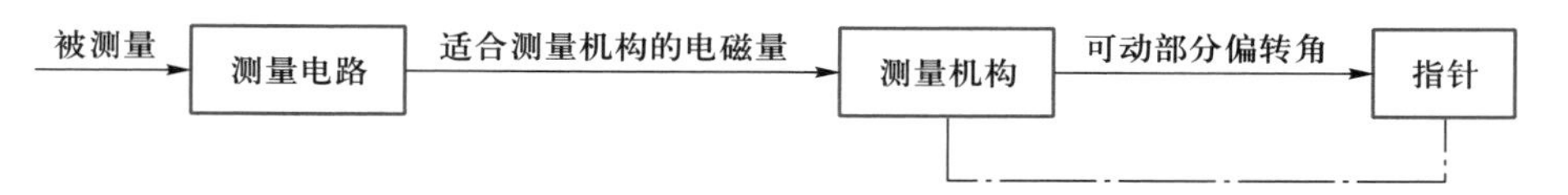

图 7.1.1　机电式仪表原理示意图

其中测量机构是仪表的核心部分。它主要由三部分部件组成:使仪表可动部分受到转矩而发生转动部分;产生阻转矩部分,当阻转矩等于转动转矩时,仪表可动部分平衡在一定的位置;提供阻尼力部分,产生阻尼力(制动力)使仪表

可动部分能迅速静止在平衡位置，最后由指示器准确而迅速地指示被测电量的大小。

1. 电流和电压的测量

测量直流电流常用磁电式电流表，测量直流电压常用磁电式电压表。

磁电式仪表是由永久磁铁的磁场与通有直流电流的可动线圈之间的相互作用产生转动力矩使线圈偏转并带动固定在线圈框轴上的指针偏转，从而指示被测值。

磁电式仪表具有灵敏度和准确度高，标尺刻度均匀等优点，但机构复杂、过载能力较弱。

测量交流电流常用电磁式电流表，测量交流电压常用电磁式电压表。

电磁式仪表是由固定线圈通有电流产生的磁场与可动铁片相互作用产生转动力矩使可动铁片偏转并带动指针偏转，从而指示被测量。它既可测直流，也可测交流。

电磁式仪表的优点是结构简单，且具有较大的过载能力。它的缺点是由于指针偏转角与流过线圈的电流平方成比例，因此刻度不均匀；且易受到外界磁场等影响，准确度不够高，一般应用于交流量的测量。

测量电流时，电流表应串联在电路中。为了使电路的工作状态不因接入电流表而受影响，要求电流表的内阻必须很小。测量电压时，电压表应和电路中所测部位相并联。为了使电路工作状态不因接入电压表而受影响，要求电压表的电阻必须很大。

根据被测电压、电流的大小，应选择合适的仪表及其量程。例如测量 $10^3 \sim 10^4$ A 的直流大电流时，可选用霍尔效应的大电流测量仪。测量交流大电流时，可采用电流互感器（见第 9 章 9.2 节）和电流表。测量交流高电压时，可采用电压互感器（见第 9 章 9.2 节）和电压表。在测量微弱的电流和电压（如微安、微伏级）时，常采用精密放大器将它们放大后再测量。

2. 功率和电能的测量

功率可利用电压表和电流表间接测量，但更多是采用功率表直接测量。间接测量是分别测出负载的电压和电流，它们的乘积则为直流电功率或交流视在功率（对纯电阻负载而言也就是有功功率）。功率表可直接测量交流有功功率和直流电功率，目前常用的有电动式和电子式功率表。

电动式仪表有两组线圈：固定线圈和可动线圈。其中可动线圈与仪表指针等固定在转轴上，如图 7.1.2 所示。固定线圈由两个完全相同并且在空间位置上彼此分开一段距离的线圈组成，当它通有电流时，便产生磁场，若可动线圈也通有电流，则可动线圈在磁场中受到两个大小相等，方向相反的力 F，从而使可动线圈带动转轴上的指针偏转，其偏转角与两个线圈中两个电流的乘积成正比，当测量交流时，偏转角还与两个电流的相位差有关。利用这个特性，除了制造电压表和电流表外，还常用来制作测量功率的功率表。电动式仪表的准确度较高，但受外界磁场的影响较大。

电动式功率表的固定线圈用较粗的导线绕成，匝数较少，它与负载相串联，反映负载电流的情况，称为电流线圈；可动线圈用较细的导线绕成，匝数较多，串联附加电阻后与负载相并联，反映负载电压的情况，称为电压线圈。图7.1.3是功率表的接线图，图中电压线圈和电流线圈标有“ * ”的一端称为同名端，它们应接在电源的同一侧，若反接（例如电压线圈的非 * 号端与电流线圈的 * 号端接在一起），指针会反向偏转。

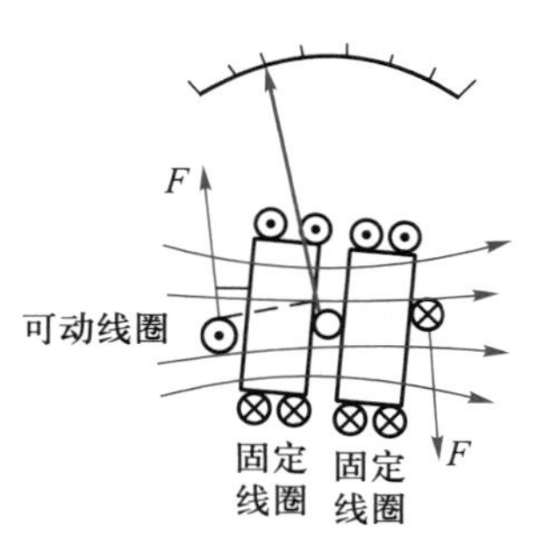

图7.1.2　电动式仪表结构示意图

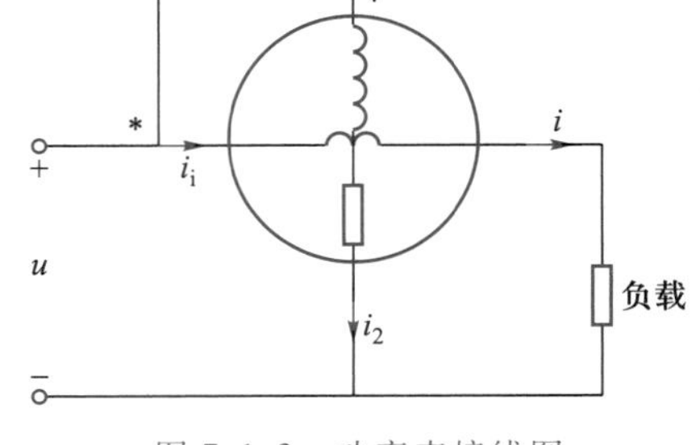

图7.1.3　功率表接线图

电能常采用电度表直接测量。目前，电度表主要有感应式和电子式两大类。

感应式电度表应用电磁感应的原理，把电压、电流、相位转变为磁力矩，推动铝制圆盘转动，其结构如图7.1.4所示。电压线圈加上供电电压 $u=\sqrt{2}U\sin\omega t$ 在铁心中产生磁通 Φ_U，电流线圈通过负载电流 $i=\sqrt{2}I\sin(\omega t-\varphi)$ 在铁心中产生磁通 Φ_I。两磁通在铝盘中产生涡流，并相互作用产生使铝盘转动的转矩。可以证明，该转矩与负载的消耗功率 $UI\cos\varphi$ 成正比。铝盘转动时受到永久磁铁的制动作用，所产生的制动力矩正比于铝盘的转速。当旋转力矩与制动力矩相平衡时，铝盘转速正比于负载功率。铝盘的轴（蜗杆）带动齿轮驱动计数器的鼓轮转动（图中未画出），转动的过程即是对时间量积算的过程，积算的结果就代表了所消耗的电能。

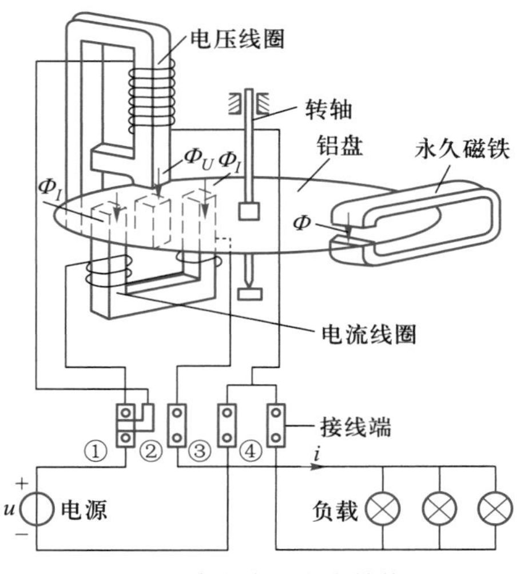

图7.1.4　感应式电度表结构原理

感应式电度表结构简单直观，价廉可靠，停电时不丢失数据，但精度低，自身能耗大，防窃电能力弱，且不易管理。

电子式功率表、电度表运用模拟或数字电路得到电压和电流相量的乘积，然后通过模拟或数字电路实现功率、电能计量功能。其功率、电能测量是使用电子电路的电子模块来完成，计算结果和测量参数由软件控制实现。

电子式功率表、电度表计量精度高，自身功耗低，特别是计量参数灵活性好，派生功能多（如易于计算机联网管理等），是将来应用的主流。

视频资源：
7.2-7.4.1
非电量电测法和数据采集系统的组成以及有源滤波电路

7.2　非电量电测法和数据采集系统的组成

非电量电测法是把非电量（如温度、湿度、压力、速度等）通过传感器，将其变换成电量再进行测量。数据采集系统是将现场中的模拟量自动地进行采集并变成数字量，再送到计算机中去进行处理、传输、显示、存储或打印。下面分别作一简单介绍。

非电量电测法的示意图如图 7.2.1 所示。图中传感器（见 7.3 节）的作用是将非电信号变换成电信号。变换后的电信号通常较为微弱（微伏或毫伏级），还需进行滤波、放大等处理，然后由直读式仪表直接显示出被测非电量的数值。现在较多见的是处理后的信号经模-数（Analog-Digital，简称 A/D）转换器（见 7.7 节）转换成数字信号，由数码管显示被测值或送入计算机处理。

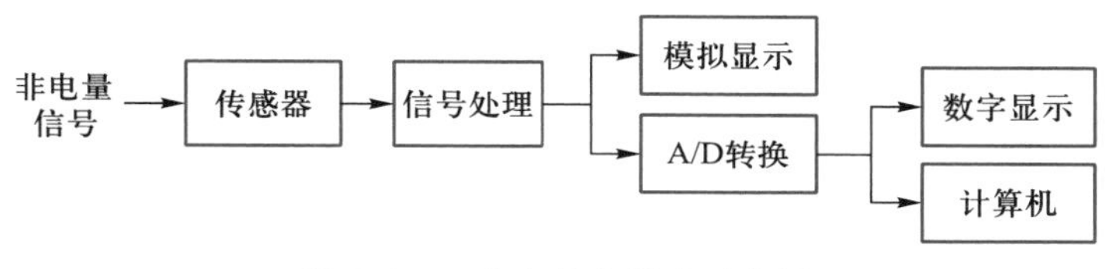

图 7.2.1　非电量电测法示意图

传感器在上述系统中起着非常关键的作用。由传感器获得的信息正确与否，直接影响到整个系统的精度。如果传感器的误差很大，那么后面的电路再精确也是徒劳的。传感器种类繁多，在构成系统时正确合理选用十分重要。

如果将图 7.2.1 中的传感器换成某种合适的变换器，输入为电量信号，就成为电量电测法的一种方案原理图，可对某种电量信号进行模拟或数字测量。

图 7.2.2 为一般数据采集系统的组成示意图。这是一个多输入、多参量测量系统。对于多路信号，尤其是各路信号为不同的物理量时，每路传感器输出的信号电平都会有较大的差异，一般先经过单独的滤波放大（见 7.4 节），再通过模-数（A/D）转换后送给微机系统处理。

如果被测物理量是快速变化的，尽管所用 A/D 转换器的转换速度较快，但 A/D 转换总需要一定时间，计算机也不可能同时读入多个信号，因此有必要在某一时刻同时采集各个被测信号，并在一段时间内保持不变，给予充分时间让 A/D 转换器进行变换，计算机进行处理。因此在测量快速变化的信号时，在滤波放大电路之后应接入取样-保持（Sample-Hold 简称 S/H）电路（见 7.5.2 节）。微机系统

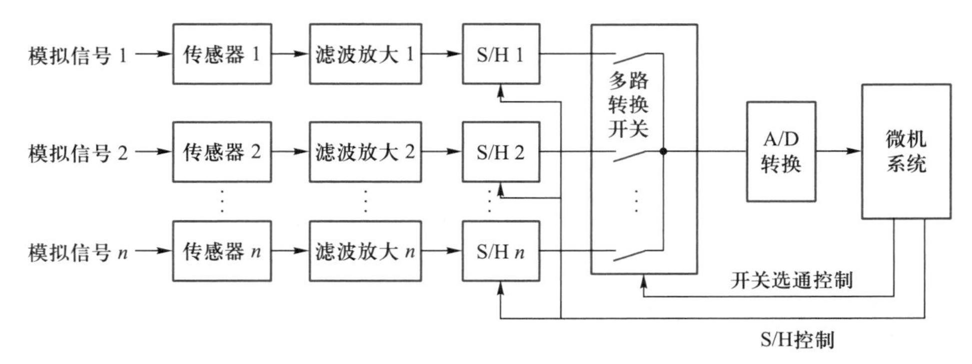

图 7.2.2　数据采集系统组成示意图

发出命令控制 S/H 电路进入取样或保持状态。若被测物理量是慢速变化的，对单路信号，因变化很慢，在 A/D 转换过程中，可认为该路信号基本不变。对多路信号，微机系统轮流处理，各被测量随时间变化不大，可近似认为所处理的为同一时刻的各路信号。因此取样-保持电路在测量慢速信号的系统中可以省略。

为了采用一套微机系统处理多路信号，各路信号应分时传送，系统中采用多路转换开关（见 7.5.1 节）。多路开关的工作状态（即选通哪一路信号）由微机系统来控制。多路开关在数据采集系统中所处的位置，由传感器输出信号状况而定。当传感器输出电压信号微弱时，应先进行放大，以防止多路开关引入较大的误差。如果传感器输出信号电压较大且各路信号大小差别不大，则多路开关可移至放大器前直接与传感器的输出相接，这时各路输入信号都通过一个公共放大器，以节省硬件。

7.3　传感器

传感器是一种以测量为目的，能够感受规定的被测量，并按一定规律转换成可用输出信号的器件或装置。被测量是各种非电物理量，输出信号多为易于处理的电量，如电压、电流、频率等。

传感器种类繁多，其分类方法也有多种，目前较常用的分类方法有两种：一种是按被测对象的参数分类；另一种是按传感器的变换原理分类。

按被测对象的参数分类的传感器有：温度传感器、湿度传感器、压力传感器、位移传感器、流量传感器、液位传感器、力传感器、力矩传感器、速度传感器、加速度传感器、振动传感器、位置传感器等。

按变换原理分类的传感器有：电阻式传感器、电容式传感器、电感式传感器、压电式传感器、光电式传感器、光栅式传感器、热电式传感器、红外传感器、光纤传感器、超声波传感器、激光传感器等。

按两种不同分类方法的传感器也是相互关联的，如温度传感器，有利用热电变换原理的热电偶传感器、利用光电变换原理的光电高温计等，它们都是测温用的。同样，电阻式传感器，有电阻式温度传感器、电阻式压力传感器、电阻式气敏传感器等，它们均将被测对象转变为电阻参数的变化再进行测量。

传感器是测量与数据采集系统中的重要组成部分，它的精度、可靠性、稳定

性、抗干扰性等直接关系到整个系统的性能，因此应正确合理选择传感器的类型、参数和精度，同时不断开发利用新型传感器。数字式传感器、非接触式传感器、仿生传感器等代表了传感器的发展方向。

本节介绍几种常用的传感器。

1. 温度传感器

温度传感器常见的有热电阻（金属热电阻、半导体热电阻）、热电偶、集成温度传感器等。这里简单介绍金属热电阻和半导体热电阻，它们的变换原理是利用电阻随温度变化而变化的物理效应。

金属热电阻有铂电阻、铜电阻、镍电阻等。以铂电阻为例，在 0 ℃～660 ℃范围内，铂电阻的电阻值与温度之间的关系可用下式表示

$$R_T=R_0(1+At+Bt^2)$$

式中，R_T 是温度为 t（单位℃）时的电阻值；R_0 是温度为 0 ℃时的电阻值；A，B 为常数，$A=3.94\times10^{-3}/℃$，$B=-5.8\times10^{-7}/(℃)^2$。目前国产铂电阻有三种，其 R_0 值分别为 100 Ω，50 Ω，10 Ω。

半导体热电阻也称为热敏电阻，通常由单晶、多晶半导体材料制成。它具有对温度反应较敏感、体积小、响应快的优点，但电阻值随温度呈非线性变化，元件的稳定性及互换性差，且不能在高温下使用。根据温度变化特性可以分为正温度系数（PTC）热敏电阻、负温度系数（NTC）热敏电阻等。

PTC 热敏电阻常用钛酸钡（$BaTiO_3$）、锶（Sr）、锆（Zr）等材料制成，其电阻值与温度变化成正比关系，即当温度升高时电阻值增大。

NTC 热敏电阻常用锰（Mn）、钴（Co）、镍（Ni）、铜（Cu）、铝（Al）等金属的氧化物（具有半导体性质）采用陶瓷工艺制成，其电阻值与温度变化成反比关系，即当温度升高时电阻值减小。

常用的热电阻测温电路原理图如图 7.3.1 所示。

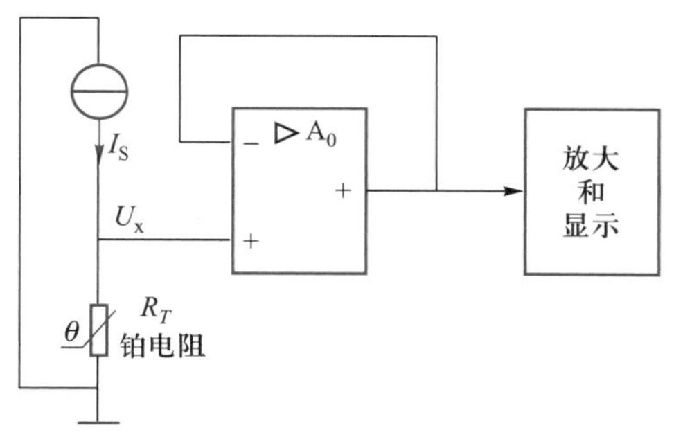

图 7.3.1 常用的热电阻测温电路原理图

一般热电阻所安装的位置（即测温点）与测量电路往往不在同一地点，它们之间要通过较长的传输线连接，因此常采用恒流源测量电路。从图 7.3.1 可知，铂电阻两端的电压 $U_x=I_SR_T$，即 U_x 与 R_T 呈线性关系。当温度改变，R_T 相应近似线性变化，U_x 随之变化，电压 U_x 的大小直接反映被测温度值。通常 U_x 经一

电压跟随器隔离后再进行放大和显示。

2. 力传感器

力传感器种类很多,这里仅介绍在工业测量中应用较多的采用半导体应变片的应变式力传感器。半导体应变片基本结构如图7.3.2所示。它是在按一定晶向切割下来的硅条两端蒸镀金膜,焊上内引线,将内引线焊在焊接电极上,将硅条粘贴在胶膜衬底上,并由外引线引出。

在测量构件的应变或压力时,可将应变片粘贴在被测构件的表面,当构件发生变形时,应变片与构件同时产生变形,应变片的电阻值也随之发生变化。设Δl为变形长度,R为未变形时的电阻,ΔR为变形时电阻变化值,则有

$$\frac{\Delta R}{R}=\frac{\Delta l}{l}k$$

式中,k称为应变片的灵敏系数,半导体应变片的k值在100~150之间。

由应变片构成的应变测量电路如图7.3.3所示。电路连接成电桥形式,通过应变片R_1把应变或受力的变化转换成电阻的变化,然后再由测量电路把应变片电阻的变化转换为电压的变化。在应变片未受力时,$\Delta R=0$,四个桥臂的电阻相等,电桥平衡,输出电压为零。当应变片R_1受力发生应变时,在$R\gg\Delta R$情况下,输出电压$U\approx\frac{U_S}{4}\frac{\Delta R}{R}$。通常电桥的输出电压$U$较小,常为毫伏级,需将此电压放大后显示,指示出构件应变或受力的大小。

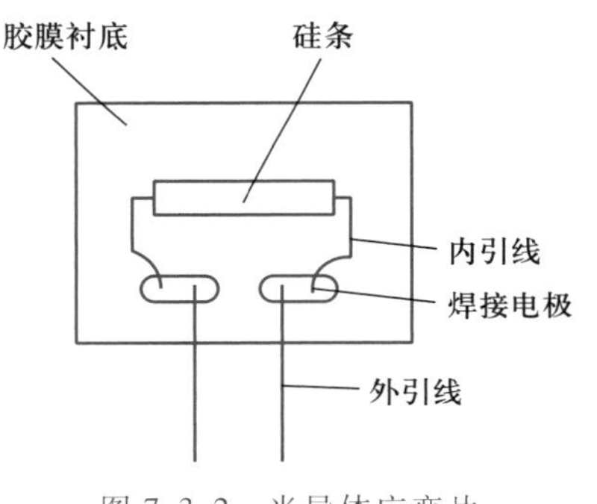

图7.3.2　半导体应变片

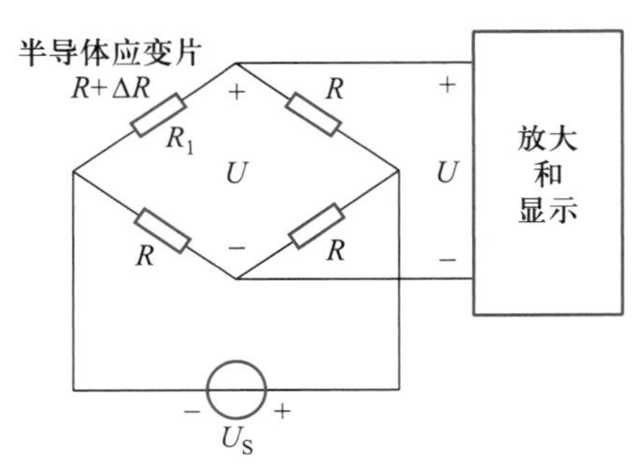

图7.3.3　应变测量电路

3. 热释电红外线传感器

热释电红外线传感器(PIR)由传感探测元件,干涉滤光片和场效晶体管三部分组成,如图7.3.4所示。热释电红外线传感探测元件为高热电系数的铁钛酸铅汞陶瓷或钽酸锂、硫酸三甘铁等晶体。这些材料具有热释电效应,即其受热产生温度变化时,其原子排列发生变化,晶体自然极化,在其表面产生电荷。若将电荷转变为电压信号加以放大,便可驱动各种控制电路,常用在防盗报警、自动控制、接近开关等领域。

人体辐射的红外线中心波长为9~10 μm,而探测元件的波长灵敏度在0.2~20 μm范围内几乎稳定不变,选择合适的滤光片,使这个滤光片可通过光的波长

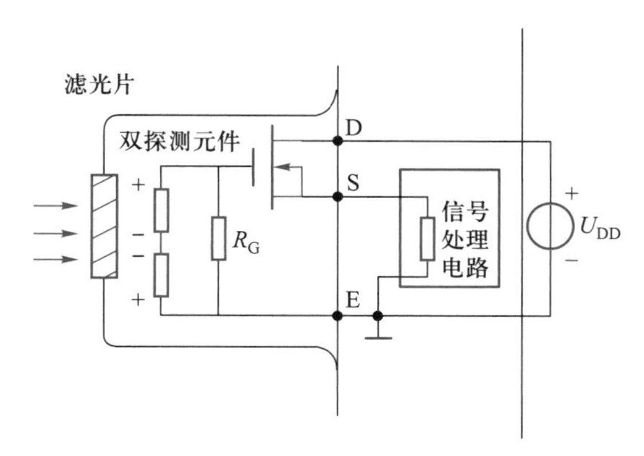

图 7.3.4 热释电红外线传感器

范围为 7~10 μm,正好适合人体红外线辐射的探测,对其他波长的红外线由滤光片予以吸收,形成一种专门探测人体辐射的红外线传感器。

使用时 D 端接电源正极,E 端接电源负极或地,S 端为信号输出。两个极性相反,特性一致的探测元件串联接在一起,目的是消除因环境和自身变化引起的干扰,平时两探测元件产生的信号相互抵消,场效晶体管无输入信号,当红外线通过外加透镜聚焦到热释电红外探测元件上时,两热释电元件接收到的热量不同,热释电也不同,不能抵消,则产生信号,场效晶体管与外加电路应接成共漏形式,即源极跟随器,信号由源极输出。

由热释电红外线传感器构成的报警系统结构框图如图 7.3.5 所示。该系统中有两个关键性的元件,一个是热释电红外线传感器,另一个是菲涅尔透镜,其作用是将热释的红外线信号聚焦到 PIR 上。此外,配合 PIR 的信号处理电路已有专用的集成芯片(例如红外线热释电处理芯片 BIS0001),用其构成的电路简单、可靠。

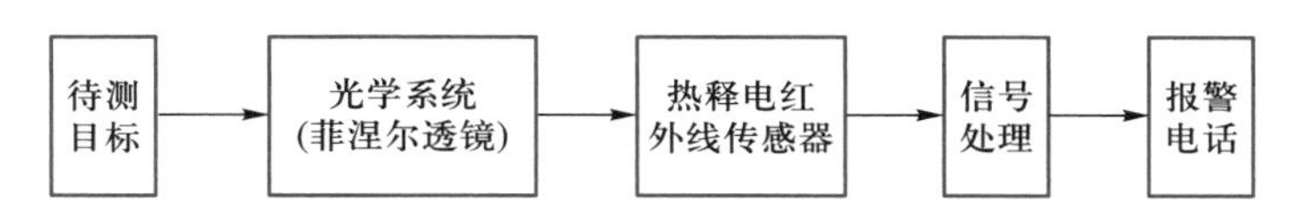

图 7.3.5 报警系统结构框图

4. 气体传感器

气体传感器主要用来检测气体类别、浓度和成分,在环境监测及安全预警系统中广泛应用。气体传感器种类繁多,按所用气敏材料及气敏特性不同,可分为半导体式、固体电解式、电化学式、接触燃烧式、高分子式气体传感器等。

目前使用最多的是半导体气体传感器,它是利用气体在半导体表面的氧化和还原反应导致敏感元件阻值变化而制成的。属于这种半导体材料的有氧化锡(SnO_2)、氧化锌(ZnO_2)、三氧化铁(Fe_2O_3)等,它们对可燃气体(甲烷、液化石油气、煤气等),有毒气体(一氧化碳、硫化氢、氨气等),环境气体(氧气、二氧化碳、水蒸气等),其他气体(酒精、烟气等)均有气敏效应。

金属氧化物半导体气敏电阻在室温下虽能吸附气体,但其电导率变化不大,

当温度增加后，电导率就会发生较大的变化。因此，气敏元件在使用时要加温。目前半导体气体传感器的加热方式主要采用旁热式，其结构和符号如图 7.3.6 所示。这种方式的传感器以陶瓷管为基底，管内穿加热丝，管外侧有两个测量电极（为连接方便，提供相同的两对），测量电极之间为金属氧化物气敏材料（SnO_2），经高温烧结而成，当环境气体浓度增加时，气敏元件（SnO_2）的电阻值减小。旁热式消耗功率小，性能稳定，结构上往往加有封压双层的不锈钢丝网防爆，因此安全可靠，目前广为应用。此外，在气敏元件的材料中加入微量的铅、铂、金、银等元素以及一些金属盐类催化剂可以获得低温时的灵敏度，也可增强对气体种类的选择性。

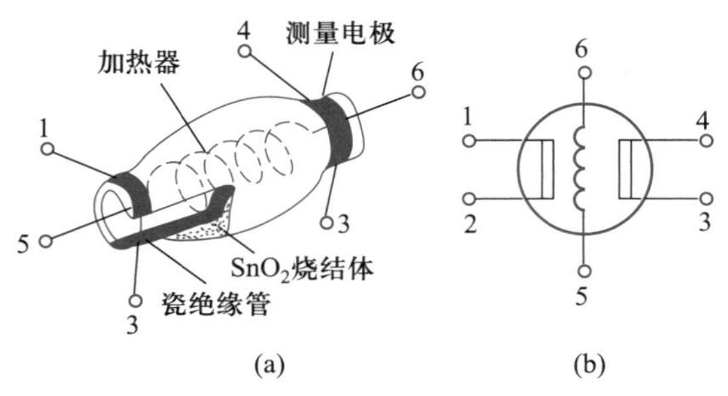

图 7.3.6　旁热式气敏元件结构及符号

（a）结构　（b）符号

图 7.3.7 是家用可燃性气体报警器电路。随着环境中可燃性气体浓度增加，气敏元件的阻值下降到一定值后，流入蜂鸣器的电流足以推动其工作而发出报警信号。

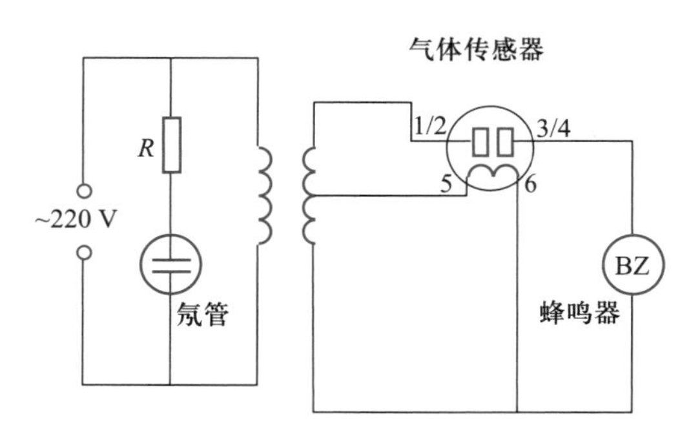

图 7.3.7　家用可燃性气体报警器电路

5. 霍尔传感器

霍尔传感器的核心是由半导体材料锑化铟或硅的薄片构成的霍尔元件。通常将霍尔元件、放大电路、温度补偿电路及稳压电路集成在一个芯片上，称为霍尔器件。它能感知一切与磁有关的物理量，又能输出相应的电控信息，所以既是一种集成电路，又是一种磁敏感传感器。

霍尔传感器的工作原理可用图 7.3.8 来说明。当将一块通有电流 I 的半导体薄片垂直置于磁感应强度为 B 的磁场中时，薄片两侧会产生电位差，此现象

称为霍尔效应。此电位差称为霍尔电动势，电动势的大小为

$$E=\frac{KIB}{d}$$

式中，K 是霍尔系数；d 为薄片的厚度。

霍尔器件在测量系统中用处很多，用霍尔器件可以制成霍尔电流传感器，霍尔电压传感器及霍尔功率传感器，作为模拟量测量使用。霍尔器件也可用于位置、位移、转速、转角及移动速度检测，作为开关量传感器使用。

下面举例说明霍尔器件的应用。图 7.3.9 是用于测量电流的原理示意图，图中半导体霍尔薄片平行地放在要测量电流 i_x 的那根导线的旁边，使 i_x 所产生的磁通穿过霍尔薄片，并在 1、2 两端通入一恒定的电流 I，于是 3、4 两端所产生的电压大小就与被测电流 i_x 成比例，适当选取电路参数即可直接读出导线内电流的大小。用这种方法在隔离的情况下测量大电流特别合适，同时不论直流和交流都可以进行测量。

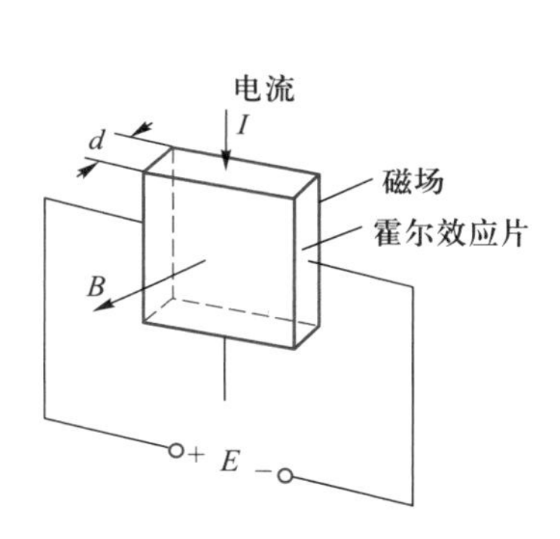

图 7.3.8 霍尔效应原理图

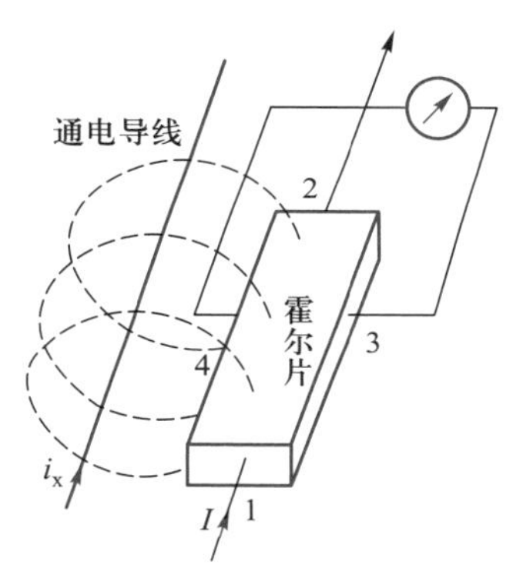

图 7.3.9 霍尔器件测量电流

霍尔位置传感器作为开关量传感器使用，已广泛应用于无刷直流电机中。

7.4 有源滤波和测量放大电路

传感器输出的电量信号，一般都需经过滤波和放大后再送给后续电路。本节介绍一些在测量和数据采集系统中常见的滤波和放大电路。

7.4.1 有源滤波电路

滤波电路是一种允许某一频率范围内的信号顺利通过，而抑制此频率范围以外的其他频率信号的电路。按通过或抑制的信号频率范围，可分为低通、高通、带通和带阻等滤波电路。按组成元件的性质，可分为无源滤波电路（仅含有无源元件 R、L、C）和有源滤波电路（含有晶体管或集成运放等有源元件）。与无源滤波电路相比，含有集成运放的有源滤波电路具有放大作用，通过运放使输入与负载隔离，带负载能力强等特点。在第 2 章 2.5 节的例题 2.5.1 中已介绍过一阶 RC 无源滤波电路，这里介绍由集成运放和 RC 网络组成的低通和高通有源滤波电路以及带通和带阻滤波电路的频率特性。

图 7.4.1 是具有放大作用的一阶低通有源滤波电路。输入信号 u_i 经一阶 RC 滤波环节(因该电路的微分方程为一阶,故称一阶电路)加至同相输入比例放大电路的输入端,因放大电路的输入电阻很大,使滤波环节和后接负载隔离。

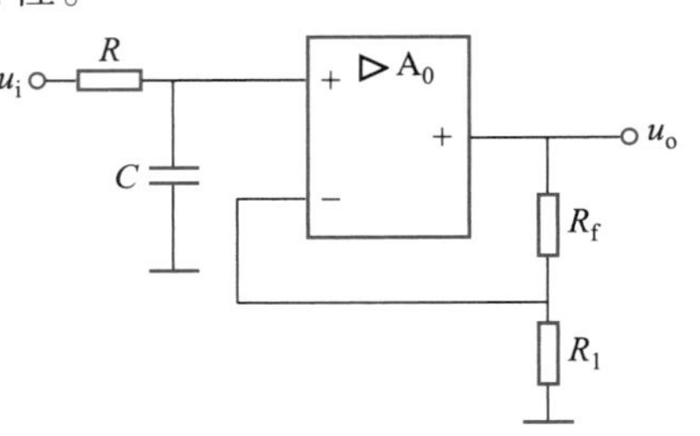

图 7.4.1　一阶低通有源滤波电路

设 u_i 为某一频率的正弦电压,则电路的输出电压的相量表达式为

$$\dot{U}_o=\left(1+\frac{R_f}{R_1}\right)\frac{-j\dfrac{1}{\omega C}}{R-j\dfrac{1}{\omega C}}\dot{U}_i=\left(1+\frac{R_f}{R_1}\right)\frac{\dot{U}_i}{1+j\omega RC}=A_f\frac{\dot{U}_i}{1+j\dfrac{\omega}{\omega_c}}\tag{7.4.1}$$

式中,$A_f=1+\dfrac{R_f}{R_1}$,$\omega_c=\dfrac{1}{RC}$。

电路的 $\dot{U}_o$ 和 $\dot{U}_i$ 之比称为电路的频率特性,它随输入信号的频率而变化。故电路的频率特性为

$$H(j\omega)=\frac{\dot{U}_o}{\dot{U}_i}=A_f\frac{1}{1+j\dfrac{\omega}{\omega_c}}=\frac{A_f}{\sqrt{1+\left(\dfrac{\omega}{\omega_c}\right)^2}}\angle-\arctan\left(\frac{\omega}{\omega_c}\right)\tag{7.4.2}$$

幅频特性 $|H(j\omega)|$ 和相频特性 $\varphi(\omega)$ 分别为

$$|H(j\omega)|=\frac{A_f}{\sqrt{1+\left(\dfrac{\omega}{\omega_c}\right)^2}},\quad \varphi(\omega)=-\arctan\left(\frac{\omega}{\omega_c}\right)$$

其曲线分别如图 7.4.2(a)、(b)所示。

图 7.4.2(a)中,在 $\omega=\dfrac{1}{RC}=\omega_c$ 时,$|H(j\omega)|=\dfrac{A_f}{\sqrt{2}}=0.707A_f$,即电路的输出电压与输入电压幅度之比从 A_f 下降到 $0.707A_f$,$f_c=\dfrac{\omega_c}{2\pi}=\dfrac{1}{2\pi RC}$称为截止频率,在 $0<f\leqslant f_c$ 的频率范围内为通频带,此时输入信号 u_i 只受到很小衰减而顺利通过。

从幅频特性曲线可看出,一阶低通有源滤波电路从通带到阻带的过渡区内衰减过于平缓。在实际应用中往往要求低通滤波电路从通带过渡到阻带具有比较陡峭的特性,也即当 $\omega>\omega_c$ 时,$|H(j\omega)|$ 能很快衰减到零。为获得较好的滤波特性,可采用高阶有源滤波电路,高阶电路的结构与工作原理可参考相关文献。

图 7.4.3 所示为一个用低通滤波器进行信号处理的例子。从图中可看出,输入的有用信号几乎被高频噪声所掩盖,经过低通滤波电路处理后,原始的低频信号得以恢复。

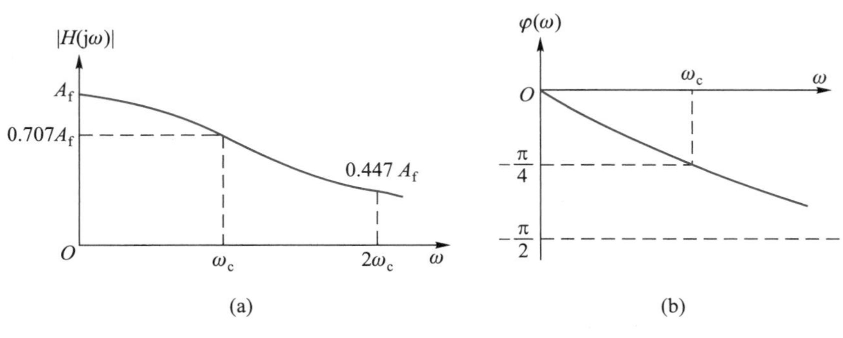

图 7.4.2 一阶低通有源滤波电路的频率特性
（a）幅频特性 （b）相频特性

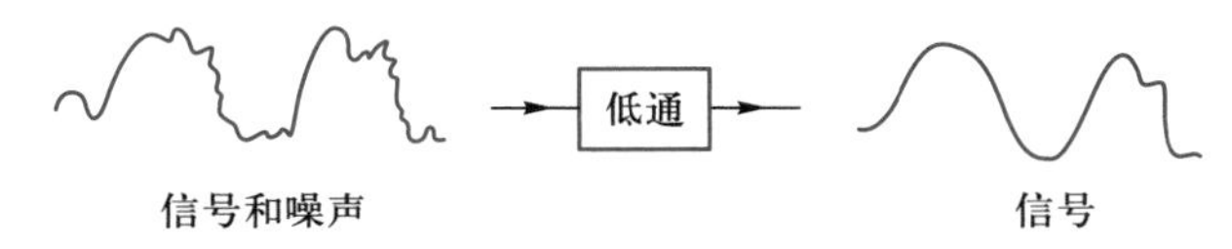

图 7.4.3 用低通滤波器进行信号处理示例

图 7.4.4 是一阶高通滤波电路。通过分析可得到电路的幅频特性为

$$|H(j\omega)| = \frac{A_f}{\sqrt{1+\left(\frac{\omega_c}{\omega}\right)^2}}$$

式中

$$A_f = \left(1+\frac{R_f}{R_1}\right)$$

其对应的曲线如图 7.4.5 所示。电路的截止频率 $f_c = \frac{\omega_c}{2\pi} = \frac{1}{2\pi RC}$。频率 $f \geqslant f_c$ 的输入信号可顺利通过该电路。

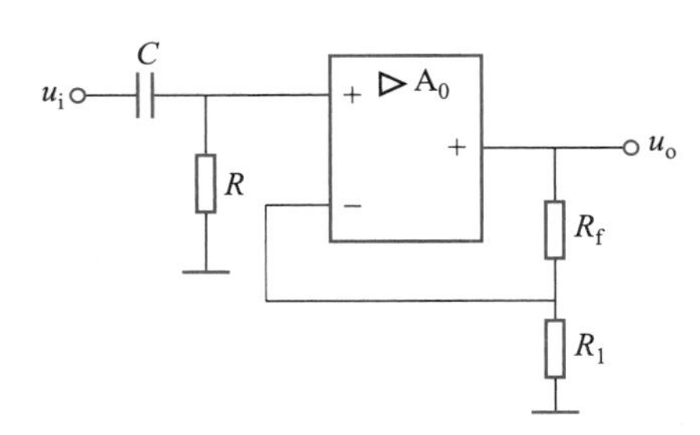

图 7.4.4 一阶高通滤波电路

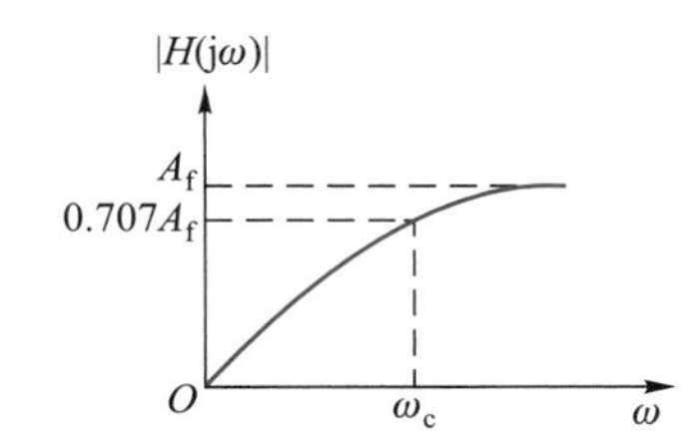

图 7.4.5 一阶高通有源滤波电路的幅频特性

带通和带阻滤波电路的幅频特性分别如图 7.4.6(a)、(b)所示。

带通滤波电路中，频率 $f_L \leqslant f \leqslant f_H$ 的输入信号可顺利通过电路，其余频率成分信号被衰减掉。带阻滤波电路中，频率 $f_L \leqslant f \leqslant f_H$ 的信号被衰减，其余频率成分信号通过电路。

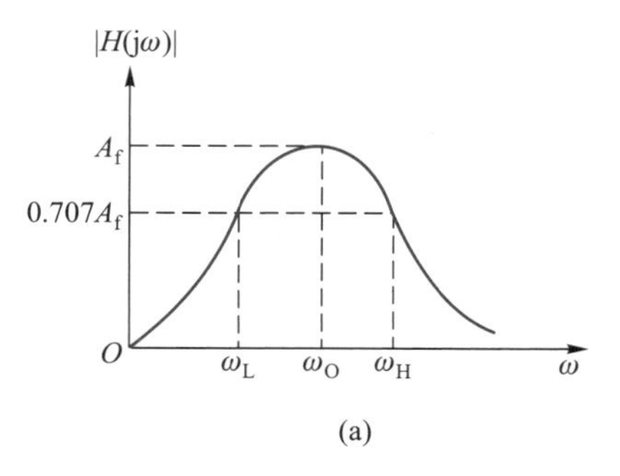

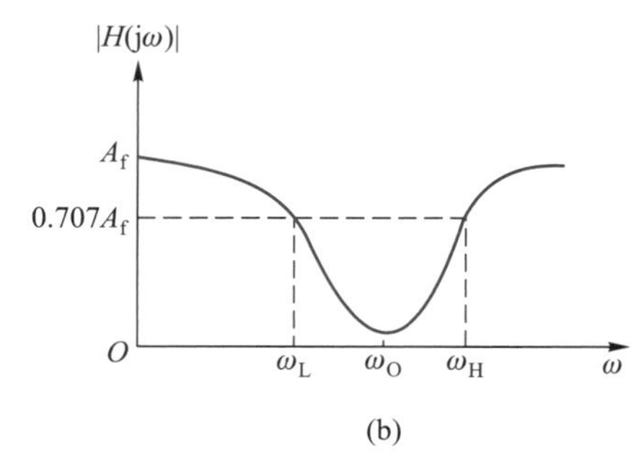

图 7.4.6　带通和带阻滤波电路的幅频特性
（a）带通滤波电路　（b）带阻滤波电路

视频资源：7.4.2　测量放大电路

7.4.2　测量放大电路

1. 用集成运放构成的测量放大电路

测量放大电路的作用是将测量电路或传感器送来的微弱信号进行放大，再送到后面电路去处理。一般对测量放大电路的要求是输入电阻高、噪声低、稳定性好、精度及可靠性高、共模抑制比大、线性度好、失调小、并有一定的抗干扰能力。

最简单的测量放大电路是第 5 章 5.4 节中的反相输入、同相输入和差分输入比例运算电路。

同相输入放大电路的输入电阻高，但在集成运放两输入端有共模信号加入，对环境的共模信号干扰很敏感。采用这种方式的电路，要选用共模输入电压范围大，共模抑制比高的集成运放，并在电路上采取必要措施滤除外部的共模干扰。

反相输入放大电路由于集成运放的输入端是“虚地”，因而不必考虑运放本身的共模抑制比问题，在短距离测量时，抗环境干扰性能较好。但在远距离测量时，由于地电阻会引入干扰（见习题 7.4.5），或由于传感器的工作环境恶劣，造成在传感器输出端产生干扰，这些干扰信号被放大后输出，严重影响电路的性能。此外，因传感器的内阻常为变量，反相输入放大电路的输入电阻过低，不宜与传感器直接相连，也是要解决的问题。

典型的测量放大电路是用三个集成运放构成的，如图 7.4.7 所示。它的两个输入端分别是两个集成运放 A_1、A_2 的同相输入端，因此输入电阻很高。A_3 构成差分放大电路，两边电阻对称，可以消除上述远距离测量时的共模干扰（见习题 7.4.5）。同时当 A_1、A_2 输出端上产生的漂移电压对称时，在 A_3 输出 u_o 中也被消除。因此该电路有很高的共模抑制能力和较低的输出漂移电压。因 A_3 仍承受共模电压（$u_+ = u_- \neq 0$）和可能产生零漂移电压输出，在实际应用电路中，A_3 级的放大倍数不宜设计过高。

在集成运放为理想的条件下，可得出

$$i_P=\frac{u_{i2}-u_{i1}}{R_P}$$

$$u_{o2}-u_{o1}=(R_1+R_P+R_1)i_P=\left(1+\frac{2R_1}{R_P}\right)(u_{i2}-u_{i1})$$

$$u_o=\frac{R_3}{R_2}(u_{o2}-u_{o1})=\frac{R_3}{R_2}\left(1+\frac{2R_1}{R_P}\right)(u_{i2}-u_{i1})$$

电压放大倍数

$$A_d=\frac{u_o}{u_{i2}-u_{i1}}=\frac{R_3}{R_2}\left(1+\frac{2R_1}{R_P}\right) \tag{7.4.3}$$

调节 R_P,就可以改变电压放大倍数,以满足不同的需要。

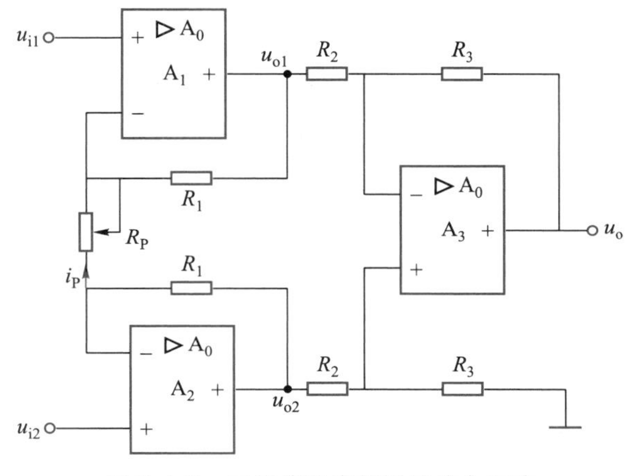

图 7.4.7 三运放组成的测量放大电路

上述电路只用在一些简单放大的场合。此外,为保证精度且为保证较高的共模抑制比和放大倍数的线性度,通常需采用精密匹配的外接电阻,R_P 可选多圈式精密电位器。

2. 集成测量放大电路芯片

在要求较高的场合,常采用集成测量放大电路芯片。这些芯片与用集成运放构成的测量放大电路相比具有外接元件少,无须精密匹配电阻,结构简单,抗干扰能力强,使用灵活方便等优点。它们能够精密放大几微伏到几伏的交直流电压信号,能抑制从直流到数百兆赫的交流噪声干扰,在测量和控制领域有着极为广泛的应用。

目前已有许多种型号的单片测量放大电路的集成芯片。例如具有高输入阻抗、低失调电流、高共模抑制比等特点的第二代测量放大芯片 AD521;专为恶劣条件下进行高精度数据采集而设计的精密集成测量放大芯片 AD522;为满足传感器输出的宽范围电压信号变化(从微伏级到伏级)设计的增益可编程控制放大器(PGA)AD524 等。作为一个例子,下面简单介绍 AD521 的典型电路,如图 7.4.8 所示。其中 4 脚和 6 脚为外接调零端,可外接10 kΩ可调电阻,负电源调零，即当 $U_i=0$ 时调节该电位器使 $U_o=0$。通常测量端(12 脚)和输出端(7 脚)相连，参考端(11 脚)接地，使负载上的信号电压和测量端与参考端之间的电压一致。9 脚为补偿端，当放大倍数下降时，可在补偿端和输出端之间加一电容进行频率补偿。14 脚和 2 脚外接增益电阻 R_G，10 脚和 13 脚外接反馈电阻 R_S，一般 R_S 可调，常选取 $R_S=(100\pm5)\ \mathrm{k\Omega}$，电压放大倍数为

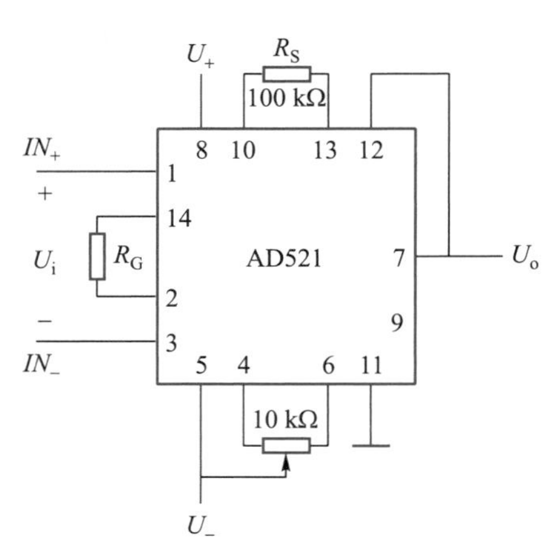

图 7.4.8　AD521 典型电路

$$A_d=\frac{U_o}{U_i}=\frac{R_S}{R_G} \tag{7.4.4}$$

R_G 取不同值时，放大倍数可在 0.1～1 000 之间调整。如 $R_G=1\ \mathrm{M\Omega}$，$A_d=0.1$；$R_G=10\ \mathrm{k\Omega}$，$A_d=10$；$R_G=100\ \Omega$，$A_d=1\ 000$。放大倍数的调整不需要精密的外接电阻，各种放大倍数参数已由内部电路进行补偿。

3. 隔离放大器

随着测量系统的应用环境日益复杂，实际的测量系统往往由多个功能模块组成。这些模块有时采用不同电源单独供电，但由于各电源特性不一和地线分布参数的影响，会产生很强的共模干扰。这时在模块之间的信号传输，或某个模块输入端与输出端之间，采用一般的测量放大电路往往会造成工作不正常或一定程度的损坏，这时必须考虑采用隔离放大器。

目前隔离放大器的种类很多，有变压器耦合的隔离放大器，也有光电耦合的隔离放大器；有专用的隔离放大器芯片，也有根据不同电路要求设计的分立元件组成的隔离放大器。这里以常用的光电耦合器组成的一个实用线性隔离放大器为例，说明它的工作原理。

图 7.4.9 是线性隔离放大器的电路图。电路的核心是两个光电耦合器 V_1 和 V_2。V_2 和 R_3 组成输出级。V_1 和 V_2 的初级串接，两者流过同一电流 I_1。V_1 和 R_2 组成负反馈电路。电源电压 U_{C1}、U_{C2} 应选合适，一般 $U_{C2}>U_{C1}$。电容 C 容量很小，用来消除电路中可能产生的高频自激振荡，而对低频信号 U_i 无影响。

设 V_1 和 V_2 的电流非线性传输函数分别为 $g_1(I_1)$ 和 $g_2(I_1)$，则

$$I_2=g_1(I_1)$$

$$I_3=g_2(I_1)$$

对理想运放 $U_i=U_-=R_2I_2$，而 $U_o=R_3I_3$，则放大器的电压放大倍数

$$A=\frac{U_o}{U_i}=\frac{R_3I_3}{R_2I_2}=\frac{R_3}{R_2}\cdot\frac{g_2(I_1)}{g_1(I_1)} \tag{7.4.5}$$

如果 V_1 和 V_2 选用同型号光电耦合器，可以认为它们的传输函数的温度特

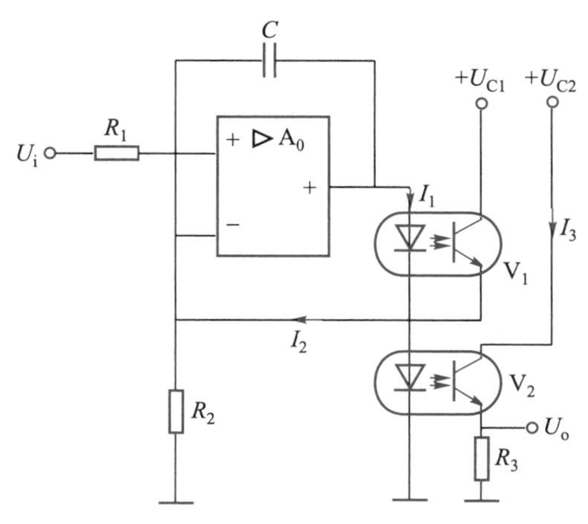

图 7.4.9 线性隔离放大器

性和电流非线性是基本一致的，即 $g_1(I_1)=g_2(I_1)$。故 $A=\dfrac{R_3}{R_2}$，若取$R_3>R_2$，具有线性放大作用。

光电耦合器是非线性器件，能有效地抑制光脉冲及各种噪声干扰，能将信号回路与输出回路隔离。本电路中的输入和输出仅有光的耦合，没有电的联系，U_{C1}、U_{C2}各自采用独立的电源系统，地线分开，因此能很好地隔断共模干扰，实现模块之间模拟信号的不共地传输。

7.5 模拟开关和取样-保持电路

视频资源：7.5 模拟开关和取样-保持电路

在数据采集系统中，被测模拟量经 A/D 转换器变换成数字量后再由计算机处理。将模拟量转换为数字量通常分四个步骤完成，即取样、保持、量化和编码。前两个步骤在取样-保持电路内完成，后两个步骤由 A/D 转换器完成。因模拟开关在取样-保持电路、D/A 转换器及测量系统中要应用到，故本节先介绍模拟开关再介绍取样-保持电路。

7.5.1 模拟开关

模拟开关用于传输模拟信号，它主要由控制电路和开关电路两部分组成。它的构成方式有很多种，可以是双极晶体管电路，也可以是 MOS 场效晶体管电路。这里介绍由 CMOS 传输门构成的模拟开关和集成多路模拟开关。

传输门主要用来传输信号，而且这种信号的传输是受控的。CMOS 传输门电路和图形符号如图 7.5.1 所示。图中 T_1 是 N 沟道增强型 MOS 管，其衬底接地或接负电源。T_2 是 P 沟道增强型 MOS 管，其衬底接$+U_{DD}$（设 $U_{DD}=10$ V）。这样可使 N 沟道和 P 衬底、P 沟道和 N 衬底之间处于反向偏置，起到隔离作用。N 沟道 MOS 管的漏极 D_1 和源极 S_1 分别和 P 沟道 MOS 管的源极 S_2和漏极 D_2 对应连接，利用 P 沟道 MOS 管和 N 沟道 MOS 管的互补特性组成的 CMOS 传输门具有很低的导通电阻（几百欧）和很高的截止电阻（大于 $10^7\ \Omega$），接近理想开关。

图 7.5.1(a)的电路中，设 T_1、T_2 管开启电压的绝对值均为 3 V，输入电压 U_i 的变化范围为 0～10 V。当加于 CP 和 $\overline{CP}$ 端的电压分别为 10 V 和 0 V（即 $CP=\mathbf{1}$，$\overline{CP}=\mathbf{0}$）时，因 T_1、T_2 管的栅极电位分别为 10 V 和 0 V，故 U_i 为 0～7 V 时 T_1 导通，U_i 为 3～10 V 时 T_2 导通，其中 3 V<U_i<7 V 时 T_1、T_2 同时导通（根据导通后电流的流向可确定每管的漏、源极）。故当 $CP=\mathbf{1}$ 时，如 U_i 在 0～U_{DD} 之间变化，T_1、T_2 至少有一个导通，使信号从输入端传送到输出端，$U_o=U_i$。

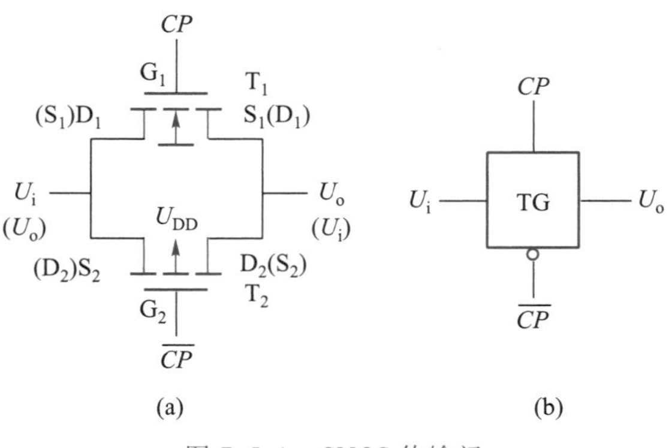

图 7.5.1　CMOS 传输门

(a) 电路　(b) 图形符号

相反，当控制信号 $CP=\mathbf{0}$，$\overline{CP}=\mathbf{1}$ 时，因 T_1 管的 U_{GS} 为负值或零，而 T_2 管的 U_{GS} 为正值或零，故 T_1、T_2 均截止，两管都是高阻状态，这时相当于开关断开，输入信号不能传输到输出端。

由于 MOS 管的漏极和源极在结构上完全一样，可以互换，故传输门具有双向传输的特性，即图 7.5.1 中的 U_i 和 U_o 可以互换（图 7.5.1(a)中加括号的 U_i、U_o 表示互换后的情况）。用传输门加一个反相器可构成模拟开关，如图 7.5.2 所示。当控制信号 $D=\mathbf{1}$ 时模拟开关接通，使 $U_o=U_i$；当 $D=\mathbf{0}$ 时模拟开关断开。

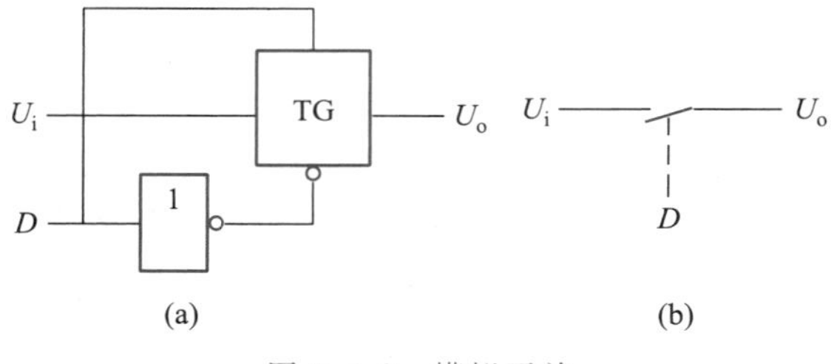

图 7.5.2　模拟开关

(a) 电路　(b) 图形符号

利用上述原理还可以构成其他各种开关电路。图 7.5.3 所示是一个单刀双投模拟开关。当 $D=\mathbf{1}$ 时，TG_1 传输，$U_{o1}=U_i$；当 $D=\mathbf{0}$ 时，TG_2 传输，$U_{o2}=U_i$。也

就是说，输入信号是通过 TG_1 传输，还是通过 TG_2 传输，是由加于 D 端的数字量 **1** 或 **0** 来控制的。

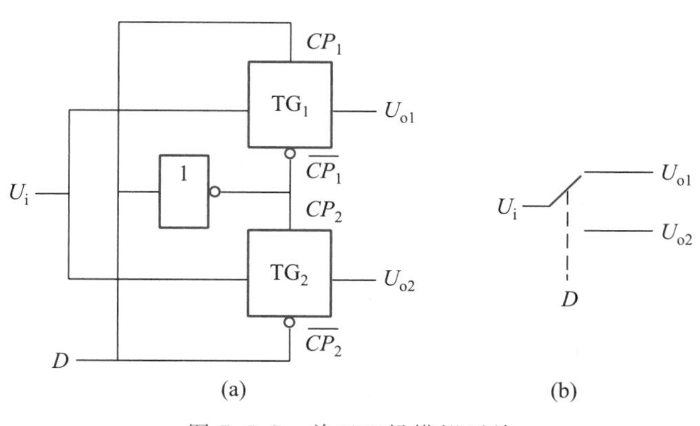

图 7.5.3 单刀双投模拟开关
（a）电路 （b）图形符号

数据采集系统中的多路转换开关常采用集成多路模拟开关，有四选一、八选一、十六选一等类型。

作为示例，下面介绍八选一多路转换开关 CC4051，其引脚排列和结构如图7.5.4(a)和(b)所示。CC4051 主要由逻辑电平转换电路、地址译码电路、开关通道三部分组成。地址控制信号由计算机或其他数字电路提供，一般都设计成 TTL 电平，能与 TTL 逻辑电平兼容。*INH* 为禁止端，当 *INH* 为高电平时，八个通道全部不通。表 7.5.1 为 CC4051 功能表。该芯片采用双电源工作，U_{DD}端接正电源，U_{EE}端接负电源，两者公共接地端为 U_{SS}。其余引脚功能如表 7.5.1 所示。

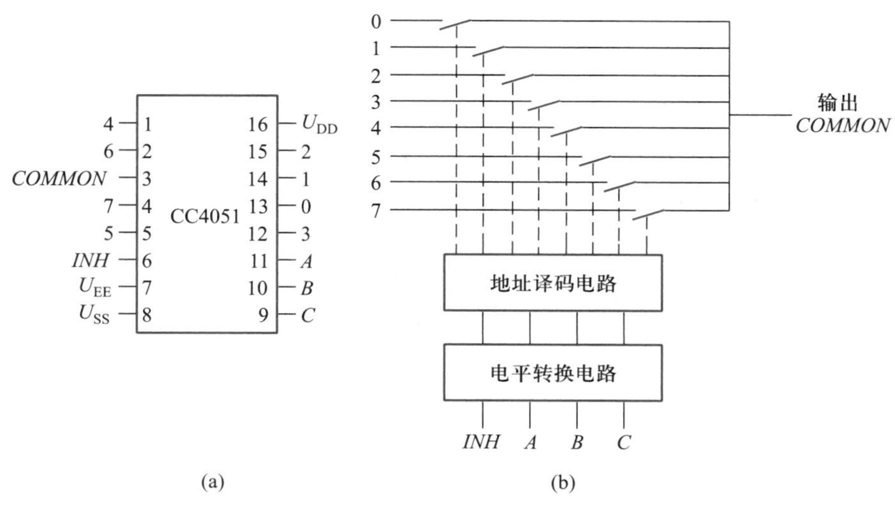

图 7.5.4 CC4051 多路转换开关
（a）引脚排列 （b）结构

表 7.5.1　CC4051 功能表

地址输入				输出通道
INH	*A*	*B*	*C*	*COMMON*
1	×	×	×	—
0	0	0	0	0
0	0	0	1	1
0	0	1	0	2
0	0	1	1	3
0	1	0	0	4
0	1	0	1	5
0	1	1	0	6
0	1	1	1	7

7.5.2　取样-保持(S/H)电路

取样-保持电路是在取样脉冲控制下,处于“取样”或“保持”两种状态的电路。在取样状态时,电路的输出跟随输入模拟电压;转为保持状态时,电路的输出保持前一次取样结束瞬时的模拟信号电压,直至进入下一次取样为止。在一个系统中,是否使用取样-保持电路完全取决于输入信号的频率。若被测信号是快速变化的,则应在 A/D 转换之前加取样-保持电路。并且为了使取样-保持电路输出的信号能不失真地复现为原输入信号,必须满足

$$f_s \geqslant 2f_{imax} \tag{7.5.1}$$

式中,f_s 为取样脉冲频率;f_{imax} 为信号 u_I 的最高频率谐波分量的频率。式(7.5.1)被称为取样定理。

对于变化缓慢的信号,可以不加取样-保持电路,直接进行 A/D 转换。

取样-保持电路的基本结构如图 7.5.5 所示,它由输入、输出缓冲放大器 A_1、A_2、保持电容 C_H 和模拟开关 S 组成。$u_I(t)$ 为输入信号,$u_C(t)$ 为控制模拟开

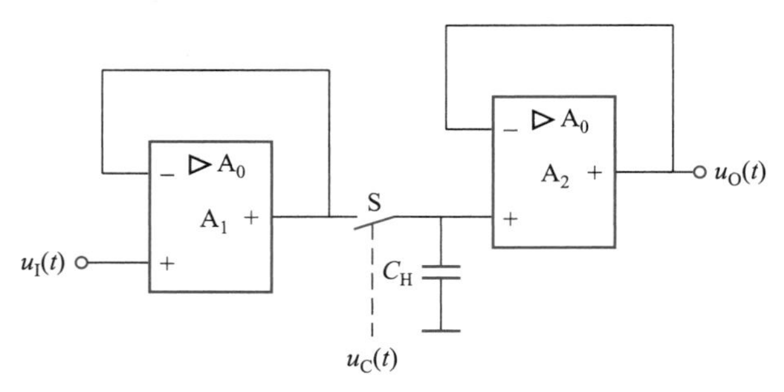

图 7.5.5　取样-保持电路的基本结构

关S通断的取样脉冲。在取样期间，控制信号$u_C(t)$为高电平，开关S闭合，输入信号$u_I(t)$通过集成运放A_1对保持电容C_H快速充电；当控制信号$u_C(t)$为低电平时，开关S断开，进入保持状态，电容上保持着开关断开瞬间的输入电压值，此值一直保持到下一次取样状态开始为止。其过程如图7.5.6所示。

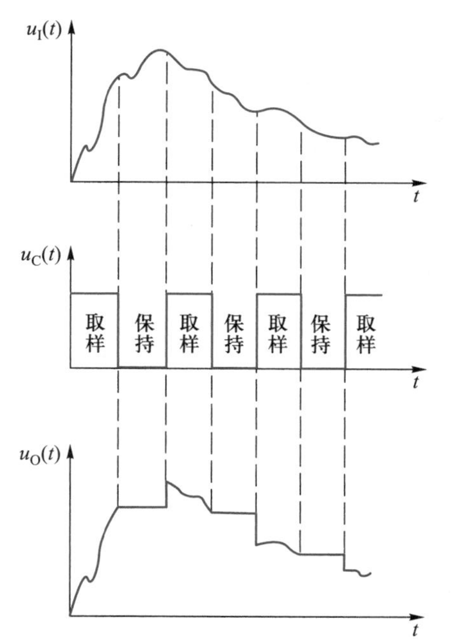

图7.5.6 取样-保持电路波形图

$u_O(t)$为取样-保持后的波形。

考虑到运算放大器的偏置电流和失调电流的影响，为进一步提高取样-保持电路的取样速度和精度，常将图7.5.5所示的基本电路加以改进，即运放A_1的反相端不和A_1的输出端相连，而是直接（或通过一个电阻）和输出端u_O相连，A_2的电路不变。目前集成取样-保持芯片多采用这种改进结构，作为示例，下面简单介绍LF198集成芯片。

LF198的电路结构及引脚排列如图7.5.7所示。它包括由运放A_1、A_2分别构成的输入、输出放大器和取样-保持开关逻辑控制电路LC。为了使电路不影响输入信号源，要求A_1有很高的输入电阻；为了在保持阶段使保持电容C_H不易泄放电荷，要求A_2也具有很高的输入电阻。A_2输出端通过30 kΩ电阻反馈到A_1的反相输入端，引入电压串联负反馈，进一步提高S/H电路的输入电阻，并使$u_O=u_I$，因此，当S接通时，A_1、A_2均为工作在单位增益的电压跟随器。

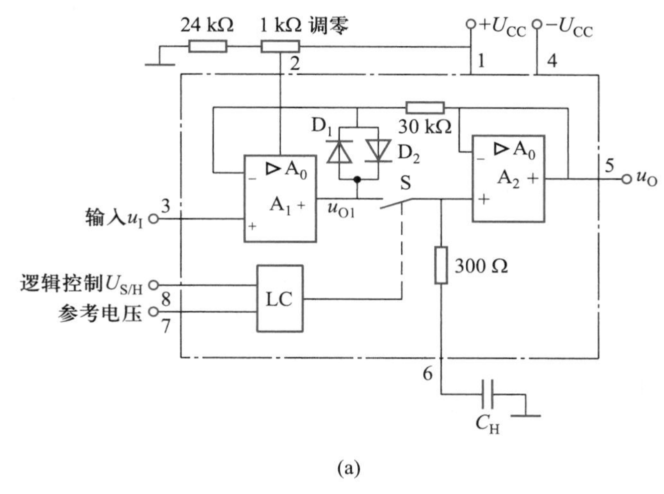

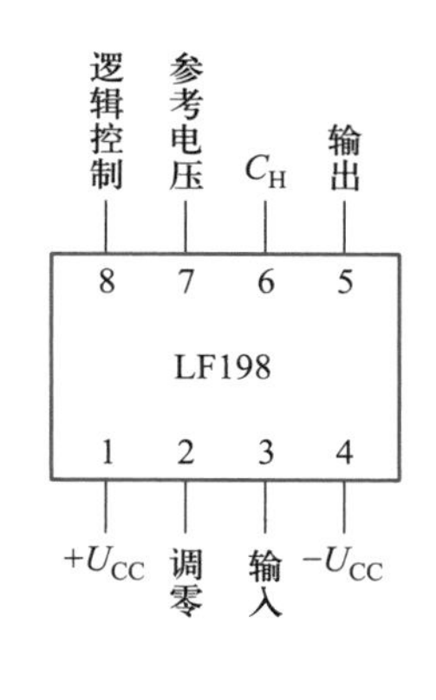

图7.5.7 集成取样-保持器LF198
（a）电路结构 （b）引脚排列

二极管 D_1、D_2 构成 A_1 的负反馈通路，以便将 A_1 的输出电压 u_{O1} 限制在 $u_I \pm 0.7$ V的范围之内，起保护作用。分析如下：若没有 D_1、D_2，如果 S 断开时 u_I 变化了，则 u_{O1} 的变化可能很大（此时 A_1 近似开环），以致使 A_1 的输出进入饱和状态，使开关 S 承受过高的电压。接入 D_1、D_2 后当 u_{O1} 比 u_O 所保持的电压高出一个二极管的导通压降时，D_1 导通，$u_{O1}=u_I+U_{D1}$。当 u_{O1} 比 u_O 低一个二极管的导通压降时，D_2 导通，$u_{O2}=u_I-U_{D2}$。在 S 接通的情况下，因 $u_{O1}=u_O$，所以 D_1，D_2 都不导通，保护电路不起作用。

LF198 的供电电压 $\pm U_{CC}$ 为 $\pm 15 \sim \pm 18$ V。当逻辑控制 $U_{S/H}$ 端的电压大于参考电压与阈值电压之和时，S 接通，电路进入取样阶段。反之，S 断开，电路处于保持阶段。一般参考电压端接地，当 $U_{S/H}$ 为高电平（大于 1.4 V）时，S 接通，$u_O=u_{O1}=u_I$，300 Ω 电阻与地之间接入的保持电容 C_H 上的电压稳态值也是 u_I。$U_{S/H}$ 为低电平时，C_H 的电压（也就是 u_O）保持不变。$U_{S/H}$ 可直接由微机控制。

图 7.5.7 中 1 kΩ 电位器的可动端接芯片的偏置调节端 2，调节可动端的位置，可使输入 u_I 为 0 时，输出直流电压为 0。保持电容 C_H 上的充电电压直接关系到测量精度，因此要求该电容必须选用介质损耗低、漏电流小的电容器。一般选取聚苯乙烯、聚丙烯或聚四氟乙烯电容器。电容器选取范围在几百皮法到0.1 μF之间。取样-保持电路的保持时间短至几个微秒，长达几分钟。

取样-保持器除了在数据采集系统中对信号进行取样和保持外，在其他场合还有许多应用。例如用 LF198 构成峰值电压检测电路如图 7.5.8 所示。LF198 的输出电压 U_o 和输入电压 U_i 通过比较器 LM393 进行比较。当 $U_i>U_o$ 时，LM393 输出高电平，送到 LF198 的逻辑控制端 8 脚，使 LF198 处于取样状态；当 $U_i<U_o$，LM393 输出低电平，使 LF198 处于保持状态，显然 U_o 一直跟踪峰值的变化。为增强电路功能，比如要测出某一时间段出现过的峰值电压，电路中还增加了一控制端 C（常由微机控制），当 C 为高电平时，晶体管 T 导通，取样-保持电容 C_H 放电，当 C 变为低电平时，测量重新开始。

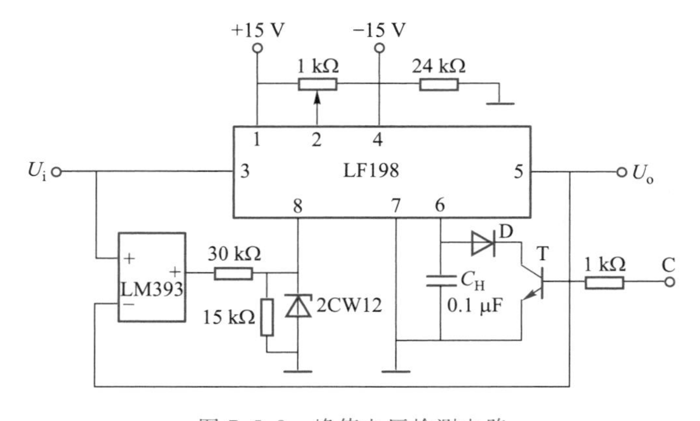

图 7.5.8　峰值电压检测电路

7.6 数模(D/A)转换器

视频资源:7.6 数模(D/A)转换器

数模(digital to analog,简称 D/A)转换器的作用是将数字信号转换成模拟信号。它常用在系统里对外部设备实现控制操作的输出通道中。因为逐次逼近型 A/D 转换器中要用到 D/A 转换器,所以先介绍 D/A 转换器。

7.6.1 T 形电阻 D/A 转换器

D/A 转换器的原理是由输入二进制数码的各位分别控制相应的模拟开关,通过电阻网络得到一个与二进制数码各位的权值成比例的电流,再经过运放求和,转换成与输入二进制码成比例的模拟电压输出。

D/A 转换器有多种电路类型,其中 T 形电阻 D/A 转换器是较常用的一种。图 7.6.1 所示的是一个 4 位 T 形电阻 D/A 转换器的原理图,主要由四部分组成:

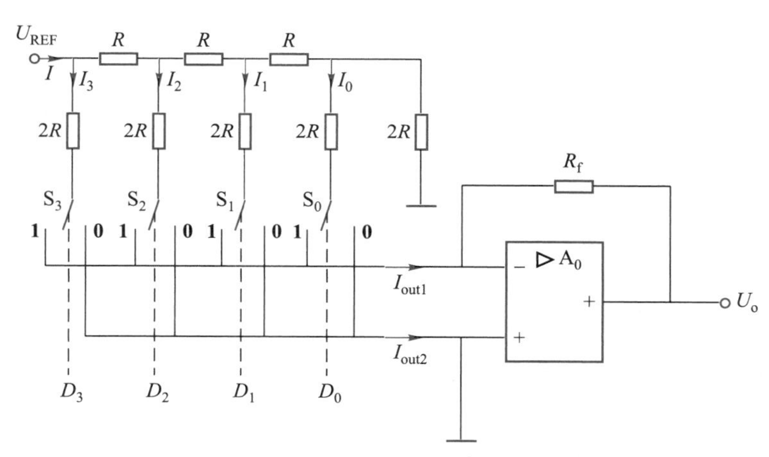

图 7.6.1 T 形电阻 D/A 转换器

(1) T 形电阻网络。由若干个 R 和 $2R$ 的电阻构成。

(2) 模拟开关。模拟开关 S_3、S_2、S_1、S_0 的状态分别受输入数字信号 D_3、D_2、D_1、D_0 控制,即每一位二进制数码相应控制一个开关。以 D_3 为例,当 $D_3=\mathbf{1}$ 时,模拟开关 S_3 合向左边,支路电流 I_3 流向 I_{out1}。当 $D_3=\mathbf{0}$ 时,S_3 合向右边,支路电流 I_3 流向 I_{out2}。

(3) 电流求和放大器。对各位数字量所对应的电流进行求和,并转换成相应的模拟电压。

(4) 基准电源。用作基准的高精度电压 U_{REF},电压稳定度要求极高,一般通过专门设计的稳压电路获得。

下面分析 T 形电阻 D/A 转换器的工作原理。从图 7.6.1 可知,运放采用反相输入方式连接,反相端为“虚地”。因此不论模拟开关接向左边还是右边,电阻 $2R$ 接模拟开关一侧的电位为零。由图可见,从输入端看进去整个电阻网络

的等效电阻为 R，总电流 $I=\frac{U_{\mathrm{REF}}}{R}$。并且有 $I_3=\frac{I}{2^4}\times2^3$，$I_2=\frac{I}{2^4}\times2^2$，$I_1=\frac{I}{2^4}\times2^1$，$I_0=\frac{I}{2^4}\times2^0$，即每位支路电流与二进制权值成正比。

当每位开关合向左边时的支路电流由 I_{out1} 流出，开关合向右边时的支路电流由 I_{out2} 流出，故在输入不同的二进制数时，流过 R_{f} 的电流 I_{out1} 的大小就不同。

对于输入一个任意 4 位二进制数 $D_3D_2D_1D_0$ 有

$$I_{\mathrm{out1}}=\frac{I}{2^4}(D_32^3+D_22^2+D_12^1+D_02^0)$$

运放输出电压可表示为

$$\begin{aligned}U_{\mathrm{o}}&=-R_{\mathrm{f}}I_{\mathrm{out1}}=-\frac{R_{\mathrm{f}}I}{2^4}(D_32^3+D_22^2+D_12^1+D_02^0)\\&=-\frac{U_{\mathrm{REF}}R_{\mathrm{f}}}{2^4R}(D_32^3+D_22^2+D_12^1+D_02^0)\end{aligned}\tag{7.6.1}$$

可见输出的模拟电压正比于输入的二进制数字信号。依此类推，对于 n 位 D/A 转换器，则有

$$U_{\mathrm{o}}=-\frac{U_{\mathrm{REF}}R_{\mathrm{f}}}{2^nR}(D_{n-1}2^{n-1}+D_{n-2}2^{n-2}+\cdots+D_12^1+D_02^0)\tag{7.6.2}$$

7.6.2　集成 D/A 转换器举例

现以 CC7520 D/A 转换器为例，简单说明其应用。

CC7520 是用 CMOS 工艺制作的 10 位 D/A 转换器。其内部只包含 10 位 T 形电阻网络和 10 个 CMOS 双向模拟开关，运算放大器需要外接。图 7.6.2(a) 是其集成芯片引脚图。$D_0\sim D_9$ 是数据输入端，U_{DD} 是芯片电源端，U_{REF} 是基准电压输入端，R_{f} 为反馈输入端，I_{out1}、I_{out2} 为电流输出端。

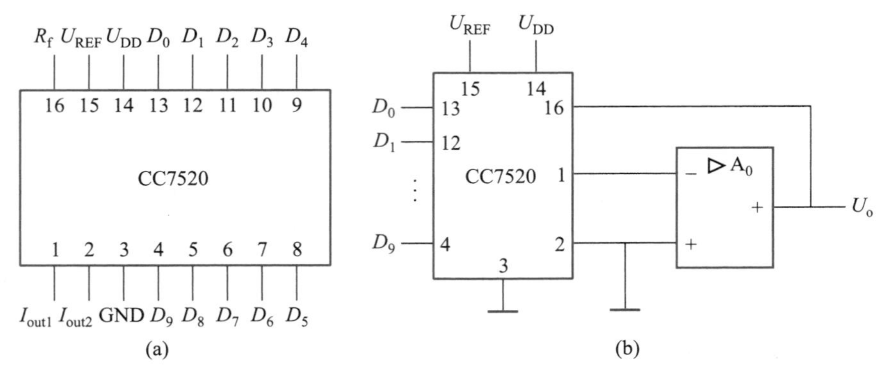

图 7.6.2　CC7520 D/A 转换器
(a) 引脚排列　(b) 基本应用电路

CC7520 的基本应用电路如图 7.6.2(b)所示。CC7520 内部 16 脚与 1 脚之间接有一电阻 R_f，且 $R_f=R=10\ \text{k}\Omega$，此时运放输出电压

$$U_o=-\frac{U_{REF}}{2^{10}}(D_9 2^9+D_8 2^8+\cdots+D_1 2^1+D_0 2^0)$$

由 D/A 转换器构成的应用电路很多，下面介绍一个实例——程控三角波/方波发生器，其电路如图 7.6.3(a)所示，它的输出频率由输入的数字量控制。

该电路的工作原理是：图中电压比较器 A_2 的输出被稳压管钳位在 $\pm U_Z$ 电平上，并经 10 kΩ 电位器分压后作为 CC7520 的基准电压。运放 A_1 组成的积分电路根据基准电压的极性进行反向积分。当积分电路的输出在比较器同相输入端所建立的电压超过它的比较参考电压(A_2 的比较参考电压为 0 V)时，比较器输出状态发生变化，从而使 D/A 转换器的基准电压极性发生变化，于是积分器转换积分方向。由此可见，在积分器的输出端可取得三角波，在比较器的输出端可取得方波，其波形如图 7.6.3(b)所示。

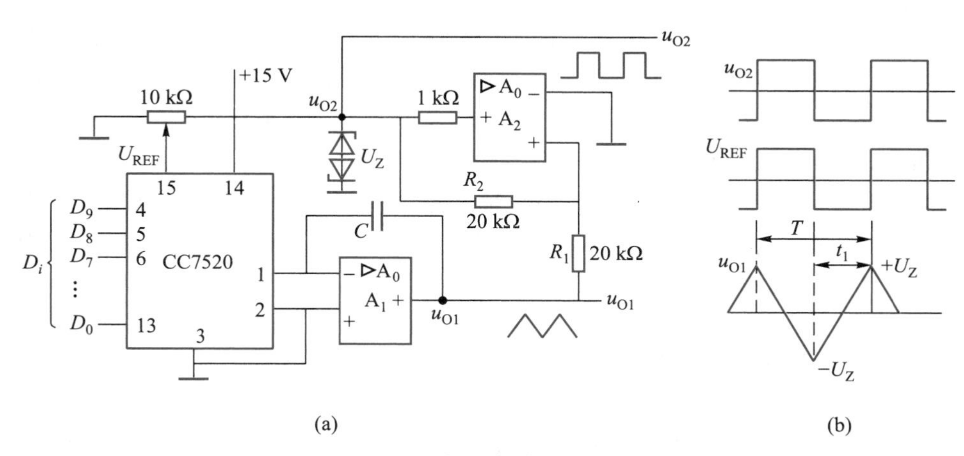

图 7.6.3 程控三角波/方波发生器
(a) 电路 (b) 波形

运放 A_1 的输出电压 u_{O1} 从 $-U_Z$ 变化到 U_Z 时可表示为

$$u_{O1}=-U_Z-\frac{I_C}{C}t$$

式中，$I_C=I_{out1}=\frac{U_{REF}}{2^{10}R}(D_9 2^9+D_8 2^8+\cdots+D_1 2^1+D_0 2^0)$。若调整 $U_{REF}=\pm U_Z$，则 u_{O1} 从 $-U_Z$ 上升至 $+U_Z$ 所需的时间 t_1 可由下式求得

$$U_Z=-U_Z-\frac{-U_Z}{2^{10}RC}(D_9 2^9+D_8 2^8+\cdots+D_1 2^1+D_0 2^0)t_1$$

$$t_1=\frac{2\times 2^{10}RC}{D_9 2^9+D_8 2^8+\cdots+D_1 2^1+D_0 2^0}$$

所以输出波形的周期

$$T = 2t_1 = \frac{4RC}{D_9 2^{-1} + D_8 2^{-2} + \cdots + D_1 2^{-9} + D_0 2^{-10}} \tag{7.6.3}$$

可见改变 D/A 转换器输入的数字量 $D_9D_8\cdots D_0$ 就可改变输出三角波、方波的周期和频率。此外,调节基准电压 U_{REF},也可改变输出波形的频率。

视频资源:7.7 模数(A/D)转换器

7.7 模数(A/D)转换器

模拟信号经取样-保持电路后得到的取样信号在时间上是离散的,但在幅度上仍是连续变化的。为了用数字量来表示它,则须将它在幅度上也离散化,即将保持期间的信号幅度值取整为最接近的离散电平。这个转化过程称为量化。离散电平是已规定的某个最小数量单位(称量化单位)的整数倍值。由于真实信号幅度与离散电平之间存在误差,量化时就会带来量化误差。因此量化单位取得越小(离散电平分层越多),量化误差就越小。量化后的数值用二进制代码表示称为编码。

量化和编码由 A/D 转换器完成。目前应用的 A/D 转换器主要有两大类。一类是直接 A/D 转换器,它是将输入模拟电压直接转换成数字量,不经过任何中间变量。这类转换器主要有逐次逼近型 A/D 转换器、并联比较型 A/D 转换器、电荷再分配型 A/D 转换器等。另一类是间接 A/D 转换器,它是先将输入的模拟电压转换成某一中间变量如时间、频率等,再将这个中间变量转换成数字代码。这类转换器主要有单积分 A/D 转换器、双积分 A/D 转换器、四重积分 A/D 转换器、U/f 转换器等。

7.7.1 逐次逼近型 A/D 转换器

1. 工作原理

图 7.7.1 所示是逐次逼近型 A/D 转换器的原理框图。它由 D/A 转换器、电压比较器、逐次逼近寄存器、节拍脉冲发生器、输出寄存器、基准电源和时钟信号等几部分组成。

其 A/D 转换过程如下:转换开始前,A/D 转换器输出的各位数字量全为 **0**。转换开始,在节拍脉冲发生器输出的节拍脉冲作用下首先将逐次逼近寄存器的最高位置 **1**,使输出数字为 **100…0**,这个数码经 D/A 转换器转换成相应的模拟电压 U_S,送到比较器与输入电压 U_x 比较。若 $U_x>U_S$,说明数字量还不够大,应将最高位的 **1** 保留;若 $U_x<U_S$,表明数字量过大,应将最高位的 **1** 清除。然后再按同样的方法把逐次逼近寄存器的次高位置成 **1**,并且经过比较以确定这个 **1** 是否应该保留。如此逐位比较下去,一直进行到最低位为止。比较完毕后,逐次逼近寄存器中的状态就是与模拟电压 U_x 对应的数字量。将此结果存入输出寄存器即可对外输出数字量。

以下就图 7.7.2 所示的 3 位逐次逼近型 A/D 转换器的逻辑电路,说明各组

成部分的作用和逐次比较的过程。

(1) D/A 转换器。它的作用是根据不同的输入产生一系列供比较用的参考电压,其输出 U_S 与输入 $Q_2Q_1Q_0$ 之间的关系如表 7.7.1 所示。

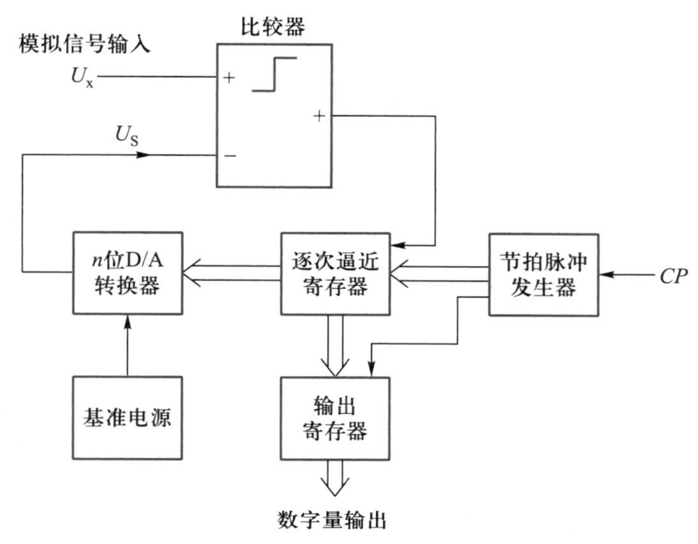

图 7.7.1 逐次逼近型 A/D 转换器原理框图

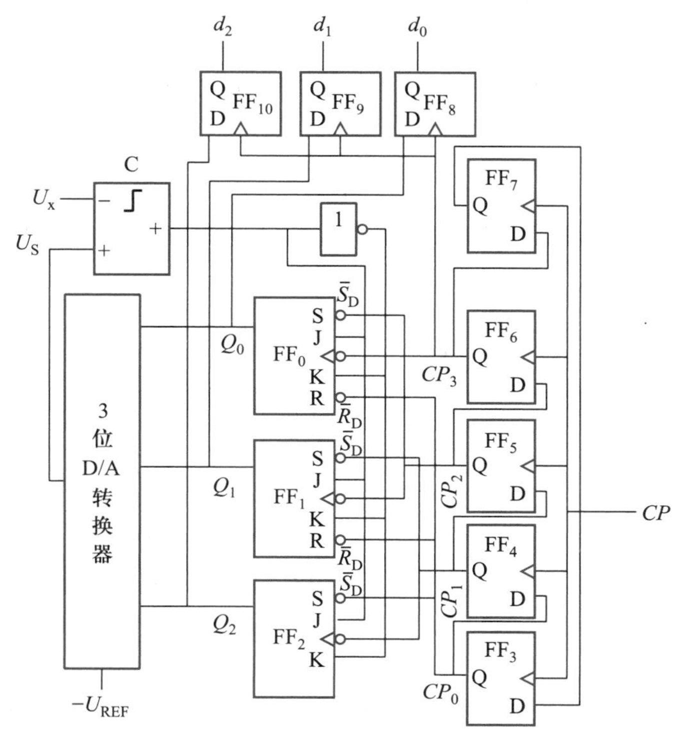

图 7.7.2 3 位逐次逼近型 A/D 转换器

表 7.7.1　3 位 D/A 转换器输出与输入的关系

数字量输入			模拟量输出
Q_2	Q_1	Q_0	U_S
1	**1**	**1**	$\frac{7}{8}U_{REF}$
1	**1**	**0**	$\frac{6}{8}U_{REF}$
1	**0**	**1**	$\frac{5}{8}U_{REF}$
1	**0**	**0**	$\frac{4}{8}U_{REF}$
0	**1**	**1**	$\frac{3}{8}U_{REF}$
0	**1**	**0**	$\frac{2}{8}U_{REF}$
0	**0**	**1**	$\frac{1}{8}U_{REF}$
0	**0**	**0**	0

（2）比较器。同相输入端接取样-保持后的输入电压 U_x，反相输入端接参考电压 U_S，当 $U_+>U_-$ 即 $U_x>U_S$ 时比较器输出为 **1**，反之输出为 **0**。

（3）节拍脉冲发生器。由 D 触发器 $FF_3 \sim FF_7$ 组成，其作用是产生节拍脉冲 $CP_0 \sim CP_3$（如图 7.7.3 所示），作为逐次比较的控制信号。$CP_0 \sim CP_3$ 的初始状态为 **1**，Q_7 的初始状态为 **0**，可由 $FF_3 \sim FF_7$ 的直接置 **1** 端或直接置 **0** 端来实现（图 7.7.2 中未画出）。

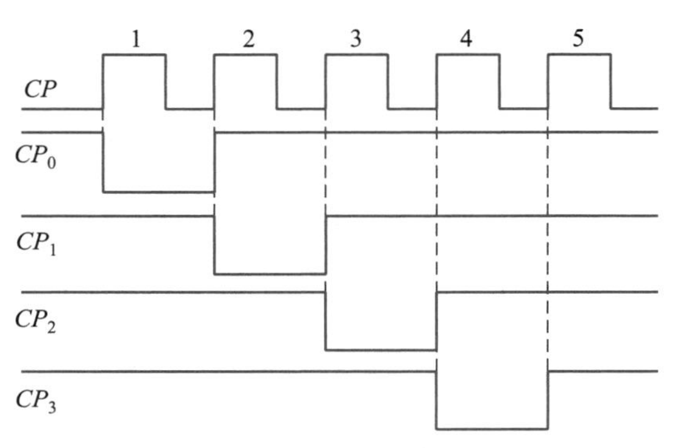

图 7.7.3　节拍脉冲发生器输出的节拍脉冲

（4）逐次逼近寄存器。由 JK 触发器 $FF_0 \sim FF_2$ 组成，其作用是在节拍脉冲作用下记忆前次比较结果，为 D/A 转换器产生下次比较参考电压提供输入数码。

（5）数据寄存器。由 D 触发器 $FF_8 \sim FF_{10}$ 组成，用来存放 A/D 转换的结果。

下面具体分析电路的工作情况，为便于说明，假定 $U_{REF}=2$ V，$U_x=1.3$ V。

当第 1 个 CP 上升沿出现时，CP_0 波形产生负跳变，这个负跳变作用至 FF_2

的 $\bar{S}_D$ 和 FF_1、FF_0 的 $\bar{R}_D$ 端，使触发器的状态 $Q_2Q_1Q_0=\mathbf{100}$。D/A 转换器输出 $U_S=\frac{1}{2}U_{REF}=\frac{1}{2}\times2\ V=1\ V$，$U_S<U_x$，比较器输出为高电平，使各 JK 触发器的 $J=\mathbf{1}$，$K=\mathbf{0}$。

当第 2 个 CP 上升沿出现时，CP_1 产生负跳变，这个负跳变作用于 FF_1 的 $\bar{S}_D$ 端使 $Q_1=\mathbf{1}$，并作用于 FF_2 的时钟控制端，因 $J_2=\mathbf{1}$、$K_2=\mathbf{0}$，使 Q_2 保持为 $\mathbf{1}$，而此时 FF_0 的状态不变即 $Q_0=\mathbf{0}$。因此触发器的状态 $Q_2Q_1Q_0=\mathbf{110}$，D/A 转换器的输出 $U_S=\frac{3}{4}U_{REF}=\frac{3}{4}\times2\ V=1.5\ V$，$U_S>U_x$，比较器输出为低电平，使各 JK 触发器的 $J=\mathbf{0}$、$K=\mathbf{1}$。

当第 3 个 CP 上升沿出现时，CP_2 产生负跳变，这个负跳变作用于 FF_0 的 $\bar{S}_D$ 端使 $Q_0=\mathbf{1}$，并作用于 FF_1 的时钟控制端，因 $J_1=\mathbf{0}$、$K_1=\mathbf{1}$，使 $Q_1=\mathbf{0}$，而此时 FF_2 的状态不变。因此触发器的状态 $Q_2Q_1Q_0=\mathbf{101}$，D/A 转换器的输出 $U_S=\frac{5}{8}U_{REF}=1.25\ V$，$U_S<U_x$，比较器输出为高电平，使各 JK 触发器的 $J=\mathbf{1}$、$K=\mathbf{0}$。

当第 4 个 CP 上升沿出现时，CP_3 产生负跳变，这个负跳变作用于 FF_0 的时钟控制端，因 $J_0=\mathbf{1}$、$K_0=\mathbf{0}$，使 Q_0 保持为 $\mathbf{1}$，而此时 FF_1、FF_2 的状态不变，即 $Q_1=\mathbf{0}$、$Q_2=\mathbf{1}$。因此触发器状态为 $Q_2Q_1Q_0=\mathbf{101}$。

当第 5 个 CP 上升沿出现时，CP_3 波形产生正跳变，将 $Q_2Q_1Q_0$ 的状态存入 D 触发器 $FF_8\sim FF_{10}$，这样就完成了一次转换。三个 D 触发器的输出即为 U_x 所对应的二进制代码。本例 $U_x=1.3\ V$，$d_2d_1d_0=\mathbf{101}$。

由此例可见，3 位 A/D 转换器完成一次转换需要 5 个 CP 的周期。对于 n 位 A/D 转换器，转换一次需要 $n+2$ 个时钟脉冲周期。位数增加，转换时间相应增加，逻辑电路也相应复杂些，但转换原理是相同的。逐次逼近型 A/D 转换器精度高，速度快，转换时间固定，容易和微机接口，是目前种类最多，数量最大，应用最广泛的一种 A/D 转换器件。逐次逼近型 A/D 转换器的分辨率用输出二进制位数来表示。位数越多，量化误差越小，转换的精度越高。目前常用的 ADC0801（8 位/100 μs），AD574（12 位/35 μs），ADC1210（12 位/100 μs），ADC11435（16 位/70 μs）等集成芯片都是逐次逼近型 A/D 转换器。

在模拟量转换成数字量期间，输入模拟量应保持不变，因而 U_x 应是经过取样－保持后才加到比较器的。

2. 集成 A/D 转换器举例

图 7.7.4 是 ADC0801A/D 转换器的引脚排列和典型外部接线图。被转换的电压信号从 $U_{IN(+)}$ 和 $U_{IN(-)}$ 输入。$U_{IN(+)}$、$U_{IN(-)}$ 是输入级差分放大电路的两个输入端。如果输入电压为正，则信号加到 $U_{IN(+)}$ 端，$U_{IN(-)}$ 端接地（AGND）。如果为负则反之。AGND 是模拟地端，DGND 是数字地端。这样分开设置，目的是使数字电路的地电流不影响模拟信号回路，以防止寄生耦合造成的干扰。

参考电压可以由外部电路提供，从 $U_{REF}/2$ 端直接送入。当 U_{CC} 电源精确稳定时，也可作为电压基准。这时 ADC0801 芯片内部设有分压电路可自行提供 $U_{CC}/2$ 的参考电压，$U_{REF}/2$ 端不必外接电源，悬空即可。

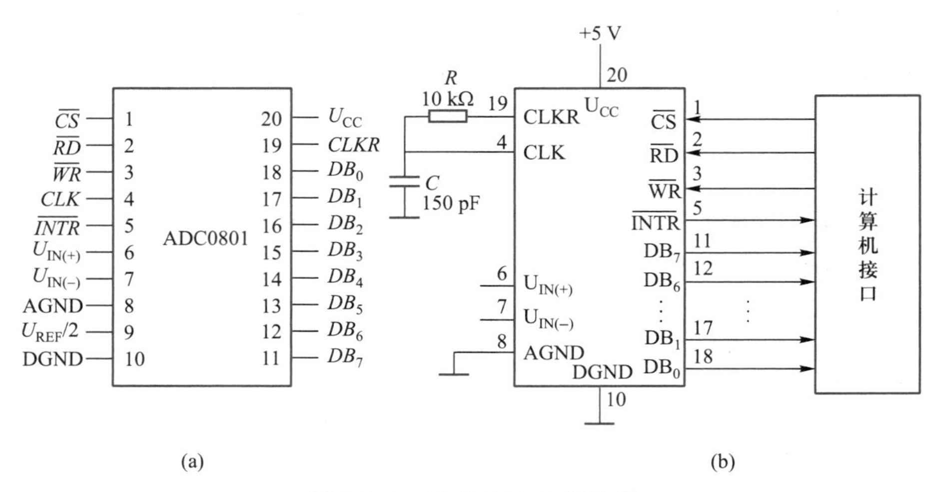

图 7.7.4　ADC0801A/D 转换器

(a) 引脚排列　(b) 典型外部接线

ADC0801 内部设有时钟电路，只要在外部 *CLKR* 和 *CLK* 两端外接一个电阻和一个电容就可产生 A/D 转换所需要的时钟，其振荡频率 $f_{CLK}\approx 1/(1.1RC)$。典型应用参数为 $R=10\ \text{k}\Omega$，$C=150\ \text{pF}$，$f_{CLK}\approx 600\ \text{kHz}$。若采用外部时钟，则可从 *CLK* 端送入，此时不接 *R*、*C*。

$\overline{CS}$是片选端，$\overline{WR}$是写控制端，当$\overline{CS}$和$\overline{WR}$同时有效时（均为低电平）启动 A/D转换。$\overline{INTR}$是转换结束信号输出端。当本次转换已经完成，该端从高电平跳变到低电平。$\overline{RD}$为转换结果读出控制端，当它与$\overline{CS}$同时为低电平时，输出数据锁存器 $DB_0\sim DB_7$ 各端上出现 8 位并行二进制数码，表示 A/D 转换结果。ADC0801 每秒钟可转换 1 万次，即转换一次的时间为 100 μs。

7.7.2　双积分型 A/D 转换器

1. 工作原理

双积分型 A/D 转换器属于间接 A/D 转换器。它的基本原理是首先对输入模拟电压进行取样积分，然后对基准电压进行比较积分，获得与输入电压平均值成正比的时间间隔，并利用时钟脉冲和计数器将该时间间隔变换成正比于输入模拟信号的数字量。

图 7.7.5 是双积分型 A/D 转换器的原理图，它由积分器、过零比较器、模拟开关、控制逻辑电路、计数器和时钟脉冲发生器等组成。

图 7.7.5 中 U_x 为输入模拟电压，$-U_R$ 为基准电压，$-U_R$ 极性与 U_x 相反。为了叙述方便，现假定 U_x 为正极性恒定电压，$-U_R$ 则是负极性电压。转换前控制电路使模拟开关 S_2 闭合，电容 *C* 充分放电，并使计数器清零。

整个转换过程可分为两个阶段：

(1) 定时取样阶段。设 $t=0$ 转换开始，控制电路使模拟开关 S_2 断开，模

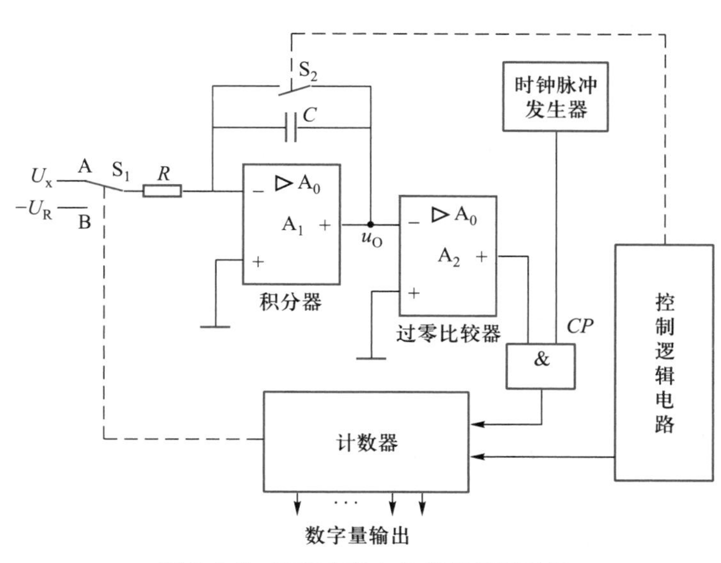

图 7.7.5 双积分型 A/D 转换器原理图

拟开关 S_1 合向 A 侧,积分器从起始状态 0 V 开始对 U_x 积分,积分器的输出电压为

$$u_O = -\frac{1}{RC}\int_0^t U_x \mathrm{d}t \tag{7.7.1}$$

由于 U_x 为正值,则 u_O 为负并以与 U_x 大小相应的斜率开始下降,如图 7.7.6 所示。由于 $u_O<0$,比较器输出为高电平,**与**门开通,时钟脉冲 CP 通过**与**门加到计数器输入端,计数器从 **0** 态开始计数,一直计到时间 $t=t_1$ 时,计数器的各位再次恢复为 **0** 态,亦即计数器状态循环变化了一次。此时计数器会输出一个信号送至模拟开关 S_1,使 S_1 由 A 侧断开,转至 B 侧,停止取样。如果计数器为 n 位二进制计数器,T_c 为计数脉冲周期,定时取样阶段经过的时间为

$$T_1 = t_1 - 0 = 2^n T_c \tag{7.7.2}$$

转换瞬间 $t=t_1$,积分器的输出电压为

$$U_P = -\frac{T_1}{RC}U_x = -\frac{2^n T_c}{RC}U_x \tag{7.7.3}$$

(2) 比较读数阶段。当 $t=t_1$ 时,开关 S_1 合向 B 侧,积分器对反极性的基准电压 $-U_R$ 进行反向积分,输出电压 u_O 从负值 U_P 以一定斜率往正方向上升,同时计数器又从 0 开始计数。

$t \geqslant t_1$ 时积分器的输出电压

$$u_O = U_P - \frac{1}{RC}\int_{t_1}^t (-U_R)\mathrm{d}t \tag{7.7.4}$$

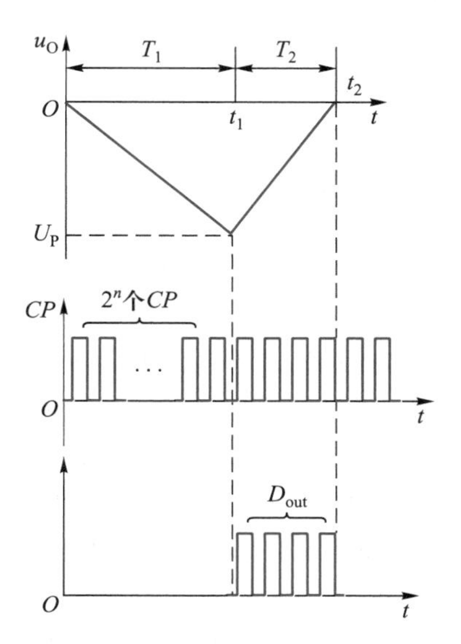

图 7.7.6 双积分型 A/D 转换器的工作波形

当 $t=t_2$ 时，输出电压减小到零，比较器输出变为低电平，与门关闭，计数器停止计数，此刻输出电压

$$u_O = U_P + \frac{1}{RC}\int_{t_1}^{t_2} U_R \mathrm{d}t = U_P + \frac{U_R}{RC}(t_2 - t_1) = 0$$

设 t_1 到 t_2 这段反向积分时间为 T_2，即 $T_2=t_2-t_1$，将它代入上式

$$T_2 = -\frac{U_P}{U_R}RC = \frac{T_1}{U_R}U_x = \frac{2^n T_c}{U_R}U_x \tag{7.7.5}$$

设在 T_2 时间内所计脉冲数目为 D_{out}，则 $T_2=D_{out}T_c$，从式(7.7.5)可得

$$D_{out} = \frac{T_2}{T_c} = \frac{2^n T_c U_x}{T_c U_R} = \frac{2^n}{U_R}U_x \tag{7.7.6}$$

因 2^n、U_R 均为定值，可见 D_{out} 与 U_x 成正比。

因此适当选取参数，可使计数值直接表示输入模拟量 U_x 的大小，从而完成了 A/D 变换。应注意的是要保证 $U_x<U_R$（即 $T_2<T_1$），否则，计数结果会发生溢出，得到不正确的结果。

比较读数阶段结束后，模拟开关 S_2 闭合，电容 C 放电，积分器回零，等待下次转换。

双积分 A/D 转换器的主要优点是转换精度高，抗干扰能力强。这是因为采用两次积分比较，转换结果与时间常数无关，因此 R、C 的缓慢变化不会影响转换精度。此外，在一般控制系统中碰到的干扰主要来自电网电压，通常积分器选用的取样时间 T_1 等于工频电压周期的整数倍，如 20 ms、40 ms 等。这样，积分器在取样时间对输入的正负对称工频干扰信号的积分输出值等于零，故可有效地抑制工频干扰。但是双积分型 A/D 转换器需进行二次积分，工作速度较慢，常用在慢速测量系统中。

2. 集成 A/D 转换器举例

双积分 A/D 转换器有多种型号的集成芯片，下面简单介绍常用的 CC14433 $3\frac{1}{2}$ 位 A/D 转换器。因其价廉，抗干扰性好，外接器件少，使用方便，在一些非快速过程测量系统中有着广泛应用，它的转换速度为 1～10 次/秒。

图 7.7.7 是 CC14433 的内部结构框图。图中主要外接元件是时钟振荡器外接电阻 R_{CLK}，外接失调电压补偿电容 C_0 和外接积分阻容元件 R_1、C_1。补偿电容 C_0 用以在反积分期间扣除失调电压的影响，从而起到自动校零的作用。该电容对测量精度有较大影响，必须选用高质量电容如聚苯乙烯电容。

模拟电路部分有基准电压和模拟电压输入。模拟电压输入量程为 199.9 mV或 1.999 V。基准电压相应为 200 mV 或 2 V。

数字电路部分由控制逻辑、4 位十进制计数器、输出锁存器、多路开关、时钟以及极性判别、溢出检测等电路组成。CC14433 采用了字位动态扫描 BCD 码输出方式，即千、百、十、个各位 BCD 码轮流地在 Q_0～Q_3 端输出，同时在 DS_1～DS_4

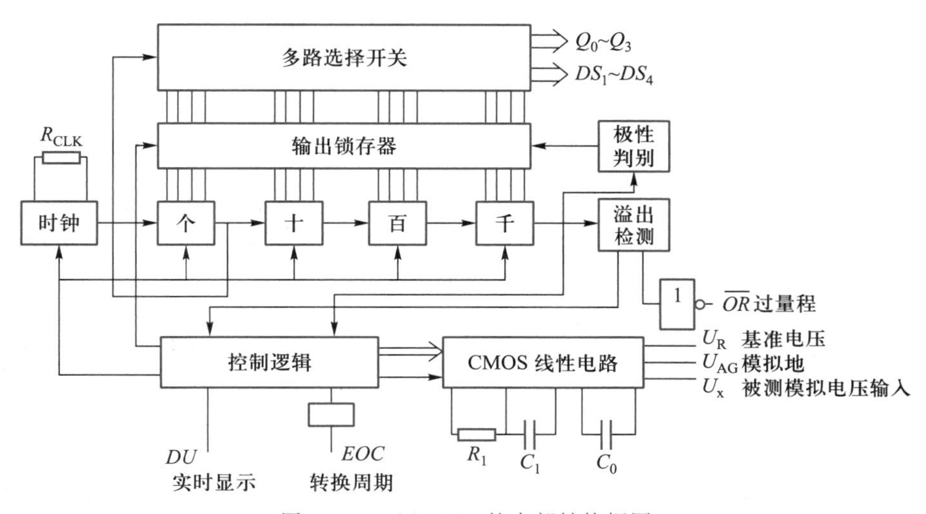

图 7.7.7 CC14433 的内部结构框图

端出现同步字位选通信号。4 位计数器的最大计数值为 1999。所谓 $3\frac{1}{2}$ 位是指千位计数器的输出仅为 **0** 或 **1**,故将该位称为$\frac{1}{2}$位。

CC14433 的引脚排列如图 7.7.8 所示。各引脚端的应用特性说明如下:

芯片工作电源 +5 V ~ +8 V, -8 V ~ -2.8 V。正电源接 U_{DD} 端,负电源接 U_{EE} 端,两者公共接地端为 U_{SS}。

基准电压接入 U_R 端。其接地端为 U_{AG}(模拟地)。基准电压一般由专用稳压电路提供+2 V 或+200 mV 的精确稳压电压。

被测信号由 U_x 端引入,其接地端为 U_{AG}(模拟地)。由于芯片内部具有自动极性转换功能,故正极性或负极性电压均可输入,被测电压量程为±1.999 V 或±199.9 mV。

引脚	名称	引脚	名称
1	U_{AG}	24	U_{DD}
2	U_R	23	Q_3
3	U_x	22	Q_2
4	R_1	21	Q_1
5	R_1/C_1	20	Q_0
6	C_1	19	DS_1
7	C_{01}	18	DS_2
8	C_{02}	17	DS_3
9	DU	16	DS_4
10	$CLKI$	15	$\overline{OR}$
11	$CLKO$	14	EOC
12	U_{EE}	13	U_{SS}

CC14433

图 7.7.8 CC14433 的引脚排列

外接振荡器电阻 R_{CLK} 接入 *CLKI* 和 *CLKO* 端,R_{CLK} 典型值为 300 kΩ,此时时钟频率 f_c 为 66 kHz,时钟频率随 R_{CLK} 增加而下降。

外接积分电阻接入 R_1、R_1/C_1 端,外接积分电容接入 R_1/C_1、C_1 端。当时钟频率 f_c = 66 kHz 时,积分电容 C_1 通常取 0.1 μF,在量程为 2 V 时,积分电阻 R_1 = 470 kΩ;量程为 200 mV 时,R_1 = 27 kΩ。

失调补偿电容 C_0 接入 C_{01}、C_{02}端,C_0 典型值为 0.1 μF。

转换周期结束标志由 *EOC* 端输出,每当 A/D 转换结束,*EOC* 端输出一个宽度为$\frac{1}{2}$时钟周期的正脉冲。

过量程标志由$\overline{OR}$输出，当$|U_x|>U_R$时$\overline{OR}$端输出低电平。

更新转换结果输出的控制端为DU。当DU与EOC连接时，每次A/D转换结果的输出都被更新。

首先，EOC端发出一个正脉冲，接着多路开关$DS_1 \sim DS_4$依次选通，选通脉冲$DS_1 \sim DS_4$控制转换结果$Q_3 \sim Q_0$，以BCD码形式分时按千、百、十、个位次序送出。具体为当DS_2、DS_3、DS_4选通期间，$Q_3 \sim Q_0$分时输出百位、十位、个位的BCD码数。但在DS_1选通期间，输出端$Q_3 \sim Q_0$除了表示千位数**0**或**1**外，还表示了转换结果的正负极性，输入信号是欠量程还是过量程（过量程是指输入过大使计数值超出1 999，欠量程是指输入过小使计数值小于180）。其规定如表7.7.2所示。

表7.7.2 DS_1选通时$Q_3 \sim Q_0$表示的输出结果

DS_1	Q_3	Q_2	Q_1	Q_0	输出结果状态
1	**1**	×	×	**0**	千位数为**0**
1	**0**	×	×	**0**	千位数为**1**
1	×	**1**	×	**0**	输出结果为正值
1	×	**0**	×	**0**	输出结果为负值
1	**0**	×	×	**1**	输入信号过量程
1	**1**	×	×	**1**	输入信号欠量程

在一个转换周期内$Q_3 \sim Q_0$重复输出同一转换结果高达200次以上（即$DS_1 \sim DS_4$周期约为$80T_c$），经过约16 $400T_c$后EOC再次发出一个正脉冲，标志前一次转换结果的输出结束，开始新的转换结果输出。每个选通脉冲宽度为18个时钟周期，相邻选通脉冲之间间隔为2个时钟脉冲，图7.7.9给出CC14433的选通脉冲时序图。

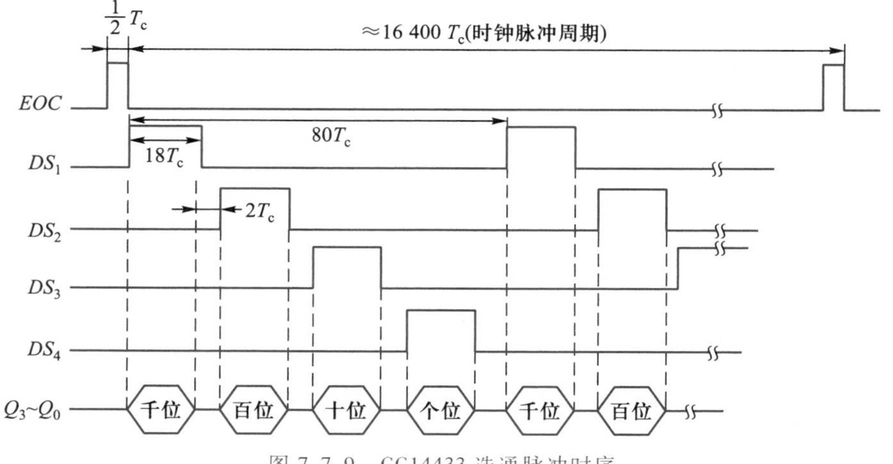

图7.7.9 CC14433选通脉冲时序

CC14433 的分辨率为 $3\frac{1}{2}$ 位，满度字位为 1 999。用百分比表示其分辨率时，分辨率为(1/1 999)×100%＝0.05%。

7.8 非电量测量系统举例

本节以一个在工业控制测量系统中经常遇到的温度测量系统为例，较完整地介绍一个数据采集系统。其测量系统原理框图如图 7.8.1 所示。

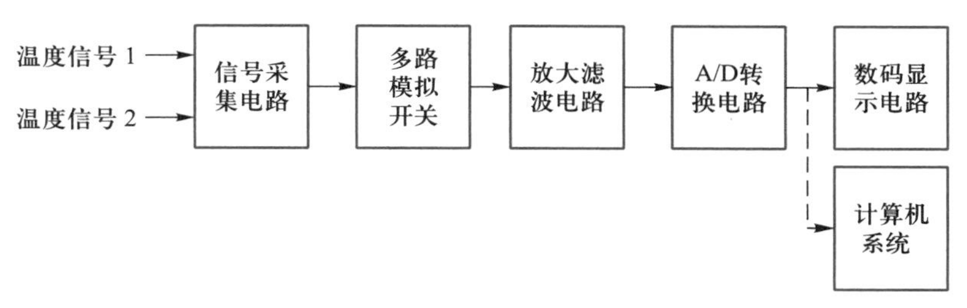

图 7.8.1 温度测量系统原理框图

它由五部分组成，包括信号采集电路、多路模拟开关、放大滤波电路、A/D 转换电路和数码显示电路。需要说明的是，在实际应用中，一般 A/D 转换后的数字量大多是送给计算机系统去处理、显示、传输、打印和实现各种控制功能的，由于微机系统不属于本教材的范围，故微机部分用一数码显示电路来代替。具体的电路如图 7.8.2 所示。

1. 信号采集电路

温度传感器选用 AD590，它是二端式集成温度-电流传感器，测温范围为-55 ℃～+150 ℃，精度可达±0.3 ℃，使用直流电源范围 4～30 V，线性电流输出为 1 μA/K，非线性小于±0.1%，在+25 ℃(298.2 K)时的输出电流为298.2 μA。

AD590 是利用晶体管 BE 间的电压 U_{BE} 和热力学温度近似成正比的基本原理而设计的，以电流形式输出。

图 7.8.2 所示系统测温范围设定为-55℃～+125 ℃。值得注意的是 AD590 测量的是热力学温度(即绝对温度)，热力学温度和摄氏温度之间的关系是 K＝℃+273.2，故在电路设计时应使放大电路的输出电压 U_x 直接和摄氏温度成比例。

2. 多路模拟开关

采用八选一多路模拟开关 CC4051，可巡回检测 8 路被测温度信号，本系统仅以 2 路为例。选择被测温度通道由开关 S_1、S_2、S_3 控制 CC4051 地址输入端 A、B、C 的电平来实现。在计算机系统中 A、B、C 的电平通常由计算机控制。

3. 放大滤波电路

AD590 感受温度转换成电流输出，经过电流-电压转换和放大后作为 A/D 转换器的模拟输入信号。这部分电路主要由 R_1、R_2、R_3、R_4 和集成运放 OP07、精密基准电源 AD584 等构成，图 7.8.3 所示是一路信号的放大电路。

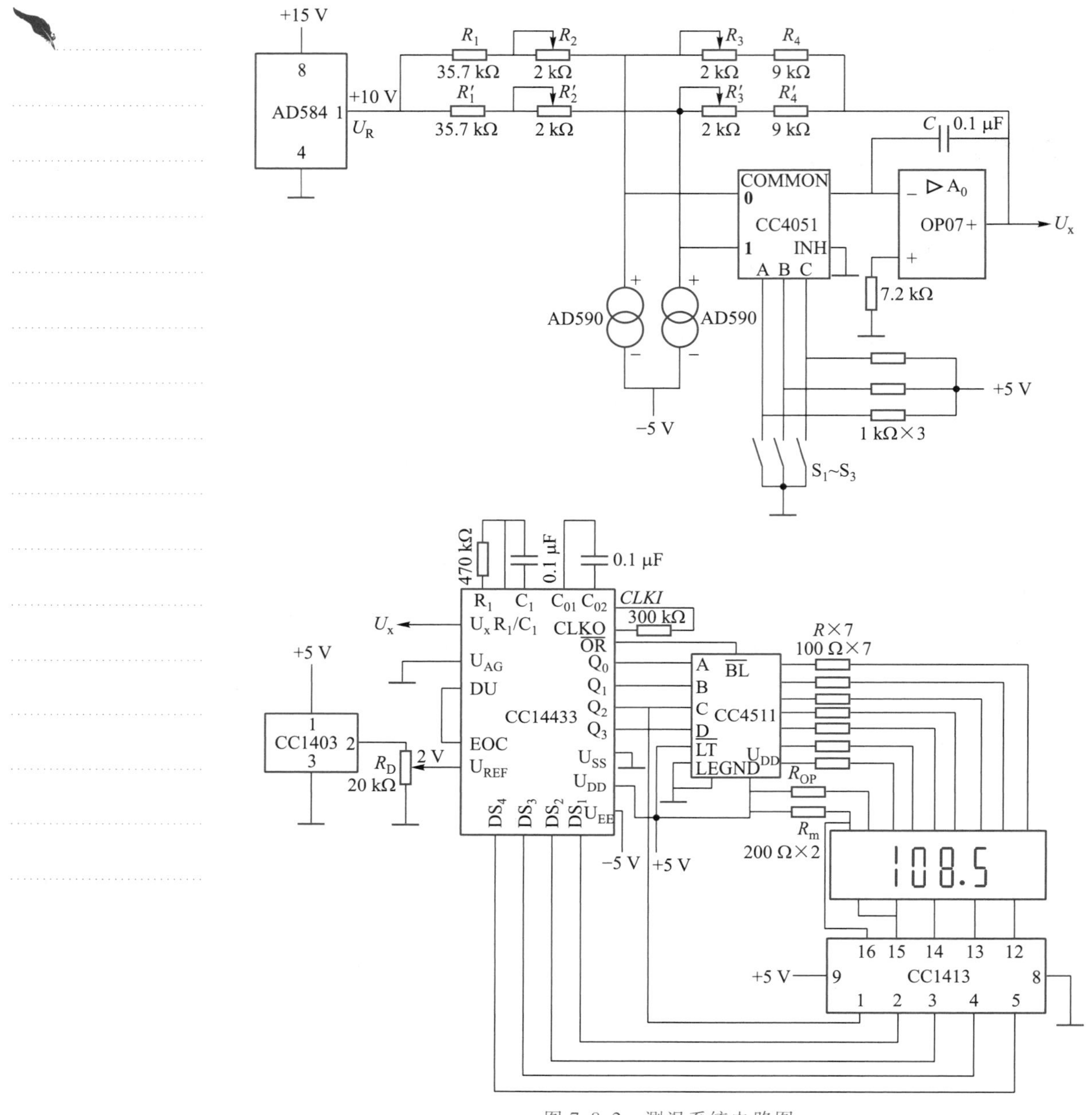

图 7.8.2 测温系统电路图

设流过传感器的电流为 I_T，则有 $I_1=I_T+I_2$，即

$$I_1=\frac{U_R}{R_1+R_2}=\frac{10}{R_1+R_2}$$

$$I_2=\frac{0-U_x}{R_3+R_4}$$

$$\frac{10}{R_1+R_2}=I_T-\frac{U_x}{R_3+R_4}$$

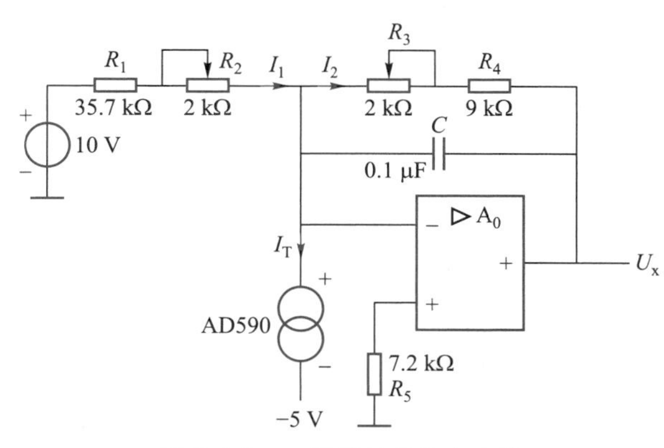

图 7.8.3　一路信号的放大电路

$$U_x = \left(I_T - \frac{10}{R_1 + R_2}\right)(R_3 + R_4)$$

选用图中 R_1、R_2、R_3、R_4 的参数（R_2 调整为 0.9 kΩ 左右，R_3 调整为1 kΩ）可使

$$U_x = (I_T - 273.2 \times 10^{-6}) \times 10 \times 10^3 \text{ V}$$

因 0 ℃时 $I_T = 273.2\times10^{-6}$ A，故 $U_x = 0$ V；在 100 ℃时，$I_T = 373.2\times10^{-6}$ A，$U_x = 1$ V。温度升高 1 ℃，I_T 增加 1 μA，U_x 增加10 mV，即 U_x 随温度以 10 mV/℃的灵敏度变化，若要进一步提高灵敏度，可加大 R_3、R_4 的阻值。

该电路的调试方法为：在 0 ℃时，调节 R_2 使输出电压 U_x 为 0 V；在 100 ℃时，调节 R_3 使输出电压为 1 V。R_2、R_3 一般选用多圈式精密电位器。

AD584 是一种精密基准电源，通过对引脚编程可实现不同的电压输出。正常使用时，可将电源加到引脚 8 和 4 间，其余引脚悬空，这样便在引脚 1 和 4 之间提供一个经过缓冲的 10 V 输出，作为基准电压。

集成运放选用低零漂的 OP07 型。运放电路负反馈电阻两端并联一个电容 C，电容容量一般选 0.1 μF，它相当引入了低通滤波，这可以抑制高频干扰，减小噪声，提高放大电路的性能。

4. A/D 转换和显示电路

它是由 CC14433 A/D、驱动 LED 的译码显示器 CC4511 和位选择驱动器 CC1413 组成。

(1) CC14433 A/D 转换器。集成运放 OP07 的输出电压直接送至 CC14433 的 U_x 端（因短时间内，温度变化不大，可不加取样-保持电路），使之转换为数字信号。CC14433 A/D 片按外接部件选择的要求，在量程 2 V 的情况下，积分电阻 R_1 选 470 kΩ，积分电容 C_1 选 0.1 μF。时钟外接电阻选 300 kΩ，时钟频率为 66 kHz，A/D 转换器的取样速率为 4.16 次/秒。基准电压 $U_R = 2$ V，由输出 2.5 V 的精密电源 CC1403 经电阻分压提供。显示更新数据输入端 DU 与转换结束信号端 EOC 直接相连，以使 A/D 转换器不断显示更新的数据。

(2) CC4511 译码器。CC4511 译码器内有 4 位锁存器、七段译码器以及驱动器，其驱动电流可达 25 mA，它的结构框图如图 7.8.4(a) 所示，图 7.8.4(b) 为

其引脚排列图。CC14433的BCD码输出$Q_0 \sim Q_3$接至CC4511的A、B、C、D输入端，经CC4511内部译码，输出的a、b、c、d、e、f、g直接驱动LED数码管的七段笔画。LE为锁存允许端。当LE为**1**时，保持原有锁存的BCD码不变，当LE为**0**时，锁存电路直通，输入的BCD码直接输出，故图中LE端接地。$\overline{LT}$为灯测试端，$\overline{LT}$置**0**时，$a \sim g$七段全亮显示8。正常工作时$\overline{LT}$置**1**。$\overline{BI}$为消隐端，低电平有效。将$\overline{BI}$置**0**，$a \sim g$七段全暗，无字形显示。图中$\overline{BI}$和CC14433的过量程$\overline{OR}$端连接，当输入电压超出量程（大于1.999 V）时，$\overline{OR}$端由高电平变为低电平，使$\overline{BI}$为**0**，数码管无显示。

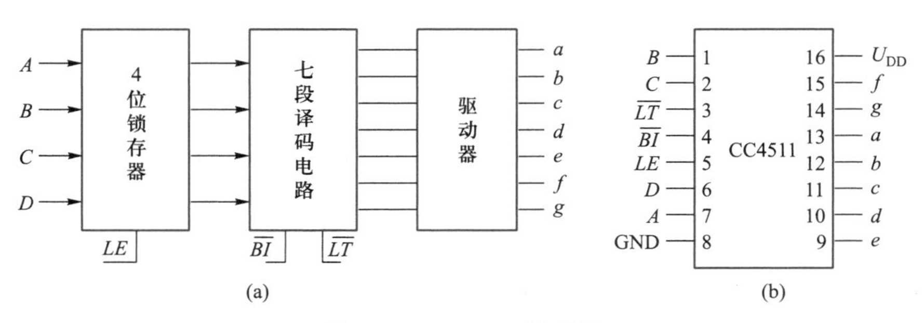

图7.8.4 CC4511译码器

（a）结构框图 （b）引脚排列

由于A/D转换器采用动态扫描方式输出数据，所以只需一块译码器就能驱动各位数码管。

（3）CC1413位驱动器。CC1413是七反相器，其引脚排列如图7.8.5所示。$I_1 \sim I_7$为反相器的输入端，$O_1 \sim O_7$为反相器的输出端。本测温电路用了其中五个反相器。一个控制符号位，四个控制数字位。引脚$I_2 \sim I_5$分别接至CC14433的$DS_1 \sim DS_4$端，以接收A/D转换器输出的选通脉冲，经CC1413反相，使输出端$O_2 \sim O_5$轮流为低电平，以控制四个数码管的阴极，使它们轮流显示。当DS_1的输出为高电平时，千位数码管的阴极为低电平，此时正是BCD码经译码后输入千位数的字段信号，故千位数码管显示出千位数。当DS_2的输出为高电平时，百位数码管的阴极为低电平，而此时正是输入百位数的字段信号，故百位数码管显示出百位数。在一个转换周期各位循环高达200次以上，由于人眼的视觉暂留，可同时读得千位、百位、十位和个位的数值，并且不会有闪烁现象。实际上每瞬时仅一位工作，因此采用这种显示方式可使四个数码管显示的功耗下降为一个数码管的功耗。

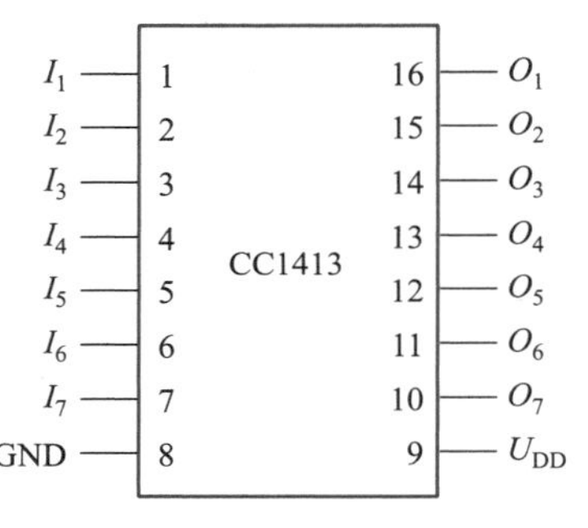

图7.8.5 CC1413的引脚排列

（4）LED数码管。电路中有五个LED数码管，它们采用共阴极连接方式，用以显示符号位、千位、百位、十位和个位。百位、十位和个位的数码管$a \sim g$七个字段都通过限流电阻 R 接至 CC4511 的七个输出端。千位的数码管只接 b 和 c 两个字段。电阻 R_{op} 是小数点发光管的限流电阻，直接接在+5 V 电源上，以保持始终点亮。由于选择 A/D 变换输出+1 000 mV 时对应被测温度为+100℃，即两者数值上正好相差 10 倍。因此小数点直接设置在十位数码管上。电阻 R_m 是符号位“-”发光段的限流电阻。在 CC14433 的 DS_1 选通期间，当 $Q_2=\mathbf{0}$ 表示负极性，相应点亮符号位数码管 g 段，显示“-”号。反之，当 $Q_2=\mathbf{1}$ 表示正极性时，g 段不亮。过量程时，$\overline{OR}$端输出低电平，使 CC4511 的$\overline{BI}$端为 $\mathbf{0}$，四位数码管全部熄灭，但小数点和“-”号(若为负极性)仍然点亮。

该测温系统调试简便，测量精度较高。但是测量温度范围有限，这主要是受温度传感器 AD590 的限制。实际上随着温度范围的扩大，温度传感器非线性程度越严重，这时应采用微机系统处理，进行非线性修正，从而保证足够的测量精度。

本章所举例子主要针对非电量信号测量。若将非电量测量系统中的传感器换成合适的变换电路就可应用于电量的数字化测量。以数字万用表为例，它的内部采用双积分型模数转换器，如果变换电路选用电流-电压转换器，将交、直流电流信号变换成合适大小的直流电压信号，作为图 7.8.2 的 U_x，就可方便的测量显示被测电流。同样如果选用电压-电压转换器、交流-直流转换器、电阻-电压转换器等，即可测量交直流电压、电阻等。

习题

7.1.1　用准确度为 1.5 级、量程为 25 V 的电压表测量 10 V 的电压。试问最大相对误差 γ_{10} 是多少？如果要求测量的最大相对误差不超过 3%，试确定这只电压表适宜于测量的最小电压值 U_x。

7.1.2　用准确度为 2.5 级、量程为 30 A 的电流表，在正常条件下测得电路的电流为 15 A。问可能产生的绝对误差 ΔA 是多少？最大相对误差 γ_{15} 是多少？

7.3.1　如图 7.3.1 所示测温电路中的恒流源电路可用集成运放 A_1、A_2 和电阻 R_1、R_2、R_3、R_4、R_0 组成，如图 7.01 所示。设集成运放具有理想特性，$R_1=R_2=R_3=R_4$，试证明 $I_S=\dfrac{U_{REF}}{R_0}$。

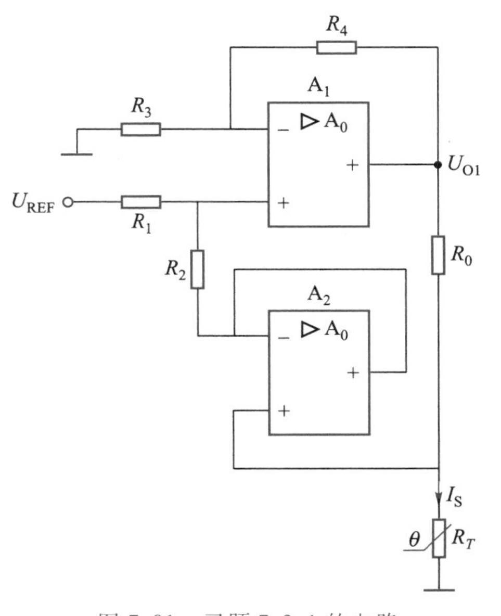

图 7.01　习题 7.3.1 的电路

7.4.1　求图 7.02 的反相输入一阶高通滤波电路的频率特性和截止频率。

7.4.2　图 7.03 为反相输入的一阶低通有源滤波电路，试推导出它的频率特性。若 $C=0.1\ \mu F$，$R_1=1\ k\Omega$，$R_f=3\ k\Omega$，求其截止频率 f_c。

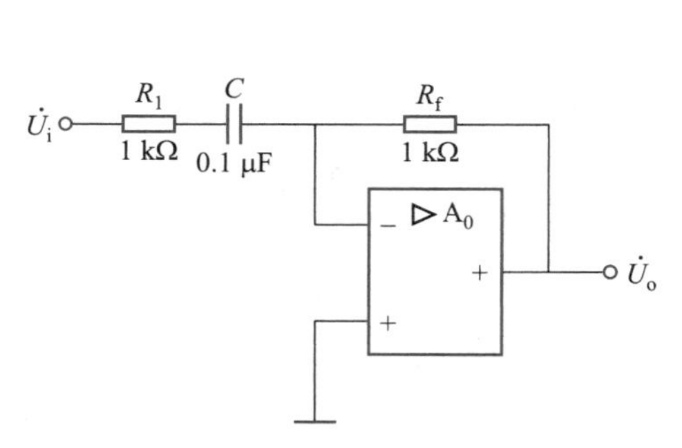

图 7.02 习题 7.4.1 的电路

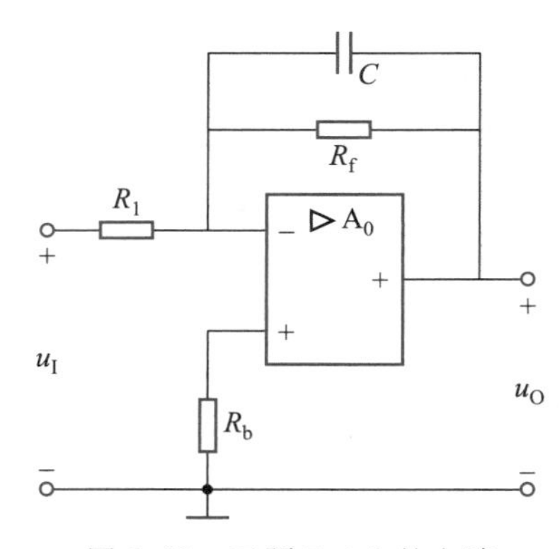

图 7.03 习题 7.4.2 的电路

7.4.3 如图 7.4.7 所示电路中，$R_1=300\ \mathrm{k\Omega}$，$R_2=10\ \mathrm{k\Omega}$，$R_3=1\ \mathrm{M\Omega}$，欲使 $A_d=5\ 100$，R_P 应选取多大？

7.4.4 图 7.04 为称重测量放大电路的前置输入级电路，微弱的输入信号 u_I 由应变式传感器的测量电路得到。图中 C_1、C_2 起高频滤波作用，以抑制高频干扰，但不影响信号放大。设 $R_1+R_2=R_f=R_3=100\ \mathrm{k\Omega}$，$R_P=1\ \mathrm{k\Omega}$，$R_4=100\ \Omega$，试求电压放大倍数 A_f 的变化范围。

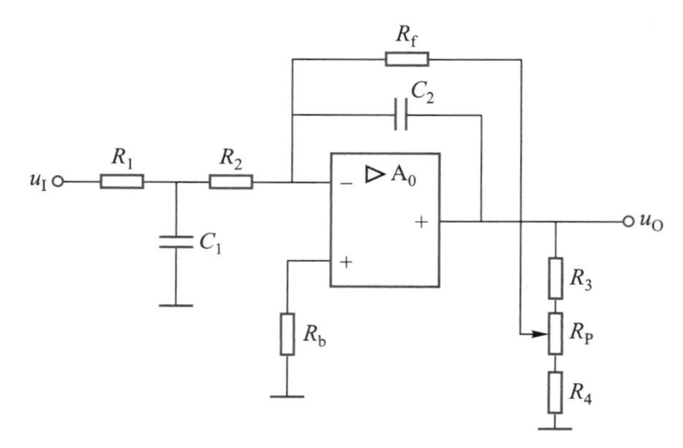

图 7.04 习题 7.4.4 的电路

7.4.5 差分输入运算放大器广泛应用于测量仪表放大器的输入级，如图 7.05 所示。图中导线电阻 $R_{L1}=R_{L2}=1\ \Omega$，信号地（c 端）和仪表地（d 端）之间的地电阻 R_G 上存在干扰电压 $u_G=0.1\ \mathrm{V}$。试求：(1) 根据图示数据，输出电压 u_O 为多大？（提示：此时 a 端和 d 端（仪表地）之间的电压 $u_{ad}=u_I+u_G$，b 和 d 之间的电压 $u_{bd}=u_G$。）(2) 如果改用反相输入运算放大器（也就是在图 7.05 中不接 R_{L2} 和 R_2 且 $R_3=0$），输出电压 u_O 将是多大？

7.5.1 图 7.06 是用模拟开关 S_1、S_0 和三个集成运放组成的程控分压电路，输出电压 U_o 受数字量 D_1D_0 控制。设 $U_i=0.9\ \mathrm{V}$，试求 D_1D_0 为 **00**、**10**、**01** 和 **11** 时的 U_o 大小。

7.5.2 图 7.07 是用八选一多路开关和 8 个电阻 R 组成的程控电阻分压电路，输出电压 U_o 受数字量 $D_2D_1D_0$ 控制。设 $U_i=0.8\ \mathrm{V}$，试列表示出 $D_2D_1D_0$ 由 **000** 变化到 **111** 时 U_o 的大小。

7.5.3 已知 $u_I=2-\frac{4}{3}\cos 200\pi t-\frac{4}{15}\cos 400\pi t-\cdots-\frac{4}{99}\cos 1\ 000\pi t\ \mathrm{V}$，现需对 u_I 进行取样，问取样频率 f_s 应如何选取？

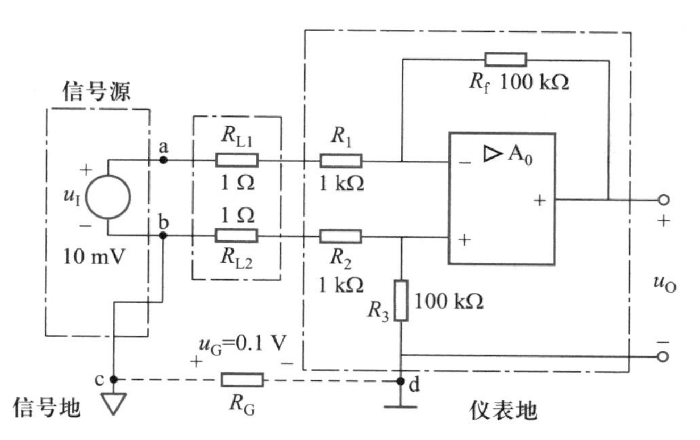

图 7.05　习题 7.4.5 的电路

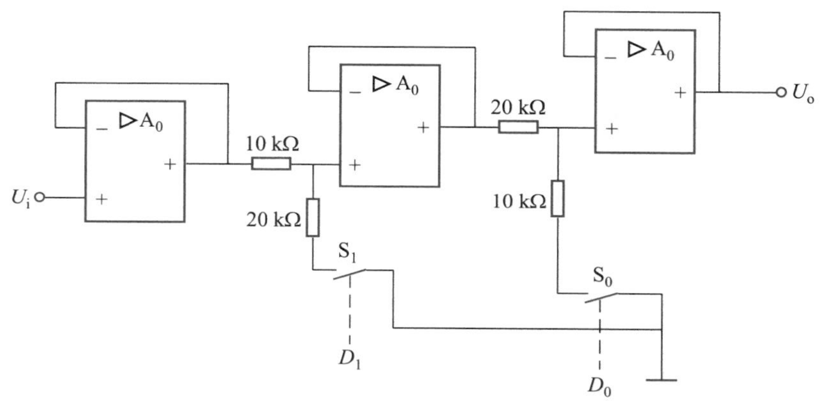

图 7.06　习题 7.5.1 的电路

7.6.1　D/A 转换器如图 7.08 所示，$U_{REF}=1$ V，求 D_1D_0 为 **00**、**01**、**10**、**11** 时的 u_O。

7.6.2　如图 7.6.1 所示 T 形电阻 D/A 转换器中，若 $R_f=R$，基准电压 $u_{REF}=8\sin\omega t$ V，试问当输入码为 **0010** 时输出的模拟电压为多少？

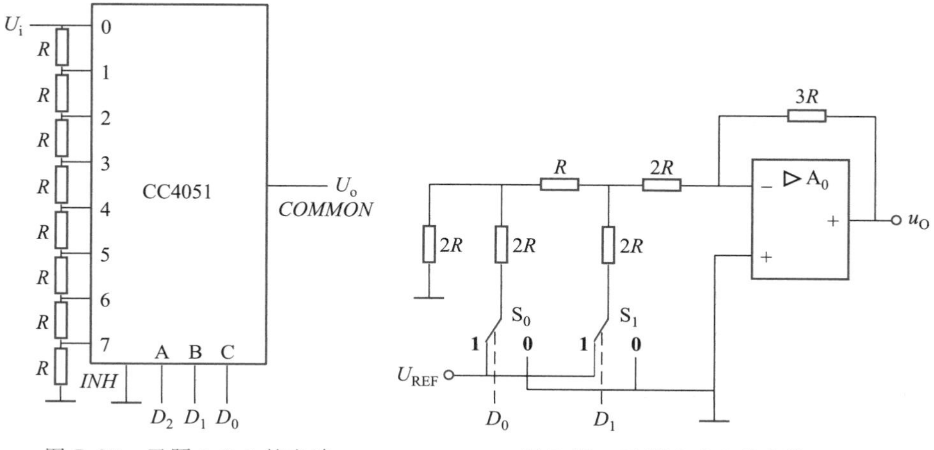

图 7.07　习题 7.5.2 的电路　　图 7.08　习题 7.6.1 的电路

7.6.3　在图 7.09 中 CC7520 输入端 $D_4 \sim D_9$ 均接地（未画出），计数器初态 $Q_D\ Q_C\ Q_B\ Q_A$ = **0000**，试画出在 CP 作用下 u_O 的波形图（CP 要画 16 个并标出 u_O 值）。

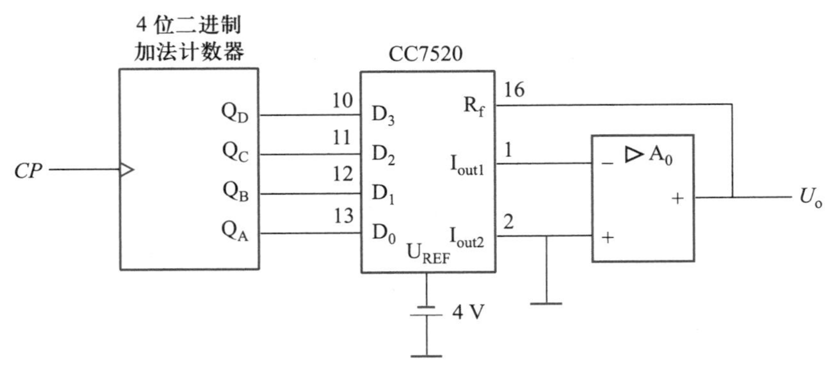

图 7.09　习题 7.6.3 的电路

7.7.1　在 10 位逐次逼近型 A/D 转换器中，设时钟信号频率为 1 MHz，试计算完成一次转换所需要的时间。

7.7.2　如图 7.7.1 所示的逐次逼近型 A/D 转换器中，如果已知 8 位 D/A 转换器的最大输出电压为 9.945 V。试分析当输入电压 U_x = 6.435 V 时，A/D 转换器输出的二进制数是多少？

7.7.3　双积分型 A/D 转换器如图 7.7.5 所示。其中计数器为 8 位二进制计数器，时钟脉冲的频率为 200 kHz，$-U_R$ = −10 V。试求：(1) U_x = 3.75 V 时第 1 次和第 2 次积分的时间 T_1、T_2，说明转换完成后计数器的状态。(2) U_x = 2.5 V 时的 T_1、T_2，说明转换完成后计数器的状态。(3) U_x = 11.25 V 时的 T_1、T_2，说明完成转换后计数器的状态。试问此时 A/D 转换器的工作正常吗？

7.7.4　如图 7.7.5 所示的双积分型 A/D 转换器中，试定性分析：(1) 积分时间常数增大；(2) 输入信号 U_x 增大；(3) 参考电压 $|\pm U_R|$ 增大；(4) 时钟脉冲的频率 f_c 升高四种情况下，积分器输出波形的变化情况，并说明在哪种情况下积分时间 T_2 将受影响，哪种情况下 A/D转换器的计数值将会改变。

7.7.5　图 7.10 是一个产生模拟信号时间延迟的原理示意图，输入信号 u_1 经取样-保持 (S/H) 和 A/D 转换变为 n 位二进制码，每一位二进制码分别被送入一个移位寄存器进行 k 次移位，然后由 D/A 还原为模拟信号并经过滤波后输出 u_2，u_2 在时间上比 u_1 延迟了 T_d。现假定 $u_C(t)$ 和 CP 的频率为 10 kHz，取样和保持各占 $\frac{1}{2}$ 周期，在保持时间中 A/D 转换器进行 A/D 转换，每一个移位寄存器共有 10 位（即 k = 10）。试问：(1) 每一次取样和保持的时间各为多少？(2) 所用 A/D 转换器的转换时间应小于多少？应选用什么类型（逐次逼近或双积分）的 A/D？(3) 延迟时间 T_d（仅考虑移位寄存器形成的延迟）为多少？

7.7.6　图 7.11 是一个记录和保存瞬态信号 u_1 的原理示意图，设取样频率 f_s = 4 kHz，取样和保持各占 $\frac{1}{2}$ 周期。试问：(1) 如 A/D 转换器采用 ADC 0801，其转换时间可以满足电路的工作要求吗？(2) 如果该瞬态信号的持续时间是 250 ms，要将 250 ms 期间所采集的数据全部存入 RAM，该 RAM 的容量应是多少？其数据线和地址线各为几根？(3) 如果要记录的瞬态信号是一个非电模拟量，应如何处理？

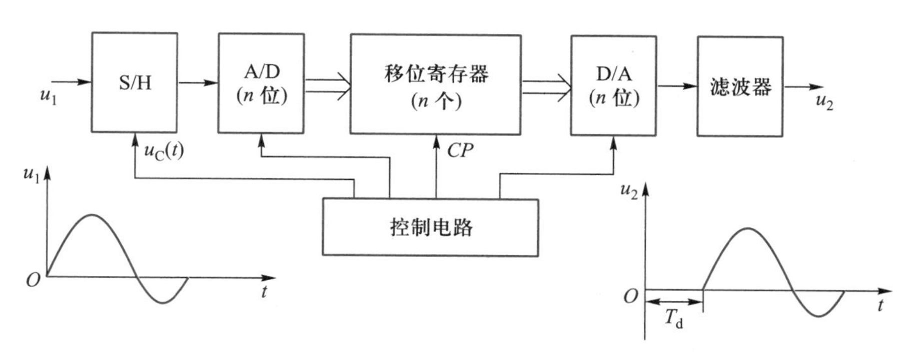

图 7.10　习题 7.7.5 的电路

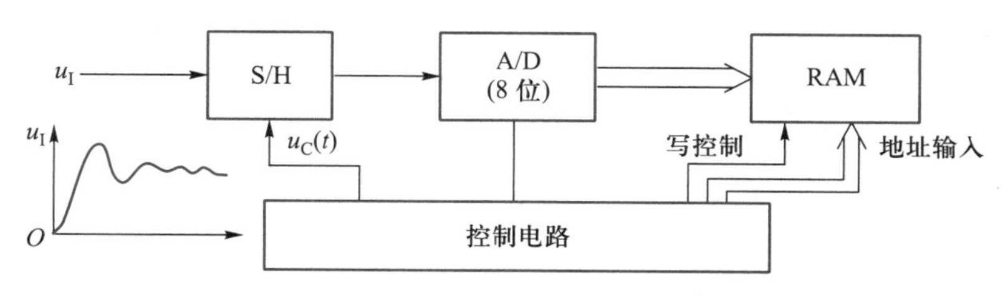

图 7.11　习题 7.7.6 的电路

7.8.1　图 7.12 是一个利用两个 AD590 和一块集成运放组成的测量温度差的电路。R_1、R_2 用以补偿 1[#] 和 2[#] 传感器之间不对称所造成的误差。已知 AD590 的温度系数是 1 μA/K。1[#] AD590 处于 25 ℃ 环境，2[#] AD590 处于 20 ℃ 环境，问输出电压 U_o 是多少（K = ℃ + 273.2）？

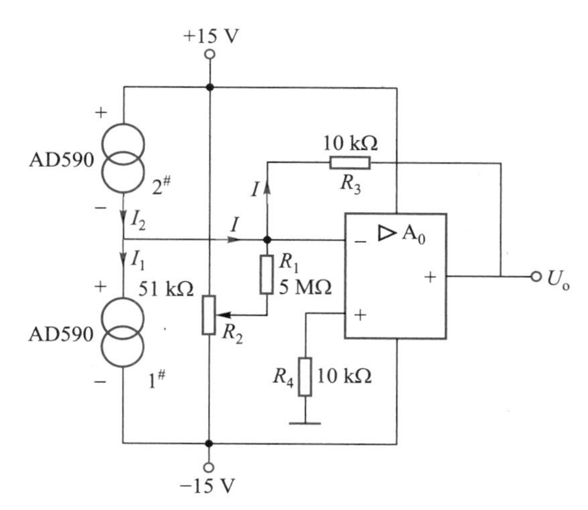

图 7.12　习题 7.8.1 的电路

第 8 章　功率电子电路

功率电子电路是一种以向负载提供功率为主要目的的电子电路。功率电子电路不仅要能输出足够大的电压，而且要能输出足够大的电流，因而电路中常常含有大功率电子器件。功率电子电路大致有两种类型：一种是将输入信号加以放大，使负载获得所需的信号功率；另一种是进行交、直流电能的变换，向负载提供直流功率或交流功率。本章先介绍低频功率放大电路，然后介绍直流稳压电源和常用功率半导体器件及变流电路，使读者对功率电子电路有一个大致的了解。

视频资源：8.1 低频功率放大电路

8.1 低频功率放大电路

8.1.1 概述

在实际工程中，往往要利用放大后的信号去控制某种机构，如收音机的喇叭、控制电路中的继电器或伺服电机、测量电路中的仪表等，这就要求放大电路能输出足够大的功率，即不仅要输出足够大的电压，也要输出足够大的电流，这种放大电路就是功率放大电路。由于功率放大电路的信号是经电压放大电路放大后的大信号，因此与电压放大电路相比具有明显的特点。它应满足下述要求：

（1）输出功率尽可能大，使负载能获得所需的功率。这就要求输出电流和输出电压尽可能大，因此功率管常常工作在接近于极限状态。功率晶体管的极限工作区域受极限参数的限制，这些极限参数包括集电极最大允许耗散功率 P_{CM}、集电极最大允许电流 I_{CM}、集电极与发射极之间的反向击穿电压 $U_{(BR)CEO}$ 等。为了避免严重的非线性失真，输出电压和电流的幅度也不应进入饱和区和截止区。因此功率放大电路是在充分利用晶体管的安全工作区的前提下工作的，是大信号工作状态。

（2）非线性失真尽可能小。因为工作在大信号状态，不可避免地会产生非线性失真，通常采用负反馈等措施来尽量减少波形失真。

（3）效率要高。功率放大电路是一个能量转换电路，它将直流电源功率转换成信号功率输送给负载。由于在转换过程中，部分功率被电路本身所消耗，因此效率问题是一个重要的问题。功率放大电路的效率是指输出的信号功率 P_O 与电源功率 P_S 的百分比

$$\eta=\frac{P_O}{P_S}\times 100\% \tag{8.1.1}$$

为了提高效率,就必须减少功率管的管耗。功率管的集电极功耗

$$P_C = \frac{1}{T}\int_0^T u_{CE} i_C \mathrm{d}t \tag{8.1.2}$$

式中,u_{CE}为集电极与发射极间的电压,i_C为集电极电流,T为周期。式(8.1.2)表明,只要减小功率管在一个周期内的导通时间,或降低静态工作点(I_C减小)就可以减小管耗,提高效率。

为了同时满足上述要求,功率放大电路的结构就要与电压放大电路有区别。若采用第3章介绍的射极输出器作为功率放大电路,为了得到在不失真条件下最大的输出功率,应把静态工作点设置在负载线的中点,如图8.1.1(a)所示,此时晶体管在输入信号的整个周期内都导通,这种工作状态称为甲类工作状态。从图中可知,甲类工作状态的晶体管静态集电极电流较大,波形好,但管耗大,效率也低。如果降低静态工作点使静态时$I_C=0$,如图8.1.1(b)所示,此时晶体管只在输入信号的半个周期内导通,这种工作状态称为乙类工作状态。从图中可知,乙类工作状态的晶体管静态集电极电流为零,因此管耗小,但波形严重失真。为了同时满足波形失真小、效率高的要求,可采用第5章介绍的互补对称电路,从而得到一个周期完整的交流输出信号。实际上由于晶体管发射结存在死区电压,且静态$U_{BE}=0$,在输入信号u_i较小时,无法产生基极电流和集电极电流,输出仍为零,因此在输出波形过零点附近会出现失真,称为交越失真。为了消除交越失真,可将静态工作点提高一些,在$u_i=0$时仍有很小的I_C,如图8.1.1(c)所示,此时晶体管的工作状态称为甲乙类工作状态。在一般情况下,功率放大电路常采用甲乙类工作状态。

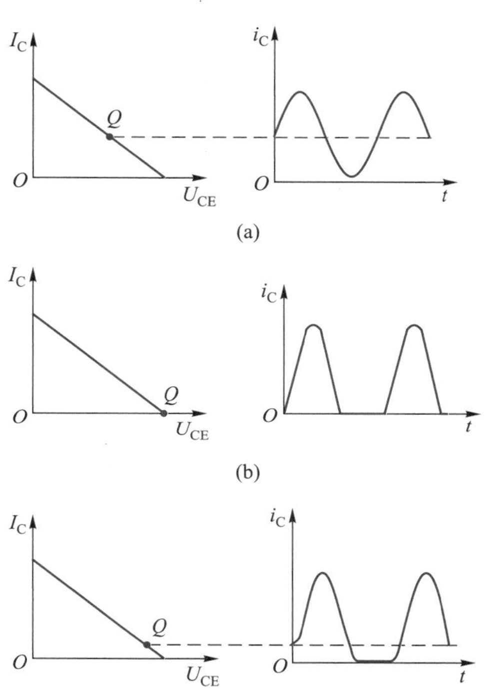

图 8.1.1　晶体管的工作状态

(a) 甲类　(b) 乙类　(c) 甲乙类

由于功率放大电路中的晶体管工作在大信号状态下,因此分析电压放大电路所用的微变等效电路就不再适用,而通常采用估算法或图解法。

8.1.2　基本功率放大电路

功率放大电路的形式有多种。早期的低频功率放大电路(分立元件电路)采用变压器耦合方式,但由于变压器的体积大,重量重,且容易引进电磁干扰,频

带难以做宽,电路又不能集成化,因此在多数应用场合已被直接耦合或阻容耦合互补对称电路所替代。

互补对称电路是集成功率放大电路输出级电路的基本形式。当它通过容量较大的电容与负载耦合时,由于省去了变压器而被称为无输出变压器(output transformerless)电路,简称 OTL 电路。若设法使互补对称电路直接与负载相连,输出电容也省去,就成为无输出电容(output capacitorless)电路,简称 OCL 电路。

1. OCL 电路

图 8.1.2 所示为 OCL 电路原理图。当 u_i 为正半周时,T_1 导通,u_o 也为正半周;当 u_i 为负半周时,T_2 导通,u_o 也为负半周,但 u_o 波形存在交越失真。由于 T_1、T_2 导通时都属射极输出器,若忽略交越失真,且 T_1、T_2 均处于放大状态时,可以认为 $u_o \approx u_i$。电路中 T_1、T_2 为功率晶体管,它们的集电极最大允许耗散功率 P_{CM} 的大小应根据 OCL 电路输出功率的大小来选择。由于该电路的输出电阻很小,且 T_1、T_2 特性完全相同,静态时 $U_E=0$,所以可直接驱动电阻负载。下面简单分析一下 OCL 电路的输出功率和效率。

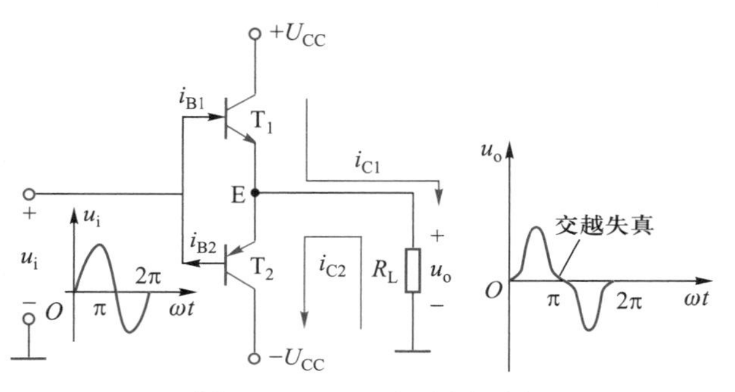

图 8.1.2　OCL 电路原理图

设输入信号足够大,T_1、T_2 极限运用(输入信号达最大值时 T_1 或 T_2 开始饱和),饱和压降为 U_{CES},此时的工作波形图如图 8.1.3 所示,则输出电压 u_o 的最大值 $U_{om}=U_{CC}-U_{CES}$,此时电路有最大的输出功率。在不考虑波形失真时,输出电压 u_o 的有效值为 $U_{om}/\sqrt{2}$,最大输出功率

$$P_{omax}=\frac{(U_{om}/\sqrt{2})^2}{R_L}=\frac{1}{2}\frac{(U_{CC}-U_{CES})^2}{R_L} \tag{8.1.3}$$

由于流过直流电源 $+U_{CC}$ 的电流 i_{C1} 为半波电流,其最大值 $I_{cm}=U_{om}/R_L=(U_{CC}-U_{CES})/R_L$,即

$$i_{C1}=\begin{cases} I_{cm}\sin \omega t & (0 \leqslant \omega t \leqslant \pi) \\ 0 & (\pi \leqslant \omega t \leqslant 2\pi) \end{cases}$$

因此,直流电源 $+U_{CC}$ 提供的平均功率

$$P_{S+}=\frac{1}{2\pi}\int_0^{\pi} U_{CC}I_{cm}\sin \omega t\mathrm{d}(\omega t)=\frac{1}{\pi}U_{CC}I_{cm}$$

而直流电源 $-U_{CC}$ 提供的平均功率 $P_{S-}=P_{S+}$,故两个电源提供的总平均功率

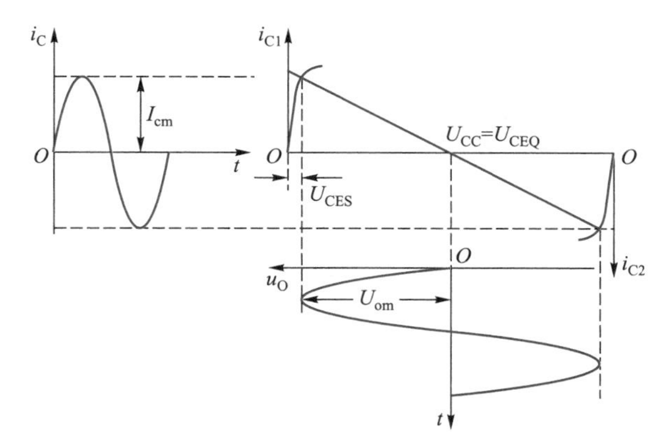

图 8.1.3　OCL 电路的工作波形图

$$P_S = P_{S+} + P_{S-} = \frac{2}{\pi}U_{CC}I_{cm} = \frac{2}{\pi}\frac{U_{CC}(U_{CC} - U_{CES})}{R_L} \tag{8.1.4}$$

所以电路在输出达到最大功率时相应的效率为

$$\eta_{max} = \frac{P_{omax}}{P_S} \times 100\% = \frac{\pi}{4}\frac{U_{CC} - U_{CES}}{U_{CC}} \times 100\% \tag{8.1.5}$$

若忽略 T_1、T_2 的饱和压降 U_{CES}，电路理想的最大输出功率 P_{omax} 和相应的效率 η_{max} 分别为

$$P_{omax} = \frac{1}{2}\frac{U_{CC}^2}{R_L} \tag{8.1.6}$$

$$\eta_{max} = \frac{\pi}{4} \times 100\% = 78.5\% \tag{8.1.7}$$

由于 T_1、T_2 的饱和压降 U_{CES} 不可能等于零，所以电路的实际效率总低于 78.5%。

OCL 电路线路简单，效率高，但为了使输出波形正、负半周对称，要求两互补管 T_1、T_2 的特性一致。

图 8.1.4 是一个由集成运放和 OCL 电路组成的功率放大电路。其中 D_1、D_2 为 T_1、T_2 的发射结提供偏置电压，用来消除交越失真；R_{E1}、R_{E2} 起电流串联负反馈作用，可以稳定静态工作电流，并改善输出波形。

图 8.1.4 电路中，静态时运放的输出为零，由于 T_1 和 T_2 特性相同，若适当选择 R_{B1}、R_{B2} 的阻值，使 OCL 电路的输出 u_o 也为零。动态时 u_i 从集成运放的同相端输入，运放起电压放大作用，R_1、R_2 起电压串联负反馈作用。引入负反馈能使放大电路的工作比较稳定，具有较好的放大性能。整个电路动态时的电压放大倍数 $A_f \approx 1 + \frac{R_2}{R_1}$。

2. OTL 电路

OCL 电路采用了双电源供电，如果互补对称式电路采用单电源供电，则由于两互补管发射极静态电位不为零而不能直接与负载相连，因此可在输出端接入电容，这就是 OTL 电路，其原理图如图 8.1.5 所示。图中 T_1、T_2 的发射极通过耦合电容 C 和负载电阻 R_L 相连，静态时输入信号 $u_i = 0$，T_1、T_2 的基极电位 $U_B = U_{CC}/2$。

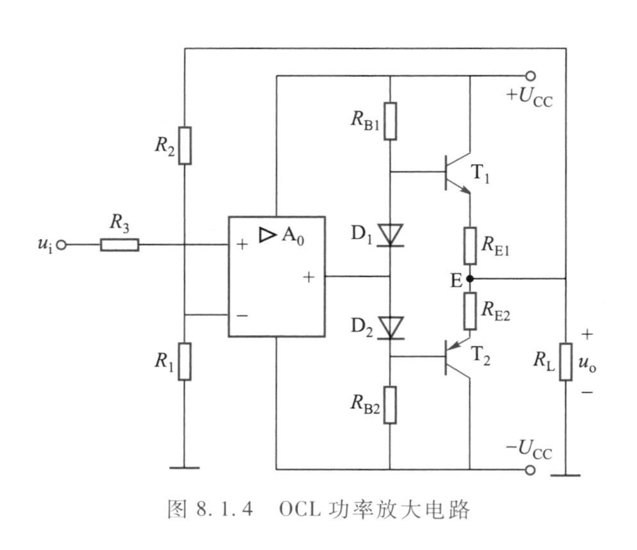

图 8.1.4　OCL 功率放大电路

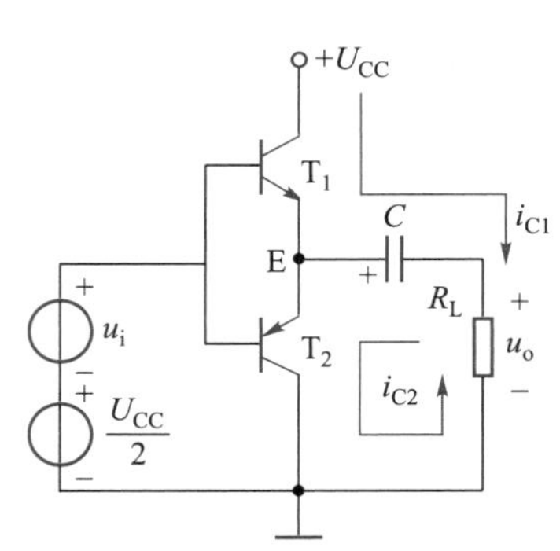

图 8.1.5　OTL 电路原理图

OTL 电路静态时，T_1、T_2 的发射极电位 $U_E=U_{CC}/2$。C 被充电到 $U_{CC}/2$。动态时，由于电容 C 的容量足够大（使 R_LC 的乘积远远大于 u_i 信号的周期），因此在信号作用期间，可认为电容 C 上的电压 $U_C\approx U_{CC}/2$ 不变。在 u_i 的正半周，T_1 导通，T_2 截止，产生电流 i_{C1}，使 R_L 得到正半周电压；在 u_i 的负半周，T_1 截止，T_2 导通，C 通过 T_2 对 R_L 放电，产生电流 i_{C2}，使 R_L 得到负半周电压，此时 C 起到了负电源的作用。显而易见，OTL 电路只能放大交流信号，而不能放大直流信号。

设输入信号足够大，T_1、T_2 极限运用（输入信号达到最大时 T_1 或 T_2 开始饱和），饱和压降为 U_{CES}，则输出电压 u_o 的最大值 $U_{om}=\frac{1}{2}U_{CC}-U_{CES}$，此时电路有最大的输出功率。可以推导，最大输出功率

$$P_{omax}=\frac{\left(\frac{\frac{1}{2}U_{CC}-U_{CES}}{\sqrt{2}}\right)^2}{R_L}=\frac{1}{8}\frac{(U_{CC}-2U_{CES})^2}{R_L} \tag{8.1.8}$$

由于直流电源仅在 u_i 的正半周时提供半波电流 i_{C1}，因此直流电源 U_{CC} 提供的平均功率为

$$P_s=\frac{1}{\pi}U_{CC}I_{cm}=\frac{1}{\pi}\frac{U_{CC}\left(\frac{1}{2}U_{CC}-U_{CES}\right)}{R_L}=\frac{1}{2\pi}\frac{U_{CC}(U_{CC}-2U_{CES})}{R_L} \tag{8.1.9}$$

所以在电路达到最大功率时相应的效率为

$$\eta_{max}=\frac{P_{omax}}{P_s}=\frac{\pi}{4}\frac{U_{CC}-2U_{CES}}{U_{CC}} \tag{8.1.10}$$

在理想情况下（忽略 T_1、T_2 的饱和压降 U_{CES}），输出电压 u_o 的最大值为 $U_{CC}/2$，因此最大输出功率

$$P_{\text{omax}}=\frac{\left(\frac{U_{\text{CC}}/2}{\sqrt{2}}\right)^2}{R_{\text{L}}}=\frac{1}{8}\frac{U_{\text{CC}}^2}{R_{\text{L}}} \tag{8.1.11}$$

同样，可推导 OTL 电路此时的效率与 OCL 电路一致，即

$$\eta_{\max}=\frac{P_{\text{omax}}}{P_{\text{S}}}\times100\%=\frac{\pi}{4}\times100\%=78.5\% \tag{8.1.12}$$

图 8.1.6 是一个由集成运放和 OTL 电路组成的功率放大电路。图中用两个电阻 R 的分压使集成运放输入端的静态电位为$\frac{1}{2}U_{\text{CC}}$，R_3 用以增加输入电阻，C_1、C_2 为隔直电容，其他元件的作用与图 8.1.4 的 OCL 电路一样。动态时，该电路的电压放大倍数 A_u 依然为 $1+\frac{R_2}{R_1}$。

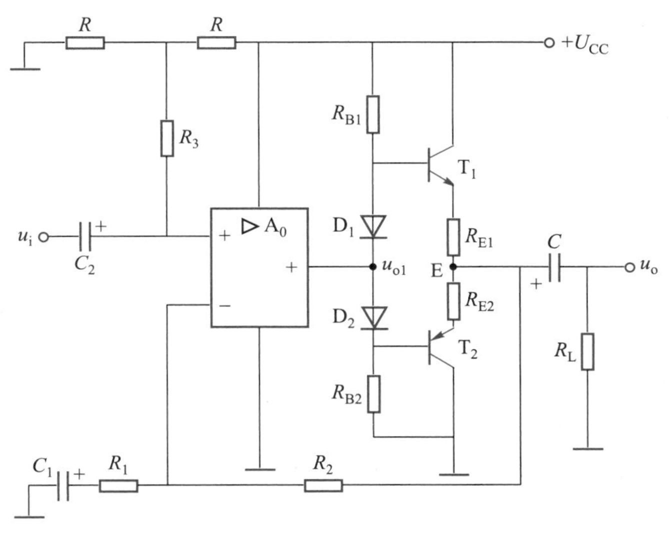

图 8.1.6　OTL 功率放大电路

8.1.3　集成功率放大器举例

随着半导体技术的发展，目前已生产出各种类型、可输出不同功率的集成功率放大器。使用集成功率放大器，只需外接一定的电阻、电容及负载，加上电源就可以向负载提供一定的功率。作为例子，在这里仅介绍 TDA2030 集成音频功率放大器。

TDA2030 集成音频功率放大器具有转换速率高、失真小、输出功率大、外围电路简单等特点，适用于收录机、立体声扩音机中的音频功率放大。它的外形采用 5 脚塑封结构，如图 8.1.7 所示。其中，1 脚为同相输入，2 脚为反相输入，3 脚为负电源，4 脚为输出，5 脚为正电源。它的内部电路包含由恒流源差分放大电路构成的输入级、中间电压放大级、复合互补对称式 OCL 电路构成的输出级、启动和偏置电路以及短路、过热保护电路等。

TDA2030 的电源电压为±6～±18 V；静态电流为 45 mA（典型值）；当电源电压

为±14 V,负载电阻 R_L 为 4 Ω 时,输出功率 P_o 达 18 W;1 脚的输入阻抗为5 MΩ(典型值);当电压增益为 30 dB,R_L=4 Ω,P_o=12 W 时的频带宽度为10 Hz~14 kHz。

图 8.1.8 是 TDA2030 作为 OCL 接法的典型应用电路。图中 R_2、C_2 和 R_3 构成电压串联负反馈,改变 R_2 或 R_3 可以改变电路的电压增益;电容 C_3、C_4 用作电源滤波;D_1、D_2 用作输出保护,免受外部冲击;D_3、D_4 用以防止正、负电源接反时损坏 TDA2030;R_4 和 C_5 用以补偿高频时喇叭的电感,使其在高频时有较好的特性。

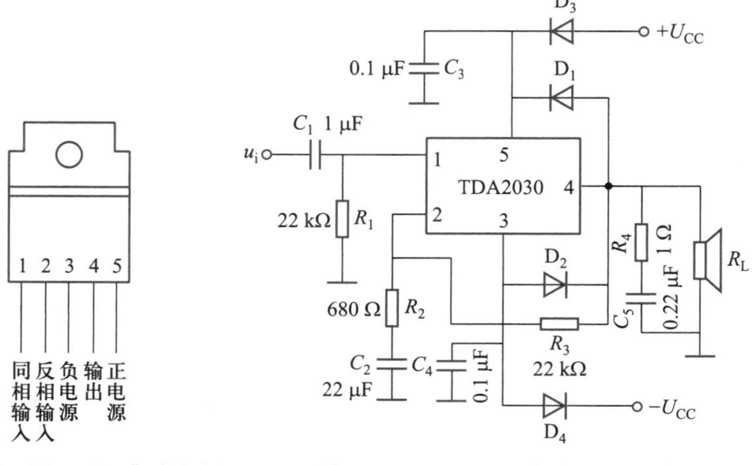

图 8.1.7 TDA2030 集成音频功率放大器引脚排列图

图 8.1.8 TDA2030 接成 OCL 电路

TDA2030 也可接成 OTL 电路,这时只要把 1 脚电压偏置成 $U_{CC}/2$,3 脚接地,输出端加接输出电容即可,其余元件不变,电路接法如图 8.1.9 所示。静态时由于 R_1、R_2 2 个 100 kΩ 电阻的分压使 1 脚电压为 $U_{CC}/2$,R_3 用以提高输入电阻。其他元件的作用与图 8.1.8 所示的 OCL 电路一样。静态时 4 脚电压和 1 脚电压相等,为 $U_{CC}/2$。接成 OTL 电路时,电源电压 U_{CC}为 12~36 V。

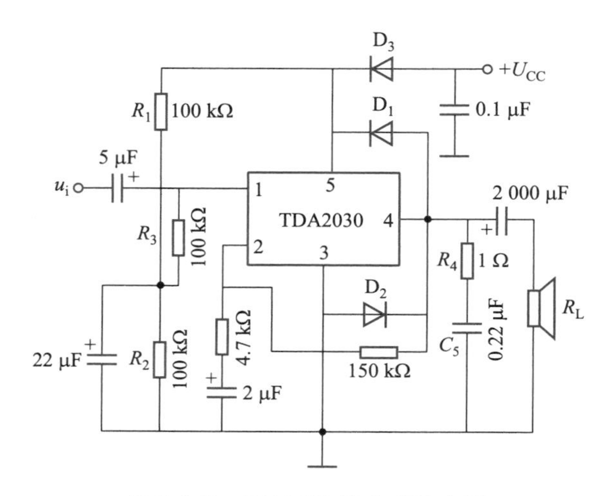

图 8.1.9 TDA2030 接成 OTL 电路

8.2 直流稳压电源

许多电子线路、电子设备和自动控制装置都要由直流稳压电源供电。目前广泛采用由交流电源经整流、滤波和稳压而得到的直流稳压电源，其原理框图如图 8.2.1 所示。图中交流电源电压 u_2 经整流电路变换成单向脉动电压 u'_2，再由滤波电路滤去其中的交流分量，得到较平滑的直流电压 u'_O，最后经稳压电路获得稳定的直流电压 U_O。

视频资源：8.2 直流稳压电路

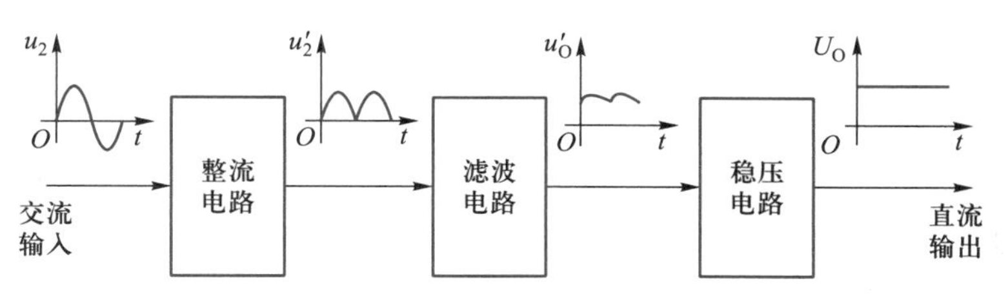

图 8.2.1　直流稳压电源的原理框图

下面分别对整流、滤波和稳压电路加以分析。

8.2.1 单相桥式整流电路

整流就是将交流电变换成直流电，用来实现这一目的的电路就是整流电路。由于二极管具有单向导电特性，因此用二极管就可构成整流电路。整流电路的种类较多，按交流电源的相数可分为单相和多相整流电路；按流过负载的电流波形可分为半波和全波整流电路。下面介绍目前广泛使用的单相桥式整流电路。

图 8.2.2 所示为单相桥式整流电路。图中的电源变压器 Tr① 将交流电网电压 u_i 变换为整流电路所要求的交流电压 u_2（设 $u_2=\sqrt{2}U_2\sin\omega t$）；四个整流二极管 $D_1\sim D_4$ 组成电桥的形式，故称为桥式整流电路（四个整流二极管按桥式整流电路的形式连接并封装而成的器件，称为整流桥堆），R_L 是负载电阻。

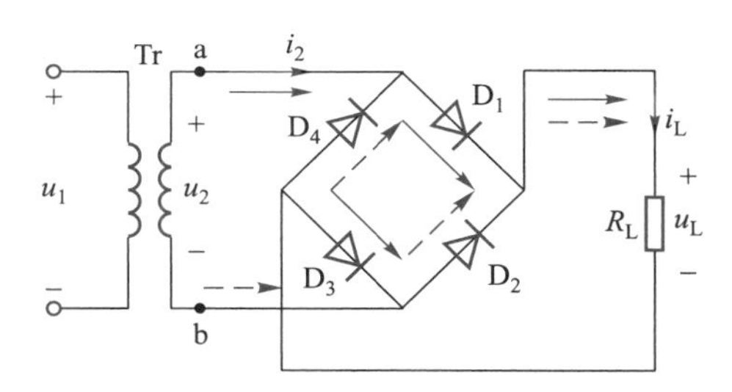

图 8.2.2　单相桥式整流电路

由图 8.2.2 可知，当 u_2 在正半周时，a 点电位高于 b 点电位，二极管 D_1、D_3 处于正向偏置而导通，D_2、D_4 处于反向偏置而截止，电流由 a 点经 $D_1\to R_L\to D_3\to$b 点形成回路，如图中实线箭头所示。当 u_2 在负半周时，b 点电位高于 a

① 变压器的结构及工作原理见第 9 章 9.2 节。

点，二极管 D_2、D_4 因正向偏置而导通，D_1、D_3 处于反向偏置而截止，电流由 b 点经 $D_2 \to R_L \to D_4 \to$ a 点形成回路，如图中虚线箭头所示。由此可见，尽管 u_2 的方向是交变的，但流过 R_L 的电流方向却始终不变，因此在负载电阻 R_L 上得到的电压 u_L 是大小变化而方向不变的脉动电压。在二极管为理想元件的条件下，u_L 的幅值就等于 u_2 的幅值，即 $U_{Lm}=\sqrt{2}U_2$。整流电路各元件上的电压和电流波形如图 8.2.3 所示。

从图 8.2.3 可知，负载电阻 R_L 上所得单向脉动电压的平均值（即直流分量）

$$U_L=\frac{1}{\pi}\int_0^{\pi}\sqrt{2}U_2\sin\omega t\mathrm{d}(\omega t)=\frac{2\sqrt{2}}{\pi}U_2\approx 0.9U_2 \tag{8.2.1}$$

流过负载电阻 R_L 的电流 i_L 的平均值

$$I_L=\frac{U_L}{R_L}=0.9\frac{U_2}{R_L} \tag{8.2.2}$$

通过每个二极管的电流平均值为负载电流平均值的一半，即

$$I_D=\frac{1}{2}I_L=0.45\frac{U_2}{R_L} \tag{8.2.3}$$

每个整流二极管所承受的最大反向电压为

$$U_{DRM}=\sqrt{2}U_2 \tag{8.2.4}$$

利用式（8.2.3）与式（8.2.4），可选择整流二极管。

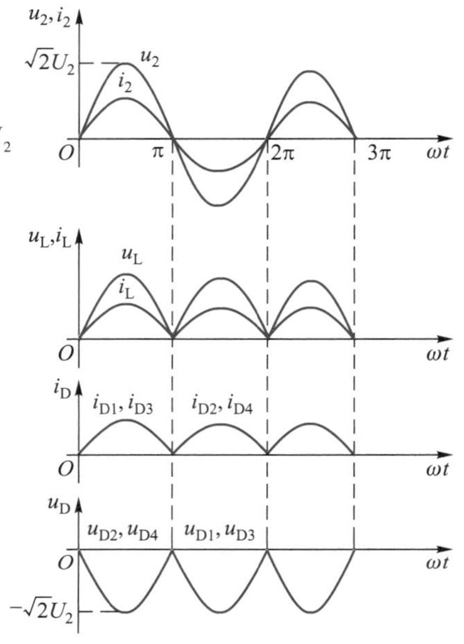

图 8.2.3 单相桥式整流电路的波形图

从图 8.2.3 还可看出，通过变压器二次侧的电流 i_2 仍为正弦波，其有效值

$$I_2=\frac{U_2}{R_L}=\frac{U_L}{0.9R_L}=1.11I_L \tag{8.2.5}$$

电源变压器的容量（即视在功率）

$$S=U_2I_2 \tag{8.2.6}$$

利用式（8.2.5）和式（8.2.6）可选择变压器。考虑到二极管的正向压降和变压器绕组中电阻的影响，在实际电路中应适当增加变压器输出电压 U_2 与容量 S。

［例题 8.2.1］ 某一负载需要18 V、1 A 的直流电源供电，如采用单相桥式整流电路。试计算：(1) 变压器二次侧的电压和电流有效值及变压器容量；(2) 流过整流二极管的电流平均值和承受的反向电压最大值，并选择整流二极管。

［解］ (1) 变压器二次电压有效值与电流有效值

$$U_2=\frac{U_L}{0.9}=1.11U_L=1.11\times 18\ \mathrm{V}=20\ \mathrm{V}$$

$$I_2=1.11I_L=1.11\times 1\ \mathrm{A}=1.11\ \mathrm{A}$$

变压器容量

$$S_2 = U_2 I_2 = 20\times 1.11\ \text{V}\cdot\text{A} = 22.2\ \text{V}\cdot\text{A}$$

(2)流过每个二极管的电流平均值

$$I_D = \frac{1}{2}I_L = 0.5\ \text{A}$$

每个二极管承受的最大反向电压

$$U_{DRM} = \sqrt{2}U_2 = \sqrt{2}\times 20\ \text{V} \approx 28\ \text{V}$$

因此可选择最大整流电流大于 0.5 A,最大反向电压大于 28 V 的二极管。例如可选择 2CZ11A,其最大整流电流为 1 A,最大反向电压为 100 V。

8.2.2 滤波电路

滤波电路的作用是将整流后脉动的单向电压、电流变换为比较平滑的电压、电流。常用的滤波电路有电容滤波电路和电感滤波电路。

电容滤波的基本方法是在整流电路的输出端并联一个容量足够大的电容器,如图 8.2.4(a)所示。利用电容的充、放电特性,使负载电压趋向平滑。

当 u_2 为正半周且 $u_2>u_C$ 时,D_1、D_3 导通,电容 C 被充电,当充电电压达到最大值 U_{2m}后,u_2 开始下降,电容放电,经过一段时间后,$u_C>u_2$,D_1、D_3 截止,u_C 按指数规律下降。当 u_2 为负半周时,工作情况类似,只不过在 $|u_2|>u_C$ 时导通的二极管是 D_2、D_4。图 8.2.4(b)是经电容滤波后的 u_L 波形。由图可见经电容滤波后,负载电压 u_L 的脉动减小,平均值提高。在 $R_LC\geqslant(3\sim5)T/2$(T 为 u_2 的周期)时,负载电压的平均值可按下式估算

$$U_L \approx 1.2U_2 \tag{8.2.7}$$

式中,U_2 为 u_2 的有效值。

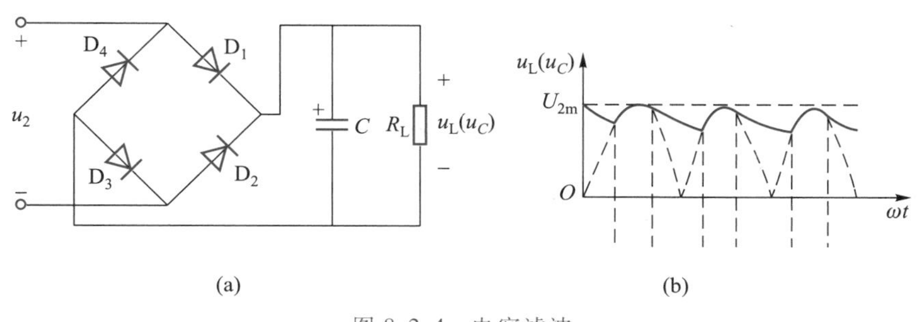

图 8.2.4 电容滤波

(a) 电路图 (b) 波形图(不考虑 $D_1\sim D_4$ 的压降)

电容滤波的优点是电路简单,在 R_LC 满足要求时滤波效果明显。但从分析中也可以看出,电路的输出电压受负载变化影响较大,当 R_L 减小、负载电流增加时,因 R_LC 减小,输出脉动增加。因此电容滤波适合于要求输出电压较高、负载电流较小(即 R_L 大)且负载变化较小的场合。

若在整流电路和负载之间串入一电感线圈,如图 8.2.5 所示,即成为电感滤

波电路。电感滤波电路利用了电感线圈具有阻止电流变化这一特性进行滤波。只要 L 足够大，满足 $\omega L \gg R_L$ 时，整流电压的交流分量就大部分降在线圈上，而直流分量则大部分降在负载端（参见习题 2.5.1）。若忽略电感线圈内阻和整流二极管的压降，则负载电压平均值

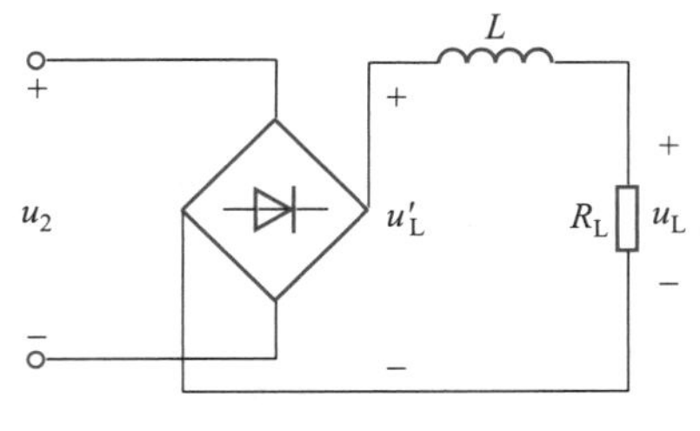

图 8.2.5　电感滤波

$$U_L = U'_L = 0.9U_2 \tag{8.2.8}$$

电感滤波电路的主要优点是带负载能力强，特别适宜于大电流或负载变化大的场合，但电感元件体积大，比较笨重，成本也高，元件本身的电阻还会引起直流电压损失和功率损耗。

为了进一步提高滤波效果，使输出电压脉动更小，可以采用多级滤波的方法。

8.2.3　串联型稳压电路

经整流和滤波后，一般可得到较平滑的直流电压，但它往往会随电网电压的波动或负载的变化而变化。稳压电路的作用就是使输出直流电压稳定。

最简单的稳压电路可由稳压管构成，其电路及稳压原理已在第 1 章 1.4 节介绍。稳压管稳压电路具有电路简单、安装调试方便等优点，但因输出电流受最大稳定电流的限制，稳压管的稳定电压又不能随意调节，且稳压性能也不太理想，故应用场合有一定的局限性。目前使用较多的是串联型稳压电路和开关型稳压电路，本小节先介绍串联型稳压电路。

1. 串联型稳压电路的工作原理

图 8.2.6 是串联型稳压电路的原理方框图，其中 U_I 是整流滤波后的输出电压，U_O 是稳压电路的输出电压。稳压电路主要由取样环节、基准电源、比较放大器、调整管四部分组成。

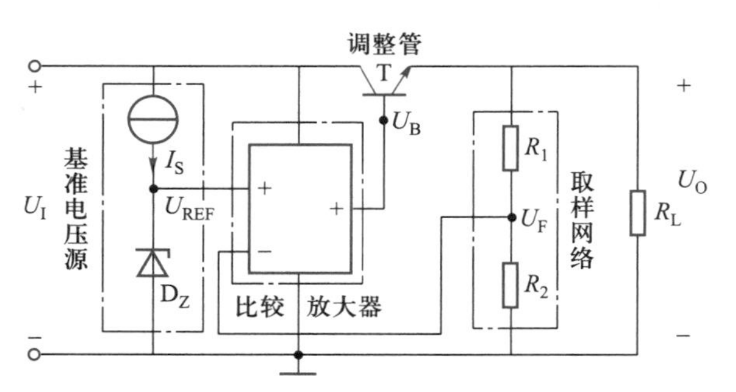

图 8.2.6　串联型稳压电路原理方框图

图 8.2.6 串联型稳压电路的稳压过程是这样的：当输入电压 U_I 增加（或负载电流减小）导致输出电压 U_O 增加时，取样电压 $U_F\left(\text{其值为}\dfrac{U_O R_2}{R_1+R_2}\right)$ 也增加，U_F 与基准电压 U_{REF} 相比较，其差值经比较放大器放大后送至调整管的基极，使 U_B

降低,从而使集电极电流 I_C 减小,U_O 下降,故 U_O 可基本上保持恒定。这一自动调整过程可简单表示如下:

$$U_O\uparrow \rightarrow U_F\uparrow \rightarrow U_B\downarrow \rightarrow I_B\downarrow \rightarrow I_C\downarrow \rightarrow U_O\downarrow$$

同样,当 U_I 减小(或负载电流增加)使 U_O 降低时,调整过程相反,保持 U_O 基本恒定。

假定电压比较放大器的电压放大倍数 A_u 很大,$U_F \approx U_{REF}$,则

$$U_F = U_{REF} = \frac{R_2}{R_1 + R_2}U_O$$

$$U_O = \frac{R_1 + R_2}{R_2}U_{REF} \tag{8.2.9}$$

上式表明,改变基准电压或改变取样环节的分压比就可以改变输出电压 U_O。由于这种稳压电路中的调整管与负载相串联,所以称为串联型稳压电路。

2. 集成稳压电路

如果将调整管、比较放大环节、基准电源及取样环节和各种保护环节以及连接导线均制作在一片硅片上,就构成了集成稳压电路。常用的有三端式集成稳压器,它只有三个接线端:一个不稳定电压输入端、一个稳定电压输出端和一个公共端。三端稳压器有输出电压固定的,也有可调的;有输出正电压的,也有输出负电压的。由于它具有体积小、性能稳定、价格低廉、使用方便等特点,目前得到了广泛的应用。

图 8.2.7 是塑料封装的固定输出三端集成稳压器 CW7800 系列和 CW7900 系列的引脚排列图。它们是国家标准系列品种,其中 CW7800 系列输出正电压,CW7900 系列输出负电压。对于具体器件,符号中“00”用数字代替,表示输出电压值。输出电压绝对值有 5 V、6 V、8 V (9 V)、12 V、15 V、18 V、24 V 等。例如 CW7815 表示输出稳定电压为+15 V,CW7915 表示输出稳定电压为-15 V。CW7800 和 CW7900 系列的最大输出电流为 1.5 A。在实际应用时除了输出电压和最大输出电流应该知道外,还必须注意输入电压的大小,输入电压至少高于输出电压2~3 V,但也不能超过最大输入电压(一般 CW7800 系列为 30~40 V,CW7900 系列为-40~-35 V)。

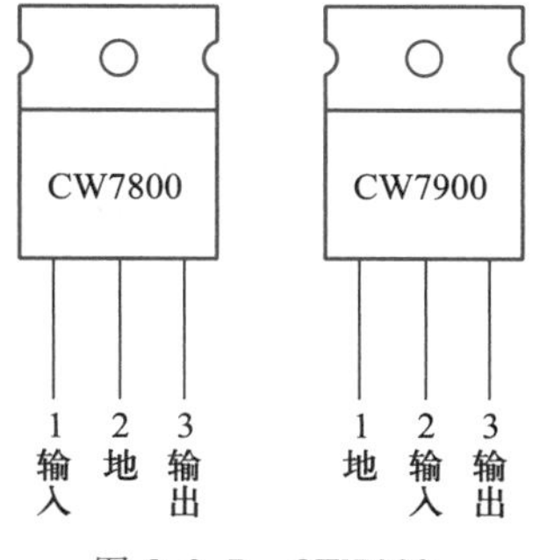

图 8.2.7 CW7800、CW7900 系列的引脚排列图

三端集成稳压器使用十分方便、灵活,根据需要配上适当的散热器就可接成实际的应用电路。

图 8.2.8 为输出固定正电压或负电压的电路,其中 U_I 是经整流滤波后的直流电压。电容 C_I 用于改善纹波特性(减小电压的交流成分),C_O 用于改善负载

的瞬态响应。如果将图 8.2.8(a)中的“-”端与图 8.2.8(b)中的“+”端连接在一起,并作为电源的公共端,就可以组成同时输出正、负电压的电路。

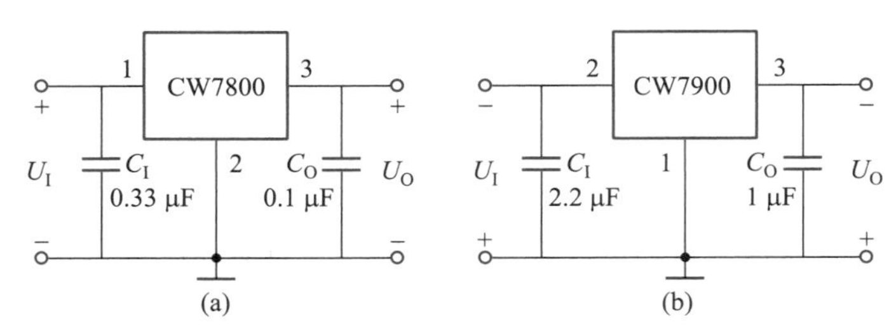

图 8.2.8 固定输出的接法

(a) 输出正电压 (b) 输出负电压

图 8.2.9 是塑料封装的可调式三端集成稳压器 CW117 和 CW137 的引脚排列图,它们具有调节端而无公共端,内部所有偏置电流几乎都流到输出端。在输出端与调节端之间具有 1.25 V(典型值)基准电压。它们既保持了三端的简单结构,又能在 1.25~37 V 的范围内连续可调,并且稳压精度高,输出纹波小。

CW117 的输入、输出为正电压,若将它的调节端接地,则相当于一个输出电压为 1.25 V 的固定式三端集成稳压器,如图 8.2.10 所示。图中电阻 R_0 是为保证稳压器空载时也能正常工作而设的外接电阻,必须连接,其阻值为 120~240 Ω;C_I 常取 0.1 μF,C_0 常取 1 μF。

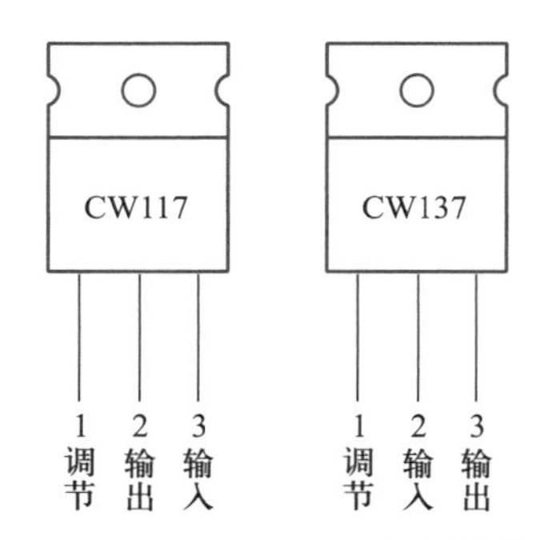

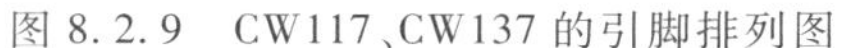

图 8.2.9 CW117、CW137 的引脚排列图

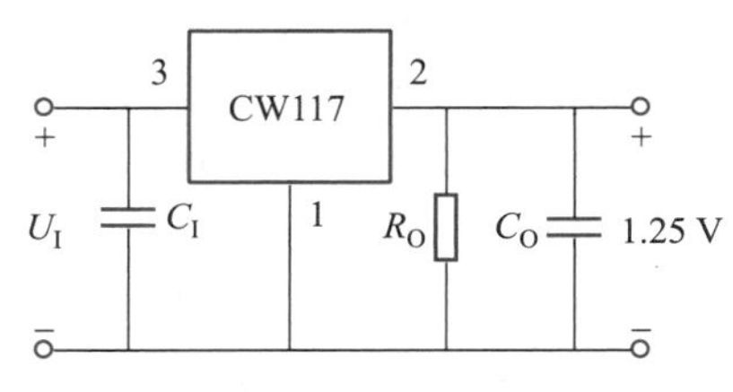

图 8.2.10 1.25 V 固定输出的接法

CW117 接成输出电压连续可调的基本电路如图 8.2.11 所示。图中 C(常取 10 μF)的作用是滤去 R_2 两端的纹波电压;接入 R_1 和 R_2 使输出电压可调。

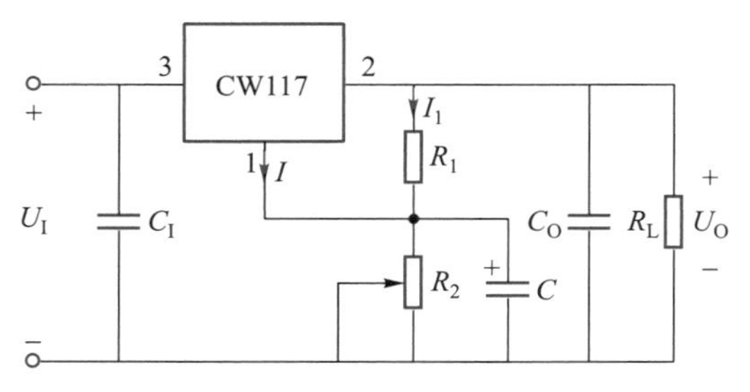

图 8.2.11 输出电压可调的基本电路

由于 $U_{R1}=U_{21}=1.25\ \text{V}$，并且 $I_1 \gg I$（约几十微安），所以输出电压

$$U_O \approx U_{R1} + I_1 R_2 = 1.25\left(1 + \frac{R_2}{R_1}\right) \tag{8.2.10}$$

从上式可知，改变 R_2 就可调节 U_O。若取 R_1 的阻值为 240 Ω，R_2 为 6.8 kΩ 电位器，则 U_O 的可调范围为 1.25~37 V。

CW137 的输入、输出为负电压，CW117 的应用电路都可套用。

［例题 8.2.2］ 图 8.2.12 所示电路是一个 0~30 V 连续可调的稳压电源，试分析其工作原理。

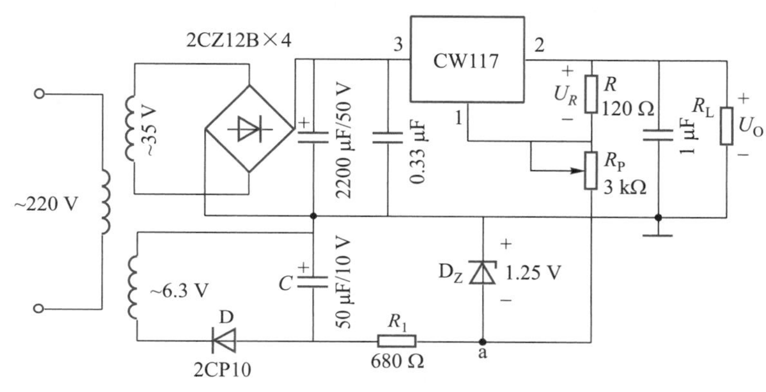

图 8.2.12 0~30 V 连续可调稳压电源

［解］ 图 8.2.12 电路比 CW117 的基本应用电路增加了一组由 6.3 V 交流电源经 D 半波整流、C 滤波和 R_1、D_Z 稳压组成的辅助电源。图中，D_Z 的稳定电压约为 1.25 V，故 a 点对地电压 $U_a=-1.25\ \text{V}$。由于电位器 R_P 的下端接至 a 点，而 R 两端的电压 U_R 为 CW117 的基准电压 1.25 V，因此输出电压

$$U_O = U_R\left(1+\frac{R_P}{R}\right) + U_a = \left[1.25\left(1+\frac{R_P}{R}\right) - 1.25\right]\ \text{V} = 1.25\frac{R_P}{R}$$

可见，当 $R_P=0$ 时，$U_O=0\ \text{V}$；当 R_P 调到接近最大值时，U_O 可达 30 V。所以 U_O 可在 0~30 V 的范围内连续可调。

8.2.4 开关型稳压电路

前面介绍的串联型稳压电路，无论是分立元件组成的稳压电路还是集成稳压器都属于线性稳压电路，其调整管都工作在线性放大区，通过调整管的电流和管子两端的压降都比较大，因而功耗大、效率较低。开关型稳压电路由于调整管工作在开关状态，调整管以较高的调制频率在饱和区和截止区之间快速变换。当调整管截止时，尽管电压较高，但电流近似为零；而调整管饱和时，尽管电流较大，但管压降很小。因此开关型稳压电路与线性稳压电路相比具有效率高、体积小、重量轻以及允许电网电压有较大波动等优点，缺点是输出电压会有较大纹波和噪声。由于开关型稳压电路性能特点明显，因此在计算机、电视机、通信及空间技术等领域获得了广泛的应用。

开关型稳压电路种类繁多，按调制方式分有脉宽调制型、脉频调制型和脉宽与频率均能改变的混合调制型。按功率管与负载的连接方式又可以分为串联型和并联型，这里仅介绍串联脉宽调制开关型稳压电路。

串联脉宽调制开关型稳压电路的结构框图如图 8.2.13 所示，其控制电路采用脉宽调制型（PWM 型）。图中的晶体管 T（也可用 MOSFET 或 IGBT 等元件替代）是工作在开关状态的调整管；电感 L 和电容 C 组成滤波电路；二极管 D 是续流二极管。脉宽调制电路由比较器 A_2 和一个能产生三角波的振荡器组成。运算放大器 A_1 作为比较放大电路，其比较输入电压（即取样电压）u_{N1} 由取样电阻 R_1 和 R_2 分压取出，基准电源电压 U_{REF} 可视需要由不同的稳压电路或标准电池构成。

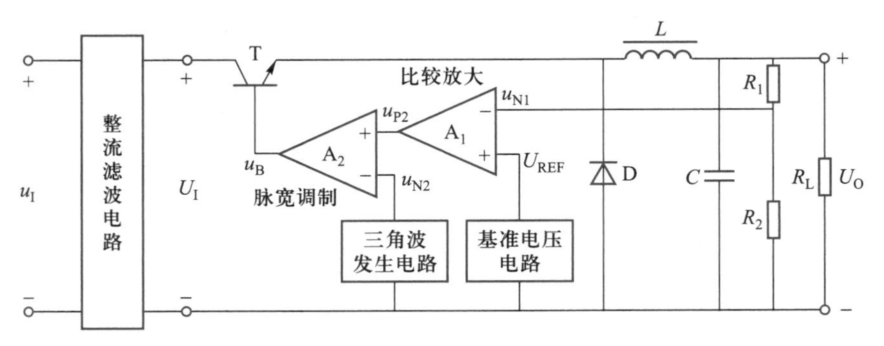

图 8.2.13　串联脉宽调制开关型稳压电路的结构框图

该电路的稳压工作原理可简述如下：

当 U_O 升高时，取样电压 u_{N1} 亦增加，与同相端的基准电压 U_{REF} 相比较，使比较放大器输出 u_{P2} 下降，经电压比较器使其输出电压 u_B 和 T_{on} 减小、T_{off} 增大，占空比变小$\left(\text{占空比 } q=\frac{T_{on}}{T_{on}+T_{off}}\right)$，如图 8.2.14 所示。由于调整管 T 的截止时间 T_{off} 加长，故输出电压随之减小，调节结果使 U_O 趋于不变。当 U_O 降低时调节过程相反。

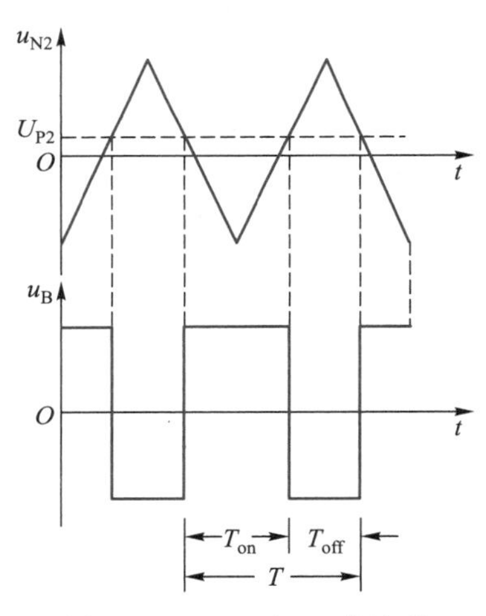

图 8.2.14　u_{N2} 和 u_B 的波形

通过以上分析不难看出，该电路的控制过程是在保持调整管开关周期 T 不变的情况下，通过改变开关管导通的时间 T_{on}（即脉冲宽度）调节占空比，从而实现稳压的，故称为串联脉宽调制开关型稳压电路。目前已有多种串联脉宽调制开关型稳压电路的控制芯片，有的还将开关管也集成于芯片内，且具有各种保护电路。因此可以根据需要，选用合适的芯片组成开关型稳压电源。

8.3 功率半导体器件和变流电路

视频资源:8.3 功率半导体器件和变流电路

众所周知,电能可以分为直流电和交流电。在实际应用中,常常需要将交流电变换成直流电或者将直流电变换成交流电,以及改变直流电的大小,改变交流电的频率或幅值的大小,这些电能的变换技术称为变流技术。目前广泛采用的是半导体变流技术,即采用功率半导体器件,通过弱电对强电的控制,从而实现电能的变换与控制。它已被广泛地应用于工农业生产、国防、交通等各个领域。下面简单介绍一些常用的功率半导体器件和变流电路。

8.3.1 功率半导体器件

功率半导体器件种类很多,包括功率二极管、各种类型的晶闸管、各种类型的功率晶体管等,下面介绍几种常见的功率半导体器件。

1. 晶闸管

晶闸管旧称可控硅,由于到目前为止,其制造技术最为成熟,可变换或控制的功率最大,因此是目前大功率变流技术中应用最广的一种功率半导体器件。晶闸管包括普通晶闸管和快速晶闸管、双向晶闸管、逆导晶闸管及可关断晶闸管等特种晶闸管。普通晶闸管就简称为晶闸管。

图 8.3.1 为晶闸管的结构示意图和图形符号,它有三个电极:阳极 A、阴极 K 和门极(也称控制极)G。从结构示意图可见,它由 $P_1N_1P_2N_2$ 四层半导体构成,具有三个 PN 结:J_1、J_2 和 J_3。这三个 PN 结可以看成是一个 PNP 型晶体管 T_1 和一个 NPN 型晶体管 T_2 的相互连接,如图 8.3.2 所示,这就是晶闸管的等效模型。

从图 8.3.1 和图 8.3.2 可以看出:当 $U_{AK}<0$ 时,由于晶闸管内部 PN 结 J_1、J_3 均处于反向偏置,无论控制极是否加电压,晶闸管都不导通,晶闸管呈反向阻断状态;当 $U_{AK}>0$、$U_{GK}\leqslant 0$ 时,PN 结 J_2 处于反向偏置,故晶闸管不能导通,晶闸管处于正向阻断状态;当 $U_{AK}>0$、$U_{GK}>0$ 且为适当数值时,就产生相应的门极电流 I_G,经 T_2 放大后形成集电极电流 $I_{C2}=\beta_2 I_{B2}$,由于 $I_{C2}=I_{B1}$,经 T_1 放大后得$I_{C1}=\beta_1\beta_2 I_{B2}$(在这里要求 $\beta_1\beta_2>1$),而 I_{C1} 又流入 T_2 管的基极再放大,经过这种正反馈,使 T_1、T_2 迅速饱和导通,即晶闸管全导通。晶闸管一旦导通后,即使去掉 U_{GK},依然能依靠内部正反馈维持导通,因而在实际应用中,U_{GK} 常为触发脉冲。晶闸管导通后阳极与阴极间的正向压降很小,导通电流的大小由外电路决定。必须指出,晶闸管内部的正反馈必须由一定的阳极电流 I_A 来维持,一旦外电路使 I_A 降低到小于某一数值 I_H 时,正反馈就不能维持,晶闸管恢复到正向阻断状态。I_H 称为晶闸管的维持电流。

综上所述,要使晶闸管从阻断状态变为导通状态,必须在晶闸管阳极与阴极之间加一定大小的正向电压,门极与阴极之间加一定大小的正向触发电压。晶闸管一旦导通后门极就失去了控制作用,这时只要阳极电流大于晶闸管的维持电流 I_H,晶闸管就能维持导通。要使已导通的晶闸管关断,只要使阳极电流 I_A

小于维持电流 I_H，晶闸管就能自行关断，这可以通过增大负载电阻、降低阳极电压至接近于零或施加反向电压来实现。

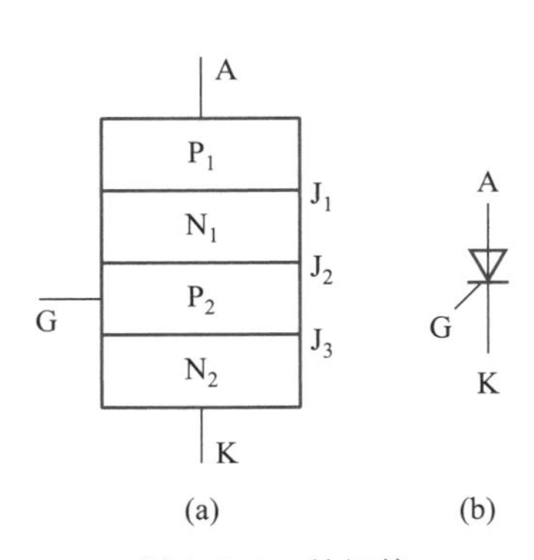

图 8.3.1　晶闸管

(a)结构示意图　(b)图形符号

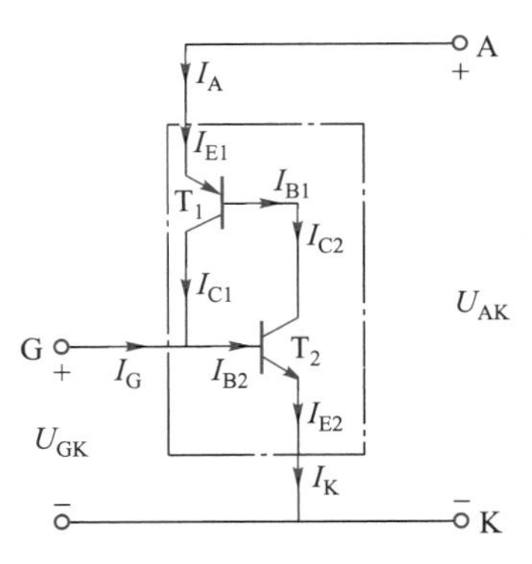

图 8.3.2　晶闸管的等效模型

图 8.3.3 是晶闸管的伏安特性，它指阳极电流 I_A 和阳极与阴极间电压 U_{AK} 的关系，即

$$I_A = f(U_{AK})$$

从图中可以看出，它可分为正向特性和反向特性。

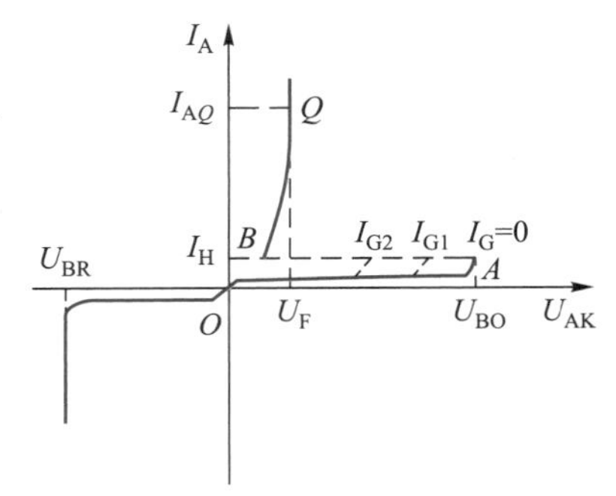

图 8.3.3　晶闸管的伏安特性

$U_{AK}>0$ 即正向时，若门极不加电压，$I_G=0$，则在 $U_{AK}<U_{BO}$ 时，晶闸管只有很小的正向漏电流通过，晶闸管呈正向阻断状态；而在 $U_{AK}>U_{BO}$ 时，晶闸管将被击穿而导通，这在正常工作时是不允许的，U_{BO} 称为正向转折电压。若门极加正向电压，$I_G>0$，则晶闸管从阻断变为导通所需的正向电压降低，I_G 越大，该电压越小。导通后的晶闸管正向特性与二极管正向特性类似，Q 点为晶闸管导通后的工作点，其电压和电流由外电路的参数决定。

晶闸管的反向特性和二极管的反向特性类似。当晶闸管处于反向阻断状态时，只产生很小的反向漏电流。当反向电压达到反向击穿电压 U_{BR} 时，晶闸管反向击穿。

晶闸管的主要参数有：

(1) 正向转折电压 U_{BO}。指在额定结温和门极不加信号时，使晶闸管击穿导通的阳极与阴极间的正向电压。

(2) 正向阻断峰值电压 U_{DRM}。这是为避免晶闸管正向击穿所规定的最大正向电压，其值小于 U_{BO}。

(3) 反向转折电压 U_{BR}。即反向击穿电压。

(4) 反向阻断峰值电压 U_{RRM}。这是为避免晶闸管反向击穿所规定的最大反向电压，其值小于 U_{BR}。

(5) 正向平均管压降 U_F。即正向导通状态下器件两端的平均电压降。一般为 0.4~1.2 V。

(6) 额定正向平均电流 I_F。指晶闸管允许通过的工频正弦半波电流的平均值。

(7) 维持电流 I_H。维持晶闸管通态所需的最小阳极电流。

除了以上参数外，还有最小触发电压 U_G(一般为 1~5 V)和触发电流 I_G(几十至几百毫安)以及门极最大反向电压(一般为 10 V)等。当晶闸管工作于快速开关状态时，还必须考虑开关时间、电压上升率和电流上升率等参数。

晶闸管工作时门极所需的触发脉冲要用专门的触发电路来提供。触发电路可以由分立元件组成(如单结晶体管触发电路、晶体管触发电路等)，但目前广泛采用集成化触发器和数字式触发器。关于触发器电路的内容，读者可以查阅有关书刊。

2. 绝缘门极双极晶体管

上面介绍的晶闸管只能控制其导通，不能控制其关断，称为半控型器件；而既能控制其导通又能控制其关断的功率半导体器件称为全控型器件。常见的全控型器件有大功率晶体管(giant transistor，简称 GTR)、功率金属氧化物场效管(power metal oxide semiconductor field effect transistor，简称P-MOSFET)、绝缘门极双极晶体管(insulated gate bipolar transistor，简称 IGBT)等。

GTR 是一种具有两种极性载流子——空穴及电子均起导电作用的半导体器件，其结构与普通双极晶体管相同。它与晶闸管不同，具有线性放大作用，但在变流应用中却是工作在开关状态，可以通过基极信号方便地进行通、断控制。GTR 具有控制方便，开关时间短，高频特性好，通态压降较低等优点，但存在着耐压较低及二次击穿等问题。

P-MOSFET 是一种单极型电压控制半导体器件，但它的结构和小功率 MOS 管有些不同，小功率 MOS 管的源极、门极和漏极都置于同一表面，是横向导电结构。而 P-MOSFET 由于功率较大，故通常将漏极布置在与源极、门极相反的另一表面，是垂直导电结构。P-MOSFET 也是依靠门源电压 U_{GS} 的高低来控制漏极电流 I_D 的大小，其特性曲线和小功率 MOS 管类似，但电压、电流的允许值要高得多。它具有驱动功率小、开关速度快等优点，但存在着通态压降较大等缺点。

IGBT 是一种 MOSFET 与 GTR 的复合器件。IGBT 的原理示意图和图形符号见图 8.3.4，它是以 PNP 型 GTR 为主导元件、N 沟道增强型 MOS-FET 为驱动元件的复合结构器件。

IGBT 的开通与关断由门极控制。设 NMOS 管的开启电压为 $U_{G(th)}$，当门极电压 $U_G>U_{G(th)}$ 时，

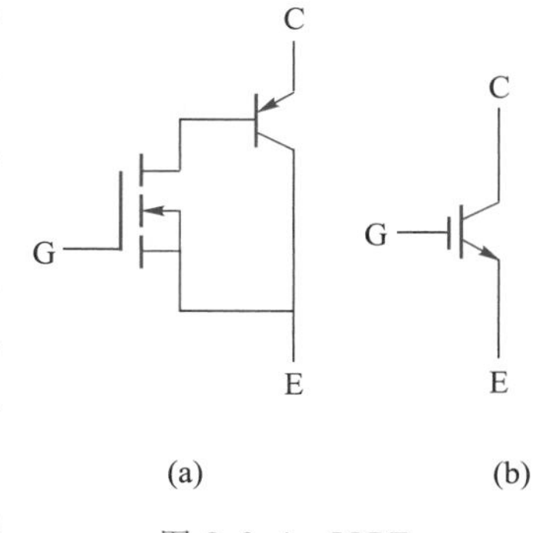

图 8.3.4 IGBT
(a) 原理示意图 (b) 图形符号

NMOS 管导通，为 PNP 管提供基极电流，PNP 管导通，即 IGBT 导通；当门极电压 $U_G<U_{G(th)}$ 时，NMOS 管截止，PNP 管没有基极电流，PNP 管截止，IGBT 关断。

图 8.3.5 给出了 IGBT 的输出特性和转移特性。输出特性表示了集电极电流 I_C 与集电极-发射极间电压 U_{CE} 之间的关系。IGBT 输出特性的特点是集电极电流 I_C 由门极电压 U_G 控制，U_G 越大，I_C 越大。在反向集电极-发射极间电压作用下器件呈反向阻断状态，一般只流过微小的反向漏电流。IGBT 的转移特性表示了门极电压 U_G 对集电极电流 I_C 的控制关系。

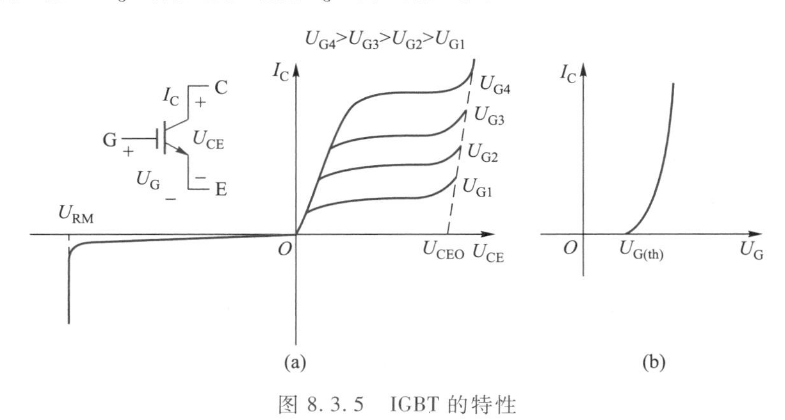

图 8.3.5　IGBT 的特性

（a）输出特性　（b）转移特性

IGBT 结合了 MOSFET 和 GTR 两者的优点：用 MOSFET 作为输入部分，器件成为电压型驱动，驱动电路简单，输入阻抗高，开关速度也易提高；用 GTR 作为输出部件，器件的导通压降低，容量容易提高。

IGBT 的驱动电路有分立元件门极驱动电路和集成化门极驱动电路。这里不再叙述。

3. 集成门极换流晶闸管

集成门极换流晶闸管（intergrated gate commutated thyristor，简称 IGCT）是 20 世纪九十年代开发的一种全控型半导体功率器件，它是将门极换流晶闸管 GCT 通过印制电路板与门极驱动电路集成为一个整体而形成的器件。

IGCT 的主开关器件门极换流晶闸管 GCT 是基于门极可关断晶闸管（gate turn-off thyristor，简称 GTO）结构的一种新型器件。GTO 是在普通晶闸管基础上发展而成的，它也具有 $P_1N_1P_2N_2$ 四层半导体结构和三个电极（阳极、阴极与门极），但其内部结构、参数及制作工艺和普通晶闸管有较大差别。当 GTO 的门极施加正向电压时，GTO 导通，其导通机理和普通晶闸管相同。当导通后的 GTO 在门极施加负向电压时，GTO 关断。由于 GTO 关断时必须经过一个过渡状态才能从导通转到阻断状态，故影响其关断特性及关断能力，还需设置关断吸收电路。而且 GTO 的门极驱动电路较复杂、驱动功率也较大。因此 GTO 的应用范围及进一步发展均受到限制。GCT 是在 GTO 的基础上重新优化设计、采用若干项新的关键技术研制而成的一种改进结构的 GTO，它的关断机理和 GTO 完全不同，关断时能使阳极电流快速地由阴极转移至门极（故称为门极换流晶闸管），瞬间地从导通状

态转为阻断状态。因此 GCT 既具有晶闸管低通态压降、高阻断能力的优点，又具有和晶体管相同的优良开关特性，关断能力很强，是一种高性能的功率器件。

IGCT 具有主回路接线简单、门极控制方便、大电流、高电压、工作频率高、开关速度快、开关损耗小等优点，在功耗、可靠性、速度、效率、成本等方面均达到新的性能水平，而且在未来仍有较大的发展潜力。IGCT 和 IGBT 具有一定的互补性，IGCT 比 IGBT 更适合于高电压、大容量的使用场合，目前 IGCT 已经在电力系统等众多领域中得到了广泛的使用，今后将会取代 GTO 在大功率电子换流装置中的应用地位。

8.3.2 可控整流电路

变流电路有四种基本类型，即整流（AC—DC）、逆变（DC—AC）、直流调压（DC—DC）、交流调压及变频（AC—AC）。下面先介绍可控整流电路。

可控整流电路的功能就是将交流电能变换成电压大小可调的直流电能。可控整流电路的主电路结构形式很多，有单相半波、单相桥式、三相半波、三相桥式等。这里仅介绍单相桥式可控整流电路。

在单相桥式整流电路中，如把四只整流二极管全部换成某一种可控功率器件，就构成了单相桥式可控整流电路。由于整流电路比较简单，对器件的要求较低，所以可控整流电路常由晶闸管构成。

图 8.3.6 是单相桥式全控整流电路带电阻负载时的原理图。图中 T_1、T_2、T_3、T_4 均为晶闸管，所以称为全控式电路；若 T_1、T_2 采用晶闸管，而 T_3、T_4 采用功率二极管，则叫半控式整流电路。

在图 8.3.6 所示电路中，当 u_2 为正半周时，在 $\omega t=\alpha$（α 称为控制角）的瞬间给 T_1 和 T_4 的门极加触发脉冲，由于此时 a 点电位高于 b 点电位，T_1 和 T_4 立即导通，电流从 a 端经 $T_1 \rightarrow R_L \rightarrow T_4$ 流回 b 端。这期间 T_2 和 T_3 均承受反压而截止。当电源电压 u_2 过零时，电流也降到零，T_1、T_4 阻断。当 u_2 为负半周时，在 $\omega t=\pi+\alpha$ 瞬间给 T_2、T_3 门极加触发脉冲，由于此时 b 点电位高于 a 点电位，T_2、T_3 立即导通，T_1、T_4 因承受反压而截止，电流从 b 端经 $T_2 \rightarrow R_L \rightarrow T_3$ 流回 a 端。当电源电压 u_2 过零时，T_2、T_3 阻断。此后循环工作。图 8.3.7 给出了电压、电流的波形图。

为了简化分析，可以认为晶闸管正向导通时的正向压降为零，正向和反向阻断时漏电流为零，于是从图 8.3.7 的波形图可以得到负载电压 u_L 的平均值

$$U_L=\frac{1}{\pi}\int_{\alpha}^{\pi}\sqrt{2}U_2\sin\omega t\mathrm{d}(\omega t)=0.9U_2\frac{1+\cos\alpha}{2} \tag{8.3.1}$$

负载电流 i_L 的平均值

$$I_L=\frac{U_L}{R_L}=0.9\frac{U_2}{R_L}\times\frac{1+\cos\alpha}{2} \tag{8.3.2}$$

从以上分析可知，u_L 的平均值与控制角 α 有关，即与晶闸管的导通角 θ（$\theta=\pi-\alpha$）有关。当 $\alpha=0$ 时，导通角 $\theta=\pi$，晶闸管处于全导通状态，$U_L=0.9U_2$，与不可控桥式整流相同；当 $\alpha=\pi$ 时，$\theta=0$，$U_L=0$。因此 U_L 的可调范围为 $0\sim0.9U_2$。

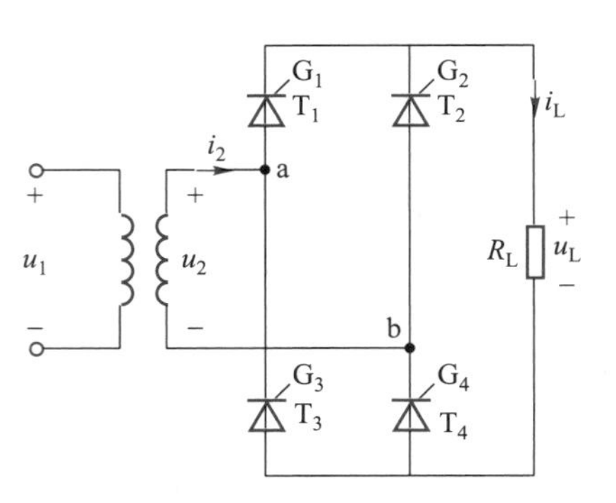

图 8.3.6　单相桥式全控整流电路

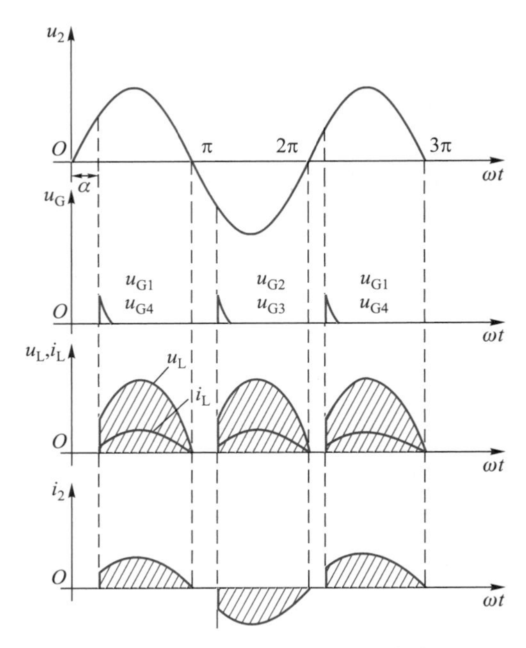

图 8.3.7　单相桥式全控整流电路波形图

同样可以得到其他物理量的数值关系：每个晶闸管的平均电流为 $I_L/2$；每个晶闸管承受的最大反向电压为$\sqrt{2}U_2$；变压器二次侧绕组电流 i_2 的有效值

$$I_2=\sqrt{\frac{1}{\pi}\int_{\alpha}^{\pi}\left(\frac{\sqrt{2}U_2}{R_L}\sin\omega t\right)^2\mathrm{d}(\omega t)}$$

$$=\frac{U_2}{R_L}\sqrt{\frac{1}{2\pi}\sin 2\alpha+\frac{\pi-\alpha}{\pi}} \tag{8.3.3}$$

这些数值为选择变压器及晶闸管提供了依据。从图 8.3.7 还可以看出，u_L、i_L、i_2 的波形谐波分量比较大，对电网的干扰也比较大，这些可以通过滤波和稳压电路得到进一步改善。

8.3.3　交流调压和变频电路

由于交流电具有有效值及频率两个重要参数，故在交流—交流变换（AC—AC）电路中分为调压和变频（也称调频）电路。

1. 交流调压

交流调压就是改变交流电压有效值的大小，但其频率不变。交流调压技术可用于交流电动机的调压调速、灯光控制及温度控制等场合。

交流调压根据所采用的控制方式不同，可分为相控式和斩控式两大类。相控式调压是通过改变控制角来实现调压的一种方法，一般可由晶闸管实现。而斩控式调压是通过控制可控器件的通断时间来实现调压的一种方法，一般采用全控型器件（如 IGBT）实现。

(1) 相控式交流调压电路。图 8.3.8 所示是由晶闸管组成的单相相控式交流调压电路及其波形图,负载为电阻性质。

从图 8.3.8 可以得出负载上交流电压 u_L 的有效值

$$U_L=\sqrt{\frac{1}{\pi}\int_{\alpha}^{\pi}(\sqrt{2}U_1\sin\omega t)^2\mathrm{d}(\omega t)}$$

$$=U_1\sqrt{\frac{1}{2\pi}\sin 2\alpha+\frac{\pi-\alpha}{\pi}} \quad (8.3.4)$$

式中,U_1 为输入交流电压的有效值。由式(8.3.4)可知,输出电压的有效值与控制角 α 有关,调节控制角 α 的大小就可以实现调压的目的。

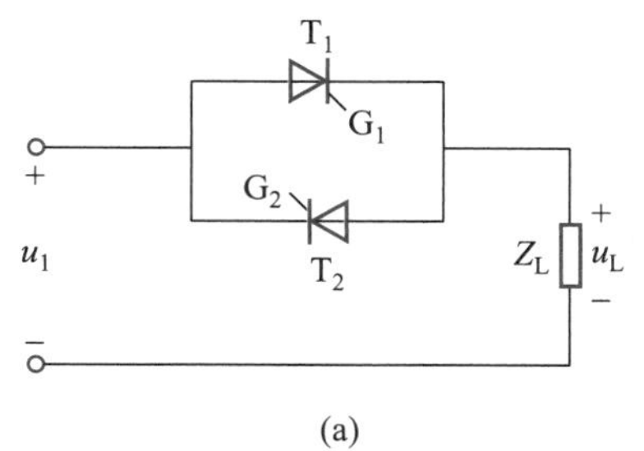

(a)

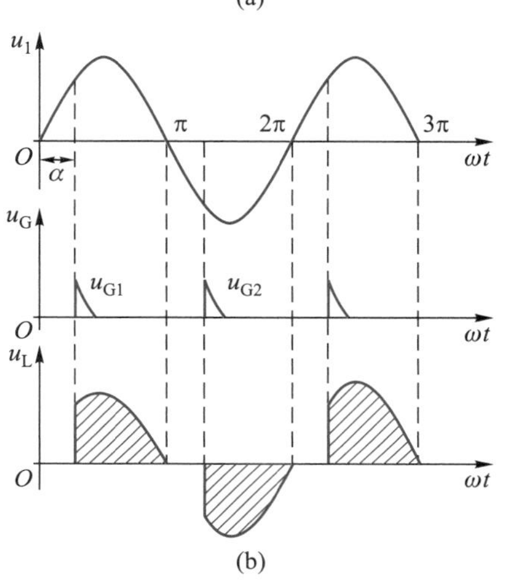

(b)

图 8.3.8 单相相控式交流调压电路

(a) 原理图 (b) 波形图

上述交流调压电路,由于晶闸管只能单方向触发导通,因此用了两只晶闸管反向并联以实现交流控制。实际上,若采用正、反两个方向都能触发导通的双向晶闸管更为方便。双向晶闸管的图形符号和伏安特性如图 8.3.9 所示。它相当于两只普通晶闸管的反向并联,但同用一个门极,触发脉冲加于门极 G 与 A_1 极之间(既可以用正脉冲,也可以用负脉冲),若外加电压的极性如图 8.3.9(b)中所示,则在门极加触发脉冲时,导通方向从 A_2 极至 A_1 极;若外加电压的极性相反,门极加触发脉冲时,导通方向就从 A_1 极至 A_2 极。

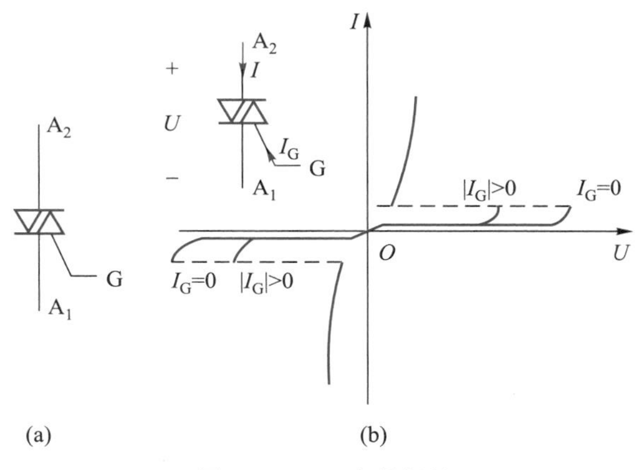

(a) (b)

图 8.3.9 双向晶闸管

(a) 图形符号 (b) 伏安特性

[例题 8.3.1]　图 8.3.10 是用双向晶闸管等元件构成的调光台灯电路，试分析其工作原理。

[解]　图中 T 为双向晶闸管，L 为白炽灯，R_P 为带开关(S)的电位器。R_1、R_P 和 C 组成移相电路，以决定双向晶闸管的导通角。D 为双向触发二极管，它的特性是当两端的电压达到一定值时便迅速导通，导通后的压降变小，其伏安特性如图 8.3.11 所示，R_2 为限流电阻。

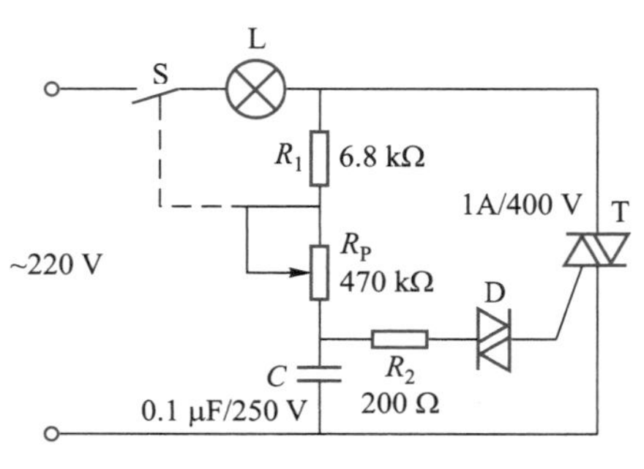

图 8.3.10　调光台灯电路

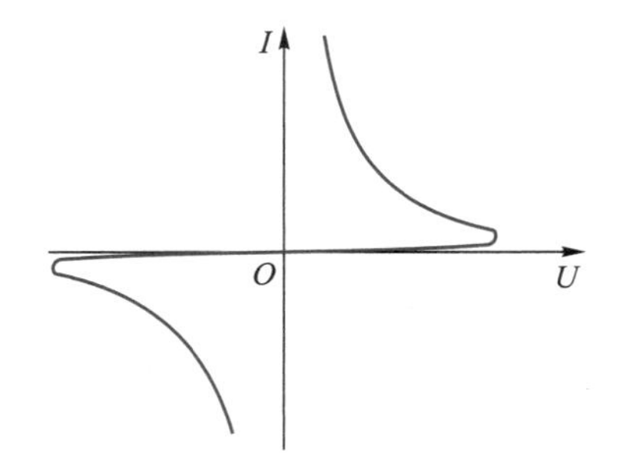

图 8.3.11　双向触发二极管的伏安特性

图 8.3.10 电路的工作原理是：接通开关后，电源电压经 L、R_1、R_P 和 C 形成通路，C 充电，当电容 C 两端的电压上升到触发二极管 D 的导通电压时，双向晶闸管被触发导通，灯亮。当交流电源过零时，双向晶闸管自行关断。调节 R_P 可改变 C 的充电时间，以改变触发二极管的导通时刻，从而改变双向晶闸管在交流电源正、负半周的导通角，实现灯光亮度的调节。

相控式交流调压电路结构简单，但输出电压谐波分量比较大，深控时电源侧功率因数低，电流的谐波分量也比较大，因此常采用斩控式交流调压电路。

(2) 斩控式交流调压电路。单相斩控式交流调压电路的原理图如图 8.3.12(a)所示。图中 S_1、S_2 为全控型功率器件(如 IGBT)，可以双向导通，并且双向都可以控制开通和关断。S_1 为主开关功率器件，S_2 为续流开关功率器件，S_1 和 S_2 的开关状态在时序上互补，即 S_1 接通时 S_2 断开，S_2 接通时 S_1 断开。设电子开关的工作周期为 T_C，S_1 接通、S_2 断开的时间为 T_{on}；S_2 接通、S_1 断开的时间为 T_{off}。占空比 $q = T_{on}/T_C$。S_1 接通、S_2 断开时电源电压与负载电压相等，电源为负载提供电能。S_2 接通、S_1 断开时，电源停止向负载供电，如果负载为电感性，电流通过 S_2 形成续流通路。图 8.3.12(b)为斩控式交流调压电路的波形图，其中 u_1 为输入交流电压，G 为全控型功率器件的控制信号：$G=\mathbf{1}$，S_1 接通、S_2 断开；$G=\mathbf{0}$，S_2 接通、S_1 断开。u_L 为斩控式交流调压的输出，是一系列幅度按正弦规律变化的梯形脉冲，负载电压的包络线就是电源电压的波形。可以看出，输出电压除基波成分外，还含有与电源频率和电子开关频率相关的各种谐波成分，因此可以用简单的方法方便地将其滤除。在实际应用中，在斩控式交流调压电路的电源侧和负载侧均需要加低通滤波器。输入侧滤波器的作用是旁路斩波开关产生的高次谐波成分，使之不影响电源，保证电源电流为正弦波；输出侧滤波器的作用是使负载得到一个工频正弦电压。

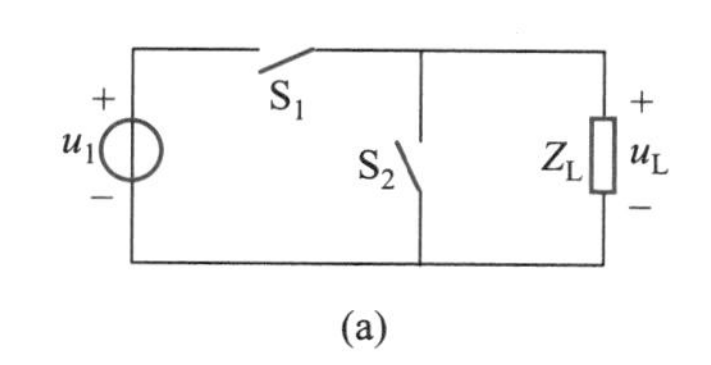

(a)

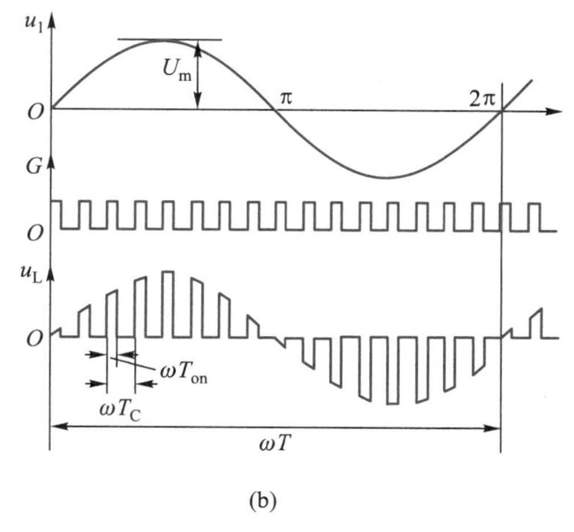

(b)

图 8.3.12 单相斩控式交流调压电路

(a) 原理图 (b) 波形图

2. 交流变频

交流变频是指将一种频率(例如工频)的交流电变换成另一种频率的交流电,它在交流电动机的变频调速、中频电源、高频电源等领域得到了广泛的应用。

变频电路有多种类型。图 8.3.13 所示为变频电路原理图,它由单相桥式整流电路、滤波电容 C_0 和 $T_1 \sim T_4$ 四个功率管(IGBT)构成的逆变电路组成。整流电路把工频交流电变换成直流电,经电容器 C_0 滤波后,再由逆变电路变换成频率可调的交流电。

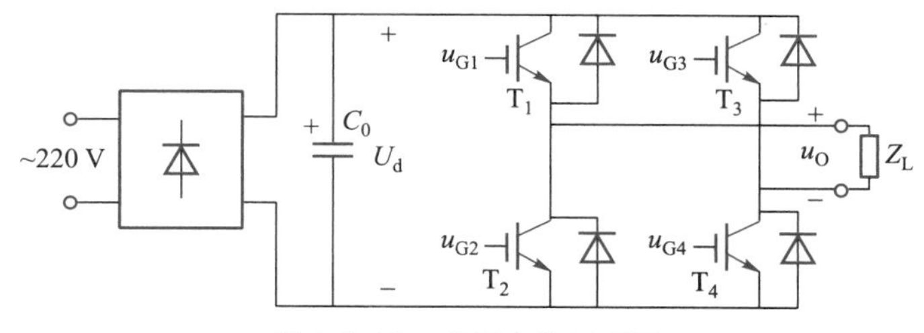

图 8.3.13 变频电路原理图

逆变电路是直流/交流的变换装置,其工作方式有多种,正弦波脉宽调制(sin usoidal wave pluse width modulated,简称 SPWM)是一种性能较好的方式。这种调制方式采用正弦波参考信号 u_r 对等幅三角波 u_C 进行调制,原理框图如图 8.3.14 所示。它由比较器、非门和驱动电路 1~驱动电路 4 组成,正弦波 u_r

和三角波 u_C 分别加于比较器的同相输入端和反相输入端。当 $u_r>u_C$ 时，比较器输出高电平；$u_r<u_C$ 比较器输出低电平。当三角波周期 T_C 远小于正弦波信号周期 T_r 时，就能输出幅度不变，但其高电平时间的宽度按正弦规律变化的脉冲序列 u_1（见图 8.3.15）。u_1 经驱动电路 1、2 产生 u_{G1}、u_{G4}，分别驱动 T_1、T_4。同时，u_1 经非门反相后，得到高、低电平和 u_1 相反的脉冲序列 u_2，u_2 经驱动电路 3、4 产生 u_{G2}、u_{G3}，分别驱动 T_2、T_3。在这些信号的作用下，单相变频电路输出电压 u_O 的波形如图 8.3.16 所示。从图中可知，负载 z_L 加上这种电压后，其工作状态与加上图中虚线所示的正弦交流电压基本上相同。此时，该正弦交流电压的频率与参考电压 u_r 相同，因此改变 u_r 的频率就可以改变逆变器输出电压 u_O 的频率。同时，改变参考电压 u_r 的幅度，逆变器输出电压值也会发生变化，因此这种变频电路兼有变频和调压双重功能，可以较好地满足某些负载的要求。

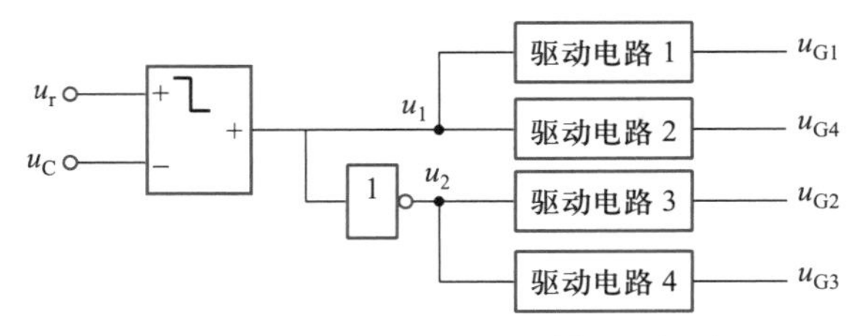

图 8.3.14　单相 SPWM 调制原理框图

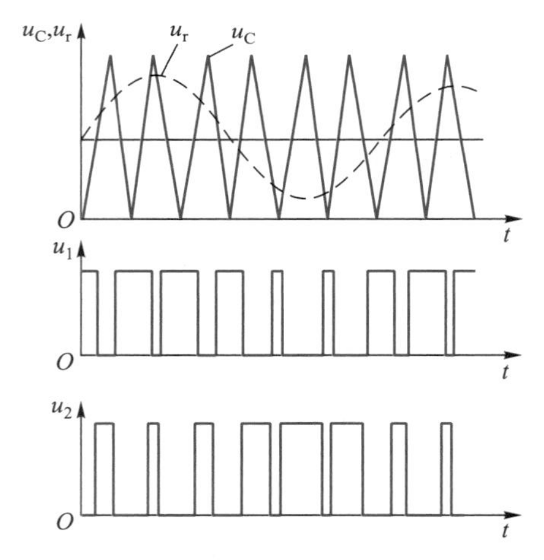

图 8.3.15　正弦波脉宽调制信号的产生

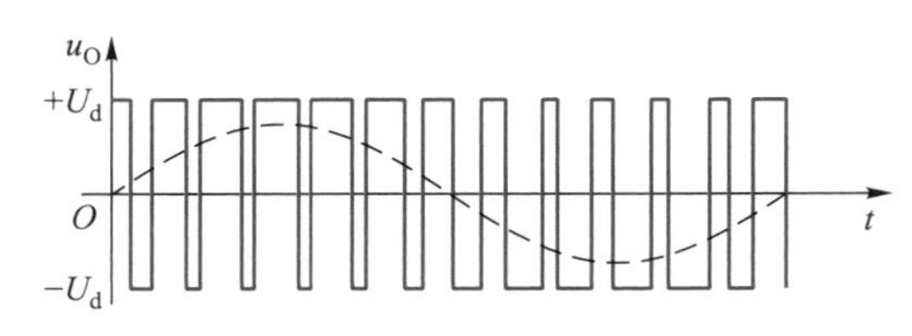

图 8.3.16　单相变频电路输出电压

[例题 8.3.2]　图 8.3.17 是一并联逆变器原理图，这种逆变器被广泛地用于中频感应加热电源上，试分析其工作原理。

[解]　图 8.3.17 中 U_d 是交流电源经整流后的直流电压，滤波电抗器 L_d 不仅使整流输出的直流电流 I_d 连续平滑，而且还可以限制中频电流进入工频电网，起交流隔离作用。图中逆变桥由四个桥臂组成，每个桥臂由一只 IGBT 和一个二极管串联而成，二极管用以保证每个桥臂通过的电流是单向的。由于通过 IGBT 的正向电流全部通过串联二极管，这就要求串联二极管能够通过很大的正

向电流和承受很高的反向电压，因此 $D_1 \sim D_4$ 应该选用快速恢复二极管。当 T_1、T_4 导通时，电流 I_D 经 D_1、T_1、负载（L_S、r_S 和 C 并联）、T_4、D_4 流回电源；当 T_2、T_3 导通时，I_D 经 D_2、T_2、负载、T_3、D_3 流回电源，负载电流的方向与前相反。如果使 T_1、T_4 和 T_2、T_3 以中频（例如 1 000 Hz）轮流导通，则可将直流电逆变成中频交流电供给负载。图中，负载回路由感应加热线圈（包括 L_S 和等效电阻 r_S）和补偿电容器 C 并联组成（故该逆变器称为并联逆变器）。L_S 和 C 形成了并联谐振电路，工作在谐振状态，以求获得比较高的功率因数和效率。当流过感应加热线圈的中频电流所产生的中频磁场穿过金属时，会在此金属中产生足够大的感应电动势，形成电流，使金属发热，从而达到进行热处理或熔炼的目的。

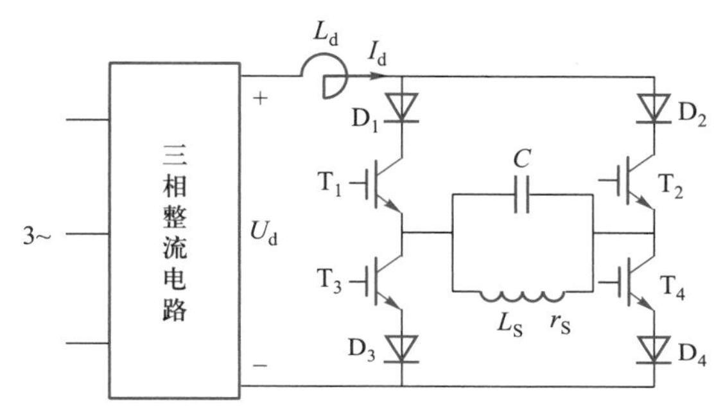

图 8.3.17　并联逆变器原理图

［**例题 8.3.3**］　图 8.3.18 是不间断电源（简称 UPS）的原理框图，试说明其工作原理。

［**解**］　图中整流器将市电变为直流，然后分为两路，一路作为逆变器的电源，通过逆变重新转换为稳定的工频交流电供给负载；另一路向蓄电池进行充电。由于具有储能部件蓄电池，所以当市电中断时 UPS 仍能保证负载的供电不致中断。不间断电源对诸如计算机负载、生产过程控制、航空管理、通信设备及一些重要场所如医院、矿井照明等负载是至关重要的。

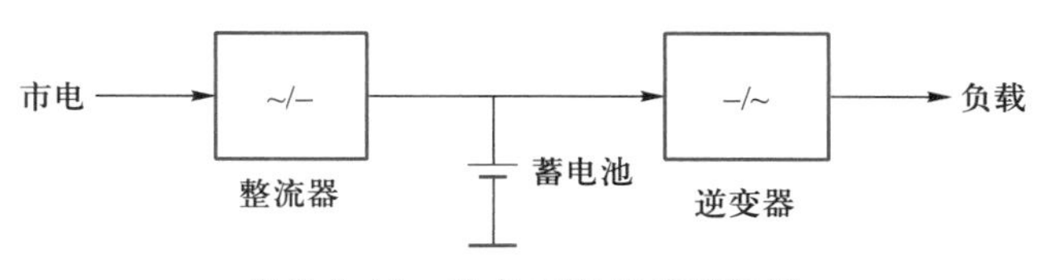

图 8.3.18　基本 UPS 的原理框图

8.3.4　直流调压电路

直流调压电路也称斩波调压器，它可以将大小固定的直流电压变换为大小可调的直流电压。斩波调压器利用半导体器件作直流开关，将恒定直流电压变为断续的矩形波电压，通过调节矩形波电压的占空比来改变输出电压的平均值，从而实现直流调压。斩波调压器被广泛应用于直流电机调速、蓄电池充电、开关电源等方面。

图 8.3.19 是用 IGBT 作为直流开关的降压型斩波器的原理图。图中 u'_L 是斩波的输出电压，L_d、D 用于当 IGBT 关断时负载的续流，即当 IGBT 关断时，电感电流流过二极管 D 将其储存的能量释放给负载。如果 L_d 很大，负载 R_L 上的电流非常平滑，u_L 为一直流电压。在图 8.3.19 中，当 IGBT 导通时，$u'_L = U_S$；IGBT 截止时，$u'_L = 0$。故负载侧电压 u_L 的平均电压（忽略 L_d 的电阻）为

$$U_L = \frac{T_{on}}{T_{on} + T_{off}} U_S \tag{8.3.5}$$

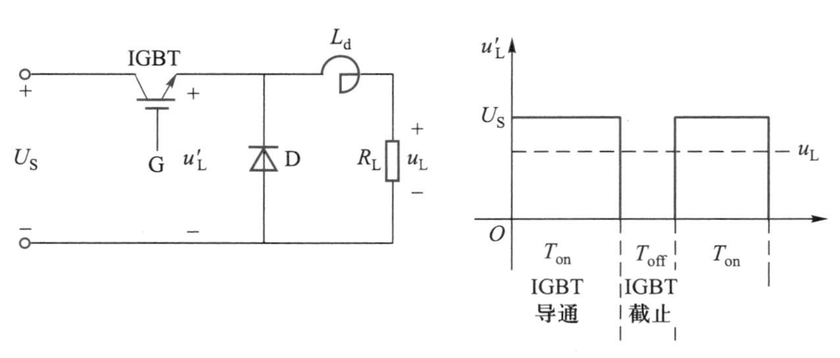

图 8.3.19 降压型斩波器原理图

通过改变 IGBT 的通断时间即可改变负载侧的直流电压。

图 8.3.20 是用 IGBT 作为直流开关的升压型斩波器的原理图，它利用电感储能释放时产生的电压来提高输出电压。设电源接通时，IGBT 还未导通，U_S 通过 L、D 使负载获得电压，并向 C 充电。当 IGBT 导通时，电源 U_S 加在电感 L 上，电流 i_L 增长。同时电容 C 向负载放电，隔离二极管 D 承受反向电压而截止。当 IGBT 关断时，L 要维持原有电流方向，其自感电动势 e_L 和电源电压 U_S 叠加，使电流 i_L 流入负载，并给 C 充电，u_C 增加。在此过程中，IGBT 导通期间储存于电感 L 的能量释放到负载和电容上。

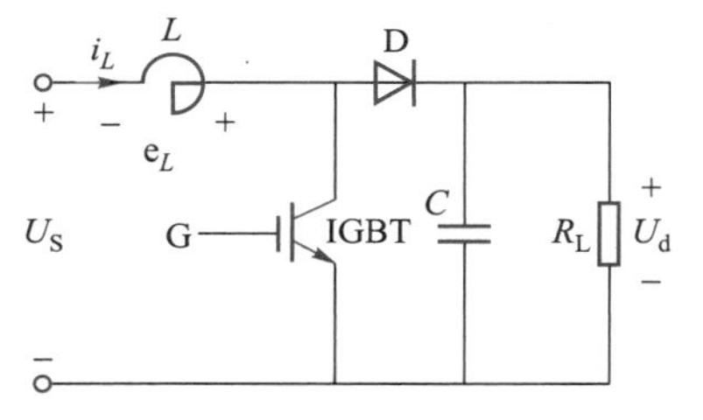

图 8.3.20 升压型斩波器原理图

由于 T_{on}、T_{off} 很小，L 很大，电流 i_L 的变化不甚明显，可以认为 $i_L = I_L$ 保持不变，则在 IGBT 导通期间由电源输入到电感 L 的能量为

$$W_{in} = U_S I_L T_{on}$$

在 IGBT 关断期间，电感释放至负载的能量为

$$W_{out} = E_L I_L T_{off} = (U_d - U_S) I_L T_{off}$$

假定

$$W_{in} = W_{out}$$

可得

$$U_d = \frac{T_{on} + T_{off}}{T_{off}} U_S > U_S \tag{8.3.6}$$

因此这是一个升压型斩波器。

习题

8.1.1　在图 8.1.2 中，设 $U_{CC}=15$ V，$R_L=8$ Ω，输入正弦信号足够大，晶体管的 P_{CM}、$U_{(BR)CEO}$和 I_{CM}足够大。在不考虑交越失真时，试求：(1) 在理想情况下，最大的输出功率 P_{omax}；(2) 若 T_1、T_2 的饱和压降 $|U_{CES}|=1$ V，此时的输出功率 P_o 和效率 η；(3) 在理想情况下，输入电压有效值 $U_i=5$ V 时的输出功率 P_o。

8.1.2　图 8.1.3 由集成运算放大器驱动的 OCL 电路中，设 $U_{CC}=15$ V，$R_1=3$ kΩ，$R_2=39$ kΩ，$R_L=8$ Ω。试问：(1) 图中 R_2、R_1 构成什么反馈？电路的电压放大倍数 A_{uf}为多少？(2) 若集成运放输出的正弦交流电压最大值为±12 V，最大输出功率 P_{omax}约为多少？

8.1.3　在图 8.1.5 由集成运放驱动的 OTL 电路中，设 $U_{CC}=30$ V，$R_L=8$ Ω，$R=15$ kΩ，$R_1=1$ kΩ，$R_2=33$ kΩ。试求：(1) 静态时集成运放两输入端和输出端对地的电位 U_+、U_-和 U_{o1}为多少？(2) E 点对地的静态电位 U_E 应为多少？(3) 电路的电压放大倍数 A_{uf}和理想的最大输出功率 P_{omax}分别为多少？

8.2.1　如图 8.01 所示为变压器二次侧具有中心抽头的两管全波整流电路，设 $u_2=\sqrt{2}\,10\sin\omega t$ V，$R_L=100$ Ω，二极管 D_1、D_2 为理想元件。(1) 画出输出电压 u_L 的波形图，并指出 u_2 正半周和负半周时的导电回路；(2) 列出输出电压平均值 U_L 与变压器二次侧电压有效值 U_2 之间的关系式；(3) 求流过负载的平均电流 I_L 和流过每个二极管的平均电流 I_D；(4) 求二极管承受的最大反向电压 U_{DRM}。

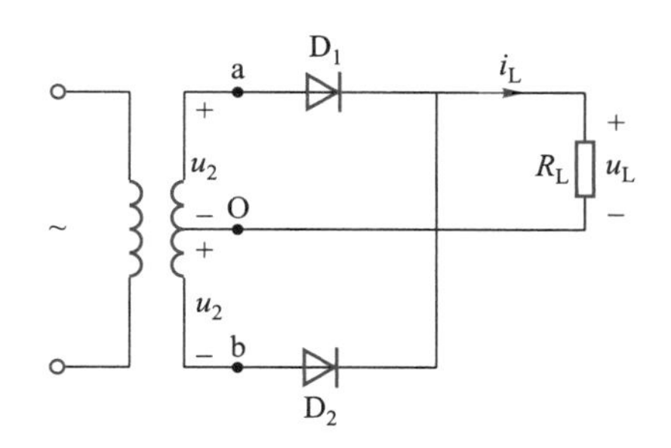

图 8.01　习题 8.2.1 的电路

8.2.2　有一负载电阻 $R_L=120$ Ω，要求获得 30 V 的直流电压（平均值），若采用桥式整流电路供电，试计算整流二极管的电流平均值 I_D 和反向电压最大值 U_{DRM}，并确定变压器二次侧电压 U_2 及变压器容量 S。

8.2.3　图 8.02 是单相桥式整流电路，带电容滤波。已知变压器二次侧电压 $U_2=20$ V，试分析在下述情况下，R_L 两端的电压平均值 U_L 大约为多少（忽略二极管压降）。(1) 电路正常工作；(2) 负载 R_L 断开；(3) 电容 C 断开；(4) 某一个二极管和电容 C 同时断开。

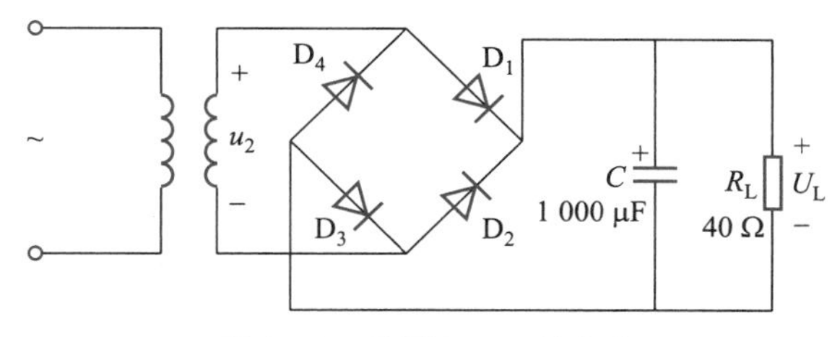

图 8.02　习题 8.2.3 的电路

8.2.4　在图 8.2.4 的电容滤波电路中，设 u_2 的周期 $T=20$ ms，$U_2=10$ V，$R_L=20$ Ω，并要求 $R_LC \geqslant 2T$。试估算滤波电容 C 的大小及负载电压、电流的平均值 U_L、I_L。

8.2.5　如图 8.03 所示为简单的稳压电路，说明当输入电压增加(或降低)时电路如何实现稳压，并写出输出电压 U_O 的表达式。

8.2.6　串联型稳压电路如图 8.04 所示，设 $U_Z=3.3$ V，$U_{BE2}=0.7$ V，$R_1=R_2=1$ kΩ，$R_P=2$ kΩ，T_2 基极电流 I_{B2} 对取样电路的影响可忽略不计。试求输出电压 U_O 的最大值和最小值。

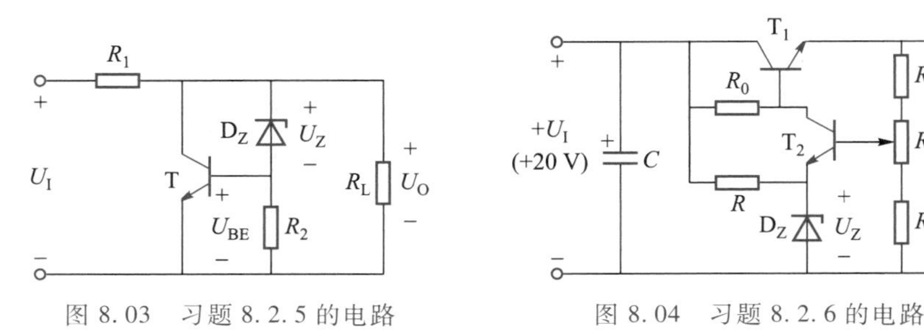

图 8.03　习题 8.2.5 的电路　　　图 8.04　习题 8.2.6 的电路

8.2.7　图 8.05 是一个接线有误的直流稳压电路图，试指出其中的错误之处，并说明应如何改正。

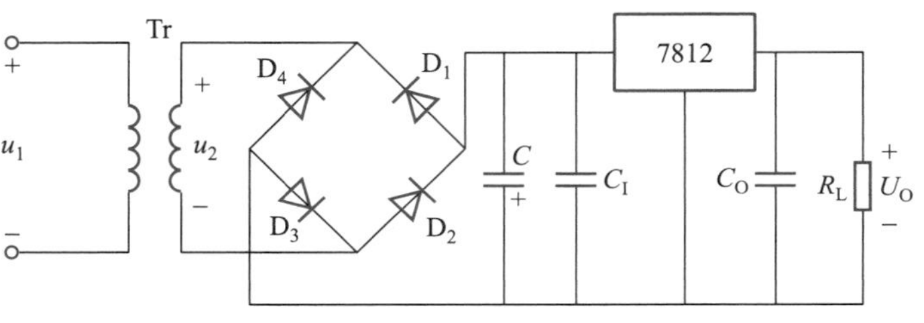

图 8.05　习题 8.2.7 的电路

8.2.8　如图 8.06 所示是由 CW7805 和集成运放等组成的输出电压可调的稳压电路。设 $U_I=30$ V，$R_1=2$ kΩ，$R_2=3$ kΩ，$R_3=500$ Ω，$R_4=2.5$ kΩ，$R_P=1.5$ kΩ。试求调节 R_P 时输出电压 U_O 的最大值和最小值。

8.2.9　如图 8.07 所示是用 CW117 获得输出电压可调的稳压电路，设 $U_I=10$ V，$R_1=200$ Ω，$R_2=50$ Ω，$R_P=220$ Ω。求 U_O 的最大值和最小值。

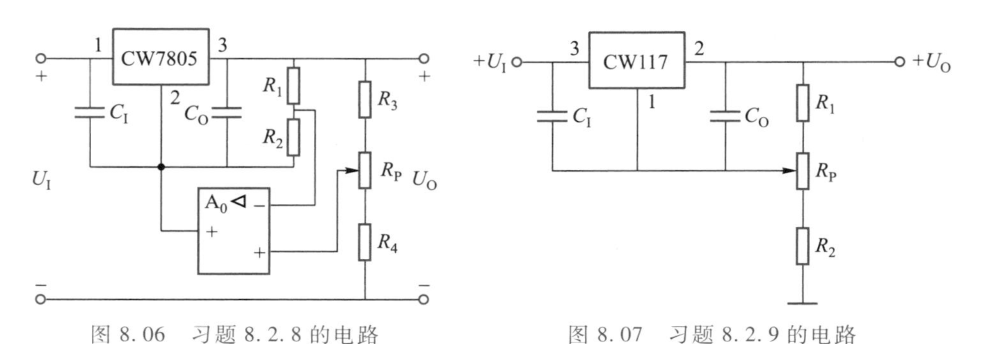

图 8.06　习题 8.2.8 的电路　　　图 8.07　习题 8.2.9 的电路

8.2.10　由 CW117 构成的可调式恒流电路如图 8.08 所示，若 R_P 的调节范围为 1～120 Ω。试求在理想情况下，负载电流 I_L 的可调范围。

8.2.11　如图 8.09 所示电路能根据不同的控制信号输出不同的直流电压。设 $U_I=12\ V$，$R_1=120\ \Omega$，$R_2=R_3=750\ \Omega$，$R_4=1\ k\Omega$，控制信号为低电平时 T 截止，高电平时 T 饱和导通（$U_{CES}\approx0$）。试求控制信号分别为高、低两种电平时对应的 U_O 值。

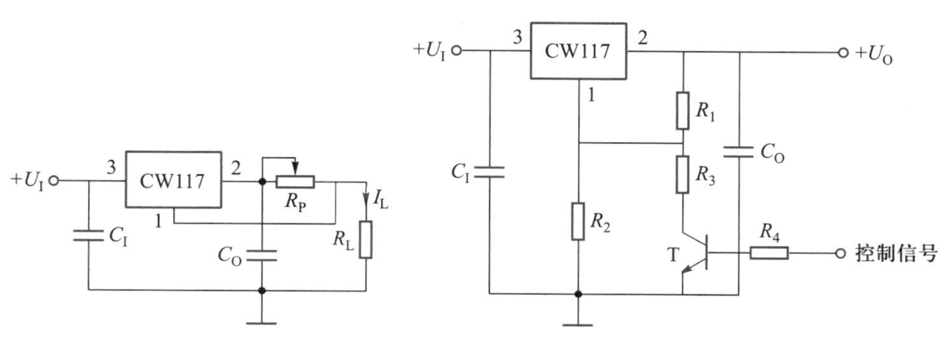

图 8.08　习题 8.2.10 的电路　　图 8.09　习题 8.2.11 的电路

8.3.1　图 8.10 是一个带电阻负载的单相半波可控整流电路，试画出 $U_2=60\ V$，$\alpha=60°$ 时 u_2、i_L、u_L、u_T 的波形，并求出 U_L 值。假定晶闸管正向导通时的压降为零。

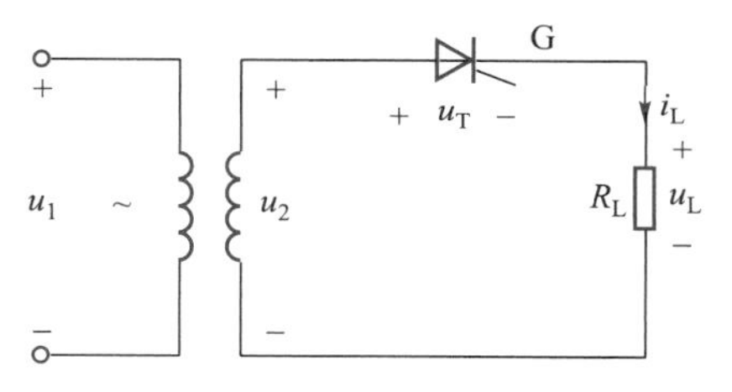

图 8.10　习题 8.3.1 的电路

8.3.2　如图 8.3.6 所示电路在控制角 $\alpha=0$ 时，负载电压平均值为 50 V，现欲使负载电压降低到一半，问控制角 α 等于多少？若忽略晶闸管的正向导通压降，则 U_2（有效值）为多少？

8.3.3　图 8.11 电路的变压器二次侧电压 $u_2=50\sqrt{2}\sin 314t\ V$，$R_L=20\ \Omega$，触发脉冲的移相范围为 30°～150°，若忽略晶闸管的正向导通压降，(1) 画出 α 为 30°和 150°时的 u_L 波形；(2) 负载电压平均值 U_L 的调节范围为多少？(3) 每个晶闸管可能承受的最大反向电压 U_{TRM} 为多少？流过的最大正向平均电流 I_{TM} 为多少？

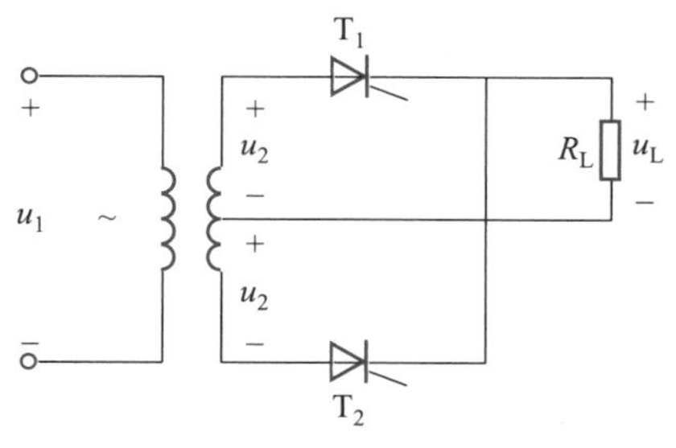

图 8.11　习题 8.3.3 的电路

8.3.4　在题 8.3.3 中，若 T_1 改为二极管，其他条件一样，试完成与习题 8.3.3 一样的内容。

8.3.5　如图 8.12 所示电路，已知条件同习题 8.3.3，试完成与习题 8.3.3 一样的内容。

8.3.6　如图 8.3.8(a)所示交流调压电路，负载电阻 $R_L=10\ \Omega$，电源电压 $u_1=220\sqrt{2}\sin 314t$ V。试画出 $\alpha=30°$时输出电压 u_L 及晶闸管压降 u_{A1K1} 的波形图，并求输出电压的有效值 U_L 及晶闸管承受的最大正向电压 U_{BM} 和最大反向电压 U_{RM}。

8.3.7　题 8.3.6 中，若 $\alpha=100°$，其他条件不变，则 U_L、U_{BM}、U_{RM} 为多少?

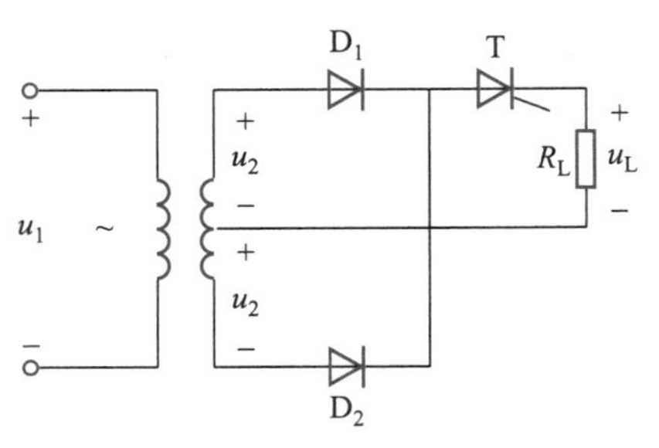

图 8.12　习题 8.3.5 的电路

8.3.8　图 8.3.19 所示降压型斩波器，已知 $U_S=10$ V，$T_{on}=5$ ms，$T_{off}=2$ ms。试求负载电压的平均值 U_L。

8.3.9　如图 8.3.20 所示升压型斩波器，已知 $U_S=10$ V，IGBT 的触发周期(即 $T_{on}+T_{off}=T$)为 1 ms，要求升压到 $U_d=20$ V。试求 IGBT 的导通时间 T_{on}。

第9章 变压器和电动机

变压器和电动机是两种最常用的电气设备,就其原理而言,都是以电磁感应作为工作基础的。本章首先介绍磁路的基本知识,然后介绍变压器和异步电动机,最后介绍直流电动机和两种常用的控制电机。

9.1 磁路

常用的电气设备(例如变压器、电动机以及许多电器和电工仪表等)都是以电磁感应为工作基础的,在工作时都会产生磁场。为了把磁场聚集在一定的空间范围内,以便加以控制和利用,就必须用高磁导率的铁磁材料做成一定形状的铁心,使之形成一个磁通的路径(称为磁路),使磁通的绝大部分通过磁路而闭合。下面先介绍铁磁材料的磁性能,再说明简单磁路的分析方法。

视频资源:9.1 磁路

9.1.1 铁磁材料的磁性能

铁磁材料是指钢、铁、镍、钴及其合金等材料,它有广泛的用途,是制造变压器、电机和电器铁心的主要材料。

1. 磁化曲线与磁滞回线

将铁磁材料放入磁场强度为 H 的磁场内,会受到强烈的磁化。当磁场强度 H 由零逐渐增加时,磁感应强度 B 随之变化的曲线称为磁化曲线①,如图 9.1.1 所示。由图可见,开始时,随着 H 的增加 B 增加较快,后来随着 H 的增加 B 增加缓慢,逐渐出现饱和现象,即具有磁饱和性。在磁化曲线上任一点的 B 和 H 之比就是磁导率 μ,它是表征物质导磁性能的一个物理量。显然,在该磁化曲线上各点的 μ 不是一个常数,它随 H 而变,并在接近饱和时逐渐减小(见图9.1.1)。也就是说,铁磁材料的磁导率是非线性的。

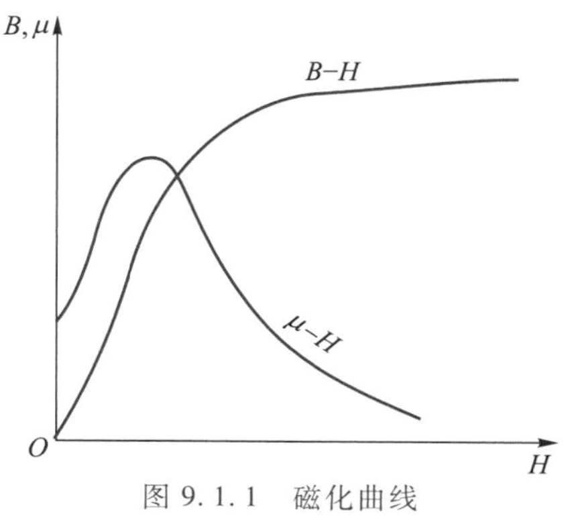

图 9.1.1 磁化曲线和 μ-H 曲线

虽然每一种铁磁材料都有自己的磁化曲线,但它们的 μ 值都远大于真空磁导率 μ_0,具有高导磁性。非铁磁材料的磁导率接近真空的磁导率 $\mu_0 = 4\pi \times$

① 严格地说,应称为原始磁化曲线。

提示：

各种变压器、电机和电器的电磁系统几乎都用铁磁材料构成铁心，在相同的励磁绕组匝数和励磁电流的条件下，采用铁心后可使磁感应强度增强几百倍甚至几千倍。

10^{-7} H/m，而铁磁材料的磁导率远大于非铁磁材料，两者之比可达 $10^3 \sim 10^4$ 倍。

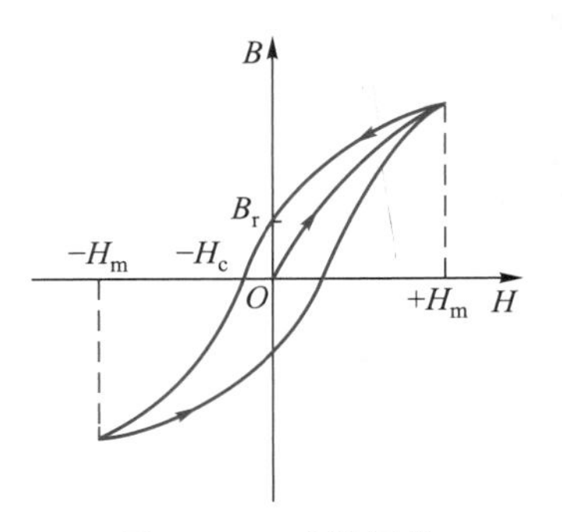

图 9.1.2　磁滞回线

铁磁材料在交变磁化过程中 H 和 B 的变化规律如图 9.1.2 所示。当磁场强度 H 由零增加到某个值（$H=+H_m$）后，如减少 H，此时 B 并不沿着原来的曲线返回而是沿着位于其上部的另一条轨迹减弱。当 $H=0$ 时 $B=B_r$，B_r 称为剩磁感应强度，简称剩磁。只有当 H 反方向变化到 $-H_c$ 时，B 才下降到零，H_c 称为矫顽力。由此可见，磁感应强度 B 的变化滞后于磁场强度 H 的变化，这种现象称为磁滞现象。也就是说，铁磁材料具有磁滞性。

如果继续增大反向磁场强度，到达 $H=-H_m$ 时，把反向磁场强度逐渐减小，到达 $H=0$ 时，再把正向磁场强度逐渐增加到 $+H_m$，如此在 $+H_m$ 和 $-H_m$ 之间进行反复磁化，得到的是一条如图 9.1.2 所示的闭合曲线，这条曲线称为磁滞回线。

不同种类的铁磁材料，磁滞回线的形状不同。纯铁、硅钢、坡莫合金和软磁铁氧体等材料的磁滞回线较狭窄，剩磁感应强度 B_r 低，矫顽力 H_c 小。这一类铁磁材料称为软磁材料，通常用来制造变压器、电机和电器（电磁系统）的铁心。而碳钢、铝镍钴、稀土和硬磁铁氧体等材料的磁滞回线较宽，具有较高的剩磁感应强度 B_r 和较大的矫顽力 H_c。这类材料称为硬磁材料或永磁材料，通常用来制造永久磁铁。

2. 磁滞损耗与涡流损耗

磁滞现象使铁磁材料在交变磁化的过程中产生磁滞损耗，它是铁磁物质内分子反复取向所产生的功率损耗。铁磁材料交变磁化一个循环在单位体积内的磁滞损耗与磁滞回线的面积成正比，因此软磁材料的磁滞损耗较小，常用在交变磁化的场合。

铁磁材料在交变磁化的过程中还有另一种损耗——涡流损耗。当整块铁心中的磁通发生交变时，铁心中会产生感应电动势，因而在垂直于磁通 Φ 的平面上产生感应电流，它围绕着磁通 Φ 成旋涡状流动，故称涡流，如图 9.1.3(a) 所示。涡流在铁心的电阻上引起的功率损耗称为涡流损耗。涡流损耗和铁心厚度的平方成正比。如果像图 9.1.3(b) 所示那样，沿着垂直于涡流面的方向把整块铁心分成许多薄片并彼此绝缘，这样就可以减少涡流损耗。因此交流电机和变压器的铁心都用硅钢片叠成。此外，硅钢中因含有少量的硅，使铁心中的电阻增大而涡流减小。

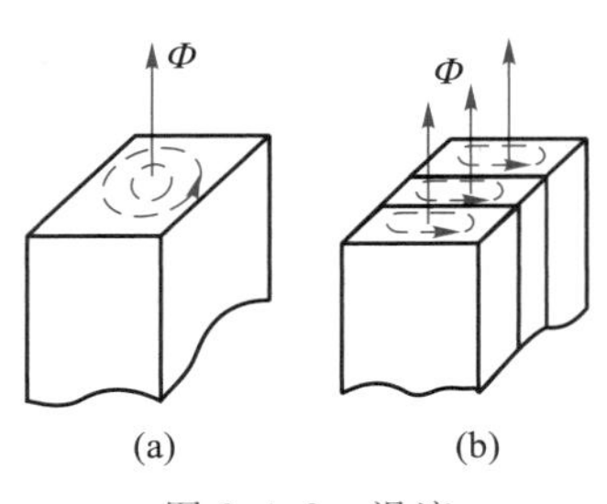

图 9.1.3　涡流

磁滞损耗和涡流损耗合称为铁损耗。它使铁心发热，使交流电机、变压器及其他交流电器的功率损耗增加，温升增加，效率降低。但在某些场合，涡流可加以利用，例如可以利用涡流效应来加热或冶炼金属。

9.1.2 简单磁路分析

1. 直流磁路

图 9.1.4 所示磁路，在匝数为 N 的励磁线圈中通入直流电流 I，磁路中就会产生一个恒定磁通 $\boldsymbol{\Phi}$，这种具有恒定磁通的磁路称为直流磁路。显然 $\boldsymbol{\Phi}$ 的大小与 NI 乘积的大小有关。根据物理学中的全电流定律(安培环路定律)

$$\oint \boldsymbol{H} \cdot \mathrm{d}l = \sum I \tag{9.1.1}$$

即在闭合曲线上磁场强度矢量 $\boldsymbol{H}$ 沿整个回路 l 的线积分等于穿过该闭合曲线所围曲面内电流的代数和。电流方向与设定的积分绕行方向符合右手螺旋定则的电流为正，反之为负。

对于图 9.1.4 所示具有铁心和空气隙的直流磁路，励磁线圈中通入电流后，磁路中所产生的磁通大部分集中在由铁磁材料所限定的空间范围内(图 9.1.4 中的 $\boldsymbol{\Phi}$)，称为主磁通。此外还有很少一部分磁通通过铁心以外的空间闭合(图 9.1.4 中的 $\boldsymbol{\Phi}'$)，称为漏磁通。为分析方便，将漏磁通忽略，只考虑主磁通。根据磁通连续性原理，通过铁心中的磁通必定等于通过空气隙中的磁通。一般认为空气隙和铁心具有相同的截面积 A，所以铁心和空气隙中的磁感应强度 $B=\dfrac{\Phi}{A}$ 也必然相同。但因为空气的 μ_0 远较铁心的 μ 为小，故空气隙中的磁场强度 $H_0=\dfrac{B}{\mu_0}$ 将远大于铁心中的磁场强度 $H_\mu=\dfrac{B}{\mu}$。

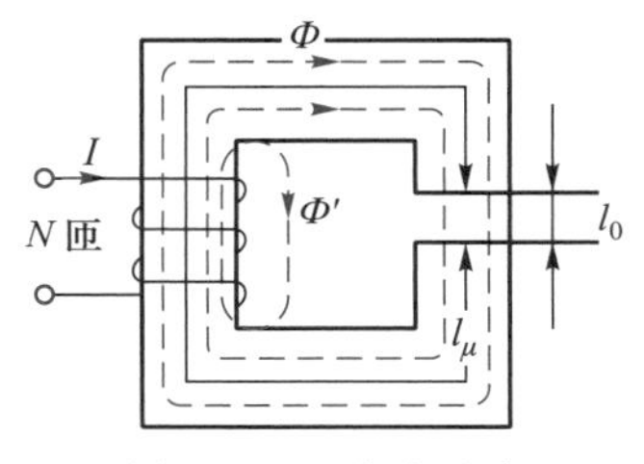

图 9.1.4 直流磁路

根据式(9.1.1)，取一条磁场线作为闭合路径并作为循环方向，则

$$\oint \boldsymbol{H} \cdot \mathrm{d}l = H_\mu l_\mu + H_0 l_0 = NI \tag{9.1.2}$$

故

$$\frac{B}{\mu} l_\mu + \frac{B}{\mu_0} l_0 = NI$$

$$\frac{\Phi}{\mu A} l_\mu + \frac{\Phi}{\mu_0 A} l_0 = NI$$

$$\Phi = \frac{NI}{\dfrac{l_\mu}{\mu A} + \dfrac{l_0}{\mu_0 A}} = \frac{NI}{R_{\mathrm{m}\mu} + R_{\mathrm{m}0}} \tag{9.1.3}$$

式中，l_μ 是铁心的平均长度；l_0 为空气隙长度；A 为铁心和空气隙的截面积；μ 和 μ_0 分别为铁心和空气隙的磁导率。$R_{\mathrm{m}\mu}=\dfrac{l_\mu}{\mu A}$ 称为铁心的磁阻，$R_{\mathrm{m}0}=\dfrac{l_0}{\mu_0 A}$ 称为空气

隙的磁阻，NI 是产生磁通的磁化力，称为磁通势。如果磁路由几段串接而成，则

$$\Phi=\frac{NI}{\sum R_{m}} \tag{9.1.4}$$

式中，$\sum R_{m}$ 为各段磁路磁阻之和。式(9.1.4)在形式上与电路的欧姆定律相似，称为磁路的欧姆定律。但应注意，由于铁心的磁导率 μ 不是常数，所以它的磁阻 $R_{m\mu}$ 也不是常数，要随 B 的变化而改变，故磁阻是非线性的。还应注意，虽然空气隙长度通常很小，但因 $\mu_0 \ll \mu$，R_{m0} 仍较大，故空气隙的磁压降 $R_{m0}\Phi$ 也比较大。

2. 交流磁路

如在图 9.1.5 所示的铁心线圈上外加正弦交流电压 u，绕组中将流过交流电流 i，从而产生交变磁通，其中包括集中在铁心中的主磁通 Φ 和很少的一部分漏磁通 Φ'。主磁通 Φ 在线圈中产生感应电动势 e，漏磁通 Φ' 在线圈中产生感应电动势 e'（图中未画出，其参考方向与 e 相同），另外再考虑到电流 i 在线圈电阻 R 上会产生压降 Ri，由基尔霍夫电压定律，可写出电压方程式

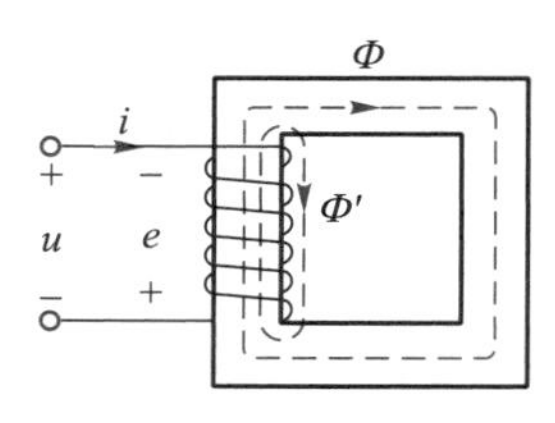

图 9.1.5　交流磁路

$$u=-e-e'+Ri \tag{9.1.5}$$

设主磁通为正弦交变磁通

$$\Phi=\Phi_{m}\sin \omega t \tag{9.1.6}$$

根据电磁感应定律，主磁通在励磁线圈中产生感应电动势 e，如果规定 e 和 Φ 的参考方向符合右手螺旋定则，则

$$\begin{aligned} e &= -N\frac{\mathrm{d}\Phi}{\mathrm{d}t}=-N\frac{\mathrm{d}\Phi_{m}\sin \omega t}{\mathrm{d}t} \\ &= N\Phi_{m}\omega\sin\left(\omega t-\frac{\pi}{2}\right)=E_{m}\sin\left(\omega t-\frac{\pi}{2}\right) \end{aligned} \tag{9.1.7}$$

式(9.1.7)中，N 是励磁线圈的匝数，E_{m} 是 e 的最大值。e 的有效值

$$E=\frac{E_{m}}{\sqrt{2}}=\frac{1}{\sqrt{2}}\omega N\Phi_{m}=\frac{1}{\sqrt{2}}2\pi fN\Phi_{m}=4.44fN\Phi_{m} \tag{9.1.8}$$

式(9.1.8)中，f 和 Φ_{m} 分别为交变磁通的频率和最大值。E 的单位为伏[特](V)，f 的单位为赫[兹](Hz)，Φ_{m} 的单位为韦[伯](Wb)。

由于 Ri 和 e' 均很小，因此式(9.1.5)可近似表达为

$$u\approx -e \tag{9.1.9}$$

即近似认为外加电压 u 和主磁通产生的感应电动势 e 相平衡，且其有效值

$$U\approx E=4.44fN\Phi_{m} \tag{9.1.10}$$

式(9.1.10)表明，当电源频率 f 和线圈匝数 N 不变时，主磁通 Φ_{m} 基本上与外加电压 U 成正比关系，U 不变则 Φ_{m} 基本不变。当 U 一定时，若磁路磁阻发生变化，例如磁路中出现空气隙而使磁阻增大时，为了保持 Φ_{m} 基本不变，根据磁路欧姆定律 $\Phi=\frac{NI}{\sum R_{m}}$，磁通势 NI 和线圈中的电流必然增大。因此在交流磁路

中，当 U、f、N 不变时，磁路中空气隙的大小发生变化会引起线圈中电流的变化。

9.2 变压器

9.2.1 变压器的用途和基本结构

视频资源：9.2 变压器

变压器具有变换电压、变换电流和变换阻抗的作用，在各个领域有着广泛的应用。

电力变压器是电力系统中不可缺少的重要设备。在发电站，用变压器将电压升高后通过输电线路送到各处，再用变压器将电压降低后送给各用电单位。这种输电方式可以大大降低线路损耗，提高输送效率。目前我国主干线路主要采用 500 kV 的超高压进行输电。1 000 kV 的特高压线路也已投入运行。

在其他领域中，也时常用到各种各样的变压器，例如电子电路中用的整流变压器、振荡变压器、输入变压器、输出变压器、脉冲变压器，控制线路用的控制变压器，调节电压用的自耦变压器，测量用的互感器，另外还有电焊变压器、电炉变压器等。

各种用途的变压器的工作原理都是基于电磁感应现象。因此尽管变压器种类繁多，外形和体积有很大的差别，但它们的基本结构都相同，主要由铁心和绕组两部分组成。

根据铁心与绕组的结构，变压器可分为心式变压器和壳式变压器。图 9.2.1(a)、(b)、(c)为心式变压器，其特点是绕组包围铁心。图 9.2.1(a)、(b)为大型单相和三相电力变压器采用的结构。图 9.2.1(c)为 C 形铁心变压器，一般用于小型的单相变压器和特殊的变压器。图 9.2.1(d)为壳式变压器，这种变压器的部分绕组被铁心所包围，可以不要专门的变压器外壳，适用于容量较小的变压器。

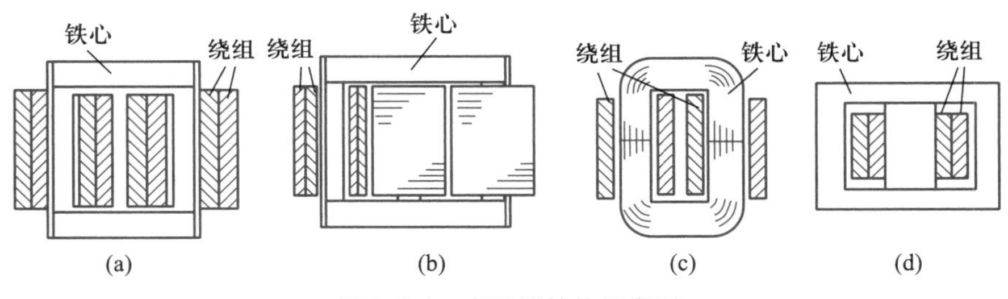

图 9.2.1 变压器结构示意图

变压器的铁心通常采用表面涂有绝缘漆膜、厚度为 0.35 mm 的硅钢片经冲剪、叠制而成。

变压器的绕组有一次绕组和二次绕组，一次绕组和电源连接，二次绕组和负载连接。对于单相双绕组变压器，一次绕组和二次绕组均为一个绕组；对于三相双绕组变压器，一次绕组和二次绕组均有三个绕组，使用时可根据需要把它们连接成不同的组态。

9.2.2 变压器的工作原理

1. 变压器的电压变换作用

下面通过对变压器空载运行情况的分析，来说明电压变换作用。

变压器的一次绕组加上额定电压，二次绕组开路，这种情况称为空载运行。图9.2.2所示为单相双绕组变压器空载运行的示意图。

图9.2.2中，当一次绕组加上正弦交流电压 u_1 时就有电流 i_0 通过，并由此而产生磁通。i_0 称为励磁电流，也称空载电流。主磁通 Φ 与一次、二次绕组相交链并分别产生感应电动势 e_1、e_2。漏磁通 Φ' 在一次绕组中产生感应电动势 e_1'（图9.2.2中未画出）。图中规定 Φ、Φ' 的参考方向和 i_0 的参考方向符合右手螺旋定则，e_1、e_2 的参考方向和 Φ 的参考方向也符合右手螺旋定则。设一次绕组的电阻为 R_1，二次绕组空载时的端电压为 u_{20}，根据基尔霍夫定律，可写出这两个绕组电路的电压方程式分别为

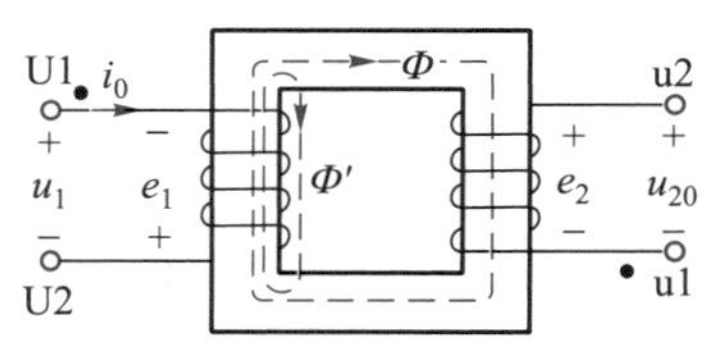

图 9.2.2 变压器空载运行示意图

$$u_1=-e_1-e_1'+R_1i_0 \tag{9.2.1}$$

$$u_{20}=e_2 \tag{9.2.2}$$

为了分析方便，不考虑由于磁饱和性与磁滞性而产生的电流、电动势波形畸变的影响，将式(9.2.1)、式(9.2.2)中的电压、电动势均认为是正弦量，于是可以表达为相量形式

$$\dot{U}_1=-\dot{E}_1-\dot{E}_1'+R_1\dot{I}_0 \tag{9.2.3}$$

$$\dot{U}_{20}=\dot{E}_2 \tag{9.2.4}$$

由于 $\dot{E}_1'$ 和 $R_1\dot{I}_0$ 通常比较小，因此式(9.2.3)可近似表达为

$$\dot{U}_1\approx-\dot{E}_1 \tag{9.2.5}$$

设一次、二次绕组的匝数分别为 N_1、N_2，由式(9.1.10)可知两个绕组的电压有效值分别为

$$U_1\approx E_1=4.44fN_1\Phi_m \tag{9.2.6}$$

$$U_{20}=E_2=4.44fN_2\Phi_m \tag{9.2.7}$$

于是

$$\frac{U_1}{U_{20}}\approx\frac{E_1}{E_2}=\frac{N_1}{N_2}=k \tag{9.2.8}$$

式中，k 称为变压比，简称为变比。

式(9.2.8)说明，一次、二次绕组的变压比近似等于它们的匝数比，当 N_1、N_2

不同时,变压器可以把某一数值的交流电压变换成同频率的另一个数值的交流电压,这就是变压器的电压变换作用。

如 $N_1>N_2$,则 $U_1>U_{20}$,$k>1$,变压器起降压作用,称为降压变压器,这种变压器的一次绕组为高压绕组。反之,若 $N_1<N_2$,则 $U_1<U_{20}$,$k<1$,称为升压变压器,它的二次绕组为高压绕组。

变压器的两个绕组之间,在电路上没有连接。一次绕组外加交流电压后,依靠两个绕组之间的磁耦合和电磁感应作用,使二次绕组产生交流电压,也就是说,一次、二次绕组在电路上是相互隔离的。

按照图 9.2.2 中绕组在铁心柱上的绕向,若在某一瞬时一次绕组中的感应电动势 e_1 为正值,则二次绕组中的感应电动势 e_2 也为正值。在此瞬时绕组端点 U2 与 u2 的电位分别高于 U1 与 u1,或者说端点 U2 与 u2、U1 与 u1 的电位瞬时极性相同。把具有相同瞬时极性的端点称为同极性端,也称为同名端,通常用“·”做标记(如图 9.2.2 中所示)。

变换三相电压可采用三相变压器[其结构见图 9.2.1(b)],也可用三台单相变压器连接成三相变压器组来实现。

三相变压器或三相变压器组每一相的工作情况和单相变压器相同,所以单相变压器的分析同样适用于三相变压器的任何一相。

在三相变压器中,每根铁心柱上绕着属于同一相的一次、二次绕组。一次绕组的首端和末端分别用 U1、V1、W1 和 U2、V2、W2 标明。二次绕组的首、末端则分别用 u1、v1、w1 和 u2、v2、w2 标明。且首端 U1、V1、W1 和 u1、v1、w1,末端 U2、V2、W2 和 u2、v2、w2,应互为同极性端。

变换三相电压时,三相变压器或三相变压器组的一次绕组和二次绕组都可以接成星形或三角形。因此三相变压器有四种可能的接法:“Y,y”“Y,d”“D,d”“D,y”。Y,y 表示一次绕组和二次绕组均为星形联结,D,d 表示一次绕组和二次绕组均为三角形联结。每组符号里前一符号(大写字母)表示一次绕组的接法,后一符号(小写字母)表示二次绕组的接法。其中星形联结又分三线制和四线制两种。三线制用 Y 表示,四线制用 Y_N 表示。我国生产的三相电力变压器以“Y,y_n”、“Y,d”和“Y_N,d”三种接法最多。

三相变压器与三相变压器组相比较,同容量的三相变压器体积小、成本低、效率高。但容量较大时,一般采用三相变压器组以便于分散搬运和安装。

2. 变压器的电流变换作用

在变压器的一次绕组上施加额定电压,二次绕组接上负载后,电路中就会产生电流。下面讨论一次绕组电流和二次绕组电流之间的关系。

图 9.2.3 为变压器负载运行原理图。i_2 为二次电流,它是在二次绕组感应电动势 e_2 的作用下流过负载 Z_L 的电流。

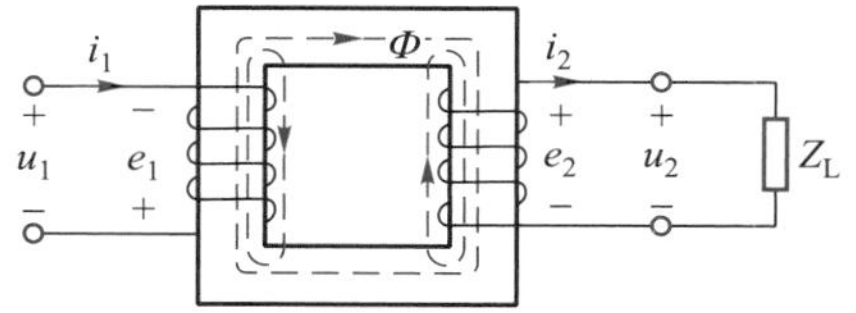

图 9.2.3　变压器负载运行

二次绕组接上负载后，铁心中的主磁通将由磁通势 $N_1\dot{I}_1$ 和 $N_2\dot{I}_2$ 共同产生。根据图示参考方向，由于 $\dot{I}_1$ 和 $\dot{I}_2$ 在铁心中产生的磁通方向相同，故合成后的总磁通势为 $N_1\dot{I}_1+N_2\dot{I}_2$。在负载运行时一次绕组的电阻电压降 R_1I_1 和漏磁通产生的感应电动势 E_1' 比 E_1 仍然小很多，因此可近似认为

$$U_1 \approx E_1 = 4.44fN_1\Phi_m$$

上述关系说明从空载到负载，若外加电压 U_1 及其频率 f 保持不变，主磁通的最大值 Φ_m 也基本不变，所以空载时的磁通势 $N_1\dot{I}_0$ 和负载时的合成磁通势 $N_1\dot{I}_1+N_2\dot{I}_2$ 应基本相等，即

$$N_1\dot{I}_1+N_2\dot{I}_2=N_1\dot{I}_0 \tag{9.2.9}$$

故一次绕组电流

$$\dot{I}_1=\dot{I}_0-\frac{N_2}{N_1}\dot{I}_2 \tag{9.2.10}$$

因空载电流 $\dot{I}_0$ 很小，仅占额定电流的百分之几，故在额定负载时可近似认为

$$\dot{I}_1\approx-\frac{N_2}{N_1}\dot{I}_2 \tag{9.2.11}$$

其有效值

$$I_1\approx\frac{N_2}{N_1}I_2=\frac{1}{k}I_2 \tag{9.2.12}$$

式(9.2.12)说明，在额定情况下，一次、二次绕组的电流有效值近似地与它们的匝数成反比。也就是说变压器具有电流变换作用。式(9.2.11)中的负号表示，对于图9.2.3所示的电流参考方向而言，电流 $\dot{I}_1$ 和 $\dot{I}_2$ 在相位上几乎相差180°，因此，磁通势 $\dot{I}_1N_1$ 和 $\dot{I}_2N_2$ 的实际方向几乎是相反的。

3. 变压器的阻抗变换作用

在图9.2.4(a)中，当变压器负载阻抗 Z_L 变化时，$\dot{I}_2$ 发生变化，$\dot{I}_1$ 也随之而变。Z_L 对 $\dot{I}_1$ 的影响，可以用接于 $\dot{U}_1$ 的阻抗 Z_L' 来等效，如图9.2.4(b)所示，等效的条件是 $\dot{U}_1$、$\dot{I}_1$ 保持不变。下面分析等效阻抗 Z_L' 和负载阻抗 Z_L 的关系。为了分析方便，不考虑一次、二次绕组漏磁通感应电动势和空载电流的影响，并忽略各种损耗，这样的变压器称为理想变压器。

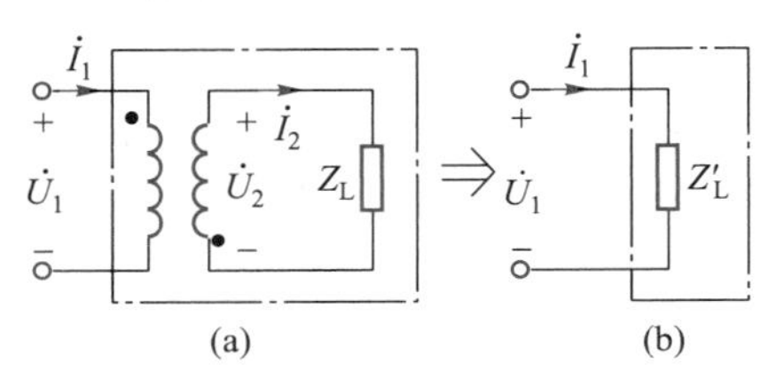

图9.2.4　变压器的阻抗变换

在图 9.2.4 中，根据所标电压参考方向和变压器的同极性端，$\dot{U}_2$和 $\dot{U}_1$相位相反。对于理想变压器，$\dot{U}_1=-k\dot{U}_2$，于是可得

$$Z'_L=\frac{\dot{U}_1}{\dot{I}_1}=\frac{-k\dot{U}_2}{-\frac{1}{k}\dot{I}_2}=\frac{k\dot{U}_2}{\frac{1}{k}\frac{\dot{U}_2}{Z_L}}=k^2Z_L=\left(\frac{N_1}{N_2}\right)^2Z_L \tag{9.2.13}$$

式(9.2.13)说明，接在二次绕组的负载阻抗 Z_L 对一次侧的影响，可以用一个接于一次绕组的等效阻抗 Z'_L 来代替，等效阻抗 Z'_L 等于 Z_L 的 k^2 倍。由此可见，变压器具有阻抗变换作用。在电子技术中有时利用变压器的阻抗变换作用来达到阻抗匹配的目的。

[例题 9.2.1] 图 9.2.5 中信号源电压有效值 $U_s=1.0$ V，内阻 $R_S=200\ \Omega$，负载电阻 $R_L=8\ \Omega$。今欲使负载从信号源获得最大功率，试求变压器的变比。

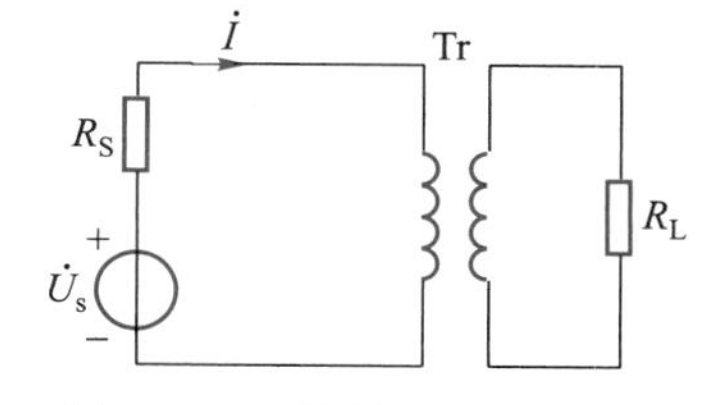

图 9.2.5 例题 9.2.1 的电路

[解] 从电路原理可知，要使接于电源的负载获得最大功率，要求负载电阻值等于电源内阻值。本例中负载接于变压器二次绕组，电源接于变压器一次绕组，当一次绕组两端的等效电阻 R'_L 等于电源内阻 R_S 时，负载获得最大功率。设变压器为理想变压器，则

$$R'_L=k^2R_L=R_S$$

故变压器变比

$$k=\sqrt{\frac{R_S}{R_L}}=\sqrt{\frac{200}{8}}=5$$

这种情况在电子技术中称为阻抗匹配。

9.2.3 变压器的特性和额定值

1. 变压器的外特性

变压器一次电压 U_1 为额定值时，$U_2=f(I_2)$的关系曲线称为变压器的外特性，如图 9.2.6 所示。图中 U_{20}是空载时二次电压，称为空载电压，其大小等于主磁通在二次绕组中产生的感应电动势 E_2；φ_2 为 $\dot{U}_2$和 $\dot{I}_2$的相位差。分析表明，当负载为电阻或电感性时，二次电压 U_2 将随电流 I_2 的增加而降低，这是因为随着 I_2 的增大，二次绕组的电阻电压降和漏磁通感应电动势增大而造成的。

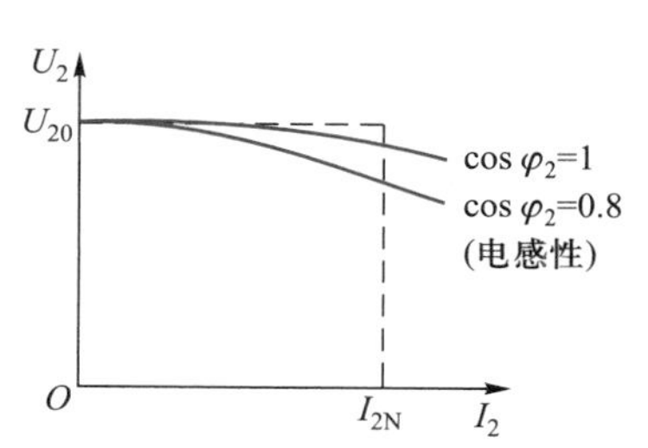

图 9.2.6 变压器的外特性

由于二次绕组电阻压降和漏磁通感应电动势较小，U_2 的变化一般不大。电力变压器的电压变化率 $\Delta U\%$反映了变压器二次绕组空

载电压 U_{20} 与额定负载时电压 U_2 的大小关系，即

$$\Delta U\% = \frac{U_{20}-U_2}{U_{20}}\times 100\% \tag{9.2.14}$$

$\Delta U\%$ 为 3%～6%。

2. 变压器的损耗和效率

变压器的输入功率除了大部分输出给负载外，还有很小一部分损耗在变压器内部。变压器的损耗包括铁损耗 P_{Fe} 和铜损耗 P_{Cu}。铁损耗是由交变磁通在铁心中产生的，包括磁滞损耗和涡流损耗。当外加电压 U_1 和频率 f 一定时，主磁通 Φ_m 基本不变，铁损耗也基本不变，故铁损耗又称为固定损耗。铜损耗是由电流 I_1、I_2 流过一次、二次绕组的电阻所产生的损耗，它随电流的变化而变化，故称为可变损耗。由于变压器空载运行时铜损耗 $R_1I_0^2$ 很小，此时从电源输入的功率（称为空载损耗）基本上损耗在铁心上，故可认为空载损耗等于铁损耗。

变压器的输出功率 P_2 和输入功率 P_1 之比称为变压器的效率，通常用百分数表示

$$\eta = \frac{P_2}{P_1}\times 100\% = \frac{P_2}{P_2+P_{Fe}+P_{Cu}}\times 100\% \tag{9.2.15}$$

图 9.2.7 为变压器的效率曲线 $\eta = f(P_2)$。由图可见，效率随输出功率而变，并有一最大值。变压器效率一般较高，大型电力变压器的效率可达 99% 以上。这类变压器往往不是一直在满载下运行，因此在设计时通常使最大效率出现在 50%～60% 额定负载。

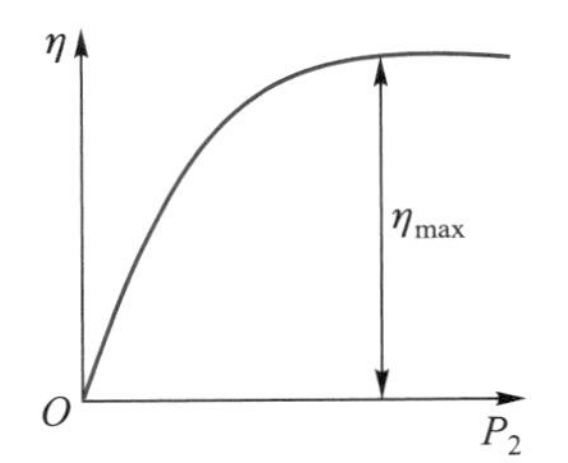

图 9.2.7　变压器的效率曲线

3. 变压器的额定值

为了正确使用变压器，必须了解和掌握变压器的额定值。额定值常标在变压器的铭牌上，故也称为铭牌数据。

（1）额定电压 U_{1N}/U_{2N}。额定电压是根据变压器的绝缘强度和容许温升而规定的电压值，以伏（V）或千伏（kV）为单位。额定电压 U_{1N} 是指变压器一次侧（输入端）应加的电压，U_{2N} 是指输入端加上额定电压时二次侧的空载电压。在三相变压器中额定电压都是指线电压。在供电系统中，变压器二次空载电压要略高于负载的额定电压。例如对于额定电压为 380 V 的负载，变压器的二次额定电压为 400 V。

（2）额定电流 I_{1N}/I_{2N}。额定电流是根据变压器容许温升而规定的电流值，以安（A）或千安（kA）为单位。在三相变压器中都是指线电流。

（3）额定容量 S_N。额定容量即额定视在功率，表示变压器输出电功率的能力。以伏·安（V·A）或千伏·安（kV·A）为单位。对于单相变压器

$$S_N = U_{2N}I_{2N} \tag{9.2.16}$$

对于三相变压器

$$S_N = \sqrt{3}\,U_{2N}I_{2N} \tag{9.2.17}$$

式(9.2.17)中的 U_{2N}、I_{2N} 为线电压和线电流。

(4) 额定频率 f_N。运行时变压器使用交流电源电压的频率。我国的标准工业频率为 50 Hz,有些国家的工业频率为 60 Hz。

(5) 相数。

(6) 温升。变压器在额定值下运行时,变压器内部温度容许超出规定的环境温度(+40℃)的数值,与绝缘材料的性能有关。

对于三相变压器,铭牌上还给出一次、二次侧绕组的连接方式。

[例题 9.2.2] 有一单相变压器,一次额定电压 $U_{1N}=220$ V,二次额定电压 $U_{2N}=20$ V,额定容量 $S_N=75$ V·A。求变压器的变比 k,二次侧和一次侧的额定电流 I_{2N} 和 I_{1N}。设空载电流忽略不计。

[解] 变比

$$k=\frac{U_{1N}}{U_{2N}}=\frac{220}{20}=11$$

二次电流

$$I_{2N}=\frac{S_N}{U_{2N}}=\frac{75}{20}\ \text{A}=3.75\ \text{A}$$

一次电流

$$I_{1N}\approx\frac{1}{k}I_{2N}=\frac{3.75}{11}\ \text{A}=0.34\ \text{A}$$

9.2.4 自耦变压器和互感器

1. 自耦变压器

变压器的一次绕组和二次绕组常常是相互绝缘而绕在同一个铁心上的,这种变压器称为双绕组变压器。如果把两个绕组合二为一,使二次绕组成为一次绕组的一部分,这种只有一个绕组的变压器称为自耦变压器,如图 9.2.8 所示。

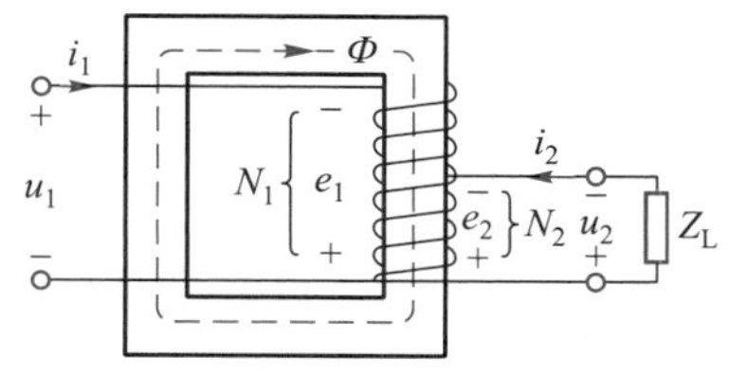

图 9.2.8 自耦变压器

自耦变压器常常用在变比不太大的场合,由于是单绕组变压器,一次、二次绕组之间既有磁的联系,也有电的联系。

在有些场合,希望自耦变压器的二次电压可以平滑地调节,为此,可以用滑动触点来连续改变二次绕组的匝数,从而使输出电压平滑可调。这种可以平滑地调节输出电压的自耦变压器称为调压器。图 9.2.9 是它的外形和原理图。图中 $\dot{U}_1$ 为输入电压,$\dot{U}_2$ 为输出电压。转动手柄使滑动触点 P 处于不同位置,就可以改变输出电压。当触点 P 位于 b 点上方时,输出电压大于输入电压。调压器在使用时,输入端与输出端不可以对调,以防因使用不当而导致电源短路,并烧坏调压器。

2. 互感器

(1) 电压互感器。电压互感器的作用是将高电压变换成低电压,然后送测量仪表或控制、保护设备,使仪表、设备和工作人员与高压电路隔离。

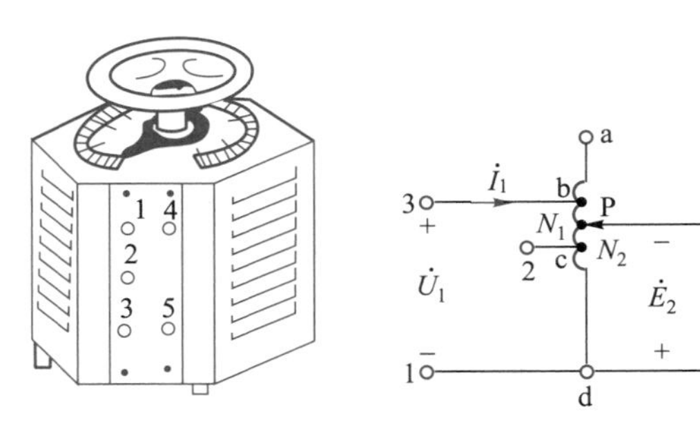

图 9.2.9 调压器的外形和原理图

电压互感器的接线示意图如图 9.2.10 所示。被测电压 U_1 加在一次绕组（高压绕组）U1U2 两端，电压表（V）、功率表（W）的电压线圈并接在二次绕组（低压绕组）u1u2 两端。测量时只要把电压表的实际读数乘上互感器的变比 k 就是被测电压 U_1。通常电压互感器的二次电压设计成标准值 100 V。电压互感器也可以接成三相使用。

由于电压互感器一次侧的电压往往比较高，为了工作安全，电压互感器的铁心、金属外壳及低压绕组的一端都必须接地。另外，使用时二次绕组是连接高阻抗负载的（如电压表，电压线圈等），故应防止二次绕组短路。在一次侧通常装有熔断器以作短路保护。

（2）电流互感器。电流互感器的作用是将大电流变换为小电流，以便送测量仪表进行测量或送控制、保护设备作为检测信号。

电流互感器的接线示意图如图 9.2.11 所示。一次绕组匝数很少，与被测电路相串联，使被测电流 I_1 从一次绕组流过，二次绕组匝数较多，电流表（A）或功率表（W）的电流线圈等与它串联构成闭合回路。因为变压器有电流变换作用，即 $I_1 \approx \frac{N_2}{N_1} I_2 = k_i I_2$，所以测量时只要把电流表的实际读数乘上电流互感器变流比 k_i 就是被测电流 I_1。通常电流互感器二次额定电流设计成标准值 5 A。

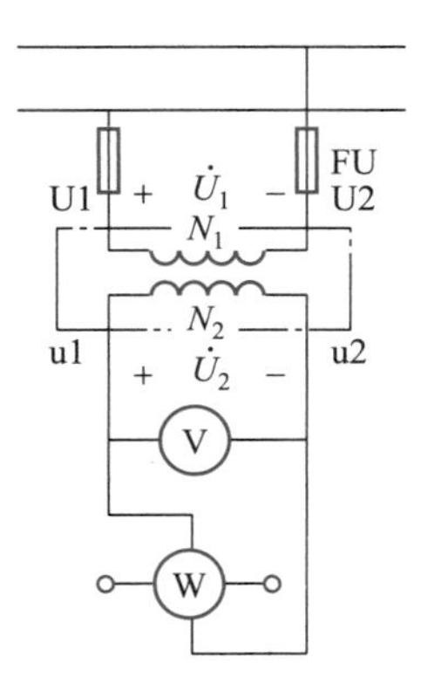

图 9.2.10 电压互感器的接线示意图

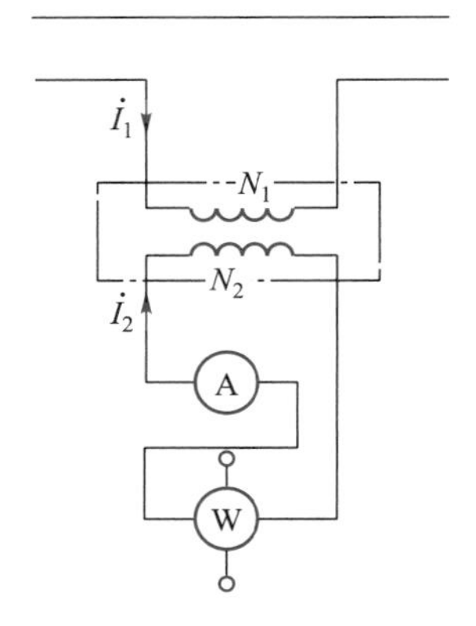

图 9.2.11 电流互感器的接线示意图

电流互感器的铁心和二次绕组一端必须接地以确保工作安全。同时，电流互感器在工作时二次绕组接低阻抗负载（如电流表、电流线圈等），二次电流和二次绕组产生的磁通势与一次电流和一次绕组产生的磁通势平衡。当二次绕组开路时，二次电流为零，一次电流和一次绕组产生的磁通势使磁通增大，因而在二次绕组两端感应出较高电压，容易危及设备和人身安全。因此二次绕组不得开路。

钳形电流表是电流互感器和电流表组成的交流电流测量仪表，用它来测量电流时不必断开被测电路，使用十分方便。图 9.2.12 是钳形电流表的外形及结构示意图。测量时先按下压块使动铁心张开，把通过被测电流的导线套进钳形铁心内，然后放开压块使铁心闭合。这样被套进的载流导线就成为电流互感器的一次绕组，而绕在铁心上的二次绕组与电流表构成闭合回路，从电流表就可直接读出被测电流的大小。

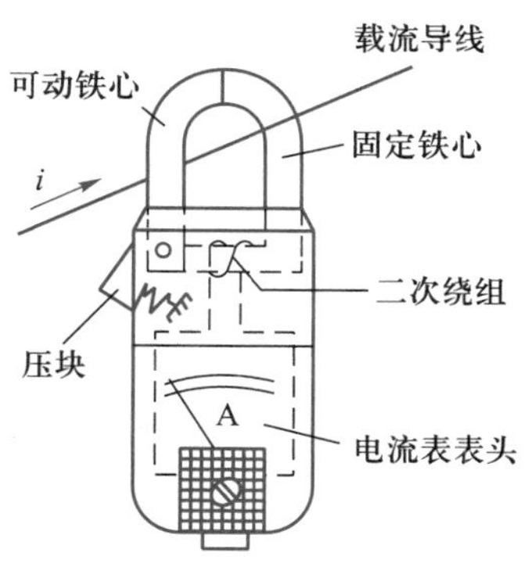

图 9.2.12　钳形电流表

9.3　异步电动机

利用电磁原理进行机械能与电能互换的装置称为电机。把机械能转换成电能的电机，称为发电机。反之，把电能转换成机械能的电机，称为电动机。

视频资源：9.3 异步电动机

电动机按照它所耗用的电能种类不同，可分为交流电动机和直流电动机。交流电动机还可分为异步电动机和同步电动机。

异步电动机结构简单，价格便宜，运行可靠，维护方便，是一种应用最广泛的交流电动机。本节主要讨论三相异步电动机，对单相异步电动机也作简单介绍。

9.3.1　三相异步电动机的结构和工作原理

1. 三相异步电动机的结构

三相异步电动机由定子和转子两个基本部分组成。

三相异步电动机的定子主要由机座、定子铁心和定子绕组构成。机座用铸钢或铸铁制成，定子铁心用涂有绝缘漆的硅钢片叠成，并固定在机座中。在定子铁心的内圆周上均匀分布了很多槽，如图 9.3.1所示。定子绕组由绝缘导线绕制，嵌放在定子铁心槽内，按一定规律连接成三相对称结构。因此三相异步电动机具有三相对称的定子绕组，称为三相绕组。

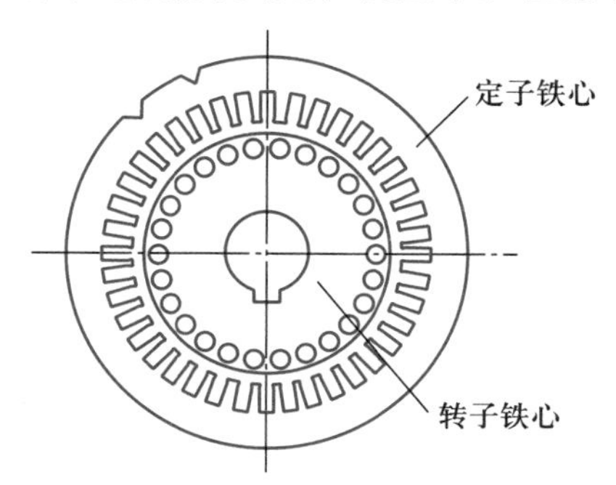

图 9.3.1　定子和转子铁心

三相定子绕组引出六个出线端：U1、U2，V1、V2，W1、W2，如图 9.3.2(a) 所示。其中 U1、V1、W1 为首端，U2、V2、W2 为末端。使用时三相绕组可以采用星形或三角形联结两种方式。如果三相电源的线电压等于电动机每相绕组的额定电压,那么三相定子绕组应采用三角形联结,如图 9.3.2(b)所示。如果电源线电压等于电动机每相绕组额定电压的$\sqrt{3}$倍,那么三相定子绕组应采用星形联结,如图 9.3.2(c)所示。

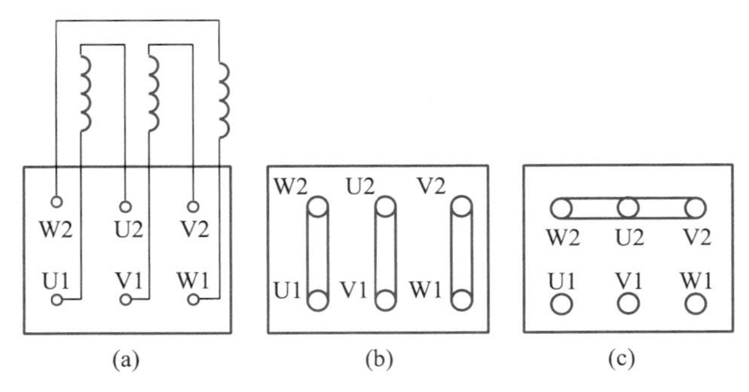

图 9.3.2　三相定子绕组及连接法

三相异步电动机的转子主要由转轴、转子铁心和转子绕组构成。转子铁心用硅钢片叠成圆柱形,并固定在转轴上。铁心外圆周上有均匀分布的槽,如图 9.3.1 所示。这些槽放置转子绕组。

三相异步电动机的转子绕组按结构不同可分为绕线转子和笼型转子两种。前者称为绕线转子异步电动机,后者称为笼型异步电动机。

笼型异步电动机的转子绕组是由嵌放在转子铁心槽内的导电条组成的。在转子铁心的两端各有一个导电端环,并把所有的导电条连接起来。因此,如果去掉转子铁心,剩下的转子绕组很像一个笼子,如图 9.3.3(a)所示,所以称为笼型转子。

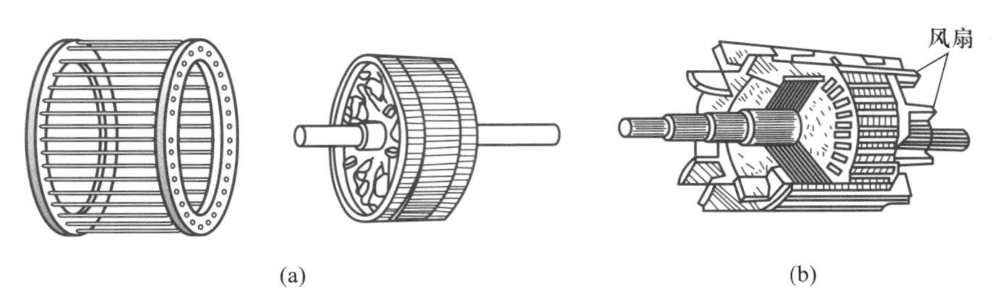

图 9.3.3　笼型转子

目前中小型笼型异步电动机的笼型转子绕组普遍采用铸铝制成,并在端环上铸出多片风叶作为冷却用的风扇,如图 9.3.3(b)所示。图 9.3.4 是一台笼型电动机拆散后的形状。

绕线转子异步电动机的转子绕组也为三相绕组,各相绕组的一端连在一起(星形联结),另一端接到三个彼此绝缘的滑环上。滑环固定在电动机转轴上和转子一起旋转,并与安装在端盖上的电刷滑动接触来和外部的可变电阻 R_P 相连,如图 9.3.5 所示。这种电动机在使用时可通过调节外部的可变电阻 R_P 来改变转子电路的电阻,从而改善电动机的某些性能(见后述)。

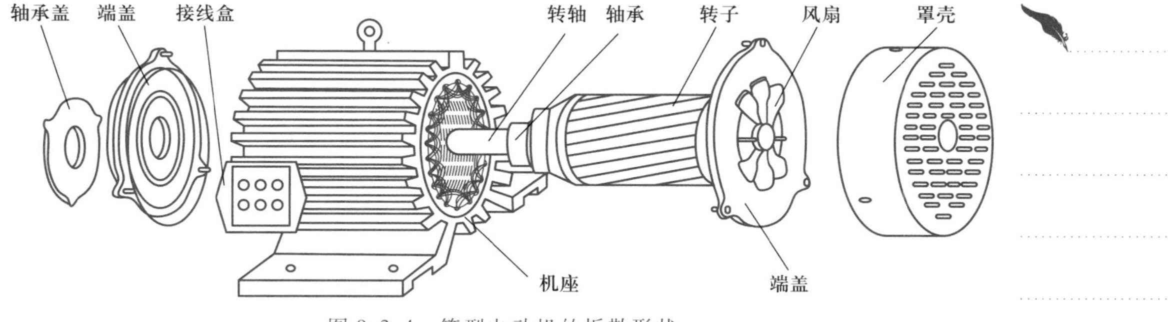

图 9.3.4 笼型电动机的拆散形状

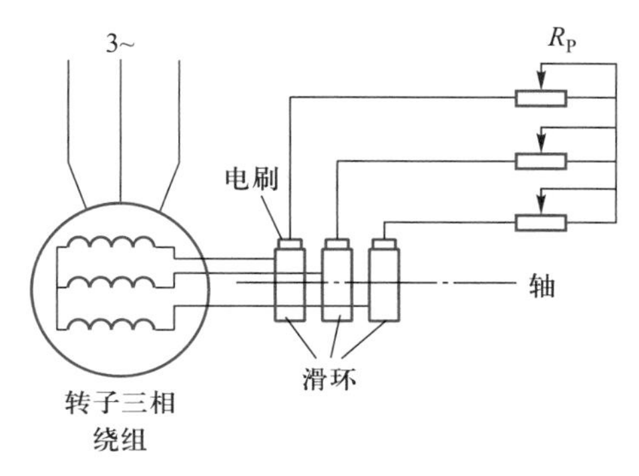

图 9.3.5 绕线转子电动机示意图

2. 旋转磁场

在分析三相异步电动机的工作原理之前，先讨论三相定子绕组接至三相电源后，在电动机中产生磁场的情况。

为便于说明，这里采用图 9.3.6 所示的三相异步电动机定子绕组的简单模型。三相定子绕组 U1U2、V1V2、W1W2 在空间互成 120°，每相绕组一匝，连接成星形。电流参考方向如图所示，图中⊙表示导线中电流从里面流出来，⊗表示电流向里流进去。

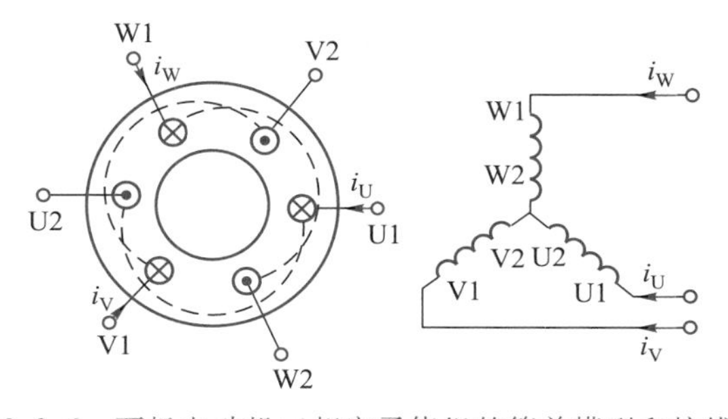

图 9.3.6 两极电动机三相定子绕组的简单模型和接线图

当三相对称的定子绕组接至三相对称电源时，绕组中便有三相对称电流 i_U、i_V、i_W 通过。图 9.3.7 为三相对称电流的波形图。下面分析三相交流电流在定子内共同产生的磁场在一个周期内的变化情况。

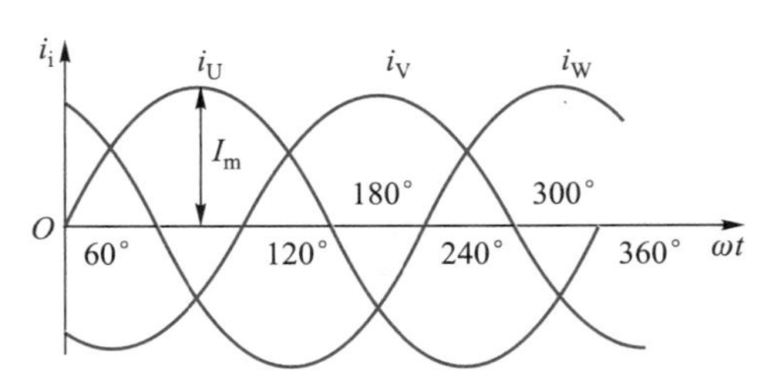

图 9.3.7　三相对称电流波形图

当 $\omega t=0°$时，$i_U=0$，$i_V=-\frac{\sqrt{3}}{2}I_m<0$，$i_W=\frac{\sqrt{3}}{2}I_m>0$。此时 U 相绕组电流为零；V 相绕组电流为负值，i_V 的实际方向与参考方向相反；W 相绕组电流为正值，i_W 的实际方向与参考方向相同。按右手螺旋定则可得到各个导体中电流所产生的合成磁场如图 9.3.8(a)所示，是一个具有两个磁极的磁场。电机磁场的磁极数常用磁极对数 p 来表示，例如上述两个磁极称为一对磁极，用 $p=1$ 表示。

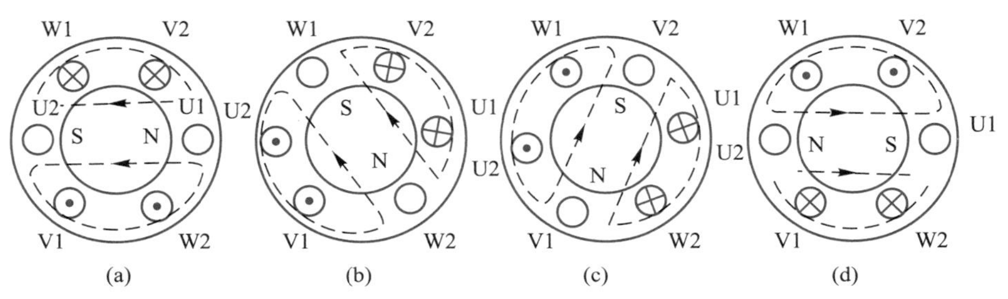

图 9.3.8　两极旋转磁场

(a) $\omega t=0°$　(b) $\omega t=60°$　(c) $\omega t=120°$　(d) $\omega t=180°$

当 $\omega t=60°$时，$i_U=\frac{\sqrt{3}}{2}I_m>0$，$i_V=-\frac{\sqrt{3}}{2}I_m<0$，$i_W=0$，此时的合成磁场如图 9.3.8(b)所示，也是一个两极磁场。但这个两极磁场的空间位置和$\omega t=0°$时相比，已按顺时针方向转了 60°。图 9.3.8(c)和(d)中，还画出了当 $\omega t=120°$ 和 180°时合成磁场的空间位置。可以看出，它们的位置已分别按顺时针方向转了 120°和 180°。

按上面的分析，可以证明：当三相电流不断地随时间变化时，所建立的合成磁场也不断地在空间旋转。

由此可以得出结论：三相正弦交流电流通过电机的三相对称绕组，在电机中所建立的合成磁场是一个旋转磁场。

从图 9.3.8 的分析中可以看出，旋转磁场的旋转方向是 U1→V1→W1(顺时针方向)，即与通入三相绕组的三相电流相序 $i_U \to i_V \to i_W$ 是一致的。

如果把三相绕组接至电源的三根引线中的任意两根对调，例如把 i_U 通入 V 相绕组，i_V 通入 U 相绕组，i_W 仍然通入 W 相绕组。利用与图 9.3.8 同样的方法，可以得到此时旋转磁场的旋转方向将会是 V1→U1→W1，旋转磁场按逆时针方向旋转。

由此可以得出结论:旋转磁场的旋转方向与三相电流的相序一致。

对图 9.3.8 做进一步的分析,还可以证明在磁极对数 $p=1$ 的情况下,三相定子电流变化一个周期,所产生的合成磁场在空间亦旋转一周。而当电源频率为 f 时,对应的磁场每分钟旋转 $60f$ 转,即转速 $n_1=60f$。进一步分析表明,当电动机三相定子绕组的结构和布置改变,使合成磁场具有 p 对磁极时,三相定子绕组电流变化一个周期所产生的合成磁场在空间转过一对磁极的角度,即 $1/p$ 周,因此合成磁场的转速为

$$n_1=\frac{60f}{p} \tag{9.3.1}$$

式中,n_1 称为同步转速,其单位为 r/min(转/分)。

我国交流电网电源频率 $f=50$ Hz,故当电机磁极对数 p 分别为 1、2、3、4 时,相应的同步转速 n_1 分别为3 000 r/min、1 500 r/min、1 000 r/min、750 r/min。

3. 三相异步电动机的工作原理

图 9.3.9 所示为三相异步电动机工作原理示意图。当三相定子绕组接至三相电源后,三相绕组内将流过三相电流并在电机内建立旋转磁场。当 $p=1$ 时,图中用一对旋转的磁铁来模拟该旋转磁场,它以同步转速 n_1 顺时针方向旋转。

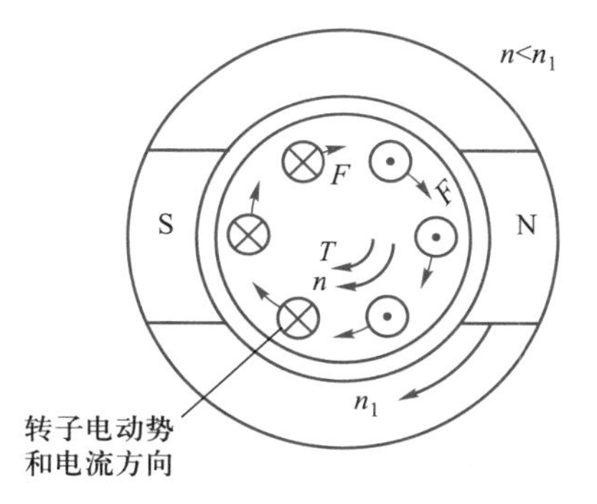

图 9.3.9 三相异步电动机工作原理示意图

在该旋转磁场的作用下,转子导体逆时针方向切割磁通而产生感应电动势。根据右手定则可知在 N 极下的转子导体的感应电动势的方向是向外的,而在 S 极下的转子导体的感应电动势方向是向里的。因为转子绕组是短接的,所以在感应电动势的作用下,产生感应电流,即转子电流。也就是说,异步电动机的转子电流是由电磁感应而产生的。因此这种电动机又称为感应电动机。

根据安培定律,载流导体与磁场会相互作用而产生电磁力 F,电磁力 F 的方向按左手定则决定(如图 9.3.9 所示)。各个载流导体在旋转磁场作用下受到的电磁力对于转子转轴所形成的转矩称为电磁转矩 T,在它的作用下,电动机转子转动起来。从图 9.3.9 可见,转子导体所受电磁力形成的电磁转矩与旋转磁场的转向一致,故转子旋转的方向与旋转磁场的方向相同。

但是,电动机转子的转速 n 必定低于旋转磁场转速 n_1。如果转子转速达到 n_1,那么转子与旋转磁场之间就没有相对运动,转子导体将不切割磁通,于是转子导体中不会产生感应电动势和转子电流,也不可能产生电磁转矩,所以电动机转子不可能维持在转速 n_1 状态下运行。可见异步电动机只有在转子转速 n 低于同步转速 n_1 的情况下,才能产生电磁转矩并驱动负载,维持稳定运行。因此这种电动机称为异步电动机①。

注意:

① 转子转速 n 和同步转速 n_1 相等的电动机称为同步电动机。同步电动机和异步电动机一样,由固定的定子和可旋转的转子两部分组成。同步电动机在定子绕组中通入三相交流电,同样产生旋转磁场,但其转子本身具有一个固定方向的磁场(用永磁铁或直流电流产生),定子产生的旋转磁场"拖着"转子磁场(转子)转动,故转子旋转的速度与定子绕组所产生的旋转磁场的同步转速是一样的。

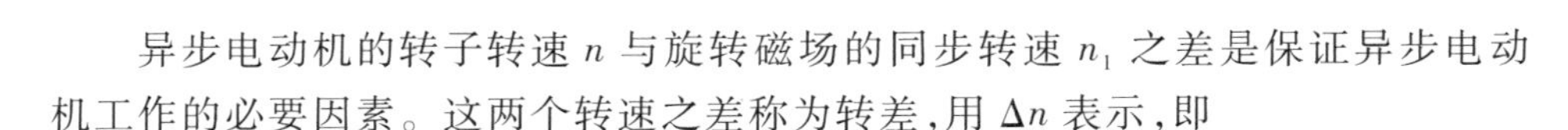

异步电动机的转子转速 n 与旋转磁场的同步转速 n_1 之差是保证异步电动机工作的必要因素。这两个转速之差称为转差，用 Δn 表示，即

$$\Delta n=n_1-n \tag{9.3.2}$$

转差与同步转速之比称为转差率，用 s 表示，即

$$s=\frac{\Delta n}{n_1}=\frac{n_1-n}{n_1} \tag{9.3.3}$$

由于异步电动机的转速 $n<n_1$，且 $n>0$，故转差率在 0～1 的范围内，即 $0<s<1$。对于常用的异步电动机，在额定负载时的额定转速 n_N 很接近同步转速，所以它的额定转差率 s_N 很小，为 0.01～0.07，s 有时也用百分数表示。

[例题 9.3.1]　一台三相异步电动机的额定转速 $n_N=730$ r/min，电源频率为 50 Hz，求其磁极对数 p 和额定转差率 s_N。

[解]　因为三相异步电动机的额定转速 n_N 略低于同步转速 n_1，而 $f=50$ Hz 时，$n_1=\frac{60\times50}{p}$，略高于 $n_N=730$ r/min 的 n_1 只能是 750 r/min，故磁极对数

$$p=4$$

该电动机的额定转差率为

$$s_N=\frac{n_1-n_N}{n_1}\times100\%=\frac{750-730}{750}\times100\%=2.67\%$$

9.3.2　三相异步电动机的特性和额定值

1. 三相异步电动机的电磁转矩和机械特性

三相异步电动机的电磁转矩是旋转磁场和转子电流相互作用而形成的。若旋转磁场每极磁通为 Φ_m，转子电路每相绕组电流和功率因数为 I_2 和 $\cos\varphi_2$，可以证明三相异步电动机的电磁转矩为

$$T=C_T\Phi_m I_2\cos\varphi_2 \tag{9.3.4}$$

式中，C_T 是决定于电动机结构的常数；电磁转矩 T 的单位为牛[顿]米(N·m)。当电动机定子的外加电源电压和频率一定时，Φ_m 也基本保持不变。但 I_2 和 $\cos\varphi_2$ 的大小与电动机的转速 n 即电动机的转差率 s 有关。因为当转速 n 变化时，转子导体和旋转磁场的相对运动速度发生变化，使转子绕组中感应电动势的大小和频率随之变化，转子绕组的感抗也变化，因此 I_2 和 $\cos\varphi_2$ 会随着转差率 s 的变化而变化。转子转速 n 低，转差率 s 大，转子感应电动势和电流 I_2 大，并且转子感应电动势频率高，转子感抗大，转子功率因数 $\cos\varphi_2$ 小。为了描述电磁转矩 T 与转差率 s 的关系，可以推导出电磁转矩的另一种表达形式

$$T=C'_T U_1^2\frac{sR_2}{R_2^2+(sX_{20})^2} \tag{9.3.5}$$

式中，R_2 为电动机转子电路每相绕组的电阻，X_{20} 为电动机刚接通电源而转子尚未转动时转子中每相绕组的感抗，C'_T 是决定于电动机结构的常数。

若电动机电源电压 U_1 及其频率 f_1 不变，又 R_2 及 X_{20} 均为常数，则式

(9.3.5)表示的电磁转矩和转差率的关系可用图 9.3.10 所示的曲线表示。这条曲线称为异步电动机的转矩特性曲线。

从图 9.3.10 中可以看出，当 $s=0$ 即 $n=n_1$ 时，电动机转子绕组中无感应电动势和电流，不产生电磁转矩，即 $T=0$。这种情况是电动机在无负载且本身无机械损耗的理想空载状态下的运行情况。当 $s=1$ 即 $n=0$ 时为电动机刚起动，这时的电磁转矩 T_{st}称为起动转矩。当 $s=s_{cr}$时，电磁转矩 T_m 为最大转矩，通常把 s_{cr}称为临界转差率。当 $s>s_{cr}$，电磁转矩将随转差率的增大而减小。通过分析可以得到

$$s_{cr}=\frac{R_2}{X_{20}},\quad T_m=C'_T U_1^2\frac{1}{2X_{20}} \tag{9.3.6}$$

在电力拖动中，电动机的机械特性更为直观，更具实际意义。机械特性曲线是表示电动机转速 n 与转矩 T 之间关系的曲线，它可根据图 9.3.10，将 s 改成 n 并变换坐标而得。图 9.3.11 所示为三相异步电动机的机械特性曲线。

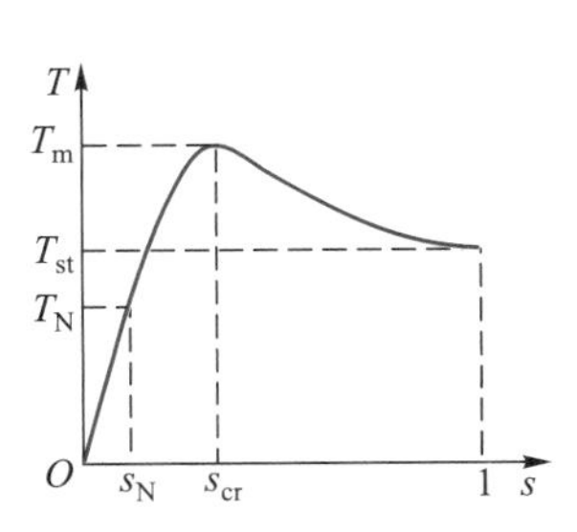

图 9.3.10 转矩特性曲线

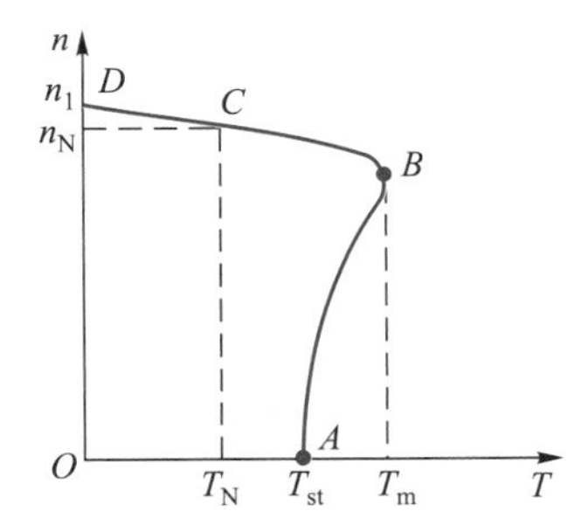

图 9.3.11 机械特性曲线

在图 9.3.11 中，T_{st}、T_m 和 T_N 分别为起动转矩、最大转矩和额定转矩，n_N 和 n_1 分别为额定转速和理想空载转速。电动机接通电源后，只要起动转矩 T_{st}大于负载转矩 T_L，电动机就可带负载起动，起动后，随着电动机转速的上升，电磁转矩增加，使电动机转速迅速提高，即从 A 点至 B 点，到达 B 点时转矩为最大值 T_m。起动转矩 T_{st}是表示异步电动机在起动瞬时具有的转矩，通常用起动转矩 T_{st}和额定转矩 T_N 的比值 $k_{st}=\frac{T_{st}}{T_N}$表示电动机的起动能力，$k_{st}$也称起动转矩倍数，一般异步电动机 k_{st}值为 1.7~2.2。

电动机起动过 B 点后，电动机的电磁转矩随转速的上升而减小，但只要电磁转矩 T 大于负载转矩 T_L，电动机的转速仍继续上升，直到 $T=T_L$ 时，电动机进入稳定运转。三相异步电动机稳定运行的范围为特性曲线的 BD 段。在这区段，当负载转矩 T_L 在一定范围变化时，只要 $T_L<T_m$，则电动机具有自动调节能力，使电动机的电磁转矩自动适应负载的需要。例如，当负载转矩 T_L 增加时，开始会使电动机转速有所下降，随着转速的下降，电动机的电磁转矩 T 上升，直到 $T=T_L$，电动机就在特性曲线新的工作点上稳定下来，此时转速虽比原来稍低点，但还是稳定运行。在机械特性的 BD 区段，当转矩有较大变化时，三相异步电动

机的转速变化并不大，这种特性称为硬机械特性。

当电动机的负载转矩 T_L 大于电磁转矩 T_N，使电动机的工作电流超过额定值，这种工作状态称为过载。在负载转矩 T_L 不大于电动机最大转矩 T_m 的条件下，一般允许电动机短时过载运行，T_L 大于 T_N 越多，允许过载运行的时间越短。但当 $T_L>T_m$ 时，电动机转速迅速下降，进入特性曲线 AB 区段，电动机电磁转矩随转速的下降而减小，导致电动机停止运转，这一现象称为“堵转”。堵转会造成电动机的电流远大于额定电流而烧毁，须加以防护。所以最大转矩 T_m 反映了三相异步电动机的短时过载能力，通常将最大转矩 T_m 与额定转矩 T_N 的比值称为电动机的过载系数（也称为最大转矩倍数），用 λ_T 表示，即

$$\lambda_T=\frac{T_m}{T_N} \tag{9.3.7}$$

一般三相异步电动机的 λ_T 值多在 2~2.2 之间，特殊用途的电动机，λ_T 可达 3 或更大。

当电动机的电源电压 U_1 变化时，由式（9.3.5）可知，电磁转矩与电压的平方成比例，机械特性曲线发生变化，如图 9.3.12 所示。从图可见，当电源电压下降时，最大转矩和起动转矩都明显下降。因此，在改变电源电压时，要考虑电动机的电磁转矩必须满足负载转矩的需要。

当电动机转子电阻 R_2 变化时，由式（9.3.6）可知，临界转差率 s_{cr} 随之变化，但最大转矩 T_m 不变，机械特性曲线也发生变化，如图 9.3.13 所示。从图可以看出，当转子电阻增加时，与最大转矩对应的转速下降，起动转矩增大，在相同负载转矩下，转速降低。因此，绕线转子异步电动机可改变转子电阻来调速。

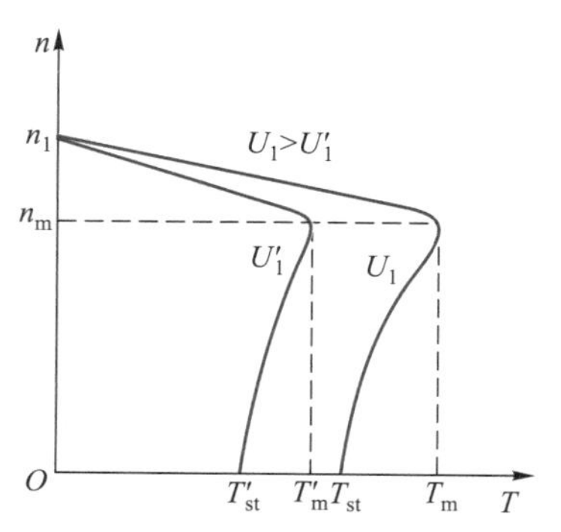

图 9.3.12　电源电压变化对机械特性曲线的影响

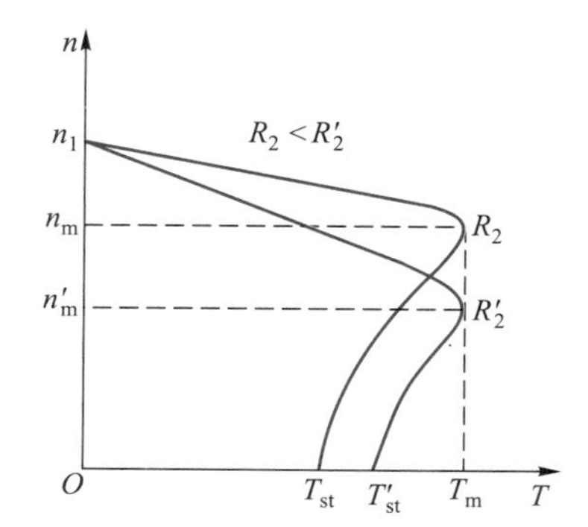

图 9.3.13　转子电阻变化对机械特性曲线的影响

2. 三相异步电动机的工作特性

三相异步电动机的工作特性是指当外加电源电压 U_1 和频率 f_1 一定时，电动机的转速 n、输出转矩 T_2、定子电流 I_1、定子电路功率因数 $\cos\varphi_1$ 和效率 η 对电动机输出的机械功率 P_2 的关系。三相异步电动机的工作特性如图 9.3.14 所示。

(1) 三相异步电动机转速 n。由于异步电动机具有较硬的机械特性，当负载转矩变化较大时，转速变化并不太大，因此 $n=f(P_2)$ 曲线是一条随输出功率 P_2 增大而稍有下倾的曲线。

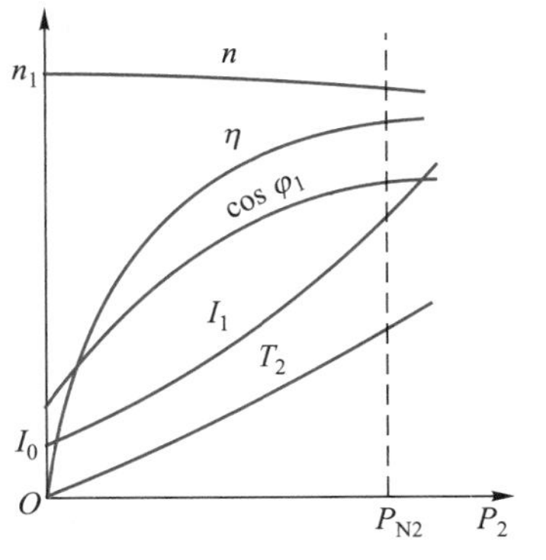

图 9.3.14 三相异步电动机的工作特性

(2) 三相异步电动机输出转矩 T_2。电动机电磁转矩 T 的一小部分用来克服电动机本身产生的制动转矩，大部分作为输出转矩 T_2 驱动轴上的机械负载。由于异步电动机转速变化不大，所以输出转矩 T_2 近似地与输出功率 P_2 成正比。由于转速特性稍下倾，故转矩特性 $T_2=f(P_2)$ 是一条稍有上翘的曲线。

(3) 三相异步电动机定子电流 I_1。当 $P_2=0$ 时，$I_1=I_0$ 称为空载电流，该电流的主要作用是产生旋转磁场，故有时也称为励磁电流。其值大约为额定电流的 20%~40%。带上负载后，随着负载 P_2 的增加 I_1 逐渐增大。

(4) 三相异步电动机的功率因数 $\cos\varphi_1$。当 $P_2=0$ 即空载时，由于没有输出机械功率，定子电流基本上用来产生旋转磁场，输入功率仅用于电动机本身的损耗，故功率因数很低，为 0.1~0.2。带上负载后，随着 P_2 的增加，$\cos\varphi_1$ 开始上升较快，并逐渐到达最大值，此后又会随着 P_2 的继续增大而稍有下降。

(5) 三相异步电动机的效率 η。当 $P_2=0$ 时，$\eta=0$。随着 P_2 的增加，η 较快地上升。通常在额定负载的 70%~100%范围内的某一点达到最大效率。此后，η 随着 P_2 的增加而稍有下降。

电动机输出机械功率 P_2 的大小是由它所拖动的机械负载决定的。在一定的机械负载下，电动机的电磁转矩和负载的反转矩相平衡，以某一转速稳定运行。当机械负载的大小发生变化时，电动机的输出功率相应变化，电磁转矩、转速、定子电流、功率因数和效率等均随之变化，其变化情况可由图 9.3.14 清楚地看出。

从图 9.3.14 的三相异步电动机工作特性可以看出，异步电动机在轻载或接近空载时，其功率因数和效率都比较低，因此在选用电动机时，应选择恰当的额定功率，使电动机处在满载或接近满载的情况下工作。

3. 三相异步电动机的额定值

(1) 额定功率 P_N。在额定运行情况下，电动机轴上输出的机械功率，单位为瓦(W)或千瓦(kW)。

(2) 额定电压 U_N。电动机在额定运行时的线电压，单位为伏(V)或千伏(kV)。我国生产的 Y 系列中小型三相异步电动机，额定功率在 3 kW 以上的，额定电压为 380 V，绕组为三角形联结；额定功率在 3 kW 及以下的，额定电压为 380/220 V，绕组为 Y/Δ 联结(即电源线电压为 380 V 时，电动机绕组为星形联结；当通过其他调压设备使电源线电压为 220 V 时，电动机绕组为三角形联结)。

(3) 额定电流 I_N。电动机在额定运行时的线电流，单位为安(A)。如三相定子绕组有两种接法，就有两个相对应的额定电流值。

（4）额定频率 f_N。电动机在额定运行时交流电源的频率。

（5）额定转速 n_N。电动机在额定运行时的转速，以每分钟的转数计，单位为 r/min。

在忽略电动机的机械损耗时，额定转速 n_N、额定功率 P_N 和额定转矩 T_N 之间的关系为

$$T_N=\frac{P_N}{\Omega}=\frac{P_N}{2\pi n_N/60} \tag{9.3.8}$$

式(9.3.8)中 P_N 的单位为瓦(W)，n_N 的单位为转/分(r/min)，T_N 的单位为牛·米(N·m)。若式(9.3.8)中 P_N 的单位改为 kW，则可写成

$$T_N=9\ 550\frac{P_N}{n_N} \tag{9.3.9}$$

（6）额定功率因数 $\cos\varphi_N$。电动机在额定运行时定子电路的功率因数，通常在 0.70～0.90 之间。

（7）额定效率 η_N。电动机在额定运行时轴上输出的机械功率 P_N 与向电源吸取的功率 P_S 之比，可根据下式计算

$$\eta_N=\frac{P_N}{P_S}=\frac{P_N}{\sqrt{3}U_NI_N\cos\varphi_N}\times 100\% \tag{9.3.10}$$

式中，P_N 的单位为瓦(W)，U_N 的单位为伏(V)，I_N 的单位为安(A)。异步电动机的 η_N 为 75%～92%。

（8）定额。电动机运行情况，可分为三种基本方式：连续运行、短时运行和断续运行。

9.3.3　三相异步电动机的使用

1. 三相异步电动机的起动

三相异步电动机与电源接通以后，如果电动机的起动转矩大于负载反转矩，则转子从静止开始转动，转速逐渐升高至稳定运行，这个过程称为起动。

三相异步电动机常用的起动方法有下列几种：

（1）直接起动。直接起动是在起动时把电动机的定子绕组直接接入电网。电动机在起动瞬间，由于旋转磁场与转子之间相对速度很大，转子电路中的感应电动势及电流都很大。转子电流的增大，将会引起定子电流的增大，因此在起动时，定子电流往往比额定值要大 4～7 倍。这样大的起动电流会使供电线路上产生过大的电压降，不仅会使电动机本身起动时转矩减小，还会使接在同一电网上的其他负载因电压下降而工作不正常。

直接起动的主要优点是简单、方便、经济、起动过程快，是一种适用于中小型笼型异步电动机起动的常用方法。当电源容量相对于电动机的功率足够大时，应尽量采用此法。

（2）降压起动。降压起动的目的是为了减小电动机起动时的起动电流，以

减小对电网的影响，其方法是在起动时降低电动机的电源电压，待电动机转速接近稳定时，再把电压恢复到正常值。由于电动机的转矩与其电压平方成正比，所以降压起动时转矩亦会相应减小。降压起动的具体方法主要有以下两种：

(a) 星形-三角形(Y-Δ)换接起动。这种方法适用于正常运行时定子绕组为三角形联结的笼型电动机。图 9.3.15 所示为笼型电动机 Y-Δ 换接起动的原理电路，在起动时，开关 QS_2 向下闭合，使电动机的定子绕组为星形联结，这时每相绕组上的起动电压只有它的额定电压的 $1/\sqrt{3}$。当电动机到达一定转速后，迅速把 QS_2 向上合，定子绕组转换成三角形联结，使电动机在额定电压下运行。

采用这种起动方式，电动机的起动电流是直接起动时的 1/3(原理见习题 2.4.4)。但由于转矩与电压平方成正比，故起动转矩也降低到直接起动时的 1/3，使用时必须注意起动转矩能否满足要求。

(b) 自耦减压起动。此法对正常运行时定子绕组为星形联结和正常运行时定子绕组为三角形联结的笼型三相异步电动机都适用。图 9.3.16 为自耦减压起动的线路图。起动时，电动机连接在自耦变压器的低压侧，若自耦变压器的降压比为 $K_A(K_A<1)$，电动机的起动电压 $U'=K_AU$。当电动机达到一定转速时，将开关 QS_2 由"起动"侧切换至"运行"侧，使电动机获得额定电压而运转，同时将自耦变压器与电源断开。采用此法起动时电动机的起动电流和起动转矩都是直接起动时的 K_A^2 倍。通常自耦变压器的 K_A 有几挡，选择恰当的 K_A 可获得合适的起动转矩和起动电流。

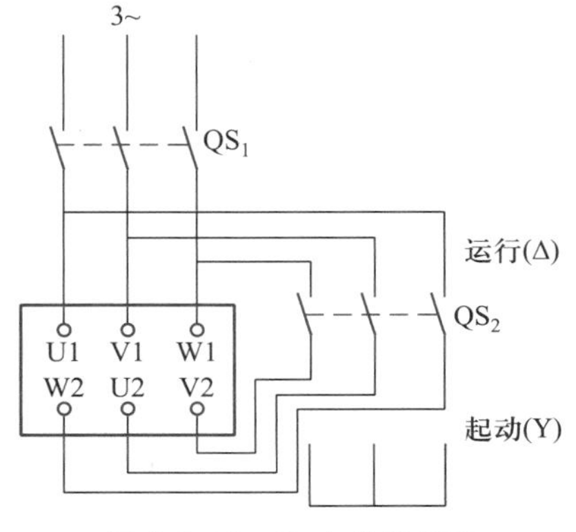

图 9.3.15 Y-Δ 换接起动

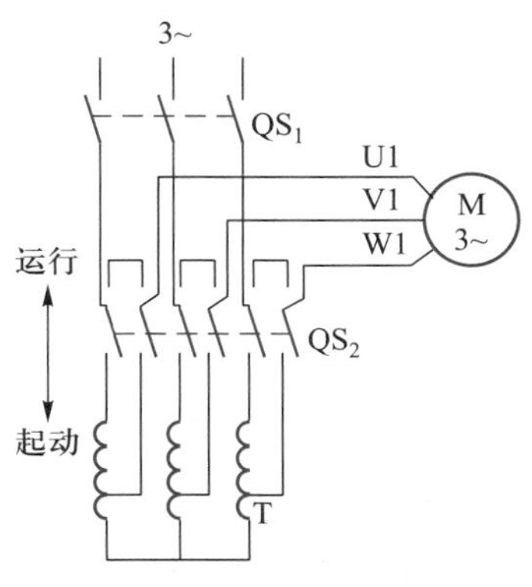

图 9.3.16 自耦减压起动

(3) 转子串接电阻起动。这种方法仅适用于绕线转子异步电动机。从图 9.3.13 所示的电动机机械特性变化中可见，转子电路串入电阻起动，既可以限制起动电流，又可以提高起动转矩。转子电路串入的电阻通常为一组电阻，刚起动时阻值最大，在起动过程中随转速的上升将串入的电阻逐渐短接。

2. 三相异步电动机的反转

在三相异步电动机的工作原理中已指出，三相异步电动机的旋转方向是与旋转磁场的旋转方向一致的。由于旋转磁场的旋转方向决定于产生旋转磁场的三相电流的相序,因此要改变电动机的旋转方向只需改变三相电流的相序。实际上只要把电动机与电源的三根连接线中的任意两根对调,电动机的转向便与原来相反了。

3. 三相异步电动机的调速

电动机的调速是指在负载不变的情况下,用人为的方法改变电动机的转速。

根据转差率的定义,异步电动机的转速为

$$n=(1-s)\frac{60f_1}{p} \tag{9.3.11}$$

上式表明,改变电动机的磁极对数 p、转差率 s 和电源的频率 f_1 均可以对电动机进行调速。下面分别介绍:

(1) 改变磁极对数调速。根据异步电动机的结构和工作原理,它的磁极对数 p 由定子绕组的布置和连接方法决定。因此可以采用改变每相绕组中各线圈的连接方法(串联或并联)来改变磁极对数。图 9.3.17 所示为三相异步电动机定子绕组采用两种不同的连接方法而得到不同磁极对数的原理示意图。为表达清楚,只画出了三相绕组中的一相。图 9.3.17(a)中该相绕组的两组线圈 U1U2 和 U1′U2′串联连接,通电后产生两对磁极的旋转磁场。当这两组线圈反并联连接时,如图 9.3.17(b)所示,则产生的旋转磁场为一对磁极。

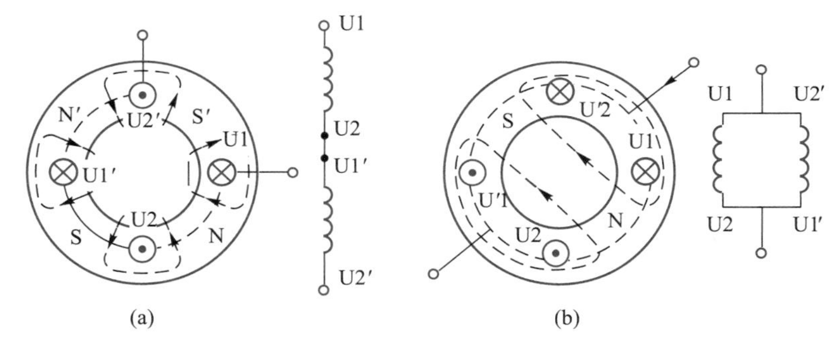

图 9.3.17　改变磁极对数原理示意图

(a) 串联时 $p=2$　(b) 反并联时 $p=1$

一般异步电动机制造出来后,其磁极对数是不能随意改变的。可以改变磁极对数的笼型异步电动机是专门制造的,有双速或多速电动机的单独产品系列。

这种调速方法简单,但只能进行速度挡数不多的有级调速。

(2) 改变电源频率调速。通过调节电源频率 f_1,使同步转速 n_1 与 f_1 成正比变化,从而实现对电动机进行平滑、宽范围和高精度的调速。分析表明,在进行变频调速时,为使电动机的转矩特性能较好地满足机械负载的要求,希望在调节电源频率 f_1 的同时,能使加至电动机的电压 U_1 随之改变。如果调节转速时转矩保持不变(称为恒转矩调速),则要求在改变 f_1 时保持 $U_1/f_1=$常数,使 U_1 与 f_1 成正比变化。如果转速 n 调低(或调高)时转矩 T 增加(或减小)($Tn=$常数,称为恒功率调速),则要求在改变 f_1 时保持 $U_1/\sqrt{f_1}=$常数,使 U_1 与 f_1 的开方成正

比变化。

这是一种性能最好的调速方法，但需要专门的变频装置。随着电子变频技术的迅速发展，这种调速方法已得到越来越广泛的应用。变频调速电路的基本原理将在第 10 章 10.4 节介绍。

（3）改变转差率调速。从图 9.3.13 的电动机机械特性曲线可以看到，改变转子电路电阻，即可改变电动机机械特性曲线的位置，因此在同一负载转矩下有不同的转速。此时旋转磁场的同步转速 n_1 没有改变，故属于改变转差率 s 的调速方法。

这种调速方法线路简单，但只有绕线转子异步电动机可以在转子电路中串接外部可调电阻来实现调速。缺点是功率损耗较大。

4. 三相异步电动机的制动

由于运行中的电动机及其拖动的生产机械具有惯性，因此电动机切断电源后并不能立即停转。在工程应用中，有时要求电动机快速停转，以满足工艺要求和保障安全，就需要采取制动措施。

制动措施分机械制动和电气制动两类。机械制动是利用制动装置的机械摩擦力使电动机迅速停车。电气制动是利用电磁原理产生一个与原来转动方向相反的电磁转矩（称为制动转矩）迫使电动机迅速停车。电动机的制动方法有多种，下面介绍用于电动机迅速停车的两种电气制动方法。

（1）反接制动。反接制动就是欲使电动机停车时加反相序的三相交流电源，即将原接入电动机的三根电源线中的任意两根对调，产生与转动方向相反的旋转磁场和制动转矩，使电动机快速减速，起到制动作用。当电动机转速接近零时，利用其他控制电器（如速度继电器）将三相电源切断，不然电动机将反转。

反接制动时旋转磁场方向与转子转向相反，刚开始制动时，转子以“$n+n_1$”的相对转速切割旋转磁场，转子和定子绕组的电流很大。为限制电流大小，通常制动时在定子电路中串入限流电阻（也称制动电阻）。

反接制动方法简单，效果好，但冲击大，能量消耗也较大，通常用于容量较小的电动机的制动。

（2）能耗制动。所谓能耗制动，是在电动机断开三相交流电源后，立即在电动机三个电源接线端中的任意二端之间加入一个直流电源 U，如图 9.3.18（a）所示（通过控制电路，在 QS_1 断开后立即闭合 QS_2），即定子绕组通入直流电流，产生固定不动的直流磁场。由于惯性而继续转动的电动机转子导体切割直流磁场，根据右手定则可确定转子导体电流方向，再根据左手定则可确定转子产生的转矩方向与原转动方向相反，如图 9.3.18（b）所示，达到制动目的。制动结束，将直流电源断开。图中 R_P 用来调节制动直流电流大小。

这种制动方式是将转子动能转换为电能（转子电流），再消耗在转子导体电阻上，所以称为能耗制动。能耗制动电源能量消耗小，制动过程平稳，但需要直流电源。

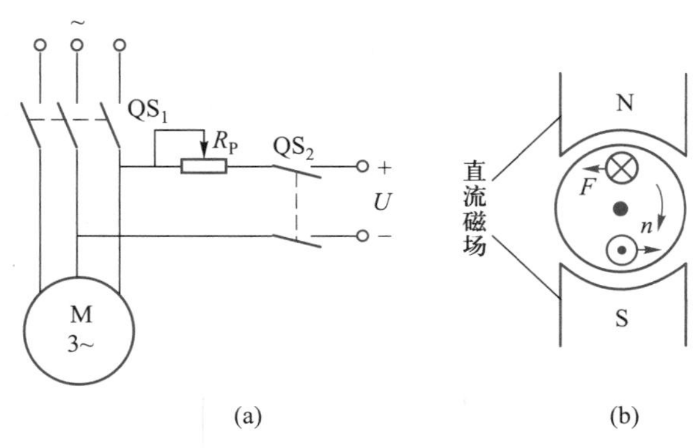

图 9.3.18 能耗制动原理示意图

9.3.4 单相异步电动机

采用单相交流电源的异步电动机称为单相异步电动机。这种电动机广泛应用于电动工具、家用电器(洗衣机、电冰箱、电风扇、空调器等)、医用机械和自动化控制系统中。常用的单相异步电动机有电容式和罩极式两种类型,下面分别介绍。

1. 电容式电动机

单相异步电动机的定子绕组为单相绕组,转子为笼型绕组。如单相定子绕组采用一组绕组,则当单相定子绕组中通入单相交流电时,在定子内会产生一个大小随时间按正弦规律变化而空间位置不动的脉动磁场。分析表明,此时的转子受到的转矩为零,电动机不能自行起动。

为使单相异步电动机能自行起动,必须使转子在起动时能产生一定的起动转矩。电容式电动机是采用分相法来产生起动转矩的。

电容式电动机的定子上装有两组绕组,分别是工作绕组 W 和起动绕组 S,这两个绕组在空间位置上相差 90°。起动绕组串接电容器 C 后与工作绕组并联接入电源,如图 9.3.19 所示。在同一单相电源作用下,选择适当的电容器容量,使工作绕组的电流和起动绕组的电流相位差近乎 90°。分析表明,当具有 90°相位差的两个电流通过空间位置相差 90°的两相绕组时,产生的合成磁场为旋转磁场。笼型转子在这个旋转磁场的作用下就产生电磁转矩而旋转。

电动机的转动方向由旋转磁场的旋转方向决定。要改变单相电容式电动机的转向,只要将起动绕组或工作绕组接到电源的两个端子对调即可(即其中一组绕组接到电源的两个端子不变,另一绕组接到电源的两个端子对调)。此外,如将电容 C 串入另一绕组中,同样可改变电动机的转向。

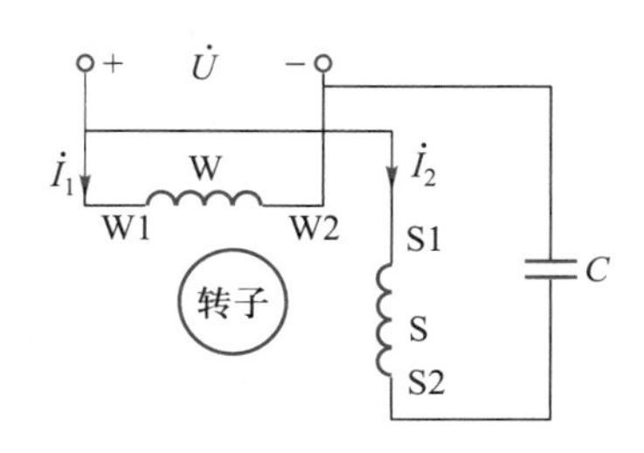

图 9.3.19 电容式电动机原理示意图

如果在起动绕组电路中串入一个离心开关，当电动机起动运转后，依靠离心力的作用使开关断开，起动绕组断电，但电动机仍能继续运转。这种电动机称为电容起动电动机。如果不串入离心开关，起动后起动绕组仍通电运行，则称为电容运转电动机。

［**例题 9.3.2**］　图 9.3.20 是一种家用电扇的调速电路，试说明其工作原理。

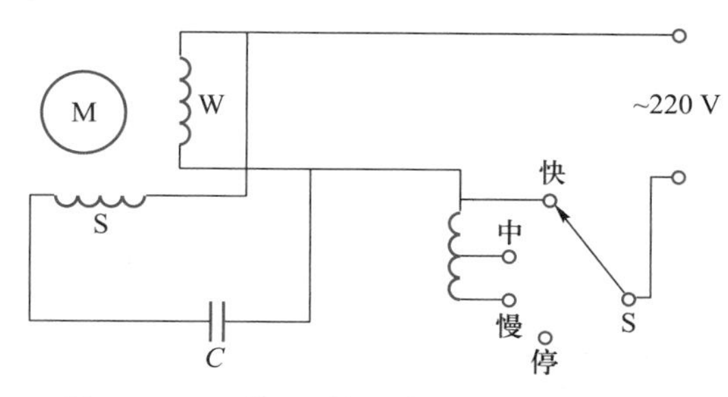

图 9.3.20　采用电抗器降压的电扇调速电路

［**解**］　该电扇采用电容式电动机拖动，电路中串入具有抽头的电抗器，当转换开关 S 处于不同位置时，电抗器的电压降不同，使电动机端电压改变而实现有级调速。

2. 罩极式电动机

罩极式电动机的定子制成凸极式磁极，定子绕组套装在这个磁极上，并在每个磁极表面开有一个凹槽，将磁极分成大小两部分，在较小的一部分上套着一个短路铜环，如图 9.3.21 所示。当定子绕组通入交流电流而产生脉动磁场时，由于短路环中感应电流的作用，使通过磁极的磁通分成两个部分，这两部分磁通数量上不相等，在相位上也不同，通过短路环的这一部分磁通滞后于另一部分磁通。这两个磁通在空间上亦相差一个角度，磁极中未加短路环一侧的磁通先出现最大值，套有短路环一侧的磁通后出现最大值，故电机的磁场是一个移动的磁场。笼型转子在这个移动磁场的作用下就产生电磁转矩而旋转。这种电动机的旋转方向是由磁极未加短路环部分向套有短路环部分的方向旋转（按图 9.3.21 结构示意图，转子顺时针旋转）。

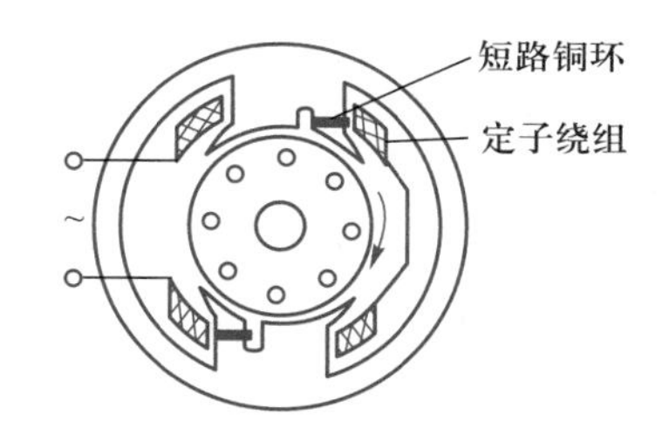

图 9.3.21　罩极式电动机结构示意图

单相异步电动机的最大特点就是能适用于单相电源的场合。但它的效率、功率因数和过载能力都较低，因此单相异步电动机的额定功率一般都在 1 kW 以下。

9.4　直流电动机

9.4.1　直流电动机的工作原理

直流电动机是一种由直流电源供电的电机,主要由定子、转子和其他零部件组成。图 9.4.1(a)是两极直流电动机的结构示意图,定子包括机座、磁极(磁极铁心与励磁绕组)以及电刷装置(图中未画出)等,转子又称为电枢,包括电枢绕组、电枢铁心、转轴和换向器(图中未画出)等。

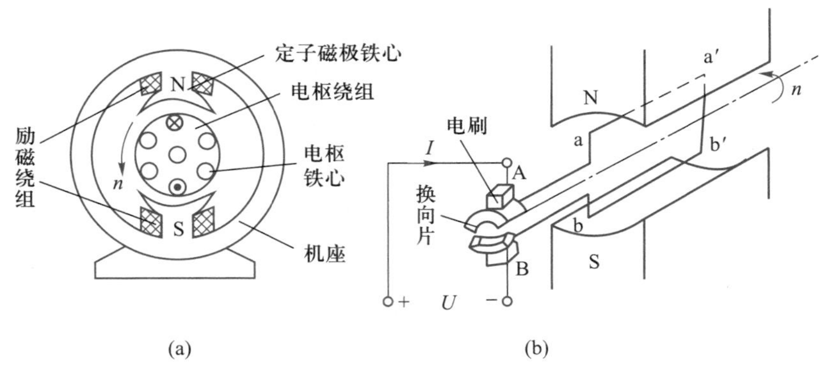

图 9.4.1　两极直流电动机示意图

(a) 结构　(b) 工作原理

图 9.4.1(b)为两极直流电动机工作原理示意图。图中用一对固定磁极表示由直流电流励磁产生的定子磁极。当电刷 A、B 分别与直流电源的正、负极接通后,电枢绕组中处于 N 磁极下的导体 aa′的电流从 a 流向 a′,而 S 磁极下的导体 bb′的电流从 b′流向 b。根据左手定则,在磁场作用下,载流导体 aa′和 bb′都受到电磁力的作用,从而产生逆时针方向的转矩使电枢转动起来。当导体 bb′转到 N 极下,而导体 aa′转到 S 极下时,因与之相连的两换向片也随着电枢转动,所以各导体的电流方向也发生改变,这就是换向片的换向作用。借助换向器的换向作用,在同一磁极下的电枢绕组各导体都具有相同的电流方向,使电动机产生固定方向的电磁转矩,驱动负载运转。电磁转矩 T 的大小与磁极磁通 Φ、电枢电流 I_a 成正比,即

$$T = C_T \Phi I_a \tag{9.4.1}$$

式中,Φ 为每极磁通,单位为 Wb;I_a 为电枢电流,单位为 A;C_T 为电机常数,由电动机的结构决定。T 的单位为 N · m。

电动机转动起来后,电枢绕组的每根导体切割磁场而产生感应电动势 E,E 的方向可用右手定则决定。由于感应电动势 E 的方向与电枢电流方向相反,所以称为反电动势。它的大小可表示为

$$E = C_E \Phi n \tag{9.4.2}$$

式中,C_E 为决定于电机结构的另一个电机常数;Φ 为每极磁通,单位为 Wb;n 为

电枢转速，单位为 r/min。

电枢电流 I_a 在电枢电路电阻 R_a 上会产生电压降 R_aI_a，故电枢电路的电压平衡方程式为

$$U=E+R_aI_a \tag{9.4.3}$$

9.4.2 直流电动机的励磁方式和特性

直流电动机按励磁方式可分为他励电动机、并励电动机、串励电动机和复励电动机，下面分别介绍。

1. 他励电动机

他励电动机的励磁绕组和电枢绕组分别由两个直流电源供给，如图 9.4.2 所示。由励磁电源 U_f 产生的励磁电流 I_f 建立磁通 Φ。电枢电路接通电源 U 后，电枢中产生工作电流 I_a，电枢在磁场作用下，产生电磁转矩 T，以 n 的转速旋转，并在电枢中产生反电动势 E。根据式(9.4.2)和式(9.4.3)，电动机的转速 n 可表示为

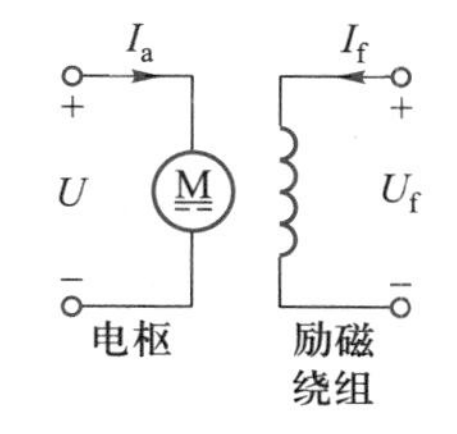

图 9.4.2 他励电动机

$$n=\frac{E}{C_E\Phi}=\frac{U-R_aI_a}{C_E\Phi} \tag{9.4.4}$$

式(9.4.4)表明电动机的转速和电枢电压 U、磁极磁通 Φ、电枢电路的电阻 R_a 有关。

式(9.4.4)中的 I_a 用式(9.4.1)的关系表达，则可得到转速与转矩之间的关系为

$$n=\frac{U}{C_E\Phi}-\frac{R_a}{C_EC_T\Phi^2}T \tag{9.4.5}$$

在 U、U_f 不变的情况下，电动机的转速与转矩的关系，即电动机的机械特性曲线如图 9.4.3 的曲线 a 所示。该曲线表明转速随转矩的增加稍有下降，机械特性为硬特性。

2. 并励电动机

并励电动机的励磁绕组和电枢绕组并联后由同一个直流电源供电，如图 9.4.4 所示。并励电动机和他励电动机并无本质的区别，两者可以通用。因此有关他励电动机的结论、特性也完全适用于并励电动机。

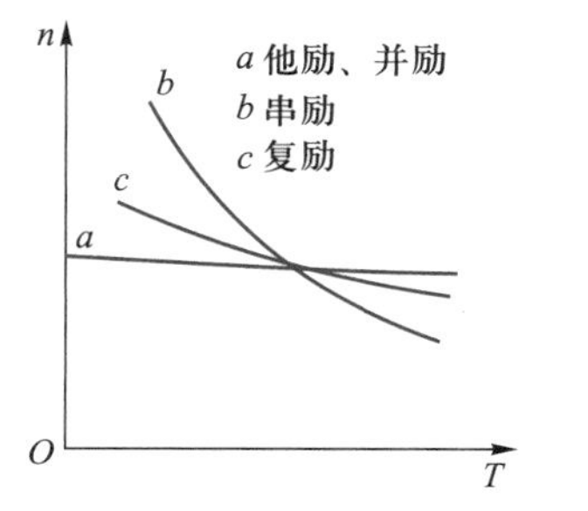

图 9.4.3 直流电动机的机械特性曲线

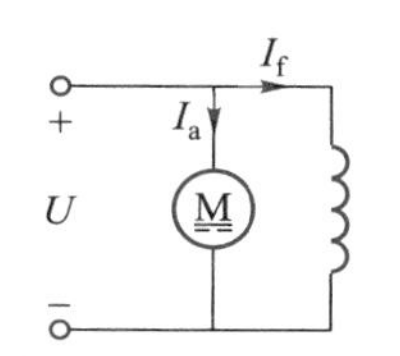

图 9.4.4 并励电动机

他励或并励电动机在起动时，由于直流电源接入瞬间电机转速 $n=0$，反电动势 $E=0$，故电流 I_a 很大。为了限制过大的起动电流，通常在电枢电路中串接起动电阻，待起动后，随着电动机转速上升，再把它切除。直流电动机在起动和运转过程中，励磁电路不能开路。

他励电动机和并励电动机均具有良好的调速性能。由式(9.4.5)可知，改变电枢电压 U 或励磁电流 I_f(即磁通 Φ)的大小，就能宽范围地平滑调速。这也是在某些场合选用这类电动机的主要原因。

小型的直流电动机常常采用永久磁铁制成磁极，这种电动机称为永磁式直流电动机。其工作原理及性能与他励电动机基本相同。由于结构简单，使用方便，应用比较广泛。永磁电动机的调速通常用改变电枢电压的方法来实现。目前无换向器的永磁直流电动机已进入实用阶段，这对于减少由于换向器磨损而产生的故障，提高电动机使用寿命，开拓使用领域有很重要的意义。

3. 串励电动机

图 9.4.5 所示为串励电动机的电路图。这种电机的励磁绕组和电枢绕组串联，所以 $I=I_a=I_f$ 是同一个电流。当磁路未饱和时，可以认为磁通 Φ 与电枢电流 I_a 成正比，即

$$\Phi=kI_a \tag{9.4.6}$$

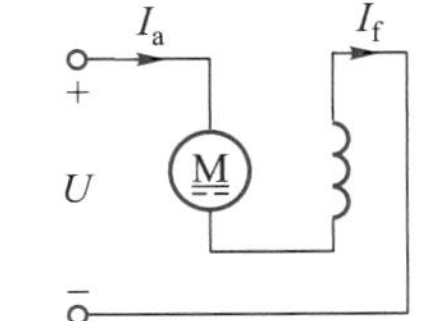

图 9.4.5　串励电动机

式中，k 为比例常数。

把式(9.4.6)代入式(9.4.1)，可得到串励电动机的电磁转矩为

$$T=C_T\Phi I_a=C_TkI_a^2 \tag{9.4.7}$$

式(9.4.7)表明，串励电动机在磁路未饱和时，电磁转矩与电枢电流 I_a 的平方成正比。将式(9.4.5)中的 R_a 改为 R_a+R_f，即可得到串励电动机的转速表达式为

$$n=\frac{U}{C_E\Phi}-\frac{R_a+R_f}{C_EC_T\Phi^2}T \tag{9.4.8}$$

式中，R_f 为励磁绕组电阻。上式表明串励电动机在转矩较小时，有比较大的转速。随着转矩的增加，电枢电流增大，使磁通 Φ 增加，转速迅速下降。当转矩增大到一定值时，由于磁路的饱和，磁通的增加变慢，因而转速随转矩的增加而下降的速度减小。其机械特性为软特性，如图 9.4.3 中的曲线 b。所以它的起动转矩和过载能力都比较大，通常用于起重、运输等场合。

4. 复励电动机

复励电动机有两个励磁绕组，一个与电枢绕组串联，另一个并联，共同由一个直流电源供电，如图 9.4.6 所示。

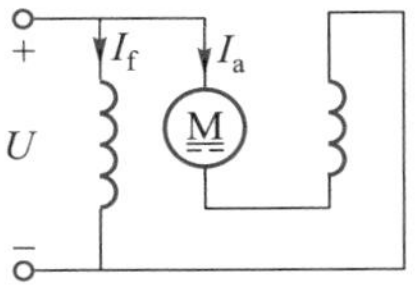

复励电动机由于有并励和串励两个励磁绕组。因此其机械特性介于并励电动机和串励电动机之间。机械特性曲线如图 9.4.3 中曲线 c 所示。并励绕组的作用大于串励绕组的作用时，机械特性接近并励电动

图 9.4.6　复励电动机

机;反之机械特性接近于串励电动机。

复励电动机既可以具有串励电动机的某些优点,适用于负载转矩变化较大,需要机械特性比较软的设备中,又可以像并励电动机那样在空载和轻载下运行。它在船舶、起重、机床和采矿等设备中都有应用。

9.4.3 无刷直流电动机

无刷直流电动机是随着大功率开关器件、稀土永磁材料、微机、电机及控制理论的发展而迅速发展起来的一种新型电动机。它不仅具有一般有刷直流电动机效率高、起动性能和调速性能好的优点,而且由于采用了电子换向,从而避免了有刷直流电动机电刷和换向器间的滑动接触,因此还具有寿命长、可靠性高、噪声低等优点,从而在医疗器械、仪表仪器、化工、轻纺以及家用电器等领域获得了广泛应用。例如目前城市交通中广泛使用的电动自行车就采用了无刷直流电动机作为驱动电动机。

无刷直流电动机由电动机本体(定子为电枢,转子为永磁铁)、转子位置传感器和电子换向电路三部分组成。无刷直流电动机工作时,利用反映转子位置的位置传感器的输出信号,通过电子换向电路驱动与电枢绕组相连的功率开关器件(如 IGBT),给电枢绕组依次通电,从而在定子上产生跳跃式的旋转磁场,拖动永磁转子旋转。

图 9.4.7 是稀土永磁无刷直流电动机的系统图。图中 VF 为逆变器,用来将直流信号转换成交流信号,BLDCM(brushless DC motor)为无刷直流电动机本体,PS 是与电动机本体同轴连接的转子位置传感器。控制电路对转子位置传感器检测到的位置信号进行逻辑变换后产生脉宽调制 PWM 信号,经过前级驱动电路放大送至逆变器各功率开关管,从而控制电动机各相绕组按一定顺序工作并在电动机气隙中产生跳跃式旋转磁场。下面以常用的两相导通星形三相六状态无刷电动机为例说明无刷直流电动机的工作原理。

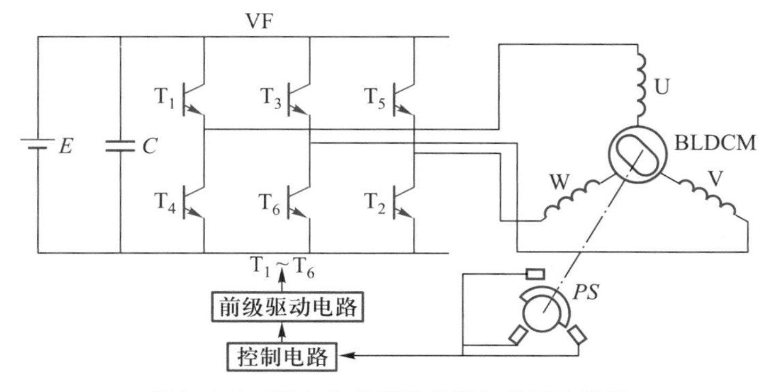

图 9.4.7 稀土永磁无刷直流电动机系统图

当转子稀土永磁铁位于图 9.4.8(a)所示的位置时,由转子位置传感器(其工作原理此处从略)检测到的表示磁极(其磁场用 F_2 表示)位置的信号,经过控制电路逻辑变换后驱动逆变器，使功率开关管 T_1、T_6 导通，即绕组 U、V 通电，U 进 V 出，电枢绕组在空间的合成磁场 F_1 如图 9.4.8(a) 所示，此时定子与转子的磁场相互作用拖动转子按顺时针方向旋转。当转子转过 60° 时，到达图 9.4.8(b) 所示位置，由转子位置传感器检测到的磁极位置信号，经过控制电路逻辑变换后，使功率开关管 T_6 截止，T_2 导通，此时 T_1 维持导通，即绕组 U、W 通电，U 进 W 出，电枢绕组在空间的合成磁场 F_1 如图 9.4.8(b) 所示，此时定子与转子的磁场相互作用使转子继续按顺时针方向旋转。依次类推，当转子继续按顺时针方向转动时，如果功率管开通的时序依次为 T_3、T_2→T_3、T_4→T_5、T_4→T_5、T_6→T_1、T_6→T_1、T_2…，则转子磁场始终受到定子合成磁场的作用并使转子按顺时针方向连续转动。

从图 9.4.8(a) 到图 9.4.8(b) 的 60°电角度范围内，转子磁场顺时针连续转动，而定子合成磁场在空间保持图 9.4.8(a) 中的 F_1 位置不变。只有当转子磁场转了 60°角度到达图 9.4.8(b) 中的位置时，定子合成磁场才从图 9.4.8(a) 中的 F_1 位置顺时针跃变到图 9.4.8(b) 中的 F_1 位置。可见定子合成磁场在空间不是连续旋转的磁场，而是一种跳跃式的旋转磁场，每过 60°电角度跳跃一次。

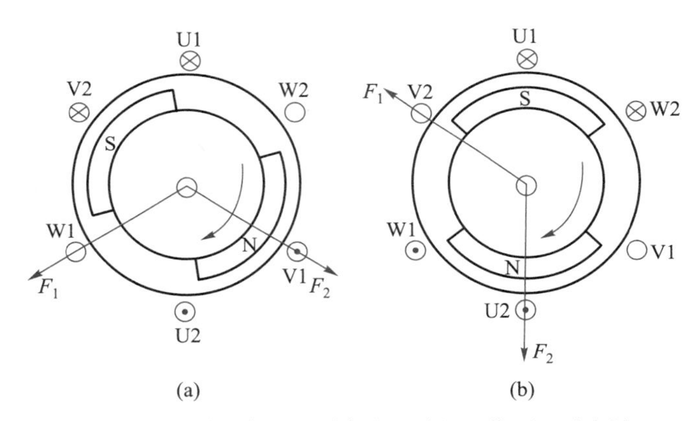

图 9.4.8　稀土永磁无刷直流电动机工作原理示意图

转子每转过 60°电角度，就要求逆变器开关管之间进行一次换流，定子的磁场状态就改变一次。可见电动机有 6 个状态，每一个状态电动机的定子绕组都是两相导通，每相绕组中流过电流的时间相当于转子旋转 120°所需要的时间。每个开关管的导通角为 120°。两相导通星形三相六状态无刷直流电动机定子绕组各相电压波形如图 9.4.9 所示。

无刷直流电动机的调压可以采用类似于直流斩波器的方法使开关管以一定的频率高速通断，从而调节电动机定子绕组电流平均值以及电动机转矩的平均值，实现无刷直流电动机的调速和转矩调节。

电动自行车中所用的驱动电动机是外转子、内定子结构的无刷直流电动机。

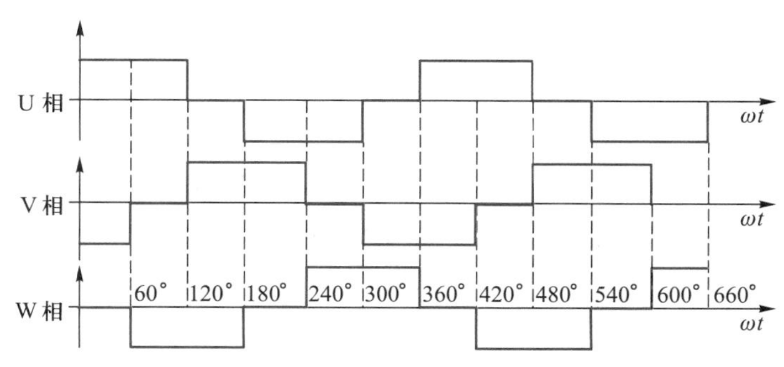

图 9.4.9 各相电压波形

9.5 控制电机

控制电机的主要作用是转换和传递控制信号,其种类很多,本节仅介绍步进电机和伺服电机。

9.5.1 步进电机

步进电机是一种能将电脉冲信号变换为机械转角或转速的电动机。其转动的角度与输入电脉冲的个数成正比,而转速则与输入电脉冲的频率成正比。步进电机具有无刷结构,相比传统电机可靠性高;易于启停和反转,动态响应快;停止时能够自锁,保持转矩;无积累运行误差;易于控制,应用广泛。

根据步进电机的结构特点,步进电机通常分成反应式、永磁式和混合式几种。反应式步进电机的转子是由高磁导率的软磁材料制成,而永磁式步进电机的转子则是一个永久磁铁。混合式步进电机可以实现非常精确的小增量步距运动,可达到复杂、精密的线性运动控制要求;永磁式步进电机的转矩和体积相对较小,控制精度要求不高,输出力矩较小,但成本较为经济。

下面以三相反应式步进电机为例说明其工作原理。图 9.5.1 是这种电机的工作原理示意图。电机定子和转子均由硅钢片叠成。定子有六个磁极,每个磁极上绕有励磁绕组(图 9.5.1 中未画出),每两个相对的磁极组成一相。转子上有四个磁极。当定子三相励磁绕组 U、V、W 加入图 9.5.2 所示的电信号波形时,在 T_1 期间 U 相励磁线圈通有电流,产生磁场。由于磁通具有力图通过磁阻最小路径的特性,从而产生磁拉力,使转子的 1、3 两个齿极与定子的 U 相磁极对齐,如图 9.5.1(a)所示。在 T_2 期间 V 相绕组产生磁场,这时转子 2、4 两个齿极与 V 相磁极最近,于是转子便向顺时针方向转过 30°角,使转子 2、4 两齿与定子 V 相磁极对齐,如图 9.5.1(b)所示。同样在 T_3 期间使 W 相励磁线圈有电,转子又将顺时针转动 30°角,如图 9.5.1(c)所示。如果 U、V、W 三相励磁绕组输入周期性的信号 A、B、C(如图 9.5.2 所示),步进电机转子就按顺时针方向一步步地转动,每步转动 30°,这个角度称为步距角。显然,步进电机转子转动的角度取决于输入脉冲的个数,而转速的快慢则由输入脉冲的频率决定。频率越

高，转速就越快。转子转动的方向由通电的顺序决定。上述的输入是按照 U→V→W→U→…顺序通电的。若输入按照 U→W→V→U→…顺序通电，步进电机就反方向一步步转动。

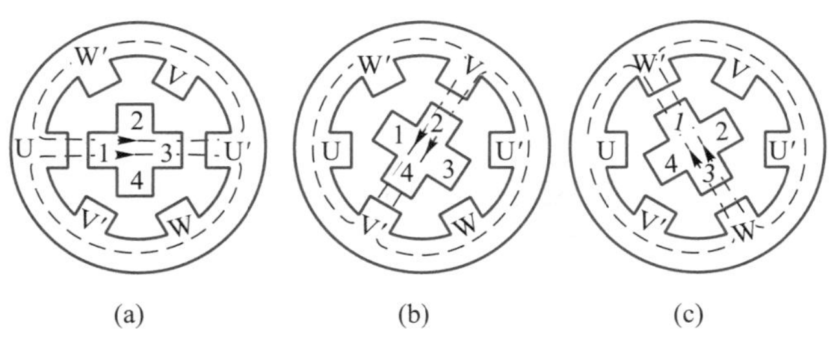

图 9.5.1　三相反应式步进电机工作原理

从一相通电换接到另一相通电的过程称为一拍，显然每一拍电动机转子转动一个步距角，图 9.5.2 所示波形表示三相励磁绕组依次单独通电运行，换接三次完成一个循环，称为三相单三拍通电方式。

步进电机有多种通电方式，比较常用的还有三相双三拍和三相六拍等工作方式。图 9.5.3 为三相六拍工作方式的信号波形，其通电顺序为 U→UV→V→VW→W→WU→U→…。这种方式的步距角是三相单三拍时的一半。

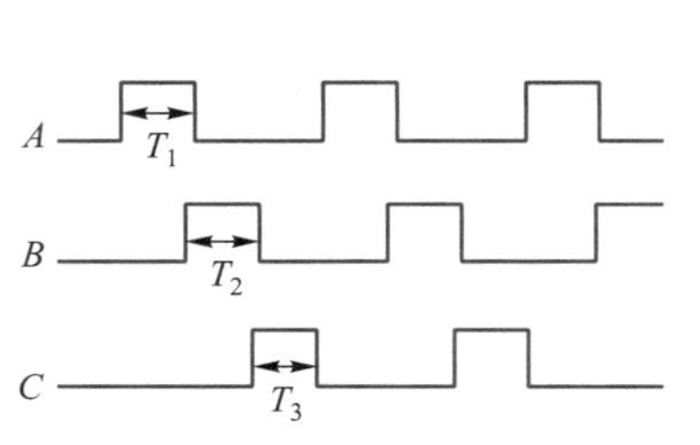

图 9.5.2　三相单三拍信号波形

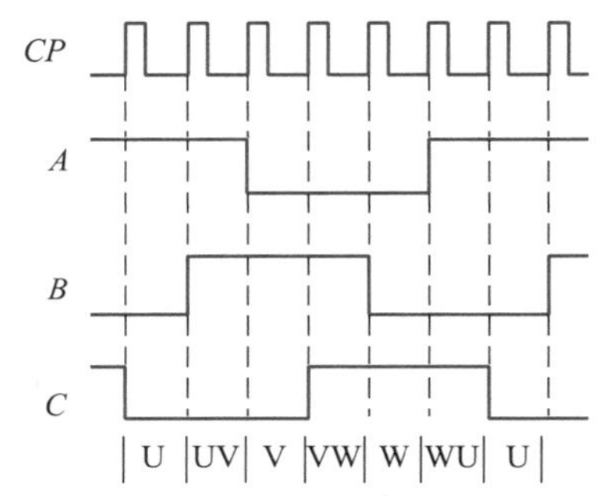

图 9.5.3　三相六拍工作方式信号波形

为了提高步进电机的控制精度，通常采用较小的步矩角，例如 3°、1.5°、0.75°等。此时需将转子做成多极式的，并在定子磁极上制作许多相应的小齿。

步进电机使用时必须配备专用的驱动电路，它由脉冲分配器和功率放大电路组成。

图 9.5.4 是一种三相六拍步进电机驱动电路原理图。图中脉冲分配器的输入脉冲来自控制装置（控制装置根据工作机械的动作要求产生相应的控制脉冲输出），输出端 A、B、C 经功率放大电路与步进电机三相绕组 U、V、W 相连。若某一输出端为高电平，对应的功率管导通，电动机绕组通电。一个输出端为高电平，对应的一相绕组通电；若两个输出端为高电平，则对应的两相绕组同时通电。电路中接入二极管 D_1、D_2、D_3，是为了防止绕组断电时出现瞬时过电压，以免损坏功率晶体管。

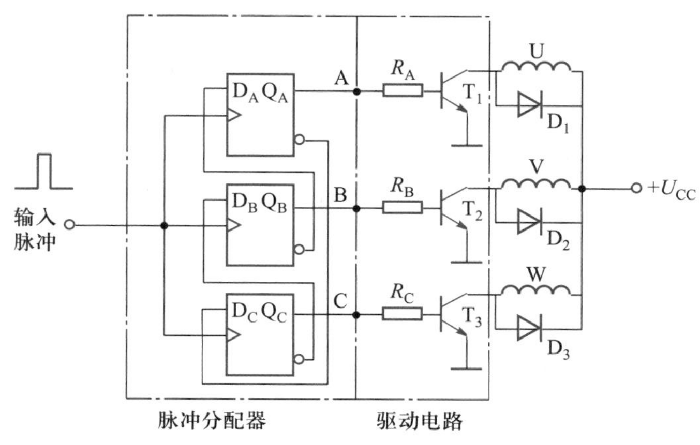

图 9.5.4 三相六拍步进电机驱动电路原理图

注意：

步进电机广泛应用于安防设备、办公自动化、工厂自动化、医疗器械、计量仪器、ATM 设备、汽车、通信设备、3D 打印、太阳能发电、娱乐设备等领域。

脉冲分配器根据步进电机的通电方式产生所需要的信号波形。图 9.5.4 中的脉冲分配器由三个 D 触发器组成。由图可知，各个触发器的状态方程为 $Q_A^{n+1}=D_A=\overline{Q}_B^n$，$Q_B^{n+1}=D_B=\overline{Q}_C^n$，$Q_C^{n+1}=D_C=\overline{Q}_A^n$。因此只要在开始时利用 D 触发器的直接置 **1** 或置 **0** 端将三个 D 触发器的初始状态预置成六种通电状态中的一种，输入控制脉冲后，该分配器的输出波形就按照图 9.5.3 所示的规律变化（其状态转换表读者可自行列写），使步进电机按照控制装置输出的控制脉冲而运转。

9.5.2 伺服电机

伺服电机又称为执行电动机，用在自动控制系统和装置中作为执行元件。它以电压作为输入量，以转速和转向作为输出量。根据输入的电压信号，不断变化转速和转向。

伺服电机属于闭环控制的电机，因此往往具有更高的控制精度；低速运行平稳，不会出现低频振动现象；在其额定转速以内，都能输出额定转矩，在额定转速以上为恒功率输出；具有较强的过载能力。

伺服电机有交流和直流之分。

1. 交流伺服电机

根据工作原理，交流伺服电机实质上是两相的异步电动机，在它的定子上装置空间位置互成 90°角的两个绕组，如图 9.5.5 所示。其中一个绕组作为励磁绕组 f，它与电容 C 串联后接至交流励磁电源 u_f；另一个绕组作为控制绕组 c，外加的控制电压 u_c 作为信号输入该绕组。加在控制绕组的电压 u_c 与 u_f 的频率必须相同。选择恰当的电容 C 的值使两个绕组中的电流 i_c 和 i_f 相位差为 90°，这两相电流就在上述电动机定子内部空间产生一个旋转磁场。交流伺服电机的转子一

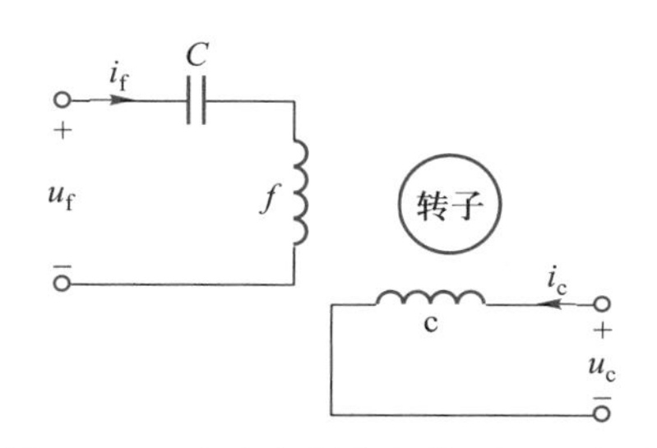

图 9.5.5 交流伺服电机的原理示意图

采用高电阻的笼型转子，它在旋转磁场的作用下产生转矩而转动。

交流伺服电机的机械特性如图 9.5.6 所示。在励磁电压 u_f 不变的情况下，随着控制电压 u_c 的下降，特性曲线下移。在同一负载转矩作用时，电动机转速随控制电压的下降而减小。

加在控制绕组上的控制电压反相时（保持励磁电压不变），由于旋转磁场的旋转方向发生了变化，使电动机转子反转。

为了减小伺服电机转子的转动惯量，以提高响应速度，有时采用空心的薄壁杯型转子取代笼型转子，其结构如图 9.5.7 所示。转子用铝合金制成，放在内定子和外定子之间的气隙中，杯底与转轴相连。由于转子转动惯量极小，因此电动机对控制电压的反应很灵敏。

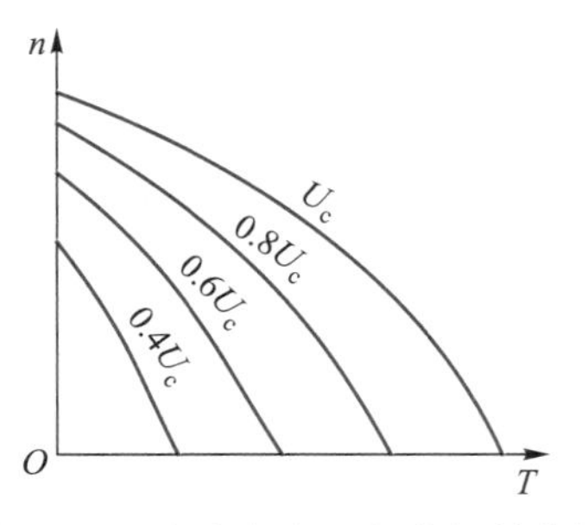

图 9.5.6　交流伺服电机的机械特性

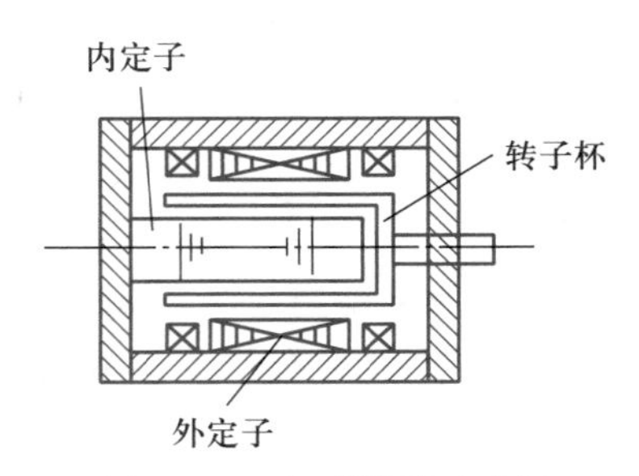

图 9.5.7　杯型转子示意图

2. 直流伺服电机

直流伺服电机的结构和他励直流电动机相似，只是为了减小转动惯量往往制成细长的形状。控制电压 U_c 加在电枢绕组上，励磁绕组由独立电源供电，如图 9.5.8(a)所示。永磁式伺服电机的磁极由永久磁铁构成。

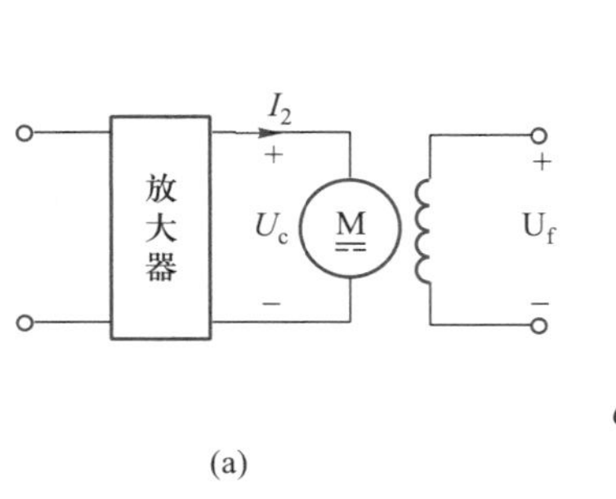

(a)

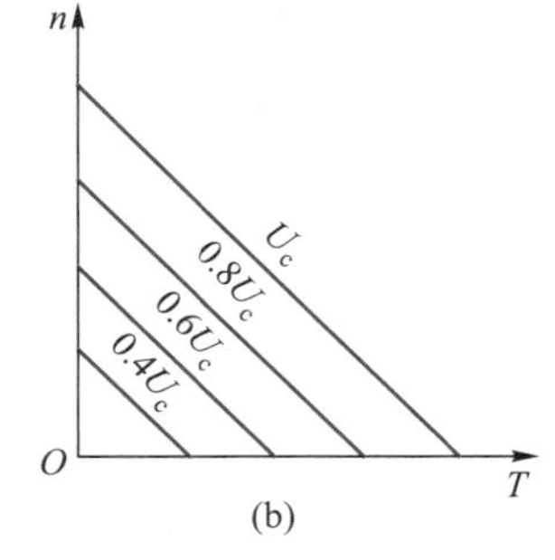

(b)

图 9.5.8　直流伺服电机

(a) 原理示意图　(b) 机械特性曲线

注意：

与单相异步电动机相比，伺服电机具有起动转矩大、运行范围较广、无“自转”现象等特点。

图 9.5.8(b)所示为直流伺服电机在不同控制电压作用下的机械特性曲线 $n=f(T)$。由图可见，在一定负载转矩下，转速 n 随控制电压 U_c 的变化而发生变化。与交流伺服电机相比，直流伺服电机的机械特性较硬。改变电枢电压的极性，电动机会改变转动方向。

伺服电机按照功率大小目前可以分为小型、中型和大型伺服系统。小型伺服系统通常指功率小于 1 kW 的产品，主要应用于工业机器人、电子制造、纺织包装设备等小型机械；中型伺服系统功率范围在 1~7.5 kW，多应用于铣床、注塑机等领域；大型伺服系统功率大于 7.5 kW，主要用于驱动重型机械设备。

［例题 9.5.1］ 图 9.5.9 是采用直流伺服电机来实现交流稳压的原理示意图，试说明其工作原理。

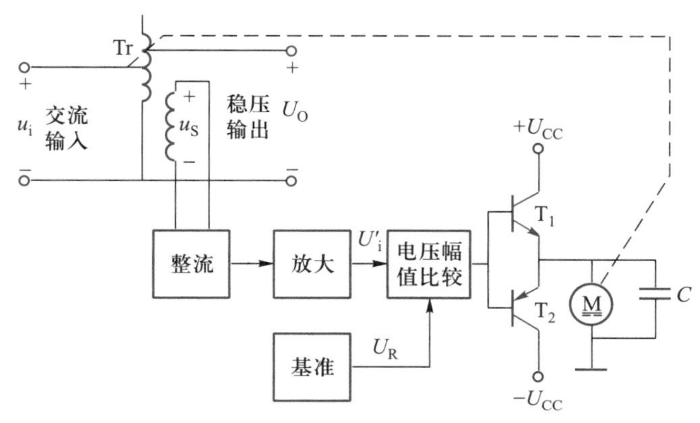

图 9.5.9　220 V 交流稳压电源原理示意图

［解］ 设开始时调压器 Tr 的滑动触点和输出端处于同一位置（即 $u_i=u_O$）。此时若输入电压为 220 V，取样电压 u_S 经整流和放大后，得到一个与输入的交流电压成正比的直流信号电压 U'_i，它正好与设定的基准电压 U_R 相等，幅值比较电路输出为零，功率晶体管 T_1 和 T_2 均截止，伺服电机 M 不转，调压变压器 Tr 的输出电压维持在 220 V。当交流输入电压由于某种原因下降，取样信号 u_S 随之减小，使信号电压 U'_i 小于基准电压 U_R，幅值比较器输出为一正的驱动电压，晶体管 T_1 导通而 T_2 截止。于是电动机正方向旋转，并带动调压变压器的滑动触点向下移动，输出电压逐渐提高，送整流电路的取样电压也逐渐提高。当输出电压到达 220 V 时，经取样放大后的信号电压重新和基准电压相等，T_1 返回截止状态，电动机停转。反之，若交流输入电压升高将会使电动机反转，调压器滑动触点向上移动，输出电压降低，直至 220 V 时电动机停转为止。

习题

9.1.1　某交流磁路的励磁绕组外加 220 V 的交流电压时，电流为 0.5 A，有功功率为 40 W。若励磁绕组导线本身的电阻为 60 Ω，试问铁心中损耗的功率 P_{Fe} 为多少？

9.1.2　某铁心柱中交变磁通的频率为 50 Hz，今在该铁心柱上绕一个匝数为 10 的线圈，用电压表测得线圈两端的电压为 3 V。试求铁心中磁通的最大值 Φ_m。

9.2.1　某单相变压器，一次额定电压 $U_{1N}=220$ V，二次额定电压 $U_{2N}=36$ V，一次额定电流 $I_{1N}=9.1$ A。试求二次额定电流 I_{2N}。

9.2.2　有一单相照明变压器，容量为 10 kV · A，额定电压为 3 300 V/220 V。今欲在二次侧接上 40 W、220 V 的白炽灯，如果要变压器在额定情况下运行，这种白炽灯可接多少盏？

并求一次、二次绕组的额定电流。

9.2.3　有一三相变压器，一次绕组每相匝数 $N_1=2\ 080$，二次绕组每相匝数 $N_2=80$。如一次绕组端所加线电压 $U_1=6\ 000$ V，试求在“Y，y”和“Y，d”两种接法时，二次绕组端的线电压和相电压。

9.2.4　某单相变压器一次绕组 $N_1=460$，接于 220 V 的电源上，空载电流略去不计。现二次侧需要三个电压：$U_{21}=110$ V，$U_{22}=36$ V，$U_{23}=6.3$ V；电流分别为 $I_{21}=0.2$ A，$I_{22}=0.5$ A，$I_{23}=1$ A，负载均为电阻性。试求：(1) 二次绕组匝数 N_{21}、N_{22}、N_{23}；(2) 变压器容量 S 和一次电流 I_1。

9.2.5　在图 9.01 中，$R_L=8\ \Omega$ 为一扬声器，接在输出变压器 Tr 的二次侧。已知 $N_1=300$，$N_2=100$，信号源电压有效值 $U_s=6$ V，内阻 $R_S=100\ \Omega$，试求信号源输出功率。

9.2.6　如图 9.2.10 所示电路中，电压互感器的额定电压为 6 000 V/100 V，现由电压表测得二次电压为60 V。试问一次侧被测电压是多少？

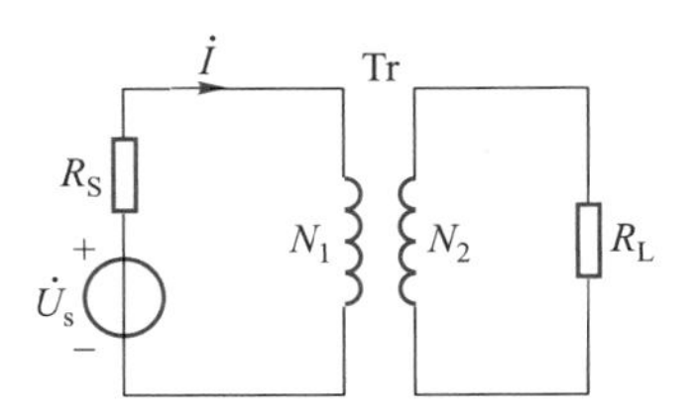

图 9.01　习题 9.2.5 电路

9.2.7　如图 9.2.11 所示电路中，电流互感器的额定电流为 100 A/5 A，现由电流表测得二次电流为 4 A。问一次侧被测电流是多少？

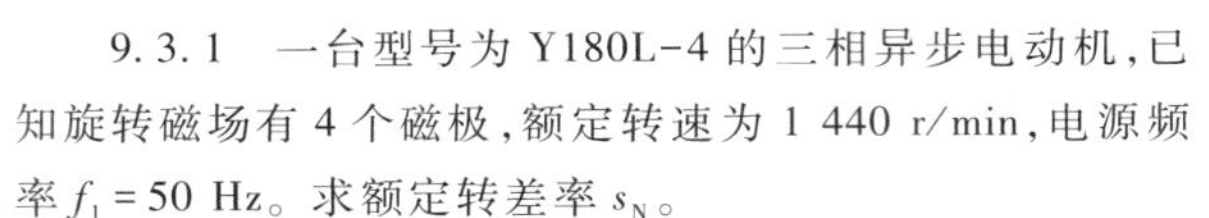

9.3.1　一台型号为 Y180L-4 的三相异步电动机，已知旋转磁场有 4 个磁极，额定转速为 1 440 r/min，电源频率 $f_1=50$ Hz。求额定转差率 s_N。

9.3.2　有一台三相异步电动机，其额定转速 $n=975$ r/min，电源频率 $f_1=50$ Hz。试求电动机的磁极对数和额定负载时的转差率。

9.3.3　有一台 Y225M-4 型三相异步电动机，其额定数据如下表所示。试求：(1) 额定电流 I_N；(2) 额定转差率 s_N；(3) 额定转矩 T_N、最大转矩 T_{max}、起动转矩 T_s。

功率	转速	电压	效率	功率因数	I_s/I_N	T_s/T_N	T_{max}/T_N
45 kW	1 480 r/min	380 V	92.3%	0.88	7.0	1.9	2.2

9.3.4　某设备原装有 Y132M-4 型三相异步电动机拖动，已知起动时它的负载反转矩为 40 N·m，今电网不允许起动电流超过 100 A。问：(1) 该电动机能否直接起动？(2) 能否采用星形-三角形换接起动，为什么？Y132M-4 型异步电动机额定数据如下表所示。

功率	电流	效率	功率因数	转速	I_{st}/I_N	T_{st}/T_N	T_{max}/T_N
7.5 kW	15.4 A	87%	0.85	1 440 r/min	7	2.2	2.2

9.3.5　有一台三相异步电动机在运行时测得如下数据：(1) 当输出功率 $P_2=4$ kW 时，输入功率 $P_1=4.8$ kW，定子线电压 $U_1=380$ V，线电流 $I_1=8.9$ A；(2) 当 $P_2=1$ kW 时，$P_1=1.6$ kW，$U_1=380$ V，$I_1=4.8$ A。试求两种情况下电动机的效率 η 和功率因数 $\cos\varphi_1$。

9.3.6　一台三相异步电动机，在接通三相电源（即直接起动）时，有一相电源没有接通（这种情况称为缺相，相当于单相异步电动机）。试问这时电动机能否起动？如果三相异步电动机在运转时，有一相电源断开，试问此时电动机能否继续转动？

9.3.7　Y-160L-6 型电动机的额定功率为 11 kW，额定转速为 970 r/min，电源频率为 50 Hz，过载系数 $T_{max}/T_N=2.0$，求最大转矩。

9.4.1　一台并励电动机，已知其工作电压 $U_N=220$ V，输入电流 $I_N=122$ A，电枢电路电阻 $R_a=0.5\ \Omega$，励磁电路电阻 $R_f=110\ \Omega$，转速 $n=960$ r/min。试求：(1) 当负载减小而转速上升到 1 000 r/min 时的输入电流；(2) 当负载转矩降低到 75% T_N 时的转速。假定磁通 $\boldsymbol{\Phi}$ 不变。

9.4.2　某并励直流电动机，$P_N=10$ kW，$U_N=220$ V，$I_N=53.8$ A，$n_N=1\ 500$ r/min，励磁绕组电阻 $R_f=180\ \Omega$，电枢电路电阻 $R_a=0.3\ \Omega$。(1) 求额定状态下的反电动势 E；(2) 求额定转矩 T_N；(3) 若该电动机效率为 $\eta=85\%$，电动机的铁心损耗 P_{Fe} 为多少？

9.5.1　如图 9.5.4 所示电路中，设三个 D 触发器的初始状态为 $Q_CQ_BQ_A=\mathbf{001}$，试画出输入脉冲后，定子绕组 U、V、W 的电压波形(画 9 个输入脉冲)。

9.5.2　有一台直流伺服电机，励磁电压保持不变，控制电压为 24 V 时，理想空载转速为 3 000 r/min。试问当控制电压为 16 V 时，理想空载转速为多少？

第 10 章　电气控制技术

电气控制技术是自动控制技术的一个重要组成部分，它采用各种电气、电子等器件对各种控制对象按生产和工艺的要求进行有效的控制。

本章首先介绍一些常用电器，并讨论三相异步电动机典型的继电接触器控制电路。然后介绍可编程控制器的基础知识及异步电动机的电子控制。

10.1　常用低压电器

视频资源：10.1 常用低压电器

低压电器一般是指交流 1 200 V、直流 1 500 V 以下，用来切换、控制、调节和保护用电设备的电器。低压电器种类很多，按其动作方式可分为手动电器和自动电器。随着电子技术的发展，电子电器已成为自动电器的重要组成部分。

10.1.1　刀开关和熔断器

1. 闸刀开关

闸刀开关是一种手动控制电器。闸刀开关的结构简单，主要由刀片（动触点）和刀座（静触点）组成。图 10.1.1 所示是胶木盖瓷座闸刀开关的结构和符号。

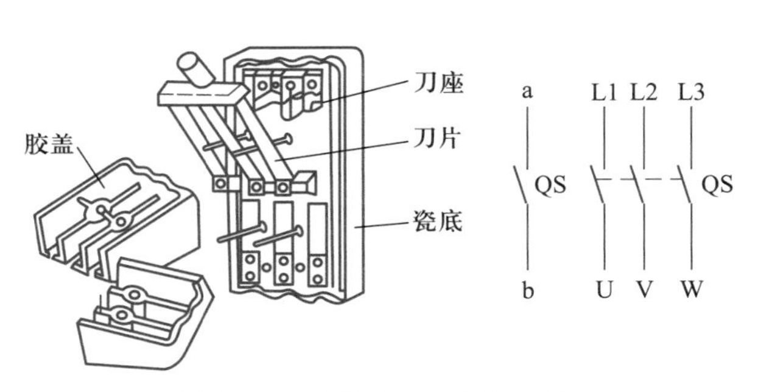

图 10.1.1　闸刀开关的结构和符号

闸刀开关一般不宜在负载下切断电源，常用作电源的隔离开关，以便对负载端的设备进行检修。在负载功率比较小的场合也可以用作电源开关。

2. 熔断器

熔断器是最简便而有效的短路保护电器，它串接在被保护的电路中，当电路发生短路故障时，过大的短路电流使熔断器的熔体（熔丝或熔片）发热后很快熔断，把电路切断，从而起到保护线路及电气设备的作用。常用的熔断器及符号如图 10.1.2 所示。目前较常用的熔断器有瓷插入式熔断器、螺旋式熔断器、管式熔断器(管内装有石英砂,能增强灭火能力、用于短路电流较大的场合)、快速熔断器(熔断时间短,用来保护晶闸管等半导体器件)等。

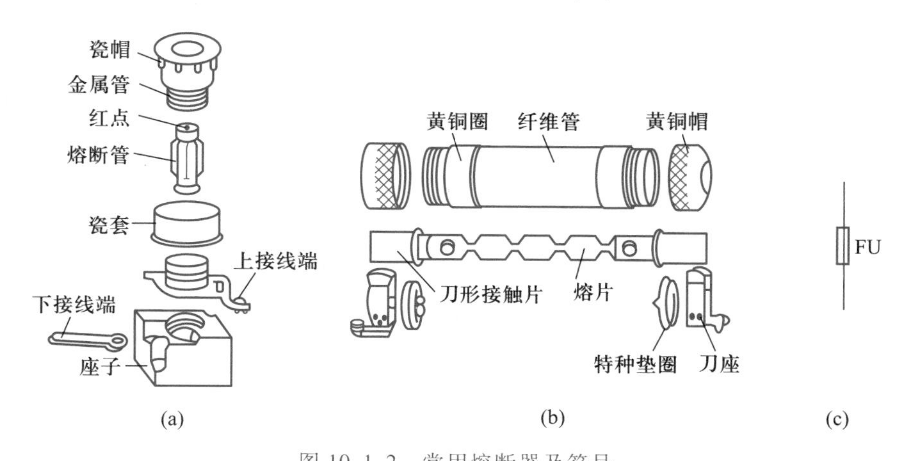

图 10.1.2 常用熔断器及符号
(a) 螺旋式熔断器 (b) 管式熔断器 (c) 符号

熔体是熔断器的主要部分,一般用电阻率较高的易熔合金,例如铅锡合金等,也可用截面积很小的良导体铜或银制成。在正常工作时,熔体中通过额定电流 I_{fuN},熔体不应熔断。当熔体中通过的电流增大到某值时,熔体经一段时间后熔断。这段时间称为熔断时间 t,它的长短与通过的电流大小有关,通过的电流越大,熔断时间越短。

熔体额定电流的选择应考虑被保护负载的电流大小,同时也必须注意负载的工作方式,一般可按下列条件进行:

(1) 对无冲激(起动)电流的电路为

$$I_{fuN} \geqslant I_N \tag{10.1.1}$$

式中,I_N 表示负载额定电流。

(2) 对具有冲激(起动)电流的电路为

$$I_{fuN} \geqslant KI_S \tag{10.1.2}$$

式中,I_S 表示负载的冲激电流值,例如异步电动机的起动电流;K 为计算系数,数值在 0.3~0.6 之间,具体可查阅有关手册。

10.1.2 低压断路器

低压断路器也称为自动空气开关,可用来接通和分断负载电路,控制不频繁起动的电动机,在线路或电动机发生过载、短路或欠电压等故障时,能自动切断电路,予以保护。广泛用于配电、电动机、家用等线路的通断控制及保护。按结构来分,有万能式(又称框架式,通称 ACB)和塑料外壳式(通称 MCCB、MCB)两大类。

低压断路器由操作机构、触点、保护装置、灭弧系统等组成。图 10.1.3(a)是其原理示意图。低压断路器的主触点是靠手动操作或电动合闸的(是手动还是电动,取决于该断路器的结构)。主触点闭合后,触点连杆被锁钩锁住,使主触点保持闭合状态。低压断路器的主要保护装置有过流脱扣器和欠压脱扣器。在断路器合闸时,通过机械联动将辅助触点闭合,使欠压脱扣器的电磁铁线圈通电,衔铁吸合。当电路失压或电压过低时,电磁铁吸力消失或不足,在弹簧拉力的作用下,顶杆将锁钩顶开,主触点在释放弹簧拉力作用下迅速断开而切断主电路。当电源恢复正常时,必须重新合闸后才能工作,实现了失压保护。过流脱扣器是电磁式瞬时脱扣器。当电路的电流正常时,过流脱扣器的电磁铁吸力较小,脱扣器中的顶杆被弹簧拉下,锁钩保持锁住状态。当电路发生严重过载时,过流脱扣器电磁铁线圈的电流随之迅速增加,电磁铁吸力加大,衔铁被吸下,顶杆向上顶开锁钩,在释放弹簧拉力的作用下,主触点迅速断开而切断电路。断路器的动作电流值可以调节脱扣器的反力弹簧来进行整定。图 10.1.3(b)是低压断路器的符号。

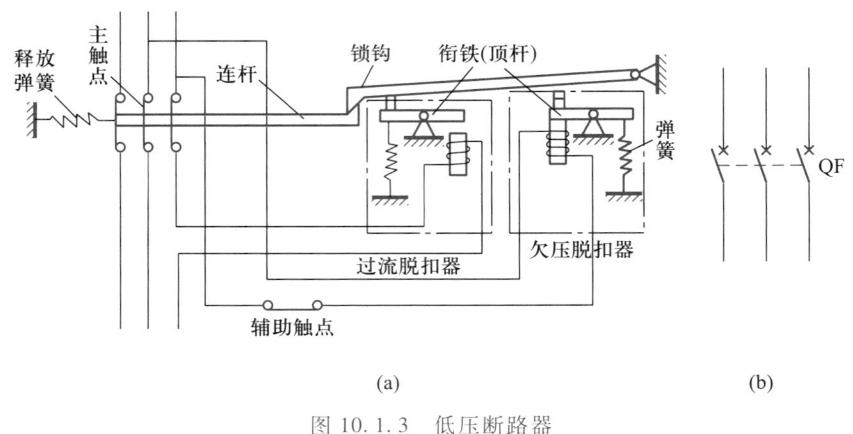

图 10.1.3　低压断路器
(a) 原理示意图　(b) 符号

低压断路器除满足额定电压和额定电流要求外,使用前还应调整相应保护动作电流的整定值。

10.1.3　剩余电流动作保护装置

剩余电流动作保护装置以前称为漏电保护器①用以对低压电网直接触电和间接触电进行有效保护。根据保护器的工作原理,可分为电压型、电流型和脉冲型三种。电压型保护器已被淘汰。目前应用广泛的是电流型剩余电流动作保护装置。电流型剩余电流动作保护装置按动作结构分,可分为直接动作式和间接动作式。直接动作式的动作信号输出直接作用于脱扣器使其掉闸断电。要直接推动剩余电流脱扣器动作,脱扣器需要很高的动作灵敏度,要求其动作功耗在毫伏安级,这种剩余电流脱扣器结构复杂、工艺要求较高。间接动作式的输出信号经放大、蓄能等环节处理后使脱扣器动作掉闸。这种情况下对脱扣器的灵敏度

① 2005 年 12 月 1 日起实施的国家标准 GB13955—2005《剩余电流动作保护装置的安装和运行》取代了 1992 年颁布的国家标准 GB13955—1992《漏电保护器的安装和运行》,新标准将原来标准中的"漏电保护器"改称为"剩余电流动作保护装置"目前施行的标准为 GB/T 13955—2017。

要求较低，电磁铁结构简单、工艺要求较低。直接动作式在执行剩余电流保护功能时不需要工作电源，一般称为动作特性与电源电压无关的剩余电流动作保护装置，也称电磁式剩余电流动作保护装置。间接动作式称为动作特性与电源电压有关的剩余电流动作保护装置，也称电子式剩余电流动作保护装置。

图 10.1.4 为三相四线制供电系统剩余电流动作保护装置的工作原理示意图。TA 为剩余电流互感器，QF 为主开关，TL 为主开关的分励脱扣器线圈。在被保护电路工作正常，没有发生漏电或触电的情况下，由基尔霍夫电流定律可知，通过 TA 一次侧 U、V、W、N 四根线的电流相量和等于零，即

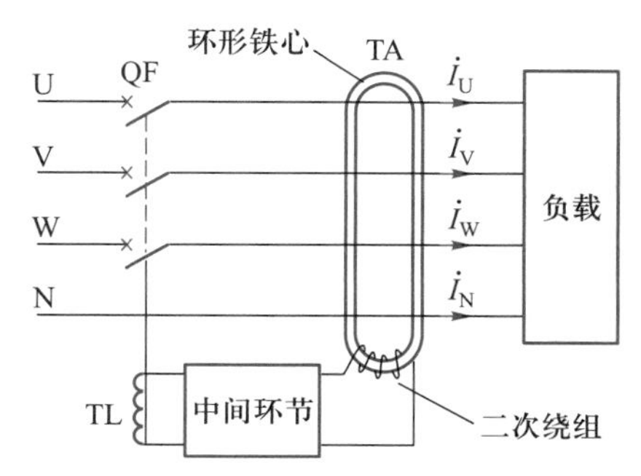

图 10.1.4 剩余电流动作保护装置工作原理示意图

$$\dot{I}_U+\dot{I}_V+\dot{I}_W+\dot{I}_N=0$$

这样 TA 的二次绕组不产生感应电动势，剩余电流动作保护装置不动作，系统保持正常供电。当被保护电路发生漏电或有人触电时，由于漏电电流即剩余电流的存在，通过 TA 一次侧的各相电流的相量和不再为零，而是等于剩余电流 I_k，即

$$\dot{I}_U+\dot{I}_V+\dot{I}_W+\dot{I}_N=\dot{I}_k$$

于是在 TA 的铁心中出现交变磁通，TA 二次绕组就有感应电动势产生，此漏电信号经中间环节进行处理和比较，当达到预定值时，使主开关分励脱扣器线圈 TL 通电，驱动主开关 QF 自动跳闸，切断故障电路，从而实现保护。

10.1.4 交流接触器

接触器是继电接触器控制中的主要器件之一。它是利用电磁吸力来动作的，常用来直接控制主电路（电气线路中电源与主负载之间的电路，电流一般比较大）。图 10.1.5 为两种交流接触器的外形图。

图 10.1.6(a)为交流接触器的基本结构图，图 10.1.6(b)是接触器的符号。交流接触器由电磁铁和触点组等主要部件组成。电磁铁的铁心由硅钢片叠成，分上铁心和下铁心两部分，下铁心为固定不动的静铁心，上铁心为可上下移动的动铁心。下铁心上装有吸引线圈。每个触点组包括静触点与动触点两个部分，动触点与上铁心直接连接。

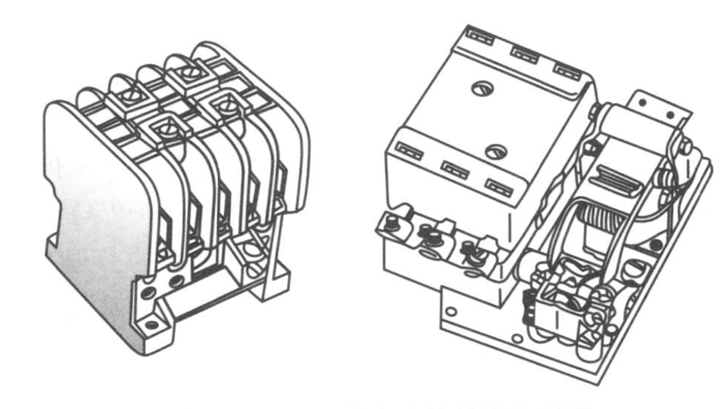

图 10.1.5　两种交流接触器外形图

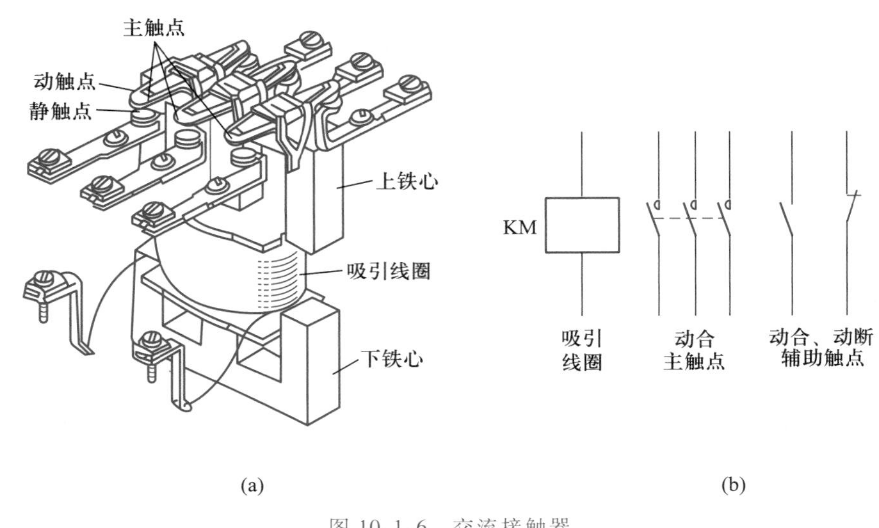

图 10.1.6　交流接触器
(a)基本结构　(b)符号

当接触器吸引线圈加上额定电压时，上下铁心之间由于磁场的建立而产生电磁吸力，把上铁心吸下，它带动触点下移，使动触点与静触点闭合，将电路接通。当线圈断电时，电磁吸力消失，上铁心在弹簧的作用下恢复到原来的位置，动、静触点分开，电路断开。因此，只要控制接触器线圈通电或断电，就可以使接触器的触点闭合或分开，从而达到控制主电路接通或切断的目的。

接触器的触点大多是采用桥式双断点结构。触点分主触点和辅助触点两种。主触点通常有三至四对，它的接触面较大，并有灭弧装置，所以能通过较大的电流，通常接在主电路中，控制电动机等功率负载。辅助触点的接触面较小，只能通过较小的电流，因此只可以接在辅助电路中。所谓辅助电路是指电气线路中弱电流通过的部分(例如接触器的线圈等支路)，辅助电路又称控制电路。辅助触点还有动合触点和动断触点[①]之分。触点的数量可根据控制电路的需要而选择确定，最多可有六对辅助触点，即三对动合触点和三对动断触点。

① 动合触点和动断触点以前称为常开触点和常闭触点。

接触器触点的常态是指它的吸引线圈在没有通电时的状态。如果线圈断电时触点所处的状态是断开的,称为动合触点;如果所处的状态是闭合的,则称为动断触点。当接触器线圈通电后,触点的状态改变,此时动合触点闭合,而动断触点断开。

灭弧装置是接触器的重要部件,它的作用是熄灭主触点在切断主电路电流时产生的电弧。电弧实质上是一种气体导电现象,它以电弧的出现表示负载电路未被切断。电弧会产生大量的热量,可能把主触点烧毛甚至烧毁。为了保证负载电路能可靠地断开和保护主触点不被烧坏,所以接触器必须采用灭弧装置。

交流接触器吸引线圈中通过的是交流电流,因此铁心中产生的磁通也是交变的。为防止在工作时铁心发生震动而产生噪声,在铁心端面上嵌装有短路环。

选用交流接触器时,除了必须按负载要求选择主触点组的额定电压、额定电流外,还必须考虑吸引线圈的额定电压及辅助触点的数量和类型。例如国产CJ10-40 型交流接触器有三对动合主触点,额定电压为 380 V,额定电流为 40 A,并有两对动合和两对动断辅助触点,额定电流为 5 A;吸引线圈的额定电压有 380 V、220 V 等多个电压等级可供采购时选择。

10.1.5　继电器

继电器是一种自动电器,输入量可以是电压、电流等电量,也可以是温度、时间、速度或压力等非电量,输出就是触点动作。当输入量变化到某一定值时,继电器动作而带动其触点接通(或切断)它所控制的电路。

1. 中间继电器

中间继电器是一种电磁继电器,其结构与工作原理和交流接触器基本相同,只是电磁系统小一些,触点数量则多一些,触点容量较小。中间继电器的用途一是用来传递信号,同时控制多个电路;二是也可以直接用来接通和断开小功率电动机或其他电气执行元件。图 10.1.7 是中间继电器的外形及符号。

2. 时间继电器

时间继电器是一种利用电磁原理、机械原理或电子技术来实现触点延时接通或断开的控制电器。它的种类很多,有空气阻尼型、电动型和电子型等。不管何种类型的时间继电器,其组成的主要环节包括延时环节、比较环节和执行环节三个部分,如图 10.1.8 所示。其输入信号可以是直流信号,也可以是交流信号;开关输出可以是动合或动断触点,也可以是各种电子开关,为叙述方便,以下统称为触点。

根据输出开关的动作与输入信号的关系,时间继电器的输出开关有以下三种类型:开关的通断与输入信号同步动作的是瞬时触点;开关的通断在施加输入信号后延时动作的是通电延时触点;开关的通断在撤销输入信号后延时动作的是断电延时触点。每一类触点又分为动合触点与动断触点。时间继电器各部分的图形符号及动作时序见表 10.1.1。

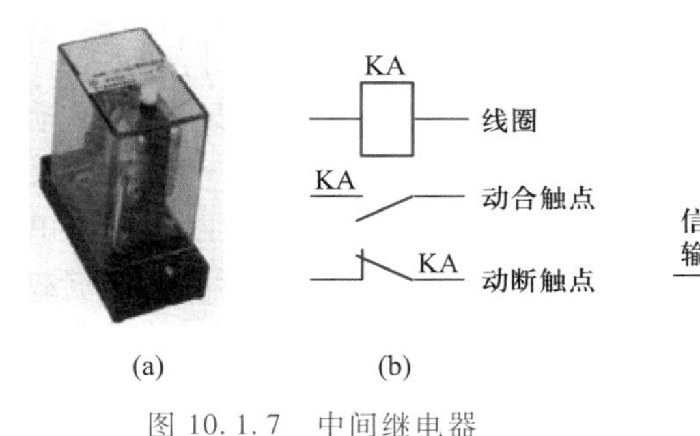

图 10.1.7　中间继电器
（a）外形图　（b）符号

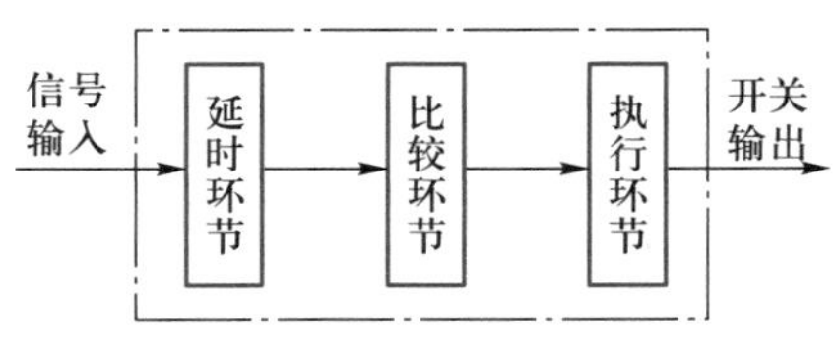

图 10.1.8　时间继电器组成环节

表 10.1.1　时间继电器各部分的图形符号及动作时序

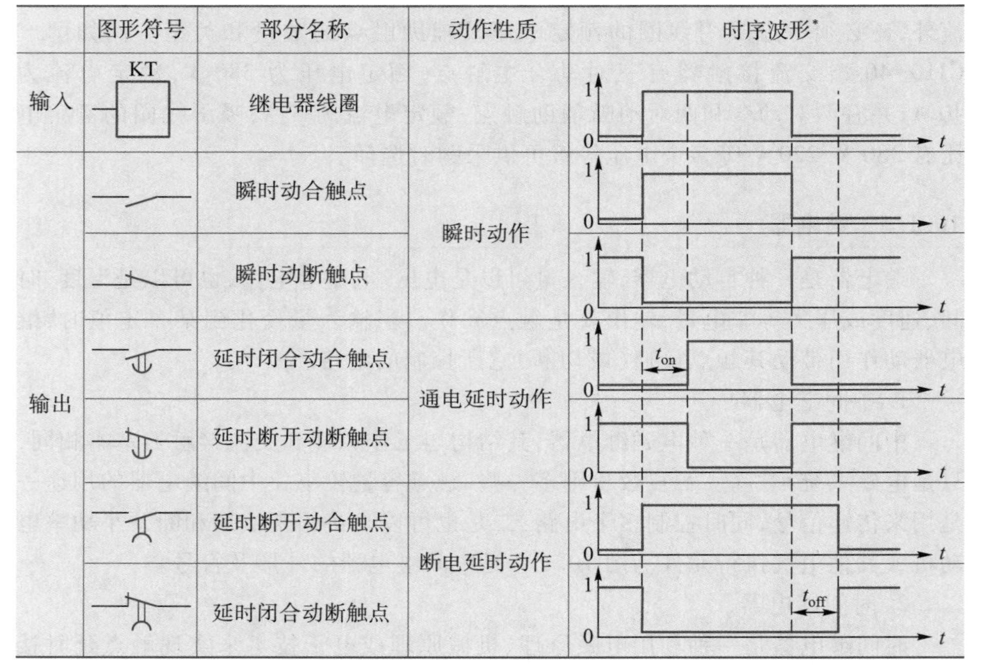

	图形符号	部分名称	动作性质	时序波形*
输入	KT	继电器线圈		
输出		瞬时动合触点	瞬时动作	
		瞬时动断触点		
		延时闭合动合触点	通电延时动作	t_{on}
		延时断开动断触点		
		延时断开动合触点	断电延时动作	
		延时闭合动断触点		t_{off}

* 时序波形中，输入继电器线圈为 1，得电；为 0，失电。输出触点为 1，闭合；为 0，断开。t_{on}、t_{off} 分别为通延时与断延时时间，根据型号的不同，通常在数十毫秒至数十分钟之间可调。

3. 热继电器和电子式电动机保护器

（1）热继电器。热继电器是利用电流热效应原理工作的电器。图 10.1.9 所示为热继电器的原理示意图，它由发热元件、双金属片和触点三部分组成。发热元件串接在主电路中，所以流过发热元件的电流就是负载电流。负载在正常状态工作时，发热元件的热量不足以使双金属片产生明显的弯曲变形。当发生过载时，在热元件上就会产生超过其“额定值”的热量，双金属片因此产生弯曲变形，经一定时间当这种弯曲到达一定幅度后，使热继电器的触点断开。图 10.1.10 为热继电器的符号。

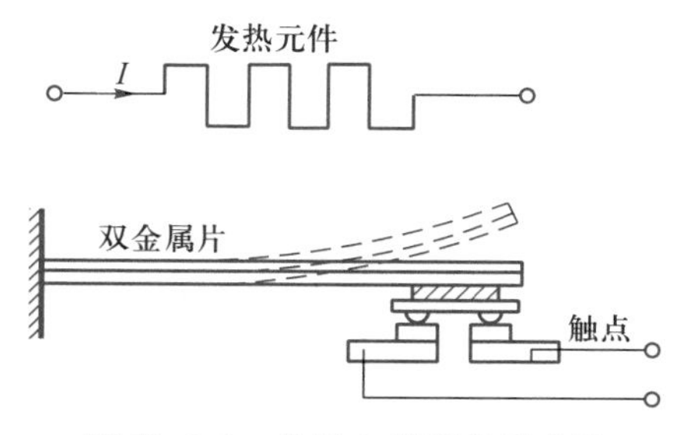

图 10.1.9 热继电器原理示意图

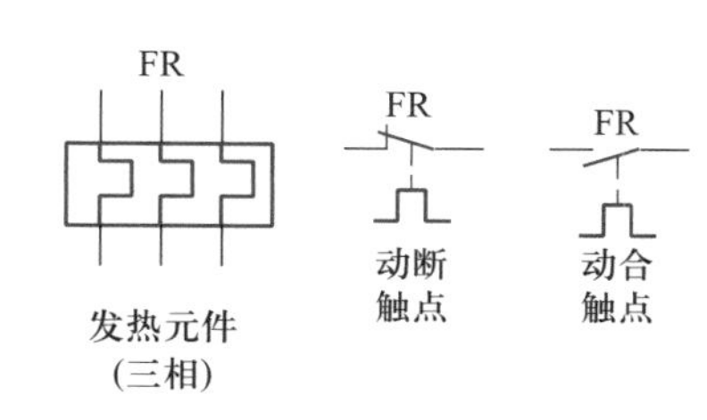

图 10.1.10 热继电器符号

双金属片是热继电器的关键部件,它由两种具有不同膨胀系数的金属碾压而成,因此在受热后因伸长不一致而造成弯曲变形。显然,变形的程度与受热的强弱有关。

JR16 系列是我国常用的热继电器系列。其设定的动作电流称为整定电流,可在一定范围内进行调节。

由于热继电器具有热惯性,电动机起动或短时间过载时,它不会动作,这样可以避免电动机的不必要停车。当电动机发生短路故障时,短路电流在很短的时间内达到很大数值,要求迅速切断电源以保护电动机,但这么短的时间内发热元件的热积累还不足以使双金属片变形来带动触点动作,所以热继电器不能满足发生短路故障时瞬间立即断电的要求,因而它不能用作短路保护。

(2) 电子式电动机保护器。热继电器具有结构简单,成本低廉,体积小,使用方便的优点。但热继电器在保护功能、重复性、动作误差等方面的性能指标比较落后,保护功能单一,精度低,动作不够稳定,发热时间常数小。也就是说,热继电器保护性能不够可靠,这是其致命弱点。因此,保护性能可靠的电子式电动机保护器应运而生。图10.1.11 为电子式电动机保护器的原理框图。保护器从电流互感器获得主电路电流情况,经 I/U 变换成为电压信号输出,在分别与所设定的过流、起动时间以及不平衡度进行比较后,决定是否进行保护动作,同时输出相应的报警信息。与热继电器的双金属片检测元件不同,电子式电机保护器的检测元件采用电流互感器,与热继电器相比,大幅度提高了动作稳定性。而采用穿心式电流互感器,使用更方便,且与主电路完全隔离,既不会影响主电路,又提高了自身的可靠性。同时,还解决了热继电器存在的接线端子发热的问题。图 10.1.12 为电子式电动机保护器工作示意图。图中开关 QS 闭合时,接触器 KM 线圈通电,主触点闭合,电动机运转。当发生过载、缺相等情况时,电子式电动机保护器的动断触点 K 动作,使 KM 断电,从而使电动机停止运行,实现保护。电动机保护器分模拟电子式和数字电子式两类,除了取代热继电器的过载保护功能外,还具有缺相、相失衡、相序、接地、短路、过欠压等众多保护功能。其中数字电子式电动机保护器主要以单片机作为控制器,具有更高的整定精度,实现电动机的智能化综合保护,还可以实现远程通信。

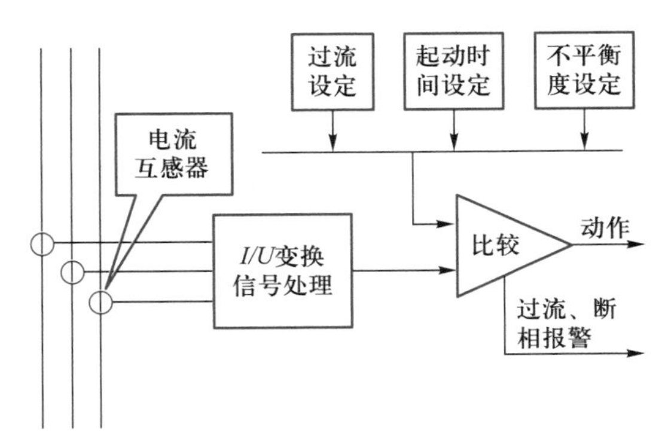

图 10.1.11 电子式电动机保护器原理框图

4. 固态继电器

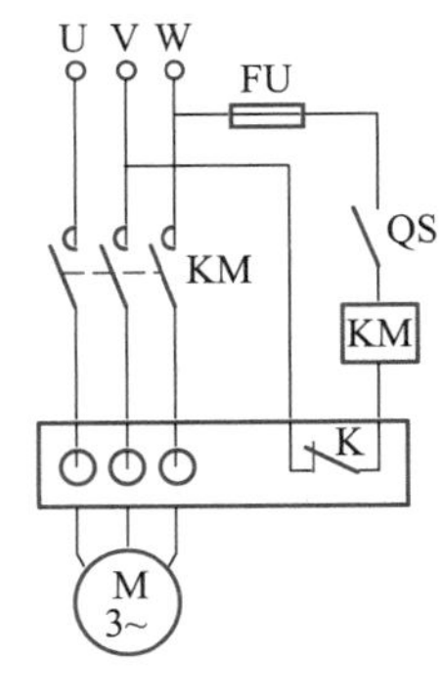

图 10.1.12 电子式电动机保护器工作示意图

固态继电器(solid state relay,简称 SSR)是一种新型无触点继电器,它由光电耦合器件、集成触发电路和功率器件组成。图 10.1.13 所示为交流固态继电器的原理图和符号。这种器件为四端器件,其中两个输入端接控制电路,两个输出端接主电路。当输入端接通直流电源时,发光二极管 D 发光,光电晶体管导通使集成触发电路产生一个触发信号,功率器件双向晶闸管被触发而导通,负载与电源电路接通。

固态继电器没有机械触点,不会产生电弧,故其工作频率、耐冲击能力、可靠性、使用寿命、噪声等技术指标均优于电磁式继电器,因此应用日益广泛。

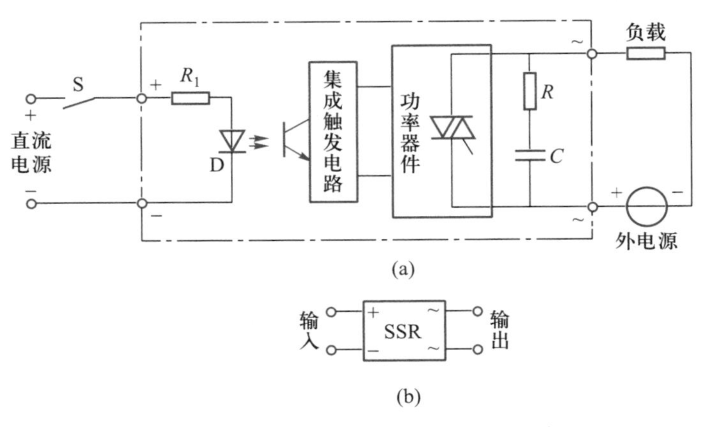

图 10.1.13 交流固态继电器原理图及其符号

固态继电器有多种类型。以负载的电源类型可分为交流型和直流型。交流型 SSR 以双向晶闸管作为输出端的功率器件,实现交流开关的功能。而直流型的 SSR 则以功率晶体管作为输出端的功率器件,实现直流开关的功能。

为了使用方便,SSR 又发展了多输入与输出的结构,以同时实现对多路的控

制。例如三路交流 SSR 可以直接取代目前使用的交流接触器，用于三相异步电动机的无触点控制电路。

［**例题 10.1.1**］　图 10.1.14 所示为交流固态继电器组成的三相异步电动机控制电路。试分析电路的功能。

［**解**］　当控制端 $A=\mathbf{1}$ 时，固态继电路 SSR1～SSR5 均不通，电动机停止。$A=\mathbf{0}$ 时电动机转动，其转向由控制端 B 控制。$B=\mathbf{1}$时，SSR1、SSR3、SSR5 导通，设此时电动机转向为正；则当 $B=\mathbf{0}$ 时，SSR1、SSR2、SSR4 导通，进入电动机的相序与原来相反，电动机反转。综上所述，该电路为三相异步电动机正反转控制电路。

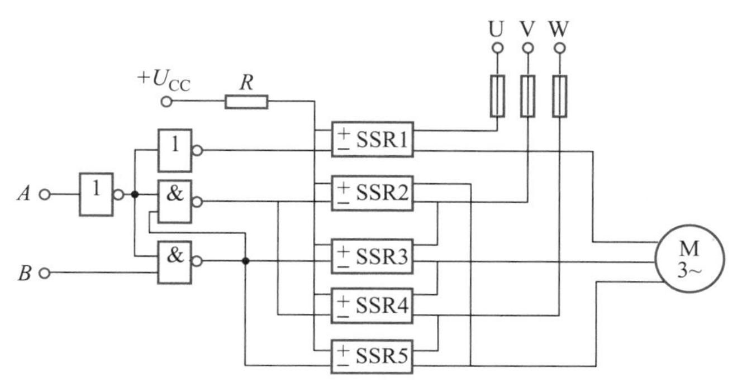

图 10.1.14　交流固态继电器应用举例

10.1.6　按钮和行程开关

按钮和行程开关是一种在自动控制系统中用于发送指令的电器，通常称为主令电器。

1. 按钮

按钮是一种简单的手动开关，可以用来接通或断开控制电路。

图 10.1.15(a)所示是复合型按钮的原理图。它的动触点和静触点都是桥式双断点式的，上面一对组成动断触点，下面一对为动合触点。图 10.1.15(b)是按钮的符号。

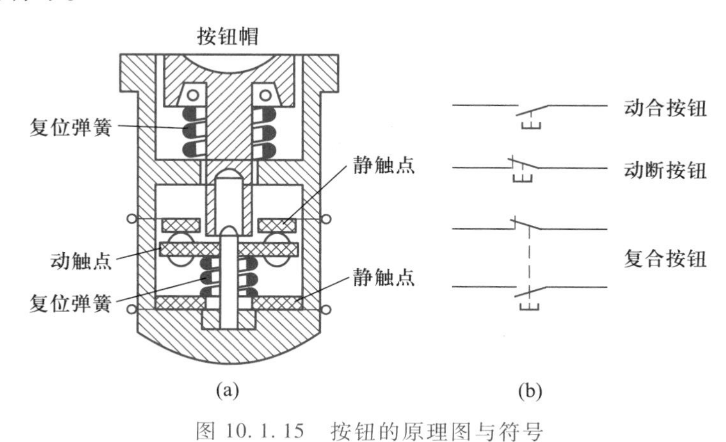

图 10.1.15　按钮的原理图与符号

如图 10.1.15(a)所示,当用手按下按钮帽时,动触点下移,此时上面的动断触点首先断开,而后下面的动合触点闭合。当手松开时,由于复位弹簧的作用,使动触点复位,即动合触点先恢复断开然后动断触点恢复闭合状态。

2. 机械式行程开关

行程开关又称限位开关,它是按工作机械的行程或位置要求而动作的电器。在电气传动的位置控制或保护中应用十分普遍。

图 10.1.16 所示为机械式行程开关的外形图和符号。它主要由伸在外面的滚轮、传动杠杆和微动开关等部件组成。

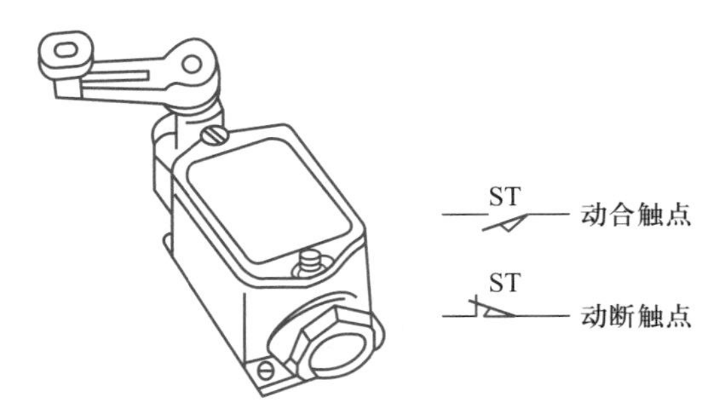

图 10.1.16　机械式行程开关外形图和符号

行程开关一般安装在固定的基座上,生产机械的运动部件上装有撞块,当撞块与行程开关的滚轮相撞时,滚轮通过杠杆使行程开关内部的微动开关快速切换,产生通、断控制信号,使电动机改变转向、改变转速或停止运转。

当撞块离开后,有的行程开关是由弹簧的作用使各部件复位;有的则不能自动复位,它必须依靠两个方向的撞块来回撞击,使行程开关不断切换。

3. 接近开关

接近开关是一种无触点的行程开关。当其他物体与之接近到一定距离时就会发出动作信号,而不像机械式行程开关那样需要用撞块来撞击。因此它在定位精度、操作频率、使用寿命和对环境适应能力等方面具有明显优点。

图 10.1.17 为停振型接近开关方框图。它是利用电磁感应原理工作的。当金属物体未接近开关的感应头(振荡器的线圈)时,振荡器产生自激振荡,输出电压经处理后与基准电压做比较,比较器输出为零,继电器线圈 K 无电流而不动作。当金属检测体接近感应头一定距离时,由于电磁感应作用,使构成感应头的振荡线圈的品质因数 Q 明显下降,振荡器停振,结果使比较器有输出信号,经驱动电路使继电器线圈通电动作。

4. 微动开关

微动开关是一种行程很小的、瞬时动作的主令电器。它是一种施压促动的快速开关,又叫灵敏开关。图 10.1.18 是微动开关的结构原理图。其工作原理是外部机械力通过传动元件(按销、按钮、杠杆、滚轮等)将力作用于动作簧片上,当能量积聚到临界点后,产生瞬时动作,使动作簧片末端的动触点与静触点快速接通或断开。当传动元件上的作用力移去后,动作簧片产生反向动作力,当

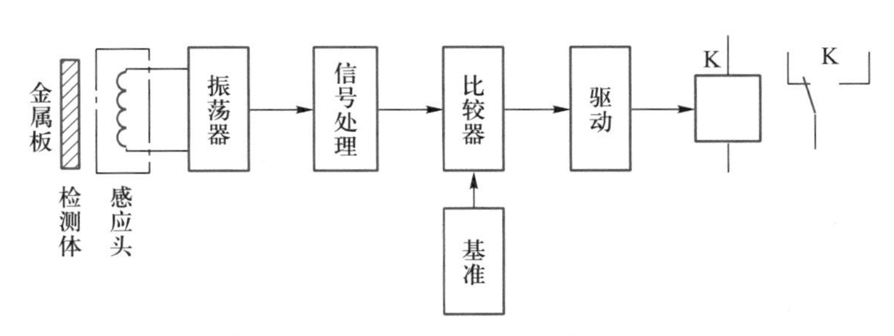

图 10.1.17　停振型接近开关方框图

传动元件反向行程达到簧片的动作临界点后，瞬时完成反向动作。动触点和静触点之间的间隔，即开关的有效距离称为触点间隔。一般触点间隔的标准为 0.5 mm。微动开关的触点间隔小、动作行程短、按动力小、通断迅速。其动触点的动作速度与传动元件动作速度无关。对于相同的开关机构，触点间隔越小，灵敏度也越高，机械方面的寿命也越长，但直流的断路性能和抗振动、抗冲击性能不好。微动开关由于电流开关会损耗触点，触点间隔变大，灵敏度下降，因此为了实现高灵敏度使用触点间隔 0.25 mm 的微动开关时，必须保持较小的开关电流，以减小电流开关引起的触点损耗。触点间隔大的产品，抗振动、抗冲击性和断路性能良好。

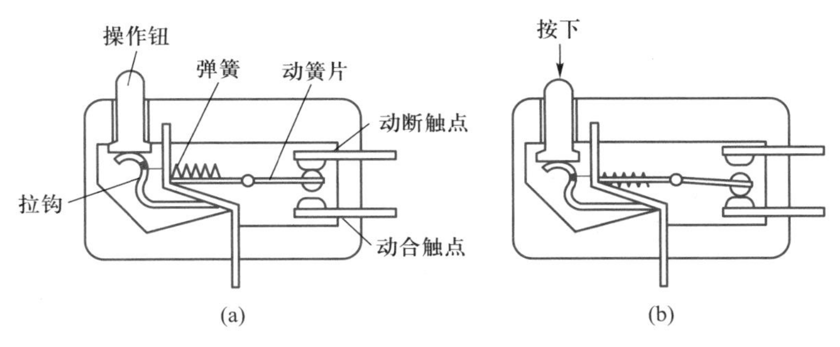

图 10.1.18　微动开关结构原理图
(a) 未按时状态　(b) 按下时状态

微动开关以按销式为基本型，可派生按钮短行程式、按钮大行程式、按钮特大行程式、滚轮按钮式、簧片滚轮式、杠杆滚轮式、短动臂式、长动臂式等。微动开关在电子设备及其他设备中用于需频繁换接电路的自动控制及安全保护等装置中。

10.2　三相异步电动机继电-接触器控制电路

10.2.1　直接起动和正反转控制电路

1. 直接起动控制电路

图 10.2.1 为三相异步电动机直接起动的控制电路，它由闸刀开关 QS、熔断器 FU、接触器 KM、热继电器 FR 等电器组成。下面介绍电路的工作原理。

视频资源：10.2 三相异步电动机继电-接触控制电路

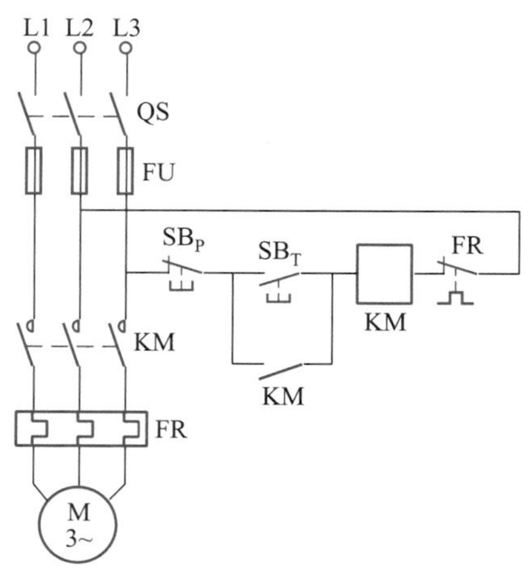

图 10.2.1　三相异步电动机直接起动控制电路

先将闸刀开关 QS 闭合，为电动机起动做准备。当按下起动按钮 SB_T 时，交流接触器 KM 的吸引线圈通电，主触点闭合，电动机 M 接通电源起动运转。与此同时，接触器动合辅助触点闭合。因此当松开按钮 SB_T 时，接触器线圈的电路仍然接通，从而保持主电路继续通电，使电动机连续运行。这种依靠接触器辅助触点使其线圈保持通电的作用称为自锁。起自锁作用的辅助触点称为自锁触点。要使电动机 M 停止运转，只要按下停止按钮 SB_P，将控制电路断开，这时接触器 KM 吸引线圈断电，它的所有触点均复位，主触点断开把主电路电源切断。

上述控制电路还具有短路保护、过载保护和欠压保护等功能。

起短路保护作用的电器是熔断器 FU。一旦发生短路事故，熔丝立即熔断、切断电路。

热继电器 FR 具有过载保护作用。当电动机在运行过程中长期过载，或发生断相故障使电动机电流超过额定值时，FR 动作使控制电路断开，接触器 KM 释放，电动机停转，实现了过载保护。

欠压保护是依靠接触器本身的电磁机构来实现的。当电源电压由于某种原因严重欠压（或失压）时，接触器的衔铁自行释放，电动机停转。而当电源电压恢复正常时，由于自锁触点释放，接触器线圈不可能自行通电。只有重新按下起动按钮 SB_T，电动机才会起动，从而消除了由于自起动而产生的安全隐患。

在直接起动控制电路中如不连接自锁触点，控制电路则具有点动控制的功能。按下按钮 SB_T 时电动机转动，松开时电动机停转。在工作机械调整定位和试车等情况时需要点动操作。

如果在直接起动控制电路中的起动按钮处并联第 2 个起动按钮 SB_{T1}，再串联第 2 个停止按钮 SB_{P1}，如图 10.2.2 所示，则可以实现两地控制。

2. 正反转控制电路

在生产过程中，往往要求工作机械能够实现可逆运行，例如机床工作台的前进与后退，主轴的正转与反转，起重机吊钩的上升与下降等，这就要求电动机可以正反转。由异步电动机的工作原理可知：若将接至电动机三相电源线中的任意两相对调，即可使电动机反转。所以正反转控制电路实质上是两个方向相反的单向运行电路。但为了避免两个接触器同时动作引起电源相线之间短路，必须在电路中加设联锁。

图 10.2.3 为三相异步电动机正反转控制电路。当接触器 KM_F 动作时，电动机的 U1、V1、W1 端分别接三相电源的 L1、L2、L3 端，电动机正转；当接触器 KM_R 动作时，电动机 U1、V1、W1 端则分别接 L3、L2、L1 端，电动机反转。图中利用两个接触器的动断辅助触点起相互控制作用，即当一个接触器线圈通电时，用其动断辅助触点的断开来锁住另一个电路，使另一个接触器线圈不可能通电。这种利用动断辅助触点互相控制的方法称为联锁或互锁，这两对起联锁作用的触点称为联锁触点。应用联锁后，可以保证在同一时间内只有一个接触器动作，确保电源不会被短路。

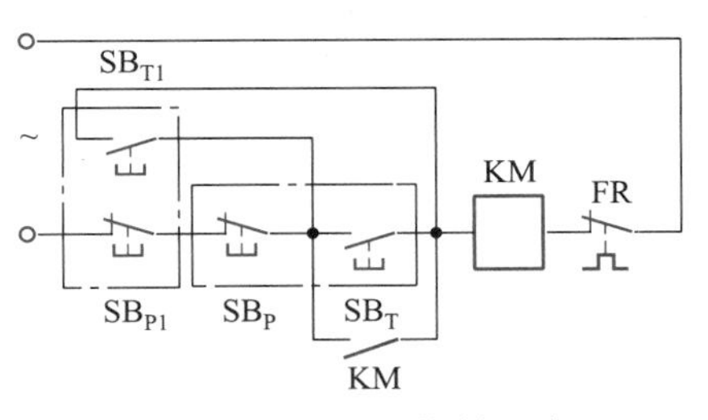

图 10.2.2 两地控制电路

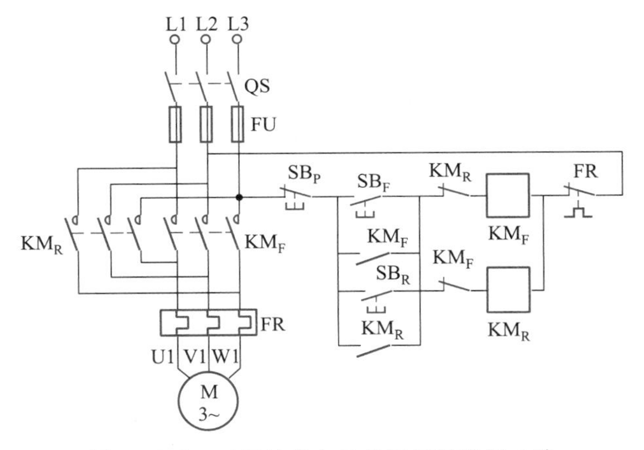

图 10.2.3 三相异步电动机正反转控制电路

这种控制电路作正、反向操作控制时，必须首先按下停止按钮 SB_P，然后再反向起动，因此它是“正-停-反”控制电路。

10.2.2 时间控制和行程控制电路

1. 时间控制电路

根据延时要求，对电动机按一定时间间隔进行的控制称为时间控制。利用时间继电器可以实现时间控制。

图 10.2.4 是三相异步电动机 Y-Δ 起动控制电路。其中接触器 KM_1 用于控制电动机的起动和停车，接触器 KM_Y 和 KM_Δ 分别用于电动机绕组的星形和三角形联结。

起动时合上电源开关 QS，按下起动按钮 SB_T，接触器 KM_1、KM_Y 和时间继电器 KT 的线圈通电，KM_1、KM_Y 的动合主触点闭合，电动机接成星形降压起动，KM_1 的辅助触点闭合自锁。

经过预定的延时后，时间继电器 KT 的延时断开动断触点断开，使接触器 KM_Y 的线圈断电，主触点 KM_Y 断开。而 KT 的延时闭合动合触点闭合，接触器

KM_{Δ} 的线圈通电，其主触点闭合使电动机接成三角形运行，至此完成电动机的降压起动过程控制。

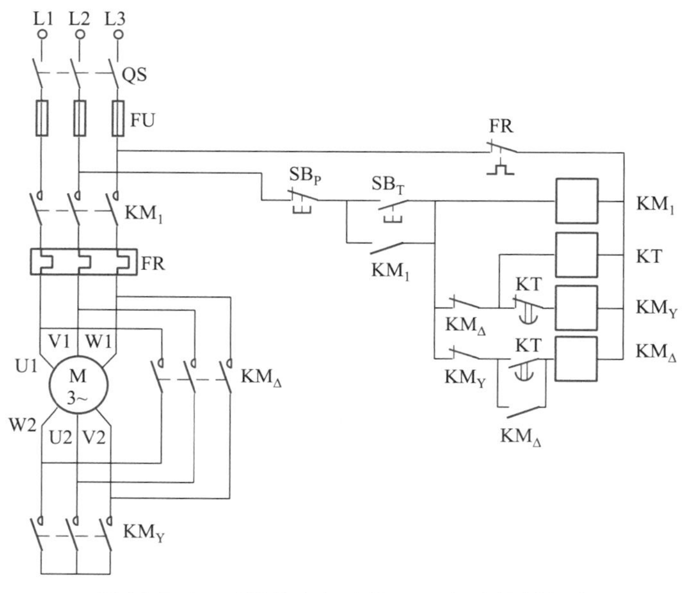

图 10.2.4 三相异步电动机 Y-Δ 起动控制电路

当电动机按三角形联结正常运转时，接触器 KM_{Δ} 的动断辅助触点断开，时间继电器 KT 断电复位，KM_{Δ} 的动合辅助触点闭合自锁。

2. 行程控制电路

龙门刨床、导轨磨床等设备中的工作部件往往需要做自动往复运动，具有行程开关的电路可以实现这种功能。

图 10.2.5 所示为用行程开关控制的机床工作台作往复运动的控制电路。

当按下正转起动按钮 SB_F 时，接触器 KM_F 的吸引线圈通电，电动机正向起动。设电动机正转时带动工作台向右移动。当工作台移动到预定位置时，安装在工作台左端的撞块撞击行程开关 ST_1，使它的动断触点断开，接触器 KM_F 吸引线圈断电，电动机停车。紧接着行程开关 ST_1 的动合触点闭合，接触器 KM_R 的吸引线圈通电，电动机便反向起动，使工作台向左移动。行程开关 ST_1 自动复位。

当工作台移动到另一预定位置时，工作台右端的撞块撞击行程开关 ST_2，ST_2 的动断触点断开，接触器 KM_R 吸引线圈断电，电动机停转。紧接着行程开关 ST_2 的动合触点闭合，接触器 KM_F 线圈又通电，电动机又正转而使工作台向右移动。如此在行程开关周期性的切换中，电动机便周期性的正转与反转，直到按下停止按钮 SB_P。

这种电路只要一次按下正转起动按钮 SB_F（或反转起动按钮 SB_R）后，电动机就带动工作台周期性地左右往返移动。工作台左右往返移动的行程距离，可以根据工艺的要求，用调整安装在工作台侧面的两个撞块间的距离来实现。

图 10.2.5 中还利用接触器的动断辅助触点进行联锁保护，另外 ST_3 和 ST_4 是极限位置保护用的行程开关，用于防止工作台超出极限位置。

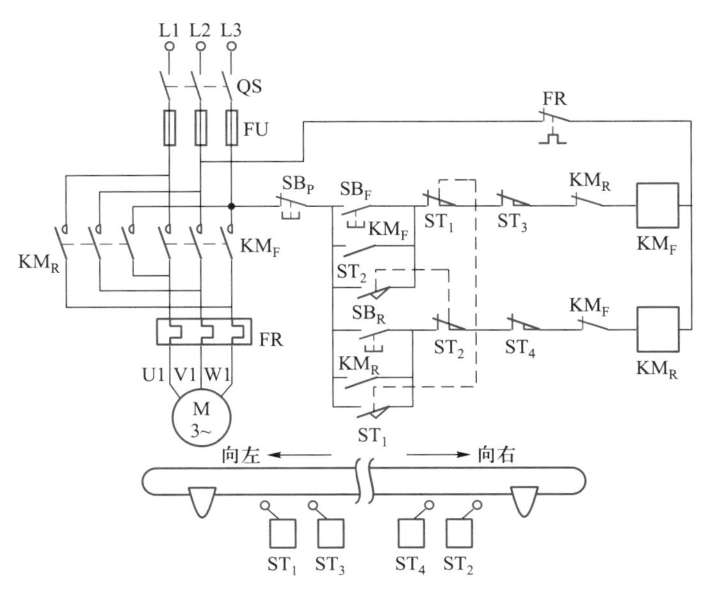

图 10.2.5 行程开关控制的工作台往复运动控制电路

10.3 可编程控制器

可编程控制器也称可编程逻辑控制器(programmable logic controller,简称PLC),它是一种专为在工业环境下应用而设计的数字运算的电子系统。它采用可编程的存储器,来存储和执行逻辑运算、顺序控制、定时、计数及算术运算等操作的指令,并通过数字式、模拟式的输入和输出方式,控制各种类型的机械或生产过程。发展到今天,PLC已成为工业自动控制的重要工具,在机械、电力、采矿、冶金、化工、造纸、纺织、水处理等领域有着广泛的应用。与其他的控制系统相比,PLC具有如下特点:

(1) 可靠性高,灵活性好。

(2) 编程容易,使用方便。

(3) 接线简单,通用性好。

(4) 易于安装,便于维护。

(5) 便于组成控制网络系统。

10.3.1 可编程控制器的结构和工作原理

1. 可编程控制器的结构

PLC的类型有整体式和模块式两种。整体式PLC把电源、控制器和输入输出做成了一个整体,或加上少量的扩展模块,可以组成一个小型的控制系统;模块式PLC系统包括独立的电源、机架、处理器、各种I/O模块、通信模块等,使用者可以根据控制系统的大小、功能等的不同进行灵活的组态,并易于构成控制网络。图10.3.1是整体式PLC组成框图。

输入、输出电路是PLC与外接信号、被控设备连接的电路,对外它通过外接端子排与现场设备相连，例如将按钮、继电器触点、行程开关、传感器等接至输入接点，通过输入电路把它们的输入信号转换成中央处理器能接收和处理的数字信号。输出电路则与此相反，它能接受经过中央处理器处理过的数字信号，并把这些信号转换成被控设备或显示设备能接受的电压或电流信号，以驱动接触器线圈、伺服电机等执行装置。

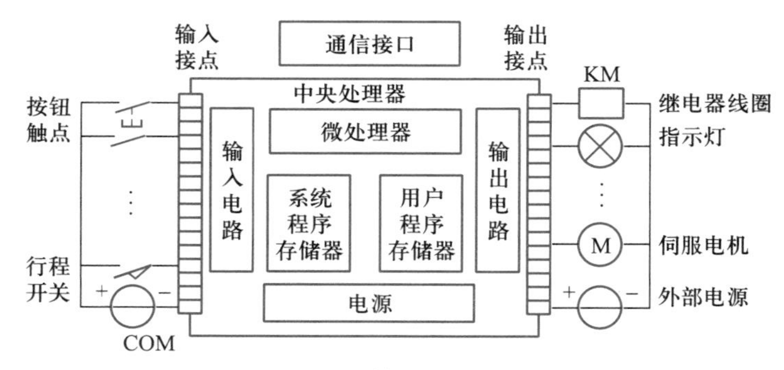

图 10.3.1　整体式 PLC 组成框图

中央处理器包括微处理器、系统程序存储器和用户程序存储器。微处理器的主要作用是处理并运行用户程序，监控输入、输出电路的工作状态，并作出逻辑判断，协调各部分的工作，必要时作出应急处理。系统程序存储器主要存放系统管理和监控程序以及对用户程序进行编译处理的程序。各种不同性能 PLC 的系统程序会有所不同，该程序在出厂前已被固化，用户不能改变。用户程序存储器用来存放用户根据生产过程和工艺要求而编制的程序，可进行编制或修改。

可编程控制器可通过专用的编程器如手持式编程终端（hand-held terminal，简称 HHT）或通用的计算机进行编程。HHT 由于体积小、重量轻、携带方便，易于在现场对 PLC 进行编程与调试，故在早期用得较多。但随着笔记本电脑的普及，HHT 的优势不复存在，正逐步被通用计算机编程的方式所取代。

2. 输入电路

输入电路的作用就是在 PLC 工作时将外部输入的不同形式的信号转换成微处理器所能接受的数字信号。输入电路分开关量输入和模拟量输入两类。对于开关量输入，输入电路一般由光电耦合器和其他一些元件组合而成。图 10.3.2 所示为常用的两种开关量输入原理电路。图 10.3.2(a)所示电路用直流

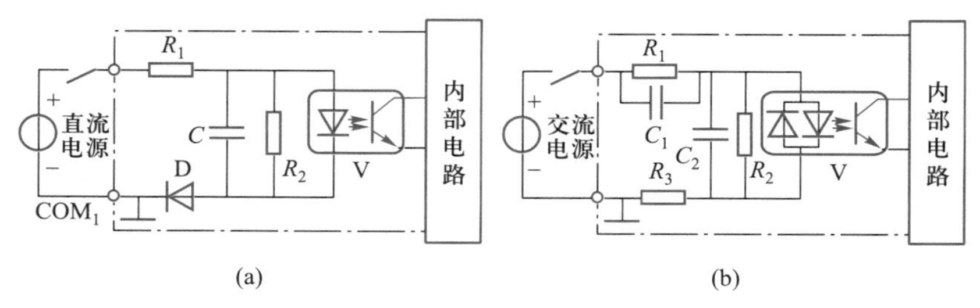

图 10.3.2　开关量输入电路

(a) 直流输入方式　(b) 交流输入方式

电源供电，称为直流输入方式。当接于外部的开关（或触点）闭合时，光电耦合器 V 中的发光二极管导通发光，光电晶体管导通，将输入信号送入 PLC 的内部电路。图 10.3.2(b) 所示电路采用交流电源供电，称为交流输入方式。当接于外部的开关（或触点）闭合时，在交流正负半周，V 中的 2 个发光二极管分别发光，光电晶体管均导通，将输入信号送入 PLC 的内部电路。采用何种输入方式则视现场具体情况进行选择。

3. 输出电路

输出电路用以将微处理器送出的数字信号转换为控制设备所需要的电压或电流信号。输出电路一般由转换电路、光电耦合器件和放大器等组成。常用的输出电路有继电器输出、晶闸管输出和晶体管输出等输出方式。图 10.3.3 为继电器输出方式。当内部电路有输出信号时，继电器 K 的线圈通电，其动合触点闭合，使输出电路接通。图 10.3.4 为晶闸管输出方式。当内部电路有输出信号时，V 中的光电晶闸管导通，从而使双向晶闸管 T 被触发导通，输出电路接通。图 10.3.5 为晶体管输出方式。当内部电路有输出信号时，V 中的光电晶体管饱和导通，从而使增强型 PMOS 管 T 导通，输出电路接通。

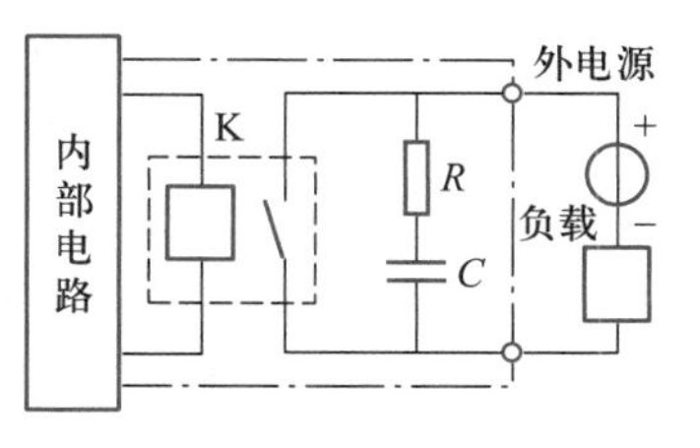

图 10.3.3 继电器输出方式

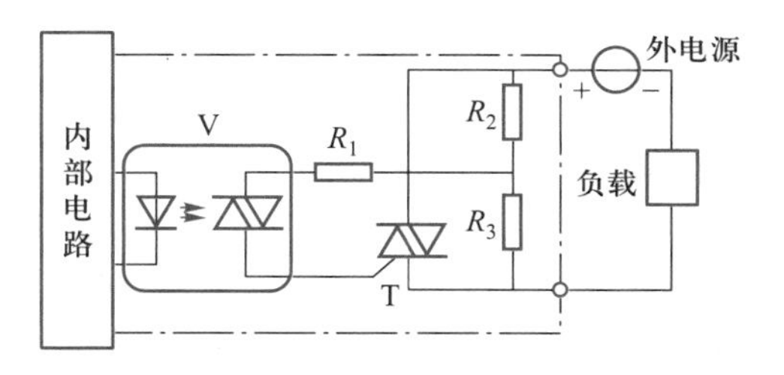

图 10.3.4 晶闸管输出方式

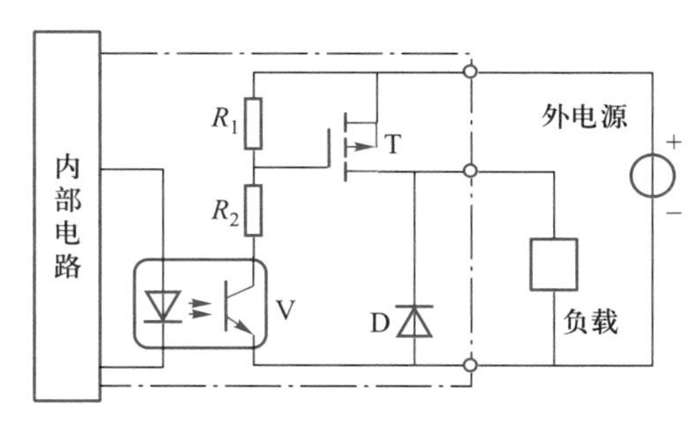

图 10.3.5 晶体管输出方式

总之，输入电路的作用就是把外部开关的闭合或断开转换成微处理器能够接收的逻辑信号 **1** 或 **0**；输出电路的作用就是把微处理器发出的逻辑指令 **1** 或 **0** 转换成开关的闭合或断开。为便于描述 PLC 的工作情况，通常用输入继电器来等效表示输入电路的作用，如图 10.3.6 所示。当图 10.3.2 所示的输入电路中

的 V 导通时，相当于输入继电器的线圈通电，其动合触点闭合，动断触点断开，信号送入 PLC 内部电路。输入继电器的动合、动断触点在编程时可以无限次使用。同样，输出电路也通常用输出继电器来等效表示，如图 10.3.7 所示。

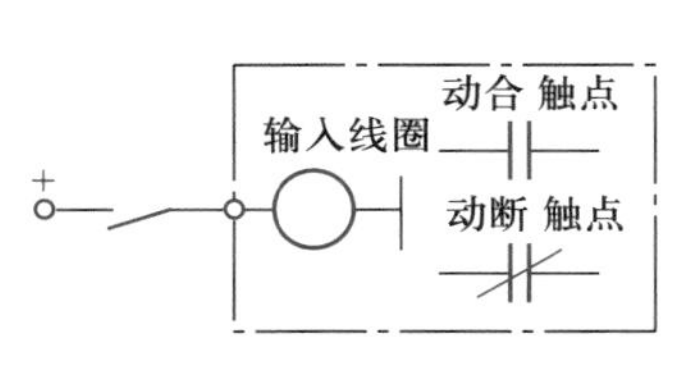

图 10.3.6　用输入继电器等效表示输入电路

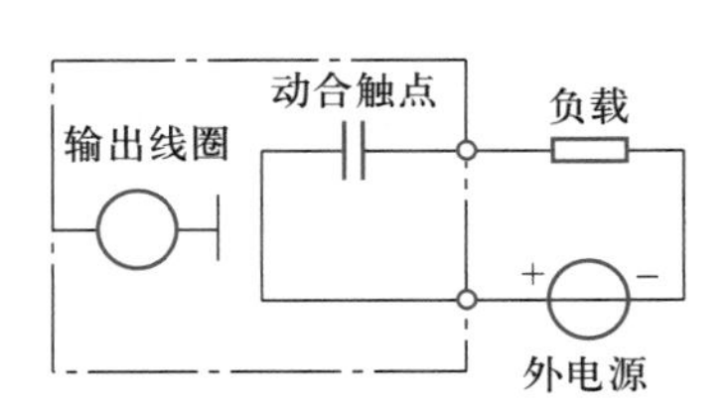

图 10.3.7　用输出继电器等效表示输出电路

如果在 PLC 的输入侧或输出侧配上适当的 A/D 转换及 D/A 转换模块，即可实现模拟量的输入、输出功能。

[例题 10.3.1]　若用 PLC 来实现三相异步电动机的正反转控制，试问在 PLC 的输入侧和输出侧应分别接入哪些元件？画出接线图。

[解]　从 10.2 节可知，实现三相异步电动机的正反转控制需要 3 个控制按钮（正转起动按钮 SB_F、反转起动按钮 SB_R 和停止按钮 SB_P）、1 个热继电器 FR 和 2 个接触器（正转接触器 KM_F 和反转接触器 KM_R）。SB_F、SB_R、SB_P 和 FR 的动断触点应接在 PLC 的输入侧，可在所用 PLC 的输入接点中任选 4 个，假设所选 4 个输入接点对应的输入继电器编号（地址）分别为 X0、X1、X2 和 X3。KM_F 和 KM_R 的吸引线圈应接在 PLC 的输出侧，假设所选用的 2 个输出接点对应的输出继电器编号（地址）为 Y0 和 Y1。画出的 PLC 输入、输出接线图如图 10.3.8 所示。注意图中停止按钮 SB_P 不是采用动断按钮，而是采用动合按钮（和 SB_F、SB_R 类型相同），PLC 是允许的。KM_F、KM_R 主触点与电动机的连接和 10.2 节的图 10.2.3 一样。电路连接好后再运行相应的程序即可实现电动机的正反转控制。该梯形图程序读者可在学完 10.3.2 节后自行编写。

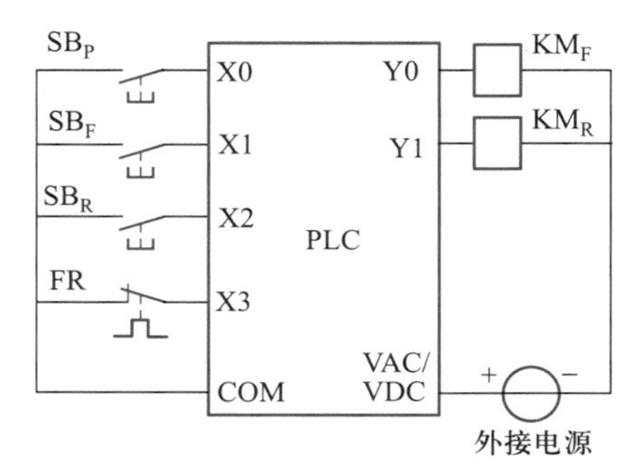

图 10.3.8　例题 10.3.1 的 PLC 外部接线图

4. 可编程控制器工作原理

用继电器、接触器控制电路时，继电器、接触器按照事先设计好的某一固定方式接好电路来实现控制。这种系统称为接线程序控制系统，不能灵活地变更

其控制功能。而PLC采用大规模集成电路的微处理器和存储器来实现继电-接触器控制的控制逻辑，系统要完成的控制任务是由存放在存储器中的程序来完成的，因此称为存储程序控制系统。通过编写或修改程序可以方便地改变其控制功能。

包括微处理器、系统程序存储器和用户程序存储器在内的内部控制电路，是PLC运算和处理输入信号的执行部件，并由它们将处理结果送输出端。系统程序是事先编好并固化在E^2PROM中。PLC运行时，在系统程序的控制下，逐条地解释用户程序并加以执行。程序中的数据并不是直接来自输入接口，输入、输出接口和中央处理器之间分别接有输入状态寄存器（输入映象表）和输出状态寄存器（输出映象表），以利于数据的正确传送。这些数据在输入取样（输入扫描）和输出锁存（输出扫描）时进行周期性的刷新。

PLC采用循环扫描的工作方式，图10.3.9描述了PLC的工作过程。PLC起动后，其工作过程可分解为输入扫描、程序扫描、输出扫描及内务整理几个阶段。

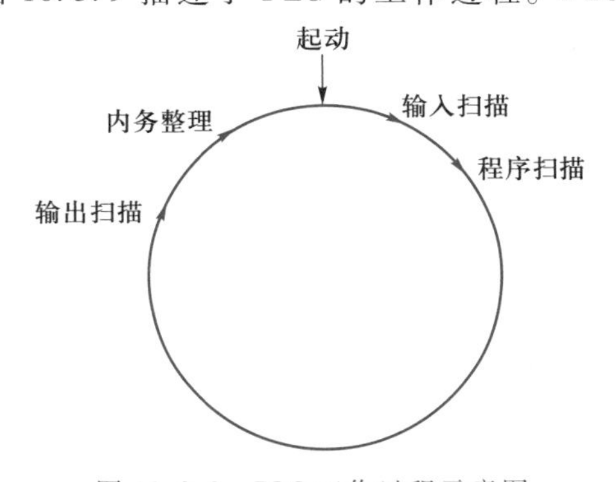

图10.3.9 PLC工作过程示意图

PLC的微处理器在工作时，首先对各个输入端进行扫描，将输入端的状态送到输入映象表，并保持在寄存器中，这就是输入取样阶段，也称输入扫描。然后微处理器将从上到下、从左到右逐条执行指令，按程序对数据进行逻辑和算术运算，再将新的输出送到输出映象表，这就是程序扫描阶段。当所有指令执行完毕时，把存放在输出映象表的数据通过输出电路转换成被控设备所能接受的电压或电流信号，并驱动被控设备，这是输出扫描阶段。除了完成输入输出扫描以及程序扫描，PLC的自诊断程序还将检查主机运行是否正常，主机与输入输出通道的通信状况，各种外部设备的通信管理等，这就是内务整理阶段。

PLC经历的这四个工作过程，称为一个扫描周期。然后又周而复始地重复上述过程。从PLC的工作过程可知，在程序扫描阶段，即使输入发生变化，输入映象表也不会变化，要到下一个周期的输入扫描阶段，即需经过一个扫描周期才有可能发生变化。同理，输出映象表的内容，要等到程序扫描结束，再集中将这些内容送至输出电路。因此，完成输入、输出状态的改变，需要一个扫描周期。

PLC的扫描周期是一个重要的技术指标，一般在几毫秒之内，它与程序的长短有关。PLC的循环扫描工作方式对于一般工业设备来说，其速度能满足要求。为加快PLC的响应速度，很多PLC设置了硬件中断响应，有的高档PLC还采用了双处理器结构，分别负责输入输出扫描和程序扫描。

10.3.2 可编程控制器的基本指令和编程

1. PLC 程序的表达方式

手持式编程终端使用助记符形式的编程指令。使用计算机编程的 PLC 常用的程序语言有梯形图(LAD)、功能块图(FBD)、顺序功能流程图(SFC)、结构化文本语言(ST)等。本书只介绍梯形图编程。梯形图编程语言是一种图形化的编程语言,它是在原电气控制系统中常用的继电器、接触器梯形图基础上演变而来的,其特点是形象、直观和实用,因此几乎无须进行培训,就能使熟悉电气控制的技术人员进行 PLC 的编程。梯形图编程语言是所有 PLC 编程语言中最基本也是使用最为广泛的一种语言。

图 10.3.10 所示是梯形图示例。图中"┤├"、"┤/├"及"-◯-"等图形符号称为指令符号,指令符号上方所标为指令执行的地址。指令类型大致分为两类,即条件指令(输入指令)和输出指令。因为输出指令都是执行操作的指令,所以又称执行指令。从图10.3.10 可以看到,一般一个梯级由一组输入条件和一个或几个在级尾的输出组成。例如图中的第一个梯级由地址为 X0 和 X1 的两个条件指令和地址为 Y0 的输出指令组成。条件指令的返回值为 **1** 或 **0**(真或假)。当梯级中条件指令的集合产生为 **1** 的逻辑输出时,就称梯级条件为"真",并激活其输出指令。输出指令执行其指令功能而发生一连串期望的数据处理事件。

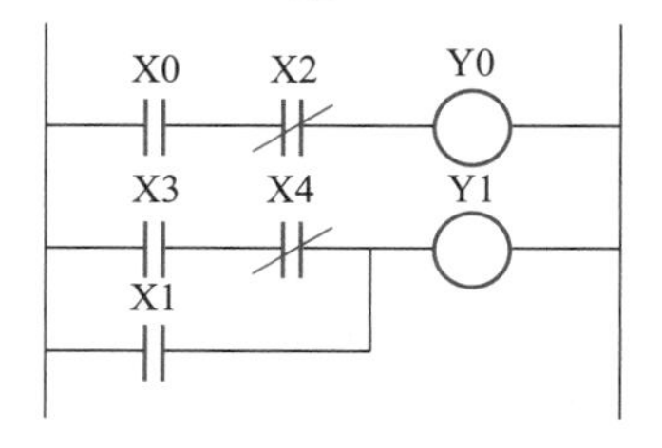

图 10.3.10 梯形图示例

在梯形图中,几个条件指令的串联相当于它们的**与**逻辑集合,即这几个条件指令同时为"真"时,激活输出指令。几个条件指令或其**与**集合的并联(例如图 10.3.10 中第二个梯级中地址为 X3、X4 的两个条件指令串联后再和地址为 X1 的条件指令并联)相当于**或**逻辑关系,即条件指令或其**与**集合只要有一个为"真"时,激活输出指令。只有输入而没有输出则构不成完整的梯级;反之,只有输出而没有输入的梯级是允许存在的,称为无条件输出(有的型号的 PLC 不支持无条件输出,具体参考产品说明)。

需要指出的是,不同厂家的 PLC 产品,无法在软件级别实现编程语言的通用。也就是说,即使梯形图逻辑一样的程序,也不可能直接从甲厂的产品移植到乙厂的产品上,即使是同一厂家的不同系列产品,往往也不能实现直接相互移植。

2. PLC 器件的编址

PLC 的核心是微处理器,使用时将它看成由继电器、定时器、计数器等组成的一个组合体。但 PLC 不是由实际的继电器、定时器、计数器等硬件连接而成的控制电路,而是由软件编程来实现其控制逻辑。为了使用方便,这些器件都分配有一个唯一的内存地址,CPU 可以根据该地址单元数据的值确定各器件的工作状况或对输出进行操作。不同厂家对器件的编址方式不尽相同,但其基本方

法相似。表 10.3.1 是三菱 FX2N 与罗克韦尔自动化的 MicroLogix 1200 主要器件的编址。

表 10.3.1 FX2N 与 MicroLogix 1200 主要器件的编址

	FX2N	MicroLogix 1200
输入继电器	X0~X267(八进制)*	I1:0.0/0~I1:6.0/15
输出继电器	Y0~Y267(八进制)*	O0:0.0/0~O0:6.0/15
辅助继电器	M0~M3071,M8000~M8255(特殊用)	B3:0/0~**
定时器	T0~T255	T4:0~**
计数器	C0~C234,C235~C255(高速计数用)	C5:0~**

* FX2N 的最大 I/O 分别为 184 点,总数为 256 点。

** MicroLogix 1200 提供 2k×16bit 的数据区,使用者可以在此范围内根据需要对数据进行自由组态。另外,文件编号除 0、1、2 之外,可为任意一个小于 255 的数字,如 T14:0 是有效的定时器。

从上表可以看出,FX2N 对器件地址采用直接"编号"的方式,这种方式简单明了,易于记忆;MicroLogix 1200 采用的是"文件及编号:[槽号.]字/位"的编址方式,这种方式在系统扩展 I/O 较多(特别是模块式系统)时,易于找到程序中 I/O 与实际输入/输出点的对应关系,这在系统的安装调试时可以节约大量的时间。

3. FX 系列 PLC 的基本指令

一般的 PLC 有大量的指令,以适应各种控制需要。其指令系统包含了基本继电器指令、定时和计数指令、算术指令、数据操作和处理指令、数据传送指令、特殊功能指令这几大类,指令数量多达百条以上。在此仅以 FX 系列 PLC 为例介绍最基本的继电器类指令以及定时器/计数器指令。

(1) 继电器类指令。继电器指令操作的对象是数据的一个位。在 PLC 运行时,处理器将根据梯形图程序的逻辑对这些位清 **0** 或置 **1**。I/O 数据每一个位的 **0** 或 **1** 代表的是连接到 PLC 的实际设备开关的断开或闭合。常用的继电器类指令如表10.3.2 所示。

表 10.3.2 FX 系列 PLC 常用的继电器类指令

指令	图形符号	类型	功能
LD	X0 —┤├—	动合输入	程序扫描到此指令时,检查 X0 的值,若 X0 为 **1**,指令返回值为"真",否则为"假"
LDI	X0 —┤/├—	动断输入	程序扫描到此指令时,检查 X0 的值,若 X0 为 **0**,指令返回值为"真",否则为"假"
OUT	Y0 —( )—	非保持型输出	梯级条件为真时,Y0 置 **1**,否则清 **0**

续表

指令	图形符号	类型	功能
SET	SET　Y0	保持型输出	一旦梯级条件为真,Y0置**1**并保持
RST	RST　Y0		一旦梯级条件为真,Y0清**0**并保持
PLS	PLS　Y0	微分输出	梯级条件由“假”变“真”时,Y0置**1**并保持一个扫描周期
PLF	PLF　Y0		梯级条件由“真”变“假”时,Y0置**1**并保持一个扫描周期

指令“┤├”(LD)通常称为动合输入指令,其功能是“检查指令位地址所指数据是否为**1**”。处理器在运行程序过程扫描到这个指令时,若LD指令的位地址所指的数据位为**1**,则这个指令返回的逻辑为“真”;若指令位地址指明的数据为**0**,则这个指令返回的逻辑为“假”。

指令“┤/├”(LDI)是动断输入指令,其功能是“检查指令位地址所指数据是否为**0**”。处理器在程序运行过程扫描到这个指令时,若LDI指令的位地址所指数据为**0**,则指令返回逻辑为“真”;若指令位地址指明的数据为**1**,则指令返回的逻辑为“假”。

指令“-◯-”(OUT)为PLC的基本输出指令,当梯级条件为“真”时,指令所指位地址数据为**1**,一旦梯级条件为“假”,指令所指位地址数据为**0**。这种“梯级条件为‘真’时输出**1**,梯级条件为‘假’时输出**0**”的输出指令称为非保持型输出。

指令“┤ SET Y0 ├”和“┤ RST Y0 ├”是保持型输出指令,分别是“一旦梯级条件为‘真’,指令所指位地址数据置**1**并保持”“一旦梯级条件为‘真’,指令所指位地址数据清**0**并保持”,而与梯级条件是否继续保持为“真”无关,Y0为指令所指位地址。

指令“┤ PLS Y0 ├”和“┤ PLF Y0 ├”是微分输出指令,分别是“一旦梯级条件由‘假’变‘真’,指令所指位地址数据置**1**并保持一个扫描周期”、“一旦梯级条件由‘真’变‘假’,指令所指位地址数据置**1**并保持一个扫描周期”,Y0为指令所指位地址。

图10.3.11所示为采用上述继电器指令所构成的一种梯形图及相应的波形图。读者可根据上述指令的功能对波形图进行分析,以加深对指令功能的理解。

(2)定时器/计数器指令。定时器与计数器指令都是输出指令,它们是根据时间或某事件发生的次数来实现控制的。在PLC中配置了大量的定时器与计数器,以适应各种控制的需要。下面先介绍定时器指令。

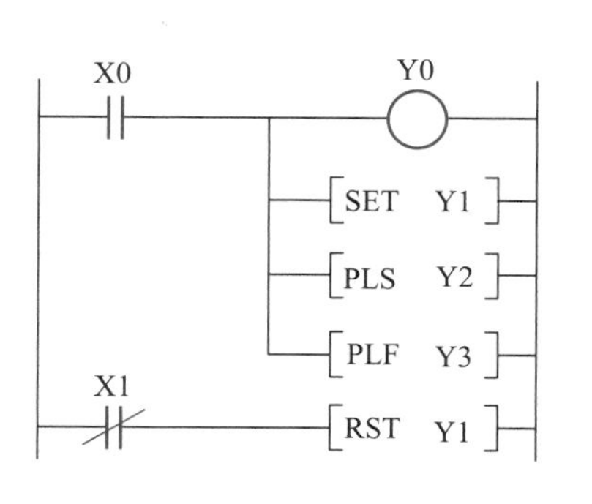

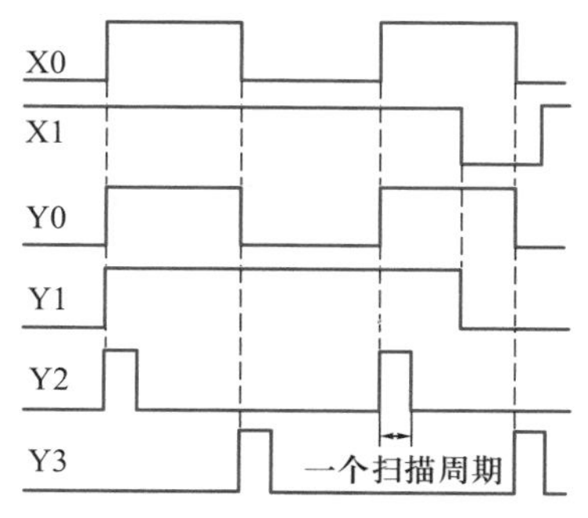

图 10.3.11 用继电器指令构成的梯形图及波形图

定时器有通延时与断延时，即时型与保持型之分。断延时涉及负逻辑概念，不在此介绍。定时器还有一个重要参数就是时间基值，即累加器数字每增加 1 所间隔的时间，也称时基。不同的 PLC，设定的方式有所不同，有硬件设定的，也有在指令中由软件设定的。时基设定关系到定时长度与定时精度，通常定时误差不大于一个时基值。FX 系列对定时器规定如表 10.3.3所示。

表 10.3.3 FX 系列 PLC 定时器参数

编号	类型	数量	时基/s	定时范围/s
T0~T199	即时	200	0.1	0.1~3 276.7
T200~T245	即时	46	0.01	0.01~327.67
T246~T249	保持	4	0.001	0.001~327.67
T250~T255	保持	6	0.1	0.1~3 276.7

从上表可以看出，FX 系列 PLC 可根据定时长度与精度的不同要求，选择不同编号的定时器实现相应的定时功能。当梯级条件为真时，定时器按照时基累加。当加到与预置值相等时，停止累加，置完成标志。对即时型定时器，一旦梯级条件为假，即自动复位；而保持型定时器在梯级条件为假时，只停止计时，用 RST 指令才能对其复位。

计数器累计值的变化是因梯级条件由“假”到“真”的跳变引起的。图 10.3.12 说明了计数器的工作原理。计数器的预置值可以是从下限值到上限值之间的任意整数。对于 16 位的计数器，该值就是-32 768~+32 767；而 32 位计数器，则是-2 147 483 648~+2 147 483 647。当计数值等于预置值时，表示计数完成。在计数完成后，当梯级条件再出现由“假”到“真”的转换时，FX 系列 PLC 的计数器累计值保持不变。计数值不会自动清零，需要复位指令（RST）来进行清除。

不同 PLC 产品计数器数据结构不尽相同，表 10.3.4 为 FX 系列计数器设置。

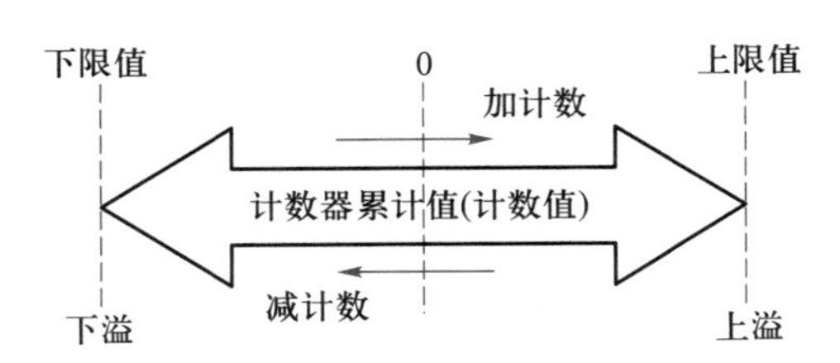

图 10.3.12　计数器工作原理

表 10.3.4　FX 系列计数器

编号	数量	计数范围	计数性质
C0～C199	200	16bit(0～32 767)	加计数
C200～C234	35	32bit(-2 147 483 648～+2 147 483 647)	双向计数

图 10.3.13 为定时器/计数器指令的一个例子。当按下 SB_T 使输入 X0 为 **1** 时,定时器 T0 启动。内部继电器 M0 用于自锁。T0 按 1 s(10×0.1 s)反复计时;每完成一次定时,计数器 C0 加 1;当 C0 加到 5 时,Y0 输出 **1**。当按下 SB_P 使输入 X1 为 **1** 时,定时器和计数器复位。注意定时器/计数器出现在程序输入侧时,是作为定时/计数是否完成的判据。

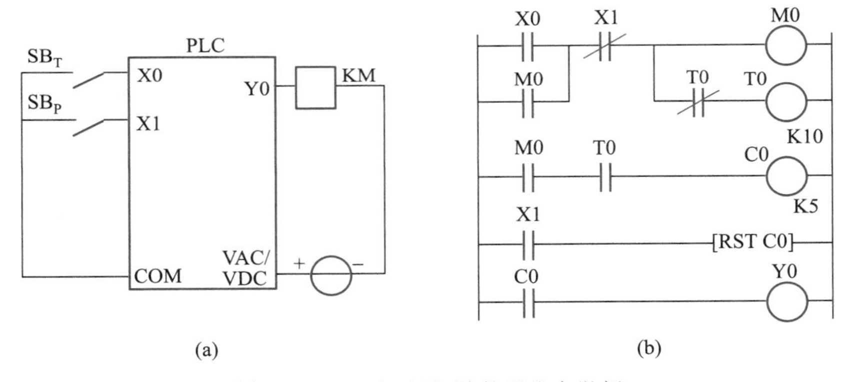

图 10.3.13　定时器/计数器指令举例

(a) PLC 控制接线图　(b) 梯形图

4. 基本编程规则

为了能顺利地进行编程,应遵循以下规则:

(1) 梯形图的每一行都从左边母线开始,输出指令接在右边的母线上,所有输入指令不能放在输出指令右边(如图 10.3.14 所示)。

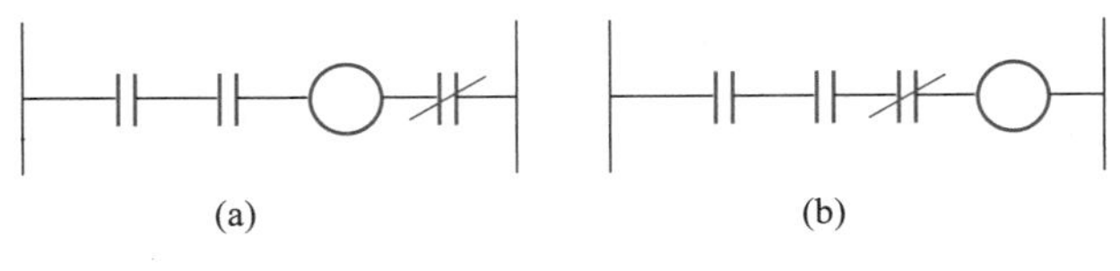

图 10.3.14　梯形图画法

(a) 错误画法　(b) 正确画法

（2）在同一个程序中，同一个输出点不可重复出现在输出指令中，以免产生误动作。

（3）PLC程序是根据梯形图从左到右、从上到下地执行，不符合顺序执行的电路不能直接编程。如图10.3.15所示的桥式电路应加以变换后再进行编程。

（4）输入指令的使用次数不受限制，它可以用于串联连接的电路中，也可以用于并联连接的电路中。

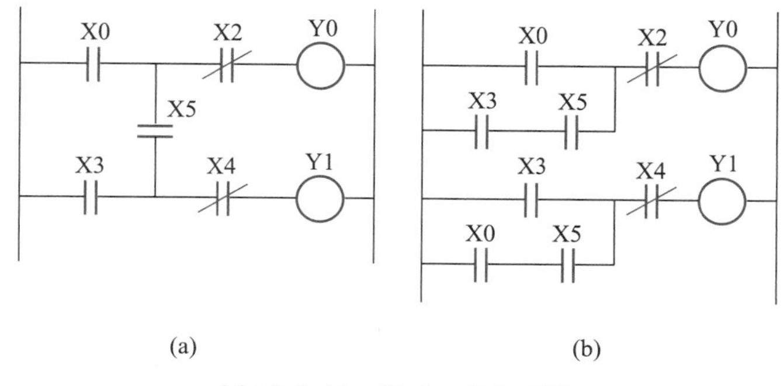

图10.3.15　桥式电路的变换
（a）变换前　（b）变换后

5. FX系列PLC编程举例

（1）瞬时接通、延时断开的电路。图10.3.16是由定时器构成的瞬时接通、延时断开电路程序。当输入X1为**1**时，第一个梯级条件为“真”，输出Y0为**1**并自锁；在第二梯级，此时X1为**1**，梯级条件为“假”，定时器T0不工作。当输入继电器断开，即X1为**0**时，第二个梯级条件为“真”（注意由于Y0的自锁作用，第一个梯级条件仍为“真”），定时器起动。经18 s后，第一梯级的T0为**1**，梯级条件为“假”，Y0为**0**；同时第二梯级因Y0为**0**，梯级条件为“假”，定时器T0复位。

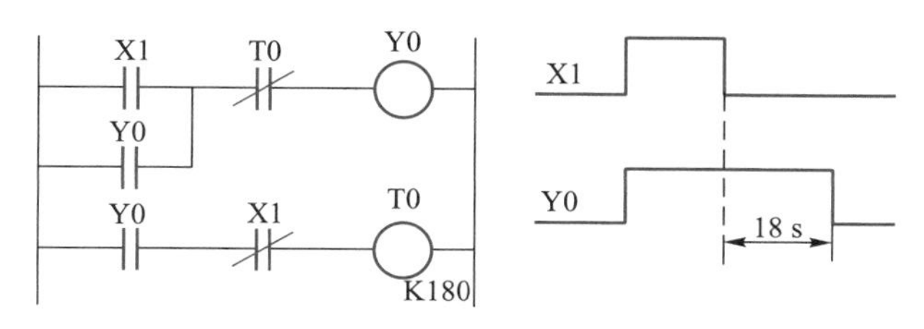

图10.3.16　瞬时接通、延时断开程序

（2）计数电路。图10.3.17是由定时器和计数器构成的计数与定时电路。当X0从**0**变**1**，计数器C1的计数值加1；经4次后计数完成，Y0输出**1**，同时起动定时器T200，15 s后T200定时完成，计数器C1复位，Y0输出为**0**。注意表10.3.3中的说明，T200的时基为0.01 s。

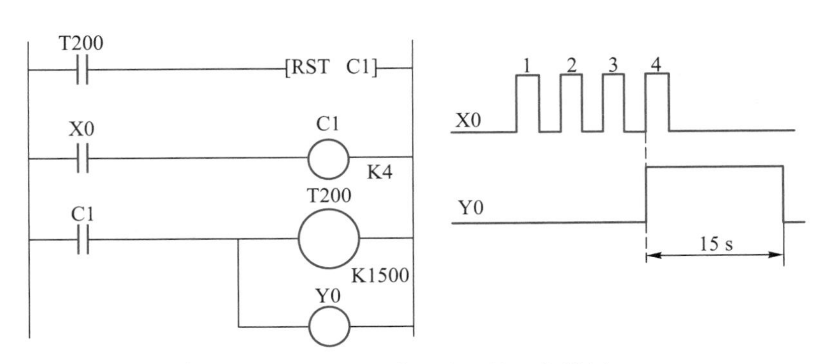

图 10.3.17　计数器应用的程序举例

6. MicroLogix 1200 PLC 的基本指令

MicroLogix 1200 可编程控制器是罗克韦尔自动化生产的微型 PLC 之一，其主要器件的编址如表 10.3.1 所示。其梯形图的继电器类指令与 FX 系列比较相似，而定时/计数指令差异较大。MicroLogix 1200 的定时参数全部由软件设定。其数据结构包括控制与状态标志、预置值（preset）、累计值（accumulator）。定时器在梯级条件为“真”时起动（置标志 EN），起动后，时间累计值按照设定的时间基值自动累加（置计时标记 TT），再与预置值进行比较。当累计值大于或等于预置值时，停止累加，同时置位完成标志（DN）。定时器的工作状态可由表 10.3.5 表示。

表 10.3.5　定时器工作状态表

标志位			定时器所处状态
EN	TT	DN	
0	**0**	**0**	梯级条件为“假”，定时器不工作
1	**1**	**0**	梯级条件为“真”，且 ACCUM<PRESET，定时器工作中
1	**0**	**1**	梯级条件为“真”，ACCUM≥PRESET，定时器完成计时

图 10.3.18 为 MicroLogix 1200 的定时器指令。该指令需要确定以下三个参数：定时器编号（如 T4:0～255）、定时器时基（在 0.001、0.01、1 中三选一）、定时器预置值（1～32767）。对于延时接通即时型定时器指令 TON，当梯级条件为“真”时，定时器按时基间隔开始计数；只要梯级条件保持为“真”，累计值增加；当累计值大于等于预置值时，停止计数并置完成标志（DN=**1**）。若计数期间或计数完成后，梯级条件为“假”，累计值以及标志 TT 或 DN 清零。

保持型定时器指令 RTO 计时过程与 TON 类似，区别在于当计数期间梯级条件为“假”时，累计值保持不变，在梯级条件重新为“真”时，继续计时。需要复位指令 RES 来复位定时器。

罗克韦尔的全系列 PLC 计数器是均由软件设定的双向保持型计数器，其中 MicroLogix 1200 的计数范围为-32 768～+32 767。计数器的数据结构中除了预置值与计数值外，还有一些标志位指示计数器工作状态。如表 10.3.6 所示。

TON
Timer On Delay
Timer T4:0
Time Base 0.01
Preset 15000
Accum 0

(a)

RTO
Retentive Timer On
Timer T4:0
Time Base 0.01
Preset 1200
Accum 0

(b)

图 10.3.18　MicroLogix 1200 定时器指令
(a) TON 指令　(b) RTO 指令

对于双向计数器，其指令有加计数(CTU)和减计数(CTD)。计数指令为输出指令，位于梯形图右侧。使用计数指令须确定以下参数：计数器编号(如 C5:0～255)、预置值(-32 768～+32 767)、累计值(如 0)。图 10.3.19 所示为 MicroLogix 1200 的计数器指令。

表 10.3.6　计数器状态标志位

标志位	意　义
CU	加计数允许
CD	减计数允许
DN	计数完成
OV	计数上溢
UN	计数下溢

CTU
Count Up
Counter C5:0
Preset 12
Accum 0

(a)

CTD
Count Down
Counter C5:0
Preset -8
Accum 0

(b)

图 10.3.19　计数器指令
(a) 加计数　(b) 减计数

10.3.3　可编程控制器应用举例

1. 三相异步电动机星形-三角形起动控制

三相异步电动机星形-三角形起动控制的主电路如 10.2 节图 10.2.4 所示，FX 与 MicroLogix PLC 的输入、输出接线分别如图 10.3.20(a)、(b)所示，注意 FX 系列 PLC 输入端接线与 MicroLogix 系列 PLC 有所不同。电路在按下起动按钮 SB_T 后，接触器 KM_1 及 KM_Y 通电，电动机接成星形起动：经 10 s 后，KM_Y 断开；再经 0.5 s，接触器 KM_Δ 通电，电动机成三角形联结，在额定电压下运行。当按下停止按钮 SB_P 或电动机过载时，接触器 KM_1 和 KM_Δ 断电，电动机停止运转。其梯形图如图 10.3.21 所示，时序波形如图 10.3.22 所示。

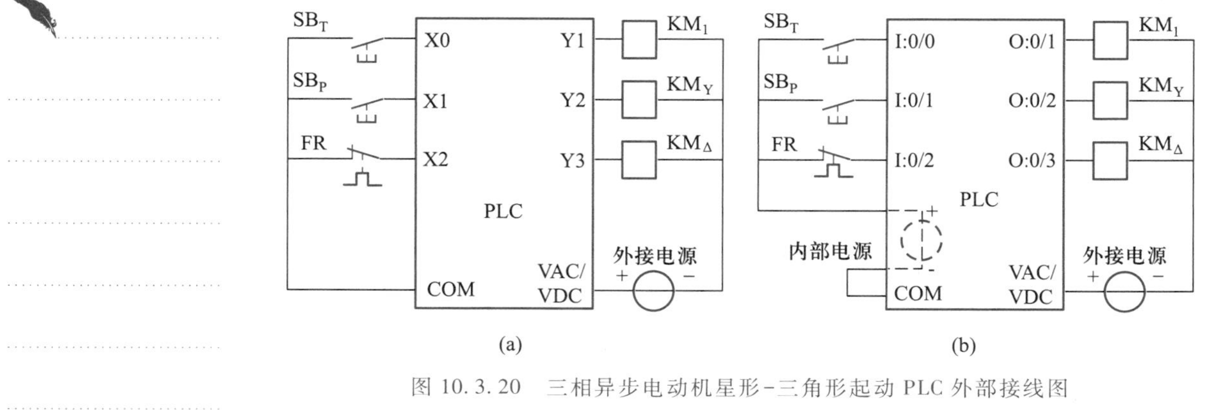

图 10.3.20 三相异步电动机星形-三角形起动 PLC 外部接线图

（a）采用 FX 系列 PLC （b）采用 MicroLogix 系列 PLC

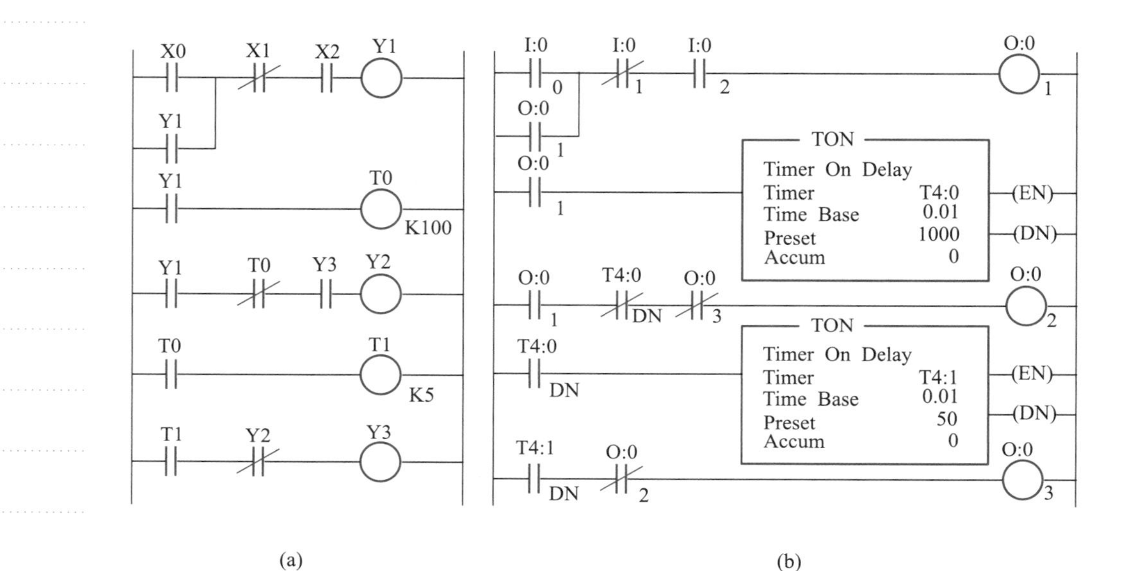

图 10.3.21 三相异步电动机星形-三角形起动梯形图

（a）FX2N （b）MicroLogix 1200

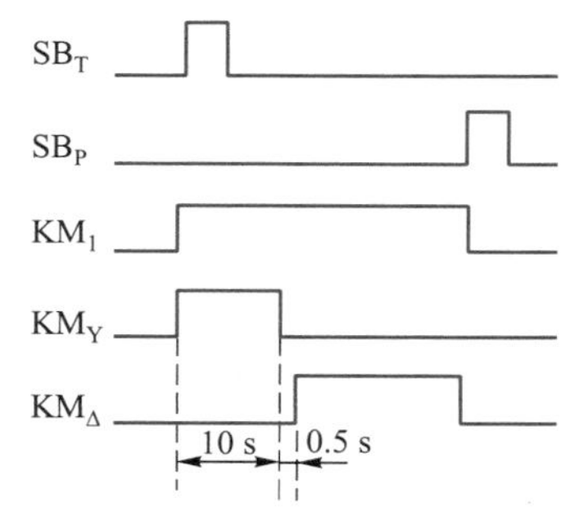

图 10.3.22 三相异步电动机星形-三角形起动时序波形

2. 液体原料拌和控制

有一个不同液体拌和装置如图 10.3.23 所示。设所有电磁阀均在通电时打开,停电时关闭;液位大于等于传感器高度时,传感器输出 **1**,否则为 **0**。工艺要求为当自动搅拌开关 AUTO 闭合,即进入自动搅拌控制。首先打开电磁阀 1(VT1),原料 A 进入容器;当液面高度达到传感器 2(SN 2)所在位置时,关闭电磁阀 1,原料 A 停止进料,打开电磁阀 2(VT 2),原料 B 进入容器;当液面高度达到传感器 1(SN 1)位置时,关闭电磁阀 2,原料 B 停止进料,同时电动机(KM)起动,开始搅拌,搅拌器持续搅拌 30 s;搅拌时间到,电动机停止,出料阀(VT 3)打开,经拌和的液体排出;假定 60 s 内液体可以排尽,60 s 后出料阀自动关闭。若 AUTO 开关继续闭合,进行下一轮拌和;否则,停止。图 10.3.24 为 PLC 外部接线。节点式液位传感器 SN 1 和 SN 2 输入到 PLC 的 I:0/1 与 I:0/2 点,自动搅拌控制开关 AUTO 接 I:0/0;输出 O:0/1～O:0/3 分别接电磁阀 1～电磁阀 3 的线圈 VT1～VT3,输出 O:0/0 接接触器 KM 的吸引线圈,KM 控制电动机的起动和停止。图 10.3.25 为梯形图程序。图 10.3.26 为时序波形。

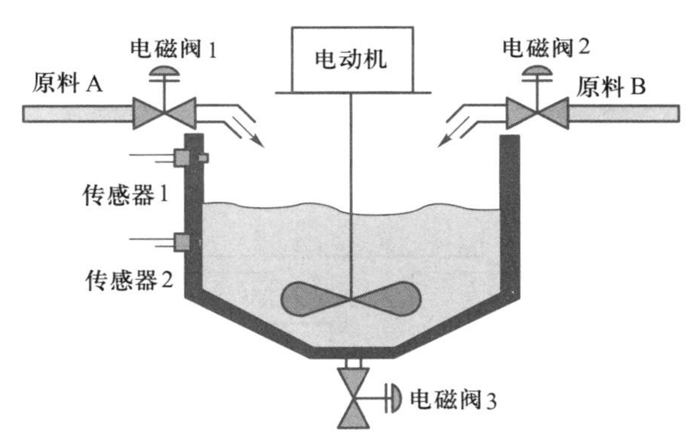

图 10.3.23　不同液体拌和装置

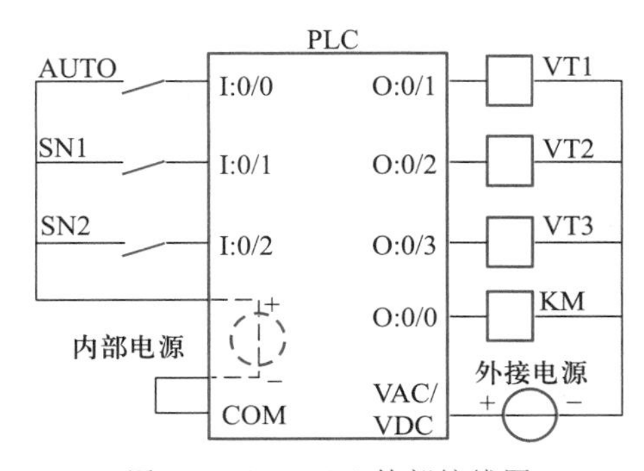

图 10.3.24　PLC 外部接线图

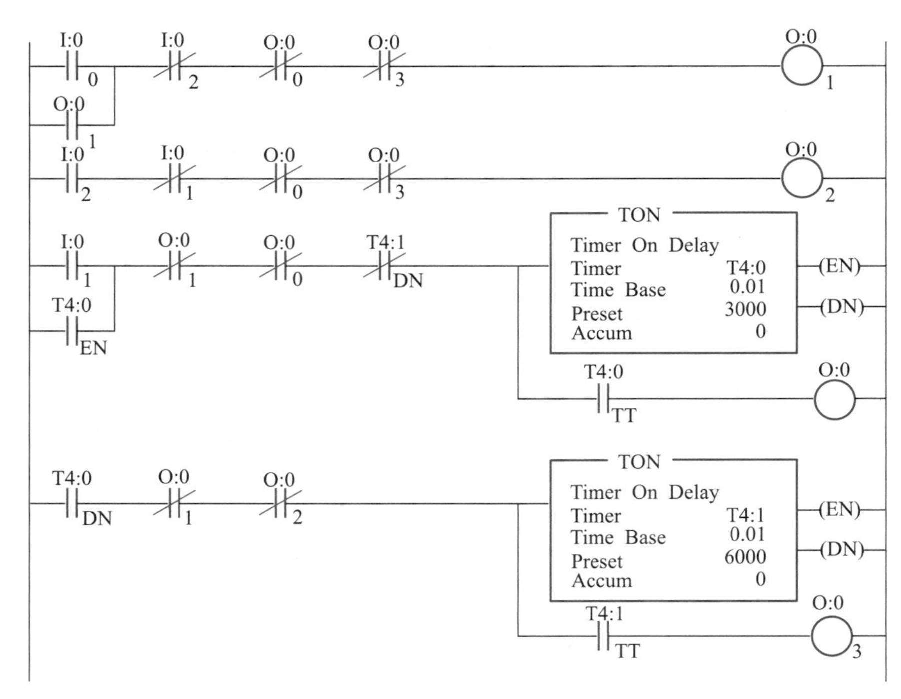

图 10.3.25　图 10.3.23 所示装置的梯形图

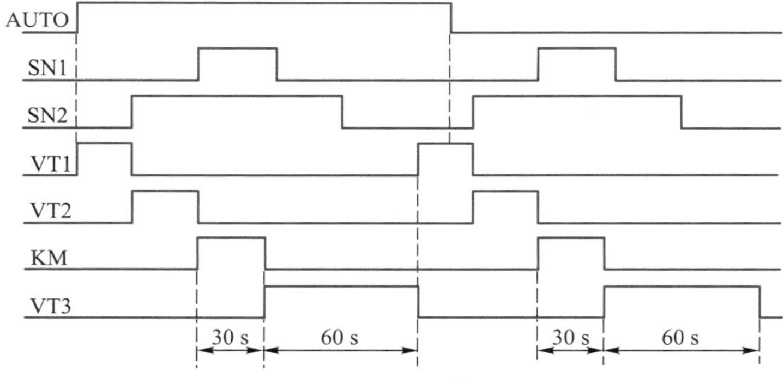

图 10.3.26　执行程序的时序波形

10.4　异步电动机的电子控制

异步电动机是现代化生产中广泛应用的一种动力设备。为了满足生产工艺和自动化的要求,必须配备控制装置对电动机的运行状态进行控制。

采用接触器和继电器等控制电器可以实现电动机的起动、停机及有级调速等控制,但它是断续控制,控制速度慢,控制精度低,很多场合难以适应生产工艺的要求。随着晶闸管和功率晶体管等功率半导体器件及计算机技术的迅速发展,目前已广泛采用电子技术来实现对电动机的起动、停机及速度的控制。由于电动机的电子控制装置具有反应快、控制特性好、可靠性高、体积小和重量轻等

特点,已逐渐成为异步电动机控制系统中的重要设备。

本节对异步电动机的软起动、软停止及变频调速做简要介绍。

10.4.1　异步电动机的软起动

异步电动机的软起动是指在设定好的起动时间 t_{st} 内,使电动机的端电压从某个起始值 U_s(为预先设定的初始转矩对应的电压,初始转矩可在一定范围内调节)开始,线性增加至100%额定电压,如图10.4.1所示。

软起动方式提供了平滑、无级的加速过程,减小了转矩的波动,减轻了负载装置中齿轮、联轴器和传动皮带的损害,也减少了起动电流对配电网的冲击,有效地改善了异步电动机的起动性能。

在有些场合,不希望电动机突然停止,如皮带传输机、升降机等。此时可采用软停止方式,在进行停机时,使电动机端电压逐渐减小,如图10.4.2所示。停机的时间 t_p 可以预先设定。软停止方式可减轻对负载的冲击或液体的溢出。

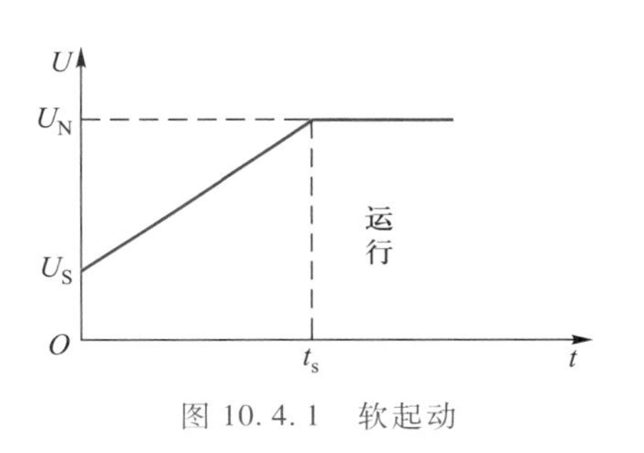

图10.4.1　软起动

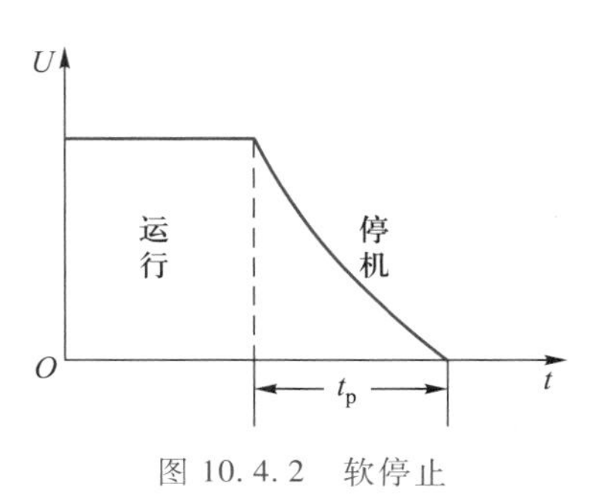

图10.4.2　软停止

目前,性能优良的电子式电动机控制器已得到了广泛应用。这种控制器除具有上述软起动、软停止功能外,还有其他多种控制功能,如限流起动、全压起动、快速软起动、泵控制和准确停车等。

电子式电动机控制器的原理框图如图10.4.3所示。图中主电路采用晶闸管或IGBT等大功率器件,控制电路从主电路中取样获得数据,经微处理机处理后产生触发信号控制功率器件,从而使电动机的电压或电流符合起动或停机时的要求。

作为一个示例,下面简单介绍一个罗克韦尔自动化的SMC-Flex智能电动机控制器。该控制器的额定工作电流从5~480 A分12个等级,额定工作电压为200~480 V及200~600 V两种,可根据所控制的电动机选用相应的等级。其工作方式除软起动、限流起动、全压起动外,还提供制动控制、精确

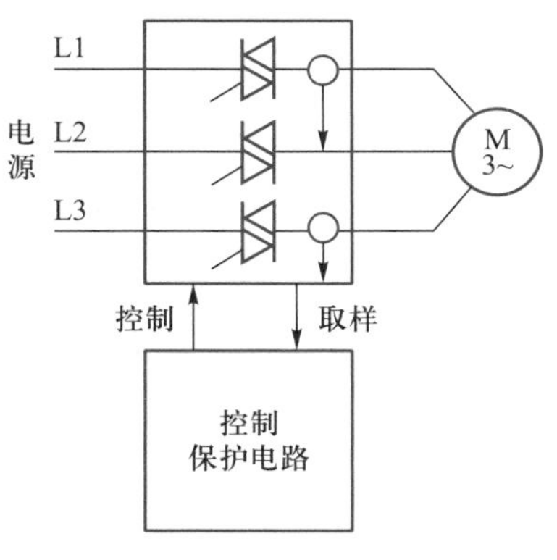

图10.4.3　电子式电动机控制器原理框图

停车等 10 余种控制模式。控制器的处理器还具有诊断功能,实现过载、欠载、过压、欠压、不平衡、失速堵转、接地故障等多种保护。内置的 DPI 通信接口可以选择从 RS-485 到以太网等多种通信手段,使控制器能以多种方式起动和停止,并通过通信口提供诊断信息。图 10.4.4 是 SMC-Flex 控制器的典型接线图。图中主接线端子 L1、L2、L3 为输入端,连接三相电源:T1、T2、T3 为输出端,连接三相异步电动机。输入端和输出端不得倒置。控制电路的接线端编号为 11~34,其中 11、12 为控制电源输入端,13 为使能输入(接地为有效),14 为模块接地,16 为基本起动设定输入,15 为第二起动方案输入,17、18 为起动、停止输入;23~28 分别是正温度系数热电阻、测速计以及接地故障信号输入。19、20(动合)以及 29~34 为辅助触点及故障、报警触点(动断、动合可由用户组态)。

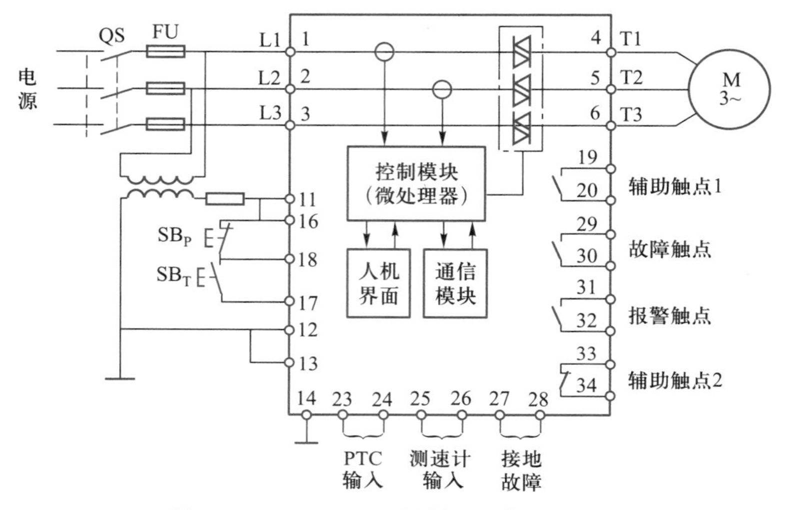

图 10.4.4　SMC-Flex 控制器的典型接线图

控制器工作方式及参数选择、诊断设定等均可通过控制器上的人机界面进行。详细步骤可参考相应的使用手册(《SCM-Flex 用户手册》)。

10.4.2　异步电动机的变频调速

变频调速是通过变频技术把 50 Hz 的工频电源变换成频率可以改变的交流电源,从而调节异步电动机转速的一种方法,是目前交流电动机一种较好的调速方法。它既能在宽广的范围内实现无级调速,又可获得良好的运行特性,已成为现代电气传动的一个重要发展方向。

图 10.4.5 所示为三相异步电动机变频调速原理电路。图中 T_1~T_6 组成三相逆变器,逆变器中各点的电压波形如图 10.4.6 所示。U 相、V 相和 W 相参考电压分别为 u_{ru}、u_{rv}、u_{rw}[图 10.4.6(a)],它们对三角波进行脉宽调制,得到逆变电路的一组控制电压 u_{G1}、u_{G3}和 u_{G5}[图 10.4.6(b)],分别驱动功率管 T_1、T_3、T_5;另一组互补电压 u_{G2}、u_{G4}和 u_{G6}分别与 u_{G1}、u_{G3}和 u_{G5}反相(图中未画出),分别驱动 T_2、T_4、T_6。当 T_1 和 T_4 导通时,$u_{UV}=U_d$;当 T_2 和 T_3 导通时,$u_{UV}=-U_d$。u_{VW}、

u_{WU}也可类似地求得。于是可画出变频器输出电压（即电动机输入电压）u_{UV}、u_{VW}、u_{WU}的波形如图 10.4.6(c)所示。从电压波形图中可以看出，电动机输入端等效电压为正弦三相电压。该三相电压的频率可以通过调节三相正弦参考电压的频率来改变。因此只要改变三相参考电压的频率，就可以对三相电动机实现变频调速。

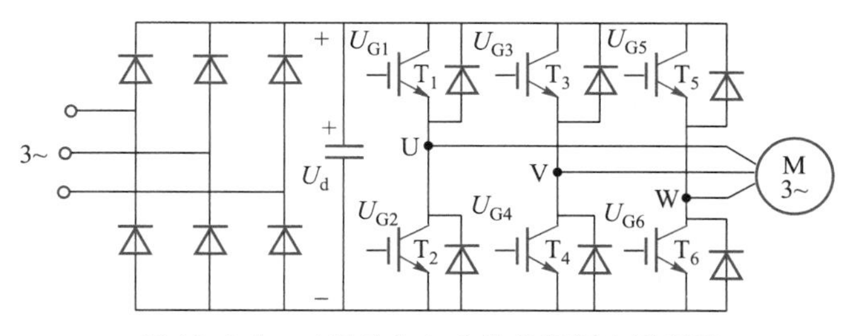

图 10.4.5　三相异步电动机变频调速原理图

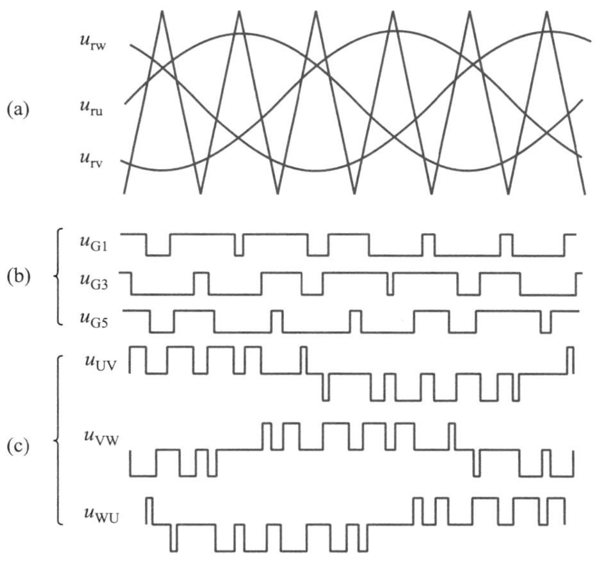

图 10.4.6　三相异步电动机变频调速电路电压波形
(a) 参考电压　(b) 控制电压　(c) 输出电压

变频电路中驱动逆变器的正弦波脉宽调制控制电路已大量采用数字集成电路，它具有功能全、可靠性高、体积小、功耗低等特点，同时还有完善的保护以及程序控制等功能，给应用带来了极大的方便。

现在，计算机技术和变频技术已经互相融合，并形成一体化的变频装置。

作为示例，图 10.4.7 给出 PowerFlex 40 交流变频器内部框图及外部接线图。图中主电路包括整流器和 IGBT 构成的逆变器。控制器可以产生 2～16 kHz 可调的三相准正弦波脉宽调制驱动信号。变频器除实现转向和速度控制功能外，还具有过流、过压、欠压等保护功能。可选的通信卡保证了变频器可以工作在多种工业控制网络环境。

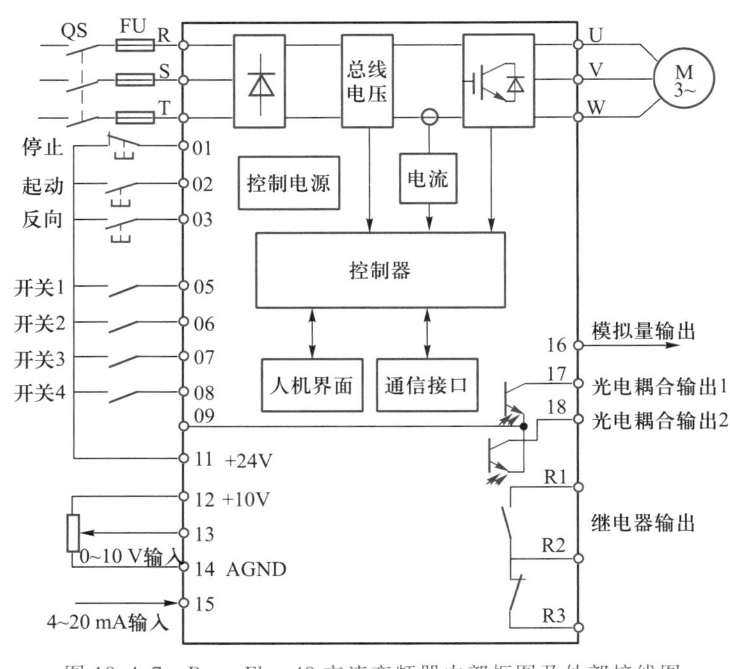

图 10.4.7　PowerFlex 40 交流变频器内部框图及外部接线图

PowerFlex 40 系列变频器的额定功率范围为 0.4~11 kW。其输入电压有单相 100~120 V、200~240 V(输出为三相 0~230 V 可调)、三相 200~240 V(输出三相 0~230 V)、380~480 V(输出三相 0~460 V)及 460~600 V(输出三相0~575 V)多种规格。输入频率为 48~63 Hz,输出频率在 0~400 Hz。典型效率为 97.5%。变频器的输出电压是输出频率的函数,输出电压和频率的比率可由用户编程设定。选用该系列变频器时应根据电动机的功率和电源电压确定具体型号。

这种变频器的典型接线方法已在图 10.4.7 中示出。变频器 R、S、T 端接三相交流电源,U、V、W 接三相异步电动机。其输入控制功能包括起动、停止、反转、点动和速度预置。还可以用两路模拟量输入或通信卡来实现 PID 调节。变频器还提供了一路 0~10 V/4~20 mA 可选的模拟信号输出,以及两路晶体管集电极开路输出、两路继电器触点输出,用以显示变频器运行状态。人机界面模块一方面可以对变频器进行编程(输入编程信号),另一方面可用于显示变频器的运行状态和诊断信息。通信卡可以通过网络将变频器工况的详细信息送到相关的计算机终端。由于变频器的辅助功能不断增强,因此日益广泛地应用于各种速度控制场合。

视频资源:10.5 安全用电

10.5　安全用电

用电安全包括人身安全和设备安全。若发生人身事故,轻则灼伤,重则死亡。若发生设备事故,则会损坏设备,而且容易引起火灾或爆炸。因此必须十分

重视安全用电并具备安全用电的基本知识。

10.5.1 触电方式

当人体不慎接触到带电体便是触电。触电对人体的伤害程度与通过人体的电流大小、电流频率、电流通过人体的路径、触电持续时间等因素有关。当通过人体的电流很微小时,仅使触电部分的肌肉发生轻微痉挛或刺痛。一般认为当通过人体的电流超过 50 mA 时,肌肉的痉挛加剧,使触电者不能自行脱离带电体,持续一定时间便导致中枢神经系统麻痹,严重时可能引起死亡。

按照人体触及带电体的方式,触电一般分为单相触电和两相触电。

单相触电是指人体某一部位触及一相带电体的触电方式。图 10.5.1 所示为比较常见的单相触电示意图。其中 10.5.1(a)为中性点直接接地的三相电源,人站在地面上触及一根相线,这时人体处于相电压下,电流将从人体经大地回到电源中性点。如果脚与地面绝缘良好,回路电阻较大,流过人体的电流较小,危险性也就较小。反之如身体出汗或湿脚着地,回路电阻较小而电流较大,就十分危险。图 10.5.1(b)为中性点不接地的三相电源,由于输电线与大地之间有电容存在,交流电可经这种分布电容 C 构成通路而流过人体。如果三相电源某一相对地的绝缘性能较差(绝缘电阻较小),则可能通过人体形成一定的电流,也会发生触电。图 10.5.1(c)是人体与正常工作时不带电的金属部分接触。例如电动机、电子仪器等的外壳在正常情况下是不带电的,但由于绝缘损坏,使内部带电部分与外壳相碰,于是人体触及带电的外壳而造成触电。单相触电在触电事故中的比例最高。一般地说,中性点接地电网的触电比不接地电网的危险性大。

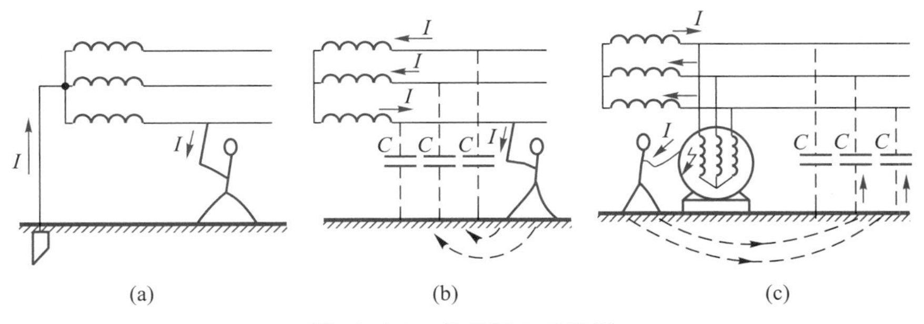

图 10.5.1 单相触电示意图

图 10.5.2 为两相触电的示意图。由于人体同时与两根相线接触,此时人体处于线电压下,触电所造成的后果比单相要严重得多。

发生触电事故时应首先帮助触电者迅速脱离电源(断开附近的电源开关或用绝缘物体帮助触电者和带电体分离)。若触电者昏迷,则应进行急救,例如施行人工呼吸或请医生(送医院)抢救。

10.5.2 保护接地和保护接零

为了防止触电事故的发生,除了工作人员必须严格遵守操作规程,正确安装

提示：
根据安全规程规定，对1 000 V以下的系统，R_d 一般不大于4 Ω。

和使用电气设备或器材之外，还应该采取保护接地、保护接零等安全措施。

1. 保护接地

将电气设备在正常情况下不带电的金属外壳和埋入地下并与其周围土壤良好接触的金属接地体相连接，称为保护接地，如图 10.5.3 所示。图中，R_d 为接地电阻，它等于接地体对地电阻和接地线电阻之和。

图 10.5.2　两相触电示意图

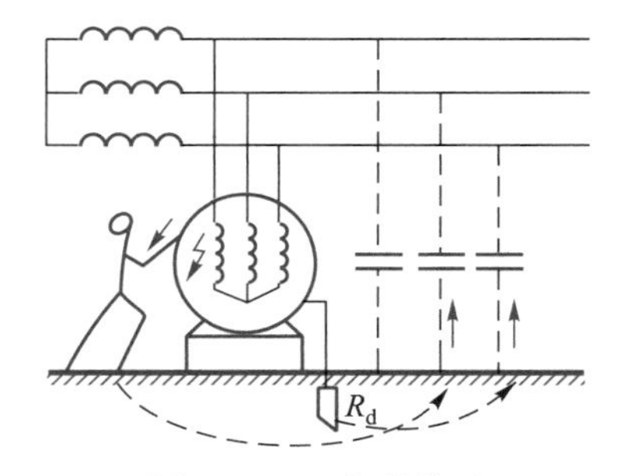

图 10.5.3　保护接地

当电气设备绝缘损坏或因漏电使电气设备的金属外壳带电时，如果金属外壳没有保护接地，则外壳所带电压为电源的相电压。采取保护接地后，因接地电阻 R_d 很小，故金属外壳的电位接近地电位，漏电电流绝大部分经过接地导体流入大地，通过人体的电流几乎为零，避免了触电的危险。

保护接地适用于中性点不接地的三相供电系统。对于中性点接地的三相供电系统，如果采用保护接地，则当发生单相碰壳故障时，该相电压 U_P 就会经过保护接地的电阻 R_d 和电网中性点接地的电阻 R_d' 形成故障电流

$$I_d=\frac{U_P}{R_d'+R_d} \tag{10.5.1}$$

提示：
因此在三相电源中性点接地的情况下，不宜采用保护接地，而应采用保护接零。

如果 $U_P=220$ V，$R_d=R_d'=4$ Ω，则 $I_d=27.5$ A，这个电流不一定能使保护装置动作而把电源切断，从而使故障继续存在。这时设备外壳带电的电位为 $U_P/2=110$ V，此电位值对人体仍然是危险的[①]。

2. 保护接零

保护接零就是将电气设备在正常情况下不带电的金属外壳接到三相四线制电源的中性线（零线）上，如图 10.5.4 所示。当电气设备某一相的绝缘损坏而与外壳相碰时，就形成单相短路，自动开关 QF 自动断开，切除电动机的三相电源，因而外壳不再带电，达到安全的目的。保护接零导线中不允许安装熔断器。

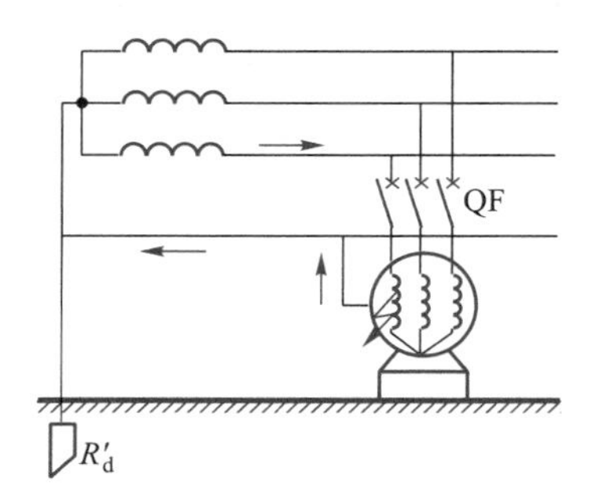

图 10.5.4　保护接零

① 一般认为 50 V 以下的电压比较安全。为了安全用电，某些较特殊的场合应采用低于 50 V 的电压供电（采用安全隔离的变压器供电）。我国规定的安全电压分为 42 V、36 V、24 V、12 V 和 6 V 五个等级。

保护接零适用于中性点接地的三相四线制供电系统。但在三相四线制不平衡负载系统中,由于中性线上的电流不为零,因而使中性线对地电位不为零。为了使保护更为安全可靠,有时专门从电源中性点再引出一条中性线用于保护接零。此时应将设备外壳接在这条保护中性线上。这种供电系统有3条相线、1条工作中性线和1条保护中性线,称为三相五线制。

10.5.3 电气防火和防爆

电气设备发生事故时,很容易造成火灾或爆炸。电气线路、开关、熔丝、照明器具、电动机、电炉及电热器具等设备在出现事故或使用不当时,会产生电火花、电弧或发热量大大增加。当这些电气设备与可燃物体接近或接触时,就会引起火灾。电力变压器、互感器、电力电容器等电气设备,除了可能引起火灾以外,还可能发生爆炸。

一般来说引起电气火灾或爆炸主要有这样一些原因:电气设备内部出现短路;电气设备严重过载;电路中的触点接触不良;电气设备或线路的绝缘损坏或老化;电气设备中的散热部件或通风设施损坏。

对于有火灾或爆炸危险的场所,在选用和安装电气设备时,应选用合理的类型,例如防爆型、密封型、防尘型等。为防止火灾或爆炸,应严格遵守安全操作规程和有关规定,确保电气设备的正常运行。要定期检查设备,排除事故隐患。要保持通风良好,采用耐火材料及良好的保护装置等。

10.5.4 静电的防护

静止的电荷称为静电。物体中积累的电荷越多电位也就越高。绝缘物体之间相互摩擦会产生静电,日常生活中的静电现象一般不会造成危害。

工业上有不少场合会产生静电,例如石油、塑料、化纤、纸张等在生产过程或运输中,由于固体物质的摩擦、气体和液体的混合及搅拌等都可能产生和积累静电,静电电压有时可达几万伏。高的静电电压不仅会给工作人员带来危害,而且当发生静电放电形成火花时,可能引起火灾和爆炸。例如曾有巨型油轮和大型飞机因油料静电而引起火灾和爆炸,矿井静电引起瓦斯爆炸的事故发生。

为了防止因静电而发生火灾,基本的方法是限制静电的产生和积累,防止发生静电放电而引起火花。常用的措施有:

(1) 限制静电的产生。例如减少摩擦,防止传动皮带打滑,降低气体、粉尘和液体的流速。

(2) 给静电提供转移和泄漏路径。尽量采用导电材料制造容易产生静电的零件。在非导电物质(橡胶、塑料、化纤等)中掺入导电物质,适当增加空气的相对湿度。

(3) 利用异极性电荷中和静电。

(4) 采用防静电接地。

除以上一些措施外,在静电危险场所工作的人员要穿防静电的衣服和鞋子,不要穿容易产生静电的(例如用腈纶、尼龙等缝制的)衣裤和鞋袜等。

习题

10.2.1　试在图10.2.1的三相异步电动机直接起/停继电接触控制电路中增加红、绿指示灯。电动机运转时绿灯亮,电动机停转时红灯亮。设指示灯的额定电压和接触器吸引线圈的额定电压相等。

10.2.2　试分析如图10.01所示控制电路的工作原理(主电路没有画出)。

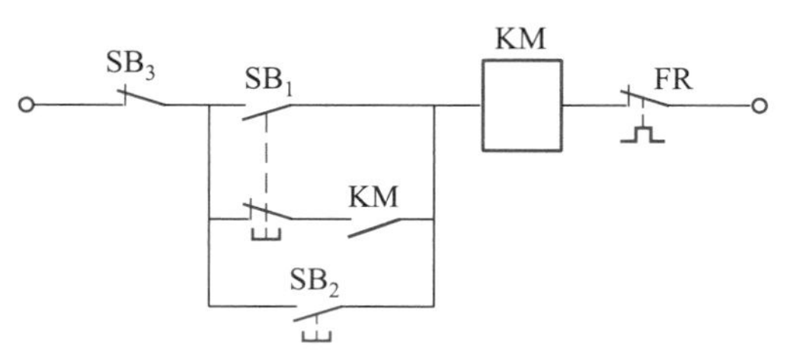

图10.01　习题10.2.2电路图

10.2.3　有两台三相异步电动机M_1、M_2,要求:(1) M_1起动后M_2才能起动(即必须在M_1起动后,按下M_2的起动按钮才能使M_2起动);(2) M_2停止后M_1才能停止(即必须在M_2停止后,按下M_1的停止按钮才能使M_1停止)。试画出继电接触器控制电路。该电路应具有短路、过载和欠压保护的功能。

10.2.4　试画出按时间顺序起动的两台三相异步电动机的控制电路,即按下起动按钮使M_1起动,经过一定时间后M_2自行起动,按下停止按钮使M_1、M_2同时停止。

10.2.5　有一行程开关控制的工作台往复控制电路如图10.02所示。简述其工作过程。图中未给出接触器KM_F、KM_R控制电动机正反转的主电路,设时间继电器KT_1和KT_2的延时时间分别为T_1和T_2。

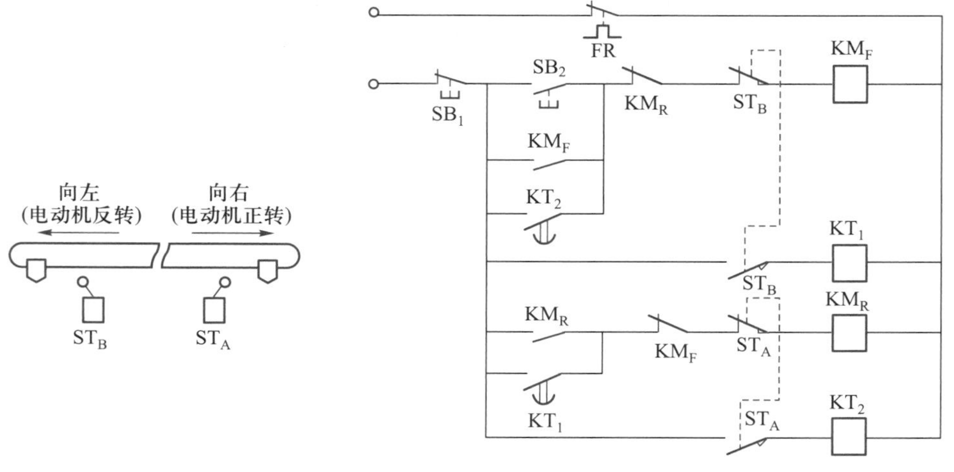

图10.02　习题10.2.5电路

10.2.6　如图10.03所示的正反转控制电路中有多处错误,请指出错误并说明应如何改正。

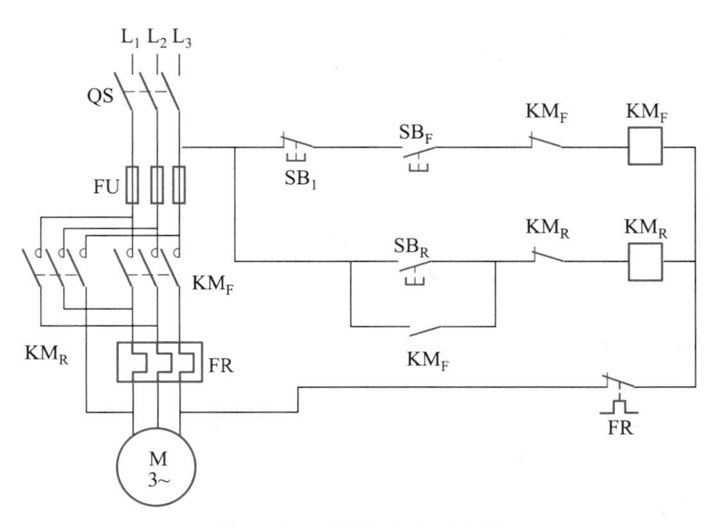

图 10.03　习题 10.2.6 电路

10.3.1　梯形图程序及输入波形如图 10.04 所示，画出 PLC 的 Y0、Y1、Y2 输出波形。

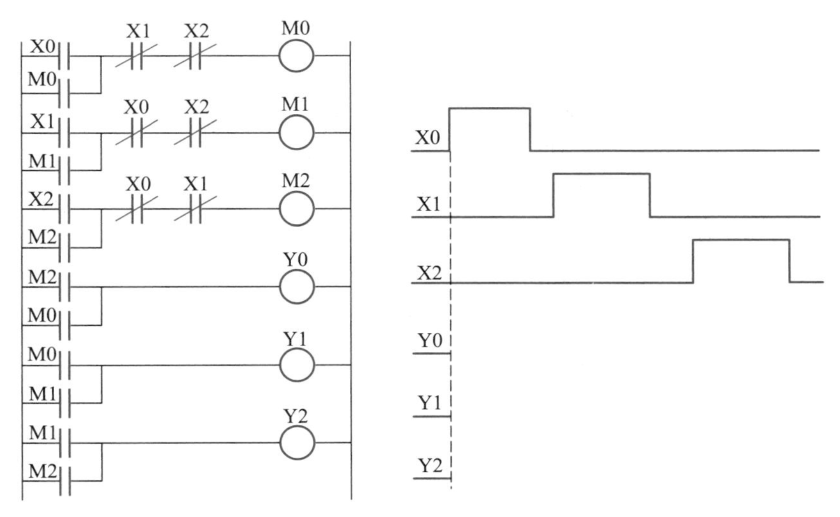

图 10.04　习题 10.3.1 程序及输入波形

10.3.2　梯形图程序及输入波形如图 10.05 所示，画出 PLC 的 Y0、Y1、Y2 输出波形。

10.3.3　图 10.06 为一顺序控制的主电路以及 PLC 控制电路。电源电压为三相 220 V。要求按钮 SB_2 控制接触器 KM_2 闭合后，才允许按钮 SB_1 控制 KM_1 闭合。按钮 SB_3 为停止按钮，FR 是热继电器的动合触点，过载保护动作时闭合。试编写实现这一顺序控制的梯形图程序。

10.3.4　按时间顺序起动的两台三相异步电动机，要求在按下起动按钮 SB_1 后，电动机 M_1 先行起动，经 8.5 s 后，电动机 M_2 自行起动。按停止按钮 SB_2，M_1、M_2 同时停止运行。试画出 PLC 外部接线控制电路，并编写梯形图控制程序。

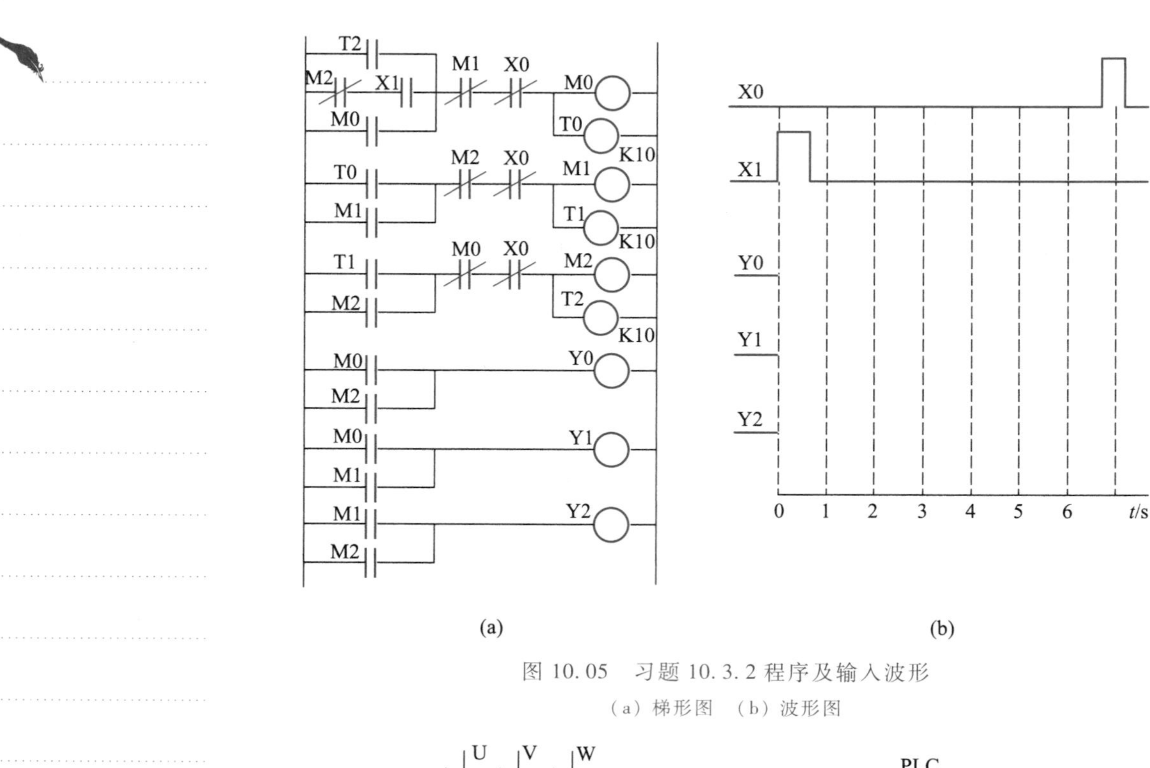

图 10.05 习题 10.3.2 程序及输入波形

(a) 梯形图 (b) 波形图

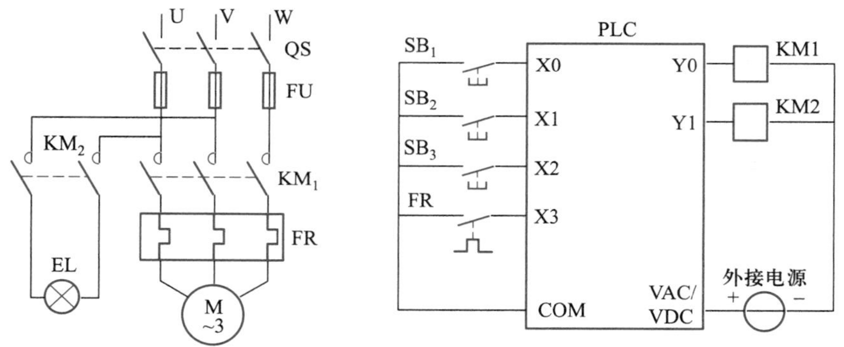

图 10.06 习题 10.3.3 顺序控制主电路及 PLC 控制电路图

10.3.5 设计一个用 PLC 实现的三相异步电动机正反转控制电路，要求无须停止便能直接正转或反转。为避免出现正反转切换时两个接触器同时动作的现象，要求有 0.25 s 的切换延时，并要求有过载保护（画出主电路、PLC 的外部接线图，编写梯形图程序）。

10.3.6 为了限制绕线转子异步电动机的起动电流并提高起动转矩，在其转子电路中串入电阻，如图 10.07 所示。起动时接触器 KM_1 接通，串入整个电阻（$R_1+R_2+R_3$）。起动 2 s 后，KM_2 接通，把 R_1 短接，剩下（R_2+R_3）。再经过 1 s，KM_3 接通，电阻变为 R_3，再经过 0.5 s，KM_4 也接通，将转子电阻全部短接，起动完毕。试用 PLC 实现此控制要求，画出 PLC 的输入、输出外部接线图，并写出梯形图程序。

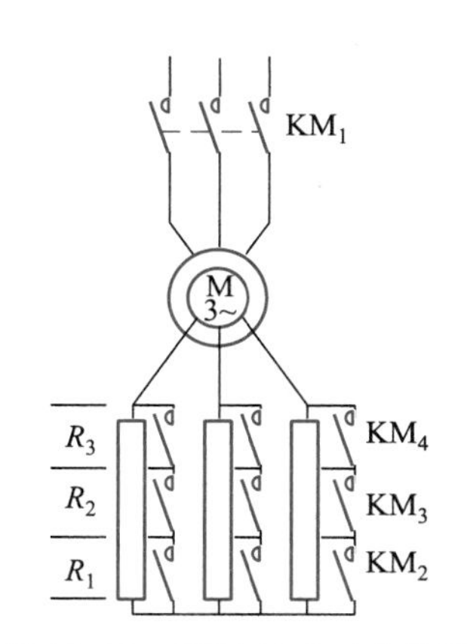

图 10.07　习题 10.3.6 电路图

附录 A　电阻器和电容器的标称值

1. 电阻器

电阻器的标称阻值符合表 A.1 的数值(或表中数值再乘以 10^n,其中 n 为整数)。

表 A.1　电阻器的标称数值

允许偏置	标称阻值系列											
±5%	1.0	1.1	1.2	1.3	1.5	1.6	1.8	2.0	2.2	2.4	2.7	3.0
	3.3	3.6	3.9	4.3	4.7	5.1	5.6	6.2	6.8	7.5	8.2	9.1
±10%	1.0	1.2	1.5	1.8	2.2	2.7	3.3	3.9	4.7	5.6	6.8	8.2
±20%	1.0	1.5	2.2	3.3	4.7	6.8						

电阻器阻值常见的表示方法有直标法和色标法等。其中色标法如图 A.1 所示。色标法中颜色代表的数值如表 A.2。

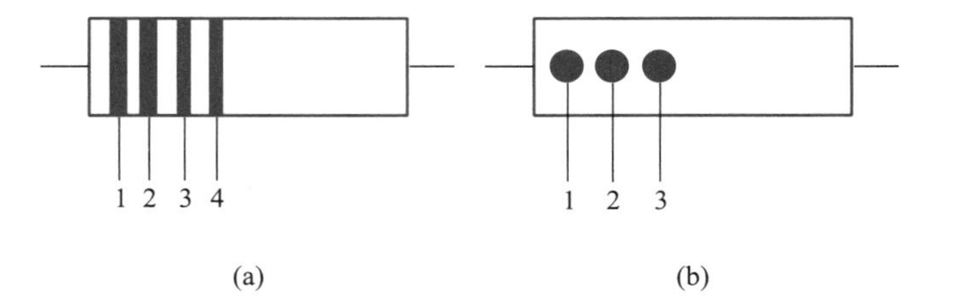

图 A.1　电阻器阻值的色标法

(a) 环带色标法　(b) 三点色标法

1—有效数字高位;2—有效数字低位;3—乘数;4—允许偏差

表 A.2　色标法中颜色代表的数值

位置＼颜色	银	金	黑	棕	红	橙	黄	绿	蓝	紫	灰	白	无
有效数字	/	/	0	1	2	3	4	5	6	7	8	9	/
乘　数	10^{-2}	10^{-1}	10^0	10^1	10^2	10^3	10^4	10^5	10^6	10^7	10^8	10^9	/
允许偏差 %	±10	±5	/	±1	±2	/	/	±0.5	±0.2	±0.1	/	+50 −20	±20

2. 电容器

固定式电容器的标称容量如表 A.3 所示。

表 A.3 固定式电容器的标称容量

类型	容量范围	标称容量系列
纸 介 电容器	100~ 1 000 pF	100 150 220 330 470 680 1 000 1 500 2 200 3 300 4 700 6 800
	0.01~ 0.1 μF	0.01 0.015 0.022 0.033 0.039 0.047 0.056 0.068 0.082
	0.1~ 10 μF	0.1 0.15 0.22 0.33 0.47 1 2 4 6 8 10
电 解 电容器	1~ 5 000 μF	1 2.2 4.7 10 22 47 100 220 470 1 000 2 200 4 700

无极性有机薄膜介质、瓷介、云母介质等电容器的标称容量系列与表 A.1 电阻器的标称系列相同。

附录 B 半导体分立器件型号命名法

（国家标准 GB 249—1989）

第一部分		第二部分		第三部分		第四部分	第五部分
用阿拉伯数字表示器件的电极数目		用汉语拼音字母表示器件的材料和极性		用汉语拼音字母表示器件的类别		用阿拉伯数字表示序号	用汉语拼音字母表示规格号
符号	意义	符号	意义	符号	意义		
2	二极管	A	N 型，锗材料	P	小信号管		
		B	P 型，锗材料	V	混频检波器		
		C	N 型，硅材料	W	电压调整管和电压基准管		
		D	P 型，硅材料				
3	晶体管	A	PNP 型，锗材料	C	变容管		
		B	NPN 型，锗材料	Z	整流管		
		C	PNP 型，硅材料	L	整流堆		
		D	NPN 型，硅材料	S	隧道管		
		E	化合材料	K	开关管		
				X	低频小功率晶体管（截止频率<3 MHz 耗散功率<1 W）		
				G	高频小功率晶体管（截止频率≥3 MHz 耗散功率<1 W）		
				D	低频大功率晶体管（截止频率<3 MHz 耗散功率≥1 W）		
				A	高频大功率晶体管（截止频率≥3 MHz 耗散功率≥1 W）		
				T	晶体闸流管		
				⋮	⋮		

示例

3 A G 1 B

- B — 规格号
- 1 — 序号
- G — 高频小功率晶体管
- A — PNP型，锗材料
- 3 — 晶体（三极）管

附录C 半导体集成电路型号命名法

（国家标准 GB 3430—1989）

第0部分		第一部分		第二部分	第三部分		第四部分	
用字母表示器件符合国家标准		用字母表示器件的类型		用数字表示器件的系列和品种代号	用字母表示器件的工作温度		用字母表示器件的封装	
符号	意义	符号	意义		符号	意义	符号	意义
C	符合国家标准	T	TTL		C	0℃～70℃	F	多层陶瓷扁平
		H	HTL		G	-25℃～70℃	B	塑料扁平
		E	ECL		L	-25℃～85℃	H	黑瓷扁平
		C	CMOS		E	-40℃～85℃	D	多层陶瓷双列直插
		M	存储器		R	-55℃～85℃	J	黑瓷双列直插
		μ	微型机电路		M	-55℃～125℃	P	塑料双列直插
		F	线性放大器				S	塑料单列直插
		W	稳压器				K	金属菱形
		B	非线性电路				T	金属圆形
		J	接口电路				C	陶瓷片状载体
		AD	A/D 转换器				E	塑料片状载体
		DA	D/A 转换器				G	网格阵列
		D	音响电视电路					
		SC	通信专用电路					
		SS	敏感电路					
		SW	钟表电路					

示例 C F 741 C T

- T：金属圆形封装（第四部分）
- C：工作温度为0℃～70℃（第三部分）
- 741：通用型运算放大器（第二部分）
- F：线性放大器（第一部分）
- C：符合国家标准（第0部分）

附录 D　部分半导体集成电路型号、参数和图形符号

表 D.1　TTL 门电路、触发器和计数器的部分品种型号

类型	型号	名称
反相器	74LS04(CT4004)	六反相器
	74LS05(CT4005)	六反相器(OC)①
	74LS14(CT4014)	六施密特反相器
与非门	74LS00(CT4000)	四 2 输入与非门
	74LS20(CT4020)	双 4 输入与非门
	74LS26(CT4026)	四 2 输入与非门(OC)
与　门	74LS11(CT4011)	三 3 输入与门
	74LS15(CT4015)	三 3 输入与门(OC)
或非门	74LS27(CT4027)	三 3 输入或非门
异或门	74LS86(CT4086)	四 2 输入异或门
三态驱动器	74LS240(CT4240)	八反相三态输出缓冲器
	74LS244(CT4244)	八同相三态输出缓冲器
触发器	74LS74(CT4074)	双 *D* 上升沿触发器
	74LS112(CT4112)	双 *JK* 下降沿触发器
单稳	74LS221(CT4221)	双单稳态触发器
计数器	74LS290(CT4290)	二-五-十进制计数器
	74LS293(CT4293)	4 位二进制计数器
	74LS190(CT4190)	可预置的 BCD 同步加/减计数器

①“OC”表示这种器件的输出级为集电极开路形式,余同。

表 D.2　TTL 和 CMOS 电路的输入、输出参数

类型 / 参数名称	TTL		CMOS	高速 CMOS
	74H 系列	74LS 系列	CC4000 系列	54/74HC 系列
输出高电平 $U_{OH(min)}$/V	2.4	2.7	4.95	4.95
输出低电平 $U_{OL(max)}$/V	0.4	0.5	0.05	0.05
输出高电平电流 $I_{OH(max)}$/mA	0.4	0.4	0.51	4

续表

参数名称 \ 类型	TTL		CMOS	高速 CMOS
	74H 系列	74LS 系列	CC4000 系列	54/74HC 系列
输出低电平电流 $I_{OL(max)}$/mA	-1.6	-8	-0.51	-4
输入高电平 $U_{IH(min)}$/V	2	2	3.5	3.5
输入低电平 $U_{IL(max)}$/V	0.8	0.8	1.5	1
输入高电平电流 $I_{IH(max)}$/μA	40	20	0.1	1
输入低电平电流 $I_{IL(max)}$/mA	-1.6	-0.4	-0.1×10^{-3}	-1×10^{-3}

注：(1) 表中未注明测试条件。

(2) I_{OL} 的“-”号表示电流从器件的输出端流入；I_{IL} 的“-”号表示电流从器件的输入端流出。

表 D.3　部分集成运算放大器的主要参数

参数名称 \ 类型	通用型	高精度型	高阻型	高速型	低功耗型
型号	CF741	CF7650	CF3140	CF715	CF3078C
电源电压 $\pm U_{CC}(U_{DD})$/V	±15	±5	±15	±15	±6
开环差模电压增益 A_0/dB	106	134	100	90	92
输入失调电压 U_{IO}/mV	1	$\pm7\times10^{-4}$	5	2	1.3
输入失调电流 I_{IO}/nA	20	5×10^{-4}	5×10^{-4}	70	6
输入偏置电流 I_{IB}/nA	80	1.5×10^{-3}	10^{-2}	400	60
最大共模输入电压 U_{icmax}/V	±15	+2.6 -5.2	+12.5 -15.5	±12	+5.8 -5.5
最大差模输入电压 U_{idmax}/V	±30		±8	±15	±6
共模抑制比 K_{CMR}/dB	90	130	90	92	110
输入电阻 r_i/MΩ	2	10^6	1.5×10^6	1	
单位增益带宽 GB/MHz	1	2	4.5		
转换速率 SR/(V/μs)	0.5	2.5	9	100 ($A_u=-1$)	

表 D.4　部分三端稳压器的主要参数

参数名称 \ 型号	CW7805	CW7815	CW78L05	CW78L15	CW7915	CW79L15
输出电压 U_O/V	4.8~5.2	14.4~ 15.6	4.8~ 5.2	14.4~ 15.6	-14.4~-15.6	
最大输入电压 U_{imax}/V	35	35	30	35	-35	-35

续表

型　号 / 参数名称	CW7805	CW7815	CW78L05	CW78L15	CW7915	CW79L15
最大输出电流 $I_{0\max}$/A	1.5	1.5	0.1	0.1	1.5	0.1
输出电压变化量 ΔU_0/mV（典型值，U_i 变化引起）	3	11	55	130	11	200（最大值）
	U_i = 7~25 V	U_i = 17.5~30 V	U_i = 7~20 V	U_i = 17.5~30 V	U_i = −17.5~−30 V	
输出电压变化量 ΔU_0/mV（典型值，I_0 变化引起）	15	12	11	25	12	25
	I_0 = 5 mA~1.5 A		I_0 = 1~100 mA		I_0 = 5 mA ~1.5 A	I_0 = 1~100 mA
输出电压变化量 ΔU_0/(mV/℃)（典型值，温度变化引起）	±0.6	±1.8	−0.65	−1.3	1.0	−0.9
	I_0 = 5 mA，0~125℃					

表 D.5　部分集成电路的图形符号

名称	新符号	旧符号	国外常用符号
集成运算放大器	▷A_0 − + +	− +	− +
与　　门	&		
或　　门	≥1	+	
非　　门	1		
与 非 门	&		
或 非 门	≥1	+	
异 或 门	=1	⊕	

中英名词对照

参考书目

[1] 秦曾煌主编.电工学[M].7版.北京:高等教育出版社,2009.

[2] 唐介主编.电工学(少学时)[M].5版.北京:高等教育出版社,2020.

[3] 天津大学电工学教研室编,刘全忠主编.电子技术(电工学Ⅱ)[M].4版.北京:高等教育出版社,2013.

[4] 浙江大学电工电子基础教学中心电子技术课程组编,郑家龙、王小海等主编.集成电子技术基础教程[M].(上、下册).2版.北京:高等教育出版社,2008.

[5] 康华光主编.电子技术基础[M].6版.北京:高等教育出版社,2013.

[6] 华成英,童诗白主编.模拟电子技术基础[M].5版.北京:高等教育出版社,2015.

[7] 阎石主编.数字电子技术基础[M].6版.北京:高等教育出版社,2016.